北京市农林科学院植物保护研究所实质性工作经费项目（2022-4）资助

THE BEIJING FOREST INSECT ATLAS (Ⅳ) —HYMENOPTERA

北京林业昆虫图谱（Ⅳ）

膜翅目

虞国跃　王　合　著

科　学　出　版　社
北　京

内 容 简 介

本书收录了作者在调查中发现的北京膜翅目昆虫 56 科 683 种，其中 102 种仅鉴定到属。本书含北京新记录 266 种（书内用“北京 *”表示），包含 55 个中国新记录种，1 个新异名。每种均配以精美的生态图片（部分为室内图片和特征图），共 1300 余张（均列出拍摄时间、拍摄地点）。本书是积累北京昆虫多样性的基础性资料，也是认识北方昆虫的重要工具书。

本书可为农林生产和科研人士、自然爱好者等提供参考。

图书在版编目（CIP）数据

北京林业昆虫图谱. Ⅳ, 膜翅目 / 虞国跃, 王合著. 北京 : 科学出版社, 2025. 3. -- ISBN 978-7-03-081392-3

Ⅰ. Q968.221-64

中国国家版本馆CIP数据核字第202593SN82号

责任编辑：李　悦　刘　晶 / 责任校对：郑金红
责任印制：肖　兴 / 书籍设计：北京美光设计制版有限公司

科学出版社 出版
北京东黄城根北街16号
邮政编码：100717
http://www.sciencep.com
北京九天鸿程印刷有限责任公司印刷
科学出版社发行　各地新华书店经销
*
2025年3月第　一　版　开本：787 × 1092　1/16
2025年3月第一次印刷　印张：24　3/4
字数：587 000

定价：388.00元

（如有印装质量问题，我社负责调换）

Summary
The Beijing Forest Insect Atlas (IV) – Hymenoptera

YU Guo-yue, WANG He

The first part of *The Beijing Forest Insect Atlas* was published in 2018 and contains 629 species. Most of them are herbivores, some are predators and parasitoids, and a few are common species met in Beijing forests with no obvious relationship with trees. The second part (II) contains 522 species, from Collembola to Megaloptera, excluding Odonata, Aleyrodidae, Aphididae, and Coccoidea. The third part (III) contains 527 species belonging to the Order Diptera.

This is the fourth part, dealing with Hymenoptera from Beijing. It contains 683 species belonging to 56 families. One new synonym is suggested, 266 species are recorded as new to Beijing, and 55 of them are new records to China. Each species (with a few exceptions) is provided with up to 6 images including an image of the adult. Images are usually taken in field with some indoor ones, and some species are provided with genitalia pictures. Each species includes succinct text with information on scientific name, recognition, food plants and concise biology, and distribution.

New synonym:

Phanerotoma moniliatus Ji et Chen, 2003 = *Phanerotoma bilinea* Lyle, 1924, syn. nov.

New records to China:

Aproceros pallidicornis (Mocsáry 1909) (Argidae)
Caliroa ibukii Hara, 2020 (Tenthredinidae)
Pristiphora maesta (Zaddach, 1876) (Tenthredinidae)
Dendrocerus ramicornis (Boheman, 1831) (Megaspilidae)
Belizinella volutum Ide et Koyama, 2023 (Cynipidae)
Latuspina abemakiphila Ide et Abe, 2016 (Cynipidae)
Latuspina kofuensis Ide et Abe, 2016 (Cynipidae)
Xyalaspis orientalis Mata-Casanova et Pujade-Villar, 2014 (Figitidae)
Eurytoma tomentosae Park et Lee, 2021 (Eurytomidae)
Ormyrus flavitibialis Yasumatsu et Kamijo, 1979 (Ormyridae)
Encarsia tricolor Förster, 1878 (Aphelinidae)
Euplectrus intactus Walker, 1872 (Eulophidae)
Minotetrastichus frontalis (Nees, 1834) (Eulophidae)
Chrysopophthorus hungaricus (Zilahi-Kiss, 1927) (Braconidae)

Doryctes jinjuensis Belokobylskij et Ku, 2023 (Braconidae)
Homolobus (*Homolobus*) *discolor* (Wesmael, 1835) (Braconidae)
Leluthia disrupta (Belokobylskij, 1994) (Braconidae)
Meteorus limbatus Maeto, 1989 (Braconidae)
Phanerotoma diversa (Walker, 1874) (Braconidae)
Pholetesor bedelliae (Viereck, 1911) (Braconidae)
Triaspis curculiovorus Papp et Maeto, 1992 (Braconidae)
Agrypon tosense (Uchida, 1958) (Ichneumonidae)
Brachyzapus nikkoensis (Uchida, 1928) (Ichneumonidae)
Callajoppa cirrogaster (Schrank, 1781) (Ichneumonidae)
Coelichneumon albitrochantellus Uchida, 1955 (Ichneumonidae)
Dirophanes flavimarginalis (Uchida, 1927) (Ichneumonidae)
Enicospilus maruyamanus (Uchida, 1928) (Ichneumonidae)
Glypta murotai Watanabe, 2017 (Ichneumonidae)
Mastrus molestae (Uchida, 1933) (Ichneumonidae)
Netelia (*Bessobates*) *comitor* Tolkanitz, 1974 (Ichneumonidae)
Netelia (*Netelia*) *fulvator* Delrio, 1971 (Ichneumonidae)
Netelia (*Netelia*) *infractor* Delrio, 1971 (Ichneumonidae)
Netelia (*Netelia*) *oharai* Konishi, 2005 (Ichneumonidae)
Netelia (*Netelia*) *takaozana* (Uchida, 1928) (Ichneumonidae)
Netelia (*Paropheltes*) *strigosa* Konishi, 1996 (Ichneumonidae)
Netelia (*Paropheltes*) *terebrator* (Ulbricht, 1922) (Ichneumonidae)
Netelia (*Paropheltes*) *thomsonii* (Brauns, 1889) (Ichneumonidae)
Ophion minutus Kriechbaumer, 1879 (Ichneumonidae)
Ophion nikkonis Uchida, 1928 (Ichneumonidae)
Pimpla japonica (Momoi, 1973) (Ichneumonidae)
Proclitus attentus Förster, 1871 (Ichneumonidae)
Sphinctus pereponicus Humala, 2020 (Ichneumonidae)
Stauropoctonus infuscus (Uchida, 1928) (Ichneumonidae)
Zaglyptus semirufus Momoi, 1970 (Ichneumonidae)
Epyris breviclypeatus Lim et Lee, 2011 (Bethylidae)
Elampus coloratus Rosa, 2017 (Chrysididae)
Colletes babai Hirashima et Tadauchi, 1979 (Colletidae)
Epeolus tarsalis Morawitz, 1874 (Apidae)
Nomada fulvicornis Fabricius, 1793 (Apidae)
Nomada montverna Tsuneki, 1973 (Apidae)
Nomada taicho Tsuneki, 1973 (Apidae)
Nomada towada Tuuneki, 1973 (Apidae)
Anoplius concinnus (Dahlbom, 1845) (Pompilidae)
Cerceris sobo Yasumatsu et Okabe, 1936 (Crabronidae)
Trypoxylon ussuriense Kazenas, 1980 (Crabronidae)

前　言

《北京林业昆虫图谱（I，II，III）》分别于2018年1月、2021年6月和2023年3月出版，分别记录北京林业（包括园林及果树）昆虫629种、522种和527种。其中第I册中包含的种类多数是林业上常见的植食性昆虫，一部分为天敌昆虫，另有个别属于在林地内常见，但与树木关系不大的种类。第II册包含从原始的弹尾目Collembola（现多认为是弹尾纲）到全变态的脉翅类（脉翅目、蛇蛉目和广翅目），属于半翅目的叶蝉科和盲蝽科种类最为丰富，分别为111种和107种。第III册为双翅目，含种类较丰富的寄蝇科55种，食蚜蝇科64种，食虫虻40种。

本书是第IV册，仅包含膜翅目（蜂和蚁）。第I册所含膜翅目昆虫61种，仅个别鉴定有误的种类列入本册中。本书共记录北京膜翅目昆虫683种，102种鉴定到属，北京新记录266种（书内用“北京*”表示），包含55个中国新记录种，1个新异名。本书按膜翅目的分类系统排列，每种提供生态照片（部分为室内拍摄，均列出拍摄地点和时间，部分种类附外生殖器等显微照片）、简单的外部形态特征、分布、已知的食性及简单的习性等。

生物分子测序技术越来越先进和便捷，具有分子条形码的昆虫物种数量也在快速增长，同时昆虫图像的人工智能识别技术也在探索之中。就目前而言，核对附有简洁描述的昆虫图谱（图鉴）类书籍（或网站）仍是认识昆虫最方便的途径。这3种识别昆虫的方法，其前提条件是数据库中的物种数据或图片的鉴定是正确的。

生物分类及鉴定往往是一项逐渐接近真理（正确的物种）的工作，有时需要多次的更正才能到达胜利的彼岸。我们的工作也不例外，本书指出了我们过去所出的图谱中存在的一些错误。

本书可作为农林生产和科研人士、自然爱好者等的参考用书，也为北京昆虫多样性积累一些资料。

由于作者知识水平有限，书中难免有不足之处，敬请读者批评指正。

虞国跃

2024年9月

致　谢

本书是多年工作的小结。在北京林业昆虫的调查、研究和本书写作与出版过程中，得到了许多人士的帮助和支持。

我们两位作者的单位和领导为调查提供了大力支持，使我们的工作得以长时间顺利展开，他们分别是北京市园林绿化资源保护中心（薛洋主任）、北京市农林科学院植物保护研究所（王守现所长，王甦主任）。

冯术快、卢绪利、王兵、刘彪、潘彦平、薛正、周达康、王山宁等先生不时参加调查、采集或参与讨论；孙福君、张崇岭、岳树林、颜容、王长民、杨新明、赵连祥、梁红斌、陈超、陈秀红、熊品贞、李彬、马亚云、杨帆、杨俊、张永安、宋婧祎、田丽霞、吴萌萌、于文武等先生（女士）为我们的调查提供了帮助或标本、文献。

本书是北京昆虫图谱系列的第 10 本，前 9 本分别为：《北京蛾类图谱》《王家园昆虫》《我的家园，昆虫图记》《北京林业昆虫图谱（I）》《北京林业昆虫图谱（II）》《北京林业昆虫图谱（III）》《北京蚜虫生态图谱》《北京访花昆虫》《北京甲虫生态图谱》。以上工作中对于昆虫物种的鉴定，得到了许多专家的帮助，在此表达衷心的感谢。本书有不少是新增的种类，一些物种的鉴定得到以下专家的帮助：徐环李教授（蜜蜂总科）、魏美才教授（叶蜂科）、朱朝东研究员（姬小蜂科）、李晓莉教授（泥蜂类）、李廷景教授（钩土蜂和胡蜂类）。还有其他许多专家在鉴定过程中给予了帮助。王山宁、薛正、于文武、杨俊提供了个别图片（图片下标注署名），使本书更臻完美。如果本书所属种类的鉴定有误，责任仍在我们。不少国内外专家、学者给予文献上的支持，或帮助寻找文献（陈学新先生、韩辉林先生、刘经贤先生、梁红斌先生等）。个别中文名采自彩万志教授的《拉英汉昆虫学词典》（2022）。

我们的研究工作和本书的出版，得到了北京市农林科学院植物保护研究所实质性工作经费的资助。

如果没有以上诸位的帮助和支持，我们不可能完成此书的编写和出版，为此深表谢忱！

虞国跃　王　合

2024 年 9 月

目　　录

膜翅目

树蜂科 Siricidae /2
黑顶扁角树蜂 *Tremex apicalis* Matsumura, 1912 /2
长颈树蜂科 Xiphydriidae /2
红头真长颈树蜂 *Euxiphydria potanini* (Jakovlev, 1891) /2
波氏长颈树蜂 *Xiphydria popovi* Semenov et Gussakovskij, 1935 /2
茎蜂科 Cephidae /3
葛氏梨茎蜂 *Janus gussakovskii* Maa, 1944 /3
白蜡外齿茎蜂 *Stenocephus fraxini* Wei, 2015 /3
三节叶蜂科 Argidae /3
淡角近脉三节叶蜂 *Aproceros pallidicornis* (Mocsáry, 1909) /3
黄腹近脉三节叶蜂 *Aproceros* sp. /4
突眼红胸三节叶蜂 *Arge macrops* Shinohara, Hara et Kim, 2009 /4
毛瓣淡毛三节叶蜂 *Arge pilopenis* Wei, 2002 /5
脊颜混毛三节叶蜂 *Arge pseudosiluncula* Wei et Nie, 1998 /5
桦三节叶蜂 *Arge pullata* (Zaddach, 1859) /6
三环环腹三节叶蜂 *Arge tricincta* (Wen et Wei, 2001) /6
李氏脊颜三节叶蜂 *Sterictiphora lii* Wei, 1998 /6
广蜂科 Megalodontesidae /7
黑股广蜂 *Megalodontes spiraeae siberiensis* (Rohwer, 1925) /7
锤角叶蜂科 Cimbicidae /7
榆童锤角叶蜂 *Asicimbex elminus* (Li et Wu, 2003) /7
风桦锤角叶蜂 *Cimbex femoratus* (Linnaeus, 1758) /8
黑肩细锤角叶蜂 *Leptocimbex nigrotegularis* Yan et Wei, 2022 /8
亚美棒锤角叶蜂 *Pseudoclavellaria amerinae* (Linnaeus, 1758) /9
多毛毛锤角叶蜂 *Trichiosoma villosum* (Motschulsky, 1860) /9
松叶蜂科 Diprionidae /10
双枝黑松叶蜂 *Nesodiprion biremis* (Konow, 1899) /10
叶蜂科 Tenthredinidae /10
双环钝颊叶蜂 *Aglaostigma pieli* Takeuchi, 1938 /10
黑唇平背叶蜂 *Allantus luctifer* (Smith, 1874) /11
斑唇后室叶蜂 *Asiemphytus maculoclypeatus* Wei, 2002 /11
日本菜叶蜂 *Athalia japonica* (Klug, 1815) /12
黑胫残青叶蜂 *Athalia icar* Saini et Vasu, 1997 /12
黄翅菜叶蜂 *Athalia rosae ruficornis* Jakovlev, 1888 /13
朝鲜柄臀叶蜂 *Birka koreana* (Takeuchi, 1941) /13

朴黏叶蜂	*Caliroa ibukii* Hara, 2020	/ 14
榉黏叶蜂	*Caliroa zelkovae* Oishi, 1961	/ 14
核桃大跗叶蜂	*Craesus juglandis* Beneš, 1990	/ 14
拐角简栉叶蜂	*Cladius* (*Trichiocampus*) *grandis* (Serville, 1823)	/ 15
小麦叶蜂	*Dolerus tritici* Chu, 1949	/ 15
刻胸叶蜂	*Eriocampa* sp.	/ 16
柳蜷叶蜂	*Euura saliciphagus* (Wu, 2009)	/ 16
柳褶幽叶蜂	*Euura* sp.1	/ 17
粗角巨片叶蜂	*Megatomostethus crassicornis* (Rohwer, 1910)	/ 17
柳虫瘿叶蜂	*Euura* sp.2	/ 18
杨潜叶叶蜂	*Fenusella taianensis* (Xiao et Zhou, 1983)	/ 18
斑痣突瓣叶蜂	*Nematus maculostigmatus* Liu et Wei, 2023	/ 19
白榆突瓣叶蜂	*Nematus pumila* Liu, Li et Wei, 2019	/ 19
绿柳突瓣叶蜂	*Nematus ruyanus* Wei, 2002	/ 20
柳突瓣叶蜂	*Nematus* sp.1	/ 20
新宾突瓣叶蜂	*Nematus* sp.2	/ 21
北京杨锉叶蜂	*Pristiphora beijingensis* Zhou et Zhang, 1993	/ 21
杨黄褐锉叶蜂	*Pristiphora conjugata* (Dahlbom, 1835)	/ 21
苹槌缘叶蜂	*Pristiphora maesta* (Zaddach, 1876)	/ 22
绿腹齿唇叶蜂	*Rhogogaster chlorosoma* (Benson, 1943)	/ 22
中华锉叶蜂	*Pristiphora sinensis* Wong, 1977	/ 23
敛眼齿唇叶蜂	*Rhogogaster convergens* Malaise, 1931	/ 23
弯毛侧跗叶蜂	*Siobla curvata* Niu et Wei, 2012	/ 24
中华厚爪叶蜂	*Stauronematus sinicus* Liu, Li et Wei, 2018	/ 24
黑条侧跗叶蜂	*Siobla* sp.	/ 25
双斑断突叶蜂	*Tenthredo bimacuclypea* Wei, 1998	/ 25
方斑中带叶蜂	*Tenthredo formosula* Wei, 2002	/ 26
黑端刺斑叶蜂	*Tenthredo fuscoterminata* Marlatt, 1898	/ 26
大斑绿斑叶蜂	*Tenthredo magnimaculatia* Wei, 2002	/ 27
单带棒角叶蜂	*Tenthredo ussuriensis unicinctasa* Nie et Wei, 2002	/ 27
白蜡敛片叶蜂	*Tomostethus fraxini* Niu et Wei, 2022	/ 28
旗腹蜂科	**Evaniidae**	**/ 28**
棕距短脉旗腹蜂	*Evaniella* sp.	/ 28
黑副旗腹蜂	*Parevania* sp.	/ 29
褶翅蜂科	**Gasteruptiidae**	**/ 29**
弯角褶翅蜂	*Gasteruption angulatum* Zhao, van Achterberg et Xu, 2012	/ 29
二色褶翅蜂	*Gasteruption bicoloratum* Tan et van Achterberg, 2016	/ 29
二斑褶翅蜂	*Gasteruption bimaculatum* Pasteels, 1958	/ 30
日本褶翅蜂	*Gasteruption japonicum* Cameron, 1888	/ 30
黑龙江褶翅蜂	*Gasteruption poecilothecum* Kieffer, 1911	/ 30
褶翅蜂	*Gasteruption* sp.	/ 31
细蜂科	**Proctotrupidae**	**/ 31**

黄氏叉齿细蜂	*Exallonyx huangi* He et Xu, 2015	/ 31
膨腹细蜂	*Proctotrupes gravidator* (Linnaeus, 1758)	/ 32
柄腹细蜂科	Heloridae	/ 32
畸足柄腹细蜂	*Helorus anomalipes* (Panzer, 1798)	/ 32
锤角细蜂科	Diapriidae	/ 33
基脉锤角细蜂	*Basalys* sp.	/ 33
果蝇毛锤角细蜂	*Trichopria drosophilae* (Perkins, 1910)	/ 33
缘腹细蜂科	Scelionidae	/ 34
草蛉黑卵蜂	*Telenomus chrysopae* Ashmead, 1893	/ 34
甘蓝夜蛾黑卵蜂	*Telenomus* sp.	/ 34
茶翅蝽沟卵蜂	*Trissolcus japonicus* (Ashmead, 1904)	/ 35
珀蝽沟卵蜂	*Trissolcus plautiae* (Watanabe, 1954)	/ 35
大痣细蜂科	Megaspilidae	/ 36
卡氏蚜大痣细蜂	*Dendrocerus carpenteri* (Curtis, 1829)	/ 36
细脊蚜大痣细蜂	*Dendrocerus laticeps* (Hedicke, 1929)	/ 36
指突蚜大痣细蜂	*Dendrocerus ramicornis* (Boheman, 1832)	/ 37
广腹细蜂科	Platygastridae	/ 37
侧广腹细蜂	*Piestopleura* sp.	/ 37
瘿蜂科	Cynipidae	/ 38
台湾纹瘿蜂	*Andricus formosanus* Tang et Melika, 2009	/ 38
槲树花纹瘿蜂	*Andricus kashiwaphilus* Abe, 1998	/ 38
盛冈纹瘿蜂	*Andricus moriokae* Monzen, 1953	/ 39
槲柞瘿蜂	*Andricus mukaigawae* (Mukaigawa, 1913)	/ 39
槲树旋博瘿蜂	*Belizinella volutum* Ide et Koyama, 2023	/ 40
栎根瘿蜂	*Biorhiza nawai* (Ashmead, 1904)	/ 40
黑似凹瘿蜂	*Cerroneuroterus japonicus* (Ashmead, 1904)	/ 41
栓皮栎饼二叉瘿蜂	*Latuspina abemakiphila* Ide et Abe, 2016	/ 42
杨氏二叉瘿蜂	*Latuspina manmiaoyangae* Melika et Tang, 2012	/ 42
高富二叉瘿蜂	*Latuspina kofuensis* Ide et Abe, 2016	/ 43
合巢二叉瘿蜂	*Latuspina* sp.	/ 43
台湾客瘿蜂	*Synergus formosanus* Schwéger et Melika, 2015	/ 44
日本客瘿蜂	*Synergus japonicus* Walker, 1874	/ 44
蒙古栎客瘿蜂	*Synergus mongolicus* Pujade-Villar et Wang, 2017	/ 45
栎空腔瘿蜂	*Trichagalma acutissimae* (Monzen, 1956)	/ 45
台湾毛瘿蜂	*Trichagalma formosana* Melika et Tang, 2010	/ 46
麻栎空腔瘿蜂	*Trichagalma serratae* (Ashmead, 1904)	/ 46
环腹瘿蜂科	Figitidae	/ 46
短角蚜瘿蜂	*Alloxysta brevis* (Thomson, 1862)	/ 46
毛翅蚜瘿蜂	*Alloxysta pilipennis* (Hartig, 1840)	/ 47
桃蚜瘿蜂	*Alloxysta victrix* (Westwood, 1833)	/ 47
矩盾狭背瘿蜂	*Callaspidia* sp.	/ 47
圆尾蚜瘿蜂	*Alloxysta* sp.	/ 48

开室沟蚜瘿蜂	*Phaenoglyphis villosa* (Hartig, 1841)	/ 48
东方刻柄腹瘿蜂	*Xyalaspis orientalis* Mata-Casanova et Pujade-Villar, 2014	/ 49
广肩小蜂科	Eurytomidae	/ 49
桃仁蜂	*Eurytoma maslovskii* Nikolskaja, 1945	/ 49
樱桃仁广肩小蜂	*Eurytoma tomentosae* Park et Lee, 2021	/ 50
黏虫广肩小蜂	*Eurytoma verticillata* (Fabricius, 1798)	/ 50
毛瘿蜂广肩小蜂	*Eurytoma* sp.	/ 51
北方食瘿广肩小蜂	*Sycophila* sp.1	/ 51
黄眶食瘿广肩小蜂	*Sycophila* sp.2	/ 52
刚竹泰广肩小蜂	*Tetramesa phyllotachitis* (Gahan, 1922)	/ 52
短角泰广肩小蜂	*Tetramesa* sp.1	/ 53
黄足泰广肩小蜂	*Tetramesa* sp.2	/ 53
旋小蜂科	Eupelmidae	/ 53
甘肃平腹小蜂	*Anastatus gansuensis* Chen et Zang, 2019	/ 53
松毛虫平腹小蜂	*Anastatus gastropachae* Ashmead, 1904	/ 54
日本平腹小蜂	*Anastatus japonicus* Ashmead, 1904	/ 54
平腹小蜂	*Anastatus* sp.	/ 55
基弗旋小蜂	*Eupelmus kiefferi* De Stefani, 1898	/ 55
黄腿旋小蜂	*Eupelmus luteipes* Fusu et Gibson, 2016	/ 56
梢小蠹旋小蜂	*Eupelmus* sp.1	/ 56
大眼旋小蜂	*Eupelmus* sp.2	/ 57
小扁胫旋小蜂	*Metapelma* sp.	/ 57
谷旋小蜂	*Tineobius* (*Tineobius*) sp.	/ 58
褶翅小蜂科	Leucospidae	/ 58
日本褶翅小蜂	*Leucospis japonicus* Walker, 1871	/ 58
中华褶翅小蜂	*Leucospis sinensis* Walker, 1860	/ 59
安松褶翅小蜂	*Leucospis yasumatsui* Habu, 1961	/ 59
小蜂科	Chalcididae	/ 60
日本凹头小蜂	*Antrocephalus japonicus* (Masi, 1936)	/ 60
麦逖凹头小蜂	*Antrocephalus mitys* (Walker, 1846)	/ 60
哈托大腿小蜂	*Brachymeria hattoriae* Habu, 1961	/ 61
广大腿小蜂	*Brachymeria lasus* (Walker, 1841)	/ 61
德州角头小蜂	*Dirhinus texanus* (Ashmead, 1896)	/ 62
白翅脊柄小蜂	*Epitranus albipennis* Walker, 1874	/ 62
日本截胫小蜂	*Haltichella nipponensis* Habu, 1960	/ 63
木蛾霍克小蜂	*Hockeria epimactis* Sheng, 1990	/ 63
凸腿小蜂	*Kriechbaumerella* sp.	/ 64
刻腹小蜂科	Ormyridae	/ 64
瘿孔象刻腹小蜂	*Ormyrus coccotori* Yao et Yang, 2004	/ 64
栗瘿刻腹小蜂	*Ormyrus* sp.	/ 64
黄胫刻腹小蜂	*Ormyrus flavitibialis* Yasumatsu et Kamijo, 1979	/ 65
长尾小蜂科	Torymidae	/ 66

蔷薇大痣小蜂 *Megastigmus aculeatus* (Swederus, 1795) / 66
青铜齿腿长尾小蜂 *Monodontomerus aeneus* (Fonscolombe, 1832) / 66
黄柄齿腿长尾小蜂 *Monodontomerus dentipes* (Dalman, 1820) / 67
葛氏长尾小蜂 *Torymus geranii* (Walker, 1833) / 67
日本螳小蜂 *Podagrion nipponicum* Habu, 1962 / 68
黄腹长尾小蜂 *Torymus* sp.1 / 68
槲栎长尾小蜂 *Torymus* sp.2 / 69
黄柄长尾小蜂 *Torymus* sp.3 / 69
半黄长尾小蜂 *Torymus* sp.4 / 70
棒小蜂科 Signiphoridae / 70
兴棒小蜂 *Signiphora* sp. / 70
蚁小蜂科 Eucharitidae / 70
东亚蚁小蜂 *Eucharis esakii* Ishii, 1938 / 70
北京亮蚁小蜂 *Schizaspidia* sp. / 71
智形分盾蚁小蜂 *Stilbula cyniformis* (Rossi, 1792) / 71
巨胸小蜂科 Perilampidae / 72
伟巨胸小蜂 *Perilampus* sp. / 72
赤眼蜂科 Trichogrammatidae / 72
跳甲异赤眼蜂 *Asynacta ophriolae* Lin, 1993 / 72
舟蛾赤眼蜂 *Trichogramma closterae* Pang et Chen, 1974 / 73
松毛虫赤眼蜂 *Trichogramma dendrolimi* Matsumura, 1926 / 73
跳小蜂科 Encyrtidae / 74
泽田长索跳小蜂 *Anagyrus sawadai* Ishii, 1928 / 74
绵粉蚧长索跳小蜂 *Anagyrus schoenherri* (Westwood, 1837) / 74
球蚧跳小蜂 *Aphycoides lecaniorum* (Tachikawa, 1963) / 75
单带艾菲跳小蜂 *Aphycus apicalis* (Dalman, 1820) / 75
札幌艾菲跳小蜂 *Aphycus sapporoensis* (Compere et Annecke, 1961) / 76
盾蚧寡节跳小蜂 *Arrhenophagus chionaspidis* Aurivillius, 1888 / 76
花角跳小蜂 *Blastothrix* sp. / 76
绵粉蚧刷盾跳小蜂 *Cheiloneurus phenacocci* Shi, 1993 / 77
细角刷盾跳小蜂 *Cheiloneurus quercus* Mayr, 1876 / 77
纽绵蚧跳小蜂 *Encyrtus sasakii* Ishii, 1928 / 77
佛州多胚跳小蜂 *Copidosoma floridanum* (Ashmead, 1900) / 78
褐球蚧跳小蜂 *Encyrtus rhodococcusiae* Wang et Zhang, 2016 / 78
蛇眼蚧斑翅跳小蜂 *Epitetracnemus lindingaspidis* (Tachikawa, 1963) / 79
隐尾瓢虫跳小蜂 *Homalotylus eytelweinii* (Ratzeburg, 1844) / 79
赵氏草岭跳小蜂 *Isodromus zhaoi* Li et Xu, 1997 / 79
瓢虫跳小蜂 *Homalotylus* sp. / 80
细角阔柄跳小蜂 *Metaphycus tenuicornis* (Timberlake, 1916) / 80
刺鞘阔柄跳小蜂 *Metaphycus stylatus* Wang, Li et Zhang, 2013 / 80
真棉蚧阔柄跳小蜂 *Metaphycus* sp. / 81
蚜茧蜂跳小蜂 *Ooencyrtus aphidius* (Dang et Wang, 2002) / 81

大蛾卵跳小蜂	*Ooencyrtus kuvanae* (Howard, 1910)	/ 82
拜氏跳小蜂	*Oriencyrtus beybienkoi* Sugonjaev et Trjapitzin, 1974	/ 82
窄木虱跳小蜂	*Psyllaephagus stenopsyllae* (Tachikawa, 1963)	/ 82
槐木虱跳小蜂	*Psyllaephagus* sp.1	/ 83
五加木虱跳小蜂	*Psyllaephagus* sp.2	/ 83
蚜虫跳小蜂	*Syrphophagus aphidivorus* (Mayr, 1876)	/ 84
黑青蚜蝇跳小蜂	*Syrphophagus nigrocyaneus* Ashmead, 1904	/ 84
食蚜蝇跳小蜂	*Syrphophagus* sp.	/ 85
微食皂马跳小蜂	*Zaomma lambinus* (Walker, 1838)	/ 85
蚜小蜂科	Aphelinidae	/ 86
短距蚜小蜂	*Aphelinus abdominalis* (Dalman, 1820)	/ 86
短翅蚜小蜂	*Aphelinus asychis* Walker, 1839	/ 86
桃粉蚜蚜小蜂	*Aphelinus hyalopteraphidis* Pan, 1992	/ 87
苹果绵蚜蚜小蜂	*Aphelinus mali* (Haldeman, 1851)	/ 87
竹纵斑蚜蚜小蜂	*Aphelinus takecallis* Li, 2005	/ 88
肖绿斑蚜蚜小蜂	*Aphelinus* sp.	/ 88
暗梗异角蚜小蜂	*Coccobius furvus* Huang, 1994	/ 89
夏威夷食蚧蚜小蜂	*Coccophagus hawaiiensis* Timberlake, 1926	/ 89
赖氏食蚧蚜小蜂	*Coccophagus lycimnia* (Walker, 1839)	/ 89
丽蚜小蜂	*Encarsia formosa* Gahan, 1924	/ 90
浅黄恩蚜小蜂	*Encarsia sophia* (Girault et Dodd, 1915)	/ 90
三色恩蚜小蜂	*Encarsia tricolor* Förster, 1878	/ 91
蒙氏桨角蚜小蜂	*Eretmocerus mundus* Mercet, 1931	/ 91
瘦柄花翅蚜小蜂	*Marietta carnesi* (Howard, 1910)	/ 91
豹纹花翅蚜小蜂	*Marietta picta* André, 1878	/ 92
金小蜂科	Pteromalidae	/ 92
中国蜡卵金小蜂	*Acroclisoides sinicus* (Huang et Liao, 1988)	/ 92
榆痣斑金小蜂	*Acrocormus ulmi* Yang, 1996	/ 93
伍异金小蜂	*Anisopteromalus quinarius* Gokhman et Baur, 2014	/ 93
澳隐后金小蜂	*Cryptoprymna australiensis* (Girault, 1913)	/ 94
平脉优宽金小蜂	*Euneura sopolis* (Walker, 1844)	/ 94
黑青金小蜂	*Dibrachys microgastri* (Bouché, 1834)	/ 95
双邻金小蜂	*Dipara* sp.	/ 95
大蚜优宽金小蜂	*Euneura lachni* (Ashmead, 1887)	/ 96
纹黄枝瘿金小蜂	*Homoporus japonicus* Ashmead, 1904	/ 96
米象金小蜂	*Lariophagus distinguendus* (Förster, 1841)	/ 96
华肿脉金小蜂	*Metacolus sinicus* Yang, 1996	/ 97
蝇蛹金小蜂	*Pachycrepoideus vindemmiae* (Rondani, 1875)	/ 97
裸缘楔缘金小蜂	*Pachyneuron aciliatum* Huang et Liao, 1988	/ 98
蚜虫宽缘金小蜂	*Pachyneuron aphidis* (Bouché, 1834)	/ 98
巨楔缘金小蜂	*Pachyneuron grande* Thomson, 1878	/ 99
松毛虫卵宽缘金小蜂	*Pachyneuron solitarium* (Hartig, 1838)	/ 99

皮金小蜂	*Pteromalus procerus* Graham, 1969	/ 100
瑟茅金小蜂	*Pteromalus semotus* (Walker, 1834)	/ 100
梢小蠹长尾金小蜂	*Roptrocerus cryphalus* Yang, 2006	/ 100
金小蜂	*Pteromalus* sp.	/ 101
杨潜蝇金小蜂	*Schimitschekia populi* Boucek, 1965	/ 101
绒茧灿金小蜂	*Trichomalopsis apanteloctena* (Crawford, 1911)	/ 102
水曲柳长体金小蜂	*Trigonoderus fraxini* Yang, 1996	/ 102
扁股小蜂科	Elasmidae	/ 102
赤带扁股小蜂	*Elasmus cnaphalocrocis* Liao, 1987	/ 102
新乌扁股小蜂	*Elasmus neofunereus* Riek, 1967	/ 103
姬小蜂科	Eulophidae	/ 103
奥姬小蜂	*Aulogymnus* sp.	/ 103
底比斯金色姬小蜂	*Chrysocharis pentheus* (Walker, 1839)	/ 104
柠黄瑟姬小蜂	*Cirrospilus pictus* (Nees, 1834)	/ 104
真三纹扁角姬小蜂	*Closterocerus eutrifasciatus* Liao, 1987	/ 105
豌豆潜蝇姬小蜂	*Diglyphus isaea* (Walker, 1838)	/ 105
狭面姬小蜂	*Elachertus* sp.	/ 105
闪蓝聚姬小蜂	*Eulophus cyanescens* Bouček, 1959	/ 106
两色长距姬小蜂	*Euplectrus bicolor* (Swederus, 1795)	/ 107
纯长距姬小蜂	*Euplectrus intactus* Walker, 1872	/ 107
黄尾长距姬小蜂	*Euplectrus liparidis* Ferrière, 1941	/ 108
拟孔蜂巨柄啮小蜂	*Melittobia acasta* (Walker, 1839)	/ 108
潜敏啮小蜂	*Minotetrastichus frontalis* (Nees, 1834)	/ 109
跳象伲姬小蜂	*Necremnus* sp.	/ 109
潜蛾新金姬小蜂	*Neochrysocharis* sp.	/ 110
瓢虫啮小蜂	*Oomyzus scaposus* (Thomson, 1878)	/ 110
瓢虫柄腹姬小蜂	*Pediobius foveolatus* Crawford, 1912	/ 111
绍氏柄腹姬小蜂	*Pediobius saulius* (Walker, 1839)	/ 111
刺蛾黄色沟距姬小蜂	*Platyplectrus cnidocampae* Yang, 2015	/ 112
芦苇格姬小蜂	*Pnigalio phragmitis* (Erdös, 1954)	/ 112
方啮小蜂	*Quadrastichus* sp.	/ 113
黄斑短胸啮小蜂	*Tamarixia monesus* (Walker, 1839)	/ 113
柿羽角姬小蜂	*Sympiesis* sp.1	/ 114
栎羽角姬小蜂	*Sympiesis* sp.2	/ 114
枸杞木虱啮小蜂	*Tamarixia* sp.	/ 115
长辛店啮小蜂	*Tetrastichus* sp.1	/ 115
黑柄啮小蜂	*Tetrastichus* sp.2	/ 116
黄柄啮小蜂	*Tetrastichus* sp.3	/ 116
缨小蜂科	Mymaridae	/ 116
桃缨翅缨小蜂	*Anagrus* (*Anagrus*) sp.	/ 116
宽柄翅缨小蜂	*Gonatocerus ?latipennis* Girault, 1911	/ 117
茧蜂科	Braconidae	/ 117

异脊茧蜂	*Aleiodes dispar* Curtis, 1834	/ 117
腹脊茧蜂	*Aleiodes gastritor* (Thunberg, 1822)	/ 118
黏虫脊茧蜂	*Aleiodes mythimnae* He et Chen, 1988	/ 118
黄脊茧蜂	*Aleiodes pallescens* Hellén, 1927	/ 119
淡脉脊茧蜂	*Aleiodes pallidinervis* (Cameron, 1910)	/ 119
硕脊茧蜂	*Aleiodes praetor* (Reinhard, 1863)	/ 120
折半脊茧蜂	*Aleiodes ruficornis* (Herrich-Schäffer, 1838)	/ 120
红黑脊茧蜂	*Aleiodes* sp.	/ 121
棉大卷叶螟绒茧蜂	*Apanteles opacus* (Ashmead, 1905)	/ 121
苦艾蚜茧蜂	*Aphidius absinthii* Marshall, 1896	/ 122
乌兹别克蚜茧蜂	*Aphidius uzbekistanicus* Luzhetzki, 1960	/ 122
燕麦蚜茧蜂	*Aphidius avenae* Haliday, 1834	/ 123
长体刻柄茧蜂	*Atanycolus grandis* Wang et Chen, 2009	/ 123
始刻柄茧蜂	*Atanycolus initiator* (Fabricius, 1793)	/ 123
刻纹刻柄茧蜂	*Atanycolus ivanowi* (Kokujev, 1898)	/ 124
菲岛腔室茧蜂	*Aulacocentrum philippiense* (Ashmead, 1904)	/ 124
林德刻柄茧蜂	*Atanycolus lindemani* Tobias, 1980	/ 125
沟门刻柄茧蜂	*Atanycolus* sp.	/ 125
棉短瘤蚜茧蜂	*Binodoxys acalephae* (Marshall, 1896)	/ 126
广双瘤蚜茧蜂	*Binodoxys communis* (Gahan, 1926)	/ 126
暗色光茧蜂	*Bracon* (*Glabrobracon*) *obscurator* Nees, 1811	/ 127
帕氏颚钩茧蜂	*Bracon* (*Uncobracon*) *pappi* Tobias, 2000	/ 127
刻点天牛茧蜂	*Brulleia punctata* Yan et Chen, 2013	/ 128
悦茧蜂	*Charmon* sp.	/ 128
黄基棒甲腹茧蜂	*Chelonus* (*Baculonus*) *icteribasis* Zhang, Chen et He, 2006	/ 129
草蛉茧蜂	*Chrysopophthorus hungaricus* (Zilahi-Kiss, 1927)	/ 129
黄柄盘绒茧蜂	*Cotesia* sp.1	/ 130
蛛卵盘绒茧蜂	*Cotesia* sp.2	/ 130
拟微红盘绒茧蜂	*Cotesia* sp.3	/ 131
荒漠长喙茧蜂	*Cremnops desertor* (Linnaeus, 1758)	/ 131
菜蚜茧蜂	*Diaeretiella rapae* M'Intosh, 1855	/ 132
短脊长颊茧蜂	*Dolichogenidea brevicarinata* Chen et Song, 2004	/ 132
宽板长颊茧蜂	*Dolichogenidea latitergita* Liu et Chen, 2019	/ 133
齿基矛茧蜂	*Doryctes denticoxa* Belokobylskij, 1996	/ 133
晋州矛茧蜂	*Doryctes jinjuensis* Belokobylskij et Ku, 2023	/ 134
具柄矛茧蜂	*Doryctes petiolatus* Shestakov, 1940	/ 134
暗翅拱茧蜂	*Fornicia obscuripennis* Fahringer, 1934	/ 135
截距滑茧蜂	*Homolobus* (*Apatia*) *truncator* (Say, 1828)	/ 135
蛾柔茧蜂	*Habrobracon hebetor* (Say, 1836)	/ 136
北京断脉茧蜂	*Heterospilus* sp.	/ 136
暗滑茧蜂	*Homolobus* (*Chartolobus*) *infumator* (Lyle, 1914)	/ 137
异色滑茧蜂	*Homolobus* (*Homolobus*) *discolor* (Wesmael, 1835)	/ 137

台湾条背茧蜂	*Ipodoryctes formosanus* (Watanabe, 1934)	/ 138
迭斜沟茧蜂	*Leluthia disrupta* (Belokobylskij, 1994)	/ 138
棉蚜茧蜂	*Lysiphlebia japonica* (Ashmead, 1906)	/ 139
混合柄瘤蚜茧蜂	*Lysiphlebus confusus* Tremblay et Eady, 1978	/ 139
豆柄瘤蚜茧蜂	*Lysiphlebus fabarum* (Marshall, 1896)	/ 140
两色长体茧蜂	*Macrocentrus bicolor* (Cutis, 1833)	/ 140
北京长体茧蜂	*Macrocentrus beijingensis* Lou et He, 2000	/ 141
拟滑长体茧蜂	*Macrocentrus blandoides* van Achterberg, 1993	/ 141
周氏长体茧蜂	*Macrocentrus choui* He et Chen, 2000	/ 142
缘长体茧蜂	*Macrocentrus marginator* (Nees, 1812)	/ 142
茶梢尖蛾长体茧蜂	*Macrocentrus parametriatesivorus* He et Chen, 2000	/ 143
三板长体茧蜂	*Macrocentrus tritergitus* He et Chen, 2000	/ 143
大眼长体茧蜂	*Macrocentrus* sp.	/ 144
祝氏鳞跨茧蜂	*Meteoridea chui* He et Ma, 2000	/ 144
黑胫副奇翅茧蜂	*Megalommum tibiale* (Ashmead, 1906)	/ 145
黏虫悬茧蜂	*Meteorus gyrator* (Thunberg, 1822)	/ 145
黄缘悬茧蜂	*Meteorus limbatus* Maeto, 1989	/ 146
虹彩悬茧蜂	*Meteorus versicolor* (Wesmael, 1835)	/ 146
陡盾茧蜂	*Ontsira* sp.	/ 147
日本少毛蚜茧蜂	*Pauesia japonica* (Ashmead, 1906)	/ 147
柳少毛蚜茧蜂	*Pauesia salignae* (Watanabe, 1939)	/ 148
双线愈腹茧蜂	*Phanerotoma bilinea* Lyle, 1924	/ 148
长足大蚜茧蜂	*Pauesia unilachni* (Gahan, 1927)	/ 149
黑盾缘茧蜂	*Perilitus nigriscutum* Chen et van Achterberg, 1997	/ 149
异愈腹茧蜂	*Phanerotoma diversa* (Walker, 1874)	/ 150
东方愈腹茧蜂	*Phanerotoma orientalis* Szepligeti, 1902	/ 150
白角愈腹茧蜂	*Phanerotoma* sp.	/ 151
巴蛾幽茧蜂	*Pholetesor bedelliae* (Viereck, 1911)	/ 151
潜蛾幽茧蜂	*Pholetesor lyonetiae* Liu et Chen, 2016	/ 152
皱腹矛茧蜂	*Polystenus rugosus* Förster, 1862	/ 152
背侧蚜外茧峰	*Praon dorsale* (Haliday, 1833)	/ 153
两色皱腰茧蜂	*Rhysipolis* sp.	/ 153
黄内茧蜂	*Rogas flavus* Chen et He, 1997	/ 154
宽颊陡胸茧蜂	*Snellenius latigenus* Luo et You, 2005	/ 154
千头楚南茧蜂	*Sonanus senzuensis* Belokobylskij et Konishi, 2001	/ 155
白蜡窄吉丁柄腹茧蜂	*Spathius agrili* Yang, 2005	/ 155
腔柄腹茧蜂	*Spathius cavus* Belokobylskij, 1998	/ 156
屈氏角室茧蜂	*Stantonia qui* Chen, He et Ma, 2004	/ 156
丽下腔茧蜂	*Therophilus festivus* (Muesebeck, 1953)	/ 157
象甲三盾茧蜂	*Triaspis curculiovorus* Papp et Maeto, 1992	/ 157
褐胫三盾茧蜂	*Triaspis* sp.1	/ 158
杨跳象三盾茧蜂	*Triaspis* sp.2	/ 158

竹纵斑蚜茧蜂	*Trioxys* (*Betuloxys*) *takecallis* Stary, 1978	/ 159
黑足齿腿茧蜂	*Wroughtonia nigrifemoralis* Yan et van Achterberg, 2017	/ 159
朝鲜阔跗茧蜂	*Yelicones koreanus* Papp, 1985	/ 160
绿眼赛茧蜂	*Zele chlorophthalmus* (Spinola, 1808)	/ 160
骗赛茧蜂	*Zele deceptor* (Wesmael, 1835)	/ 161
姬蜂科	**Ichneumonidae**	**/ 161**
红带脊颈姬蜂	*Acrolyta rufocincta* (Gravenhorst, 1829)	/ 161
螟虫顶姬蜂	*Acropimpla persimilis* (Ashmead, 1906)	/ 162
黑盾巢姬蜂	*Acroricnus nigriscutellatus* Uchida, 1930	/ 162
食心虫田猎姬蜂	*Agrothereutes grapholithae* (Uchida, 1933)	/ 163
粗角钝杂姬蜂斑腿亚种	*Amblyjoppa forticornis maculifemorata* (Matsumura, 1912)	/ 163
高知阿格姬蜂	*Agrypon tosense* (Uchida, 1958)	/ 164
褐黄菲姬蜂	*Allophatnus fulvitergus* (Tosquinet, 1903)	/ 164
朝鲜肿跗姬蜂	*Anomalon coreanum* (Uchida, 1928)	/ 164
棘钝姬蜂	*Amblyteles armatorius* (Förster, 1771)	/ 165
肿跗姬蜂	*Anomalon* sp.	/ 165
春尺蠖前凹姬蜂	*Aphanistes* sp.	/ 166
斑栉姬蜂	*Banchus pictus* Fabricius, 1798	/ 166
北京短脉姬蜂	*Brachynervus beijingensis* Wang, 1983	/ 167
无区大食姬蜂	*Brachyzapus nonareaeidos* (Wang, 1997)	/ 167
日光漏斗蛛姬蜂	*Brachyzapus nikkoensis* (Uchida, 1928)	/ 168
东方毛沟姬蜂	*Brussinocryptus orientalis* (Uchida, 1932)	/ 168
红棕卡姬蜂	*Callajoppa cirrogaster* (Schrank, 1781)	/ 169
棉铃虫齿唇姬蜂	*Campoletis chlorideae* Uchida, 1957	/ 169
山西高缝姬蜂	*Campoplex shanxiensis* Han, van Achterberg et Chen, 2021	/ 170
条带高缝姬蜂	*Campoplex taenius* Han, van Achterberg et Chen, 2021	/ 170
丛螟高缝姬蜂	*Campoplex* sp.	/ 171
白根凹眼姬蜂	*Casinaria albifunda* Han, van Achterberg et Chen, 2021	/ 171
稻毛虫凹眼姬蜂	*Casinaria arjuna* Maheshwary et Gupta, 1977	/ 172
许氏凹眼姬蜂	*Casinaria xui* Han, van Achterberg et Chen, 2021	/ 172
朝鲜绿姬蜂	*Chlorocryptus coreanus* (Szépligeti, 1916)	/ 173
刺蛾紫姬峰	*Chlorocryptus purpuratus* (Smith, 1852)	/ 173
白转介姬蜂	*Coelichneumon albitrochantellus* Uchida, 1955	/ 174
介姬蜂	*Coelichneumon* sp.	/ 174
强姬蜂	*Cratichneumon* sp.	/ 175
半闭弯尾姬蜂	*Diadegma semiclausum* (Hellen, 1949)	/ 175
粗胫分距姬蜂	*Cremastus crassitibialis* Uchida, 1940	/ 176
颈双缘姬蜂	*Diadromus collaris* (Gravenhorst, 1829)	/ 177
亮长凹姬蜂	*Diaparsis* (*Diaparsis*) *nitidulentis* Khalaim et Sheng, 2009	/ 177
草蛉歧腹姬蜂	*Dichrogaster liostylus* (Thomson, 1855)	/ 178
紫窄痣姬蜂	*Dictyonotus purpurascens* (Smith, 1874)	/ 178
黄缘脊基姬蜂	*Dirophanes flavimarginalis* (Uchida, 1927)	/ 178

都姬蜂	*Dusona* sp.	/ 179
细线细颚姬蜂	*Enicospilus lineolatus* (Roman, 1913)	/ 179
丸山细颚姬蜂	*Enicospilus maruyamanus* (Uchida, 1928)	/ 180
黑斑细颚姬蜂	*Enicospilus melanocarpus* Cameron, 1905	/ 180
四国细颚姬蜂	*Enicospilus shikokuensis* (Uchida, 1928)	/ 181
褐缘细颚姬蜂	*Enicospilus* sp.1	/ 181
窄室细颚姬蜂	*Enicospilus* sp.2	/ 182
饰坐腹姬蜂	*Enizemum ornatum* (Gravenhorst, 1829)	/ 182
大螟钝唇姬蜂	*Eriborus terebrans* (Gravenhorst, 1829)	/ 183
广沟姬蜂	*Gelis areator* (Panzer, 1804)	/ 183
阿苏山沟姬蜂	*Gelis asozanus* (Uchida, 1930)	/ 184
室田雕背姬蜂	*Glypta murotai* Watanabe, 2017	/ 184
带沟姬蜂	*Gelis* sp.	/ 185
桑蟥聚瘤姬蜂	*Gregopimpla kuwanae* (Viereck, 1912)	/ 185
柞蚕软姬蜂	*Habronyx insidiator* (Smith, 1874)	/ 186
松毛虫异足姬蜂	*Heteropelma amictum* (Fabricius, 1775)	/ 186
等距姬蜂	*Hypsicera* sp.	/ 187
杉原姬蜂	*Ichneumon sugiharai* Uchida, 1935	/ 187
光瘤姬蜂	*Liotryphon* sp.	/ 188
云南角额姬蜂	*Listrognathus yunnanensis* He et Chen, 1996	/ 188
卷蛾壕姬峰	*Lycorina ornata* Uchida et Momoi, 1959	/ 189
舞毒蛾姬蜂	*Lymantrichneumon disparis* (Poda, 1761)	/ 189
梨小搜姬蜂	*Mastrus molestae* (Uchida, 1933)	/ 190
褐斑马尾姬蜂	*Megarhyssa praecellens* (Tosquinet, 1889)	/ 190
北海道马尾姬蜂	*Megarhyssa jezoensis* (Matsumura, 1912)	/ 191
丽黑姬蜂	*Melanichneumon spectabilis* (Holmgren, 1864)	/ 191
菱室姬蜂	*Mesochorus* sp.	/ 192
切盾脸姬蜂	*Metopius* (*Ceratopius*) *citratus* (Geoffroy, 1785)	/ 192
斯氏拟瘦姬蜂	*Netelia* (*Apatagium*) *smithii* (Dalla Torre, 1901)	/ 193
棕拟瘦姬蜂	*Netelia* (*Netelia*) *fulvator* Delrio, 1971	/ 193
陪拟瘦姬蜂	*Netelia* (*Bessobates*) *comitor* Tolkanitz, 1974	/ 194
冠毛拟瘦姬蜂	*Netelia* (*Bessobates*) *cristata* (Thomson, 1888)	/ 194
弱拟瘦姬蜂	*Netelia* (*Netelia*) *infractor* Delrio, 1971	/ 195
甘蓝夜蛾拟瘦姬蜂	*Netelia* (*Netelia*) *ocellaris* (Thomson, 1888)	/ 195
小原拟瘦姬蜂	*Netelia* (*Netelia*) *oharai* Konishi, 2005	/ 196
高尾山拟瘦姬蜂	*Netelia* (*Netelia*) *takaozana* (Uchida, 1928)	/ 196
细拟瘦姬蜂	*Netelia* (*Paropheltes*) *strigosa* Konishi, 1996	/ 197
孔拟瘦姬蜂	*Netelia* (*Paropheltes*) *terebrator* (Ulbricht, 1922)	/ 197
汤氏拟瘦姬蜂	*Netelia* (*Paropheltes*) *thomsonii* (Brauns, 1889)	/ 198
喇叭拟瘦姬蜂	*Netelia* (*Paropheltes*) sp.	/ 198
拟瘦姬蜂	*Netelia* (*Toxochiloides*) sp.	/ 199
具瘤畸脉姬蜂	*Neurogenia tuberculata* He, 1985	/ 199

尾除蠋姬蜂	*Olesicampe erythropyga* (Holmgren, 1860)	/ 200
暗斑瘦姬蜂	*Ophion fuscomaculatus* Cameron, 1899	/ 200
银翅欧姬蜂	*Opheltes glaucopterus* (Linnaeus, 1758)	/ 201
夜蛾瘦姬蜂	*Ophion luteus* (Linnaeus, 1758)	/ 201
小瘦姬蜂	*Ophion minutus* Kriechbaumer, 1879	/ 202
日光瘦姬蜂	*Ophion nikkonis* Uchida, 1928	/ 202
糊瘦姬蜂	*Ophion obscuratus* Fabricius, 1798	/ 203
瘦姬蜂	*Ophion* sp.1	/ 203
黄斑瘦姬蜂	*Ophion* sp.2	/ 204
宽室瘦姬蜂	*Ophion* sp.3	/ 204
褐足拱脸姬蜂	*Orthocentrus fulvipes* Gravenhorst, 1829	/ 205
粗角姬蜂	*Phygadeuon* sp.	/ 205
舞毒蛾黑瘤姬蜂	*Pimpla disparis* Viereck, 1911	/ 206
红基瘤姬蜂	*Pimpla japonica* (Momoi, 1973)	/ 206
暗黑瘤姬蜂	*Pimpla pluto* Ashmead, 1906	/ 206
日本瘤姬蜂	*Pimpla nipponica* Uchida, 1928	/ 207
阔痣姬蜂	*Plectiscus* sp.	/ 207
中华齿腿姬蜂	*Pristomerus chinensis* Ashmead, 1906	/ 208
光盾齿腿姬蜂	*Pristomerus scutellaris* Uchida, 1932	/ 208
知纤姬蜂	*Proclitus attentus* Förster, 1871	/ 209
天蛾卡姬蜂	*Quandrus pepsoides* (Smith, 1852)	/ 209
超中原姬蜂	*Protichneumon superodediae scopus* (Uchida, 1955)	/ 210
大安山棱柄姬蜂	*Sinophorus* sp.1	/ 210
黄脸裂臀姬蜂	*Schizopyga flavifrons* Holmgren, 1856	/ 211
沟门棱柄姬蜂	*Sinophorus* sp.2	/ 211
三斑单距姬蜂	*Sphinctus pereponicus* Humala, 2020	/ 212
舟蛾棘转姬蜂	*Stauropoctonus infuscus* (Uchida, 1928)	/ 212
中华横脊姬蜂	*Stictopisthus chinensis* (Uchida, 1942)	/ 213
黏虫棘领姬蜂	*Therion circumflexum* (Linnaeus, 1758)	/ 213
黄眶离缘姬蜂	*Trathala flavoorbitalis* (Cameron, 1907)	/ 214
抱缘姬蜂	*Temelucha* sp.	/ 214
毛眼姬蜂	*Trichomma* sp.	/ 215
弓脊姬蜂	*Triclistus* sp.	/ 215
仓蛾姬蜂	*Venturia canescens* (Gravenhorst, 1829)	/ 215
卵聚蛛姬蜂	*Tromatobia ovivora* (Boheman, 1821)	/ 216
黏虫白星姬蜂	*Vulgichneumon leucaniae* (Uchida, 1924)	/ 216
齿凿姬蜂	*Xorides* (*Moerophora*) sp.	/ 217
半红盛雕姬蜂	*Zaglyptus semirufus* Momoi, 1970	/ 217
白基多印姬蜂	*Zatypota albicoxa* (Walker, 1874)	/ 218
肿腿蜂科	**Bethylidae**	**/ 218**
盖拉头甲肿腿蜂	*Cephalonomia gallicola* (Ashmead, 1887)	/ 218
红跗头甲肿腿蜂	*Cephalonomia tarsalis* (Ashmead, 1893)	/ 219

日本棱角肿腿蜂 *Goniozus japonicus* Ashmead, 1904 / 219
中华利肿腿蜂 *Laelius sinicus* Xu, He et Terayama, 2003 / 219
短寄甲肿腿蜂 *Epyris breviclypeatus* Lim et Lee, 2011 / 220
台湾锉角肿腿蜂 *Pristocera formosana* Miwa et Sonan, 1935 / 220
管氏肿腿蜂 *Sclerodermus guani* Xiao et Wu, 1983 / 221
螯蜂科 Dryinidae / 221
久单爪螯蜂 *Anteon jurineanum* Latreille, 1809 / 221
斑衣蜡蝉螯蜂 *Dryimus browni* Ashmead, 1905 / 222
黑腹单节螯蜂 *Haplogonatopus oratorius* (Westwood, 1833) / 222
青蜂科 Chrysididae / 223
金糙青蜂 *Chrysis durga* Bingham, 1903 / 223
火红青蜂 *Chrysis ignita* (Linnaeus, 1758) / 223
多彩指胸青蜂 *Elampus coloratus* Rosa, 2017 / 224
普毛青蜂 *Holopyga fastuosa generosa* (Förster, 1853) / 224
闪青蜂 *Pseudomalus* sp. / 225
青绿突背青蜂 *Stilbum cyanurum* (Förster, 1771) / 225
分舌蜂科 Colletidae / 226
圆突分舌蜂 *Colletes babai* Hirashima et Tadauchi, 1979 / 226
斑额叶舌蜂 *Hylaeus paulus* Bridwell, 1919 / 226
缘叶舌蜂 *Hylaeus perforatus* (Smith, 1873) / 227
西伯利亚舌蜂 *Hylaeus sibiricus* (Strand, 1909) / 227
横叶舌蜂 *Hylaeus transversalis* Cockerell, 1924 / 228
青岛舌蜂 *Hylaeus tsingtauensis* (Strand, 1915) / 228
舌蜂 *Hylaeus* sp. / 229
地蜂科 Andrenidae / 229
纳地蜂 *Andrena* (*Andrena*) *nawai* Cockerell, 1913 / 229
白毛地蜂 *Andrena* (*Calomelissa*) *leucofimbriata* Xu et Tadauchi, 1995 / 230
霍夫曼地蜂 *Andrena* (*Euandrena*) *hoffmanni* Strand, 1915 / 230
一枝黄花地蜂 *Andrena* (*Cnemidandrena*) *solidago* Tadauchi et Xu, 2002 / 231
黄后胫地蜂 *Andrena* (*Euandrena*) *luridiloma* Strand, 1915 / 231
两斑距地蜂 *Andrena* (*Hoplandrena*) *nudigastroides* Yasumatsu, 1935 / 232
英彦山地蜂 *Andrena* (*Micrandrena*) *hikosana* Hirashima, 1957 / 232
戈氏地蜂 *Andrena* (*Larandrena*) *geae* Xu et Tadauchi, 2005 / 233
小地蜂 *Andrena* (*Micrandrena*) *minutula* (Kirby, 1802) / 233
黄胸地蜂 *Andrena* (*Melandrena*) *thoracica* (Fabricius, 1775) / 234
皱刻地蜂 *Andrena* (*Plastandrena*) *magnipunctata* Kim et Kim, 1989 / 234
巢菜地蜂 *Andrena* (*Poecilandrena*) *viciae* Tadauchi et Xu, 2000 / 235
克氏毛地蜂 *Panurginus crawfordi* Cockerell, 1914 / 235
隧蜂科 Halictidae / 236
拟绒毛隧蜂 *Halictus* (*Vestitohalictus*) *pseudovestitus* Bluthgen, 1925 / 236
淡脉隧蜂 *Lasioglossum* (*Dialictus*) sp. / 236
北京淡脉隧蜂 *Lasioglossum* (*Evylaeus*) *politum pekingense* (Blüthgen, 1925) / 236

无距淡脉隧蜂	*Lasioglossum* (*Evylaeus*) *apristum* (Vachal, 1903)	/ 237
齿颈淡脉隧蜂	*Lasioglossum* (*Lasioglossum*) *denticolle* (Morawitz, 1891)	/ 237
乍毛淡脉隧蜂	*Lasioglossum* (*Lasioglossum*) *proximatum* (Smith, 1879)	/ 238
尖肩淡脉隧蜂	*Lasioglossum* (*Lasioglossum*) *subopacum* (Smith, 1853)	/ 238
粗唇淡脉隧蜂	*Lasioglossum* (*Lasioglossum*) *upinense* (Morawitz, 1890)	/ 239
西部淡脉隧蜂	*Lasioglossum* (*Leuchalictus*) *occidens* (Smith, 1873)	/ 239
霍氏淡脉隧蜂	*Lasioglossum* (*Sphecodogastra*) *hoffmanni* (Strand, 1915)	/ 240
棒腹蜂	*Lipotriches ceratina* (Smith, 1857)	/ 240
蓝彩带蜂	*Nomia chalybeata* Smith, 1875	/ 241
疑彩带蜂	*Nomia incerta* Gribodo, 1894	/ 241
黄胸彩带蜂	*Nomia thoracica* Smith, 1875	/ 242
朱红腹隧蜂	*Sphecodes ferruginatus* Hagens, 1882	/ 242
铜色隧蜂	*Seladonia* (*Seladonia*) *aeraria* (Smith, 1873)	/ 243
钢铁红腹隧蜂	*Sphecodes okuyetsu* Tsuneki, 1983	/ 243
长红腹隧蜂	*Sphecodes longulus* von Hagens, 1882	/ 244
粗点红腹隧蜂	*Sphecodes scabricollis* Wesmael, 1835	/ 244
准蜂科	Melittidae	/ 245
日本准蜂	*Melitta japonica* Yasumatsu et Hirashima, 1956	/ 245
切叶蜂科	Megachilidae	/ 245
七黄斑蜂	*Anthidium septemspinosum* Lepeletier, 1841	/ 245
宽板尖腹蜂	*Coelioxys afra* Lepeletier, 1841	/ 246
短尾尖腹蜂	*Coelioxys brevicaudata* Friese, 1935	/ 246
波赤腹蜂	*Euaspis polynesia* Vachal, 1903	/ 247
净切叶蜂	*Megachile abluta* Cockerell, 1911	/ 247
双叶切叶蜂	*Megachile dinura* Cockerell, 1911	/ 248
北方切叶蜂	*Megachile manchuriana* Yasumatsu, 1939	/ 248
日本切叶蜂	*Megachile nipponica* Cockerell, 1914	/ 249
淡翅切叶蜂	*Megachile remota* Smith, 1879	/ 249
窄切叶蜂	*Megachile rixator* Cockerell, 1911	/ 250
苜蓿切叶蜂	*Megachile rotundata* (Fabricius, 1787)	/ 250
青岛切叶蜂	*Megachile tsingtauensis* Strand, 1915	/ 251
单齿切叶蜂	*Megachile willughbiella* (Kirby, 1802)	/ 251
角额壁蜂	*Osmia cornifrons* (Radoszkowski, 1887)	/ 252
紫壁蜂	*Osmia jacoti* Cockerell, 1929	/ 252
凹唇壁蜂	*Osmia excavata* Alfken, 1903	/ 253
红壁蜂	*Osmia rufina* Cockerell, 1931	/ 253
蜜蜂科	Apidae	/ 254
杂无垫蜂	*Amegilla confusa* (Smith, 1854)	/ 254
褐胸无垫蜂	*Amegilla mesopyrrha* (Cockerell, 1930)	/ 254
绿条无垫蜂	*Amegilla zonata* (Linnaeus, 1758)	/ 255
弗尼条蜂	*Anthophora finitima* (Morawitz, 1894)	/ 255
黑颚条蜂	*Anthophora melanognatha* Cockerell, 1911	/ 256

盗条蜂	*Anthophora plagiata* (Illiger, 1806)	/ 256
毛跗黑条蜂	*Anthophora plumipes* (Pallas, 1772)	/ 257
中华蜜蜂	*Apis cerana* Fabricius, 1793	/ 257
意大利蜜蜂	*Apis mellifera ligustica* Spinola, 1806	/ 258
华北密林熊蜂	*Bombus ganjsuensis* Skorikov, 1913	/ 258
眠熊蜂	*Bombus hypnorum* (Linnaeus, 1758)	/ 259
兰州熊蜂	*Bombus lantschouensis* Vogt, 1908	/ 259
富丽熊蜂	*Bombus opulentus* Smith, 1861	/ 259
长足熊蜂	*Bombus longipes* Friese, 1905	/ 260
地熊蜂	*Bombus terrestris* (Linnaeus, 1758)	/ 260
乌苏里熊蜂	*Bombus ussurensis* Radoszkowski, 1877	/ 261
黄芦蜂	*Ceratina flavipes* Smith, 1879	/ 261
拟黄芦蜂	*Ceratina hieroglyphica* Smith, 1854	/ 262
棒突芦蜂	*Ceratina satoi* Yasumatsu, 1936	/ 262
齿突芦蜂	*Ceratina iwatai* Yasumatsu, 1936	/ 263
黑跗长足条蜂	*Elaphropoda nigrotarsa* Wu, 1979	/ 263
黄跗绒斑蜂	*Epeolus tarsalis* Morawitz, 1874	/ 264
北京长须蜂	*Eucera (Hetereucera) pekingensis* Yasumatsu, 1946	/ 264
花四条蜂	*Eucera (Synhalonia) floralia* (Smith, 1854)	/ 265
中国毛斑蜂	*Melecta chinensis* Cockerell, 1931	/ 265
褐角艳斑蜂	*Nomada fulvicornis* Fabricius, 1793	/ 266
美山斑艳蜂	*Nomada montverna* Tsuneki, 1973	/ 266
小环艳斑蜂	*Nomada okubira* Tsuneki, 1973	/ 267
艳斑蜂	*Nomada* sp.	/ 267
太町艳斑蜂	*Nomada taicho* Tsuneki, 1973	/ 268
十和田艳斑蜂	*Nomada towada* Tuuneki, 1973	/ 268
彩艳斑蜂	*Nomada xanthidica* Cockerell, 1905	/ 269
喜马盾斑蜂	*Thyreus himalayensis* (Radoszkowski, 1893)	/ 269
二齿四条蜂	*Tetralonia pollinosa* (Lepeletier, 1841)	/ 270
黄胸木蜂	*Xylocopa appendiculata* Smith, 1852	/ 270
白绒斑蜂	*Triepeolus ventralis* (Meade-Waldo, 1913)	/ 271
蚁科	Formicidae	/ 271
日本盘腹蚁	*Aphaenogaster japonica* Forel, 1911	/ 271
掘穴蚁	*Formica cunicularia* Latreille, 1798	/ 271
中华短猛蚁	*Brachyponera chinensis* (Emery, 1895)	/ 272
日本弓背蚁	*Camponotus japonicus* Mayr, 1866	/ 272
四斑弓背蚁	*Camponotus quadrinotatus* Forel, 1886	/ 273
皱胸举腹蚁	*Crematogaster brunnea ruginota* Santschi, 1928	/ 273
玛氏举腹蚁	*Crematogaster matsumurai* Forel, 1901	/ 274
光黄褐蚁	*Formica glabridorsis* Santschi, 1925	/ 274
日本黑褐蚁	*Formica japonica* Motschulsky, 1866	/ 274
中华红林蚁	*Formica sinensis* Wheeler, 1913	/ 275

红头蚁	*Formica truncorum* Fabricius, 1804	/ 275
黄毛蚁	*Lasius flavus* (Fabricius, 1782)	/ 276
亮毛蚁	*Lasius nipponensis* Forel, 1912	/ 276
中华小家蚁	*Monomorium chinense* Santschi, 1925	/ 276
黑褐草蚁	*Lasius niger* (Linnaeus, 1758)	/ 277
小黄家蚁	*Monomorium pharaonis* (Linnaeus, 1758)	/ 277
皱结红蚁	*Myrmica ruginodis* Nylander, 1846	/ 278
黄足尼氏蚁	*Nylanderia flavipes* (Smith, 1874)	/ 278
山大齿猛蚁	*Odontomachus monticola* Emery, 1892	/ 279
淡黄大头蚁	*Pheidole flaveria* Zhou et Zheng, 1999	/ 279
长节大头蚁	*Pheidole fervens* Smith, 1858	/ 280
满斜结蚁	*Plagiolepis manczshurica* Ruzsky, 1905	/ 280
银足切胸蚁	*Temnothorax argentipes* (Wheeler, 1928)	/ 280
路舍蚁	*Tetramorium caespitum* (Linnaeus, 1758)	/ 281
蚁蜂科	Mutillidae	/ 281
细点鳞蚁蜂	*Bischoffitilla exilipunctata* (Chen, 1957)	/ 281
北京中华蚁蜂	*Sinotilla pekiniana* (André, 1905)	/ 281
特囊蚁蜂	*Cystomutilla teranishii* Mickel, 1935	/ 282
刘氏小蚁蜂	*Smicromyrme lewisi* Mickel, 1935	/ 282
眼斑华蚁蜂	*Wallacidia oculata* (Fabricius, 1804)	/ 283
寡毛土蜂科	Sapygidae	/ 283
侧窝寡毛土蜂	*Polochridium eoum* Gussakovskij, 1932	/ 283
土蜂科	Scoliidae	/ 284
白毛长腹土蜂	*Campsomeriella annulata* (Fabricius, 1793)	/ 284
金毛长腹土蜂	*Megacampsomeris prismatica* (Smith, 1855)	/ 284
四斑土蜂	*Scolia binotata* Fabricius, 1804	/ 285
大斑土蜂	*Scolia clypeata* Sickmann, 1895	/ 285
犬野土蜂	*Scolia inouyei* Okamoto, 1924	/ 286
眼斑土蜂	*Scolia oculata* (Matsumura, 1911)	/ 286
中华土蜂	*Scolia sinensis* Saussure et Sichel, 1864	/ 287
间色土蜂	*Scolia watanabei* (Matsumura, 1912)	/ 287
红斑丝长腹土蜂	*Sericocampsomeris rubromaculata* (Smith, 1855)	/ 287
钩土蜂科	Tiphiidae	/ 288
光滑枚钩土蜂	*Mesa glaber* Liao, Chen et Li, 2021	/ 288
短室钩土蜂	*Tiphia* sp.1	/ 288
近华钩土蜂	*Tiphia* sp.2	/ 289
台湾带钩腹蜂	*Taeniogonalos formosana* (Bischoff, 1913)	/ 289
钩腹蜂科	Trigonalidae	/ 290
瘤钝带钩腹蜂	*Taeniogonalos subtruncata* Chen et al., 2014	/ 290
胡蜂科	Vespidae	/ 290
羚足沟蜾蠃	*Ancistrocerus antilope* (Panzer, 1789)	/ 290
石沟蜾蠃	*Ancistrocerus trifasciatus shibuyai* (Yasumatsu, 1938)	/ 290

墙沟蜾蠃	*Ancistrocerus parietinus* (Linnaeus, 1758)	/ 291
台湾短角蜾蠃	*Apodynerus formosensis* (von Schulthess,1934)	/ 291
长腹元蜾蠃	*Discoelius zonalis* (Panzer, 1801)	/ 292
北方蜾蠃	*Eumenes coarctatus* (Linnaeus, 1758)	/ 292
东北陆蜾蠃	*Eumenes mediterraneus manchurianus* Giordani Soika, 1971	/ 293
黑盾蜾蠃	*Eumenes nigriscutatus* Zhou, Chen et Li, 2012	/ 293
孔蜾蠃	*Eumenes punctatus* de Saussure, 1852	/ 294
日本佳盾蜾蠃	*Euodynerus nipanicus* (Schulthess, 1908)	/ 294
方蜾蠃	*Eumenes quadratus* Smith, 1852	/ 295
显蜾蠃	*Eumenes rubronotatus* Pérez, 1905	/ 295
纹佳盾蜾蠃	*Euodynerus strigatus* (Radoszkowski, 1893)	/ 295
镶黄蜾蠃	*Oreumenes decoratus* (Smith, 1852)	/ 296
丽旁喙蜾蠃	*Pararrhynchium ornatum* (Smith, 1852)	/ 296
华旁喙蜾蠃	*Pararrhynchium sinense* (Schulthess, 1913)	/ 297
柑马蜂	*Polistes mandarinus* de Saussure, 1853	/ 297
角马蜂	*Polistes chinensis antennalis* Pérez, 1905	/ 298
倭马蜂	*Polistes nipponensis* Pérez, 1905	/ 298
马蜂	*Polistes rothneyi* Cameron, 1900	/ 299
斯马蜂	*Polistes snelleni* de Saussure, 1862	/ 299
黄喙蜾蠃	*Rhynchium quinquecinctum* (Fabricius, 1787)	/ 300
背直盾蜾蠃	*Stenodynerus tergitus* Kim, 1999	/ 300
双孔同蜾蠃	*Symmorphus ambotretus* Cumming, 1989	/ 301
三齿胡蜂	*Vespa analis* Fabricius, 1775	/ 301
黑盾胡蜂	*Vespa bicolor* Fabricius, 1787	/ 302
黑尾胡蜂	*Vespa ducalis* Smith, 1852	/ 302
金环胡蜂	*Vespa mandarinia* Smith, 1852	/ 303
德国黄胡蜂	*Vespula germanica* (Fabricius, 1793)	/ 303
细黄胡蜂	*Vespula flaviceps* (Smith, 1870)	/ 304
朝鲜黄胡蜂	*Vespula koreensis* (Radoazkowski, 1887)	/ 304
红环黄胡蜂	*Vespula rufa* (Linnaeus, 1758)	/ 305
常见黄胡蜂	*Vespula vulgaris* (Linnaeus, 1758)	/ 305
蛛蜂科	Pompilidae	/ 306
雅安诺蛛蜂	*Anoplius concinnus* (Dahlbom, 1845)	/ 306
双纹蛛蜂	*Batozonellus lacerticida* (Pallas, 1771)	/ 306
东北隐唇沟蛛蜂	*Cryptocheilus manchurianus* (Yasumatsu, 1935)	/ 306
墙蛛蜂	*Deuteragenia* sp.	/ 307
傲叉爪蛛蜂	*Episyron arrogans* (Smith, 1873)	/ 307
方头泥蜂科	Crabronidae	/ 308
鞭角异色泥蜂	*Astata boops* (Schrank, 1781)	/ 308
岩太隆痣短柄泥蜂	*Carinostigmus iwatai* (Tsuneki, 1954)	/ 308
断带沙大唇泥蜂	*Bembecinus hungaricus* (Frivaldszky, 1876)	/ 309
沙节腹泥蜂	*Cerceris arenaria* (Linnaeus, 1758)	/ 309

雁斑沙蜂	*Bembix eburnea* Radoszkowski, 1877	/ 310
日本节腹泥蜂	*Cerceris japonica* Ashmead, 1904	/ 310
多砂节腹泥蜂	*Cerceris sabulosa* (Panzer, 1799)	/ 311
西伯利亚方头泥蜂	*Crabro sibiricus* Morawitz, 1866	/ 311
索波节腹泥蜂	*Cerceris sobo* Yasumatsu et Okabe, 1936	/ 312
黑小唇泥蜂	*Larra carbonaria* Smith, 1858	/ 312
连续切方头泥蜂	*Ectemnius continuus* (Fabricius, 1804)	/ 313
褐带切方头泥蜂	*Ectemnius* sp.	/ 313
红腹小唇泥蜂	*Larra amplipennis* (Smith, 1873)	/ 313
多皱盗滑胸泥蜂	*Lestiphorus rugulosus* Wu et Zhou, 1996	/ 314
黑结柄泥蜂	*Mellinus obscurus* Handlirsch, 1888	/ 314
短鳞刺胸泥蜂	*Oxybelus quatuordecimnotatus* Jurine, 1807	/ 315
山斑大头泥蜂	*Philanthus triangulum* (Fabricius, 1775)	/ 315
皇冠大头泥蜂	*Philanthus coronatus* (Thunberg, 1784)	/ 316
朝鲜豆短翅泥蜂	*Pison koreense* (Radoszkowski, 1887)	/ 316
中华捷小唇泥蜂	*Tachytes sinensis* Smith, 1856	/ 317
平脊短翅泥蜂	*Trypoxylon scutatum* Chevrier, 1867	/ 317
条胸捷小唇泥蜂	*Tachytes modestus* Smith, 1856	/ 318
乌苏里短翅泥蜂	*Trypoxylon ussuriense* Kazenas, 1980	/ 318
三室泥蜂科	Psenidae	/ 318
蓬足脊短柄泥蜂	*Psenulus pallipes* (Panzer, 1798)	/ 318
泥蜂科	Sphecidae	/ 319
骚扰沙泥蜂	*Ammophila infesta* Smith, 1873	/ 319
赛氏沙泥蜂	*Ammophila sickmanni* Kohl, 1901	/ 319
耙掌泥蜂	*Palmodes occitanicus* (Lepeletier de Saint Fargeau et Audinet-Serville, 1828)	/ 319
红异沙泥蜂	*Ammophila rubigegen* Li et Yang, 1990	/ 320
日本蓝泥蜂	*Chalybion japonicum* (Gribodo, 1883)	/ 320
多毛长足泥蜂	*Podalonia hirsuta* (Scopoli, 1763)	/ 321
驼腹壁泥蜂	*Sceliphron deforme* (Smith, 1856)	/ 321
黄腰壁泥蜂	*Sceliphron madraspatanum kohli* Sickmann, 1894	/ 322
埋葬泥蜂	*Sphex funerarius* Gussakovskij, 1934	/ 322
四脊泥蜂	*Sphex sericeus* (Fabricius, 1804)	/ 322

主要参考文献 / 323
中文名索引 / 337
学名索引 / 345
图片索引 / 355

膜翅目

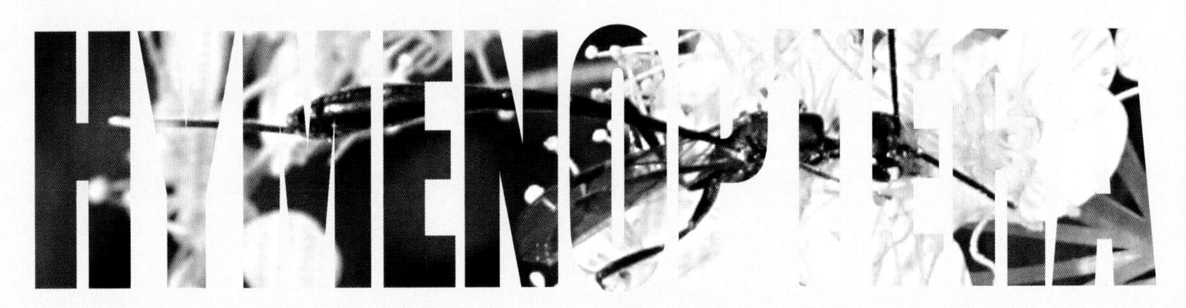

黑顶扁角树蜂

Tremex apicalis Matsumura, 1912

雄虫体长23.0～24.6毫米。体黑色，仅前足胫节两侧、3对足爪红褐色。头部的刻点较细。前翅黄褐色，仅翅端略带烟色。雌虫个体略大，触角端半部白色，足具许多白色区域，腹部第2～3节、第4～8节两侧斑、足爪黄色；前翅翅外缘具紫色光泽。

分布：北京、陕西、吉林、辽宁、河北、天津、河南、江苏、浙江、上海、四川；日本，朝鲜半岛。

注：寄主较多，如栎、槭、白蜡、桦、杨等，北京4月见它在柳树上产卵。

雄虫（柳，大兴双河北里室内，2024.IV.24）

雌虫（柳，大兴双河北里，2024.IV.24，于文武摄）

红头真长颈树蜂

Euxiphydria potanini (Jakovlev, 1891)

雌虫体长16.5毫米。体黑色，上颚和唇基带红褐色，单眼区后及头顶红色，翅烟褐色，略带紫色光泽。头部红色区光滑，唇基和额区具粗大刻点。

分布：北京、陕西、甘肃、黑龙江、吉林、西藏；日本，朝鲜半岛，俄罗斯。

注：描述于浙江的*Euxiphydria subtrifida* Maa, 1944为本种异名（Smith and Shinohara, 2011）。幼虫钻蛀地锦槭*Acer mono*（五角槭）。

雌虫（平谷梨树沟，2019.V.31）

波氏长颈树蜂

Xiphydria popovi Semenov et Gussakovskij, 1935

雄虫体长16.5毫米，前翅长11.0毫米。体黑色，具玉白色斑；上颚基部红棕色，触角窝上方具小白斑，后头两侧白斑延伸至触角窝侧；腹背第2～7节两侧具白斑。触角17节，第2节短于第4节；触角上方的额隆起，额后部及头顶较光滑。后足爪具2个齿，内齿稍小。

分布：北京*、黑龙江、河北；俄罗斯。

注：经检标本的触角结构与驼长颈树蜂*Xiphydria camelus* (Linnaeus, 1758)很接近，该种额在触角窝上方不隆起、颚眼间无白斑。北京6月可见成虫。

雄虫（门头沟小龙门，2016.VI.15）

葛氏梨茎蜂
Janus gussakovskii Maa, 1944

雌虫体长约9毫米。体黑色，上颚、须、前胸背板后侧缘、中胸侧板前端、翅基片等黄色，足黄至黄褐色，基节基部、后足腿节和胫节端部、跗节基4节黑色。

分布：北京、甘肃、陕西、山西、江西、福建、湖南。

注：与梨茎蜂 *Janus piri*很接近（见本书第I册），本种腹部第1背板后缘、第2～3节及第4节两侧红色，后足胫节端黑褐色。寄主为梨，1年1代。有文献也记录了杏为其寄主，或为不同种，我们发现产卵位置远离2年生小枝。

产卵的雌虫（梨，平谷山东庄，2018.IV.19）

白蜡外齿茎蜂
Stenocephus fraxini Wei, 2015

雌虫体长12.8毫米，前翅长8.8毫米。体黑色，颜面、上颚、须、后眶中部点斑、前胸背板后缘、小盾片大部、腹部等黄白色，腹部第2～3节颜色稍浅；翅痣黑褐色，基部淡黄色。

分布：北京、河北、天津、山东。

注：过去华北记录的白蜡哈氏茎蜂 *Hartigia viatrix*应是本种的误定。幼虫寄生于多种白蜡的小枝，造成枯枝。

雌虫（洋白蜡，昌平王家园，2019.V.21）

淡角近脉三节叶蜂
Aproceros pallidicornis (Mocsáry, 1909)

雌虫体长5.4毫米。体黑色；下颚须6节淡黄色，基3节黑褐色，端节浅褐色，下唇须淡黄色，基2节黑褐色；前、中足腿节端部1/3、后足腿节1/4、后足基节端及转节、各足胫节和跗节（除端节）淡黄色。翅烟褐色，翅痣、翅脉黑褐色；前翅径室开放，1Rs和2Rs室上缘不等长，后者明显长（50∶63）；后翅具翅钩8个，呈2行。

分布：北京*；朝鲜半岛，俄罗斯。

注：中国新记录种，新拟的中文名，从学名；正模为雄虫，产于乌苏里地区，触角鞭节淡褐色（Mocsáry, 1909），雌虫未见记录。经检标本的翅脉左右翅不同，左翅径脉上的残脉位于近中部，达前缘之半。北京5月见成虫于林下。

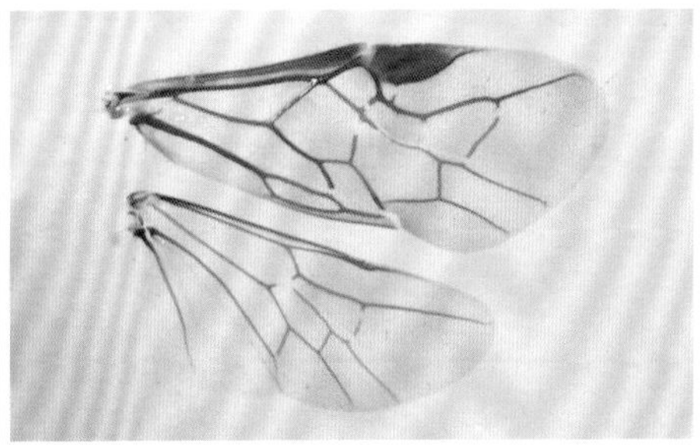

雌虫及翅脉（密云雾灵山，2015.V.12）

黄腹近脉三节叶蜂

Aproceros sp.

雄虫体长5.6毫米。头胸部黑色，前胸及中胸沟间褐色，腹部黄色，背板第1节全部及第2节基缘黑色，后4节基缘具褐色带，分界不明显；足黄色，但前中足基节和转节褐色。触角略短于头胸部，第3节双叉式，密生长毛，长于分支直径，且下支明显的细；颚眼距约2倍于单眼直径。中胸前背板无中纵沟。前后翅淡烟色，前翅外缘透明；前翅基臀室开放，端臀室封闭，具长柄；后翅臀室开放，无柄。

分布：北京。

注：我国已知*Aproceros*属5种（魏美才等，2018），本种与分布于浙江的横盾近脉三节叶蜂*Aproceros scutellis* Wei et Niu, 1998相近，该种腹部黑色、触角第3节分支明显侧扁。寄主不清，6月采集于公路旁近地面的枯枝上，其上方为槐树。

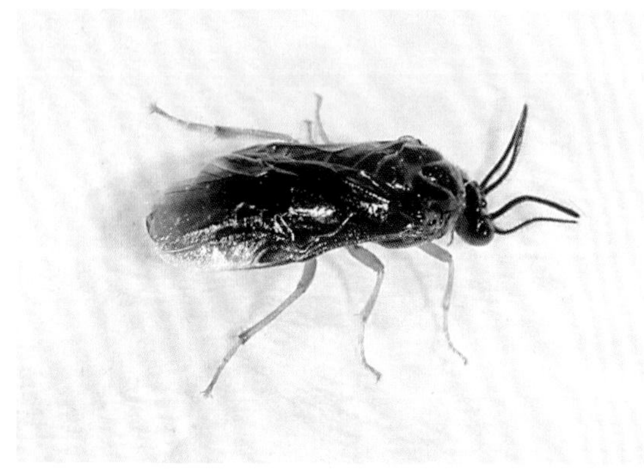

雄虫（房山大安山，2022.VI.28）

茧（房山大安山，2022.VI.23）

突眼红胸三节叶蜂

Arge macrops Shinohara, Hara et Kim, 2009

雄虫体长9.4～10.6毫米。体黑色，体表（包括头及足）具蓝色光泽。触角间稍隆起，近触角窝处隆起较高，呈脊状；颚眼距线状。胸部背面及侧面上半部分红棕色，小盾片中央黑色，有时黑斑缩减或扩大。

分布：北京*、陕西、甘肃、黑龙江、吉林、辽宁、河北、河南；朝鲜，俄罗斯。

注：与榆红胸三节叶蜂*Arge captiva* (Smith, 1874)相近，但本种单眼大，前侧单眼间距明显小于前单眼，且颚眼距线状。北京6～8月可见成虫于灯下，较为常见，尚不知寄主植物。

雄虫（怀柔喇叭沟门，2013.VIII.19）

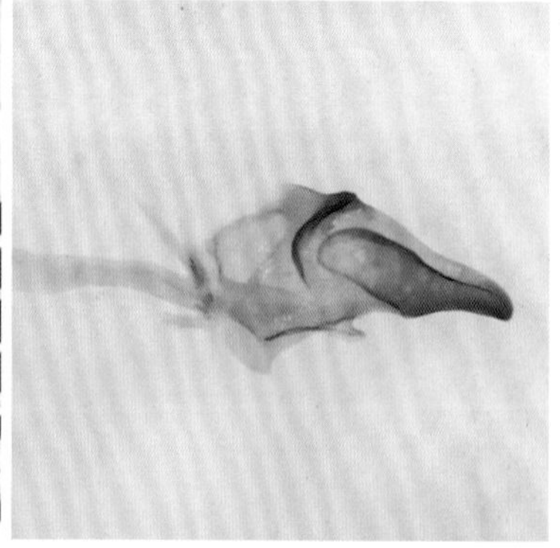

雄虫及外生殖器（怀柔孙栅子，2012.VIII.13）

毛瓣淡毛三节叶蜂
Arge pilopenis Wei, 2002

雌虫体长8.5毫米，前翅长7.5毫米。体黑色；足黑色，前足胫节以下褐色，中、后足胫节淡白色，端部黑色。唇基前缘浅弧形内凹，颜面中脊锐利，后颊背面观在复眼后外突。翅浅烟褐色，翅脉、翅痣暗褐色，痣下具烟褐色斑纹，近后缘色斑浅，前缘脉浅色，2Rs室下缘稍短于1Rs室，上缘明显长于后者。锯鞘粗壮，腹面观长大于宽，后面观长宽相近。

分布：北京、陕西、内蒙古、黑龙江、吉林、辽宁、河北、山西、河南、山东；朝鲜半岛。

注：未知寄主，北京6月可在林下见成虫。

雌虫及翅脉（国家植物园，2023.VI.13）

脊颜混毛三节叶蜂
Arge pseudosiluncula Wei et Nie, 1998

雄虫体长7.6毫米。黑色，体表及腿节具较强的蓝色光泽（图中未体现）。触角3节，第3节长，略扁，具背脊，长于胸部；唇基前缘较宽凹入。后足基跗节长于后3节之和。

分布：北京*、浙江。

注：本种的1个特点是触角间具2条纵脊，锐，向前呈人字延伸，脊纹很平坦。北京7月见成虫停息在唐松草上。

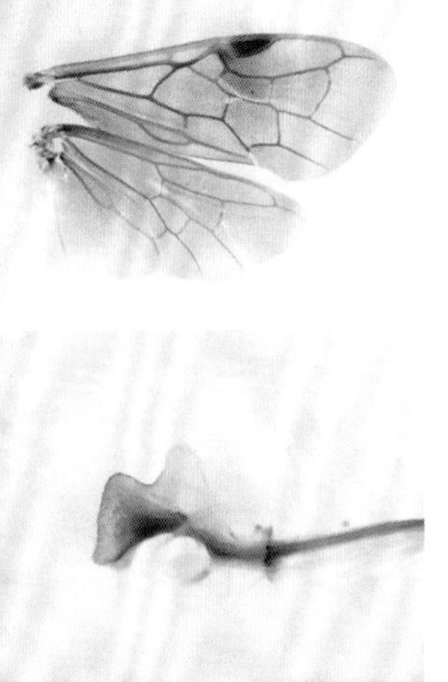

雄虫、翅脉及阳茎瓣端部（怀柔喇叭沟门，2017.VII.12）

桦三节叶蜂
Arge pullata (Zaddach, 1859)

幼虫体长约20毫米。体淡黄色，背面淡黄白色，头、胸足、臀板黑色，体背具6列黑色瘤突（前胸背板仅4个黑斑），每节体侧（除前胸及臀节）下方具1个横向黑色瘤突，向后渐细，横斑上方具1对小黑点。

分布：北京*、陕西、甘肃、青海、河南、湖北；日本，俄罗斯，欧洲。

注：又名桦木黑毛三节叶蜂、小眼黑毛三节叶蜂。成虫体长10毫米左右，体蓝黑色，被黑色毛。寄主为多种桦，1年1代，以前蛹在树干上结茧越冬。

幼虫（桦，延庆阎家坪，2018.IX.5）

三环环腹三节叶蜂
Arge tricincta (Wen et Wei, 2001)

雌虫体长8.5毫米，前翅长6.5毫米。体黑色，具蓝色光泽。触角鞭节红褐色。足腿节以上黑色，前足胫节和跗节暗褐色，中后足胫节大部淡黄白色，端部及跗节黑褐色。翅痣黑褐色，其下方具烟色斑。

分布：北京*、陕西、宁夏、甘肃、湖北、四川。

注：又名三环异三节叶蜂，为*Alloscenia*属（文军和魏美才, 2001），模式产地及腹第1～4节黄色应有误，北京的个体腹部第3～4节淡黄绿色。北京5月见成虫于林下。

雌虫（绣线菊，门头沟小龙门，2015.V.24）

李氏脊颜三节叶蜂
Sterictiphora lii Wei, 1998

雌虫体长约6毫米。头黑色，颜面以下及须橙黄色；触角黑色，3节，第3节短于胸部，明显向端部扩大，最宽处约为基部宽的1.8倍；复眼小，两眼间距明显宽于复眼长径；触角窝间强烈隆起呈纵脊状。胸腹部及足橙黄色，足跗节端4节背面褐色；前胸背板前叶中沟细浅，但明显。

分布：北京*、陕西、甘肃、河南、湖北。

注：雄虫触角第3节被毛较长而密，且从基部开始分为2叉（音叉形）。我国*Sterictiphora*属已知11种，取食蔷薇科植物（文军等，1998）。北京7月可见成虫。

雌虫（白杆，门头沟小龙门，2014.VII.8）

黑股广蜂

Megalodontes spiraeae siberiensis (Rohwer, 1925)

雄虫（华北前胡，房山蒲洼，2021.VIII.18）

雌虫（华北前胡，房山蒲洼，2021.VIII.18）

幼虫（华北前胡，房山百花山，2021.VIII.18）

雄虫体长13.2毫米。体黑色。头内眶小斑、触角窝之中间小点、复眼后至后头的弧形带斑、前胸背板后缘、小盾片两侧小斑、翅基片小斑、腹部第1背板膜区、第4背板后缘横带黄色（中央断开）。触角第3节与后3节长之和相近，第3节侧叶突长约为第4节侧叶突的3/4。翅烟褐色，翅痣周围浅色，其内侧尤其明显。足黑色，胫节及跗节褐色，后足胫节4/7处具1对距。雌虫体长14.0毫米。头在复眼后具弧形细黄带，前胸背板仅两侧具黄斑，后足胫节及跗节黑褐色。

分布：北京、陕西、宁夏、甘肃、内蒙古、黑龙江、吉林、辽宁、河北、河南、宁夏、甘肃、重庆；蒙古国，俄罗斯。

注：又名西伯广背叶蜂*Megalodontes siberiensis* Rohwer, 1925。头胸部的斑点可减弱或消失，腹部黄色横带完整，或分开很宽，或第5背板具黄带。经检标本的体较长、触角和腿节黑色，以及腹部的黄带数较少，与原始描述（Rohwer, 1925）有差异，与魏美才等（2018）的描述相近，暂定为本种。北京8月可见成虫，雌虫卵散产，幼虫无腹足，取食华北前胡的花序，在花序中做虫巢，由丝和虫粪组成；寄主为新记录。

榆童锤角叶蜂

Asicimbex elminus (Li et Wu, 2003)

老熟幼虫体长约40毫米。体绿色，被很薄的白色蜡粉；单眼区、气门、每节3个点黑色。头壳略显皱褶。胸腹部体表具横皱，气门下方具肉质侧褶突2个，斜置，每个侧褶突上着生肉质小突起数个。

分布：北京*、甘肃、吉林、山西。

注：吉林记录于长春。寄主为榆，成虫和生物学可参见杨友兰和武三安（1998），文中的日本锤角叶蜂 *Cimbex japonica*即为本种之误定。

幼虫（榆，延庆松山，2012.VI.29）

风桦锤角叶蜂
Cimbex femoratus (Linnaeus, 1758)

雌虫体长21.2毫米，前翅长21.0毫米。体色多变，黑褐色至黑色，具光泽，腹部第2节背中具1个大白斑，有时腹第3节后红棕色，或体以黄褐色为主，胸背具黑斑。触角端部膨大，端大部及跗节黄褐色。翅透明，前后翅外缘具黑褐色宽边，翅痣黑褐色。

分布：北京*、宁夏、新疆、内蒙古、黑龙江、吉林、河北；日本，朝鲜，俄罗斯，蒙古国，欧洲。

注：幼虫取食风桦、白桦叶片，在树上结红褐色大茧越冬。北京8月可见成虫。

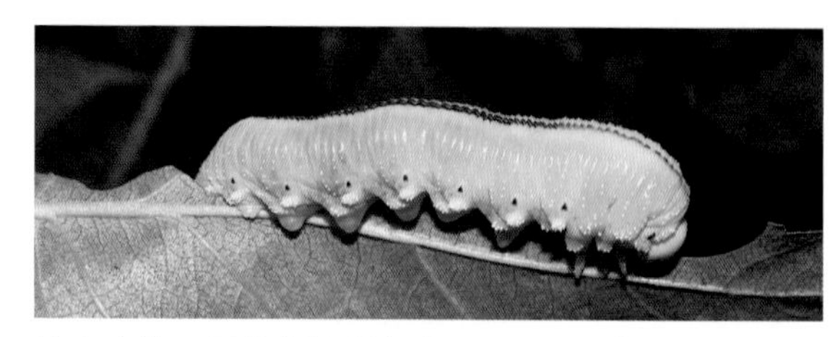
幼虫（桦，河北赤城大海陀，2018.IX.4）

雌虫（怀柔喇叭沟门，2012.VIII.13）

黑肩细锤角叶蜂
Leptocimbex nigrotegularis Yan et Wei, 2022

雌虫体长16.0毫米，前翅长15.0毫米。体黑色，头黄棕色，唇基和上颚（除端部）黄色，额及头顶（复眼后）黑色；后足腿节黑色（腹面稍浅）。触角7节，基2节黄褐色。前翅浅烟色，后半部透明。腹背第1节柠檬黄色。

分布：北京*、甘肃、河北、山西。

注：经检标本的头部有些畸形，头顶左侧小，且复眼后无黑色部分。雄虫体稍大，头顶全部黑色，腹部黑色部分大小有变化（Yan et al., 2022）。

幼虫（门头沟小龙门，2013.VII.29）

亚美棒锤角叶蜂

Pseudoclavellaria amerinae (Linnaeus, 1758)

老熟幼虫体长约40毫米。体淡绿色，被薄的白色蜡粉；单眼区、气门、胸足爪黑色。头壳略显皱褶。胸腹部体表具横皱，无颗粒状突起。

分布：北京*、黑龙江、吉林、辽宁；朝鲜，俄罗斯，欧洲。

注：曾用名*Clavellaria amerinae*；成虫形态可参见萧刚柔等（1992）。北京6～7月可见幼虫取食杨、柳。

幼虫（柳，门头沟小龙门，2016.VI.15）

多毛毛锤角叶蜂

Trichiosoma villosum (Motschulsky, 1860)

雌虫体长17.5毫米，前翅长18.3毫米。体黑色，上颚端半部红褐色。腹部背板黑色，第3背板两侧后半部起红褐色，第8背板红褐色，但基部具半圆形黑斑，腹面（包括锯鞘）红褐色。足黑色，胫节（除基部）红褐色，跗节黄褐色。前翅翅痣下方、外缘烟褐色。颜面及上唇具黑色和灰黄色长毛，上唇五角形；触角7节，其他2节具长毛，棒节2节，锤状。小盾片及中胸侧板具长毛。后足腿节端部1/3腹面具1齿。小盾片、中胸侧板及第1腹节背板密布长毛。

分布：北京*、黑龙江、吉林、河北；俄罗斯。

注：本种曾被认为是窄斑毛锤角叶蜂*Trichiosoma vitellina* (Linnaeus, 1760)的异名（Konow, 1897），我国于吉林记录了该种（Chen et al., 2021）。邓铁军（2000）对于本种腹板黑色的描述与原记述（Motschulsky, 1860）不符。北京5月可见成虫，正在黄花柳上产卵。

雌虫及头部（黄花柳，密云雾灵山，2015.V.13）

双枝黑松叶蜂

Nesodiprion biremis (Konow, 1899)

雌虫体长7.2～10.2毫米。体黑色，无明显金属光泽。触角柄节端、小盾片大部、第7～8腹节两侧斑白色；足白色，基节（除端部）、腿节、胫节端部黑色，各足胫节距浅棕色。中胸中盾片后部的刻点明显比侧片的粗大。雄虫体长6.1～7.8毫米。触角栉枝长，小盾片黑色，后足跗节带红色。

分布：北京*、陕西、辽宁、山东、河南、安徽、浙江、江西、福建、湖北、河南、广东、广西、香港、四川、贵州、云南。

注：国内过去记录的双枝黑松叶蜂（萧刚柔等，1992）并不是本种，应该是*Nesodiprion orientalis* Hara et Smith, 2012；浙江黑松叶蜂*Nesodiprion zhejiangensis* Zhou et Xiao, 1981是本种异名。寄主为油松、马尾松等松属植物，幼虫具2种体色（有过渡色），在北京1年约3代，可在松枝上和地面落叶上结茧，有时发生量大，可把整棵松树松针食光。

幼虫（油松，海淀西山，2019.XI.14）

雌雄对（油松，平谷东古，2018.IX.20）

雌虫头胸部（油松，平谷东古室内，2018.IX.17）

双环钝颊叶蜂

Aglaostigma pieli Takeuchi, 1938

雌虫体长12.0毫米。体以红棕色为主，腹部黑色，小盾片及附片、腹第4节、第9节及以后黄色，第1节具黄棕色横带，第6～8节背板大部分为红棕色（第6腹板红棕色可减退，仅留中央部分）。触角9节，第2节长大于宽，第3节明显长于第4节。中胸前侧片非常粗壮、突出。翅浅烟褐色，翅痣淡褐色。爪无基片，端部分2个齿，长度相近，内齿粗大，约为外齿的2倍粗。

分布：北京*、陕西、河北、河南、安徽、浙江、福建、湖北、湖南、四川、贵州。

注：北京5月可见成虫，食性不清楚。

雌虫（白屈菜，密云雾灵山，2015.V.12）

黑唇平背叶蜂
Allantus luctifer (Smith, 1874)

雌虫体长7.0～9.5毫米。体黑色；腹部第4、5节侧缘及背板、腹板后缘、后足胫节基部背面白色，有时腹部第1或第3节背板也具白斑。翅烟褐色，端部稍浓，痣黑褐色，基部白色。

分布：北京、甘肃、宁夏、内蒙古、黑龙江、吉林、辽宁、天津、河北、河南、山东、江苏、上海、安徽、浙江、江西、福建、台湾、湖南、四川、重庆、贵州；日本，朝鲜，俄罗斯。

注：幼虫取食多种酸模，常在叶背取食，1年多代，以幼虫越冬。北京4～9月可见成虫，可孤雌生殖。

雌虫（藜，北京市农林科学院，2016.IV.22）

幼虫（巴天酸模，北京市农林科学院，2013.V.30）

斑唇后室叶蜂
Asiemphytus maculoclypeatus Wei, 2002

雌虫体长10.0毫米。体黑色，头部红褐色，触角窝周围、单眼区黑色，唇基前缘、上唇、触角第6节端部及第7～9节、后足基节大部、转节、腿节基部内侧、第2～5跗节（第5跗节端部褐色）白色，后足胫节红褐色，两端黑色，腹部背中具不连续的白色纵线，第1节细长，后3～4节宽大明显，第1～2腹节两侧呈白色。触角第2节长宽相近，第3节短于第4节。翅透明，翅脉褐色。

分布：北京*、陕西、甘肃、河北、天津、山西、河南、安徽、浙江、湖南、四川、重庆。

注：有记录*Asiemphytus*属叶蜂可取食溲疏属*Deutzia*植物。北京5月、6月可见成虫于林下。

雌虫（五角枫，门头沟小龙门，2014.V.16）

日本菜叶蜂
Athalia japonica (Klug, 1815)

雌虫体长7.0毫米。体黄褐色。头黑色，触角窝连线以下黄褐色，唇基前缘宽浅弧形突出；触角11节，第2节长大于宽，第3节稍短于后2节之和，第7节长大于宽。足黄褐色，中后足腿节端部、各足胫节外侧、分跗节除基部外黑色。翅烟色，翅脉和翅痣暗褐色。腹第1背板大部暗褐色。锯鞘端大部黑色。

分布：北京、陕西、甘肃、青海、内蒙古、吉林、辽宁、河北、山西、河南、江苏、上海、台湾、四川、云南、西藏；日本，朝鲜，俄罗斯，印度。

注：又名日本残青叶蜂。幼虫取食多种十字花科植物，如萝卜、油菜、蔊菜、碎米荠、豆瓣菜等。北京5月可见成虫。

雌虫（平车前，门头沟小龙门，2014.V.16）

黑胫残青叶蜂
Athalia icar Saini et Vasu, 1997

雌虫体长5.8毫米，前翅长4.8毫米。头黑色，唇基和上唇黄白色，胸、腹红棕色，但中胸后背板、小盾附器、后小盾片黑色，第1腹节背板前缘中侧具1对黑斑；足红棕色，胫节及跗节黑色，偶尔前中足胫颜色较浅。触角11节，鞭节均长大于宽，第1鞭节短于后2节之和。

分布：北京、陕西、黑龙江、吉林、辽宁、河北、江苏、上海、安徽、浙江、江西、福建、湖北、香港、广西、四川、云南、西藏；日本，缅甸，印度，马来西亚，印度尼西亚。

注：幼虫黑色（乙醇泡后胴体黑色丢失），头黑色，体两侧具黑斑，气门线下具1列不规则小黑斑。幼虫取食多种十字花科植物（如小白菜、西兰花、蔊菜）。*Athalia proxima* (Klug, 1815)在我国北方没有分布，其眼后区长宽相近。近来研究表明*Athalia*属归于独立的残青叶蜂科Athaliidae (Niu et al., 2022)。

雌虫（西兰花，北京市农林科学院，2011.XI.6）

幼虫（蔊菜，海淀香山，2018.V.15）

黄翅菜叶蜂
Athalia rosae ruficornis Jakovlev, 1888

雌虫体长7.5毫米。体橙黄色，头黑色，唇基及口器（除上颚）黄褐色，触角黑色；中胸背板两侧后部及后胸大部分为黑色；翅膜质透明，淡黄褐色，前翅前缘有1黑带与黑色翅痣相连；足胫节端及各跗节端部黑色。腹末具黑色锯鞘。

分布：全国广泛分布；日本，朝鲜，俄罗斯，蒙古国，印度，尼泊尔。

注：幼虫取食白菜、萝卜、甘蓝等十字花科蔬菜，可成为蔬菜生产上的害虫；成虫访花。

雌虫（皱叶一枝黄花，国家植物园，2018.IX.26）

朝鲜柄臀叶蜂
Birka koreana (Takeuchi, 1941)

雌虫体长4.4毫米。黑色。翅基片后缘褐色；足黑色，前足腿节（除背面）、中后足腿节端及胫节基大部淡白色，胫节端及跗节褐色。触角9节，第2节长宽相近，第3节明显长于第4节（约1.5倍）；前翅1M脉与1m-cu几乎互相平行。足爪内齿可见，长稍小于内齿着生处爪轴厚度的1/2。

分布：北京、内蒙古、黑龙江、河北、山西；朝鲜，俄罗斯。

注：3个眼距为OOL：POL：OCL=46：46：35，与对雌虫描述（Togashi and Tano, 1987）的10：11：11不同。北京6月、9月可见成虫。

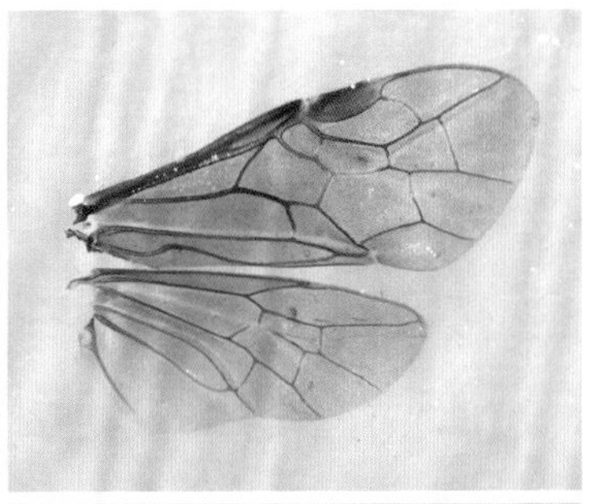

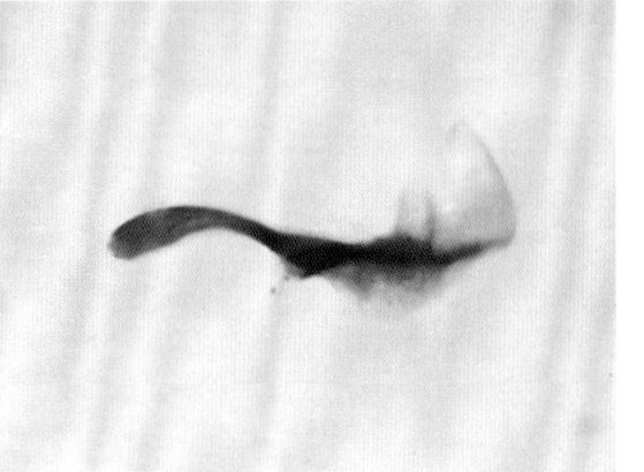

雌雄对、雌虫翅脉及雄虫阳茎瓣（月季，北京市农林科学院，2011.IX.12）

朴黏叶蜂
Caliroa ibukii Hara, 2020

老熟幼虫体长8.3毫米。头胸部杏黄色，其余部分淡黄绿色，体背具横皱褶。虫背面被黑色分泌液所包围，呈亮黑色。

分布： 北京*；日本。

注： 中国新记录种，新拟的中文名，从寄主小叶朴。在叶反面单独生活，偶尔可见2条在同一叶（但仍有一定距离）。北京7月、9月可见幼虫。成虫形态可参阅Hara和Ibuki (2020)。

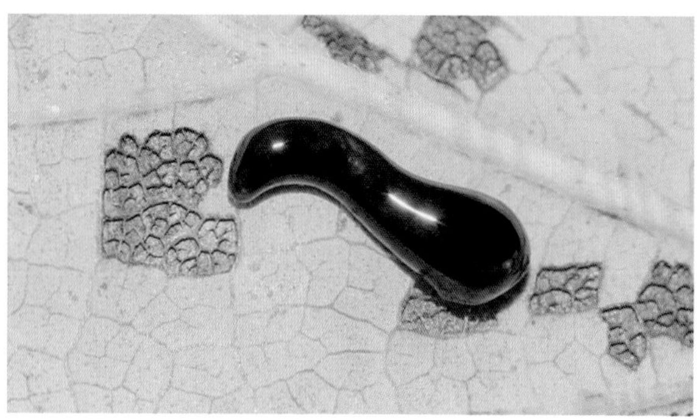

幼虫（朴，平谷刘家峪，2016.IX.13）

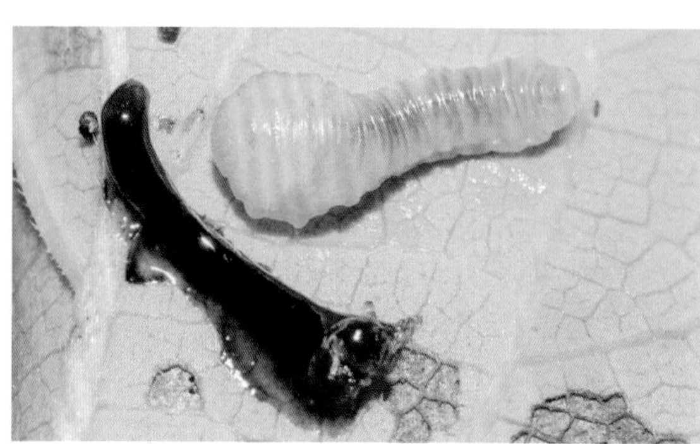

刚脱皮的幼虫（朴，平谷刘家峪，2016.IX.13）

榉黏叶蜂
Caliroa zelkovae Oishi, 1961

老熟幼虫体长6.8毫米。头黑色，胸部杏黄色，其余部分浅绿色，腹末颜色稍深。幼虫背面具透明的分泌液。

分布： 北京、山东；日本。

注： 寄主有榆、春榆、榉、紫叶李等，幼虫生活在叶背，通常群居，偶尔独居。北京6～9月可见幼虫。

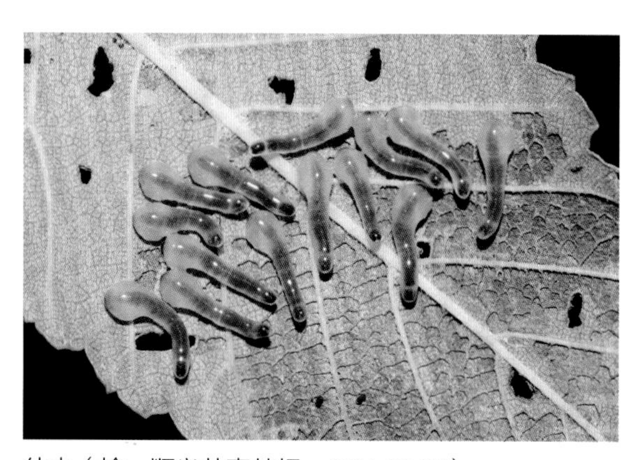

幼虫（榆，顺义共青林场，2021.IX.27）

核桃大跗叶蜂
Craesus juglandis Beneš, 1990

老熟幼虫体长约15毫米。体黄色，头部、胸足爪黑色，胸腹部背面具1条蓝黑色光亮的宽纵带，未达腹末。腹部每1体节具5个小环节。

分布： 北京*、河北、山东、江苏；朝鲜。

注： 又名扁足叶蜂。*Craesus*属的特点是后足基跗节非常粗大，一些文献认为是突瓣叶蜂属*Nematus*的异名。雌成虫体长约9毫米，体黑色，唇基褐色，后足转节及胫节基部1/3淡白色，基跗节长为宽的3倍。幼虫取食核桃、核桃楸，群体生活。

幼虫（核桃楸，延庆水泉沟，2017.VIII.30）

拐角简栉叶蜂

Cladius (*Trichiocampus*) *grandis* (Serville, 1823)

幼虫体长约20毫米。体淡橙黄色，体表具较多的白色刚毛，头黑色，各体节两侧具黑斑，其中前胸的黑斑很小，最后腹节无黑斑，气门线附近具1列小黑点。

分布： 北京*；全北区，（引入）新西兰。

注： 老熟幼虫由魏美才教授鉴定，未见国内具体分布记录，或把亚属提升为属（Nie and Wei, 2009）。雌成虫胸侧下半部及翅基片橙黄色。北京有近缘种，幼虫腹足上方的黑斑不明显，成虫胸部及翅基片黑色。北京9月可见幼虫，群集生活，取食山杨。

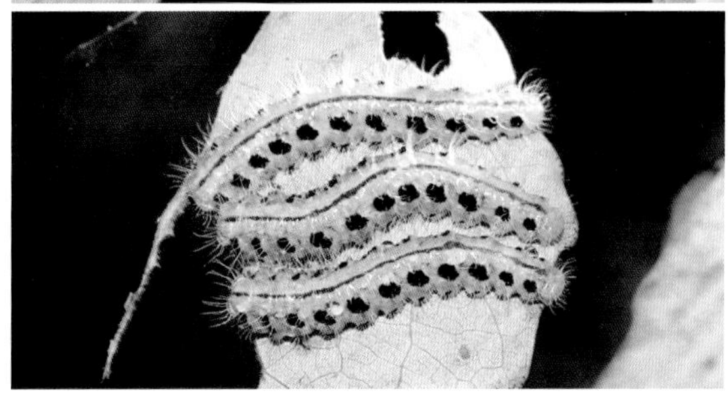

幼虫（山杨，门头沟小龙门，2014.IX.24）

小麦叶蜂

Dolerus tritici Chu, 1949

雌虫体长8.4毫米，前翅长8.4毫米。体黑色，前胸背板、中胸背板前盾片（包括侧叶的内缘）及翅基片红褐色。唇基明显隆起，前缘宽弧形内凹；上唇稍广角形突出。中胸侧板黑色，具粗密刻点，但下半部（与腹板愈合）光滑，仅具细小的刻点。锯鞘背面观两侧近于平行，稍向后扩大，两侧毛短直。

分布： 北京、陕西、甘肃、河北、天津、山东、江苏、安徽、湖南。

注： 在一些文献中，体色的描述或翅脉图有所不同，如“中胸侧板赤褐色”。经检标本锯鞘背面观末端不加宽或稍加宽，与文献（魏美才等, 2018；Haris, 2000）不同。曾是小麦上的害虫。北京3月可见成虫。

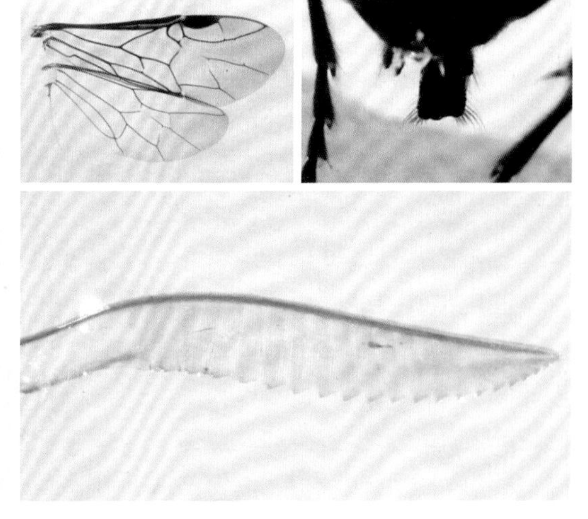

雌虫、翅脉、锯鞘和锯腹片（海淀彰化室内，2021.III.27）

刻胸叶蜂
Eriocampa sp.

雌虫体长8.0毫米。体黑色，胫节和跗节淡白色，前足胫节端部染有黑色，中后足胫节黑褐色，后足基跗节基大部淡白色，余黑褐色。唇基前缘弧形内凹，上唇较大（长稍大于唇基）；单眼后沟无，侧沟深。翅浅烟色，外端透明；前翅2r脉交于2Rs室上缘中部偏外侧；后翅臀室柄稍短于cu-a脉。

分布：北京。

注：外形接近分布于辽宁等地的小齿刻胸叶蜂*Eriocampa dentella* Nie et Wei, 2001，但该种上唇较小，前翅2Rs短于1R1与1Rs之和，2r脉交于2Rs室上缘中部微偏外侧；后翅臀室柄明显短于cu-a脉。6月见于林下。这里附上幼虫，取食核桃，或与成虫为同种。

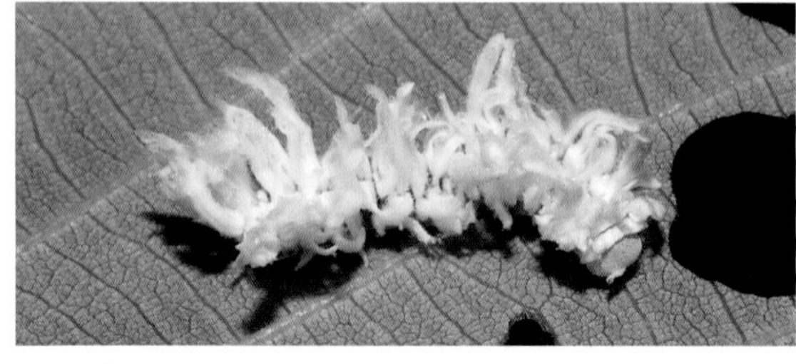
幼虫（核桃，房山蒲洼，2021.VI.2）

雌虫及翅脉（艾蒿，门头沟小龙门，2012.VI.4）

柳蜷叶蜂
Euura saliciphagus (Wu, 2009)

雌虫体长4.5～5.5毫米。黑色，唇基（除基部）、下颊、上颚（除端部）、上唇、复眼后眶、前胸背板后侧角上缘黄褐色。足除基节黑色、腿基节部2/3黑色或褐黑色、后足跗节深褐色外均黄褐色。翅透明，翅痣浅黄褐色，大多数翅脉黑色。产卵管锯鞘黑色，三角形。

分布：北京、甘肃、山东。

注：原归于*Amauronematus*属，该属被认为是*Euura*的异名（Prous et al., 2014）而归之，新组合，comb. nov.。脉相与柳褶幽叶蜂*Euura* sp.相近，该种多数翅脉较浅、触角腹面浅色和颜面全部浅黄褐色。寄主为垂柳、旱柳等，1年1代，早春柳发芽前，成虫羽化，在柳芽上产卵，柳芽不能展开，成为虫巢，大龄幼虫可裸露生活。

雌虫（柳，平谷金海湖，2017.III.30）

寄生状（柳，密云梨树沟，2019.IV.25）

幼虫（柳，昌平王家园，2015.IV.22）

柳褶幽叶蜂
Euura sp.1

雌虫体长4.7毫米，翅长5.2毫米。体黑色；头淡黄褐色，头背面具黑色大斑，后头黑色，触角基5节背面黑色，其余黄白色至黄褐色；前胸背板后侧、翅基片淡黄色；足浅黄色，基节基部、腿节基2/3（尤其腹面）黑色，后足跗节1～4背面黑褐色；腹背第9节末端、第7腹板端缘中部黄白色。唇基前缘宽“U”形凹入。前翅臀室具柄。产卵管锯鞘黑色，侧面观端部略尖，上缘略拱突，下缘略内凹。

分布：北京、山东。

注：经检标本与记录于山东等地的柳褶幽叶蜂*Euura plicaphylicifolia*（闫家河等，2023, nec. Kopelke, 2007）为同一种，与原描述（Kopelke, 2007；特征放在括号内）有不少差异，本种颜面和额部眼眶淡黄褐色（黑色为主）、触角腹面浅色（黑色）、前胸背板后侧部淡黄色（黑色）、雄虫触角明显短于胸腹部长（长于胸腹部）等。*Euura*属近缘种的分子数据（COI）高度相似，对于鉴定无助（Liston et al., 2017）。北京4月可见成虫。黄板可吸引不少成虫；寄主为垂柳、旱柳，幼虫在一侧褶叠柳叶，并在其中生活和取食。

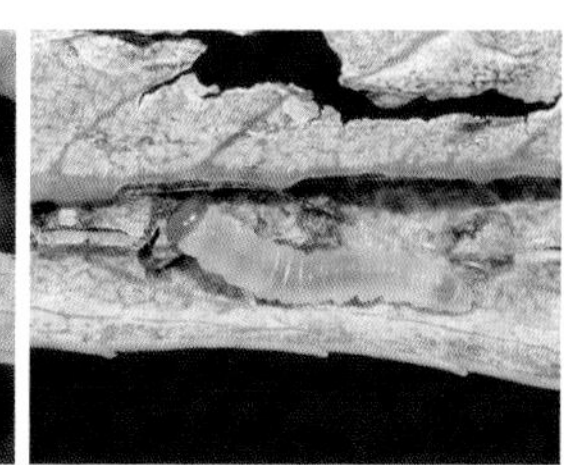

虫巢及幼虫（柳，昌平王家园，2015.V.4）

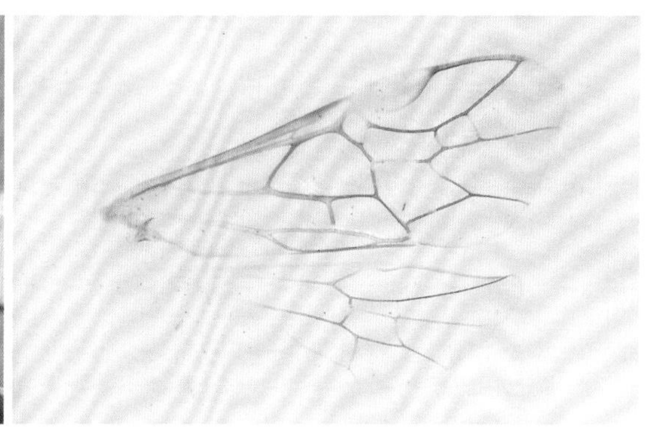

雌虫及翅脉（柳，海淀颐和园，2017.IV.4）

粗角巨片叶蜂
Megatomostethus crassicornis (Rohwer, 1910)

雌虫体长6.6～7.8毫米。体黑色，足基节端部、转节、前足胫节腹面、后足腿节基部1/3淡黄白色。触角9节，鞭节扁宽，第3节（长边）等于后2节长之和；颚眼距线形；眶后沟（位于侧单眼后）深，不达后头。足爪端部2个齿，并具基片。翅透明，稍带烟色，翅痣黑色，后翅M室封闭，臀室具柄。

分布：北京、陕西、甘肃、河南、安徽、浙江、台湾、湖南、四川、重庆；日本，朝鲜。

注：*Megatomostethus*属仅知4种，分布于东亚，未知生物学。北京8月见成虫于灯下。

雌虫（怀柔喇叭沟门，2013.VIII.19）

柳虫瘿叶蜂
Euura sp.2

雌虫体长6.4毫米，前翅长5.5毫米。体黄褐色。头顶具黑色大斑，后头黑色；触角基2节黑色，鞭节基几节背面黑褐色，端几节褐色，腹面均褐色。中胸盾片中央具矩形黑斑，两侧后各具一近菱形黑斑，后方具1对三角形黑斑；小盾片后端常具1个小黑斑；中胸腹板大多黑色。腹部第1～7节背板除两侧外黑色（黑斑可缩小至第5节，或第8背板中央具黑斑）。雌虫锯鞘黑色，背面观上部仅在端部具长毛，下半部整个锯鞘具长毛。

分布：北京、吉林、辽宁、河北、山西、河南、山东。

注：原归于*Pontania*，现为*Euura*的异名（Prous et al., 2014）。过去鉴定为*Pontania pustulator*（李晓东和张孜, 2010；虞国跃和王合, 2018；nec. Forsius, 1923）有误。寄主垂柳，幼虫在叶片主脉一侧的虫瘿中生活，每叶可有虫瘿1～3个（或更多），虫瘿早期可带红色，后期黄绿色，表面光滑，秋天随落叶下地，幼虫出虫瘿在土中化蛹；成虫4月出土。

雌虫（垂柳，北京市农林科学院，2013.IV.14）

虫瘿（柳，昌平王家园，2015.VI.17）

幼虫（柳，昌平王家园，2014.X.28）

杨潜叶叶蜂
Fenusella taianensis (Xiao et Zhou, 1983)

老熟幼虫体长6.0毫米。体浅乳白色，具绿色背线；前胸背板具黑紫色斑1个，中胸的背斑很小；腹面胸足黑色，前胸具大黑斑，中后胸及第1腹节具小黑斑，腹足趾钩黑色，第9腹节具1对小黑点。

分布：北京、辽宁、山东。

注：原组合为*Messa taianensis*。寄主为小叶杨、小青杨，潜叶，潜斑呈斑块气泡状。

幼虫及反面（杨，密云雾灵山，2015.V.11）

斑痣突瓣叶蜂

Nematus maculostigmatus Liu et Wei, 2023

体长8.4～9.2毫米；体黑色，具大片土黄或灰白色斑：前胸背板、后小盾片至第2腹节前头，第2～7节两侧土黄色。头土黄色，额中央方形大斑（可扩大至复眼和后头）、上颚端部、后头、触角黑色，上颚基大部红棕色，侧单眼后黑褐色。翅透明，无烟斑，翅痣黑褐色，中央黄褐色。雄虫体略细小，腿节均无黑斑。

分布： 北京、河北、浙江。

注： 2023年发表的1个新种（刘萌萌等，2023），寄主栓皮栎；1年1代，以幼虫（前蛹）在土中茧内越冬，发生于春季，产卵于尚未展叶的中脉里，偶尔发生量较大。

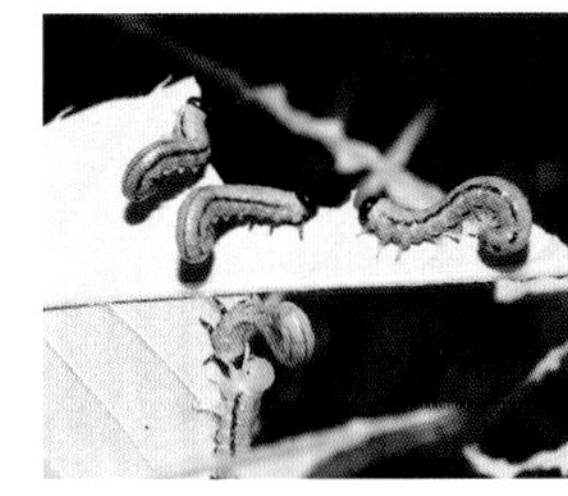

幼虫（栓皮栎，平谷白羊，2018.V.4）

卵（栓皮栎，平谷山东庄室内，2016.IV.30）

雄虫（平谷山东庄室内，2016.IV.29）

雌虫（栓皮栎，平谷山东庄，2016.IV.28）

白榆突瓣叶蜂

Nematus pumila Liu, Li et Wei, 2019

雌虫体长8.7毫米。体黑色。触角9节，基部2节黑色，鞭节黑褐色或黑色。前翅透明，淡烟色，黑色翅痣下的两翅室颜色稍深。足黑色，但基节端部（前足基大部分、中足基半部黑色）、转节及腿节基部、前足、中足胫节和跗节黄白色（中足胫节端褐色），后足黑色，腿节基部、胫节基半部黄白色。爪端部具双齿，无扩大的基部。雄虫体长6.5～6.7毫米。腹部第8背板中央向后突出，略呈T形。

分布： 北京、河北、安徽、浙江、贵州。

注： 记录的榆突瓣叶蜂*Nematus ulmicola*（虞国跃和王合，2021）是本种的误定。寄主为榆、春榆，有时发生量大。1年1代，以老熟幼虫在土中越冬，6月下旬至8月初可见成虫。

雄虫（榆，平谷金海湖室内，2013.VIII.16）

雌虫（榆，平谷金海湖室内，2013.VIII.16）

幼虫（榆，平谷金海湖室内，2013.VIII.15）

绿柳突瓣叶蜂
Nematus ruyanus Wei, 2002

雌虫体长6.0～9.0毫米。体淡黄色或黄绿色。单眼区及至后头具黑斑，中胸具3个纵形黑斑，其中盾片前叶的纵纹可呈细条形，小盾片后部至腹背板第8节中部黑色，或黑纹减退，腹部仅前几节背板具黑纹。触角9节，第3节短于第4节。翅透明，前缘脉大部、亚前缘脉前侧、翅痣淡黄色，其余翅脉大部黑褐色。后足胫节末端和后足跗节大部褐色。

分布：北京、陕西、甘肃、天津、河南。

注：过去我们记录的绿柳突瓣叶蜂 *Nematus ruyanus*（虞国跃, 2017）是一个误定。本种颚眼距很宽，约为侧单眼直径的3倍，中胸具3条纵纹，可与其他种区分。幼虫取食柳树，在甘肃1年6代（武星煜等，2007）。

雌虫（柳，海淀颐和园，2015.V.16）

雌虫及头胸部（油松，门头沟小龙门，2014.VIII.19）

柳突瓣叶蜂
Nematus sp.1

雄虫体长5.2毫米。体淡黄色。单眼区及至后头具黑斑，中胸具3个纵形黑斑，小盾片后部至腹背板第8节中部黑色。翅透明，前缘脉大部、亚前缘脉前侧、翅痣淡黄色，其余翅脉大部黑褐色。触角9节，基2节黑色，第3、4节背面黑色，余红褐色，第3～5节长度比为40∶50∶49。后足胫节末端和后足跗节大部褐色。

分布：北京。

注：过去我们曾鉴定为绿柳突瓣叶蜂 *Nematus ruyanus*（虞国跃, 2017），这应该是一个误定，本种头胸部的斑纹较粗大。寄主柳，非越冬代幼虫在柳叶上结茧化蛹。

雄虫（柳，北京市农林科学院室内，2012.V.5）

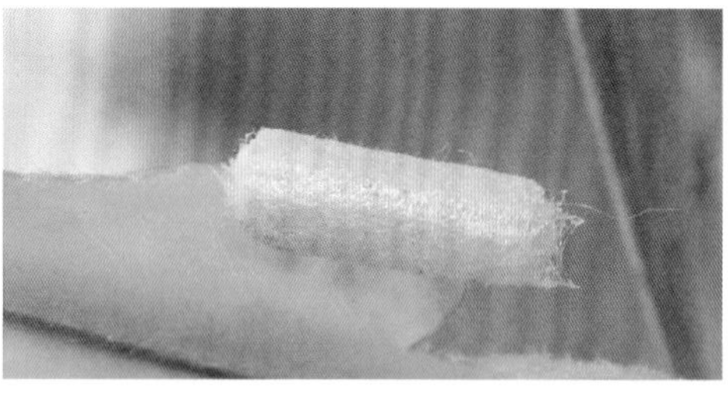

茧（柳，北京市农林科学院室内，2012.IV.30）

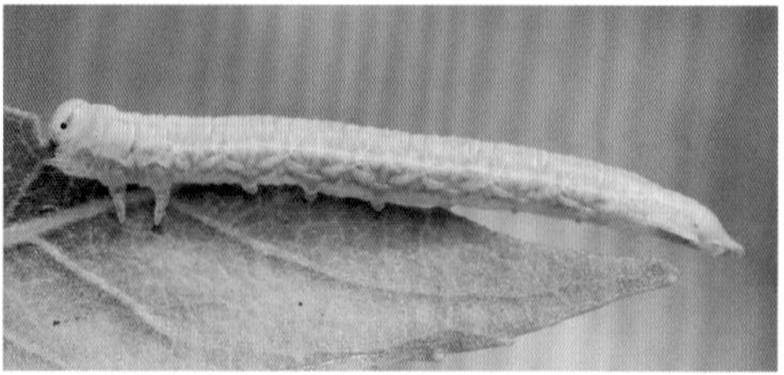

幼虫（柳，北京市农林科学院，2012.IV.29）

新宾突瓣叶蜂
Nematus sp.2

雌虫体长约7毫米。体淡绿色，头部背侧大斑、触角、中胸背板前叶大斑、侧叶大小斑、中胸小盾片端部、后胸背板、腹部各节背板中央大斑黑色。触角9节，第2节长短于宽，第3节稍短于第4节。翅痣绿色，翅脉多黑色。

分布：北京*、辽宁。

注：本种未见正式发表，详细描述可见刘萌萌（2018）。北京6月见成虫于林下。

雌虫（艾蒿，门头沟小龙门，2016.VI.15）

北京杨锉叶蜂
Pristiphora beijingensis Zhou et Zhang, 1993

老熟幼虫体长约12毫米。体淡黄绿色，头、胸足黑色，背线、亚背线、气门线、气门下线及基线上具黑色点列，每体节分布1～3个，但背线黑点在腹部1～5节缺如。

分布：北京、陕西、甘肃、辽宁、河北、天津。

注：又名北京槌缘叶蜂。与杨黄褐锉叶蜂 *Pristiphora conjugata* (Dahlbom, 1835)相近，该种幼虫身体两端底色为黄色。雌虫体长6～7毫米，体黑色，前胸背板两侧、腹部腹面淡褐色，足浅色，但后足胫节端和跗节黑褐色。取食多种杨，1年多代，幼虫多群集生活。

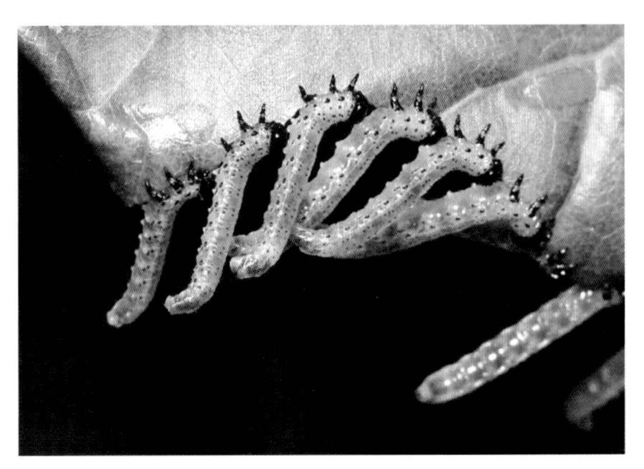

幼虫（杨，昌平王家园，2015.IX.9）

杨黄褐锉叶蜂
Pristiphora conjugata (Dahlbom, 1835)

老熟幼虫体长约16毫米。体淡黄绿色，头、胸足黑色，胴体两端黄色，背线、亚背线、气门线、气门下线及基线上具黑色点列，每体节分布1～3个，但背线黑点在腹部第1～5节缺如。

分布：北京、新疆、内蒙古、辽宁、河北；欧洲。

注：雌雄成虫（包括足）以黄色为主，体背（尤其是胸背及触角）以黑色为主。幼虫取食多种杨树，1年多代，以幼虫在土中结茧越冬。

幼虫（杨，昌平老峪沟，2014.VII.1）

苹槌缘叶蜂

Pristiphora maesta (Zaddach, 1876)

雌虫体长6.5毫米。体黑色，上唇、须、前胸背板、翅基片黄白色；足淡黄色，基节基大部、前中足腿节基半部、后足腿节、胫节端部、跗节（除基跗节基大部）黑褐色；腹部黑褐色，腹部（除第1节）背板的后侧、侧板、腹板的后缘黄褐色。锯鞘黑褐色，四方形，背面观宽约是尾须的4倍（45∶12）；尾须浅褐色，长于锯鞘，向端部收窄。雄虫体长4.5～5.5毫米，腹部颜色稍深，但两侧褐色。

分布：北京*；欧洲（包括俄罗斯西部）。

注：中国新记录种，新拟的中文名，从寄主为苹果属；是古北区东部的首次记录。经检的雌虫非正常（左触角10节，左前翅M脉不完整）。幼虫取食苹果、欧洲野苹果（Prous et al., 2017），我们记录的寄主是山定子*Malus baccata*。北京成虫发生于4月。

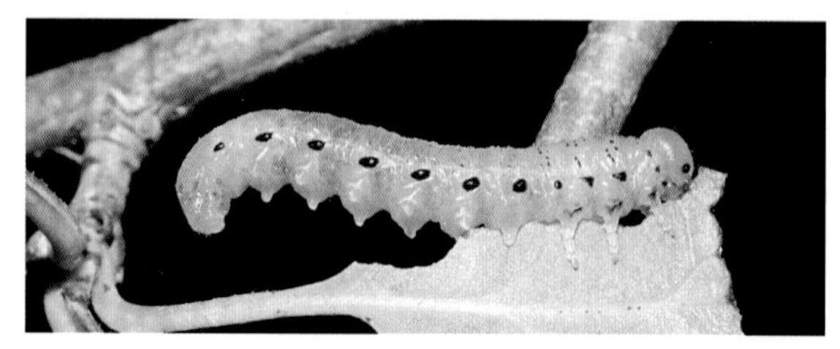

幼虫（山定子，延庆松山，2018.V.23）

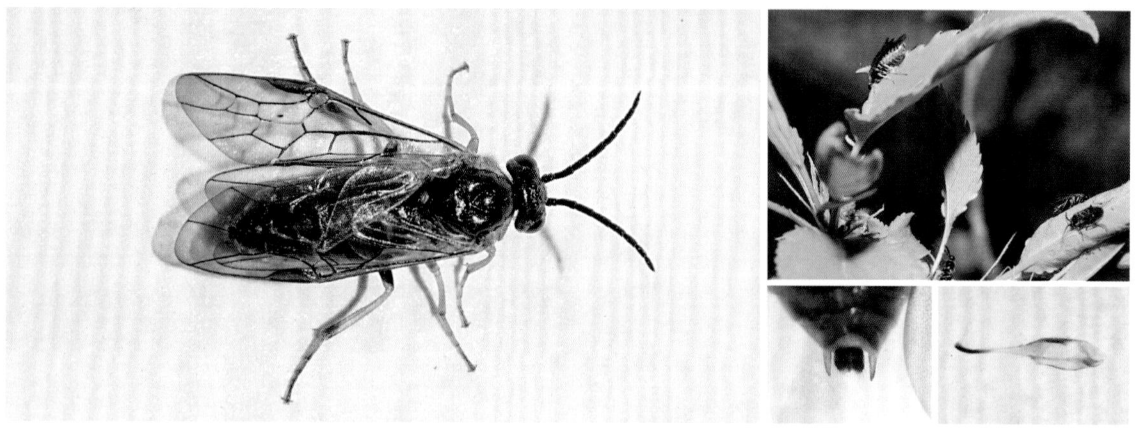

雌虫、雌雄虫、雌虫尾须和锯鞘、雄虫阳茎瓣（山定子，延庆玉渡山，2018.IV.25）

绿腹齿唇叶蜂

Rhogogaster chlorosoma (Benson, 1943)

雌虫体长13.5毫米。体黄绿色，具黑斑。触角9节，背面黑色，腹面绿色，短于头宽的2倍（11.3∶6.2）；额部中窝浅，侧窝较深，具山字形黑纹，其中黑纹前端向两侧延伸，并不与两侧黑纹相连；唇基近于横向长形，但前缘中央明显弧形内凹，上唇前缘近于平截。中胸小盾片和附片绿色，两者之和小于小盾片宽度（58∶52）。翅透明，翅脉黑色，翅痣黄绿色。足黄绿色，腿节和胫节背侧具黑色条斑，胫节端部、跗分节端部黑色（后足跗节黑色部分扩大）。

分布：北京*、宁夏、黑龙江、吉林、辽宁、河北、山西；俄罗斯，欧洲。

注：额部的黑斑可呈封闭状，国内分布来自刘舒歆（2020）。幼虫取食柳、杨等树叶。北京7月可见成虫。

雌虫（柳，昌平老峪沟，2014.VII.1）

中华锉叶蜂
Pristiphora sinensis Wong, 1977

雌虫体长8.8毫米，前翅长8.8毫米。体黑色，上唇及须浅褐色，腹部黄棕色，背面基大部黑褐色，翅基片前半、足黄白色，基节（除端部）、腿节腹面及端部、后足胫节端部及跗节黑色，前中足跗节淡白色，向端部渐深至黑褐色，尾须及锯鞘黑褐色。触角9节，端部3节明显变细。尾须长卵形，基部细，锯鞘腹面观“V”形，两者均被淡黄褐色毛。

分布：北京、陕西、内蒙古、河北、山西、山东、河南、江苏、浙江、福建、湖北、湖南、广东、广西、贵州；朝鲜。

注：又名中华槌缘叶蜂；黄氏锉叶蜂*Pristiphora huangi*为本种异名。取食桃、樱桃、李、梨、山杏，其中山杏为寄主新记录。

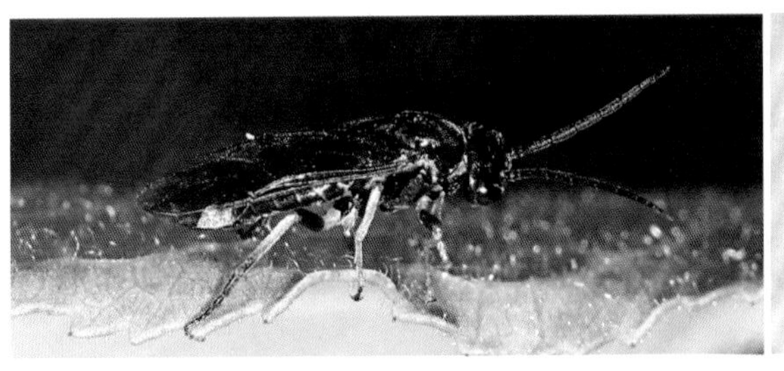
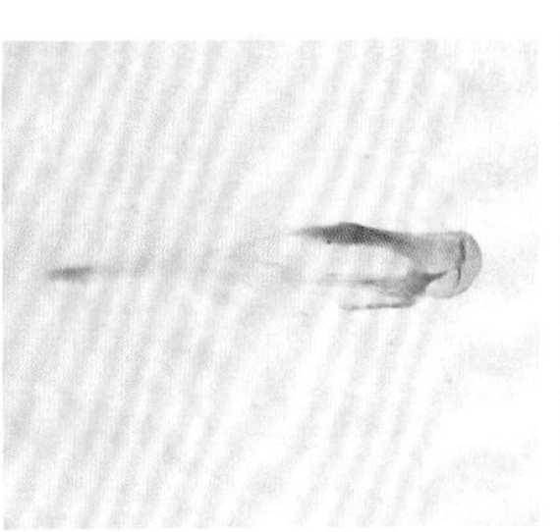

雄虫及阳茎瓣（山杏，国家植物园，2023.VIII.28）

卵（山杏，海淀西山，2023.VII.28）

雌虫及翅脉（山杏，海淀西山，2023.VII.28）

幼虫（山桃，密云雾灵山，2014.IX.17）

敛眼齿唇叶蜂
Rhogogaster convergens Malaise, 1931

雌虫体长10.0毫米，前翅长9.5毫米。体淡绿色，体背黑色，有斑纹，腹背除两侧外黑色。触角黑色，柄节腹面绿色，鞭节腹面带黄褐色；唇基前缘略呈长方形凹入，长约为唇基长的1/3；两复眼明显向前收窄；头部背侧黑斑与内眶分离，在上眶处与复眼相连。中胸侧板前叶淡绿色，腹面黑色，均光亮。前翅R脉（与Sc脉合并）黑色，前缘脉黄褐色，翅痣淡绿色。

分布：北京、陕西、宁夏、甘肃、内蒙古、辽宁、河北、山西、河南；日本，朝鲜，俄罗斯。

注：不知寄主。北京5月、7月见于林下。

雌虫（艾蒿，门头沟小龙门，2011.VII.5）

弯毛侧跗叶蜂
Siobla curvata Niu et Wei, 2012

雄虫体长13.0毫米。体黑色，后胸小盾片两侧各具1个小黄斑，腹部第2～4节及第5节基大半背板橙黄色，第4～5节两侧具褐斑，腹面淡黄棕色，端部黑色。触角9节，黑色，但第5节端半部至第9节（除顶端黑色）白色；单眼后区强烈隆起，显著高于单眼面。各足节转节以黑褐色为主，后足腿节背面基半部黄棕色，腹面黄棕色区域更大。翅痣黄棕色。

分布：北京*、陕西、宁夏、甘肃、湖北。

注：雌虫触角基部2节、腹部第2～3节红褐色。未知寄主。北京6月见于林下。

雄虫（山楂叶悬钩子，昌平长峪城，2016.VI.23）

中华厚爪叶蜂
Stauronematus sinicus Liu, Li et Wei, 2018

雌虫体长6.5毫米。黑色，具光泽；口须、翅基片、足淡黄白色，前中足跗节、后足基节基部、胫节端部及跗节第3～5节黑褐色。触角9节，被褐色短绒毛，为体长的3/5。

注：文献上的*Stauronematus compressicornis* (auto, nec. Fabricius, 1804)是一误定。近似种杨扁角叶蜂*Stauronematus platycerus* (Hartig, 1840)，其后足基节至少一半是黑色的。北京的标本个体略大。幼虫取食北京杨、小叶杨、钻天杨、小青杨等杨树叶片；取食叶片时在周围先分泌白色泡沫状液体，会凝固成蜡丝，具有预防其他昆虫取食的功能。

雌虫（杨，通州于家务室内，2020.IX.29）

幼虫（北京杨，怀柔黄土梁，2020.VIII.20）

黑条侧跗叶蜂
Siobla sp.

雌虫体长15.0毫米。体黄或黄棕色，具黑色斑纹。触角黄棕色，第3节端至第5节中的内侧黄色，外侧（除第1节）及第5节中部后黑色，第3～5节长度比为42∶39∶35，第4～8节内外侧无纵沟；上颚黑褐色，唇基前缘半圆形凹入。腹部黄棕色，无黑纹。

分布：北京。

注：与侧带侧跗叶蜂*Siobla nigrolateralis* Niu et Wei, 2010接近，该种雌虫体长11.0毫米，触角第3～5节比为25∶17∶15，第3、4节外侧无黑色条纹，第4～8节内外侧均具纵沟。北京8月见成虫于林下。

雌虫（门头沟小龙门，2015.VIII.20）

双斑断突叶蜂
Tenthredo bimacuclypea Wei, 1998

雌虫体长14.5毫米，前翅长13.0毫米。体黑色，具淡黄白色斑：唇基大侧斑、上唇、上颚（除端部）、唇基上区，内眶、上眶后部横斑、后眶下部小斑、前胸背板后缘、小盾片（除四周）、后胸前侧片小斑、腹部第1背板两侧L形斑；前中足的腿节和胫节前侧淡黄白色。触角长于头胸部之和，第3节稍长于第4节。小盾片无脊，附片具中脊。前翅端部2/5弱烟色，其余透明，2Rs室明显长于1Rs，3r-m脉长于1r-m脉的2倍。

分布：北京*、陕西、甘肃、河北、山西、河南、湖北。

注：原描述上唇大部淡黄色（魏美才和聂海燕, 1998a），经检标本全为淡黄白色。未有寄主记录。北京6月见成虫于灯下。

雌虫及翅脉（房山大安山，2022.VI.23）

方斑中带叶蜂
Tenthredo formosula Wei, 2002

雌虫体长12.0毫米，前翅长11.6毫米。体绿色，具黑斑。中胸腹板、前足腿节背面端部短纵条、中后足腿节背板全长纵条黑色，腹部两侧具黑色纵纹，其间的绿色宽度稍大于黑纹。唇基前缘中央浅“U”形内凹；上唇端缘中央稍尖形突出；两复眼向前收窄，端缘间距明显窄于唇基。

分布： 北京*、陕西、宁夏、甘肃、河北、山西、湖南、湖北。

注： 生物学不清楚。北京6月见成虫于林下。

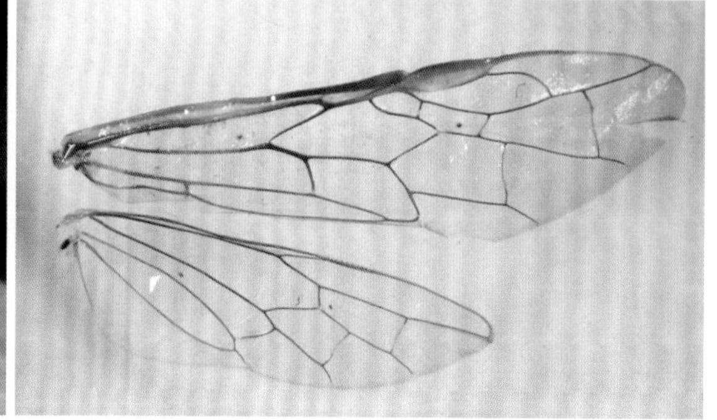

雌虫及翅脉（门头沟小龙门，2016.VI.16）

黑端刺斑叶蜂
Tenthredo fuscoterminata Marlatt, 1898

体长约16毫米。体红棕色，触角基2节同体色，鞭节、后足跗节、腹部端3节黑色，翅端部1/3烟色，且黑色区域的内缘直。后颊脊尖锐，折痕十分明显。中胸腹板具明显的腹刺突。

分布： 北京、陕西、甘肃、黑龙江、吉林、辽宁、河北、天津、山西、河南、浙江、湖北、湖南、四川、重庆；日本，朝鲜，俄罗斯。

注： 北京7月可见成虫（小龙门等地），这里附上拍摄于河北兴隆雾灵山西门的图。生物学不清楚。

雌虫（河北兴隆雾灵山，2012.VII.17）

大斑绿斑叶蜂

Tenthredo magnimaculatia Wei, 2002

雌虫体长15.0毫米。体嫩绿色，具黑纹。触角黑色，第3节明显长于第4节；头部背侧黑色。中胸背板前叶大部、侧叶背侧黑色；小盾片刺毛黑色。腹面背面黑色，稍窄于腹宽，各节后缘具嫩绿色窄带，末端3～4节不明显。各足的腿节、胫节具黑色背纵纹，前中足跗节仅背面黑色，后足跗节全黑色。

分布：北京*、陕西、甘肃、河南、湖北。

注：经检标本的翅痣和前缘脉黑色，与描述（魏美才等, 2018）的绿色不同。北京6月可见成虫，不知生物学。

雌虫及头部（门头沟小龙门，2014.VI.10）

单带棒角叶蜂

Tenthredo ussuriensis unicinctasa Nie et Wei, 2002

雌虫体长约13毫米。体黑色，唇基、上颚基部、上唇、前中足腿节和胫节前缘、第3腹节背板后大部、第4节背板两侧、第8节背板后斑黄色，触角基2节、翅基片、翅前缘、后足胫节红褐色。翅前半部分具烟褐色纵带。

分布：北京、陕西、甘肃、河北、天津、河南、浙江、湖南。

注：未知寄主。北京6～7月可见成虫，访问蓬子菜的花，或停在照山白叶片上。

雌虫（照山白，昌平黄花坡，2016.VII.7）

白蜡敛片叶蜂
Tomostethus fraxini Niu et Wei, 2022

雌虫体长8.5毫米，前翅长8.0毫米。体黑色，下颚须基部2节及第3、4节基部黑褐色，余浅黄褐色，其毛的着生点为浅褐色。触角短，稍长于头宽，7节，第3节长，稍长于后2节之和（15∶13）；单眼后区宽长比约为2。胸部和足完全黑色，中胸前侧片中下部光裸无毛。腹背板2节及后具很窄的淡白色后缘，腹板1～6节具同样的后缘，但第6节中部断开。锯鞘短小，稍露出。雄虫体长7.2毫米，前翅长6.0毫米。体略细，抱器鼠耳形。

分布： 北京、天津、河北、山东。

注： 近缘种的区分可见牛耕耘等（2022）。寄主白蜡、大叶白蜡、洋白蜡，1年1代，成虫出现于早春，产卵于刚膨大的芽苞叶缘，幼虫常常可食光叶片。

雌虫（白蜡，国家植物园，2021.IV.6）

幼虫（白蜡，平谷梨树沟，2020.V.12）

棕距短脉旗腹蜂
Evaniella sp.

雌虫体长6.6毫米，前翅长5.1毫米。体黑色，前足胫节暗红褐色，中后足距棕色。触角13节，第1节短，明显长于第3节，第3节与后2节长之和相等。中胸盾纵沟明显，其端半外侧尚有1短沟。前翅具7个翅室，前翅1Rs脉稍弯曲，与Sc+R连接处离翅痣基部近。腹柄背具刻点，无横脊。中后足胫节被锈红色毛。

分布： 北京。

注： 本科的一些种类寄生蜚蠊的卵鞘；我国的种类较为丰富，记录了78种，60种为新种（李意成, 2018），未见有北方地区的记录。北京5月可见成虫。

雌虫及翅脉（抱茎小苦荬，北京市农林科学院室内，2022.V.24）

黑副旗腹蜂
Parevania sp.

雌虫体长7.2毫米，前翅长6.1毫米。体黑色。触角13节，前7节长之比为35∶10∶35∶28∶26∶26∶24。前翅具7个封闭的翅室，基脉上段1Rs与亚前缘脉Sc+R连接处与翅痣相距较远。

分布： 北京。

注： 北京10月可见成虫。

雌虫（昌平王家园室内，2013.X.11）

弯角褶翅蜂
Gasteruption angulatum Zhao, van Achterberg et Xu, 2012

雌虫体长13.8毫米，前翅长6.0毫米。体黑褐至黑色，体表呈皮质状，无光泽。后头脊窄，不呈片状。后足基节细长，约为腿节长的4/5。产卵管鞘端部3/5白色，长约为腹长的46%；产卵管端部稍扩大，向上稍弯曲，其背缘具数个小齿。

分布： 北京*、陕西、河南、浙江、湖北。

注： 本种产卵管鞘长度有变化，为体长的30%～50%和腹部的40%～60%（Zhao et al., 2012）。北京5月见成虫访问绣线菊的花。

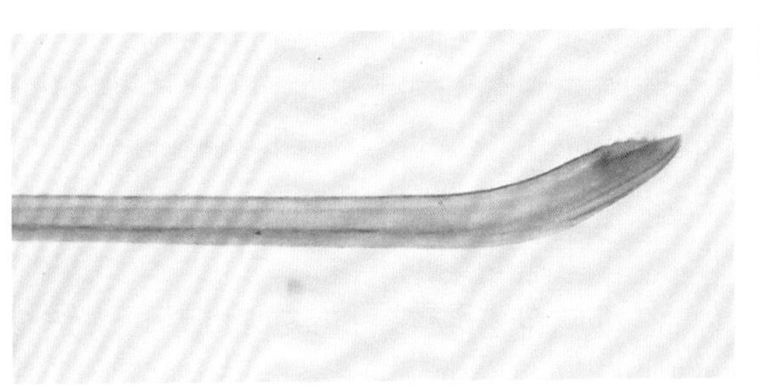

雌虫及产卵管（绣线菊，密云雾灵山，2015.V.12）

二色褶翅蜂
Gasteruption bicoloratum Tan et van Achterberg, 2016

雌虫体长7.7～10.5毫米。体黑色，触角红褐色，基部数节黑色，或全为黑褐色；前、中足红褐色，但基节黑色，胫节基部淡黄色，有时腿节大部分黑褐色；后足腿节近基部具浅褐色斑，其内侧斑纹扩大；腹部第2～4节后部两侧具红褐斑。后足胫节粗大。产卵管鞘短，稍短于后足胫节。

分布： 北京*、陕西。

注： 模式产地为陕西佛坪（Tan et al., 2016）。北京8月可见雌雄成虫访问红花蓼、萱草等花。褶翅蜂寄生独居性的采集花粉的蜂或胡蜂，孵化的幼虫先取食寄主的幼虫，再取食贮存的花粉等。

雌虫（红花蓼，北京市农林科学院，2022.VIII.29）

二斑褶翅蜂
Gasteruption bimaculatum Pasteels, 1958

雄虫体长13.0毫米，前翅长6.5毫米。体黑色；中胸前缘及两侧红棕色，并胸腹节两侧暗褐色；前、中足胫节基部及背面纵条、后足胫节近基部象牙白色，前、中足跗节褐色（经常基跗节较浅）。唇基前半部浅凹入，前缘宽“U”形凹入，被淡黄色毛（与其他白毛明显不同）；头顶平滑，被细短毛；后头宽“V”形凹入。前胸背板具浅的横脊。后足胫节长约为宽的4.5倍。

分布： 北京*、河南、福建、广西、海南、云南、西藏；缅甸。

注： 体色与*Gasteruption varipes* (Westwood, 1851)相近，但该种后头近于平截，不凹入。北京7月可见成虫访问萱草的花蕾。

雄虫（萱草，北京市农林科学院，2019.VII.7）

日本褶翅蜂
Gasteruption japonicum Cameron, 1888

雌虫体长约12毫米。体黑色，产卵管鞘端部约1/6白色；后足胫节近基部具白环，内侧白色部分明显扩大，后足跗节黑色，基节端半部白色；腹部第2、第3节后缘两侧暗红色。

分布： 北京*、陕西、宁夏、甘肃、新疆、内蒙古、黑龙江、吉林、上海、浙江、福建、台湾、湖北、湖南、四川、云南；日本。

注： 本种体长、体色等有变化，详细可参见Zhao等（2012）。北京9月可见成虫访问加拿大一枝黄花。

雌虫（加拿大一枝黄花，国家植物园，2022.IX.29）

黑龙江褶翅蜂
Gasteruption poecilothecum Kieffer, 1911

雌虫体长14.5～16.0毫米。体黑褐色至黑色，后足腿节基部及基跗节端部象牙白色，产卵管鞘端节象牙白色，长为基跗节的1.4～1.9倍。触角第4、5节分别为第3节的1.4倍和1.1倍。中胸盾板具粗大刻点，并具横向皱褶。

分布： 北京*、黑龙江、河北、新疆。

注： 图中个体的颜色稍深，且产卵鞘明显长于体长，而与模式标本的1.1倍不同（Zhao et al., 2012），暂归入此种。北京9月见成虫访问小飞蓬。

雌虫（小飞蓬，北京市农林科学院，2008.IX.13）

褶翅蜂
Gasteruption sp.

雌虫体长15.0毫米，前翅长7.0毫米。体黑色，前中足胫节黑褐色，跗节多为象牙白色；后足胫节基部1/3内侧及跗节1、2的大部（除基部）象牙白色；产卵管鞘端部1/4白色。触角14节，第4节约为第3节的1.5倍；第5节长于第3节。后足基节基部强壮，稍扩大；胫节端2/3膨大。产卵管鞘16毫米，为后足胫节的4倍，第1跗节的16倍，端部白色部分约为后足基跗节的3倍长。

分布： 北京。

注： 国内对此属有较为详细的研究（Zhao et al., 2012; Tan et al., 2016）。与*Gasteruption japonicum* Cameron, 1888接近，该种后足跗节黑褐色，仅基节端半部白色。北京9月见成虫访问皱叶一枝黄花和加拿大一枝黄花。

雌虫及标本照（皱叶一枝黄花，国家植物园，2017.IX.29）

黄氏叉齿细蜂
Exallonyx huangi He et Xu, 2015

雌虫体长3.2毫米，前翅长2.6毫米。体黑色，上唇、上颚端红褐色，须黄色；上颊背面观稍宽于复眼；触角13节，基部3节红褐色，后渐深，端大部黑色。中胸缺盾纵沟；并胸腹节背面具明显的中脊，伸达后表面，后表面端大部光滑。前、中足跗爪近基部具长且黑色分叉的齿；后足长距为基跗节的43%。腹柄节基部具横脊，合背板中纵沟明显，伸达窗疤间连线的2/3，其两侧具数根纵脊，较弱且短。产卵管鞘较长，为后足胫节的52%，长为中部宽的4.4倍，两侧具纵脊，细。

分布： 北京*、福建。

注： *Exallonyx*属种类非常多，我国已知189种，已知寄生隐翅虫科（何俊华和许再福，2015）。触角鞭节第10节长宽比为1.36，小于原记述的1.6倍。北京9月可见成虫于灯下。

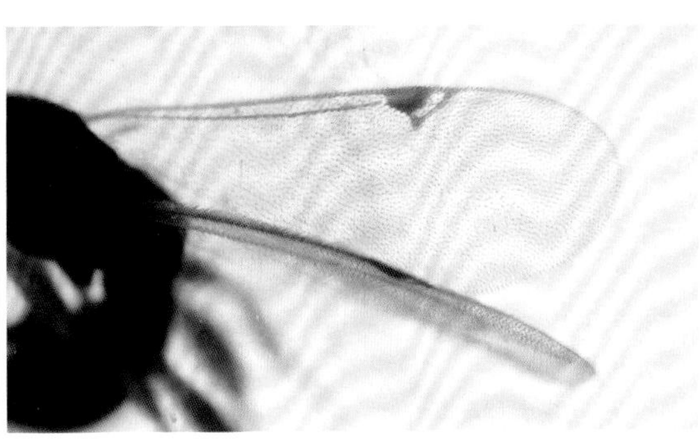

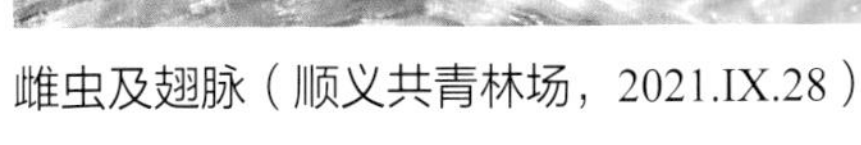

雌虫及翅脉（顺义共青林场，2021.IX.28）

膨腹细蜂

Proctotrupes gravidator (Linnaeus, 1758)

雌虫体长6.8毫米，前翅长5.0毫米。体黑色，翅基片、足（腿节染有黑褐色）、腹基部1/3（除腹柄）、产卵管鞘（除末端）红棕色。触角13节；唇基宽大，前缘近于平截。前胸背板侧面无毛区小，约为翅基片宽之半。并胸腹节具小室状网皱，具中脊，不达后缘。

分布：北京*、陕西、甘肃、新疆、内蒙古、辽宁、河北、山东、浙江、江西、湖北、广西、四川、云南、西藏；日本，西亚，欧洲。

注：与中华细蜂*Proctotrupes sinensis* He et Fan, 2004很接近，其正模产于北京怀柔，较为明显的不同是前胸背板侧面无毛区较大，为翅基片的2倍。记载寄生步甲的幼虫。北京10月见成虫于地面活动。

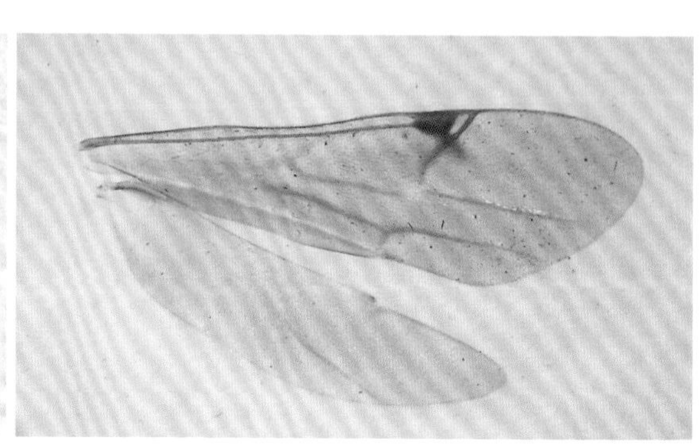

雌虫及翅脉（门头沟小龙门，2013.XI.4）

畸足柄腹细蜂

Helorus anomalipes (Panzer, 1798)

体长5.0～6.0毫米。体黑色。上颚（端部略深）、前足腿节端部、各足胫节、前中足第1～4节跗节棕色，后足胫节具黑褐色区域。触角15节，第3节稍长于第4节。中胸盾片基部具1横向刻点脊。翅痣长为宽的3.6倍。腹柄节长约是最宽处的2倍左右。

分布：北京、河北、甘肃；俄罗斯，中亚，欧洲，北美。

注：*Helorus*属我国已知9种（Zhang et al., 2020）。本种又名大草蛉柄腹细蜂；产卵于草蛉卵，在寄主幼虫体内发育，草蛉幼虫结茧后，化蛹于草蛉茧内，单寄生。虞国跃（2017）对于触角16节的描述有误。我们曾从日本通草蛉茧中养出了成虫。北京7月、10月可见成虫，在杨树叶上吸食蚜虫蜜露。

雌虫及标本照（杨，北京市农林科学院，2011.X.30）

基脉锤角细蜂
Basalys sp.

雌虫体长1.6毫米。头黑色，胸部暗棕色，腹部深褐色。触角12节，红棕色，触角棒3节黑色，大。头的下后部、前胸、腹柄（尤其腹面为多）具浅棕色绒毛。复眼大，侧面观约为后颊的2倍；后头较窄，明显窄于胸部。翅脉简单。

分布：北京。

注：我国*Basalys*属仅记录2种，头在眼后均宽于胸部（Hou and Xu, 2016）。北京6月发现成虫在竹叶上活动。

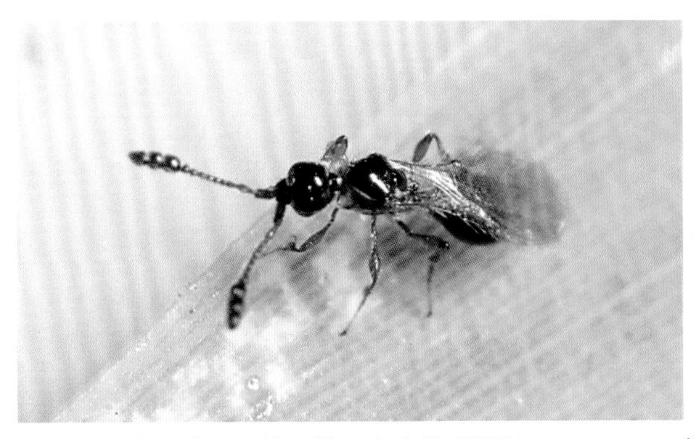

雌虫及标本照（早园竹，北京市农林科学院，2012.VI.12）

果蝇毛锤角细蜂
Trichopria drosophilae (Perkins, 1910)

雄虫体长1.9毫米。体暗褐色；触角基部2节黄褐色，鞭节黑褐色，基部黄褐色（端部数节同色）；足浅黄褐色。头宽稍窄于胸部（27∶29）；触角细长，长于体长，14节，鞭节具轮状长毛，各节基部较细，但第1鞭节基部略细。翅透明，微长于体长。足细长，后足腿节和胫节的端部膨大。第1背板长略超腹部之半，末节背板较大，前半具1对圆形凹陷。雌虫体长1.6毫米。触角短于体长，黄褐色，但端部3节扩大，黑褐色。

分布：北京*、河北、山东、浙江、福建、云南等；全北区。

注：未见本种的详细描述文献，雄虫触角第4节近端一侧具小齿（Romani et al., 2008）。本种最早记录于北美，寄生多种果蝇（黑腹果蝇、斑翅果蝇等）的蛹，北京可见于多种果园。

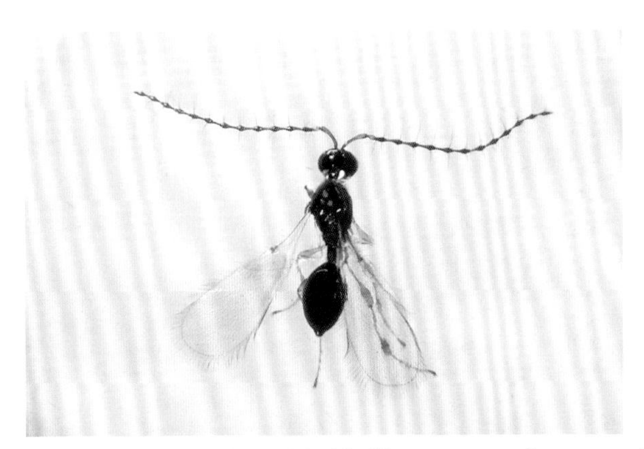

雄虫标本（北京市农林科学院饲养，2022.X.21）

雌虫（北京市农林科学院饲养，2022.X.21）

草蛉黑卵蜂
Telenomus chrysopae Ashmead, 1893

雌虫体长0.78毫米。黑色，触角和足黑褐色，腿节端、胫节端及跗节黄褐色。触角11节，第1节长约为宽的5.4倍，第2节长于第3节，第6节球形，长宽相近，端节长大于宽，末端收缩。额光滑，复眼表面具细刚毛。腹部卵形。雄虫触角颜色稍浅，12节。

分布：北京、新疆、河北、山东、河南、湖北、台湾；全北区。

注：与*Telenomus acrobates* Glard, 1895的区分可能需要解剖雄性外生殖器。雌虫产卵于大草蛉、日本通草蛉等卵中，被寄生卵黑色或紫黑色，羽化后草蛉的卵壳仍为原来的颜色，顶端的切口整齐，或保留上部的“盖”，而正常草蛉卵孵化后为白色，常干缩。

雌虫（大草蛉卵，北京市农林科学院，2011.VIII.8）

羽化后的草蛉卵壳（大草蛉卵，北京市农林科学院，2011.VIII.6）

甘蓝夜蛾黑卵蜂
Telenomus sp.

雄虫体长0.66～0.71毫米。体黑色，有光泽。头宽约为中部长度的2.5倍，稍大于胸；触角12节，黑褐色，柄节淡黄色，柄节长为宽的4倍多，与索节第1～3节长之和相近，索节第1～3节长大于宽，第4～7节略横宽，念珠状，棒节3节，前2节念珠状，末节长为宽的1.5倍。

分布：北京。

注：与夜蛾黑卵蜂*Telenomus remus* Nixon, 1937相近，但该种雄虫触角梗节大，长度稍短于后2节之和，第9～11节明显横向。寄生甘蓝夜蛾的卵。

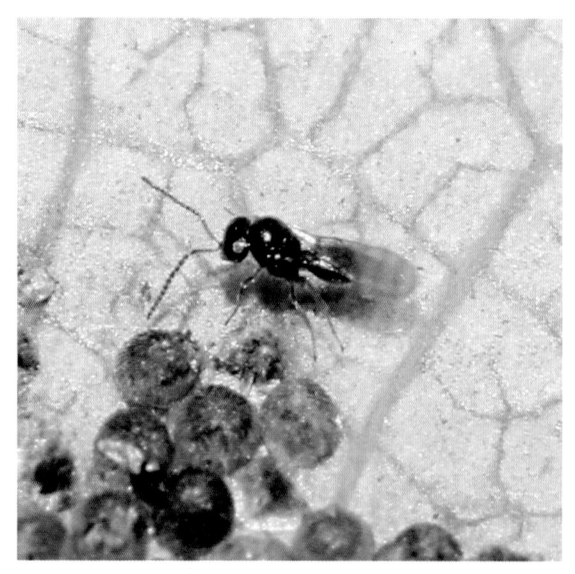
雄虫（海棠，昌平长峪城，2016.VII.26）

茶翅蝽沟卵蜂
Trissolcus japonicus (Ashmead, 1904)

体长1.2～1.8毫米。黑色，触角黄褐色，棒节黑色，上颚红棕色，足黄褐色，基节黑色，腿节有时具黑褐斑，翅无色透明。头宽于长，触角雌虫11节，棒节由6节组成，棒形；雄虫12节，棒节棒形不明显。

分布：北京、甘肃、河北、山东、浙江；日本，北美洲，欧洲。

注：*Trissolcus halyomorphae* Yang, 2009为异名。寄生多种蝽类的卵，如沙枣蝽*Rhaphigaster nebulosa*、麻皮蝽等（Chen et al., 2020），在田间对茶翅蝽的寄生率最高可达70%。

雄虫（鹅耳枥，怀柔黄土梁室内，2020.VI.20）

雌虫（苹果，昌平王家园，2007.VI.11）

珀蝽沟卵蜂
Trissolcus plautiae (Watanabe, 1954)

雌虫体长1.29毫米。体黑色，触角第1节两端黄褐色，第2、3节也带黄褐色；足黄褐色，基节黑色，腿节除两端外黑褐色，翅无色透明。头宽为长的2.6倍。触角11节，第3节长于第2节（10∶7），第5、6节短小。

分布：北京；日本。

注：过去曾作为茶翅蝽沟卵蜂*Trissolcus japonicus* (Ashmead, 1904)的异名，除触角颜色不同外，本种腹部第1背板亚侧端具1根刚毛（Matsuo et al., 2014），寄生珀蝽*Plautia crossota*、斯氏珀蝽*Plautia stali*，偶尔寄生茶翅蝽；在北京，它是珀蝽的优势卵寄生蜂，占比可达66.0%（Zhang et al., 2017）。

雌虫及触角（桑，房山上万，2018.V.9）

卡氏蚜大痣细蜂
Dendrocerus carpenteri (Curtis, 1829)

雌虫体长2.0毫米。体黑色。触角梗节长于第1鞭节，其他各鞭节长大于宽，两侧近于平行。中胸背板盾纵沟完整，接近后缘前弯向中脊。前翅的翅痣近半圆形，长约为宽的1.6倍。足黑褐色，腿节端以下褐色，前足胫节更浅，浅褐色。

分布：北京*、山东、江苏、上海、安徽、浙江、江西、福建、台湾、贵州、云南；世界广泛分布。

注：又名合沟细蜂。经检标本的盾纵沟近于完整（并未伸达后缘，后缘稍向内弯），与Wang等（2021）所给出的雌虫图一致。重寄生蜂，可寄生多种蚜虫（如麦长管蚜、栗大蚜）体内的多种蚜茧蜂（如烟蚜茧蜂），北京5月、9月可见成虫。

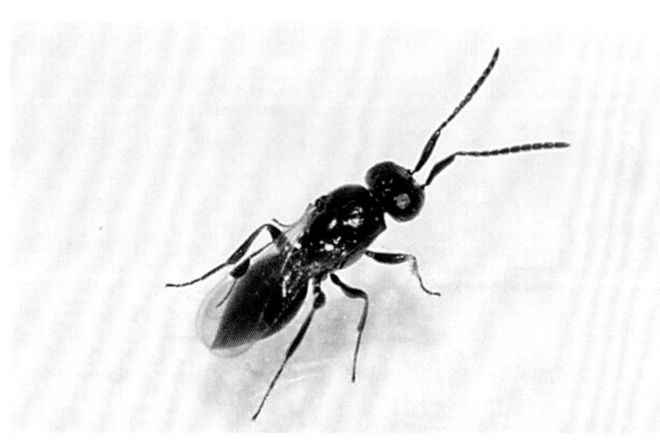

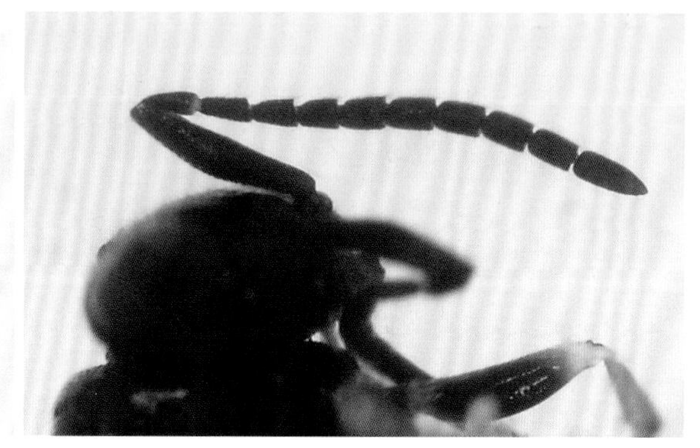

雌虫及触角（烟蚜茧蜂，北京市农林科学院室内，2022.V.13）

细脊蚜大痣细蜂
Dendrocerus laticeps (Hedicke, 1929)

雌虫体长2.0毫米。黑色，上唇、上颚、须、触角柄节基部、足（包括基节）黄色，上颚端红棕色，腹部褐色（柄状部黑色）。唇基基缘接近触角窝下缘；侧面观头顶圆突；触角第2节短于第3节。中胸两盾侧沟不完整，稍向后收窄，端部离后缘的距离约为离中沟距离之半。并胸腹节基部具1对中脊，强，围绕区呈小四方形。翅痣长约为宽的1.9倍。

分布：北京*、山东、江苏、安徽、福建、湖北、广东、广西；全北区，东洋区。

注：又名黄足分盾细蜂。重寄生蜂，寄生多种蚜茧蜂（如麦蚜茧蜂）。成虫具趋光性。

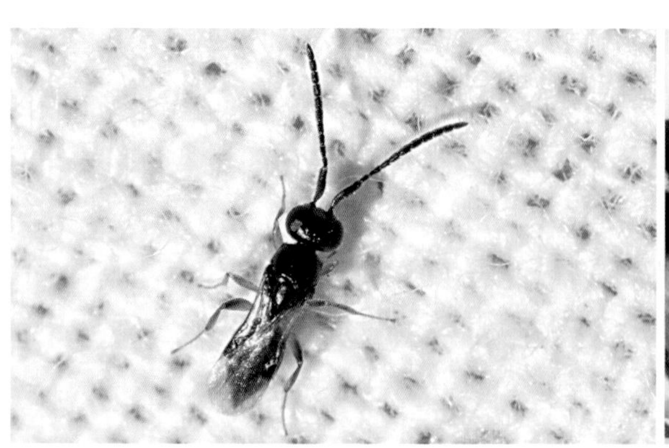

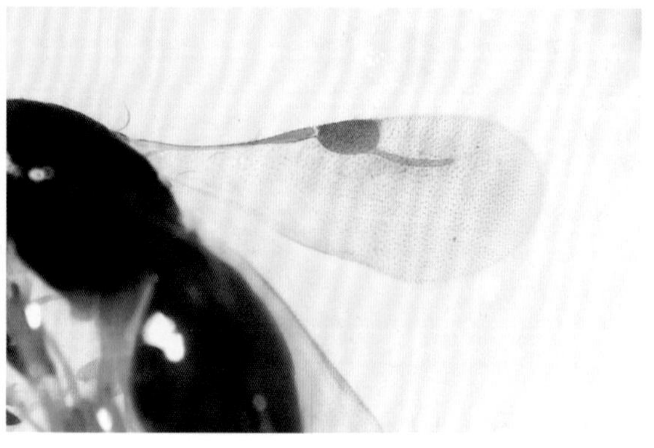

雌虫及翅脉（延庆潭四沟，2020.IX.3）

指突蚜大痣细蜂

Dendrocerus ramicornis (Boheman, 1832)

雌虫体长2.4～2.8毫米。黑色，触角柄节基部可棕色，足基节黑色，其余棕褐色，或腿节大部黑色，中后足胫节大部黑褐色；唇基基缘触角窝下缘平行；侧面观头顶明显凸起；触角第2节短于第3节（43∶30）。中胸两盾侧沟强大，几乎平行。翅痣近半圆形，长约为宽的1.6倍。并胸腹节基部具“V”形小脊，中区脊纹呈屋脊形，角突明显。

分布： 北京*；日本，朝鲜半岛，欧洲。

注： 我国*Dendrocerus*属已知6种（Wang et al., 2021），中国新记录种。雄虫触角明显不同，第3～7节呈三角形，突向一侧（Takada, 1973）。重寄生蜂，寄生板栗大蚜*Lachnus tropicalis*、白皮松长足大蚜*Cinara bungeanae*中的蚜茧蜂，如日本少毛蚜茧蜂*Pauesia japonica*。

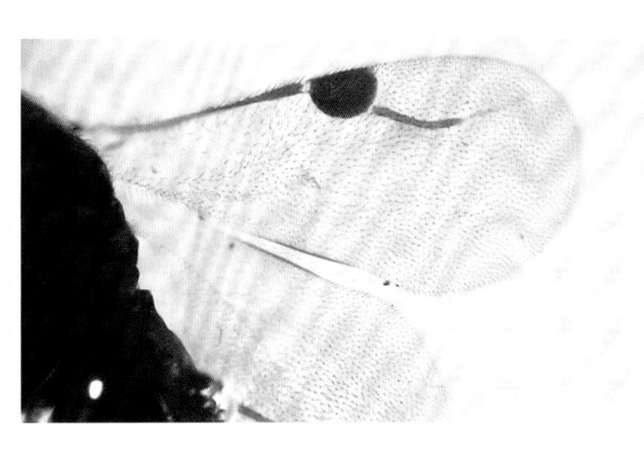

雌虫及翅脉（板栗大蚜，平谷镇罗营室内，2015.IX.29）

侧广腹细蜂

Piestopleura sp.

雌虫体长1.47毫米。体黑色；触角柄节棕色，端部稍暗；足基节黑色，其余褐色，端跗节和后足腿节端大部暗褐色。头横向纵扁，胸部纵向侧扁，高约为宽的2倍，腹部水平侧扁，宽约为高的近3倍。触角10节，第4节较细长，明显长于前后节。中胸盾片无纵沟，小盾片端部具1个刺突；前翅无翅脉，后翅具2个黑色翅钩。腹部6节，第1节柄形，长稍大于端宽，第2节最长，末节三角形，长稍短于前3节之和，这3节长度相近。

分布： 北京。

注： 中国新记录属，新拟的中文名，从学名，即胸部为纵向侧扁。*Piestopleura*属细蜂寄生瘿蚊（虫瘿）。与*Piestopleura seron* (Walker, 1836) 相近，但缺资料。北京8月见成虫于构叶上。

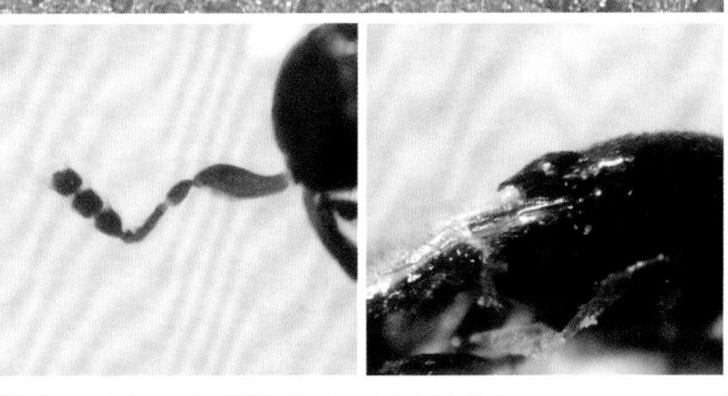

雌虫、触角及小盾片（构，国家植物园，2023.VIII.28）

台湾纹瘿蜂

Andricus formosanus Tang et Melika, 2009

虫瘿（有性世代）长2.2毫米。寄生在叶正面，近圆形，具绒毛（比叶片表面绒毛长和多），四周浅绿色，浅于叶片，中央浅黄绿色。雌虫（有性世代）体长2.2毫米。体黑色，颜面暗红棕色，触角及足（除基节基部）黄色。触角14节。第2背板约占腹部长之半。

分布：北京*、台湾。

注：经检标本其前翅小翅室不明显，与描述有异，暂定为本种。寄主槲树，北京5月可见虫瘿和成虫。

雌虫（槲树，平谷白羊室内，2019.V.15）

虫瘿（槲树，平谷白羊，2019.V.9）

槲树花纹瘿蜂

Andricus kashiwaphilus Abe, 1998

虫瘿（无性世代）花形，直径可达151毫米，单个"花瓣"长可达76毫米。虫室卵形，长3.0毫米。虫瘿着生在小枝上。

分布：北京*、辽宁、河北；日本，朝鲜半岛。

注：新拟的中文名，从寄主和形态（拉丁名意为喜欢槲树）。寄主为槲树，5～9月可见虫瘿，单独或多个挤在一起；可见小蛾类幼虫在其中取食。蒙古栎上也具类似的花形虫瘿，尚不知是否属于同种。

虫瘿（槲树，延庆松山，2018.V.24）

盛冈纹瘿蜂
Andricus moriokae Monzen, 1953

虫瘿（有性世代）桶形，直径和高（单面）约3毫米。寄生嫩叶上，正反两面都隆起，表面具绒毛，颜色稍浅于叶片，其中叶正面中央颜色更浅，其周缘凹陷。常多个虫瘿挤在一起（单个虫瘿的形态不再清楚），成行，甚至成片。雌虫（有性世代）体长1.9毫米。体黑色，触角及足（除基节基部）黄色。触角13节。第2背板约占腹部长之半，两侧具稀毛和成片毛。

分布：北京*、河南；日本，朝鲜半岛，俄罗斯。

注：虫瘿接近台湾纹瘿蜂*Andricus formosanus* Tang et Melika, 2009，该种触角14节，头触角以下暗红褐色。寄主槲树。北京4月可见虫瘿，5月初可见成虫。

虫瘿正面（槲树，海淀百望山，2023.IV.30，杨俊摄）

虫瘿反面（槲树，海淀百望山，2023.IV.30，杨俊摄）

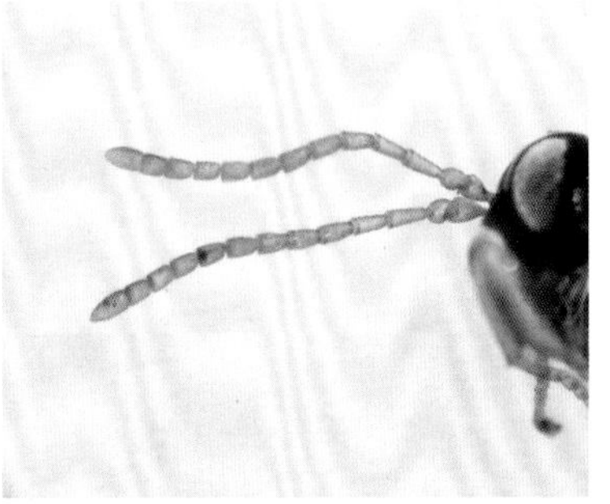
雌虫触角（槲树，海淀百望山，2023.V.3）

槲柞瘿蜂
Andricus mukaigawae (Mukaigawa, 1913)

虫瘿（无性世代）洋葱形，直径长20.1毫米，高26.8毫米，四周具许多针形体。雌虫（无性世代）体长4.5毫米。体红棕色，头前缘（包括唇基）、前胸背板、中胸背板2对纵纹、小盾片基部、并胸腹节中央黑色，胸部背、侧板四周多黑边。触角14节，端节具不明显的分隔。前翅小翅室开放。第2背板约占腹部长1/3。

分布：北京*、黑龙江、吉林、辽宁、河北；日本，朝鲜半岛，俄罗斯，缅甸。

注：本种的虫瘿看上去像栗子，寄生在小枝或枝端。成虫形态和生物学可参阅Pujade-Villa 等（2016）和魏成贵（1965）。寄生蒙古栎（或辽东栎）、槲树、大叶栎等。北京7～10月可见无性虫瘿，有时可多个在一起，11月初可见成虫。

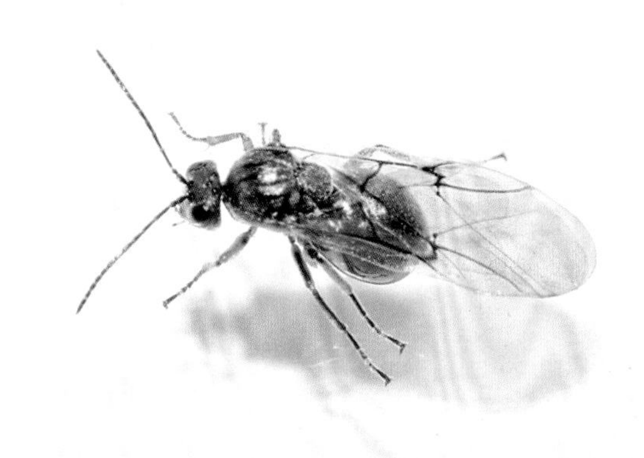
雌虫（槲树，延庆白羊峪室内，2017.XI.1）

虫瘿（辽东栎，怀柔孙栅子，2022.IX.7）

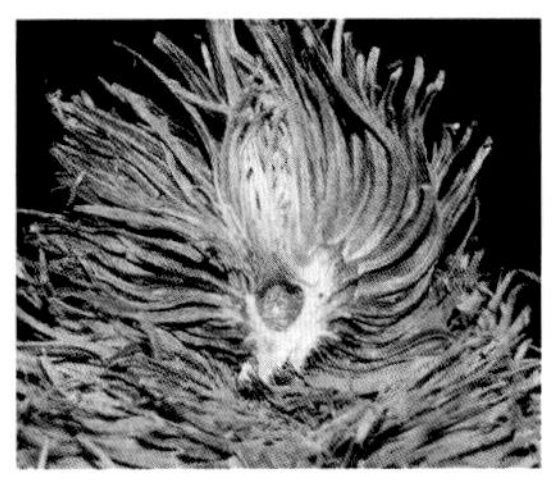
虫瘿及虫室（槲树，延庆白羊峪，2017.X.31）

槲树旋博瘿蜂

Belizinella volutum Ide et Koyama, 2023

虫瘿（无性世代）球形，直径9.9毫米，成熟时褐色。虫室卵形，后期可在虫瘿内旋转。着生在叶反面的主脉或支脉旁。

分布： 北京*；日本。

注： 中国新记录种，新拟的中文名，从寄主和学名，拉丁名意为旋转，指虫室可在虫瘿内转动（Ide and Koyama, 2023）。寄主为槲树，7～8月可见虫瘿，单独。外形与栎空腔瘿蜂*Trichagalma acutissimae* (Monzen, 1956)接近，但本种虫瘿大，寄生槲树。

虫瘿（槲树，房山议合，2019.VII.24）

栎根瘿蜂

Biorhiza nawai (Ashmead, 1904)

雌虫（有性）体长3.0毫米，前翅长2.8毫米。体黑色，足浅黄棕色。触角14节，暗褐色，柄节黄棕色。中胸盾片2条盾纵沟深而完整，并具细毛，中沟浅，无毛；小盾片舌状，具非常粗糙的皱纹。翅狭长透明，翅脉黑色，翅面布满褐色刚毛。雄虫腹部短小，触角略细长，第3节明显弯曲。

分布： 北京、黑龙江、吉林、辽宁；日本，朝鲜半岛，俄罗斯。

注： 寄主为栎类（如蒙古栎、槲树、短柄枹），有性世代寄生在小枝的芽上，虫瘿长径×短径为34毫米×28毫米，质软，表面可呈红色，内有多个虫室；无性世代寄生在根部，仅有雌虫，无翅；生活史可参见魏成贵（1984）。

虫瘿（蒙古栎，门头沟小龙门，2016.VI.15）

雄虫（蒙古栎，门头沟小龙门室内，2016.VI.17）

雌虫（蒙古栎，门头沟小龙门室内，2016.VI.16）

黑似凹瘿蜂

Cerroneuroterus japonicus (Ashmead, 1904)

无性世代雌虫体长2.9毫米，翅长3.9毫米。体黑色，头胸部常染红褐色。触角暗褐色，基部数节常更浅，第3节明显长于第4节，大于后者的1.2倍长。中胸背板盾纵沟完整，且深。腹部侧扁，光滑，长于中胸背板。有性世代雌虫触角14节，腹部黑色；雄虫触角15节，腹部小，以淡黄褐色为主。

分布：北京*、江苏、台湾；日本，朝鲜半岛。

注：寄主为栓皮栎和麻栎，本种有不少异名，其中之一是*Cerroneuroterus vonkuenburgi* Dettmer, 1934（Ide and Abe, 2021）。北京4月栓皮栎开花时，可在雄花处呈现草莓似的有性世代虫瘿（直径15～17毫米，常成对），4月出蜂；5月后可见无性世代的虫瘿（直径4.3毫米及以下，在叶背面，成片），直到落叶或仍挂在树上，3月出蜂。

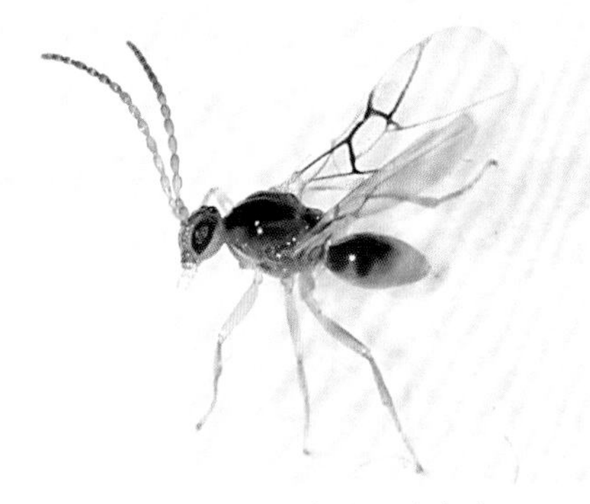

雄虫（有性世代，栓皮栎，海淀西山室内，2022.IV.23）

雌虫（有性世代，栓皮栎，海淀西山室内，2022.IV.23）

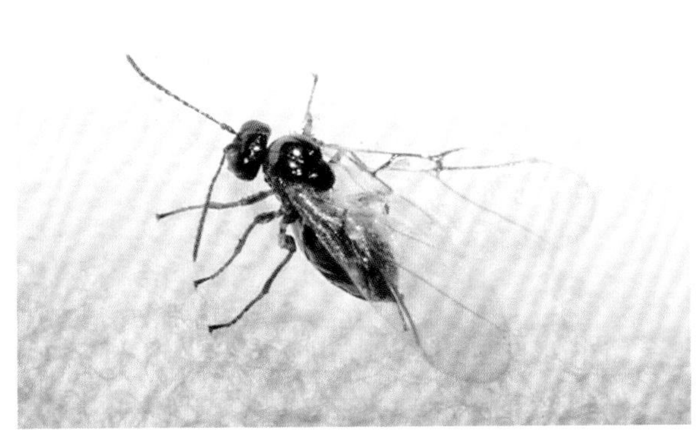

雌虫（无性世代，栓皮栎，海淀西山室内，2022.IV.5）

虫瘿（无性世代，栓皮栎，海淀西山，2022.VIII.26）

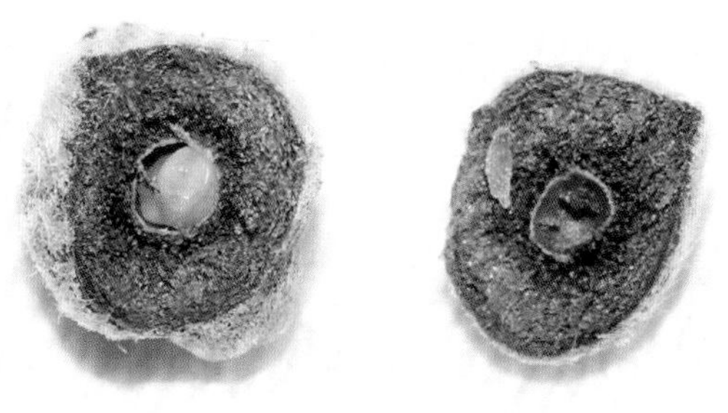

虫瘿及幼虫（无性世代，栓皮栎，海淀西山室内，2022.IV.2）

虫瘿（有性世代，栓皮栎，海淀西山，2022.IV.19）

栓皮栎饼二叉瘿蜂
Latuspina abemakiphila Ide et Abe, 2016

虫瘿（有性世代）在叶反面呈圆形或近圆形，扁，饼形，长径4.1～4.7毫米，周围具较稀疏的白色绒毛。在叶正面稍隆起，颜色绿色，较光亮。

分布： 北京*；日本。

注： 中国新记录种，新拟的中文名，从寄主及虫瘿形态（拉丁名意为喜爱栓皮栎）。新种描述时未记录无性世代雌虫的形态（Ide and Abe, 2016）。寄主为栓皮栎，虫瘿分布在叶缘或近中脉，多数在其间；通常数个或十数个并列挤在一起，偶尔可见1～3个虫瘿；北京常见种，4～5月可见虫瘿，寄生蜂较多，也具客瘿蜂。

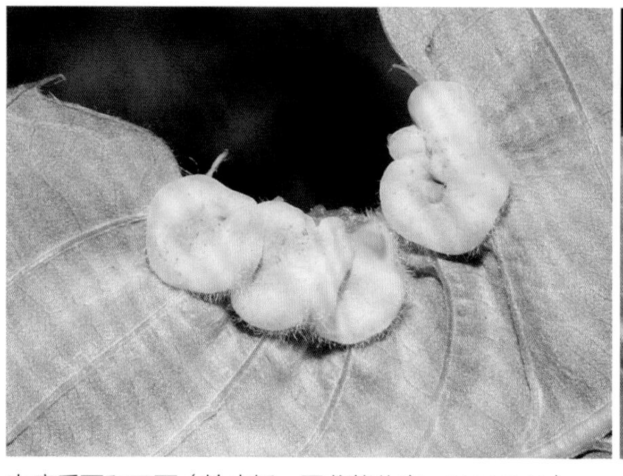

虫瘿反面和正面（栓皮栎，平谷熊儿寨，2016.V.10）

杨氏二叉瘿蜂
Latuspina manmiaoyangae Melika et Tang, 2012

虫瘿（无性世代）体长2.3～2.4毫米。体椭球形，暗紫红色。早期虫瘿四周及周围叶面具许多直立银白色软毛，后期不少毛附在虫瘿表面。雌虫（无性世代）体长2.1毫米。体黑色，触角14节，基部4节、足黄色，足基节基大部黑色。

分布： 北京*、台湾。

注： 寄主为栓皮栎，寄生在叶反面，通常单独，偶尔同一叶片具多个，甚至2个相邻；叶正面稍隆起，中央黑褐色。北京发生量较少，4～5月可见虫瘿。

雌虫（栓皮栎，平谷东沟室内，2019.V.13）

虫瘿（栓皮栎，平谷金海湖，2016.IV.28）

高富二叉瘿蜂
Latuspina kofuensis Ide et Abe, 2016

虫瘿（无性世代）近肾形，稍扁，长径2.7～3.1毫米，光亮，无毛，淡黄白色，或具褐色斑点，或全体为褐色。在叶子的反面，位于主脉一侧，通常在与支脉相交处。

分布：北京*；日本。

注：中国新记录种，新拟的中文名，从学名。寄主麻栎，可寄生在叶的两面（Ide and Abe, 2016）。北京寄主为栓皮栎，7～10月可见虫瘿，多单独，偶尔可见2～3个虫瘿。

虫瘿（栓皮栎，昌平湖门，2022.X.4）

合巢二叉瘿蜂
Latuspina sp.

虫瘿（有性世代）花生形，长径11.0～12.0毫米，由多个虫室（如6个）组成，黄绿色，体表具绒毛。寄生在主脉或叶柄一侧。

分布：北京。

注：寄主为栓皮栎，发生在春季。所附的成虫可能为它的有性世代雌虫，体长2.4毫米，前翅长2.7毫米。体黑色，触角14节，基部4节淡黄色。其特点是肛下生殖节的腹刺突三叉式，2侧枝较粗短，具10余根长毛，中枝较长，为侧枝长的2.7倍。成虫具趋光性。

雌虫（栓皮栎，平谷白羊，2018.V.4）

虫瘿（栓皮栎，平谷东沟，2019.V.9）

虫瘿（栓皮栎，平谷白羊，2018.V.4）

台湾客瘿蜂
Synergus formosanus Schwéger et Melika, 2015

雌虫体长2.5毫米。头部暗红褐色，单眼区、上颚端部黑褐色，触角淡黄褐色；颜面具许多细脊刻纹，自唇基向复眼、触角窝等处辐射状散发；复眼长：眼颚距为1.58；上颚具3个齿。中胸背板盾纵沟完整，中沟几乎完整，在近前缘处消失；中胸侧板具有明显而完整的横线条刻纹。翅脉简单，径室闭合。足浅色。愈合的第2～3腹背板后部微刻点可占背板节长的1/3，不达腹缘，前缘两侧具数根细长白毛，第4节后大部具微刻点。雄虫体长2.1～2.2毫米，颜色比雌虫浅，触角15节，第3节外侧稍弯曲，端部不膨大。

分布：北京、陕西、甘肃、黑龙江、吉林、辽宁、山东、河南、浙江、台湾；朝鲜半岛。

注：描述于台湾南投（Schwéger et al., 2015），客寄生于栓皮栎上的台湾毛瘿蜂*Trichagalma formosana*的虫瘿。北京4～5月可见成虫，雄虫稍先羽化。

雄虫（栓皮栎，海淀西山室内，2022.IV.30）

雌虫（栓皮栎，海淀西山室内，2022.IV.30）

日本客瘿蜂
Synergus japonicus Walker, 1874

雌虫体长2.7毫米。体黑色。触角14节，黄棕色；颜面具许多细脊刻纹，自唇基向复眼、触角窝等处辐射状散发；颊端缘、上颚基大部黄棕色。中胸背板盾纵沟完整，中沟几乎完整，在近前缘处消失；中胸侧板具有明显而完整的横线条刻纹。愈合的第2～3腹背板后部微刻点仅局限于端背，第4～7腹板在侧面明显可见。雄虫体较瘦小，触角15节，黄棕色。

分布：北京、河南、浙江、湖南；日本，俄罗斯。

注：经检标本体较小，详细描述可见Pujade-Villar等（2014）。客寄生于槲柞瘿蜂*Andricus mukaigawae* (Mukaigawa, 1913)的虫瘿内，寄主蒙古栎。北京4月可见雌雄成虫。

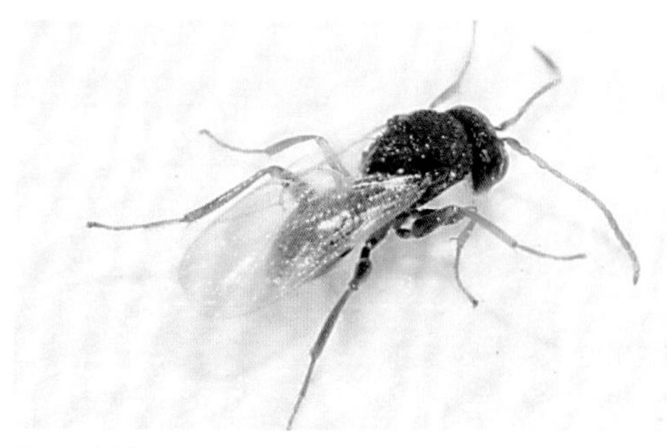

雄虫（栓皮栎，密云云蒙山室内，2022.IV.22）

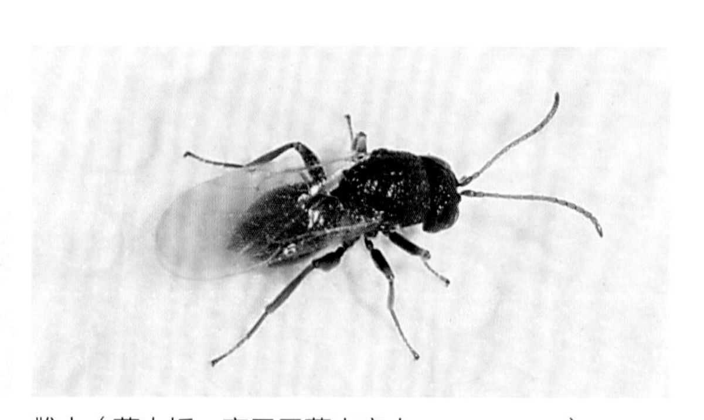

雌虫（蒙古栎，密云云蒙山室内，2022.IV.22）

蒙古栎客瘿蜂

Synergus mongolicus Pujade-Villar et Wang, 2017

雄虫体长3.6毫米，前翅长3.2毫米。体黑色，上颚（除齿）、须、触角及足黄色，后足基节大部、后足腿节除端部外黑褐色，胫节端部稍暗。触角15节，第1鞭节两端稍扩大，梗节：鞭1：鞭2=15：32：22。中胸盾片具明显的众多横脊纹，侧板布满横刻纹。并胸腹节具3条纵脊，中脊弱。腹第2节（合背板）约为腹长2/3；足除基节黑色外黄棕色，腿节稍暗，后足腿节除端部外黑褐色，胫节端部稍暗。

分布：北京*、辽宁。

注：模式产地辽宁海城，育自蒙古栎上的瘿蜂虫瘿（Pujade-Villar et al., 2017）。北京5月见成虫在槲树叶片上。

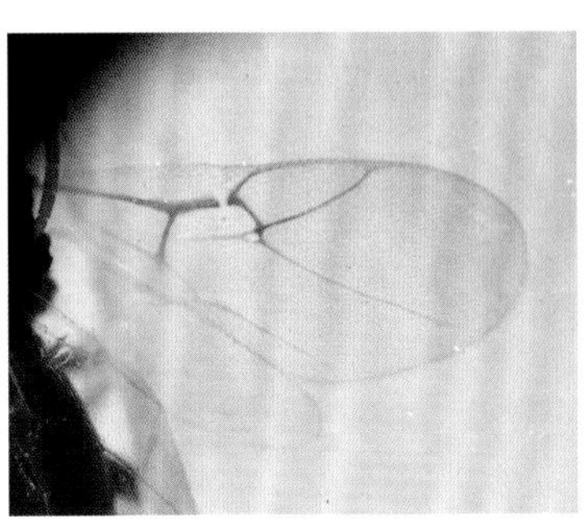

雄虫及头部、翅脉（槲树，延庆松山，2018.V.24）

栎空腔瘿蜂

Trichagalma acutissimae (Monzen, 1956)

虫瘿（无性世代）近球形，直径6.4～8.2毫米，早期淡黄绿色，后渐变红色；虫室单个，位于正中央，椭球形，长径2.7毫米。寄生在叶片正面，通常位于中脉和叶缘之间，常成行排列。雌虫（无性世代）体长3.5毫米。体褐色，单眼区、后头及胸背的纵纹暗褐色；触角14节，黑色；前翅无斑纹。

分布：北京*、河南、江苏、浙江、台湾；日本，朝鲜半岛。

注：描述于河南的*Trichagalma glabrosa* Pujade-Villar, 2012为异名，生物学可参见王景顺等（2013）。寄主栓皮栎、麻栎。在北京5月开始出现虫瘿，有时发生量很大，大量的虫瘿可使小枝垂下，成熟时落地。

雌虫（栓皮栎，平谷白羊室内，2018.II.23）

虫瘿（栓皮栎，平谷白羊，2018.VI.13）

台湾毛瘿蜂
Trichagalma formosana Melika et Tang, 2010

虫瘿（无性世代）球形，直径12.6～20.5毫米，绿色，体表具绒毛及少量略粗的钉状毛；中央由单个虫室组成，直径约4毫米。单个或多个寄生小枝一侧，偶见枝端。

分布：北京*、陕西、河南、台湾；朝鲜半岛。

注：Pujade-Villar 等（2020）把分布于韩国、中国陕西的种群列为*Trichagalma formosana romevai* Pujade-Villar, 2020。寄主为栓皮栎，发生在夏秋季，后期虫瘿呈浅褐色；秋冬季出蜂。有时1个虫瘿可育出许多小蜂，为客瘿蜂或其他寄生小蜂；本种无性世代雌虫前翅具黑褐色斑纹。

虫瘿（栓皮栎，平谷白羊，2018.VI.28）

麻栎空腔瘿蜂
Trichagalma serratae (Ashmead, 1904)

虫瘿（无性世代）长约15毫米。寄生在小枝上，近球形，表面具刺毛，可多个挤在一起。

分布：北京、辽宁、山东、浙江、四川；日本，朝鲜半岛。

注：本种的虫瘿刺猬形；成虫形态及生物学可参阅魏成贵（1982）。寄生麻栎、栓皮栎，8月前虫瘿为绿色。

虫瘿（栓皮栎，密云梨树沟，2019.IV.25）

短角蚜瘿蜂
Alloxysta brevis (Thomson, 1862)

雄虫体长0.9毫米。体褐色至黑褐色，触角基5节黄色，余褐色，足黄褐色。触角14节，稍短于体长，第3节短于第2节，第3～5节长度相近；前胸背板前侧无隆脊；前翅径室闭合，长约为宽的2.1倍；并胸腹节斜面具大的半圆形隆脊。

分布：北京；日本，印度，泰国，伊朗，欧洲，夏威夷，北非，美洲。

注：《王家园昆虫》（虞国跃等，2016）中的“蚜瘿蜂*Alloxysta* sp.”即为本种。寄生多种蚜虫（如桃粉大尾蚜）体内的蚜茧蜂；北京4月、5月可见成虫。

雄虫（海棠，北京市农林科学院，2016.IV.17）

毛翅蚜瘿蜂
Alloxysta pilipennis (Hartig, 1840)

雄虫体长1.2毫米，前翅长1.7毫米。体黑色，头棕色，触角基半部、足黄色，触角端半部稍暗。触角14节，第1索节长于梗节，梗节、索节第1～3节比为27∶32∶31∶31。前胸背板两侧具较长的侧脊。并胸腹节2条纵脊明显，稍向后扩大，端部1/3两侧略近于平行，围绕区长约为端宽的1.25倍。前翅径室长高比为2.31。

分布：北京*、宁夏、内蒙古、辽宁、浙江、广西、海南、贵州、云南；全北区，新热带区。

注：新拟的中文名，从学名。本种在国内分布较广（Ferrer-Suay et al., 2016），经检标本的前翅径室等形态稍有不同，暂定为本种。采集于杏叶上，应是重寄生于桃粉大尾蚜 *Hyalopterus arundiniformis* Ghulamullah, 1942 内的蚜茧蜂。

雄虫（杏，北京市农林科学院，2012.IV.15）

桃蚜瘿蜂
Alloxysta victrix (Westwood, 1833)

雌虫体长1.1～1.3毫米。头黄褐色，胸腹部黑褐色，足黄褐色。触角13节，稍长于体长，基部4节或3节半浅色，第1～2索节光滑，细于其他索节，第1索节长于梗节和第2索节，第2～4节长度相近。前翅前缘中部脉纹呈环形。并胸腹节无纵脊。

分布：北京、宁夏、辽宁；世界性分布。

注：又名黄足栗大蚜瘿蜂。*Alloxysta*属为重寄生蜂，寄生蚜虫体内的蚜茧蜂、蚜小蜂等幼虫，待初寄生蜂长大化蛹后它的卵才孵化。

雌虫（金银木，北京市农林科学院，2013.VI.17）

矩盾狭背瘿蜂
Callaspidia sp.

雄虫体长3.7毫米。体红棕色，头、触角基2节、胸背黑褐色，腹部黑色。触角14节，其中第3节腹面有凹入；后头处具明显的数条横脊。小盾片基半部具1对卵形凹陷，约为小盾片长的1/2，其后的中央具1个小隆突。腹柄长明显大于宽，第3腹节中基部具毛丛。翅面具黑褐色丁形毛。

分布：北京。

注：此属蜂有寄生食蚜蝇幼虫的记录。北京10月见成虫于杨叶上。

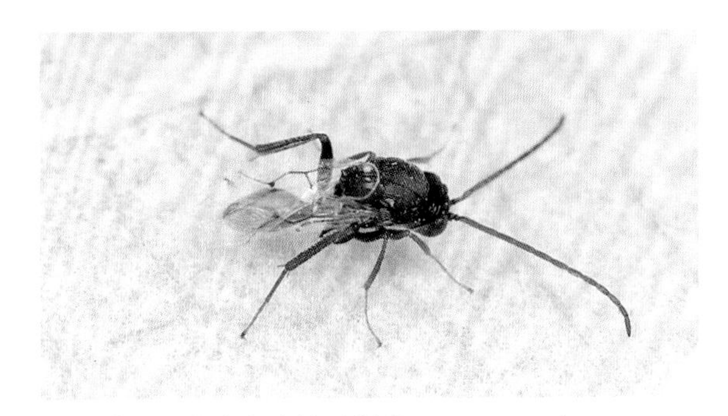

雄虫（杨，北京市农林科学院，2011.X.30）

圆尾蚜瘿蜂
Alloxysta sp.

雌虫体长1.1毫米，前翅长1.4毫米。体黑色，触角、上颚、须及足黄褐色。触角13节，第3～5节的比例为26：21：19，第6节起具长形感觉器。前胸背板具短脊。并胸腹节无脊。前翅径室开放，长约为宽的2.5倍。

分布： 北京。

注： 与*Alloxysta nippona* Ferrer-Suay et Pujade-Villar, 2013相近，该种体色较浅，触角非一色。寄生日本忍冬圆尾蚜*Amphicercidus japonicus*体内的蚜茧蜂。

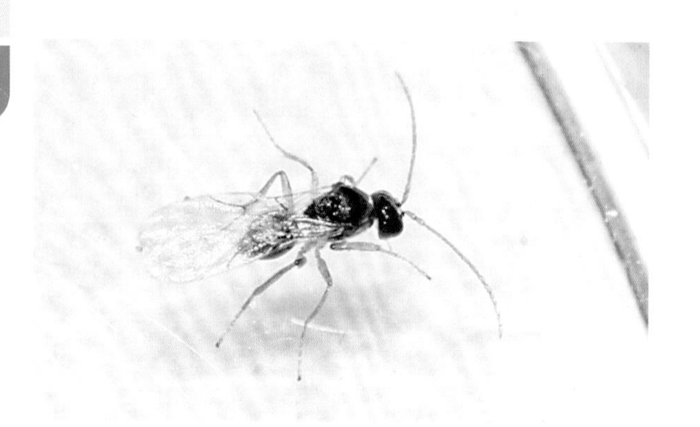

雄虫（金银木，北京市农林科学院室内，2022.V.29）

雌虫（金银木，北京市农林科学院室内，2022.V.29）

开室沟蚜瘿蜂
Phaenoglyphis villosa (Hartig, 1841)

雌虫体长1.3毫米，前翅长1.4毫米。头黑褐色至黑色，颜面暗红褐色，胸部及腹基部红褐色，仅中胸盾片及小盾片黑褐色，触角基部4～5节、上颚大部、须和足节淡黄色。触角13节。中胸无盾纵沟，侧板下方具横沟。小盾片圆突，其前方具1对较大的且相连的近于圆形凹陷。前翅径室部分开放。

分布： 北京*、河北、台湾；世界性分布。

注： 新拟的中文名，从前翅径室前缘大部分开放，这是本种区别本属其他种的1个重要特征（Pujade-Villar et al., 2007），Pujade-Villar记录了分布（无具体地点）。北京6月见成虫于灯下。

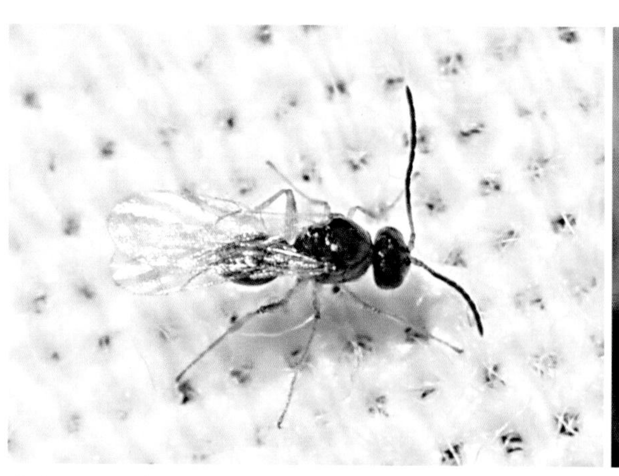

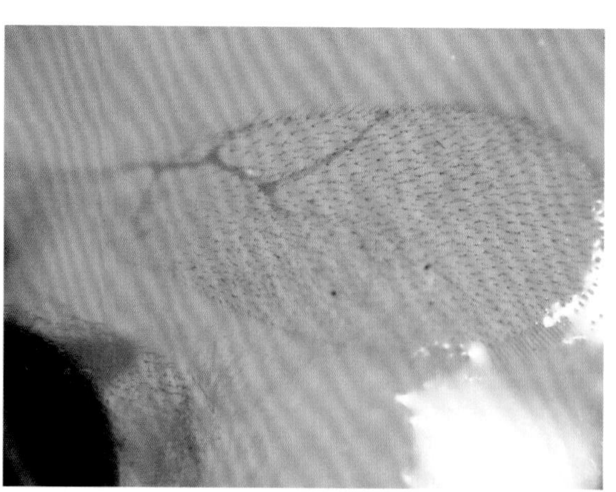

雌虫及翅脉（密云梨树沟，2019.VI.11）

东方刻柄腹瘿蜂

Xyalaspis orientalis Mata-Casanova et Pujade-Villar, 2014

雄虫体长2.5毫米，前翅长2.2毫米。体黑色。触角黄褐色，柄节基部稍暗色。上颚黄色，端部2大齿红褐色。足黄色，中足基节基部及后足基节基大部黑褐色。触角14节，第2节最短，不及第3节之半。中胸盾侧沟完整，达前缘，中胸盾片前半部分具许多横皱；盾中沟几乎无，仅在小盾沟前略见。小盾片盾形，端部略尖。腹柄长稍大于宽，两侧至少有3条纵向的刻纹。

分布：北京*；日本，朝鲜半岛。

注：中国新记录属和新记录种，新拟的属名，从腹柄具刻纹的特征，种名从学名。小盾片侧面观与原描述（Mata-Casanova et al., 2014）稍有不同，暂定为本种。扫网采于鹅耳枥上。据记载*Xyalaspis*属已知习性的种类为褐蛉科幼虫的寄生性天敌。

雄虫（鹅耳枥，怀柔黄土梁室内，2020.VI.30）

桃仁蜂

Eurytoma maslovskii Nikolskaja, 1945

雌雄异型。雌虫体长7～8毫米。黑色，产卵器端部黄褐色，足腿节端、胫节两端及跗节黄褐色或淡黄色。前翅面具大片烟色区。腹长超过头、胸之和。雄虫体长5～6毫米。触角索节具柄及毛丛。腹基部具柄。

分布：北京、辽宁、河北、山西、山东；日本，朝鲜半岛，俄罗斯。

注：1年1代，成虫将卵产于核尚未硬化的幼果内，幼虫在桃、山桃、杏、山杏、李的果核内取食，并多在落地僵果中越冬，少部分僵果残留在枝条上。

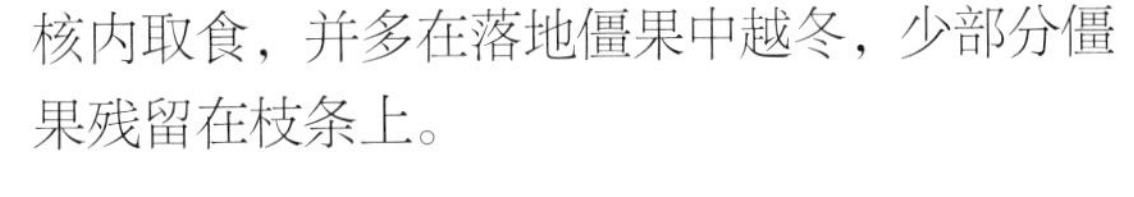

幼虫（桑，怀柔椴树岭，2020.VI.29）

雄虫（桑，平谷水峪，2014.IV.18）

雌虫（杏，平谷水峪，2014.IV.18）

樱桃仁广肩小蜂
Eurytoma tomentosae Park et Lee, 2021

幼虫体长6.3毫米，乳白色。

分布： 北京*；朝鲜半岛。

注： 中国新记录种，新拟的中文名，从学名。寄主为毛樱桃，雌虫在毛樱桃果实尚未成熟前产卵，随后樱桃枯萎，成僵桃，小蜂在桃仁内发育。成虫形态可参考Park和Lee（2021）。

僵桃（毛樱桃，香山公园，2024.V.26）

幼虫（毛樱桃，香山公园，2024.V.26）

黏虫广肩小蜂
Eurytoma verticillata (Fabricius, 1798)

雌虫体长2.9毫米。黑色。触角11节，柄节褐色，索节5节，均长大于宽，索1最长，约为宽的2倍，渐短，末节稍长于宽。足基节黑色，前中足腿节中部黑褐色，其他黄褐色至黄白色，后足腿节黑色，两端黄褐色，胫节中部染有黑褐色。腹部略短于头胸部长之和，末端仅略微上翘，第6、7节长度相近，明显长于第5节（但不及后者的2倍）。雄虫体长2.0～2.5毫米。触角10节，索节5节，各索节端部具柄，并向一侧扩大，呈香蕉状，上具白色长毛，棒节可分为2节。

分布： 北京、陕西、黑龙江、吉林、河北、河南、江苏、安徽、浙江、江西、湖北、湖南、福建、广东、广西、四川、贵州、云南；日本，欧洲，北美洲。

注： 可寄生（或重寄生）黏虫绒茧蜂、姬蜂科、寄蝇科、毒蛾科、鞘蛾科等。雄虫羽化自*Apanteles opacus*的茧，雌虫羽化自寄生枣桃六点天蛾的绒茧蜂。

雄虫（棉，北京市农林科学院，2011.IX.13）

雌虫（枣，国家植物园室内，2023.X.19）

毛瘿蜂广肩小蜂
Eurytoma sp.

雄虫体长2.1～2.3毫米。体黑色，前中足腿节基部黑色，背部黑色区所占略大，或大部黑褐色，后足胫节大部黑褐色。触角索节5节，各节端部均具柄；触角洼近方形，高大于宽，稍向下方收窄。并胸腹节中央具1对细纵脊，之间具横脊，呈梯子形。痣翅上方具无毛区。

分布：北京。

注：上唇结构与国内有记录的玫瑰广肩小蜂*Eurytoma rosae* Nees, 1834相近，其前缘中央具"U"形缺刻，但该种中足基节腹面端半部具大形片状突、触角洼近方形和两侧中部凹入。从台湾毛瘿蜂*Trichagalma formosana* Melika et Tang, 2010虫瘿中育出。

雄虫及翅脉（栓皮栎，海淀萝芭地室内，2024.IV.9）

北方食瘿广肩小蜂
Sycophila sp.1

雌虫体长2.7毫米。体黄色，具黑色斑纹或区域：单眼区、后头、前胸背板至腹背第4节、各足基节间的腹板。触角柄节、梗节背面染有褐色，梗节稍长于第1索节，索节第2～4节长度相近，稍短于第1节或第5节。中胸侧板具横向刻纹，小盾片和中胸盾片上的刻点相似。缘脉长形，其下方无明显黑斑，长于痣脉，基室具众多刚毛，透明斑长条形，后缘以2列毛关闭。后胫节上的刚毛与其宽度相近。腹柄短，长约为宽的2倍；腹第4背板为第3节的1.23倍。

分布：北京。

注：外形接近产于福建、浙江的黄色食瘿广肩小蜂*Sycophila flava* Xu et He, 2003（nec. Ashmead, 1881; =*Sycophila fujianensis* Özdikmen, 2011），该种体长3毫米，前胸和中胸背面黄色，注意该种的原始描述及附图雌雄混淆。北京6月成虫羽化自栗瘿蜂虫瘿，9月见成虫于灯下。

雄虫（栗瘿蜂，平谷杨家台室内，2018.VI.9）

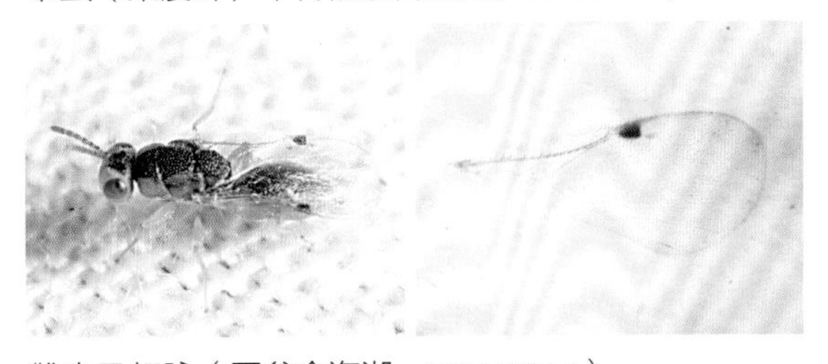

雌虫及翅脉（平谷金海湖，2016.IX.14）

黄眶食瘿广肩小蜂
Sycophila sp.2

雄虫体长2.2毫米。头部上半部分黑色，沿复眼四周黄色。触角10节（排列方式11143），黄色，柄节外侧具黑纹，梗节和第1索节背面染黑褐色。胸部黑色，前胸侧面下半部分及腹面黄色；足黄色，前中足基节基部具黑纹，后足基节大部（除端部）黑色，前足腿节背面具黑斑（较小），后足腿节背面大部黑色。翅透明，翅痣处的黑斑较狭长，长约为宽的1.7倍。腹柄长，约为后腹部的3/7，腹部黑褐色至黑色，第1节两侧及第2节前侧黄褐色，第2节背面最长，长于后2节之和。雌虫黑色，触角11节（11153），腹柄不明显，腹部大。

分布：北京。

注：中国已知*Sycophila*属6种；本种与*Sycophila hunanensis* Xiao et Gao, 2021相近，该种复眼四周黑色，腹第4节最长，前胸仅肩角黄色（Xiao et al., 2021）。育自栓皮栎饼二叉瘿蜂 *Latuspina abemakiphila* Ide et Abe, 2016的虫瘿。北京5月可见成虫。

雌虫（栓皮栎，海淀西山室内，2022.IV.11）

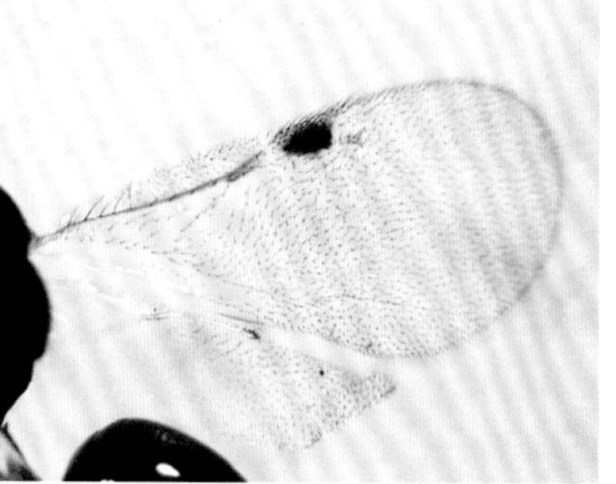

雄虫及翅脉（栓皮栎，海淀西山，2022.V.20）

刚竹泰广肩小蜂
Tetramesa phyllotachitis (Gahan, 1922)

雌虫体长5.2毫米。体细长，黑色，触角基2节棕色，足黑色，但前足、中后足腿节端、胫节两端及跗节红棕至黄棕色。触角索节6节，均长大于宽，第1索节最长，约为梗节长的2倍，各节向端部渐短，棒节2节。前翅前缘脉粗长，约为痣脉的2倍长。

分布：北京、安徽、江苏、浙江、江西、福建、广东；日本，美国。

注：本种原记述于美国佛罗里达，体长5.5毫米，被认为是一引入种（Gahan, 1924）。成虫产卵于新竹叶的叶柄内，幼虫在内取食，叶柄被刺激后增长、膨大，一叶柄内可育出3～5条幼虫。寄主为刚竹属多种竹子。

雌虫（旱园竹，北京市农林科学院室内，2013.VI.14）

短角泰广肩小蜂
Tetramesa sp.1

雌虫体长约5毫米。体黑色。触角棒节黑褐色，足膝部、跗节、翅脉黄褐色。触角索节5节，后2节长宽相近，棒节3节。腹部细长，明显长于头胸部（69：54）。

分布：北京。

注：与竹泰广肩小蜂*Tetramesa bambusae* (Phillips, 1936)相近，该种前胸背板具黄色斑，前足胫节比中后足胫节浅，前翅短，不及第5腹节后缘。

雌虫（白桦，海淀紫竹院，2017.IV.27）

黄足泰广肩小蜂
Tetramesa sp.2

雌虫体长约5毫米。体黑色。触角黑色，柄节及梗节大部黄棕色；足黄棕色，后足基节黑色。触角索节6节，长均大于宽，前5节长度相近，第6节稍短，第5节：第6节为11：9.5，棒节2节。腹部侧面观宽大，明显短于头胸部。前翅脉浅黄棕色，具后缘脉。

分布：北京。

注：武三安等（2010）于北京紫竹院记录了木竹泰广肩小蜂*Tetramesa cereipes* (Erdös, 1955)，但记述触角棒节3节、前翅无后缘脉、腹部褐色而不同。

雌虫（白桦，海淀紫竹院，2017.IV.27）

甘肃平腹小蜂
Anastatus gansuensis Chen et Zang, 2019

雌虫体长约3毫米。触角柄节黄色，梗节具绿色金属光泽，索节第2～8节均长大于宽。中胸侧板深色，具绿色金属光泽。前翅白色横带呈“V”形曲折，白色区域内具数根黑色刚毛。前足基节、中足跗节除端节外黄色。

分布：北京*、甘肃。

注：模式产地甘肃康县，寄主为樟蚕，室内可寄生柞蚕（Chen et al., 2019）。北京的材料育自舞毒蛾卵。与日本平腹小蜂*Anastatus japonicus* Ashmead, 1904（也称舞毒蛾卵平腹小蜂）不同，后者个体较小，中胸侧板大部黄棕色。

雌虫（落叶松，房山蒲洼东村，2019.VIII.19）

松毛虫平腹小蜂

Anastatus gastropachae Ashmead, 1904

雌虫体长约1.8毫米。体黄棕色为主，头部及中胸中盾片、小盾片具绿色金属光泽。短翅型，前翅长仅及腹长之半，具明显的浅色横带。中胸侧板黄棕色，前缘略带金属光泽。腹部稍长于胸部（11∶9）。

分布：北京*、浙江、福建、台湾、湖南；日本，朝鲜半岛。

注：图示的个体前翅长不及腹长之半，暂鉴定为本种。寄生茶翅蝽、多种松毛虫卵。北京6月可见成虫。

雌虫（葎草，房山大安山，2022.VI.23）

日本平腹小蜂

Anastatus japonicus Ashmead, 1904

雌虫体长2.2毫米。头、胸背面金绿色，具紫色光泽，前胸红褐色，中胸中叶、小盾片及三角处具金铜色光泽。腹基部色较浅；触角除柄节黄褐色外同体色；前翅暗褐色，基部透明，中部具弧形无色横带。触角梗节不短于第2索节的2/3，索节自第2节起渐变粗。

分布：北京、陕西、甘肃、黑龙江、吉林、辽宁、山西、山东、江苏、安徽、浙江、江西、福建、台湾、广东、广西、香港、海南；日本，东南亚，（引入）美国。

注：*Anastatus bifasciatus disparis* Ruschka, 1921为本种异名。本种的特点之一是中胸侧板黄棕色，仅前缘小部分暗色，具金属光泽。寄生茶翅蝽、珀蝽、荔枝蝽、柞蚕卵等。过去我们用柞蚕卵繁殖，雌虫体长为2.2～2.7毫米，用于南方荔枝蝽的防治；现在市售的种类为麻纹蝽平腹小蜂*Anastatus fulloi* Sheng et Wang, 1997，体色黑，雌虫体长可达4.0毫米。

麻纹蝽平腹小蜂雌虫（广东生产，2019.V.21）

雌虫（茶翅蝽卵，昌平王家园，2006.VII.21）

雌虫（柞蚕卵，北京市农林科学院，2006.VIII.18）

平腹小蜂
Anastatus sp.

雌虫体长3.6～3.7毫米。触角柄节黄色，梗节略具绿色金属光泽，索节第6节近正方形，第7、8节长短于宽。中胸侧板黄棕色，仅前侧角具金属绿光泽。前翅白色横带弧形，白色区域内无黑色刚毛，基室下部具短刚毛。

分布：北京。

注：我国*Anastatus*属已知14种（Peng et al., 2020），查该文的检索表为日本平腹小蜂，但该种个体较小，且前翅基室大部具毛。外形接近短翅平腹小蜂*Anastatus meilingensis* Sheng, 1998，该种雌虫是短翅型。北京7月见成虫于杨扇舟蛾和某种蝽卵旁（似乎这些卵作为寄主不够大）。

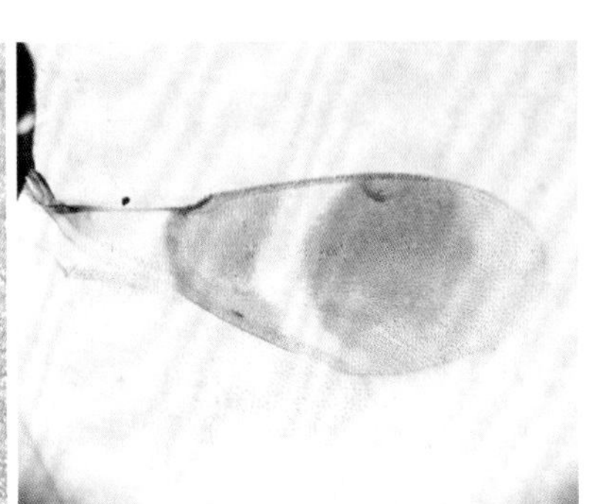

雌虫及翅脉（栓皮栎，平谷黄松峪，2020.VII.6）

基弗旋小蜂
Eupelmus kiefferi De Stefani, 1898

雌虫体长2.4毫米。体具铜绿色金属光泽，头部、胸背（包括小盾片）具较粗的白毛。触角柄节同体色（端部淡黄色）。翅基片同体色，前翅透明；痣后脉稍短于痣脉长。足除基节外淡黄至淡黄褐色，前足腿节褐色或仅腹面中部褐色；中足胫节具黑色端齿3个，基跗节1上具4列小齿，排成对称的2列（各6个和5个）。产卵管鞘中间浅色区稍短于鞘长之半，端部色稍浅，总长约为缘脉的85%。

分布：北京等；日本，俄罗斯，西亚，欧洲。

注：我国有记录，未见具体省市，寄主非常广泛，瘿蚊、象甲、瘿蜂（包括栗瘿蜂）等（Gibson and Fusu, 2016），谭林晏等（2023）于河北、云南记录了该种，但鉴定有误（所附的图属于姬小蜂科柄腹姬小蜂*Pediobius* sp.）。我们育自大果榆的种实，寄生其中的跳象和白桦叶片中的原潜叶蜂。

雌虫（白桦，怀柔喇叭沟门，2014.VII.28）

雌虫（大果榆，门头沟小龙门室内，2015.VII.9）

黄腿旋小蜂

Eupelmus luteipes Fusu et Gibson, 2016

雌虫体长2.7～3.2毫米。体黑色，具蓝绿色金属光泽，头胸部具白毛。触角柄节、足黄色，前足基节基半部至大部、中足基节基部或基半、后足基节与体同色，腿节基大部褐色。头额不光亮，呈皮革质。前翅透明，无毛斜带较长，过缘脉中部，痣后脉长与痣脉相近。产卵管鞘中间大部白色，长为前翅缘脉的73%。

分布：北京、台湾；日本，朝鲜半岛。

注：丰台卢沟桥是模式产地之一，学名意为足黄色（除黑色的中足胫节端齿和跗节钉状齿），足色也有变化，前或前后足腿节可呈现暗色；重寄生蜂，寄生白蜡吉丁啮小蜂*Tetrastichus planipennisi* Yang（Gibson and Fusu, 2016）。我们育自垂柳小枝上的虫瘿，或正向虫瘿产卵。

雌虫（柳，平谷金海湖室内，2018.VIII.20）

雌虫（柳，海淀区颐和园，2015.V.16）

梢小蠹旋小蜂

Eupelmus sp.1

雌虫体长约3毫米。体具蓝绿色金属光泽。触角柄节、前足腿节同体色。前翅透明，无毛斜带较细长，达缘脉中部；痣后脉长与痣脉相近。产卵管鞘中间浅色部分短于后面的黑色部分，长为前翅缘脉的64%。中足胫节端具3枚黑短齿。

分布：北京。

注：古北区寄生梢小蠹的有2种：小蠹脊额旋小蜂*Eupelmus pini* Taylor, 1927（*Eupelmus carinifrons* Yang, 1996为其异名）和小蠹黄足旋小蜂*Eupelmus flavicrurus* Yang, 1996（Gibson and Fusu, 2016），前者前翅不具无毛斜带，后者触角柄节浅色，与鞭节明显不同色。成虫出自油松上的热河梢小蠹*Cryphalus jeholensis*。

雌虫（油松，昌平王家园室内，2015.IV.30）

大眼旋小蜂
Eupelmus sp.2

雌虫体长3.6毫米。体具铜绿色金属光泽。触角柄节同体色。复眼大，两眼间距明显窄于复眼，且几无后颊。前翅透明，痣后脉长与痣脉相近。足淡黄至淡黄褐色。产卵管鞘3段色，中间浅色部分大于鞘长之半。

分布：北京。

注：体色接近朝鲜半岛的*Eupelmus brachyurus* Fusu et Gibson, 2016，该种两复眼间距最窄处也明显宽于复眼，且本种体形更细长。北京7月见成虫向栎空腔瘿蜂*Trichagalma acutissimae* (Monzen, 1956)的虫瘿产卵。

雌虫（栓皮栎，平谷白羊，2018.VII.26）

虫瘿上的雌虫（栓皮栎，平谷白羊，2018.VII.26）

小扁胫旋小蜂
Metapelma sp.

雌虫体至翅末长2.84毫米，前翅长1.90毫米。体黑色，具金属绿色光泽，腹背除末节外暗褐色，无明显金属光泽。触角着生于复眼下缘连线上，13节，11173，梗节明显长于第1索节，环节长宽相近，约为第1索节长之半。中胸盾片两侧具脊线，小盾片具侧脊。后足腿节不是很扁，胫节明显扁，基部白色（斜置），距黑褐色。产卵管短，略伸出翅末。

分布：北京。

注：外形与北京扁胫旋小蜂*Metapelma beijingense* Yang, 1996相近，该种体大，雌虫体长4.0毫米以上，且触角梗节短于第1索节，腹第1节背板长约为第2节的5.2倍（Cao et al., 2020b）。北京9月见于灯下。

雌虫（国家植物园，2023.IX.12）

谷旋小蜂

Tineobius (*Tineobius*) sp.

雌虫体长5.2毫米，前翅长3.0毫米。体暗褐色，头、前胸背板、前足基节和并胸腹节两侧具金属绿色光泽，中后胸红褐色，后足基节具蓝紫色光泽。下颚须黑色，第4节长，明显弯曲。小盾片被稍密的黑褐色直立刚毛，并胸腹节两侧具白色刚毛。中足跗节1～4节黄白色，各节腹面两侧具钝齿列。产卵管鞘稍长于前翅，近中部具白环。

分布：北京。

注：古北区仅记录了1种，*Tineobius*属的种类记录为鳞翅目幼虫及其它们的姬蜂、茧蜂等初寄生蜂（Fusu and Ribes, 2017），我国尚未见正式记录，为中国新记录属。北京8月见成虫在榆树干上爬行。

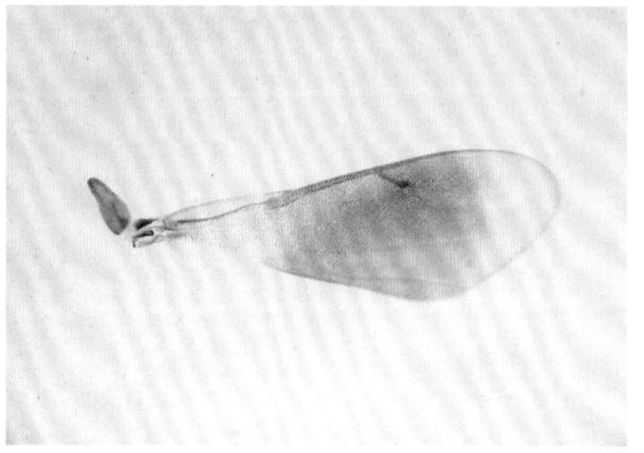

雌虫及翅脉（国家植物园，2021.VIII.5）

日本褶翅小蜂

Leucospis japonicus Walker, 1871

雌虫体长约10毫米。体黑色，具黄色斑纹。触角柄节大部黄色；第1背板具1对大黄斑，第4～5背板具黄色横带，前者细（可消失），后者宽。后足腿节腹面具10余个小齿。

分布：北京、陕西、河北、山西、河南、江苏、上海、浙江、江西、台湾、湖北、湖南、广东、广西、香港、四川、贵州、云南；日本，朝鲜半岛，俄罗斯，印度、尼泊尔。

注：本种斑纹有变化（Ye et al., 2017），其特点是后足基节背缘黄色、腿节基部具弧形黄斑，产卵管长，达胸部。有时与安松褶翅小蜂*Leucospis yasumatsui* Habu, 1961处于同一生境。

雌虫（昌平王家园，2016.VI.23）

雌虫（河北兴隆雾灵山，2012.VII.16）

中华褶翅小蜂
Leucospis sinensis Walker, 1860

雄虫体长14毫米。体黑色，具红棕或黄色斑：前胸背板前后缘横带、中胸背板中央具2个小斑、小盾片后缘、并胸腹节斑点、第1腹节背板后缘红棕色，后足腿节前缘和背缘后半部，第4、第5节后缘黄色（前节明显较宽）。

分布：北京、上海、江苏、台湾；日本，朝鲜半岛。

注：本种的特点是前胸具2条横带，后足腿节腹面具4个齿。幼虫寄生黑泥蜂*Sphex nigellus*。北京成虫见于9月，可访问皱叶一枝黄花。

雄虫（皱叶一枝黄花，国家植物园，2018.IX.26）

安松褶翅小蜂
Leucospis yasumatsui Habu, 1961

雌虫体长约5～9毫米。体黑色，具黄色斑或带：前胸背板近后缘横带、小盾片后缘、后胸侧板纵纹、第1背板1对斑、第4、5背板横带、后足腿节前缘及背端斑。后足腿节腹面具10个左右的齿。产卵管伸达并胸腹节后缘。雄虫的前胸背板具3个小黄点。

分布：北京*、山西、湖南；日本，朝鲜半岛。

注：模式产地为山西，体色略浅，如后足腿节暗褐色，基部无黄斑（Ye et al., 2017），雄虫未有描述。与日本褶翅小蜂*Leucospis japonicus* Walker, 1871相近，该种触角柄节腹面黄色，后足基节背面黄色。北京6～77月可见成虫在朽木内寻找寄主。

雄虫（昌平王家园，2016.VI.23）

雌虫（海淀西山，2021.VII.6）

日本凹头小蜂

Antrocephalus japonicus (Masi, 1936)

雌虫体长4.7毫米。体黑色；触角柄节暗褐色，其端部、梗节、第1索节红褐色，转节、胫节端及跗节红褐色。触角洼深凹；触角细长，第1索节稍长于梗长，明显长于第2索节。小盾片长大于宽，基部很窄，端部稍内凹。前翅透明，缘脉及其外侧的下方具烟斑。

分布：北京、上海、浙江、江西、福建、台湾、湖南、广西、四川、云南；日本，印度，马来西亚。

注：过去我国记录的雌虫体长在2.9～4.1毫米，记载可寄生枇杷暗斑螟（何俊华等，2004）。北京8月见成虫于灯下。

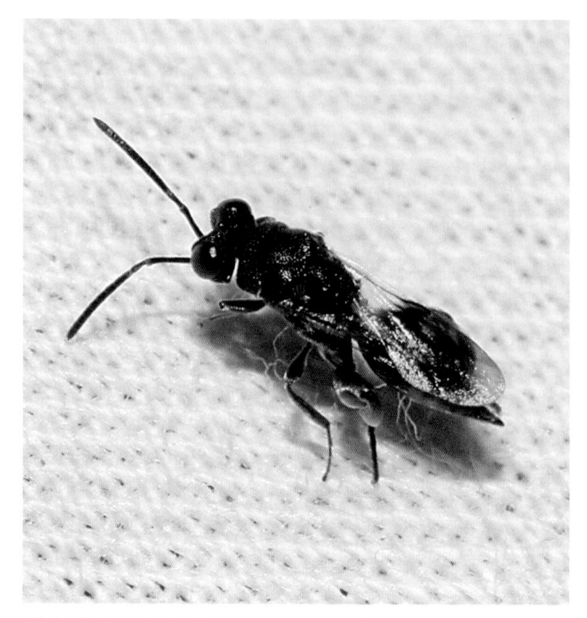

雌虫（房山上方山，2016.VIII.25）

麦逖凹头小蜂

Antrocephalus mitys (Walker, 1846)

雌虫体长4.9毫米。体黑色，触角、足多呈褐色或暗褐色，有时腿节中部色深；腹部常染红褐或褐色。触角柄节不达单眼，头在两复眼间深凹入。小盾片长大于宽，中央具明显的纵向凹陷，后端两齿明显突出。后足腿节内侧腹缘近基部具1个明显的齿突，中后部具2个圆钝叶突。

分布：北京、浙江、福建、广东、广西、四川；南亚，东南亚，以色列，澳大利亚，非洲，巴西等。

注：幼虫寄生米蛾、大蜡螟等螟类的蛹。北京9月见成虫于桑叶上。

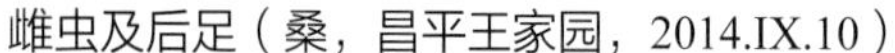

雌虫及后足（桑，昌平王家园，2014.IX.10）

哈托大腿小蜂
Brachymeria hattoriae Habu, 1961

雌虫体长4.8毫米。体粗壮，黑色。触角柄节基部褐色；触角翅基片（除前端）、腿节末端黄色（其中后足黄斑较大），前中足胫节两端及跗节淡黄褐色，后足胫节黑色，近基部及端部1/3淡黄褐色。小盾片后缘为宽的平展且略上折，末端中央倒“V”形内凹。后足腿节膨大，腹缘外侧具11个齿，其中最基部的1个齿较大，内侧仅在基部具1个突起的痕迹（为1个小尖突，比上述的齿都小）。

分布：北京、浙江；日本。

注：经检标本的个体比日本的小，原记述体长为5.3～5.7毫米（Habu, 1961）。寄主不详，北京7月、10月可见成虫，在杨叶上吸食蚜虫蜜露。

雌虫（杨，北京市农林科学院，2011.X.3）

广大腿小蜂
Brachymeria lasus (Walker, 1841)

雄虫体长4.9毫米。黑色，翅基片、后翅前缘基部、前中足腿节端及以下、后足腿节端、胫节（除基部和腹缘）黄色，前中足跗节黄褐色。触角端节较长，约为前节长的2倍，前节长宽比为3∶4。翅透明，翅脉黑褐色。后足腿节腹缘具10余个小齿。

分布：北京、陕西、河北、天津、河南、江苏、上海、浙江、江西、福建、台湾、湖北、湖南、广东、广西、香港、海南、四川、贵州、云南；南亚，东南亚。

注：寄主较多，多种蛾蝶类、茧蜂、姬蜂、寄蝇等，也可重寄生。本图个体育自杨扇舟蛾的蛹。

雄虫（杨，昌平新建室内，2018.IX.6）

德州角头小蜂
Dirhinus texanus (Ashmead, 1896)

雄虫体长4.3毫米。体黑色，触角稍浅，尤其是柄节端大部、梗节、转节及其余节的腹面，前中足及后足跗节黄棕色（但前中足腿节大部染有黑褐色）。头顶具两个向前的角状突，其两侧脊稍弧形，端部外侧具小缺刻。触角13节，索节第1～4节长大于宽，其中1节明显较长。头胸背面具粗刻点，中胸盾片前缘无刻点，具细横皱纹。腹柄节长宽相近，腹部背面光滑，第1节占了腹部的大部分，基半部中部具10余条纵刻纹。后足腿节粗大，腹面无齿纹。

分布：北京*、辽宁、河南、山东、上海；菲律宾，美国，墨西哥。

注：雌虫触角颜色稍暗，较短，柄节约为索节第1～3节长度和的2倍。中国的分布由Burks（1936）记录，无具体地点；上述除北京以外的分布地点由王子桐（2023）记录。寄生麻蝇及其他双翅目幼虫。

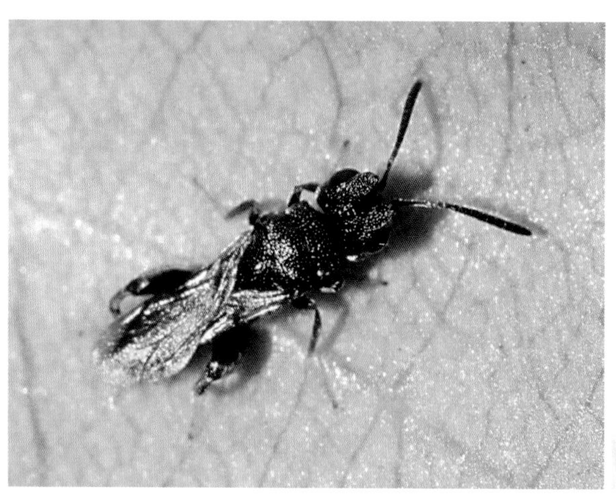

雄虫及头部（杨，平谷东四道岭，2016.V.26）

白翅脊柄小蜂
Epitranus albipennis Walker, 1874

雌虫体长3.3毫米。体红色至暗红色，常具黑斑。腹柄细长，具数条纵脊，短于柄后腹。前翅无色透明。后足腿节的腹缘在近基部具一较大的尖齿，其后具许多小齿。

分布：北京、浙江、湖北、湖南、广东、广西、海南、贵州；日本，印度，越南，菲律宾，马来西亚，印度尼西亚。

注：虞国跃（2017）把中华螳小蜂*Podagrion mantis* Ashmead, 1886列为本种的异名有误。幼虫寄生于暗斑螟。北京10月底可见成虫，具假死性。

雌虫（杨，北京市农林科学院室内，2011.X.29）

日本截胫小蜂
Haltichella nipponensis Habu, 1960

雌虫体长3.2～3.6毫米。体黑色，触角基部5～6节黄褐色，余黑色；翅基片黄褐色；前中足黄褐色（基节黑色），腿节或略带暗色（前足更为明显），后足黑色，腿节基部、胫节最基部、端部及跗节黄褐色。小盾片长大于宽，后端具2个齿，明显向后突出。前翅透明，染有淡烟纹，位于翅痣下方及外方，后缘脉短于缘脉。后足腿节腹面由梳状小齿组成，平直或略可见3个小峰突。腹第1节背板约占腹长之半，光滑，基部具1对强大纵隆线，其间尚具多条弱纵皱纹。

分布：北京、黑龙江、山西、山东、浙江、福建、台湾、湖南、广东、广西、云南、西藏；日本，越南，印度。

注：该属小蜂为多种鳞翅目和膜翅目的初寄生蜂。与分布于河南的*Haltichella bimaculata* Wang et Li, 2021很接近，该种前翅无痣后脉。北京7月见于林下或灯下。

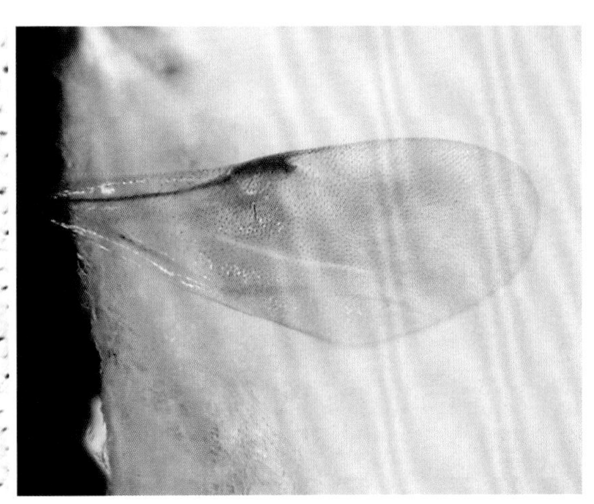
雌虫及翅脉（房山大安山，2022.VII.14）

木蛾霍克小蜂
Hockeria epimactis Sheng, 1990

雌虫体长约4毫米。体黑色，仅前中足跗节黄褐色，后足跗节暗褐色。触角洼不明显；触角较细长，柄节约与索节第2～6节相近，梗节与第1索节长相近。小盾片长大于宽，端部稍内凹，两侧齿较为明显。前翅透明，具2条烟色横带，略呈H形。

分布：北京*、江西。

注：模式产地为江西新干，寄生柑橘木蛾*Epimactis* sp.，体长5毫米，具长宽相近的腹柄，后足腿节腹缘具 2 个叶突（盛金坤，1990）。北京7月见于白桦叶片上。

雌虫（白桦，怀柔喇叭沟门，2014.VII.16）

凸腿小蜂
Kriechbaumerella sp.

体长5.3毫米。黑色，足基节和转节部分、前中足胫节端和跗节（除端节）红棕色。触角间突呈长形隆脊。小盾片具中脊，后端分成2叶，中间内凹处呈倒“V”形。后足胫节具2距，无长刺，腿节腹缘基部具一齿突，近端部具2个波形突，全由密生的小锯齿组成。第1腹节约占腹长的2/5。前翅前缘脉较粗壮，黑色，痣后脉明显，长于痣脉。

分布：北京。

注：小盾片形态接近*Kriechbaumerella nepalensis* Narendran，但该种前翅具烟斑。北京11月见于杨叶上。

雌虫（杨，北京市农林科学院室内，2011.XI.6）

瘿孔象刻腹小蜂
Ormyrus coccotori Yao et Yang, 2004

雌虫体长5.6毫米。体金绿色，触角柄节基半部黄褐色，端半部具金属光泽；足基足及腿节具金属光泽，中后足跗节颜色浅于前足跗节。前翅透明，无色斑。腹部披针形，皮革质，第2～5节背板具中纵脊，第3～5节背板两侧具较大而深的刻窝。

分布：北京、山东。

注：寄生北京枝瘿象*Coccotorus beijingensis* Lin et Li, 1990，单寄生。北京5～6月可见成虫。

雌虫（小叶朴，北京动物园室内，2017.V.20）

栗瘿刻腹小蜂
Ormyrus sp.

雌虫体长2.6毫米。体黑色，具绿色金属光泽。触角着生于两复眼连线的中部以下，13节（11263），柄节基部浅色，具2个环节，第1节小于第2节，各索节长稍短于宽，仅第1索节长宽相近。小盾片后缘几乎直截。前翅透明，亚前缘脉上具10根强大的毛；透明斑（speculum）仅1毛，近亚前缘脉端的下方具9根毛，其外侧具较宽的无毛区。后足胫节端具2距，1长1短，长者约为第1跗节的2/3。腹部背中无纵脊，第3节及第4节背面具1～2排大刻点列，第5节刻点更粗大，3排或4排。

分布：北京。

注：与具点刻腹小蜂*Ormyrus pomaceus* Geoffroy, 1785相近，该种腹部背中具纵脊而明显不同。北京9月成虫育自栗瘿蜂的虫瘿。

雌虫（板栗，怀柔邓各庄室内，2017.IX.7）

黄胫刻腹小蜂

Ormyrus flavitibialis Yasumatsu et Kamijo, 1979

雌虫体长2.1毫米。体金绿色。触角暗褐色，13节（11263），2环节环状，长明显短于宽，各索节方形，长不大于宽。腹部第2～4节中央具纵脊，背面基部各具1列粗大刻点，其中第2节的粗大刻点几乎被前节背板盖住，第4节的刻点最粗大。腹端前殖板稍上弯，不长于第6背板。足淡黄褐色，各足基节及后足腿节（除两端）同体色。雄虫体长1.9毫米，触角11节（11261），棒节1节（或具分隔的痕迹），端部密被短毛；触角柄节和后足腿节具金属光泽，腹部无纵脊，两侧亦无纵脊。

分布：北京*；日本，朝鲜半岛。

注：中国新记录种，新拟的中文名，从学名。记录的寄主为栗瘿蜂*Dryocosmus kuriphilus*和麻栎上的某种*Neuroterus* sp.，雌虫体长2.5～4.3毫米（Yasumatsu and Kamijo, 1979）。北京育自栓皮栎上的栓皮栎饼二叉瘿蜂*Latuspina abemakiphila* Ide et Abe, 2016和某种瘿蜂虫瘿，成虫5月可见。

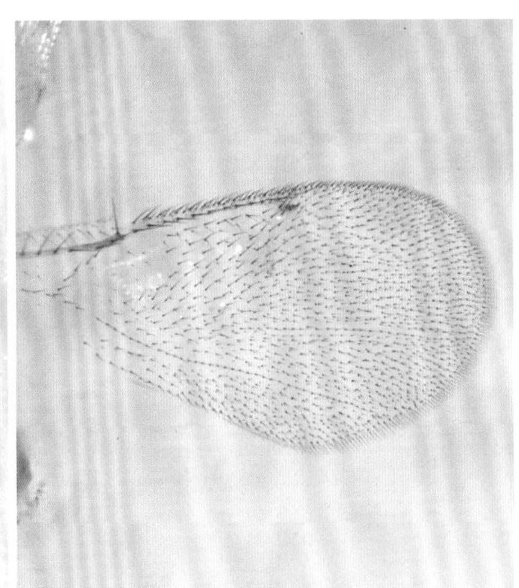

雄虫及翅脉（栓皮栎，海淀西山室内，2022.V.20）

雌虫及触角（栓皮栎，海淀西山室内，2022.V.20）

蔷薇大痣小蜂
Megastigmus aculeatus (Swederus, 1795)

雌虫体长3.3～3.6毫米，前翅长2.3～2.6毫米。体黄色至浅黄棕色，触角（柄节腹面黄色）、单眼、小盾片两侧、并胸腹节前端、产卵管鞘、跗节端节黑褐色至黑色。前胸背板至小盾片（除后端）具横皱纹。前翅翅痣卵形，具短柄。产卵管鞘稍上翘，稍长于体长（1.1倍）。

分布： 北京、天津；全北区，非洲，大洋洲。

注： *Megastigmus*属有几个种寄生蔷薇种实，但本种产卵管鞘黑色，长于体长，且翅的“大痣”周围无晕斑。寄生蔷薇、月季的种实，以幼虫越冬，约5月成虫羽化。

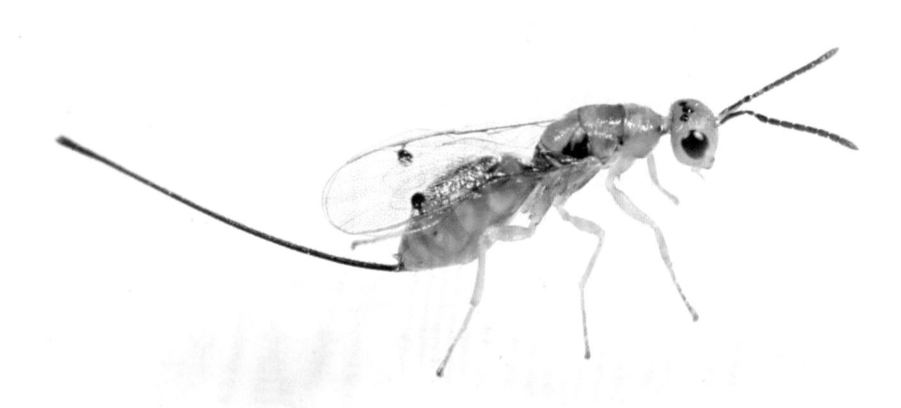

雌虫（月季，国家植物园室内，2019.V.3）

青铜齿腿长尾小蜂
Monodontomerus aeneus (Fonscolombe, 1832)

雌虫体长3.4～3.6毫米。体深蓝绿色，具金属光泽，足的腿节端、胫节和跗节黄褐色，端跗节黑褐色。触角环节短，长不及宽之半，各索节均长短于宽。后足腿节内侧近端部具1枚齿，较粗短。腹部第1节背板后缘平截，第2节并不明显短。产卵管鞘近1.0毫米，稍长于后足胫节。

分布： 北京、新疆、黑龙江、山东；全北区，新热带区。

注： 新拟的中文名，从学名。虞国跃（2017）未定种即为本种。寄主多达40多种，蜂类、寄蝇及蛾蝶类均可（Xiao et al., 2012）。我们发现寄生于室内饲养的切叶蜂。

雌虫及后足腿节（北京市农林科学院室内，2012.IV.23）

黄柄齿腿长尾小蜂
Monodontomerus dentipes (Dalman, 1820)

雌虫体长3.3～3.5毫米。体铜绿色，具金属光泽（包括触角基部2节及足腿节），足的腿节端、胫节和跗节黄褐色，端跗节黑褐色，胫节背面暗褐色。触角环节短小，明显窄于宽，索节7节，长宽相近（第1节稍明显长于宽）。小盾片长宽相近，端部1/3光滑。翅痣脉外烟色。后足腿节内侧近端部具1枚齿，较粗短，长与基宽相近，其长约与距腿节端的距离相近。产卵管鞘长于腹长之半（42∶65）。

分布：北京、新疆、吉林、辽宁、河北、山西、山东、江苏、安徽、浙江、江西、福建、湖南、广东、广西、四川、贵州、云南；全北区，东洋区。

注：国内记述触角柄节腹面黄褐色，经检标本其柄节腹面同背面，具金属光泽。寄主较多，可寄生双枝黑松叶蜂*Nesodiprion biremis*的茧，数量较多。

雄虫（油松，平谷东古室内，2018.XI.21）

雌虫（油松，平谷东古室内，2018.XI.17）

葛氏长尾小蜂
Torymus geranii (Walker, 1833)

雌虫体长2.6～2.9毫米。触角柄节黄色，其余暗褐色；足黄色，后足基大部与头胸颜色相同；腹与头胸颜色相同，但在近基部具黄色区域，至少腹面具黄斑。产卵管与体等长或略长。

分布：广泛分布；欧洲。

注：寄生栗、栎类虫瘿内的致瘿昆虫（如栗瘿蜂、栎根瘿蜂）。

雄虫（蒙古栎，门头沟小龙门室内，2015.V.2）

雌虫（蒙古栎，门头沟小龙门室内，2015.V.7）

日本螳小蜂
Podagrion nipponicum Habu, 1962

雌虫体长3.1毫米，前翅长2.3毫米，产卵管长2.7毫米。体蓝绿色，具金属光泽。触角红褐色，13节，环节短，触角棒暗褐色，3节，约与前4节半长度相近。前翅肘脉毛列不完整，未伸达翅基。并胸腹节具倒“V”形脊，其所围的基部具平行的不整齐的脊纹。后足腿节腹面具7～8个齿（基部第3齿可消失），其中近端部的齿最宽大。腹部第1～3背板后缘中央凹入，第3节凹入最大，呈倒“V”形，第4背板最宽大，后缘中央略凹入。

分布：北京*等；日本，朝鲜半岛。

注：中华螳小蜂*Podagrion chinensis*是一个无效学名，国内所用的*Podagrion mantis* Ashmead, 1886在古北区并无分布（Grissell, 1995），该种前翅肘脉毛列完整，伸达翅基，雌虫腿节端齿内侧是小齿（Grissell and Goodpasture, 1981）；经检标本的产卵管短于体长，暂定为本种。寄生螳螂卵鞘，北京7月可见成虫于灯下。

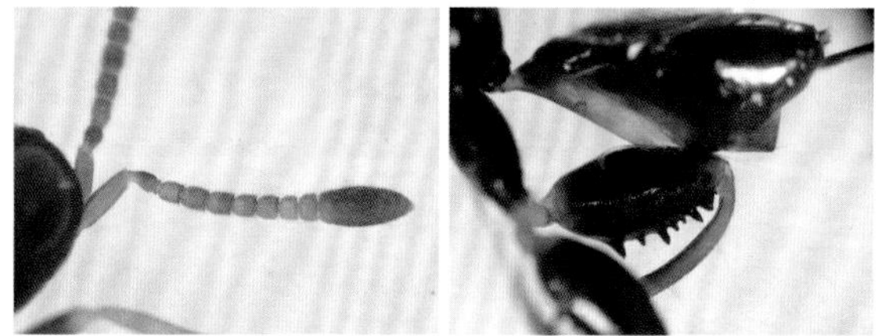

雌虫及触角和后足腿节（房山蒲洼，2020.VII.15）

黄腹长尾小蜂
Torymus sp.1

雌虫体长3.2毫米，产卵管鞘长2.9毫米。体金绿色，足（包括基节）、腹部淡黄色，后足基节背面基部、腹部两端金绿色。翅透明。腹长稍短于头胸部。

分布：北京。

注：与产于台湾的*Torymus flavigastris* Matsuo, 2012接近，该种后足胫节大部黄褐至褐色，产卵管鞘与腹部长相近，雄虫触角索节1、2节方形，而3～7节长为宽的1.5～1.7倍（Matsuo et al., 2012）。出自栗瘿蜂虫瘿。

雄虫（板栗，平谷杨家台室内，2018.VI.9）

雌虫（板栗，平谷杨家台室内，2018.VI.9）

槲栎长尾小蜂
Torymus sp.2

雌虫体长2.8毫米。体金绿色，光亮。触角11173，黑色，柄节具金属绿色，基部带褐色。足基节及腿节同体色，前中足胫节淡黄褐色，前缘褐色，后足胫节黑褐色，两端浅色，稍具金属绿色光泽，腿节膨大，无齿，被白毛，跗节淡黄白色，端节稍暗。小盾片前大部具鱼鳞纹，中后部渐不显，刻点沟后光滑。并胸腹节中部光滑，稍隆起，宽卵形，侧褶呈弧形纵脊，其外侧具3条纵脊。产卵管鞘短于体长，暗褐色，端部浅色（边缘深色）。腹第4腹背板最长，稍短于前2节之和，第3节明显长于第2节。

分布：北京。

注：与栗瘿长尾小蜂*Torymus sinensis* Kamijo, 1982相近，该种小盾片的刻点沟不完整，两侧不明显。北京4月见雌虫在槲栎叶片上某种瘿蜂虫瘿上产卵。

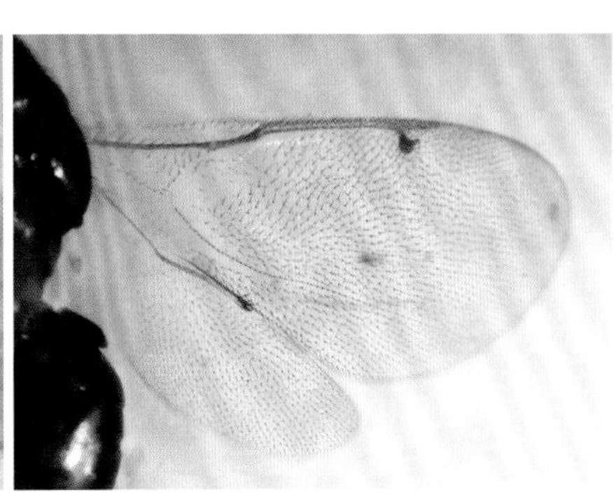

雌虫及翅脉（槲栎，海淀西山，2022.IV.19）

黄柄长尾小蜂
Torymus sp.3

雌虫体长3.4毫米。体金绿色。触角黑褐色，柄节黄色，端部稍暗；足黄色，基节（除端部）同体色，后足腿节大部黑褐色。触角索节感觉器排成2行；唇基前缘稍前突，接近平截。小盾片无横沟，皮革质，横纹较明显；整个中胸侧片为蓝绿色。并胸腹节无明显的脊纹，中央具较宽的隆起。后腿节近端部无齿。腹部背面一色，蓝绿色，第1～3节背板后缘具明显缺刻。

分布：北京。

注：与分布于日本的*Torymus rugosus* Matsuo相近，该种唇基前缘突出明显，并胸腹节无中脊，腿节和胫节均黄褐色。北京5月见成虫于灯下。

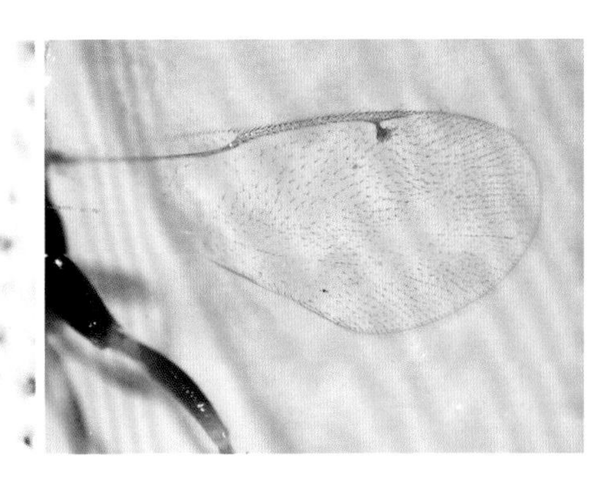

雌虫及翅脉（平谷白羊，2018.V.17）

半黄长尾小蜂
Torymus sp.4

雌虫体长2.3毫米。体金绿色。触角黑色，柄节黄色，端部黑褐色；足、腹基半部黄褐色。触角索节基4节长大于宽。产卵管鞘短于胸部或腹部，腹部稍长于胸部。

分布： 北京。

注： 与描述于福建的双色长尾小蜂*Torymus bicolorus* Xu et He, 2003相近，该种腹近基部具褐色横带，约占腹长的1/3，后足基1/3深色，腹部短于胸部。北京9月见成虫于灯下。

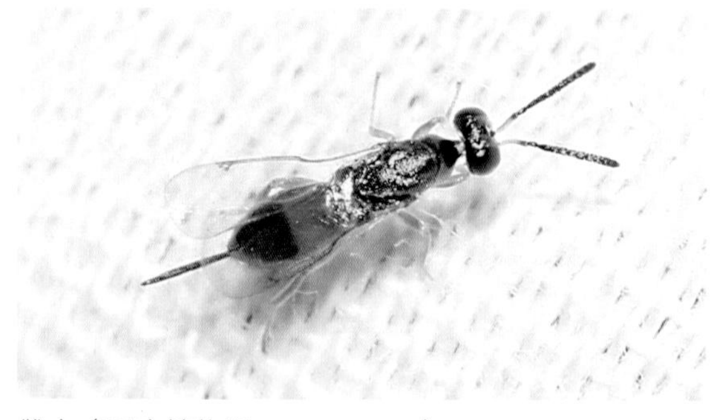

雌虫（国家植物园，2023.IX.25）

兴棒小蜂
Signiphora sp.

雌虫体长0.8毫米。黑色，跗节黄色。触角梗节较短，不及柄节长之半，棒节1节，长条形，索节不明显。中足胫节外侧具2枚长刺毛，距较长，与第1跗节长相近，其上具1列刷毛。前翅缘毛粗壮，短于翅宽。产卵器稍外露。

分布： 北京。

注： 本类小蜂寄生蚧虫、粉虱或捕食它们的蝇类等，或为重寄生。寄生梣叶槭树干上的某种蚧虫（槭树毡蚧*Eriococcus acericola*？）。

雌虫（梣叶槭，北京市农林科学院，2013.V.27）

东亚蚁小蜂
Eucharis esakii Ishii, 1938

雄虫体长5.6毫米，前翅长4.1毫米。体黑色，具明显的蓝绿色光泽，足黑褐色，腿节端部以下（除端跗节）黄褐色。触角12节，第3节稍长于前2节之和，其他各节均长大于宽。中胸盾纵沟深，达后缘；小盾片光滑（细刻点），中沟宽大，具横隔，后缘端突出，呈2短齿状。雌虫体长4.3～5.3毫米，前翅长3.9～4.3毫米，腹后大部橙黄色（膨腹后）。触角11节，第3节最长，第7节起长不大于宽，端2节不完全分隔。

分布： 北京、陕西、山西；日本，朝鲜半岛。

注： 新拟的中文名，从分布地区。标本的绿色闪光比图片上的明显，一些个体小盾片末端呈弧形，不呈2齿状。陕西记录的蚁小蜂*Eucharis adscendens* (Fabricius, 1787)应是本种的误定，该种分布于欧洲，雌雄触角均短，只有第3节长大于宽。幼虫外寄生林蚁的幼虫和蛹；北京5～6月可见成虫于林下。

雄虫（昌平木厂室内，2016.VI.2）

雌虫（板栗，昌平木厂，2016.V.31）

雌虫（藜，昌平王家园，2021.VI.16）

北京亮蚁小蜂
Schizaspidia sp.

雄虫体长3.8毫米，前翅长4.1毫米。体黑色，具明显的紫铜色金属光泽。触角柄节淡黄褐色，端部及其余部分褐色；足（除基节）、腹端部浅黄褐色。触角12节，索节均长大于宽，索1节长于第2节，也长于梗节，第4～9索节逐渐增长，第1索节的栉枝短，第3～7节栉枝长度相近，栉枝柱状，不明显侧扁。小盾片基部最宽，向后端收窄；基部两侧具1对纵脊，中央具宽大的深凹，似乎由3个大刻点组成。

分布：北京。

注：与盾亮蚁小蜂*Schizaspidia scutellaris* Masi, 1926相近，该种雌虫中胸三角片中央无深凹和侧脊，前翅翅痣下染有烟色。北京7～8月可见成虫。

雄虫（葎草，房山大安山，2022.VII.29）

智形分盾蚁小蜂
Stilbula cyniformis (Rossi, 1792)

雄虫体长4.3毫米，前翅长3.4毫米。体黑色，具墨绿金属光泽，上颚、足（除基节）淡黄色。头顶、额、颜面均有围绕触角的环形细刻纹，颊及后颊具类似的刻纹。中胸侧板除四周外光亮无刻点；小盾片前的三角片相互接触，基沟具弱的中脊，两侧各有5条纵脊。腹柄短于腹部（11∶13），第1腹背板达腹末。

分布：北京*、陕西、内蒙古、河北；日本，朝鲜半岛，俄罗斯，哈萨克斯坦，阿塞拜疆，土耳其，欧洲，美国。

注：新拟的中文名，从学名；陕西和河北分别记录于眉县和灵寿。本种异名较多，曾把日本、朝鲜半岛的种群称为*Stilbula cyniformis tenuicornis* (Ashmead, 1904)亚种。国内记录了乌苏里蚁小蜂*Stilbula ussuriensis* Gussaakovskii, 1940，不同处在于小盾片具中沟、触角第3节不扩大（Gussaakovskii, 1940），似乎这些特征本种也有，相互关系不清。寄生多种弓背蚁，产卵量大，达10 000～15 000粒，产于某种毛连菜属*Picris*（菊科）的花上。经检标本最末腹板相近，但雄性外生殖器稍有差异，暂定为本种。

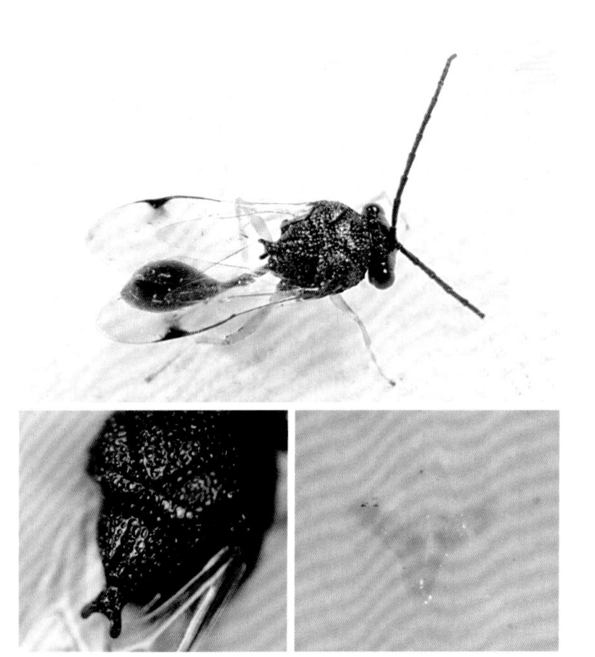

雄虫及小盾片和末节腹板（鹅耳枥，怀柔黄土梁室内，2020.VII.1）

伟巨胸小蜂
Perilampus sp.

体长雌虫4.9毫米，雄虫4.1毫米。体黑色，体表略具蓝色光泽，足腿节较为明显。触角黑色，棒节稍带褐色；上颚红褐色，两端黑褐色。足腿节端、胫节端及跗节褐色，爪黑褐色，前足胫节大部褐色。颜面光亮，具细微刻点。侧单眼与中单眼的距离稍大于其直径，中单眼后有脊，与侧单眼相隔。中胸盾片及小盾片具较大刻点，各刻点间具细脊相隔；中胸盾侧沟外侧区中部平滑；小盾片长宽相近，基部最宽，端部中央轻微内凹。前翅痣脉末端圆形，短于痣后脉（10∶18），痣后脉短于缘脉（18∶23）。

分布：北京。

注：我国*Perilampus*属已知4种（Liu et al., 2012），重寄生蜂。与墨玉巨胸小蜂*Perilampus tristis* Mayr, 1905接近，但该种体较小，长2.0～3.4毫米。北京6月扫网采于鹅耳枥上。

雄虫（鹅耳枥，怀柔黄土梁室内，2020.VI.30）

雌虫（鹅耳枥，怀柔黄土梁室内，2020.VII.1）

跳甲异赤眼蜂
Asynacta ophriolae Lin, 1993

雌虫体长0.89～0.95毫米。体黑褐色，触角、腿节末端、胫节两端及中后足跗节基2节淡褐色。复眼、单眼暗红色，上颚、翅脉褐色。触角11123，2索节长度相近，棒节3节，第1节短，后2节长度相近，但端节明显细小。前翅亚缘脉、缘脉及痣脉粗壮，略呈S形。产卵器粗壮，明显伸出腹末。

分布：北京。

注：寄生黄栌直缘跳甲*Ophrida xanthospilota* (Baly, 1881)的卵，北京4月、9月可见成虫，有时可见成虫在雌性跳甲的体上，等待它产卵。

雌虫（香山室内，2011.IX.20）

雌虫（黄栌直缘跳甲，国家植物园，2023.IX.25）

舟蛾赤眼蜂
Trichogramma closterae Pang et Chen, 1974

雄虫体长0.54毫米。体黄色，前胸背板和中胸盾片褐色，腹部颜色略深。触角3节，梗节最短，略暗，第3节似乎由4节（部分）组成，第1+2部分与第3部分长度相近，前3部分与第4部分长度相近，最长毛长于节最宽处的2倍。翅短圆，翅脉S形，端部弯曲度较大，端缘近于平截。雌虫体长0.69毫米。胸部一色，腹部褐色，中部颜色略浅。触角索节2节，均长大于宽，棒节1节，火焰形，端缘斜切。

分布：北京、陕西、辽宁、河北、河南、山东、江苏、安徽、浙江、湖北、湖南、云南。

注：赤眼蜂个体小，分类较难，可参考庞雄飞和陈泰鲁（1974）。可寄生多种鳞翅目昆虫的卵，如杨扇舟蛾、分月扇舟蛾、构月天蛾、杨目天蛾、李枯叶蛾、柳毒蛾、黄刺蛾等。每个构月天蛾的卵可育出10多头蜂。

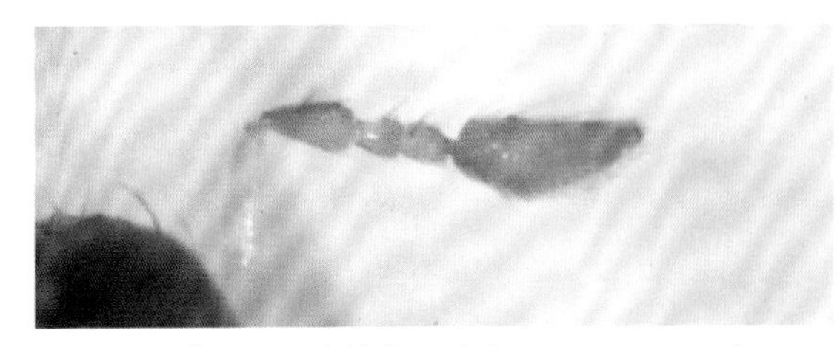

雌虫触角（构，国家植物园室内，2023.VIII.30）

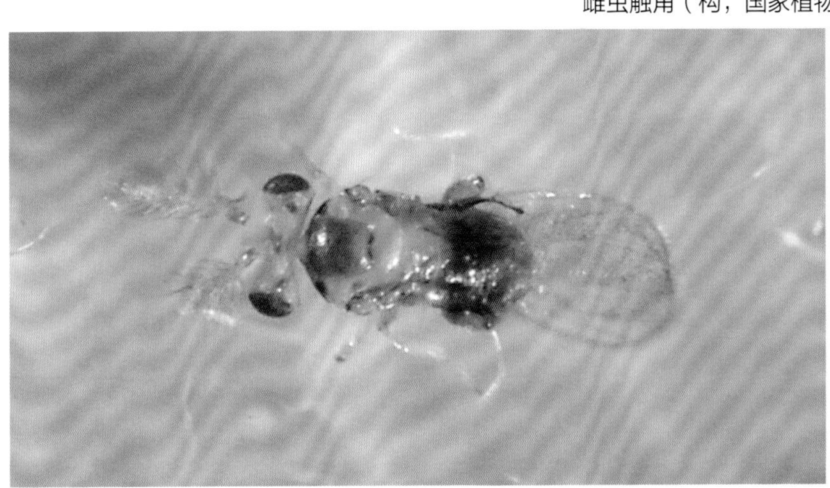
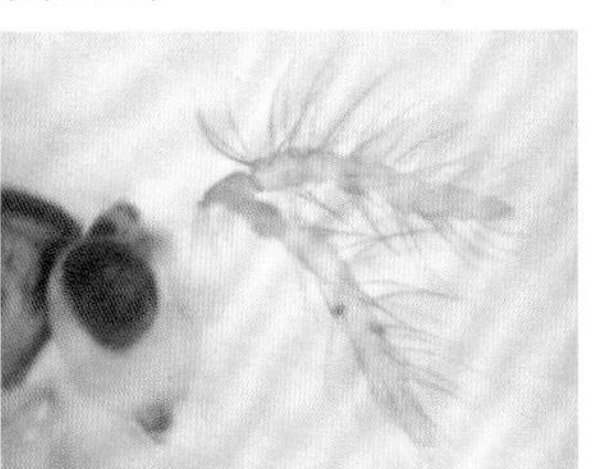
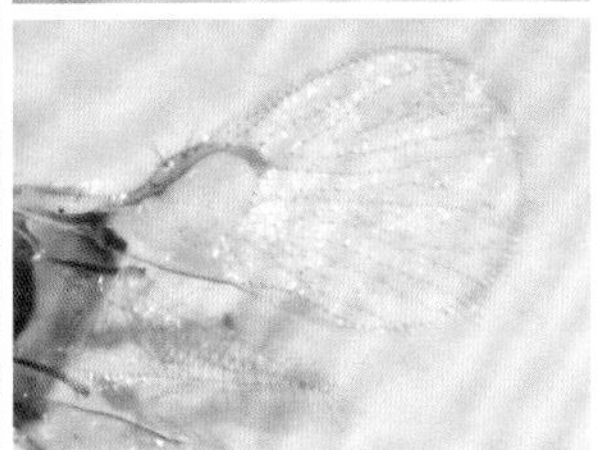

雄虫及触角和翅脉（构，国家植物园室内，2023.VIII.30）

松毛虫赤眼蜂
Trichogramma dendrolimi Matsumura, 1926

雌蜂体长0.65毫米。体黄色，腹部有时黑褐色（与培养的温度有关，温度较低，腹部颜色较深）。触角鞭节5节，端节大而长。

分布：我国广泛分布；日本，朝鲜，俄罗斯。

注：雄蜂触角鞭节仅3节，端节长，具众多细长毛。卵寄生蜂，多可寄生松毛虫及多种蛾蝶类的卵。人工大量繁殖，并应用广泛，在东北玉米螟防治中起到重要作用。

雌虫（柞蚕卵，北京市农林科学院室内，2011.VI.23）

泽田长索跳小蜂
Anagyrus sawadai Ishii, 1928

雌虫体长1.55毫米。体以红褐色为主，腹部背面稍暗。触角11263，柄节黑色，基部仅在外侧具白斑，近端部白色，梗节约基部 2/3及索1节黑色，其余白色，柄节扁平，长约为宽的2倍，梗节长于第1索节（比值为0.76），第1、2索节长度相近；3单眼呈等边三角形排列。前翅长为宽的2.45倍，约为柄节宽的4.4倍。

分布：北京*、福建、台湾、海南、香港；日本，以色列，印度。

注：过去记录的指长索跳小蜂*Anagyrus dactylopii*（虞国跃, 2017）为本种的误订，该种雌虫触角索节相对短粗、前单眼角度约为80°。寄生粉蚧，如柑橘棘粉蚧*Pseudococcus cryptus*、康氏粉蚧等。北京6月可见成虫于山桃小枝上。

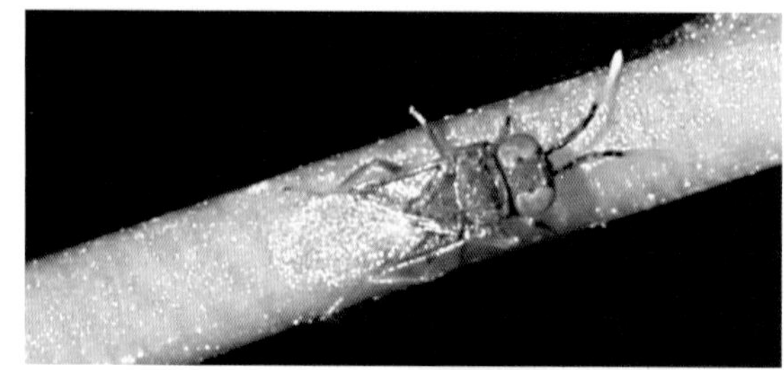

雌虫及翅脉和触角（山桃，国家植物园，2023.VI.3）

绵粉蚧长索跳小蜂
Anagyrus schoenherri (Westwood, 1837)

雌虫体长1.2～1.8毫米。体黄白色（具黑褐色类型），颜面白色，胸背和产卵管鞘黄色，腹背浅灰色。触角1163，白色具黑纹，支角突、柄节中大部及端部背面黑色，梗节及索节背面暗褐色，渐向端变浅色，棒节白色；柄节扁，向下扩大，长约为中部宽的3倍，梗节比各索节粗大，第1索节较细，后渐粗短，各索节均长大于宽。翅痣脉下具大片无毛区，宽大，横向。产卵管鞘短，略伸出腹末。雄虫体长0.9毫米，头和胸部背面、腹部黑褐色，触角细长，梗节短于索节第1节。

分布：北京、甘肃、青海、山西、河南；古北区，美国。

注：记录的寄主为槭树绵粉蚧、白蜡绵粉蚧、花椒绵粉蚧、柿树绵粉蚧等，被寄生的粉蚧仍可产卵并形成很长的卵囊。

雄虫及触角（白玉兰，北京市农林科学院室内，2023.V.15）

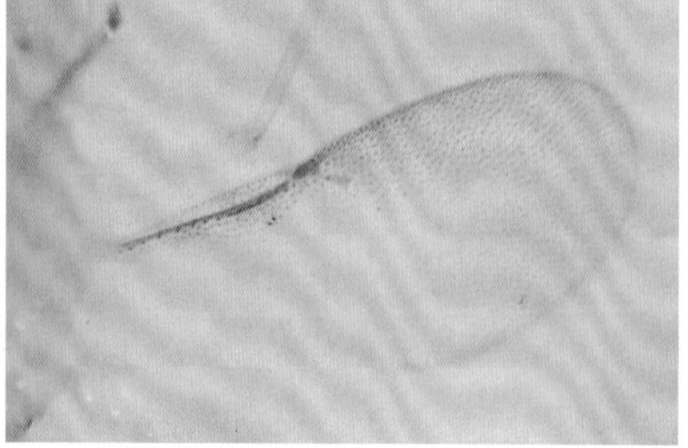

雌虫及翅脉（白玉兰，北京市农林科学院，2023.V.15）

球蚧跳小蜂
Aphycoides lecaniorum (Tachikawa, 1963)

雄虫（板栗，海淀西山室内，2022.V.18）

雌虫体长1.47～2.07毫米。体黑色，头、前胸背板、中胸背板和翅基片蓝黑色，具绿色闪光。触角1163，柄节、梗节黑色，各索节深褐色，梗长明显长于第1索节，前4索节长大于宽；颜面前缘呈宽倒“U”形隆起。翅烟褐色，基部透明。产卵器外板内端角较尖（不呈宽圆形）。雄虫1.29～1.72毫米，体色浅，头背、胸部背面中央及腹部黑褐色或黑色，触角浅褐色，柄节黄色，索节6节，棒节1节，翅面浅色。

分布：北京*、青海；日本。

注：本种曾被认为是暗色球蚧跳小蜂*Aphycoides fuscipennis* (Ashmead, 1904)的异名，由于在触角索节长度、翅面毛序分布和产卵器外板形态等不同而重新被认为是独立的种（Japoshvili et al., 2016），李琳等（2003）于青海西宁记录的暗色球蚧跳小蜂可能也是本种，寄主为榆树上的一种球蚧。北京5月、7月可见成虫，寄主为板栗上的一种球蚧，1头球蚧可出30余头雌虫和4头雄虫。

雌虫及触角和翅脉（板栗，海淀西山室内，2022.V.18）

单带艾菲跳小蜂
Aphycus apicalis (Dalman, 1820)

雌虫体长1.1～1.5毫米。体淡橙黄色，触角、足及产卵器颜色更浅。触角柄节细长，棒节淡白色，索节稍暗，5节，均长短于宽。足淡白色，前、后足胫节稍暗，略带青色。前翅具1条烟色宽带。产卵管明显伸出腹末，约为腹长的1/3。

分布：北京、浙江；日本，俄罗斯，欧洲，北美洲。

注：寄生槭树绵粉蚧*Phenacoccus aceris*、甘蔗嫡粉蚧*Dysmococcus boninsis*，成虫育自榆叶梅上的某种毡蚧。北京6月见于灯下。

雌虫（榆叶梅，北京市农林科学院室内，2019.IV.28）

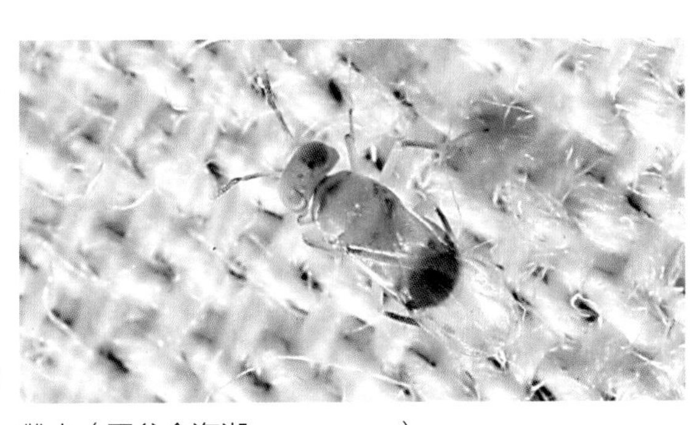

雌虫（平谷金海湖，2016.V.10）

札幌艾菲跳小蜂

Aphycus sapporoensis (Compere et Annecke, 1961)

雌虫体长1.2毫米。头额部橘黄色，触角褐色，棒节黄白色；翅基片白色，后胸背板及腹部黑色，足淡黄色，后足胫节基大部褐色。复眼大，头顶眼间距约为头宽的1/4。前翅具2条烟色横带。产卵管长，端部黑褐色。

分布：北京、浙江；日本，印度。

注：本种体色有变化。北京的标本育自枣树上的枣星粉蚧*Heliococcus destructor*。

雌虫（昌平王家园室内，2014.V.23）

盾蚧寡节跳小蜂

Arrhenophagus chionaspidis Aurivillius, 1888

体长约0.5毫米。体黑色，有时颜面淡黄褐色，触角、足淡黄色，腹部色浅。雌性触角5节，棒节大，不分节；雄性触角具长毛，索节6节，棒节3节（分节不明显）。

分布：北京*、浙江、福建、台湾、广东；世界性分布。

注：可寄生多种盾蚧。在北京温室内发现它寄生盾蚧的2龄雄若虫，蚧虫被寄生后虫体鼓起，呈卵形，后期可见虫体内的黑蛹。

雄虫（国家植物园温室，2012.II.22）

雌虫（国家植物园温室，2012.II.22）

花角跳小蜂

Blastothrix sp.

雌虫体长2.0毫米。头部黑褐色，具蓝绿及金黄色光泽。触角柄节黑色，端部白色，梗节大部黑色，端部黄白色，索节黑褐色，渐向棒节颜色变浅。胸背黑褐色，具蓝绿色光泽，翅基片白色。胸部两侧及腹面黄褐色。足淡黄色，中足胫节近基部具黑褐斑，后足胫节背面、跗节褐色。触角索节6节，均长大于宽。

分布：北京。

注：与*Blastothrix erythrostetha* Walker, 1847相近，该种触角索节第4～6节白色。*Blastothrix*属跳小蜂寄生蚧虫（如红蚧）。北京5月见于林中，寄生栓皮栎饼二叉瘿蜂*Latuspina abemakiphila* Ide et Abe。

雌虫（栓皮栎，平谷白羊，2018.V.30）

绵粉蚧刷盾跳小蜂
Cheiloneurus phenacocci Shi, 1993

雌虫体长1.2毫米。触角柄节浅褐色，端部白色，梗节基部黑褐色，端半部白色，索节白色，棒节黑色；头部黄褐色具紫色闪光；前胸黄褐色，中胸盾片紫黑褐色，三角片黄褐色，小盾片黄棕色，端部黑褐色，具1束黑色刷状长毛。前翅烟褐色，基部及端缘透明。腹部黑褐色，具闪光。足黄白色，腿节端部和胫节基部黑褐色。

分布：北京*、河南、陕西。

注：寄生山黄檗上的某种真棉蚧*Eupulvinaria* sp.，蚧虫被寄生后仍可产卵。北京6月可见成虫。

雌虫（山黄檗，门头沟小龙门室内，2014.VI.22）

细角刷盾跳小蜂
Cheiloneurus quercus Mayr, 1876

雌虫体长1.8毫米。体红褐色，额顶、前胸背板、中胸盾片、小盾片及腹部黑褐色，前胸及中胸盾片具蓝色光泽；触角白色，柄节基大部浅褐色，梗节基半及棒节黑色；足基节、前足腿节基半部、中足腿节基大部、后足腿节基部白色；前翅烟色，基部及外缘透明。触角细长，梗节与第1索节长度相近，棒节不明显扩大，长与索节第4～6节之和相近。小盾片具黑色毛簇。

分布：北京*、陕西、辽宁、河南、山东；日本，俄罗斯，欧洲，土耳其。

注：*Cheiloneurus tenuicornis* Ishii, 1928为本种异名，保留原中文名。寄生多种红蚧、蜡蚧和粉蚧，北京记录于黑斑红蚧*Kermes nigronotatus* Hu, 1986。

雌虫（黑斑红蚧，平谷白羊室内，2019.V.18）

纽绵蚧跳小蜂
Encyrtus sasakii Ishii, 1928

雌虫体长2.8毫米，前翅长2.1毫米。体红褐色，具黑色、黑褐色和黄色斑，前后足基节淡黄色，中足基节浅褐色。小盾片中部具嫩黄大斑，近端部中央两侧各具1簇黑色强大刚毛。前翅端半部黑褐色，基部1/3外具1簇黑刚毛，横列。

分布：北京*、江苏、安徽、浙江、江西；日本。

注：寄生日本纽绵蚧*Takahashia japonica*；具近缘种，但寄主不同且本种产卵器第2外瓣较短窄（Wang et al., 2016）。北京5月下旬可见成虫。

雌虫（桃，中国农业科学院，2012.V.22）

佛州多胚跳小蜂
Copidosoma floridanum (Ashmead, 1900)

雌虫体长0.86毫米。体黑色；中胸盾片具蓝绿色光泽，三角片、小盾片具紫铜色光泽。触角梗节长，约为索节前3节之和，索节6节，第1索节长大于宽（33∶30），棒节1节，端部斜截。小盾片中侧具稍长形的刻纹。前翅长为宽的2.1倍。

分布：北京、甘肃、吉林、河北、山西、江苏、浙江、江西、湖南、广西；世界广泛分布。

注：又名佛州点缘跳小蜂。寄生多种夜蛾幼虫（如银纹夜蛾），1头寄主可产生成百上千头跳小蜂。

雌虫（草莓，北京市农林科学院，2011.X.5）

雌虫触角和翅脉（葡萄，海淀瑞王坟室内，2024.IV.22）

褐球蚧跳小蜂
Encyrtus rhodococcusiae Wang et Zhang, 2016

雌虫体长2.4～3.0毫米。体黄褐色，头顶、触角梗节及以后节的背面、前胸和中胸背板、三角片及腹部黑褐色，小盾片黄白色，中部具黑褐色长毛束。前翅基半部透明，亚缘脉基部2/3及端半部黑褐色。触角梗节略短于第1索节，第1索节长于宽，以后的索节长度与宽度比逐渐减小，第6索节明显长短于宽。产卵管短，不露出。

分布：北京、内蒙古、黑龙江、山西、河南、山东。

注：过去鉴定的暗色跳小蜂*Encyrtus infidus*（虞国跃，2017）即为本种的误定，Wang等（2016）认为可依据寄主的不同进行区分，本种寄生皱大球坚蚧*Eulecanium kuwanai*和枣大球蚧*E. giganteum*。可见成虫在核桃的小枝上活动，寻找皱大球坚蚧。

雄虫（皱大球坚蚧，海淀五路居室内，2019.V.6）

雌虫（皱大球坚蚧，北京市农林科学院，2016.V.15）

蛇眼蚧斑翅跳小蜂
Epitetracnemus lindingaspidis (Tachikawa, 1963)

雌虫体长2.1毫米。体黑色，具金绿色光泽。触角黑褐色，索节第6节黄色，棒节端部褐色。前翅具王字形烟黑色斑。前中足胫节中部以下、后足胫节端部以下黄白色。

分布： 北京、山东、江苏、安徽、浙江；日本。

注： 记载为桑白蚧的寄生蜂。北京10月见于榆叶上。

雌虫（榆，昌平王家园，2014.X.15）

隐尾瓢虫跳小蜂
Homalotylus eytelweinii (Ratzeburg, 1844)

雌虫体长1.8～2.0毫米。体黑褐色至黑色，体背（包括触角柄节和后足胫节背）具蓝绿色金属光泽；触角棒节、翅基片基半、中足胫节端距和跗节前4节白色，索节第6节浅棕色（或白色）；前翅中部具烟褐色横带。触角9节，梗节（第2节）稍短于第3、4节之和。

分布： 北京、黑龙江、山西、河南、浙江；古北区，印度，东南亚，非洲。

注： 与隐尾瓢虫跳小蜂*Homalotylus flaminius* Dalman, 1820易混淆。按原始描述*Homalotylus flaminius*中足跗节黑色，而后足跗节前4节白色（Timberlake, 1919）。中华瓢虫跳小蜂*Homalotylus sinensis* Xu et He, 1997与此种很接近。寄生七星瓢虫、红点唇瓢虫等幼虫，被寄生的瓢虫幼虫体黑色，1条七星瓢虫幼虫养出8～9头蜂。

雌虫（七星瓢虫，北京市农林科学院室内，2011.VI.4）

羽化孔（七星瓢虫，北京市农林科学院室内，2011.VI.2）

赵氏草岭跳小蜂
Isodromus zhaoi Li et Xu, 1997

雌虫体长2.1毫米。黑褐色，头及触角褐色至暗褐色，前胸前缘、中胸盾片后半部嫩黄色；足浅黄褐色，中后足腿节、胫节颜色较深，跗节端2节黑褐色；翅透明，翅痣下具大烟褐斑。触角11151，棒节大，斧形，斜截部分明显长于基部，端缘肉色。雄虫体长1.8毫米。头部及足黄褐色，后足腿节的端部及胫节（除基部）黑褐色，前翅烟斑不明显。

分布： 北京、浙江。

注： 4月中旬从日本通草蛉*Chrysoperla nipponensis* (Okamoto, 1914)的1个茧中育出2雌1雄。

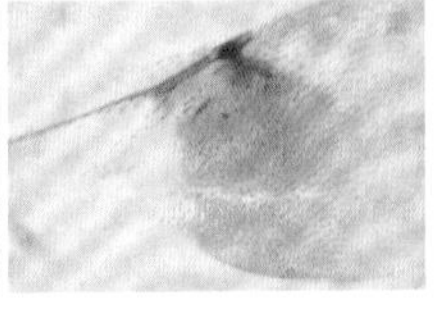

雌虫及翅脉（桃，北京市农林科学院室内，2012.IV.17）

瓢虫跳小蜂
Homalotylus sp.

雄虫体长1.5毫米。体黑色，头及胸背（除小盾片）稍具蓝色金属光泽；触角棒节、翅基片基半、中足胫节端距和中后足跗节前4节白色，触角柄节和梗节具金属光泽，索节暗褐色，颜色向端部渐浅。前翅中部具烟褐色横带。触角9节，梗节（第2节）短于第3、4节之和，为第1索节长的1.30倍，第1索节明显长于第2索节。并胸腹节侧面密生白毛。

分布：北京。

注：体色等与描述于福建的赵氏瓢虫跳小蜂*Homalotylus zhaoi* Xu et He, 1997很接近，但该种梗节为第1索节长的1.67倍，各索节长度相近。

雄虫（北京市农林科学院室内，2011.X.13）

细角阔柄跳小蜂
Metaphycus tenuicornis (Timberlake, 1916)

雌虫体长1.8毫米。体淡黄白色，头胸部背面黄棕色，后头及腹背黑褐色。触角柄节基部扩大，扩大部分为黑色，并沿外侧至端部，其余白色，梗节基半部黑色，第1索节短于梗节和第2索节。足胫节中部具2个黑点，基部及端部各具1个小黑点。

分布：北京*、山东；日本。

注：寄生红蚧，北京见成虫于黑斑红蚧*Kermes nigronotatus*旁。

雌虫（栓皮栎，平谷白羊，2019.V.9）

刺鞘阔柄跳小蜂
Metaphycus stylatus Wang, Li et Zhang, 2013

雌虫体长0.8毫米。头部黄色或淡黄棕色，胸腹部黄棕色，后头、前胸背板前部及中胸背板前缘褐色或暗褐色，复眼黄绿色；触角黑色，柄节两端、梗节端半、索节第5～6节淡棕黄白色，棒节近端部颜色较浅，柄节细长，不膨大。产卵管鞘较长，明显伸出腹端。雄虫体色略深，无产卵管鞘。

分布：北京。

注：模式产地为北京，未知寄主（Wang et al., 2013）；经检标本索节5～6节色浅，产卵管鞘不及腹长的2/3，暂定为本种。寄生紫薇上的石榴囊毡蚧的低龄若虫。

雌虫（紫薇，北京市农林科学院，2012.IX.24）

真棉蚧阔柄跳小蜂
Metaphycus sp.

雌虫体长1.7～1.9毫米。触角柄节黑色，背面及两端白色，梗节基半黑色，端半白色，索节第1～3节及第4～5节部分黑色，第4～5节上部及第6节白色，棒节黑色，端浅，稍宽于索节6。胫节具黑点斑。雄虫体稍小，体色较深，触角浅色。

分布：北京。

注：与我国西藏有分布的多孔阔柄跳小蜂*Metaphycus annasor* Guerrieri et Noyes, 2000很接近，该种触角第5节无黑斑，雄虫触角索节和棒节色暗，触角窝内侧及下方有许多小孔。也与绵蚧阔柄跳小蜂*Metaphycus pulvinariae* (Howard，1881）相近，该种体较小，触角索节5无黑斑，足胫节具黑环。寄生柿树真棉蚧*Eupulvinaria peregrina*的雌虫。

雄虫（柿，昌平王家园室内，2014.V.21）

雌虫（柿，昌平王家园室内，2014.V.21）

蚜茧蜂跳小蜂
Ooencyrtus aphidius (Dang et Wang, 2002)

雄虫体长0.8～0.9毫米。体黑色，具蓝色光泽。触角淡黄褐色，但柄节、梗节背面黑褐色，梗节短于第1索节，第1索节长于第2索节（或第1索节不长于梗节，也不明显长于第2索节），棒节分节不明显。足褐色，腿节端、胫节两端、跗节1～4节淡黄白色。雌虫触角索节6节，向后渐宽大，棒节3节，粗于索节。

分布：北京*、陕西。

注：原组合为*Echthrodryinus aphidius*（党心德和王鸿哲, 2002）。经检的2头标本均为雄性，触角第1索节长度有变化，且第5、6节较长，与原文所附的图有差异，暂定为本种。北京6月可见成虫，寄主为棉蚜茧蜂*Lysiphlebia japonica*，僵蚜褐色。

雌虫和触角、雄虫触角和翅脉（毛叶荅子，平谷山东庄室内，2023.VI.5）

大蛾卵跳小蜂
Ooencyrtus kuvanae (Howard, 1910)

雌虫体长1.1～1.3毫米。体黑色，触角稍浅，中胸盾片和小盾片具青铜色光泽；足转节、腿节基部、胫节（除基部）及跗节浅棕色。触角柄节细长，中部稍膨大，梗节明显长于第1索节，各索节均长大于宽。前翅透明，无斑纹。产卵管稍外露，端部浅色。

分布： 北京、陕西、吉林、辽宁、山东、台湾、湖南、四川、云南；日本，朝鲜半岛，并引入欧洲、北美洲、北非、澳大利亚等。

注： 本种是舞毒蛾的重要天敌，寄生卵，还可寄生多种松毛虫、其他毒蛾，甚至斑衣蜡蝉的卵。北京8月可见成虫，并在舞毒蛾卵块上产卵。

雌虫（房山蒲洼东村室内，2019.VIII.8）

正产卵的雌虫（落叶松，房山蒲洼东村，2019.VIII.6）

拜氏跳小蜂
Oriencyrtus beybienkoi Sugonjaev et Trjapitzin, 1974

雌虫体长0.7～1.2毫米。体黑色，触角暗褐色，翅透明，各足转节、胫节两端、跗节前4节淡褐色，足其余部分黑褐色。触角着生于复眼下缘连线同一水平上，索节5节，渐增宽，后4节均宽明显大于长，棒节3节，膨大，端节端缘斜切。腹卵形或椭圆形，略短于胸，产卵管短，不突出。

分布： 北京、陕西、内蒙古、黑龙江、河北；俄罗斯，蒙古国。

注： 又名贝氏东方跳小蜂。寄生多种球坚蚧，如皱大球坚蚧*Eulecanium kuwanai*；我们观察1头球坚蚧内可出几十头蜂，其卵囊内仍有大量卵或爬虫成活。

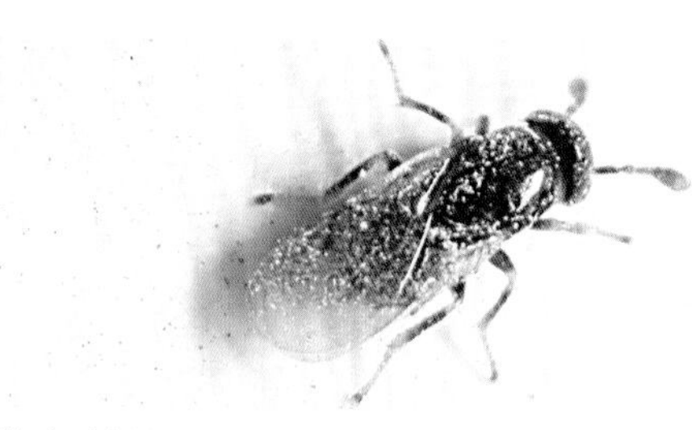

雌虫（核桃，北京市农林科学院室内，2016.V.16）

窄木虱跳小蜂
Psyllaephagus stenopsyllae (Tachikawa, 1963)

雌虫体长1.6毫米。体黑色，头、胸部背面及腹背具金蓝或铜绿色闪光。触角黑色，柄节端部淡白色，索节褐色，向端部变浅，棒节更浅。足淡黄色，后足腿节大部黑色。触角梗节明显长于第1索节，棒节稍短于第4～6节长之和（23∶25）。翅基片黑色，基缘淡白色。腹和胸长度相近。

分布： 北京*、江西、福建、台湾、海南；日本，伊朗。

注： 寄生木虱如蒲桃木虱、柑橘木虱，我们发现它寄生多种喀木虱*Cacopsylla* spp.，如中国梨木虱、山楂喀木虱*Cacopsylla idiocrataegi*等若虫，被寄生后体呈浅褐色。

雌虫（山楂，延庆蔡家河室内，2016.V.16）

槐木虱跳小蜂
Psyllaephagus sp.1

雌虫体长1.2毫米。体黑色，头及胸部背面具金绿色闪光。触角淡褐色，柄节淡黄色，中部黑色。足淡黄色，中足基节、后足黑色，但后足腿节端、胫节两侧及跗节基3节淡黄色。雄虫体长1.0毫米。触角细长，柄节黄色，其余各节淡黄褐色，被黑褐色长毛；后足腿节基部浅色，端部浅色区更大。

分布：北京。

注：我国该属已知15种（Zou et al., 2023），本种的形态、寄主等与已知种不同。寄生槐豆木虱若虫，被寄生后虫体膨胀，浅褐色；单寄生。

槐豆木虱被寄生状（槐，北京市农林科学院室内，2013.V.19）

雄虫（槐，北京市农林科学院室内，2013.V.24）

雌虫（槐，北京市农林科学院室内，2013.V.24）

五加木虱跳小蜂
Psyllaephagus sp.2

雌虫体长1.6毫米。体黑色，头、胸部背面及腹背基部具金绿色闪光。触角淡黄色，柄节和梗节的基大部、棒节暗褐色。足淡黄色，中后足基节、后足腿节大部黑色，胫节近基部背面染褐色。触角柄节长宽比为4.2，索节均长大于宽，第6节长宽比为26∶23，棒节3节。翅基片黑色。腹比胸稍短（75∶85）。产卵管鞘露出，未超过腹末。

分布：北京。

注：从足的颜色看接近*Psyllaephagus elaeagni* Trjapitzin, 1967，但该种索节第1节和第6节长短于宽。寄生虫瘿内的五加个木虱*Trioza stackelbergi* Loginova, 1967。

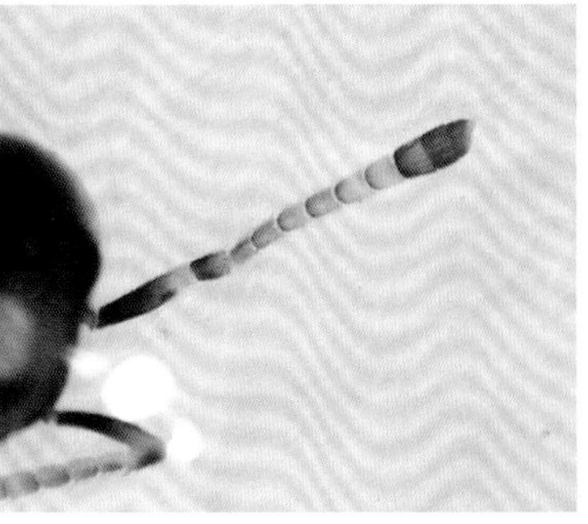
雌虫及触角（无梗五加，延庆滴水壶室内，2020.IX.5）

蚜虫跳小蜂
Syrphophagus aphidivorus (Mayr, 1876)

雌虫体长1.1毫米。体黑褐色，头及腹基具蓝色反光，腹背带有紫色反光，胫节两端及跗节黄色。触角11节，梗节长于索节1+2，索节第1～3节较小，尤其第1、2节，后3节逐渐宽大；棒节3节，长于索节后3节之和。雄虫触角多毛，索节和棒节浅褐色，梗节稍短于索节1，各索节长度相近，但索节2略短，棒节3节，前2节分节不明显。

分布： 北京、黑龙江、河北、河南、山东、浙江、广东、四川等；古北区，北美洲，南美洲。

注： 重寄生，为多种蚜茧蜂的寄生蜂，常在蚜群（如桃蚜、柳蚜、李短尾蚜、竹纵斑蚜等）中寻找已被蚜茧蜂（如棉蚜茧蜂）寄生的蚜虫，并向已被寄生的蚜虫产卵。

雄虫（大叶黄杨，北京市农林科学院室内，2011.VI.5）

雌虫在桃蚜上产卵（枸杞，北京市农林科学院室内，2016.VI.26）

黑青蚜蝇跳小蜂
Syrphophagus nigrocyaneus Ashmead, 1904

雌虫体长约1.5毫米。体黑色，具蓝紫色光泽，小盾片具铜绿色光泽。翅透明。足黑褐色，前中足腿节端部、胫节和跗节黄褐色，胫节近基部及端跗节黑褐色，后足胫节端部及跗节（除端节）黄褐色。雄虫触角索节和棒节淡黄色，各索节均长明显大于宽。

分布： 北京、河南；日本。

注： 虞国跃（2017）记录的食蚜蝇跳小蜂*Syrphophagus nigrocyaneus*并非本种。在北京寄生狭带贝食蚜蝇*Betasyrphus serarius* (Wiedemann, 1830)幼虫，一头食蚜蝇幼虫可育出50多头跳小蜂。

雌虫（刺槐，平谷金海湖室内，2015.VI.14）

待在狭带贝食蚜蝇幼虫旁的雌虫（玉米，海淀西山，2021.VIII.5）

食蚜蝇跳小蜂
Syrphophagus sp.

雌虫体长1.5毫米。体蓝黑色，具铜绿色金属光泽，头及小盾片具深蓝色光泽；触角黑褐色，足黑褐色，但转节、腿节基部、胫节基部和端部（及距）黄色，前足跗节黑褐色；中足、后足跗节基3节黄色，端2节黑褐色。触角索节6节，从索1起渐宽大，各节（除索1节）长不大于宽，棒节3节，长于索节后3节但短于索节后4节之和。

分布：北京。

注：与黑青蚜蝇跳小蜂*Syrphophagus nigrocyaneus* Ashmead, 1904相近，中足胫节黑色部分大且小盾片为深蓝色。北京4月见成虫在桃树上活动。

雌虫及触角（桃，北京市农林科学院，2012.IV.13）

微食皂马跳小蜂
Zaomma lambinus (Walker, 1838)

雌虫体长1.2毫米。体黑色，具金属光泽，尤以头的颊部和中胸侧板闪紫蓝色光泽。触角黑色，梗节长于第1索节，索节第1～4节浅黑褐色，第5、6节浅黄白色，棒节3节，近端部颜色稍浅。前翅透明无斑纹。中胸盾片具银白色毛。中足胫节白色，近基部黑褐色，跗节白色，末跗节黄褐色。雄虫触角细长，索节6节，均明显长于宽，棒节1节，均淡黄色（索1节基半部稍深）。

分布：北京、青海、甘肃、河南、上海、江苏、浙江、福建、湖北、湖南、广东、香港、海南；世界广泛分布。

注：初寄生或重寄生蜂，寄生多种蚧虫及其寄生蜂。我们发现它可寄生紫薇上的石榴囊毡蚧。

雄虫（紫薇，北京市农林科学院室内，2012.IX.25）

雌虫（紫薇，北京市农林科学院，2012.IX.21）

短距蚜小蜂
Aphelinus abdominalis (Dalman, 1820)

雌虫体长1.1毫米。黑色，触角淡黄色，腹部黑褐色，基部淡黄色；足以黄色为主，但也多变，后足腿节黄白色，胫节黑色。后单眼离复眼的距离短于单眼直径。触角6节，第5节（第3索节）长宽相近。

分布： 北京、陕西、新疆、福建；国外广泛分布。

注： 国内记录黄足蚜小蜂"*Aphelinus flavipes* Kurdjumov"为本种异名。寄主为多种蚜虫，如棉蚜、山楂圆瘤蚜、麦长管蚜、桃蚜等，僵蚜黑色，并作为蚜虫的天敌出售。北京6月最多，有时大叶黄杨上的大片棉蚜被寄生；它除了向蚜虫产卵外，还会吸食蚜虫的蜜露，即从蚜虫肛门处吸食。

正向棉蚜产卵的雌虫（大叶黄杨，北京市农林科学院，2011.VI.15）

短翅蚜小蜂
Aphelinus asychis Walker, 1839

雌虫体长0.9～1.2毫米。头、胸黑褐色至黑色，腹部黄褐色，两侧缘颜色略深。触角柄节基部浅色，余黑褐色，梗节黑褐色，索节浅色，棒节略深，端部常常更明显。足基节黑褐色至黑色，余黄褐色，但颜色有变，常常部分加深，后足腿节常黄褐色，胫节褐色（但端部浅色）。触角第3索节长大于宽，明显长于前2节之和。前翅前缘室明显短于缘脉；亚缘脉具3根毛。中足胫节距约为基跗节的2/3，后足胫节距不及基跗节的1/2。

分布： 北京*、宁夏、黑龙江；日本，朝鲜半岛，俄罗斯，中亚，中东，欧洲，美洲，非洲，大洋洲。

注： 可寄生多种（有说200多种）蚜虫，如桃蚜、棉蚜、豆蚜、豌豆蚜、绣线菊蚜、夹竹桃蚜、玉米蚜、禾缢管蚜、萝卜蚜等。有时可见短翅型。北京发现于芹菜上的棉蚜和胡萝卜微管蚜，僵蚜黑色，室内寄生率较高。

雌虫（芹菜，怀柔室内，2017.VIII.21）

雌虫及僵蚜（芹菜，怀柔室内，2017.VIII.21）

桃粉蚜蚜小蜂
Aphelinus hyalopteraphidis Pan, 1992

雌虫体长1.2毫米。头、胸部黑褐色，触角、足（除后足基节基部、各端跗节灰褐色外）淡黄色，腹部第1～2节背面鲜黄色，第3～4节褐色，第5～6节浅褐色。触角第1～2索节长之和短于梗节，与第3索节长相近。产卵管明显伸出腹末，约为腹长的1/6。

分布： 北京*、浙江。

注： 寄生桃粉大尾蚜*Hyalopterus arundiniformis*。

雌虫（芦苇，北京动物园，2017.V.1）

苹果绵蚜蚜小蜂
Aphelinus mali (Haldeman, 1851)

雌虫体长1.0～1.5毫米。体黑褐色，腹部第1背板黄白色。触角鞭节黄色，梗节长于第3索节，索节第1、2节短小。翅透明，无毛斜带内侧三角区内有1完整列长刚毛，内侧上角具数根刚毛。足黑褐色，前中足胫节暗褐色，端部及以下、转节黄色，后足转节、腿节、胫节端部黄白色，跗节（除基跗节）黄色；中足胫节端距约与基跗节等长。

分布： 北京*、黑龙江、辽宁、山东、上海、台湾、四川、云南；世界性分布。

注： 又名日光蜂，是苹果绵蚜的重要寄生蜂，原产于北美洲，随寄主扩散或被引入世界其他地区，僵蚜黑色。

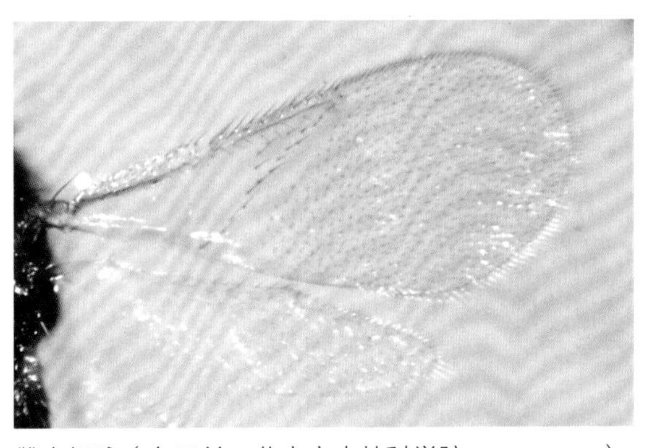

雌虫翅脉（白玉兰，北京市农林科学院，2023.V.15）

雌虫（苹果，昌平王家园室内，2017.X.22）

雌虫及僵蚜（苹果，昌平王家园室内，2017.X.22）

竹纵斑蚜蚜小蜂

Aphelinus takecallis Li, 2005

雌虫体长0.97～1.03毫米。体3色：复眼红色，头胸部黑色，腹部淡黄绿色。体色有变化：有时头背带黄褐色、腹背具许多浅褐色斑，或足全浅黄色。触角6节，3索节（第3～5节）长度相近。

分布：北京。

注：寄生刚竹等竹上的竹纵斑蚜幼蚜，被寄生后常常会远离蚜群，待在叶柄处或叶端，黑色。6月最多，有时一片叶子背面具10头成虫在爬行。

雌虫（早园竹，北京市农林科学院，2011.V.31）

竹纵斑蚜僵蚜（早园竹，北京市农林科学院，2011.VI.1）

肖绿斑蚜蚜小蜂

Aphelinus sp.

雌虫体长0.8～1.0毫米。体黄色，复眼淡黄绿色，单眼红棕色。触角6节，梗节大于索节1+2，但短于整个索节，索节3节，小，第1～2节不特别小，第3节稍长于第1或者第2节，棒节1节，长于索节之和；跗节5节。

分布：北京、青海、辽宁。

注：外形接近毛蚜蚜小蜂*Aphelinus fulvus* Yasnosh, 1963，该种体稍大，1.0～1.4毫米，触角棒节粗壮。寄生肖绿斑蚜*Chromocallis similinirecola*的幼蚜，僵蚜黑色，数量较多。

雌虫（榆，海淀中关村北室内，2011.VI.11）

肖绿斑蚜及僵蚜（榆，海淀中关村北室内，2011.VI.4）

暗梗异角蚜小蜂
Coccobius furvus Huang, 1994

雌虫体长0.9毫米。头胸暗红褐色至黑色，腹部黄棕色。触角7节，黄白色，柄节背面基部褐色，索1节黑色，棒节2节，黑色，端部黄白色；索节3节，各节长度相近；棒节稍长于前2索节之和。中足胫节距与基跗节长度相近。

分布：北京*、福建。

注：20世纪90年代美国从北京引入用于防治卫矛矢尖盾蚧的*Coccobius* nr. *fulvus*，应是本种；北京标本的梗节淡黄色，这与产于福建的标本略不同，暂定为本种。寄生大叶黄杨上的卫矛矢尖盾蚧。

雌虫（大叶黄杨，北京市农林科学院，2011.VII.3）

夏威夷食蚧蚜小蜂
Coccophagus hawaiiensis Timberlake, 1926

雌虫体长1.0毫米。体黑色。触角8节，柄节浅褐色，余暗褐色。小盾片后2/3鲜黄色，具3对刚毛。前足基节、转节暗褐色，各足腿节的端部或大或小呈暗褐色，中后足胫节黄色。

分布：北京、河南、山东、江苏、浙江、福建、台湾、广东、四川、云南；日本，以色列，美国（包括夏威夷）。

注：与日本食蚧蚜小蜂*Coccophagus japonicus* Compere, 1924很接近，该种中足腿节黄色，无褐纹。可寄生多种蜡蚧和粉蚧；在北京寄主为褐软蚧。

雌虫（绿元宝，国家植物园温室，2012.II.17）

赖氏食蚧蚜小蜂
Coccophagus lycimnia (Walker, 1839)

雌虫体长1.10毫米。体黑褐色，小盾片端部2/3及后胸中央鲜柠檬黄色；各足转节黄色，腿节两端、前中足胫节、后足胫节端半部黄色。触角8节，1133，柄节不膨大，索节第1节长于第2节，第2节稍长于第3节；额区具￥形浅色纹，其横线位于两复眼中部连线上。小盾片具3对刚毛，前对位于黑色区。雄虫体长0.95毫米，小盾片全黑色，触角索1节明显长，索2节和索3节长度相近。

分布：北京、宁夏、青海、新疆、内蒙古、河北、山西、河南、山东、上海、浙江、江西、福建、台湾；世界广泛分布。

注：寄主较多，多为蜡蚧科昆虫，如水木坚蚧、朝鲜毛球蚧等。

雄虫（洋白蜡，房山蒲洼东村室内，2019.VIII.10）

雌虫（洋白蜡，房山蒲洼东村室内，2019.VIII.10）

丽蚜小蜂
Encarsia formosa Gahan, 1924

雌虫体长0.5～0.6毫米。头胸大部为暗红褐色或黑褐色，有时中胸盾片具黑斑，腹部淡黄色，第1腹节背板前缘褐色。足黄色，前后足基节基部暗色，跗节式为5-4-5，中足胫节距长不及基跗节之半。

分布：北京、浙江、云南；欧洲，北美洲，大洋洲。

注：寄生温室白粉虱、烟粉虱，粉虱若虫被寄生后黑色。中国为引入种；可繁殖，作为商品出售。

雌虫（辣椒，北京市农林科学院温室，2012.II.9）

被寄生的温室白粉虱（茄，昌平王家园，2014.X.28）

浅黄恩蚜小蜂
Encarsia sophia (Girault et Dodd, 1915)

雌虫体长0.5～0.6毫米。体淡黄色，复眼黑褐色，单眼暗红棕色，有时前胸背板、中胸三角片和腹部淡褐色；胸大部为褐色或黑褐色，有时中胸盾片具黑斑，腹部黄色，第1腹节背板前缘褐色。足黄色，前后足基节基部暗色，跗节式为5-5-5，中足胫节距长超过基跗节之半（0.62～0.66）。前翅近臀角处具一簇长毛。

分布：北京、浙江、福建、广东等；几乎世界性分布。

注：*Encarsia transvena* (Timberlake, 1926)为本种异名。寄生烟粉虱、温室白粉虱等若虫，成虫也可取食粉虱若虫。

雌虫（棉花，北京市农林科学院，2011.X.4）

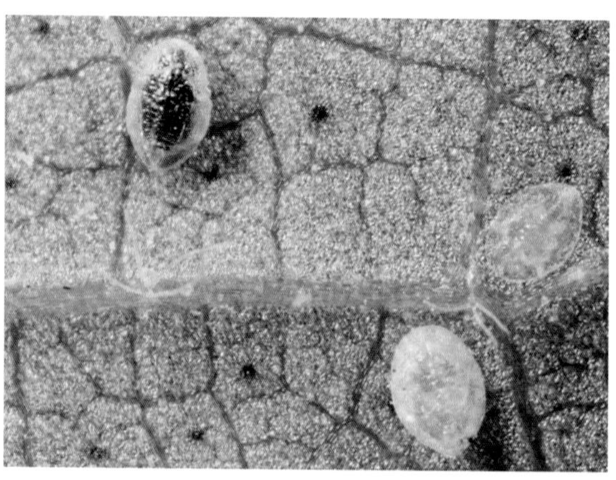
被寄生的烟粉虱（棉花，北京市农林科学院，2011.X.4）

三色恩蚜小蜂
Encarsia tricolor Förster, 1878

雄虫体长0.86毫米。头、胸部黄色，前胸背板及中胸背板中片基大部褐色，腹部暗褐色。触角7节，第5、第6索节愈合，其上具8个长形感觉器。小盾片具2对鬃。跗节5节。雌虫触角8节，1133，前2索节无长形感觉器。

分布：北京*；古北区广泛分布，北美洲，大洋洲。

注：中国新记录种；详细描述可参见Hernandez-Suarez等（2003）。可寄生甘蓝粉虱*Aleyrodes proletella* (Linnaeus, 1758)、烟粉虱类、温室白粉虱等，为兼性超寄生蜂，雌虫寄生于粉虱，而雄虫为重寄生，寄生于本种雌虫或其他初级寄生蜂。北京10月见成虫于甘蓝粉虱旁，寄生率较高。

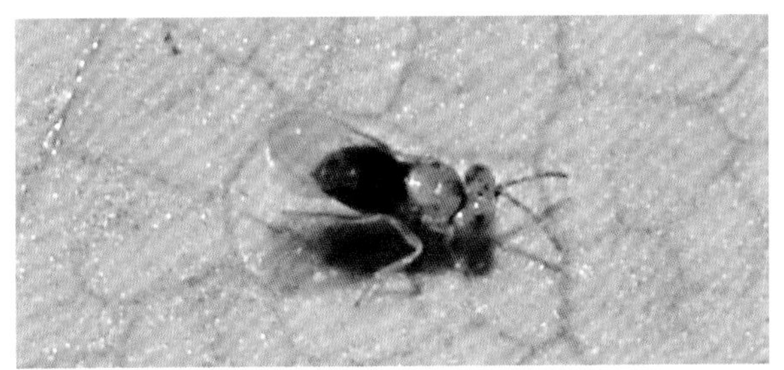
雌虫（黄瓜菜，国家植物园，2022.X.13）

甘蓝粉虱的羽化孔（黄瓜菜，国家植物园，2022.X.13）

蒙氏桨角蚜小蜂
Eretmocerus mundus Mercet, 1931

雌虫体长 0.6毫米。体浅黄色，复眼淡绿色，具瞳点，单眼红褐色；中胸盾前1/3常淡褐色。触角5节，第3节长宽相近，第5节长，似木桨，长稍短于宽的6倍。前翅长约为宽的2.8倍。

分布：北京、福建、广东；印度，伊朗，以色列，意大利，西班牙，美国。

注：原产于地中海地区，被引入或传入其他地区。寄生棉花等植物上的烟粉虱（多为2龄）若虫，被寄生若虫淡黄褐色。

雌虫（棉花，北京市农林科学院，2011.X.4）

瘦柄花翅蚜小蜂
Marietta carnesi (Howard, 1910)

雌虫体长0.7毫米。

分布：北京*、陕西、河南、江苏、上海、浙江、福建、广东、香港；日本，朝鲜半岛，俄罗斯，印度，欧洲，夏威夷，北美洲，澳大利亚等。

注：外形与豹纹花翅蚜小蜂*Marietta picta* André, 1878接近，但本种前翅中部以外具3个明显的浅褐色环斑，触角柄节细长（大于宽的5倍），头胸部毛着生处非黑色。重寄生于多种盾蚧（如桑盾蚧、松突圆蚧等）的寄生蜂（如花角蚜小蜂）的蛹体，外寄生和单寄生。

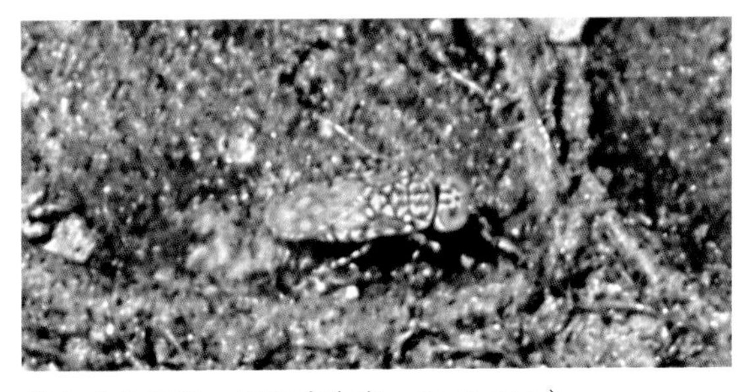
雌虫（火炬树，平谷金海湖，2015.V.27）

豹纹花翅蚜小蜂
Marietta picta André, 1878

体长0.5～1.0毫米。体土黄色带海蓝色，触角黑褐色，柄节、梗节端和第3索节端黄白色，柄节具2条黑色细横带。触角柄节长约为宽的3倍。头、胸部刚毛着生处为黑点。前翅及腹部侧面具豹形纹，其中翅中部具2个环纹，翅端的黑纹呈“V”形。

分布： 北京、辽宁、河北、河南；俄罗斯，中亚至欧洲，印度，墨西哥。

注： 可寄生多种蚧虫（如榉叶槭上的毡蚧），可为初寄生，或重寄生，寄生其中的跳小蜂等。

雌虫（梣叶槭，北京市农林科学院，2013.V.22）

中国蝽卵金小蜂
Acroclisoides sinicus (Huang et Liao, 1988)

雌虫体长1.8毫米。体黑色，具铜色光泽（头部光泽强）。触角柄节黄褐色，其余褐色；足基节与体同色，其余黄褐色；柄后腹第1节背板黄褐色，其余略浅。触角11262，索节渐短，第1节最长，第6节长稍大于宽。翅透明，翅痣下方具褐斑。柄后腹第1节柄状，可占腹长的1/3。

分布： 北京、山西、河南、湖北、云南。

注： *Acroclisoides*属寄生蝽卵，头宽大。北京6～9月可见成虫。

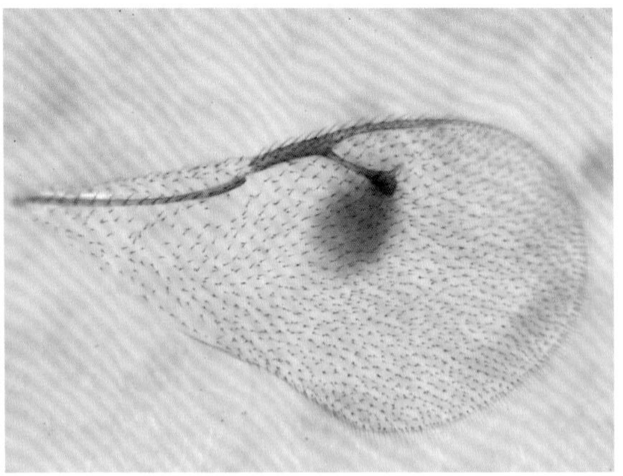

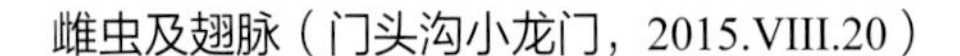

雌虫及翅脉（门头沟小龙门，2015.VIII.20）

榆痣斑金小蜂
Acrocormus ulmi Yang, 1996

雄虫体长3.4毫米。体具金绿色光泽，腹部第1背板端部至第3节基部黄白色。触角13节，11263，基2节淡黄色，棒节端节最短小，中间节其次；唇基呈放射状纵脊纹，前缘中央两侧呈宽齿状。中胸盾纵沟短，不达中部；并胸腹节脊纹具纵脊，弱。足淡黄色，基节基大部同体色，具金绿色光泽。前翅具翅斑，痣脉宽大，近长方形，长为基部高的2倍。

分布：北京、甘肃、新疆、内蒙古、黑龙江、河南。

注：经检标本的个体略小；雌虫触角较短，后足腿节具金属光泽。寄生为害榆树的脐腹小蠹等幼虫和蛹。北京8月见成虫于有小蠹羽化孔的树干上爬行。

雌虫及翅脉（门头沟小龙门，2015.VIII.20）

伍异金小蜂
Anisopteromalus quinarius Gokhman et Baur, 2014

雌虫体长2.6毫米。体橄榄绿色，稍具铜色金属光泽；复眼红色；触角柄节、梗节和前2索节浅黄褐色（有时柄节和索节黑色）；足腿节端部以下黄褐色，胫节中部稍深，跗节端节或端几节黑褐色。触角环节3节，索节5节，第1索节基部与第3环节宽度相近。翅透明，无色，翅近基部具无毛区；前翅缘脉约与后缘脉等长，长于痣脉。雄虫体长1.5毫米。复眼黑色；触角环节2节，索节6节；腹基半浅色。

分布：北京、湖北、广东、贵州；世界广泛分布。

注：寄生烟草甲、药材甲等幼虫。过去国内记录寄主为烟草甲或药材甲的“象虫金小蜂*Anisopteromalus calandrae*”，应为本种之误订；该种翅近基部没有无毛区，且寄主不同（Baur et al., 2014）。

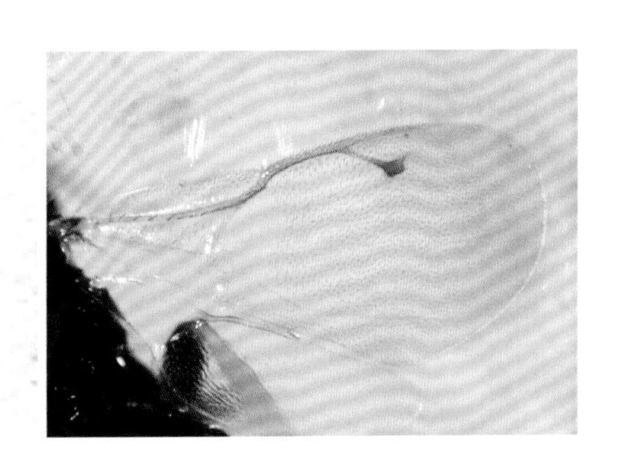

雌虫及翅脉（北京市农林科学院室内，2023.X.16）

澳隐后金小蜂
Cryptoprymna australiensis (Girault, 1913)

雌虫体长1.9毫米。体黑色，头胸及腹第1节背面具弱的蓝紫色光泽；触角（标本）柄节黄色，其余褐色。触角着生于复眼下缘连线间；唇基近圆形，具横皱，前部光滑，前端中央平截，两侧无齿突；后头无脊；触角11263，索节各节均稍长于宽（第5索节长宽相等）。腹柄长明显大于宽，为宽的2.3倍；第1节背板长，大于腹长之半（标本干燥后其余腹节大多缩入其中），其侧缘后半部分具褶。

分布：北京*、福建；澳大利亚。

注：无相关生物学资料。我们发现雌虫待在榆叶上，其上有潜叶蜂的潜斑，或为潜叶蜂幼虫的寄生蜂。

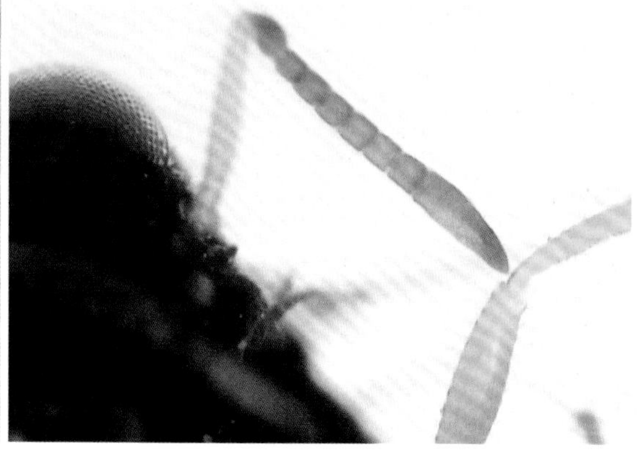

雌虫及触角（榆，平谷金海湖，2015.V.27）

平脉优宽金小蜂
Euneura sopolis (Walker, 1844)

雌虫体长2.2毫米。体暗蓝或暗蓝绿色，具金属光泽。触角柄节浅黄褐色，梗节及鞭节暗褐色。足基节（及后足转节）同体色，前、中足腿节黑褐色，端部浅色，前足胫节浅色，中足胫节中部褐色，后足腿节具金属光泽，胫节黑褐色，两端浅色。头部颜面具许多细纵脊纹。触角柄节不达中单眼，梗节短，长宽相近，环节2节；第1索节略长于宽，第2～6节长短于宽；棒节短，不长于索节前3节。翅透明，前翅基室具毛，痣脉稍短于缘脉，两者均明显短于痣后脉。雄虫体长1.6毫米，腹柄明显。

分布：北京*、新疆；日本，朝鲜半岛，欧洲，北美洲，（引入）巴西。

注：新拟的中文名，从平行不扩大的缘脉；*Euneura augarus* (Walker, 1844)为本种异名。重寄生蜂，可寄生多种长足大蚜的少毛蚜茧蜂*Pauesia* spp.。北京采于落叶松上楔斑长足大蚜*Cinara cuneomaculata*的僵蚜中，还可寄生白皮松长足大蚜、钉毛长大蚜*Eulachnus tuberculostemmatus*。

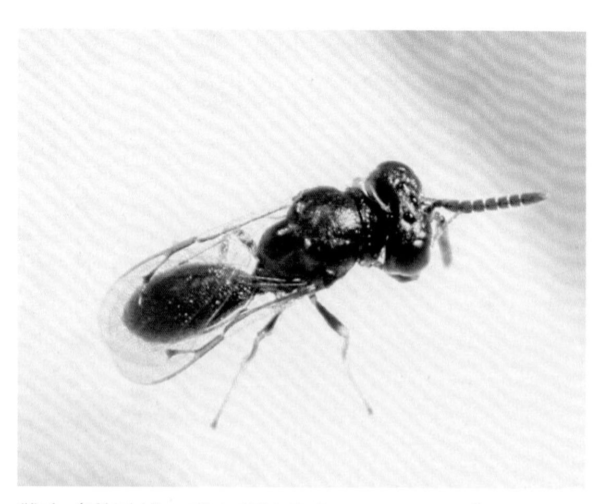

雌虫（落叶松，房山蒲洼室内，2017.VI.17）

黑青金小蜂
Dibrachys microgastri (Bouché, 1834)

雌虫体长1.8～2.6毫米。体黑色，具铜绿色光泽。上颚左右均4个齿。头背面观宽约为最长处的2倍多（43∶21）。触角着生于复眼下缘连线稍上，柄节不达前单眼；触角环节2节，索节前4节近方形。前翅痣后脉短于痣脉。雄虫体小，触角各节更短宽，少数个体腹基部具黄斑。

分布：北京、陕西、宁夏、甘肃、新疆、内蒙古、黑龙江、吉林、辽宁、河北、山西、河南、山东、江苏、安徽、上海、浙江、湖北、湖南、云南、西藏；世界广泛分布。

注：*Dibrachys cavus* (Walker, 1835)是本种的异名，体色、形态有变化，如并胸腹节具中脊，少数可无（Peters and Baur, 2011）。寄主较多，可寄生7目45科240多种昆虫，甚至蜘蛛。我们从槐尺蛾的蛹中育出。

雄虫（通州张采路室内，2023.VII.24）

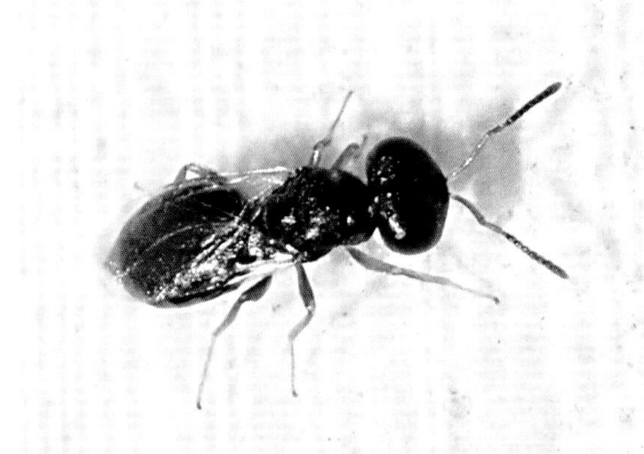

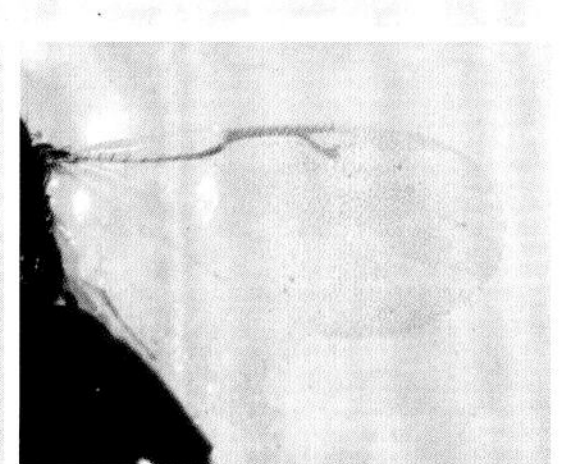

雌虫及触角和翅脉（通州张采路室内，2023.VII.24）

双邻金小蜂
Dipara sp.

雌虫体长（至腹末）2.7毫米。体黄褐色，触角棒节、头部、中胸背板两侧、后胸、腹柄后部（除第2节）暗褐色。头顶具3对黑色刚毛，其中1对位于侧单眼后，另2对位于复眼近顶部内侧。触角模式为11173，着生于复眼前缘连线间；柄节黄褐色，索节浅褐色。腹柄节长大于宽（约5∶4），具中纵脊及侧纵脊。柄后腹第1节背板最长，但仍短于其后节之和。

分布：北京。

注：国内记录了透明双邻金小蜂*Dipara hyalinipennis* (Girault, 1915)，此外网连沟金小蜂*Grahamisia dictyodroma* Xiao et Huang, 1999被归并于*Dipara*属中。本属的食性尚不清楚，曾记录寄生取食根部的象甲。北京7月采于鹅耳枥上。

雌虫（房山议合，2019.VII.23）

大蚜优宽金小蜂
Euneura lachni (Ashmead, 1887)

雌虫体长1.8毫米。体深绿至墨绿色，具铜绿色金光。复眼赭红色，触角柄节黄棕色，余黑褐色；足腿节黑褐色，端部略浅，后足腿节具绿色闪光，胫、跗节黄棕色，中后足胫节中部黑褐色。触角柄节几乎伸达中单眼，梗节与第1索节等长；头大，宽于前胸。腹部与胸部等长。前翅缘脉在端部增宽。

分布：北京*、河北；日本，朝鲜半岛，印度，巴基斯坦，欧洲。

注：我国记录的宽缘复鬃柄腹金小蜂*Euneura laeniuscula* Graham, 1969为本种异名。蚜虫的重寄生蜂（寄生蚜茧蜂），可从板栗大蚜的僵蚜中育出。

雌虫（板栗，平谷镇罗营室内，2015.IX.30）

纹黄枝瘿金小蜂
Homoporus japonicus Ashmead, 1904

雌虫体长3.2毫米。青铜色，具闪光。触角浅黄棕色；足基节黑色，转节色浅。翅中具大块烟色斑。触角11263，环节2节，环节1长大于宽，索节第1、2节长大于宽，第3～6节宽大于长，棒节3节，常常不分节，端节小而尖。

分布：北京、山东、福建、湖南、湖北、广西、四川、云南；日本。

注：寄生竹瘿广肩小蜂*Aiolomorphus rhopaloides*；此虫待在桃叶上，取食蜜露，附近的竹园里当时有刚竹泰广肩小蜂，或为此种的寄生蜂。

雌虫（桃，北京市农林科学院，2012.IV.28）

米象金小蜂
Lariophagus distinguendus (Förster, 1841)

雌虫体长2.6～2.8毫米。黑色，稍具蓝绿闪光。触角13节，环节2节，柄节黄棕色，其余黑褐色，梗节长于索节1，索节6节，均长大于宽，并向端部缩短，第2索节长和宽均大于第1节。足腿节、胫节、跗节黄棕色，跗节端2节褐色，后足胫节端只具1距。

分布：北京、河北、山东、浙江、广西、四川、云南；世界分布。

注：寄生谷象等贮粮甲虫，北京发现寄生玉米象。

雌虫（北京市农林科学院，2012.IX.3）

华肿脉金小蜂

Metacolus sinicus Yang, 1996

雌虫体长3.7毫米。体多种色彩，并具金绿、古铜、紫色等光泽。触角柄节、足（后足腿节和胫节稍暗）淡黄褐色。前翅透明，翅面中部具烟色横带。雄虫体稍小，腹背面近基部亮黄色。

分布：北京、陕西、甘肃、内蒙古、河南、江苏、云南。

注：寄生柏肤小蠹、黄须球小蠹、白皮松梢小蠹、油松梢小蠹的幼虫及蛹；雌雄成虫在被害枝上爬行时，不停地扇动着翅膀。成虫刺透树皮产卵。

雄虫（圆柏，北京市农林科学院，2017.VII.30）

雌虫（圆柏，北京市农林科学院，2017.VII.30）

蝇蛹金小蜂

Pachycrepoideus vindemmiae (Rondani, 1875)

雌虫体长1.8毫米。体黑色，带钢绿色金属光泽。触角11353节，柄节淡红褐色，梗节及环节褐色，第1、2环节明显比第3节小，索节5节，均长宽相近；触角着生于复眼下缘连线的稍上方。前翅透明，缘脉明显加厚，均匀，长于痣脉，明显短于痣后脉。足基节黑色，转节及以下淡红褐色，腿节常染暗色。腹第1、2节长度相近，各约为腹长的1/3。

分布：北京*、安徽、浙江、福建、湖南、广东、云南；世界性分布。

注：可寄生多种蝇类的蛹，如家蝇、黑腹果蝇、多种实蝇等。北京7月可见于樱桃园。

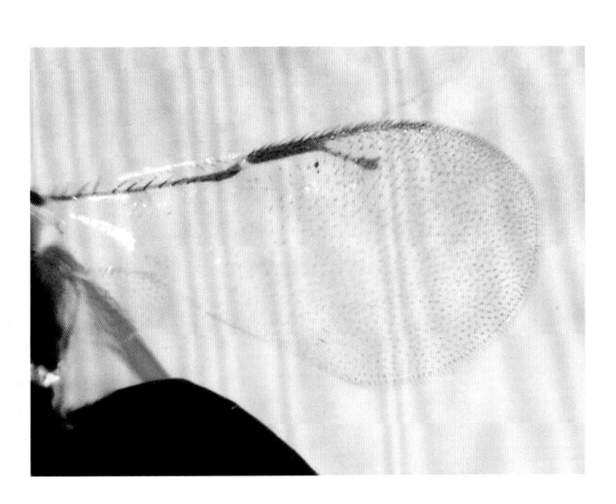

雌虫及翅脉（通州张采路室内，2023.VII.12）

裸缘楔缘金小蜂

Pachyneuron aciliatum Huang et Liao, 1988

雌虫体长2.0毫米。体铜绿色，具金属光泽。触角包括柄节暗色，柄节伸达前单眼，11263，索节长宽相近，或前3节长稍大于宽，后3节长稍短于宽，触角棒节长约为后3节索节之和。前翅仅臀角处具缘毛，缘脉宽，稍向端部加宽，长为端宽的3.8倍，稍短于痣脉（29：30），痣后脉为缘脉长的3.4倍，透明区大，开放，基脉2根。足腿节部分具金属光泽。腹柄长稍短于宽，第1背板后缘中央向后突出，长约稍小于腹长的1/3。

分布：北京。

注：正模5月采于北京香山（黄大卫和廖定熹，1988），足腿节浅色，无金属光泽，前翅不被缘毛，经检标本与之有异，暂定本种。

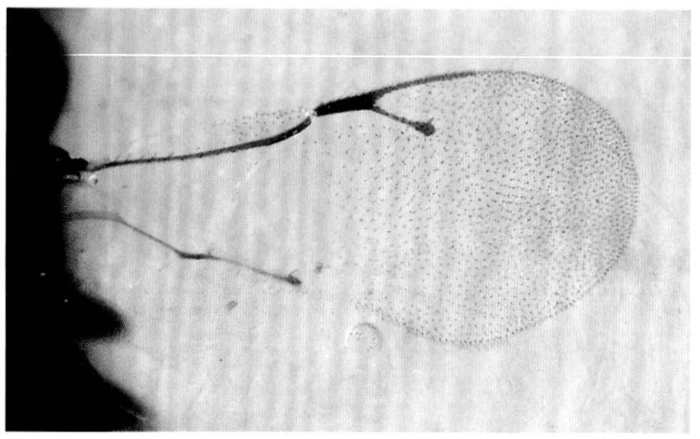

雌虫及翅脉（国家植物园，2023.VI.2）

蚜虫宽缘金小蜂

Pachyneuron aphidis (Bouché, 1834)

雌虫体长1.4～1.6毫米。体黑色，具铜绿色金光，复眼赭红色。触角密生褐色刚毛，足转节、腿节端部、胫节、跗节基大部黄褐色，跗节端褐色，有时胫节中部黑褐色。触角11353。前翅具缘毛，前缘脉向端部加厚，长为端宽的3倍，约为痣后脉长之半，稍短于痣脉（40：43）。

分布：全国广泛分布；世界性分布。

注：寄主非常广泛，甲虫、蛾、蝇、蜂均可被寄生。为多种蚜茧蜂的重寄生蜂，幼虫可寄生棉蚜茧蜂等，僵蚜上的羽化孔周缘呈齿状，而棉蚜茧蜂的羽化孔周缘较为整齐；成虫可羽化自棉蚜、桃粉大尾蚜、豌豆蚜、豆蚜等。

雌虫（苜蓿，北京市农林科学院室内，2013.VI.3）

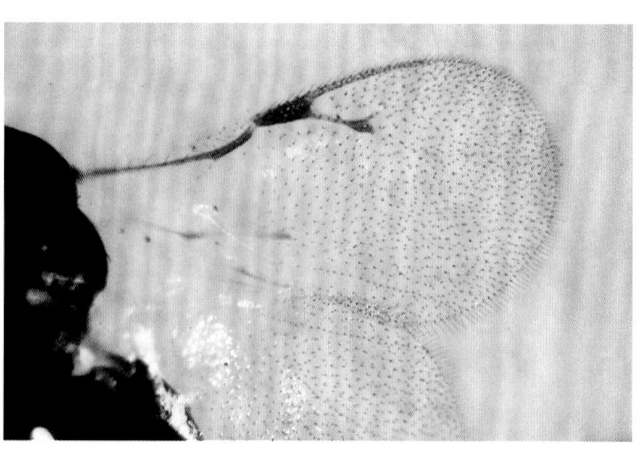

翅脉（毛叶苕子，平谷区东四道岭室内，2023.VI.22）

巨楔缘金小蜂
Pachyneuron grande Thomson, 1878

雌虫体长1.7～1.8毫米。体深绿色，具金属光泽；足基节外侧同体色，内侧褐色，但中足基节外侧暗褐色，无光泽；腿节染暗色，两端浅色。触角11263，柄节浅黄褐色，余褐色，柄节端伸达前单眼前缘，索节均长稍大于宽。前翅缘脉向端部稍增厚，长约是其最宽处的4倍，稍短于痣脉和明显短于痣后脉，三者比为40∶42∶80；前缘室上表面端半部具1列疏毛，透明区开放，基脉1列，具12根毛。腹柄明显，长大于宽；腹部长卵形，长于胸部，第1腹节短，不及腹部长的1/3。雄虫体长1.5毫米，索1节明显短，约为梗节长的1/2。

分布：北京、陕西、新疆、山西、福建、云南；中亚，欧洲。

注：标本羽化自黑带食蚜蝇的蛹，共13头，其唇基结构与松毛虫楔缘金小蜂*Pachyneuron solitarium* (Hartig, 1838)相近，且前翅前缘室也具1列毛，但该种透明区封闭。

雄虫（金银木，国家植物园室内，2023.VI.5）

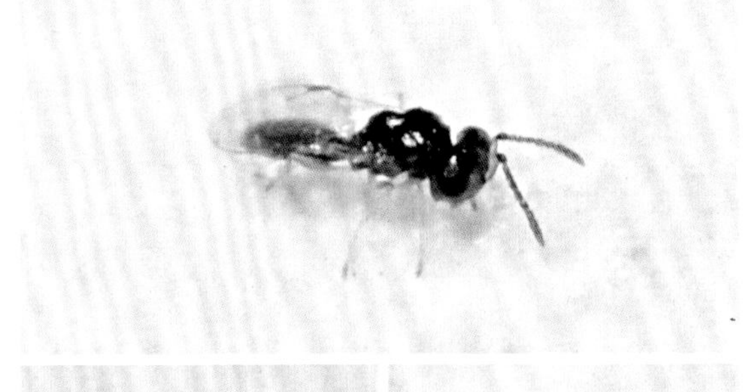

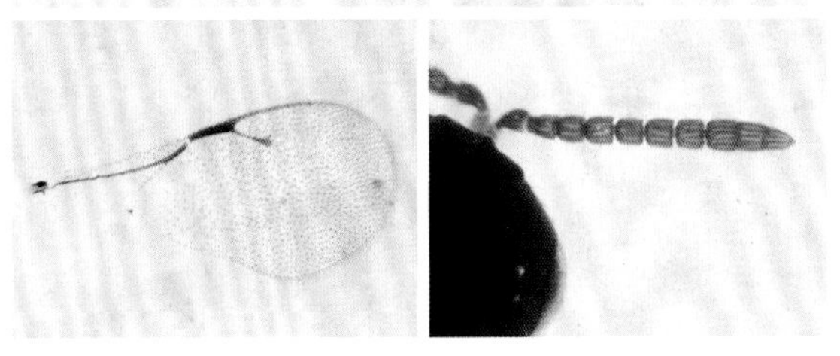

雌虫及翅脉和触角（金银木，国家植物园室内，2023.VI.5）

松毛虫卵宽缘金小蜂
Pachyneuron solitarium (Hartig, 1838)

雌虫体长1.6～2.4毫米。体深蓝绿色，触角柄节黄色，端部带黑褐色，其余黑褐色。头显著宽于胸，后头中部向前凹入明显；触角索节6节，前3节长大于宽，端节宽大于长；棒节3节。腹柄明显，腹部长大于宽。雄虫体稍小，触角较细长，索节均长大于宽。

分布：北京、陕西、甘肃、宁夏、新疆、内蒙古、黑龙江、吉林、辽宁、山西、山东、浙江、四川、云南；日本，俄罗斯，哈萨克斯坦，印度，欧洲。

注：寄主广泛，松毛虫卵、多种蚧、蚜的重寄生蜂（如蚜茧蜂等）。由于寄主多，形态也有差异，如唇基中央平截或稍内凹，有些明显圆突，不同的专家对此种有不同的看法。或把唇基圆突的称为*Pachyneuron concolor* (Förster, 1841)。下图中的雌雄虫育自油松上的蚜虫，唇基前缘圆突；这些蚜虫被长足大蚜茧蜂*Pauesia unilachni*寄生。

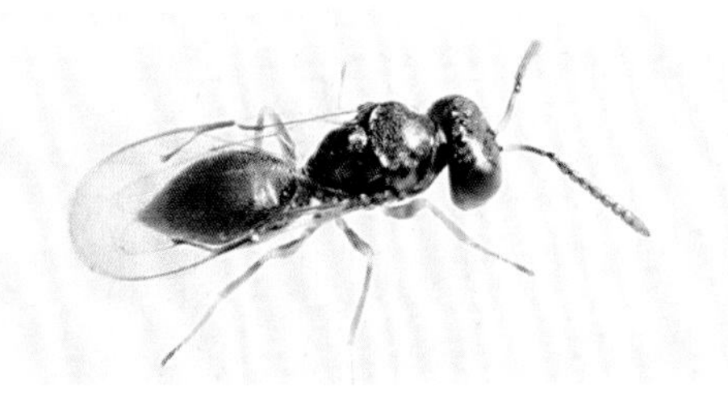

雄虫（油松，昌平王家园室内，2015.IV.20）

雌虫（油松，昌平王家园室内，2015.IV.20）

皮金小蜂

Pteromalus procerus Graham, 1969

雄虫体长2.0毫米。体铜绿色，具金属光泽。触角、足（基节同体色）、腹近基部（腹面淡色区更大）淡黄褐色。触角梗节与第1索节长相近，各索节均长大于宽；颚眼距大，可略超复眼长之半。后足胫节均匀向端部扩大。

分布：北京；英国，瑞典，罗马尼亚。

注：雌虫触角较短粗，索节前5节稍长大于宽，第6节长短于宽。姚艳霞和杨忠岐（2008）记录了寄生杨潜叶跳象，种小名*procetus*拼写有误。

雄虫（杨，海淀西北旺室内，2019.V.16）

瑟茅金小蜂

Pteromalus semotus (Walker, 1834)

雌虫体长2.7毫米。体黑色，具铜绿色光泽。触角柄节、足（基节和腿节基大部、跗节末端黑色）淡黄褐色。触角梗节短于第1索节，各索节均长大于宽。腹长稍大于头胸长之和。

分布：北京、吉林、福建；古北区，印度，墨西哥。

注：寄主广泛，如象甲、蛾类幼虫，也可重寄生，如多种茧蜂。姚艳霞和杨忠岐（2008）记录了成虫育自杨潜叶跳象。

雌虫（杨潜叶跳象，海淀西北旺室内，2019.V.16）

梢小蠹长尾金小蜂

Roptrocerus cryphalus Yang, 2006

雌虫体长1.5～1.8毫米。头胸部暗绿色，具金属光泽，腹部紫褐色，具金属光泽；触角柄节黄色，余褐色；足基节、腿节及跗节端褐色，余黄褐色。触角环节3节，第3节长约与前2节之和相近。痣后脉为痣脉的1.33倍长。

分布：北京。

注：寄生白皮松、油松枝干上的梢小蠹（如热河梢小蠹）。

雄虫（油松，密云卸甲山室内，2015.IV.26）

雌虫（油松，昌平王家园室内，2015.IV.30）

金小蜂
Pteromalus sp.

雌虫体长2.0～3.0毫米。体墨绿色，具金属光泽。触角着生在头近中部，暗褐色，柄节淡黄褐色，端部稍暗，节式11263，环节2节，均很短小，索节6节，第1节最长，后渐短，第6节长宽相等，棒节长于前2索节之和；后单眼间距POL为单复眼距OOL的1.3倍；唇基前缘浅弧形内凹，左右上颚均具4个齿，形态相近，且端齿最长大。前胸背板前缘具脊，中胸盾侧沟不完整，稍过中部；小盾片无小盾线。并胸腹节中部长为小盾片的1/2，具显著的胸后颈（nucha），其长为并胸腹节长的1/5；无中纵脊，侧褶脊明显而强，中区和胸后颈上均具显著网状刻纹，后颈的网纹更宽大。翅透明，缘脉与痣后脉长度相近，长于痣翅（20∶13）。足浅色，基节同体色，腿节（有时后足胫节）带暗色。雄虫体长1.6～2.4毫米。金绿色。触角细长，腹部细小，腹背中基部具浅黄色斑。

分布：北京。

注：触角、足的颜色有变化，可为浅黄色。与古北区等地广泛分布的瑟茅金小蜂 *Pteromalus semotus* (Walker, 1834)相近，后者上颚左3齿右4齿，端齿不特别长，后单眼间距POL 大于单复眼距OOL的1.5倍，触角细长，各索节长大于宽。寄生栓皮栎上的黑似凹瘿蜂 *Cerroneuroterus japonicus* (Ashmead, 1904)无性代虫瘿，4月出蜂。

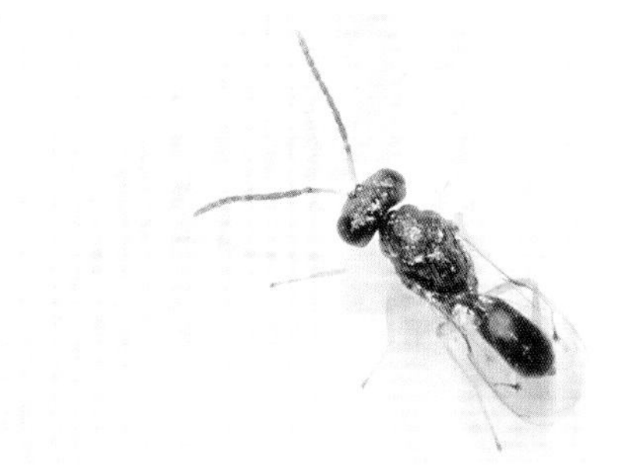

雄虫（栓皮栎，海淀西山室内，2022.IV.7）

雌虫及触角和左上颚（栓皮栎，海淀西山室内，2022.IV.11）

杨潜蝇金小蜂
Schimitschekia populi Boucek, 1965

雌虫体长1.4毫米。体蓝绿色，具金属闪光；触角柄节黑褐色，其余暗褐色，足基节与体同色，梗节蓝绿色，具金属反光，鞭节褐色，或触角整体浅褐色；足基节与体同色，端跗节黑褐色，腿节中部褐色或黑褐色，余淡黄色。唇基中央端具2个齿，上颚具4个粗齿。前胸背板前缘具明显的脊。并胸腹节不光滑，具皱褶，中央具隆脊。

分布：北京；日本，欧洲。

注：成虫养自寄生杨、柳的杨柳道潜蝇 *Aulagromyza populi*的蛹。

雌虫（北京市农林科学院室内，2012.V.23）

绒茧灿金小蜂
Trichomalopsis apanteloctena (Crawford, 1911)

雌虫体长2.3毫米。体及足基节孔雀绿色；复眼红褐色；触角13节，第1节（柄节）黄褐色；足除基节外淡黄褐色。翅透明，翅脉淡黄色。左右上颚具4个齿，唇基上的网状刻纹接近复眼。

分布：北京、吉林、辽宁、江苏、浙江、江西、福建、台湾、湖北、广东、广西、四川、贵州、云南；印度。

注：幼虫寄生多种姬蜂、茧蜂等。北京10月育自玉米上某种盘绒茧蜂*Cotesia* sp.的茧。

雌虫（玉米，北京市农林科学院，2011.X.25）

水曲柳长体金小蜂
Trigonoderus fraxini Yang, 1996

雌虫体长5.1毫米，前翅长3.7毫米。体黑色，具蓝绿色光泽。触角13节，11263，柄节黄色，端部暗褐色，梗节具金属光泽，索节均长大于宽，第6节长为宽的1.5倍；颜面具网纹，后颊光滑，无后头脊。并胸腹节具中脊，两侧光亮，稍具浅网纹。腹稍长于头胸（46∶42）。足基节具金属光泽，腿节黑褐色，稍具金属光泽，胫节带褐色，中后足第1～2跗节淡白色。

分布：北京*、陕西、黑龙江；日本，朝鲜半岛，俄罗斯。

注：记录的寄主为水曲柳长体茧蜂。北京4月见成虫于榛叶上。

雌虫及翅脉（榛，平谷金海湖室内，2016.IV.30）

赤带扁股小蜂
Elasmus cnaphalocrocis Liao, 1987

雌虫体长1.7毫米。体黑色，稍带蓝绿色金属光泽，后胸盾片淡嫩绿色；足具浅色部分，后足基节黑色，腿节基部具或多或少的透明白色；腹近基部具火红黄色带，在腹面较宽大。雄虫体小，触角索节3节，短，具羽状分支，腹部黑色。

分布：北京*、陕西、河南、江苏、上海、安徽、浙江、江西、福建、湖北、湖南、广东、广西、四川、贵州、云南；马来西亚。

注：寄生稻纵卷叶螟幼虫，北京发现外寄生于黄翅缀叶野螟低龄幼虫，每幼虫可寄生2～5头，在寄主附近化蛹，蛹末具1小团排泄物。

雌雄对（北京市农林科学院室内，2023.IX.11）

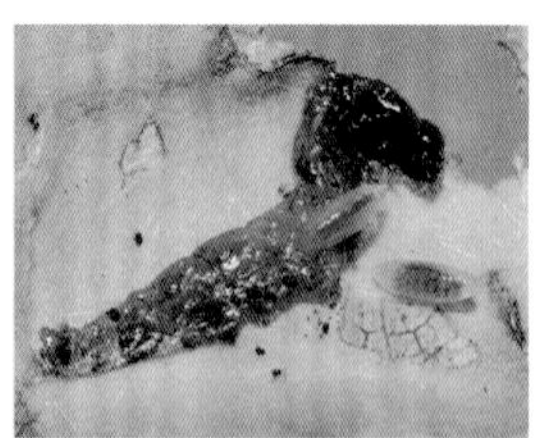

幼虫（黄翅缀叶野螟，北京市农林科学院，2023.IX.7）

新乌扁股小蜂
Elasmus neofunereus Riek, 1967

雌虫体长约3.5毫米。体黑色，具蓝色金属光泽（胸背最明显）；触角柄节淡黄色，端部稍染暗色，触角其余部分、前足腿节端和胫节淡黄褐色，跗节褐色；后足胫节淡黄褐色，背面褐色；腹第2节基部具稍带暗红棕色横带；中后足胫节均扁宽。触角柄节长接近最宽处的4倍，索节3节，长度相近，渐宽，第1节稍短于梗节（13∶14），第2、3索节长短于宽，棒节长于前2索节之和（34∶29）。中后足腿节扁平、扩大，后足胫节具菱形毛纹。

分布：北京*、浙江、江西；澳大利亚。

注：北京的个体较大，且腹近基部具暗红色横带（腹面区域更大），但触角的形态、翅的长短等与国内的描述（傅强等，2021）有些差异，暂定为本种。北京寄生板栗上的某种绒茧蜂，单寄生。

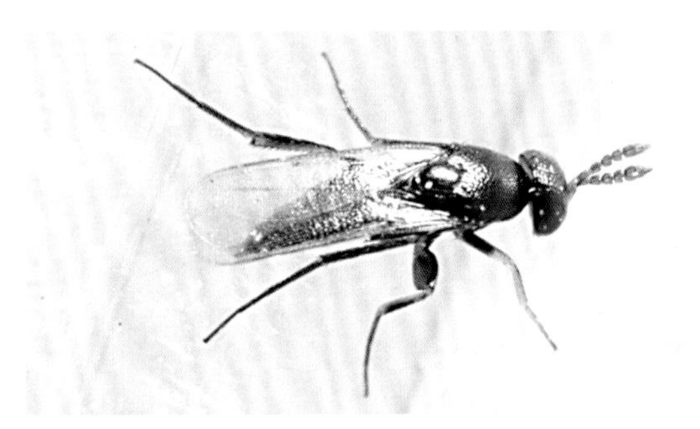
雌虫（板栗，平谷金海湖室内，2016.V.23）

被寄生的茧（板栗，平谷金海湖，2016.V.11）

奥姬小蜂
Aulogymnus sp.

雌虫体长2.1～2.4毫米。体黑色，具铜绿金属光泽（头胸部尤为明显）。触角褐色，柄节淡黄褐色，索节3节，第1节最长，长于梗节的2倍。前翅无毛区开放或近于封闭。有时腹基部1～2节淡黄白色。足淡黄白色，基节、腿节大部及端跗节褐色或黑褐色。雄虫体长1.6～2.0毫米。触角褐色，柄节较宽，暗褐色，索节4节，第1节最宽大。前翅无毛区封闭或近于封闭。

分布：北京。

注：足色有变化，有时除端跗节外全为淡黄白色，还有些属于中间类型。接近日本奥姬小蜂*Aulogymnus japonicus* (Ashmead, 1904)，该种个体较大（雌虫体长3.0～3.9毫米，雄虫体长2.5～3.0毫米），后单眼后方无浅色线纹；国内已知4种（Zhu et al., 1999）。外寄生于栓皮栎上黑似凹瘿蜂*Cerroneuroterus japonicus*的有性代虫瘿内的幼虫，单寄生，北京4月底羽化；也可寄生栓皮栎二叉瘿蜂*Latuspina abemakiphila* Ide et Abe, 2016，5月出蜂。

雄虫（有性代，栓皮栎，海淀西山室内，2022.V.1）

雌虫（有性代，栓皮栎，海淀西山室内，2022.V.2）

雌虫（有性代，栓皮栎，海淀西山，2022.V.12）

底比斯金色姬小蜂
Chrysocharis pentheus (Walker, 1839)

雌虫体长1.4毫米。体铜绿色，具紫铜色闪光，足淡黄白色，后足腿节基部稍暗褐色。触角索节3节，棒节短于前2索节之和。中胸盾片具2对刚毛。小盾片具网纹，具1对长刚毛。并胸腹节两侧光滑，中部前半具近倒T形脊突。腹卵形，第1节占腹长的1/3。雄虫体长1.2毫米，腹部长卵形，第1节约为腹长的1/4。

分布： 北京、山东、浙江、江西、台湾、广东、海南；日本，朝鲜半岛，欧洲，以色列，北美洲。

注： 幼虫可寄生多种潜叶类昆虫，如潜蝇、跳象、跳甲等幼虫。

雄虫（豌豆彩潜蝇，北京市农林科学院室内，2022.IV.9）

雌虫（双斑瓢跳甲，门头沟小龙门室内，2012.VI.19）

柠黄瑟姬小蜂
Cirrospilus pictus (Nees, 1834)

雌虫体长1.7～2.2毫米。体柠檬黄色，前胸、中背及小盾片中央具黑斑，常具蓝绿色金属闪光，并胸腹节褐色，腹部背面具黑色横带。触角索节2节。并胸腹节光滑，中央具一纵隆脊。前翅透明斑宽大，稍不及前缘脉长之半，其外侧缘脉下方（背面）具1排整齐的毛列。

分布： 北京、宁夏、新疆、内蒙古、吉林、辽宁、河北、山西、山东、江苏、浙江、江西、湖南、四川；全北区。

注： 本种体色、大小变化较大；雄虫中足胫节基部具黑斑，腹末柠檬黄色（雌虫或黑或黄）。记载幼虫寄生潜叶的几个小蛾类科，或潜叶的象甲，或寄生蜂（长距姬小蜂、金小蜂等）的重寄生。

雌虫（槐尺蠖，昌平王家园室内，2014.X.18）

雌虫（槐尺蠖，昌平王家园，2014.IX.21）

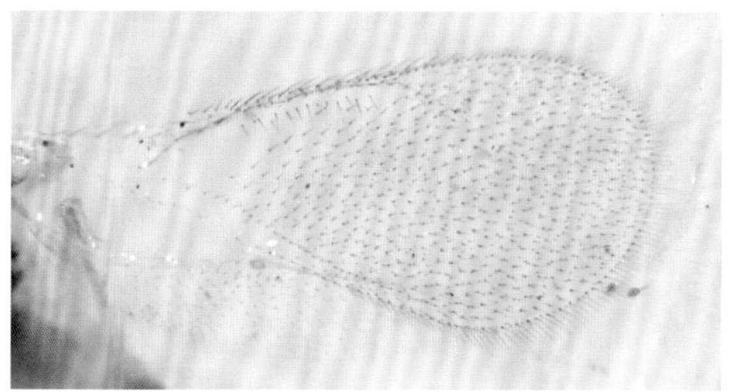
雌虫翅脉（板栗，怀柔团泉，2023.VI.25）

真三纹扁角姬小蜂
Closterocerus eutrifasciatus Liao, 1987

雌虫体长1.2毫米。体蓝绿色、铜绿色，具金属光泽；前中足胫节（除基部）及跗节浅黄褐色，后足胫节黑色，基跗节黑褐色。触角7节，第1节向端部扩大，近三角形，第3、4节长宽相近，第7节小，端半部尖细。后胸盾片的色泽和刻纹与小盾片相同；前翅具3条褐色横带，其中端部一条位于翅缘。

分布：北京。

注：三带扁角姬小蜂*Closterocerus trifasciatus*（虞国跃和王合，2018）是本种的误定；该种中足胫节黑色、中后足基跗节黑褐色。我们发现它寄生桃潜蛾。

雌虫（桃，海淀火器营室内，2012.X.20）

豌豆潜蝇姬小蜂
Diglyphus isaea (Walker, 1838)

雌虫体长1.5毫米。体金属蓝色，腿节和胫节暗褐色，节间淡黄白色。头横形，触角暗色，8节（11123），柄节具金属蓝色光泽，第1索节稍长于第2节。胸部具盾侧沟，强烈弯曲；小盾片具盾侧沟。前翅透明，缘脉长，明显长于亚缘脉。跗节4节。

分布：中国广泛分布；世界广泛分布。

注：可能存在隐形种（Sha et al., 2007）。寄生豌豆彩潜蝇、紫云英植潜蝇、美洲斑潜蝇等多种潜蝇幼虫，体外寄生，在潜道内化蛹，黑色。

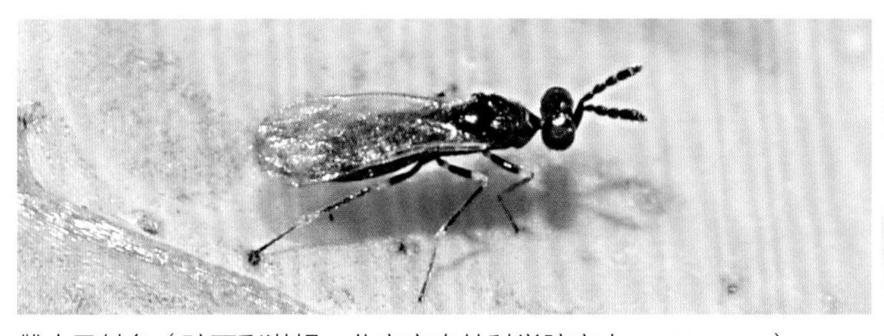

雌虫及触角（豌豆彩潜蝇，北京市农林科学院室内，2022.VI.7）

狭面姬小蜂
Elachertus sp.

雄虫体长3.1毫米。黄或黄棕色，具黑色区域；足淡黄棕色，后足胫节端半部、中后足端跗节黑褐色；腹部背面周缘黑褐色，大部黄棕色。触角11143，第1索节最长，柱形，稍短于柄节，后3节近基部最宽，向前收窄。小盾片具2对刚毛，中盾片披许多毛。跗节4节，中足胫节距长于基跗节。腹柄黑色，端部棕色，很窄，腹柄长约是宽的近3倍，腹部近长六角形。

分布：北京。

注：11月在海棠叶上活动。

雌虫（海棠，北京市农林科学院，2011.XI.6）

闪蓝聚姬小蜂

Eulophus cyanescens Bouček, 1959

雌虫体长2.1毫米。体黑色，稍具蓝色光泽。触角柄节、足（除基节大部、腿节中大部）、腹基半部（除两侧）淡黄白色或浅黄褐色。头顶较尖窄，触角11133，第1索节明显长于梗节或第2节。小盾片具2对刚毛。并胸腹节具中脊。后足腿节端腹面具1强刚毛，跗节4节，端跗节明显长于前节，但稍短于前2节长之和［背长比35：（16+21）］。雄虫体长1.9毫米，足色浅，腹部浅色区小，触角索节4节，前3节具细长的分支。

分布：北京、河北、黑龙江、福建、台湾、湖北、四川、云南；古北区。

注：新拟的中文名，从学名。我国已知6种，国内记录的蠋外聚姬小蜂*Eulophus larvarum*是*Eulophus ramicornis* (Fabricius)的误定（Zhu and Huang, 2002），该种具紫铜色光泽，足色浅（前足基节淡黄色）。已知寄主有深灰石冬夜蛾*Lithophane ornitopus*、舞毒蛾幼虫。

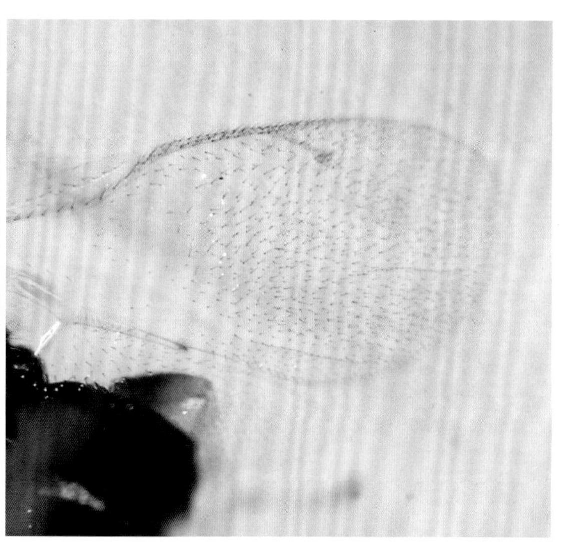

雄虫及翅脉（桃，国家植物园室内，2022.IX.6）

雌虫（桃，国家植物园室内，2022.IX.6）

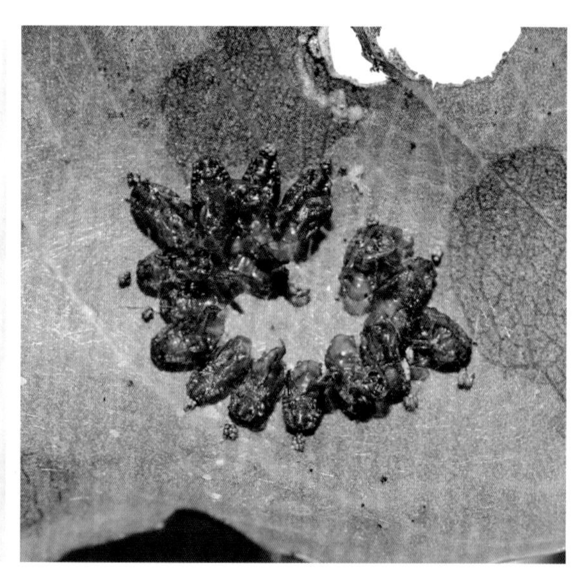

蛹壳（桃，国家植物园室内，2022.IX.6）

两色长距姬小蜂
Euplectrus bicolor (Swederus, 1795)

雌虫体长2.4毫米。体黑色，上额唇基（侧面浅色区未达复眼）、唇基、口器、足（包括基节）淡黄白色，端跗节褐色，触角淡黄色，索节及棒节浅褐色，腹部背面黑色，近基部具三角形黄斑。触角索节4节，各节明显长大于宽，第1索节接近梗节长的2倍。中胸盾片具3对刚毛，基部明显短于盾侧片的宽（不及3/5）；小盾片密布短纵纹，具2对刚毛。后足胫节长距达第2跗节的2/3。

分布：北京、甘肃、内蒙古、黑龙江、吉林、辽宁、天津、河南、山东、安徽、浙江、福建、湖北、湖南、四川、云南；全北区，澳大利亚，加勒比地区。

注：虞国跃（2017）记录的玫登长距姬小蜂*Euplectrus medanensis*为误订，该种索节较短，4节索节长度相近。浙江记录于慈溪。记录的寄主多为夜蛾科幼虫（如黏虫），在寄主幼虫的两侧吐丝化蛹（个别可在体背化蛹）。

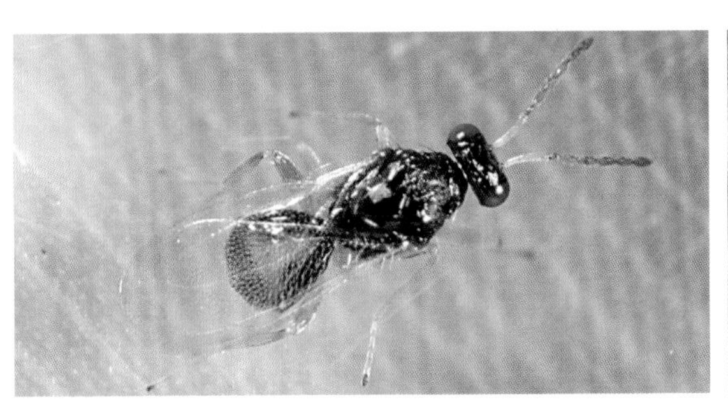

雌虫（玉米，北京市农林科学院室内，2011.VIII.22）

茧（玉米，北京市农林科学院，2011.VIII.12）

纯长距姬小蜂
Euplectrus intactus Walker, 1872

雌虫体长1.8毫米。体黑色，上额唇基、唇基、口器、足（包括基节）淡黄白色，端跗节褐色，触角淡黄色，索节及棒节浅褐色，腹部淡黄白色，两侧及端部黑色。触角索节4节，第1索节稍长于梗节和第2节。中胸盾片具3对刚毛，其基部宽稍短于盾侧片的宽；小盾片具短纵纹，具2对刚毛。后足胫节长距超过基跗节，但不达第2跗节的中部。

分布：北京*；欧洲。

注：中国新记录种，新拟的中文名，从学名。过去曾被认为是*Euplectrus bicolor* (Swederus, 1795)的异名，但从分子数据等看，它们之间有很大的差异；寄生模夜蛾*Noctua comes*和菜粉蝶（Hansson and Schmidt, 2018）。我们育自某种夜蛾（可能为桃剑纹夜蛾）低龄幼虫，其腹下分别具2头和6头蛹。北京9～10月可见成虫。

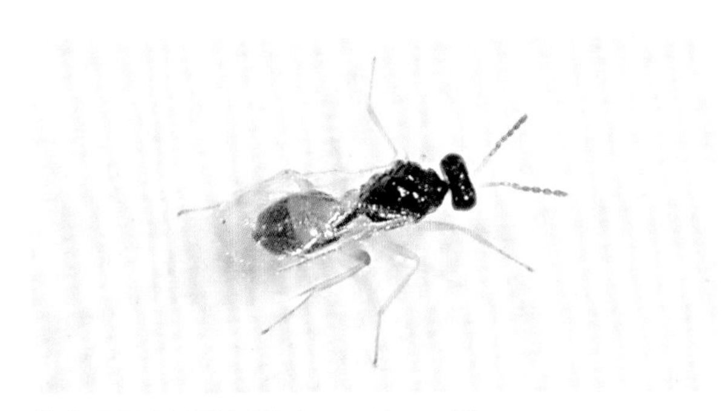

雌虫（国家植物园室内，2022.X.16）

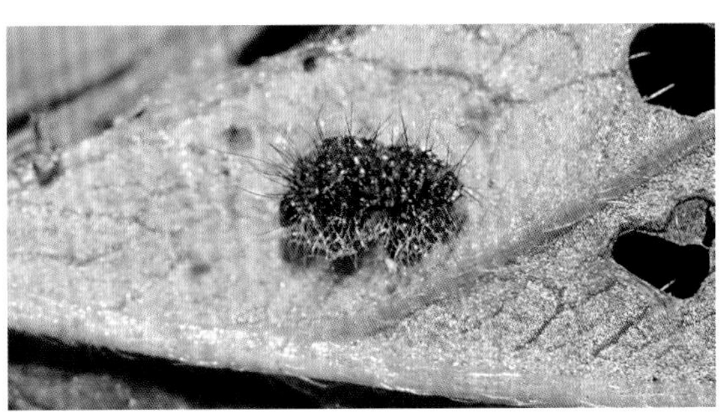

茧（国家植物园，2022.X.13）

黄尾长距姬小蜂
Euplectrus liparidis Ferrière, 1941

体长2.2毫米。体黑色，触角窝以下的颜面（包括颚眼间）、口器、触角、足（包括基节）白色至淡黄色，端跗节褐色，腹部淡黄色，腹柄黑色，基半部两侧、近中央长形横带暗褐色，或斑纹扩大（腹末仍为浅色）。中胸盾具5对刚毛，具网状皱纹，无中脊；小盾片具2对刚毛，具细纵刻纹。后足胫节长距超过第2跗节端。

分布：北京；日本，朝鲜半岛，捷克，意大利，尼日利亚。

注：本种中胸盾无中脊（Hansson and Schmidt, 2018），我国北京等地记录了该种，描述中胸盾片基部具短的中脊，而在检索表中则无中脊（Zhu and Huang, 2003）。记录的寄主是舞毒蛾幼虫，我们发现它寄生夜蛾幼虫，可在寄主幼虫体背化蛹。

雌虫（延庆潭四沟，2020.IX.3）

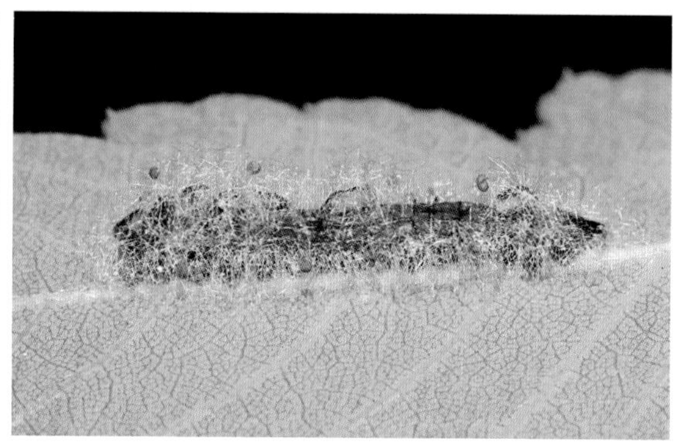
茧（栾树，房山上方山，2016.VIII.24）

拟孔蜂巨柄啮小蜂
Melittobia acasta (Walker, 1839)

雌虫体长1.4毫米。体黑色，足棕色，腿色稍带暗色；头大部黑色，具浅褐色线纹，额中央浅色区较大。触角黑色，柄节黄褐色，触角着生于复眼下端连线之下。雄虫体色浅，淡黄褐色，仅腹部颜色稍深。复眼退化。触角柄节端半部棒形扩大，端部上缘具半圆形内凹。

分布：北京、内蒙古；日本，印度，欧洲，北美洲，南美洲。

注：虞国跃（2017）记录的巨柄啮小蜂*Melittobia* sp.即为本种。寄生室内饲养的多种熊蜂，野外寄生蜾蠃、家蝇等蛹。

雌虫（顺义小曹庄室内，2017.X.10）

雄虫头部示1对触角（顺义小曹庄室内，2017.X.10）

潜敏啮小蜂
Minotetrastichus frontalis (Nees, 1834)

雌虫体长1.5毫米。体柠檬黄色，单眼区、前胸、中胸中盾片、并胸腹节背面、腹部背面中横带及近端小横带黑色，通常具蓝绿色金属闪光。触角柄节黄色，端部稍染褐色，梗节背面具金绿色光泽，索节3节，均长大于宽，棒节3节。

分布： 北京*；俄罗斯，巴基斯坦，西亚，欧洲，北美洲。

注： 中国新记录种，鉴定及中文名由朱朝东先生提供。体色变化多，欧洲的个体黄色区较小；可寄生潜叶的蛾类、象甲、叶蜂等，也可重寄生（Graham, 1987）。外形与柠黄瑟姬小蜂*Cirrospilus pictus*相近，但该种雌雄两性的触角索节仅2节。我们在北京发现它可寄生榆叶上的点缘榆细蛾*Phyllonorycter* sp.，榆跳象*Rhynchaenus alni*等幼虫，杨、柳叶上的白杨小潜细蛾*Phyllonorycter pastorella*本身及其上的小蜂。

雌虫（柳，海淀四海桥，2012.X.6）

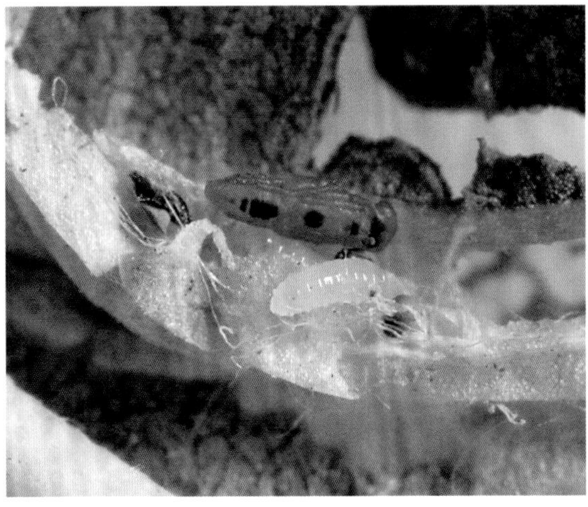

蛹（榆，北京市农林科学院，2012.IX.10）

跳象伲姬小蜂
Necremnus sp.

雄虫体长1.55毫米。体黑色，具铜绿色光泽；触角柄节（除腹面）、梗节、足基节和转节淡白色，足其余部分（除跗节端）、腹基半部（除基部及两侧）淡黄褐色。触角着生于复眼中部以下，8节（11042），柄节长，远超过头顶，索节4节，前3节着生长枝，其着生位置渐后移（从基部至中后部），第4索节细长，长于2节的棒节；复眼小，颚眼距约为复眼长之半。前翅透明，痣后脉约为痣脉的2倍长。

分布： 北京。

注： 我国此属研究不多，雌虫触角9节（11133），索节无分支；已知的寄主为叶象*Hypera* spp.。育自杨潜叶跳象，北京5月可见成虫。

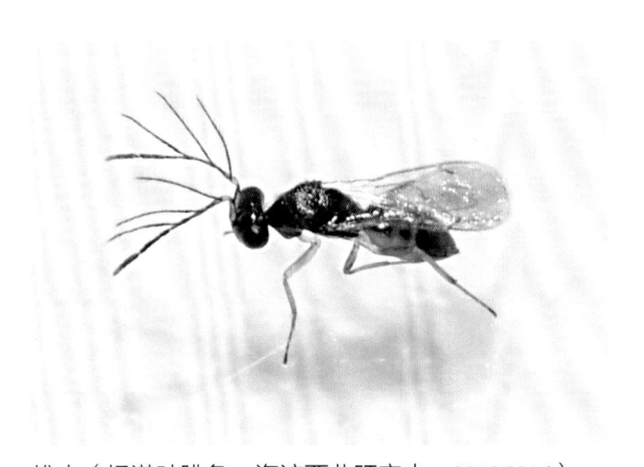

雄虫（杨潜叶跳象，海淀西北旺室内，2019.V.16）

潜蛾新金姬小蜂
Neochrysocharis sp.

雌虫体长约1.5毫米。体黑色，体背具金绿化光泽，在腹背常呈横带形；足淡白色，基节及后足腿节基大部黑色，各节胫节基部小点、端跗节褐色，前足第1～3跗节颜色稍暗。触角黑褐色，柄节、梗节部分淡白色，棒节2节，各节与第3索节长度相近；额缝“V”形。前翅透明，后缘脉约为痣脉长的1/2。

分布： 北京。

注： 寄生旋纹潜蛾*Leucoptera malifoliella*的幼虫，欧洲记录了*Neochrysocharis chlorogaster* (Erdos, 1966)寄生旋纹潜蛾，该种后足腿节无黑色区域、前翅痣脉下有时具烟斑。在寄主体外化蛹，北京9月可见成虫。

雄虫（苹果，昌平王家园室内，2010.IX.11）

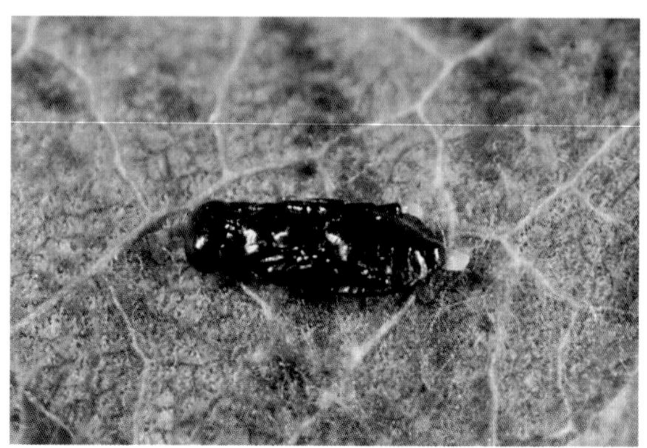

茧（苹果，昌平王家园，2010.IX.9）

瓢虫啮小蜂
Oomyzus scaposus (Thomson, 1878)

雌虫体长1.3～1.6 毫米。体黑色，亮光。口器、腿节和胫节的两端、跗节的基部黄色或棕色，前足胫节多浅色，有时中部黑褐色。触角8节，索节3节，长度逐渐变长，棒节3节，长度短于3索节之和，梗节不长于第1索节。跗节均4节。中胸背板光滑，仅在盾纵沟内侧具一列毛。

分布： 北京、陕西、河南、山东、江苏、浙江、江西、湖南、广东、云南；亚洲，欧洲，大洋洲，北美洲。

注： *Tetrastichus coccinelliae* Kurdjumov, 1912为本种异名。寄生多种瓢虫的蛹，如七星瓢虫、龟纹瓢虫等，被寄生的蛹虫体变黑；有时小麦田中七星瓢虫的寄生率很高，可达68%，每蛹内可出14～27头小蜂。

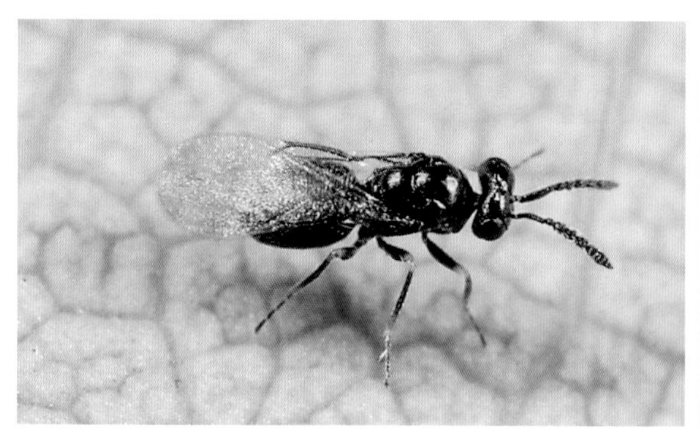

雌虫（北京市农林科学院室内，2012.VI.4）

被寄生的七星瓢虫蛹（小麦，北京市农林科学院，2011.V.30）

瓢虫柄腹姬小蜂
Pediobius foveolatus Crawford, 1912

雌虫体长约1.5毫米。体（包括触角及足）被蓝绿色光泽。头背面观较短，宽约为中长的近3倍；触角索节3节，均长大于宽，且前端收缩呈颈状。前胸背板侧角突出；小盾片具网状刻纹，基半部细长，端半部宽大。前翅透明斑狭窄，后缘被1列刚毛封闭。

分布：北京、山西、江苏、江西、福建、湖北、广东、广西、海南、香港、四川、云南、西藏；日本，印度，（引入）美国。

注：我国*Pediobius*属已知35种（Cao et al., 2017）。记载寄生茄二十八星瓢虫的幼虫，我们发现也寄生马铃薯瓢虫的幼虫，被寄生幼虫体呈褐色或暗褐色。

雌虫（白英，国家植物园室内，2017.X.2）

被寄生的马铃薯瓢虫蛹（白英，国家植物园，2017.IX.29）

绍氏柄腹姬小蜂
Pediobius saulius (Walker, 1839)

体长1.8毫米。铜绿色，具明显的金属闪光（包括触角背面、足腿节和胫节的外侧），足跗节白色，端部黑色。触角具索节3节，棒节2节。中胸盾板前1/3具横皱纹，其余呈纵刻纹；小盾片长大于宽，具线状纵刻纹，中央无光滑区，近后缘刻纹呈网纹状，后缘光滑（宽度近于网格大小）。前翅透明斑宽开放。

分布：北京、吉林；古北区。

注：虞国跃（2017）记录的细蛾柄腹姬小蜂*Pediobius* sp.即为本种，虞国跃等（2016）记录的潜蛾柄腹姬小蜂*Pediobius pyrgo*为本种误定。可寄生许多潜叶的蛾类蛹（尤其是细蛾）及潜叶跳象等，也可重寄生于茧蜂、姬小蜂等。我们发现于苹果上的金纹细蛾、旋纹细蛾及寄生杨、柳的白杨小潜细蛾*Phyllonorycter pastorella*。

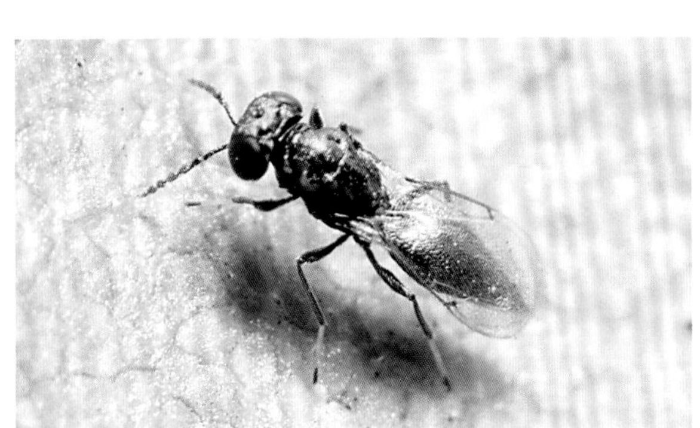
雌虫（杨，北京市农林科学院，2011.X.6）

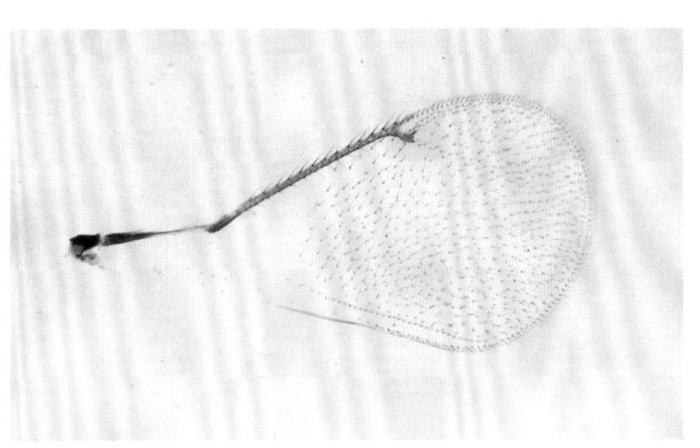
翅脉（柳，平谷金海湖室内，2016.IX.14）

刺蛾黄色沟距姬小蜂
Platyplectrus cnidocampae Yang, 2015

雌虫体长2.5毫米。体淡黄色，复眼灰褐色，各足爪黑褐色，产卵器端黑色。后足胫节具2距，短距略过基跗节端，长距接近第2跗节端。

分布：北京*、陕西。

注：经检的标本体色浅（或为未成熟个体），接近中脊沟距姬小蜂*Platyplectrus medius* Zhu et Huang, 2002，但从触角着生在复眼下缘连线之上；三角片前缘不前伸，与中胸盾片后缘在同一水平上；中胸小盾片上的2对鬃毛着生在靠亚侧沟前缘及后缘，相距较远等特征鉴定为本种。记录的寄主为黄刺蛾和中国绿刺蛾2龄幼虫（杨忠岐等，2015）。

雌虫（海棠，通州张采路室内，2020.IX.16）

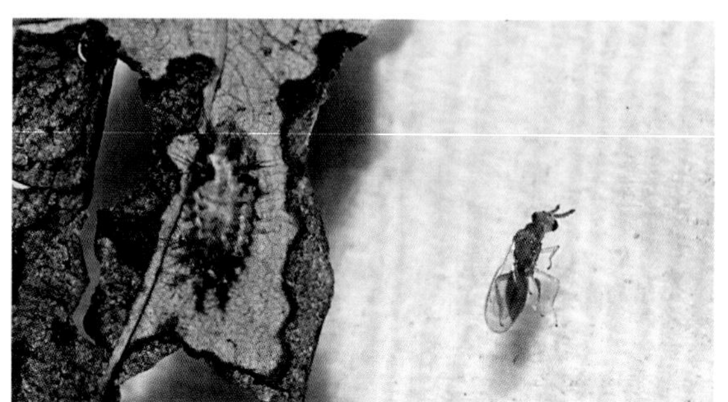

雌虫及寄主（海棠，通州张采路室内，2020.IX.16）

芦苇格姬小蜂
Pnigalio phragmitis (Erdös, 1954)

雄虫体长1.4毫米。体金绿色。触角柄节略带金属色，索1～3节具长枝，分别着生于1～3节的基部、基1/3处和近中部。小盾片具鳞片状纹，近四边形，长大于宽，两侧前后各具1根毛；胸腹节中脊明显，并具横向的分脊，基半部的外形近于一本打开的书。足淡黄色，基节（除端部）金绿色，后足腿节背面带褐色，跗节稍暗（端跗节至第4节更明显）。腹1～2节具黄斑（2节大部，1节端小半部），略横向。

分布：北京、陕西、宁夏、甘肃、内蒙古、吉林、河北、河南、山东、江苏、浙江、江西、福建、湖南、湖北、四川、贵州、云南；古北区。

注：*Pnigalio*属为潜叶类（蛾类、斑潜蝇、潜叶甲等）的重要天敌，我国已知9种（Li et al., 2017）。雌虫触角较短，无分枝，体较粗；经检标本的另一侧触角畸形。北京4月采于荠菜花上，可能寄生豌豆彩潜蝇*Chromatomyia horticola*。

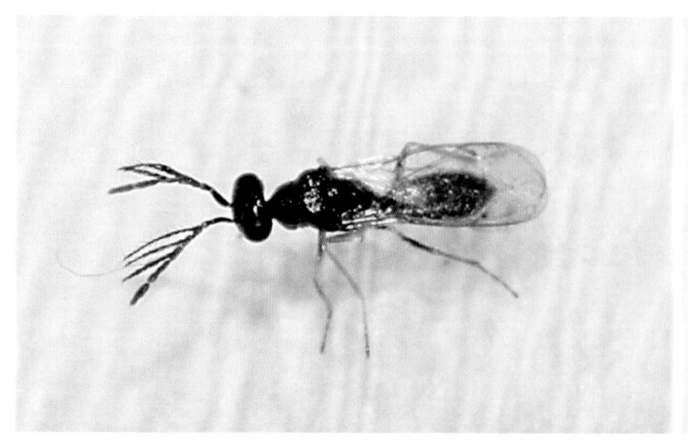

雄虫及触角（荠菜，北京市农林科学院室内，2022.IV.12）

方啮小蜂
Quadrastichus sp.

体长2.1毫米。体柠檬黄色，具黑斑，后头、胸背（除中胸盾片后部、小盾片）、翅基片端半部、腹基中部及腹背后大部黑色。触角柄节长，超过前单眼，索节3节，索节1最长，索节2、3渐次之。腹部长于胸部，后端较尖。

分布： 北京。

注： 北京11月见成虫于具潜蛾寄生的海棠上。

雌虫（海棠，北京市农林科学院，2011.XI.6）

黄斑短胸啮小蜂
Tamarixia monesus (Walker, 1839)

体长0.9～1.2毫米。体黑色。复眼暗红色，触角柄节淡黄色，梗节背面具黑斑，索节3节，稍带暗色，第1索节长于第2节，第3节最短和最宽，棒节短于3索节之和。足嫩黄色，基节或多或少黑色，中足基节基半部黑色，后足基节大部分黑色；跗节4节，端节黑褐色。小盾片具前后2对刚毛，具平行的盾纵沟。并胸腹节中央具一纵隆脊。

分布： 北京、河北；俄罗斯，哈萨克斯坦，欧洲。

注： 柳木虱啮小蜂*Tamarixia actis*（虞国跃, 2017；虞国跃和王合, 2018）为本种的误定，作为中国新记录种由黎文建（2021）记录于河北。我们发现它寄生柳叶上的柳条线角木虱*Bactericera grammica* (Li, 1995)的若虫。北京5月可见成虫。

寄生状及蛹（柳，北京市农林科学院，2012.V.22）

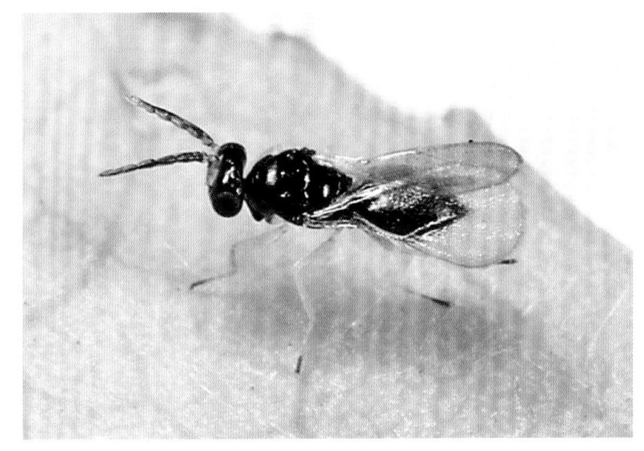

雄虫（柳，北京市农林科学院室内，2012.V.24）

雌虫（柳，北京市农林科学院室内，2012.V.24）

柿羽角姬小蜂
Sympiesis sp.1

雄虫体长约1.7毫米。体黑色，胸部具铜绿光泽，头腹部具紫色光泽。触角索节5节，前3节具分支，其中第3索节上的分支长，长于第4节（从外侧计算约为1.5倍），棒节1节。并胸腹节中纵脊明显。

分布：北京。

注：雄虫与细蛾羽角姬小蜂*Sympiesis sericeicornis* (Nees, 1834)相近，但该种第3索节的分支最长，也仅与第4节长度相近。寄生柿细蛾（未鉴定种）。

雌虫（柿，昌平王家园室内，2012.IX.16）

雄虫（柿，昌平王家园室内，2012.IX.24）

栎羽角姬小蜂
Sympiesis sp.2

雌虫体长3.0毫米。体黑色，头、胸及腹第1节背面具铜绿色金属光泽（脸面略带蓝色光泽）；足腿节端以下淡黄色，后足胫节端、各足端跗节黑褐色。触角索节4节，第1节最长，后渐短，第4节长大于宽，稍短于棒节，棒节2节。中胸盾片及小盾片具淡黄色毛。并胸腹节具中脊，无侧褶，分脊弱但可见。

分布：北京。

注：与细蛾羽角姬小蜂*Sympiesis sericeicornis* (Nees, 1834)相近，该种变异较大，足的胫节颜色较深，前翅基室下方的外侧具1列毛。寄生栓皮栎上的某种细蛾*Phyllonorycter* sp.。

雌虫及翅脉（栓皮栎，平谷白羊室内，2018.VI.4）

枸杞木虱啮小蜂
Tamarixia sp.

雌虫体长1.1毫米。体黑色，触角淡黄褐色，柄节大部黑褐色，复眼和单眼红褐色；足腿节中部及跗节端部黑褐色。触角梗节与第1索节长度相近，索节3节，第2节与第3节长度相近，但均短于第1节。中胸背板中央纵沟不明显，小盾片具2条平行的纵沟。雄虫触角略细长，索节具长毛，足色浅。

分布：北京*、内蒙古。

注：已有一些生物学文献用名*Tamarixia lyciumi* Yang，但它是裸名，未见正式发表。

雄虫（北京市农林科学院室内，2016.VI.28）

寄生枸杞线角木虱*Bactericera gobica*的低龄若虫，寄生后的虫体褐色，羽化孔在头胸部。

寄生状（枸杞，北京市农林科学院，2016.VI.22）

雌虫（北京市农林科学院室内，2016.VI.27）

长辛店啮小蜂
Tetrastichus sp.1

雌虫体长至翅末2.3毫米，至腹末2.8毫米。体黑色，具铜色光泽。触角黑褐色，柄节基大部淡黄白色；足基节同体色，转节及前足胫节淡黄色，各腿节基部黑褐色，前足跗节褐色，中、后足仅第4节黑褐色。触角索节3节，各节长稍大于宽，与梗节长度相近。中胸盾片两侧各具10来根刚毛，中纵沟在基半部可见，小盾片具1对平行的盾纵沟，两侧具2对刚毛。

分布：北京。

注：从体色、大小等与吉丁虫啮小蜂*Tetrastichus jinzhouicus* Liao, 1987相近，但该种索节3节均明显长于梗节和自身的宽度，且腹末略短。北京10月见成虫于小区的墙壁上。

雌虫（丰台长辛店，2023.X.17）

黑柄啮小蜂
Tetrastichus sp.2

雄虫体长1.2毫米。体黑色，触角索节淡黄色，足腿节端以下淡黄色，胫节染有暗褐色。触角索节4节，第1索节最短小。

分布：北京。

注：本蜂养自被隐尾瓢虫跳小蜂*Homalotylus eytelweinii*寄生的七星瓢虫幼虫，外寄生跳小蜂的幼虫。

雌虫（七星瓢虫，北京市农林科学院室内，2011.VI.6）

黄柄啮小蜂
Tetrastichus sp.3

雌虫体长2.1毫米。黑色，具轻微的蓝色金属闪光；触角柄节黄色，余黑色，1133，梗节短于第1索节，索节渐次缩短。中胸盾片和小盾片具盾侧沟，前者具中沟，后者具侧纵沟。后足胫节距短于基跗节，不及后者长1/2。并胸腹节具倒“Y”形侧脊；亚前缘脉具1根刚毛；足黑色，但腿节端以下黄棕色，端跗节黑褐色。

分布：北京。

注：本蜂出自桃叶，内有桃潜蛾幼虫，应该为其寄主。

雌虫（桃，海淀上地室内，2012.IX.26）

桃缨翅缨小蜂
Anagrus (*Anagrus*) sp.

雌虫体长约0.6毫米。体橙黄至黄色。触角9节，其中索节6节，第1索节短，不及第2索节长之半，其余索节长度相近；棒节1节，长，与索节5+6相近（33∶34）。前翅长宽比稍小于10。产卵管约为前足胫节长的3.5倍。

分布：北京。

注：与常见缨翅缨小蜂*Anagrus* (*Anagrus*) *frequens* Perkins, 1905相近，但该种触角棒节长于后2索节，且前翅长为宽的11～12倍。寄生桃一点叶蝉*Singapora shinshana*的卵，雌虫用产卵管插入桃小枝，产卵于叶蝉卵内。

雌虫（桃，北京市农林科学院，2012.IV.25）

宽柄翅缨小蜂
Gonatocerus ?latipennis Girault, 1911

雌虫体长约1.3毫米。体黑色，触角除黑色柄节、头背暗红褐色；足腿节两端、前足胫节及各节跗节黄褐色。触角柄节近中部宽大，第1、2索节长度相近，较短，短于第3节，第4节短于第3节，端节（棒节）粗长，长于前2索节之和（21∶15）；复眼大，后颊几无。

分布：北京、陕西、甘肃、台湾、湖北、西藏；日本，俄罗斯，欧洲，北美洲。

注：新拟的中文名，从学名。北京记录于香山和小龙门，由于远东个体翅面的微毛分布较密与欧美的不同，定为疑似种（Triapitsyn, 2013），雄虫触角第1鞭节近心形。北京10月见成虫于夏至草叶背。

雌虫（夏至草，昌平王家园，2014.X.28）

异脊茧蜂
Aleiodes dispar Curtis, 1834

雌虫体长5.2毫米，前翅长3.8毫米。体黄褐色，头部、胸背、后足腿节（除基部）、腹部第3节以后、产卵管鞘红褐至黑褐色。触角42节，黑褐色，基部数节黄褐色，中部（第16～22节）白色。前胸背板前缘具片状结构，长约为背板长的1/3。并胸腹节中脊伸达后缘。前翅淡烟色，仅在翅痣下及2-SR+M脉附近透明。腹部第1～2节背板具中脊，第4节很短，不及第3节长的1/5。雄虫颜色浅，触角细长，一色。

分布：北京、吉林、江苏、安徽、浙江、福建、湖北、湖南、广东、广西、贵州、云南；日本，欧洲。

注：触角节数雌虫39～41节，雄虫41～43节（何俊华等，2000），本种体色多变；寄生黄地老虎*Agrotis segetum*和金堇蛱蝶*Euphydryas aurinia*的幼虫。经检标本的雄虫具44节，且前翅翅痣下的透明区（无毛区）扩大，达2-SR+M脉。北京8～9月可见成虫于灯下。

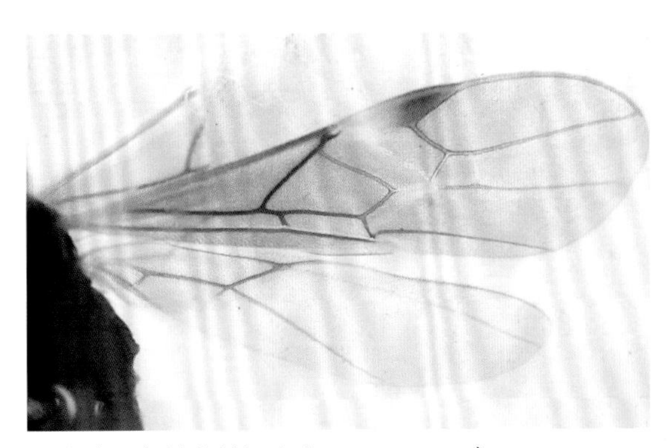
翅脉（顺义共青林场室内，2021.IX.28）

雄虫（顺义共青林场，2021.IX.28）

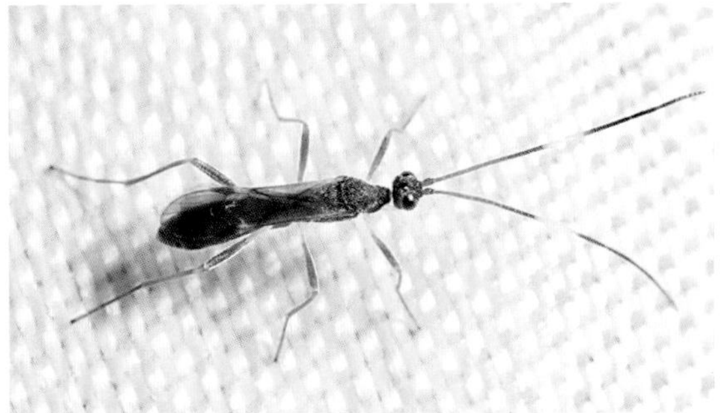
雌虫（昌平王家园，2013.VIII.14）

腹脊茧蜂
Aleiodes gastritor (Thunberg, 1822)

雄虫体长4.1毫米，前翅长3.4毫米。体黄褐色，单眼区黑褐色，并胸腹节背面和第1背板基大部褐色。触角褐色，细长，长于体长，35节，各鞭节长度相近，端节具端刺。并胸腹节具中脊，具完整的侧脊。前翅r和3-SR脉之比为0.46；后翅缘室不明显，端部稍扩大，中部稍窄。腹第1～4节背板具细纵纹，中脊伸达第3背板的2/3；第1背板中长是端宽的1.14倍，第2背板长是宽的81%，是第3背板长的1.32倍。

分布：北京、陕西、内蒙古、吉林、辽宁、河北、山西、江苏、安徽、浙江、福建、台湾、湖南、广东、广西、四川、贵州、西藏；日本，土耳其，欧洲，北美洲。

注：经检的雄虫触角节数与描述的37～42节（何俊华等, 2000）不同。可寄生多种鳞翅目幼虫，如桑尺蠖、银纹夜蛾等。北京5月、8月可见成虫于灯下。

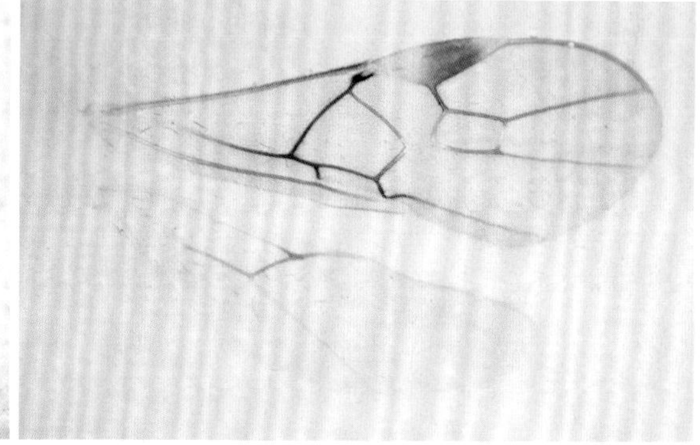

雄虫及翅脉（怀柔团泉，2023.V.24）

黏虫脊茧蜂
Aleiodes mythimnae He et Chen, 1988

雄虫体长4.7毫米，前翅长3.8毫米。体浅黄褐色，单眼区黑色，触角向端部变暗，腹第1～3节背板中面具1个浅色大斑。第1、2背板长度相近，第1背板长是端宽的1.2倍，第3节稍短，前3节具中脊，在第3节稍不达后缘，第1～4节具细纵刻纹，第4节仅基部2/3具细刻纹。

分布：北京*、黑龙江、吉林、浙江、福建、湖北、广西、四川、贵州、云南。

注：本种体色变化较大，尤其是雌虫，有时体可呈黑褐色（何俊华等, 2000），寄生黏虫，单寄生。北京6～7月、9月见成虫于灯下。

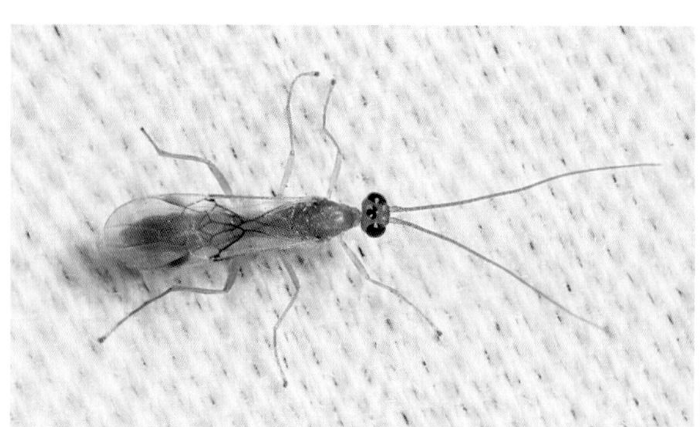
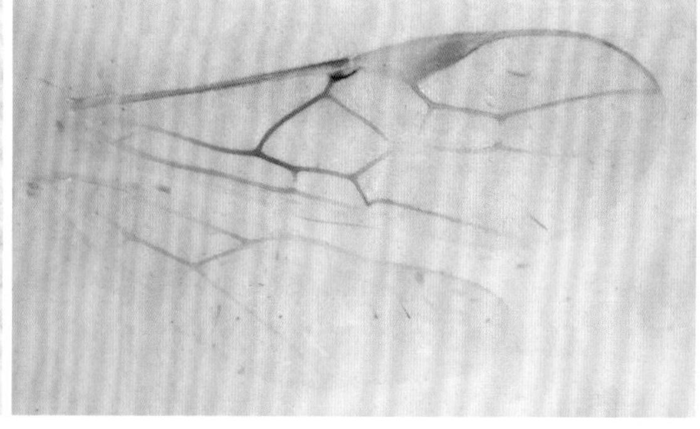

雄虫及翅脉（昌平王家园，2012.IX.11）

黄脊茧蜂
Aleiodes pallescens Hellén, 1927

雄虫体长3.8毫米，前翅长3.5毫米。体红黄色，单眼区黑色。翅透明，翅痣黄褐色，翅脉褐色，部分黑褐色。触角31节，中部后颜色渐深，与体长相近或稍长于体。并胸腹节、腹第1～2节背板中央具纵脊。雌虫体稍大，触角短于体长，产卵管鞘黑色，短，长约为基跗节之半，端部平截。

分布： 北京*、陕西、新疆、内蒙古、黑龙江、辽宁、浙江、湖北；蒙古国，伊朗，欧洲。

注： 记录的寄主有杨二尾舟蛾，这里记录杨燕尾舟蛾*Furcula furcula sangaica* (Moore, 1877)（新寄主），寄生低龄幼虫，1头寄主可出蜂20多只。

雄虫（昌平马刨泉室内，2017.VI.27）

雌虫（昌平马刨泉室内，2017.VI.27）

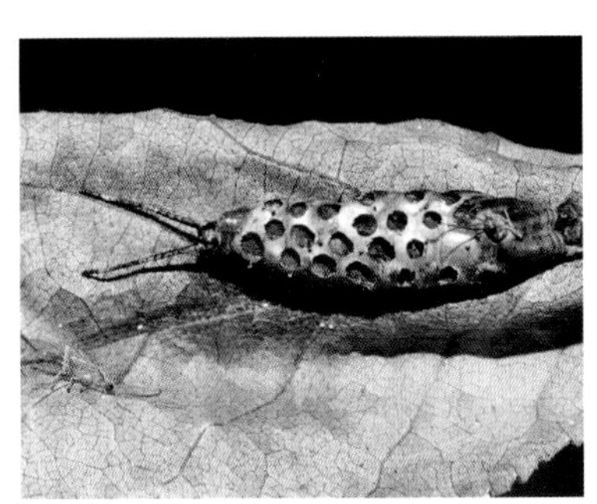

羽化（杨燕尾舟蛾，昌平马刨泉室内，2017.VI.27）

淡脉脊茧蜂
Aleiodes pallidinervis (Cameron, 1910)

雄虫体长8.5毫米，前翅长7.2毫米。体淡黄褐色，触角鞭节、上颚端、单眼区、前中足端跗节、后足腿节、胫节端部及跗节黑色。腹部第1～2节和第3节背板基半部具中纵脊和众多纵刻条。翅痣及翅脉淡黄色，后翅径室近中部具横脉相连。

分布： 北京*、辽宁、浙江、湖北、湖南、广西、四川、重庆、贵州；日本。

注： 国内所用名*Aleiodes pallinervis*为误拼。体色有变化，并胸腹节、腹部及足可黑褐色（何俊华等, 2000）。寄生松毛虫、毒蛾幼虫。北京7月可见成虫于灯下。

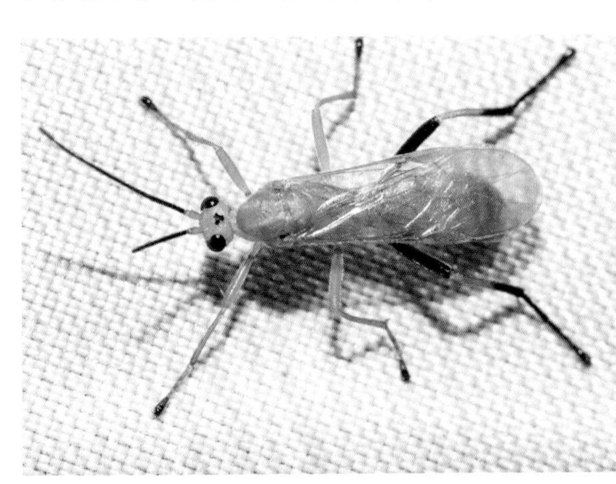

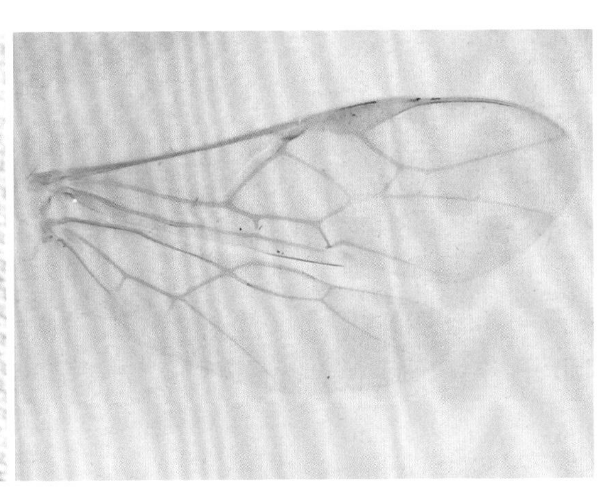

雄虫及翅脉（密云雾灵山，2021.VII.24）

硕脊茧蜂
Aleiodes praetor (Reinhard, 1863)

雄虫体长7.8～8.7毫米，前翅长7.0～7.6毫米。体红黄色，上颚端部、触角鞭节、单眼区、后足胫节端半部（除端距）及跗节黑色。翅痣黑色，翅脉红黄色，中部的脉稍深。腹第1～3节背板具中脊，两侧具众多的细纵脊，其中第3节的不达后缘，其后缘光滑无刻点。

分布：北京、内蒙古、黑龙江、吉林、辽宁、河北、河南、江苏、浙江、福建、湖北；日本，朝鲜半岛，俄罗斯，欧洲。

注：欧洲的个体翅痣颜色浅，后足胫节仅1/3黑色（van Achterberg and Shaw, 2016）。河北记录于兴隆雾灵山。可寄生榆绿天蛾、蓝目天蛾等幼虫，单寄生，在寄主体内化蛹。6～8月灯下可见成虫，具趋光性。

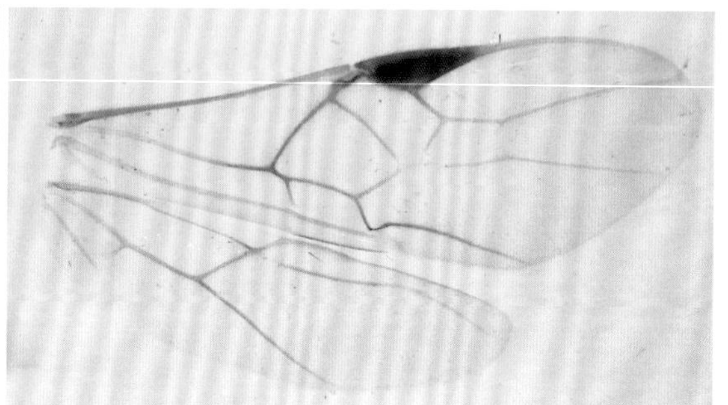

雄虫及翅脉（门头沟小龙门，2012.VI.25）

折半脊茧蜂
Aleiodes ruficornis (Herrich-Schäffer, 1838)

雄虫体长5.8毫米，翅长5.0毫米。体黑色。触角48节，与体长相近；上颚黄褐色，端部黑色。足红棕色，基节及第1转节基大部黑色，前、中足胫节染有褐色，端跗节黑褐色，后足腿节及胫节端部、跗节（除基跗节）黑褐色；爪在基半部具4个齿。腹第1、2节及第3节基半红棕色，背板的红色区域具中脊及其他纵脊。

分布：北京、陕西、甘肃、新疆、黑龙江、河北、山西、河南、山东、浙江、湖北、四川、贵州、云南；俄罗斯，阿富汗，哈萨克斯坦，吉尔吉斯斯坦，伊朗，土耳其，欧洲。

注：*Aleiodes*属是大属，我国已记录55种（何俊华等, 2000）。本种体色有变化，雌虫触角基半部、头胸大部可红褐色，触角雌34～43节，雄43～57节（van Achterberg et al., 2020）。寄生黏虫、小地老虎等夜蛾科、枯叶蛾科的幼虫。北京5～6月见成虫于灯下。

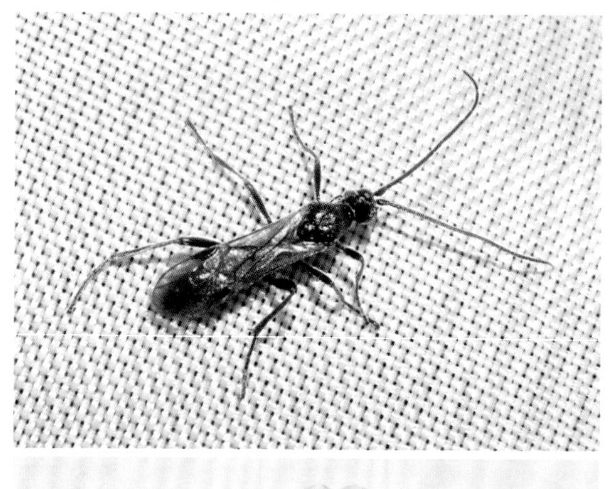

雄虫及标本照（房山大安山，2022.VI.23）

红黑脊茧蜂
Aleiodes sp.

雌虫体长8.8毫米，前翅长8.2毫米。体黑色，但头胸部（不包括单眼区及并胸腹节）、前足（除跗节端大部）红色或红棕色。单眼小，侧单眼与复眼的距离与其直径相近，后头脊在中央断开（窄）。并胸腹节被毛，中部略凹陷，具中脊。腹第1、2背板具中纵脊，第3节仅在基部，均具刻点，仅第1节端部两侧具纵刻纹。产卵管很短，不露出腹末。

分布：北京。

注：与松毛虫脊茧蜂*Aleiodes esenbeckii* (Hartig, 1838)相近，但本种前足与中后足颜色不同，且单眼较小。北京6月见成虫于灯下。

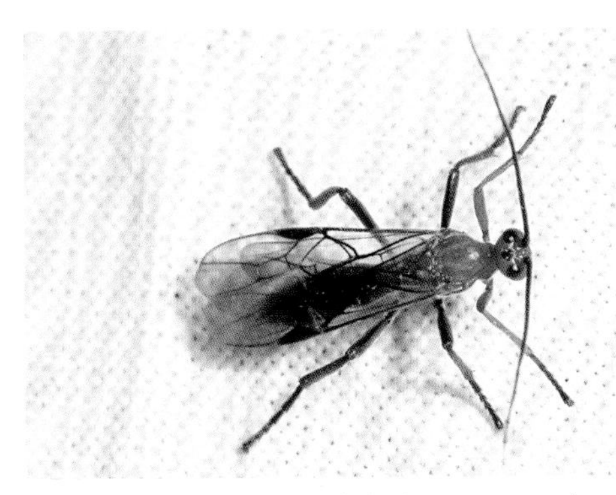

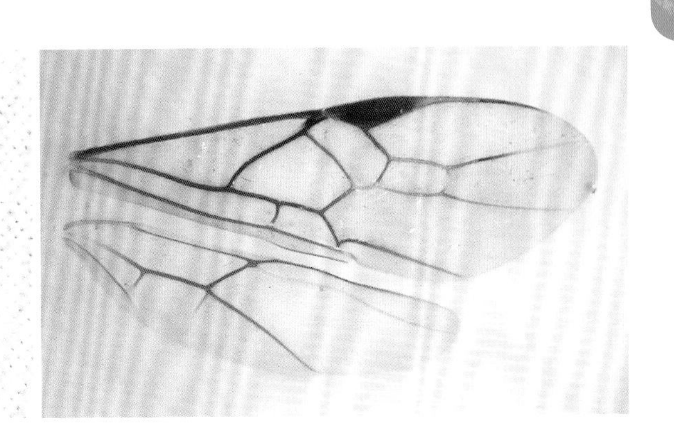

雌虫及翅脉（门头沟小龙门，2012.VI.25）

棉大卷叶螟绒茧蜂
Apanteles opacus (Ashmead, 1905)

雄虫体长3.2毫米。黑色，触角暗褐色或暗红褐色；足黄棕色，但基节、后足腿节端部、胫节端部1/3暗褐色，后足跗节深褐色；翅透明，翅痣暗褐色；腹部第1背板除边缘浅黄色外为黑色，第2背板中域基部深褐色，端部红褐色，第3背板除端部黑色外，全部为黄色。有些个体腹部第2背板和第3背板黑色。

分布：北京、陕西、辽宁、河南、山东、江苏、上海、安徽、浙江、福建、台湾、湖北、湖南、广东、广西、海南、四川、重庆、贵州、云南；日本，越南，印度，菲律宾，马来西亚，美国（夏威夷）。

注：模式产地为济南的卷叶螟绒茧蜂*Apanteles derogatae* Watanabe, 1935被认为是本种的异名，但本种模式产地为菲律宾(Ashmead, 1905)，中后足腿节黑色（除中足腿节端部）而明显不同。幼虫寄生于棉卷叶野螟幼虫体内，老熟后钻出寄主体外，并在一端结1白色茧。

雄虫（棉，北京市农林科学院室内，2011.VIII.31）

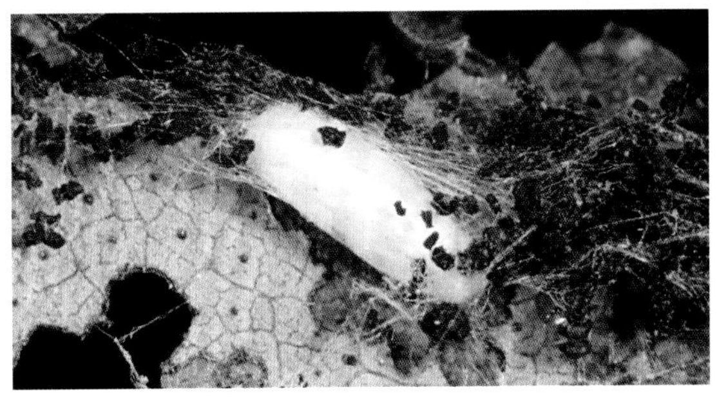

茧（棉，北京市农林科学院，2011.VIII.30）

苦艾蚜茧蜂
Aphidius absinthii Marshall, 1896

雌虫体长2.8毫米。体黄褐至红褐色，头部及胸部背面黑褐色，触角17～18节，黑色，基部几节较浅，第1、2鞭节等长，端部不加粗。头宽，大于前胸基部；翅痣较窄，长约是宽的4倍。产卵管鞘黑色，近四边形。

分布：北京、陕西、山西、江苏、上海、台湾、香港、四川；朝鲜半岛，日本，中亚，欧洲，北美洲。

注：本种体色变化很大，从浅色至大部分呈黑色。寄生菊类植物上的菊小长管蚜、丽小长管蚜*Macrosiphoniella abrotani chosoni*等，僵蚜浅褐色。

雌虫（地肤，北京市农林科学院室内，2011.VI.2）

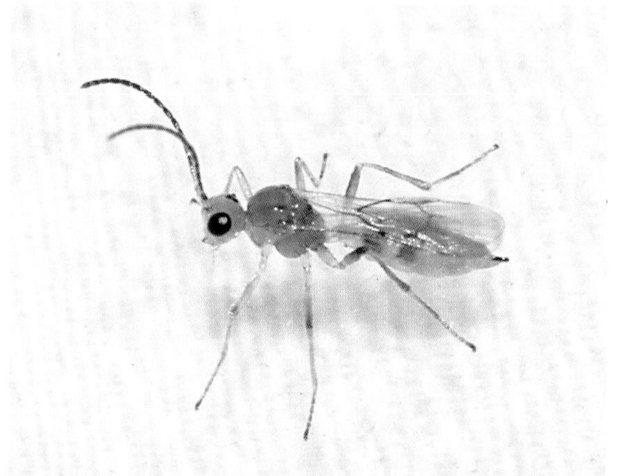
雌虫（艾蒿，北京市农林科学院室内，2022.V.27）

乌兹别克蚜茧蜂
Aphidius uzbekistanicus Luzhetzki, 1960

雌虫体长2.9毫米，前翅长2.2毫米。体黄褐色，具黑褐色区域：头顶、后颊上半部和后头、触角第2节及鞭节（除第1鞭节基部）、中胸盾片3个斑纹。触角16节，端节长，长于前节，腹面平，背面中部具横沟（明显）；头宽略大于高（1.15），幕骨指数（复眼幕骨陷线：幕骨陷间线）为0.47；下颚须4节，第2节最宽，端节稍细，带褐色；下唇须3节。并胸腹节具较窄小的五边形小室，其上方不完整。腹柄前侧区具约13条纹状细纵脊。

分布：北京、陕西、河北、山东、上海、福建、西藏；日本，俄罗斯，欧洲，北美洲，引入南美洲。

注：本种体色、形态有变。过去日本鉴定的*Aphidius avenae* 和*A. picipes*为本种的误定（Takada, 1998），我国也存在这样的问题，因为*A. avenae*的腹柄前侧区不具成排细纵脊纹；经检标本的触角端部数节较细长，并胸腹节上小室较窄，暂定为本种。寄生麦长管蚜、蔷薇绿长管蚜等。

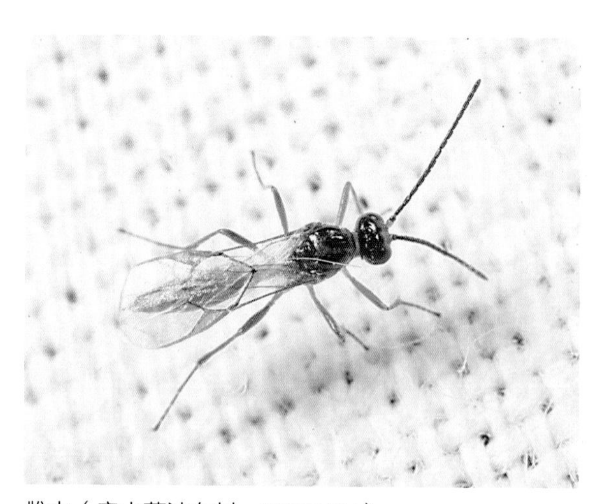
雌虫（房山蒲洼东村，2017.V.24）

燕麦蚜茧蜂
Aphidius avenae Haliday, 1834

雌虫体长2.5～3.4毫米。体褐色，头顶及胸部黑褐色，触角黑褐色，多为16节，鞭节第1节基部黄色，稍长于第2节。前翅第1径室与中室愈合，痣脉长于痣后脉。中胸盾纵沟平行，明显，伸达盾片之半。并胸腹节同隆脊形成窄小的五边形小室。

分布：北京、陕西、内蒙古、黑龙江、吉林、辽宁、天津、河北、山西、河南、山东、江苏、上海、浙江、江西、福建、台湾、湖北、湖南、广东、广西、海南、四川、重庆、贵州、云南；日本，朝鲜半岛，夏威夷等。

注：寄生麦长管蚜等，在寄主体内化蛹，僵蚜褐色。可见成虫于灯下。

雌虫（昌平王家园，2014.V.20）

长体刻柄茧蜂
Atanycolus grandis Wang et Chen, 2009

雌虫体长约12毫米。体黑色。头红黄色，触角、复眼和上颚端部黑色，单眼区黑色。胸部红黄色，中胸盾片侧叶染暗褐色。翅膜烟灰色，翅痣及翅脉黑褐色。前足红黄色，中足胫节两侧暗红褐色。腹部黑色，两侧膜质白色；产卵管鞘黑色，稍短于体长。

分布：北京*、浙江、江西、福建、湖南、广西、重庆、贵州。

注：本种体较大，且胸大部分及前足红棕色。北京7月可见成虫在濒死的桧柏上活动和产卵。

雌虫（桧柏，房山大安山，2022.VII.13）

始刻柄茧蜂
Atanycolus initiator (Fabricius, 1793)

雄虫体长约8毫米。体黑色。头红黄色，触角、复眼和上颚端部黑色，单眼区黑色。胸部稍染有黄色。腹部黄色，但第1背板前大部黑褐色。翅膜烟灰色，翅痣及翅脉黑褐色。

分布：北京*、内蒙古、黑龙江、山西、山东、河南、湖北；日本，俄罗斯，中亚，土耳其，欧洲。

注：单眼区的黑斑大小有变化。寄生多种天牛（包括双条杉天牛）、小蠹、吉丁等幼虫。北京7月可见成虫在濒死的桧柏上活动和产卵。

雄虫（桧柏，房山大安山，2022.VII.13）

刻纹刻柄茧蜂
Atanycolus ivanowi (Kokujev, 1898)

雌虫体长6.7毫米，前翅长6.2毫米。体黑色，光亮，复眼眶红褐色，腹部黄色。触角45节，短于体长；颚眼距与上颚基宽相近，上颚很宽粗，单齿；背面观复眼长稍短于颊。第1腹板长于宽，侧沟明显，其两侧具明显的隆脊；第2背板中央具箭头形光滑区，不达后缘，第3背板中部具粗刻纹。

分布： 北京*、新疆；日本，朝鲜半岛，俄罗斯，中亚至欧洲。

注： 中文名来自李扬（2017）。但第4背板光滑，不见明显的刻点区，这与Cao等（2019）有所不同。外寄生苹小吉丁、墨天牛*Monochamus galloprovincialis*等多种吉丁科、天牛科幼虫。北京6月、8月见成虫于枣和榆树干上爬行，可能有天牛为害。

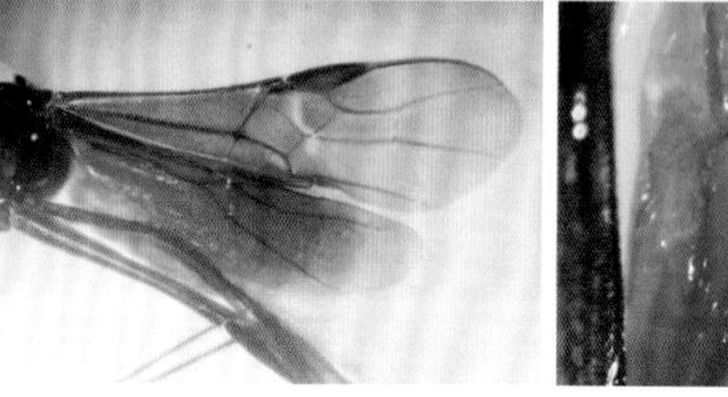

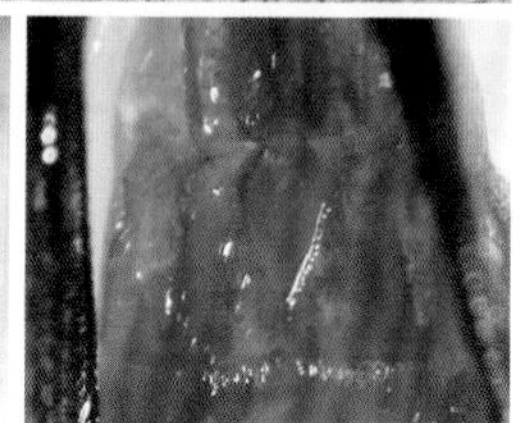

雌虫及腹第2翅脉和背板（榆，昌平王家园，2014.VIII.12）

菲岛腔室茧蜂
Aulacocentrum philippiense (Ashmead, 1904)

雌虫体长6.4毫米，前翅长5.7毫米。体黑褐色，具浅色区域，后足基节红棕色，胫节基部1/3、跗节白色，腹部前3节黄色，但第1背板端部及第2背板黑褐色。触角为前翅长的2倍，基2节黄褐色，第12～18节黄白色；唇基强度隆起；上颊很短。前翅亚基室毛少，多空白，2/3处具浅褐色骨化片，第1亚盘室毛少，中下部具3列毛。第1背板中后部具众多弧形横脊，后缘光滑，长约为端宽的4倍，第2节具细纵刻纹；第3背板及后光滑。后足转节端具4～5个小齿，几成1列。

分布： 北京*、陕西、山西、浙江、台湾、湖北、湖南、广西、四川、云南；日本，朝鲜半岛，印度，菲律宾，马来西亚，印度尼西亚。

注： 本种体色有变化，如雌虫触角中部无白色部分（van Achterberg, 1993）。寄生多种螟蛾，如桑绢野螟、二化螟。北京8月可见成虫于灯下。

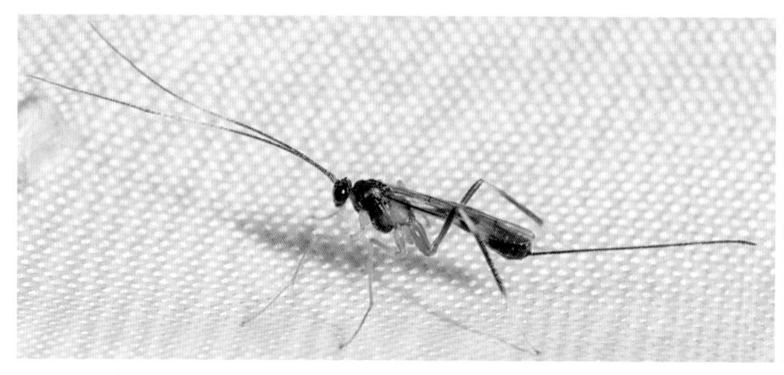

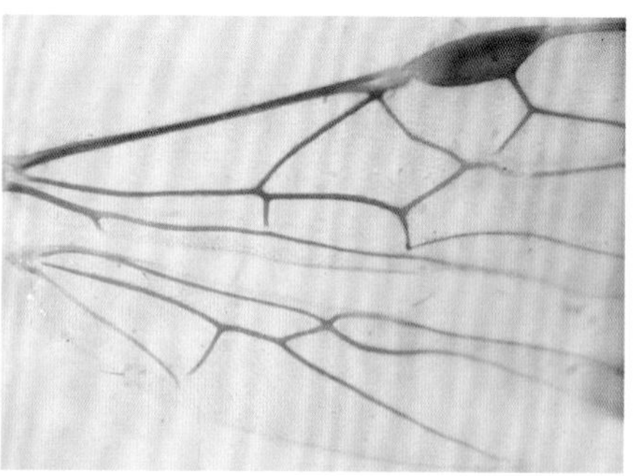

雌虫及翅脉（昌平王家园，2012.VIII.10）

林德刻柄茧蜂
Atanycolus lindemani Tobias, 1980

雌虫体长5.9毫米，前翅长5.1毫米。体黑色。头淡橙黄色，单眼区具较大的水滴形黑斑；前胸、中胸侧板大部及腹面淡橙黄色：前足明显比中后足颜色为浅；腹第3节端及后淡橙黄色，腹面前3节乳白色，两侧各具黑褐大斑。产卵管鞘明显长于体和前翅。

分布：北京*、新疆；日本，朝鲜半岛，俄罗斯，中亚至欧洲。

注：中文名来自李扬（2017）；已知寄主为榆小蠹*Xyloterinus politus*和多毛小蠹*Scolyms seulensis*。我们记录的寄主为脐腹小蠹*Scolytus schevyrewi*。

雌虫（榆，平谷金海湖林室内，2016.V.22）

沟门刻柄茧蜂
Atanycolus sp.

雌虫体长7.7毫米，前翅长6.4毫米。体黑色为主；头黄棕色，单眼区（小）、上颚端部和触角黑色；中胸红棕色，中胸背板具3个黑斑，小盾片（除基部）、并胸腹节两侧黑色；足黑色，但前足褐色，基节黄褐色，腿节黑褐色（侧面黄褐色）。腹黄褐色，第1背板、第2、3背板两侧（其中第2节中部暗褐色）和产卵管鞘黑色，第1～3节腹板小，长条形，黑褐色；侧面膜质，清白色。第1背板长宽比为1.75，光滑，侧沟明显；第2背板中部具箭头形光滑区（边界由沟组成），侧沟明显，不达后缘，侧缘具毛；第2、第3背板间中部具短刻条。产卵管鞘稍长于前翅（1.1倍）。

分布：北京。

注：与分布于云南的密毛刻柄茧蜂*Atanycolus setosus* Li, He et Chen, 2020很接近，该种额及中胸黑色、头被长毛不同。北京8月见成虫于山楂树干上活动，该树有吉丁（*Scintillatris* sp.）寄生。

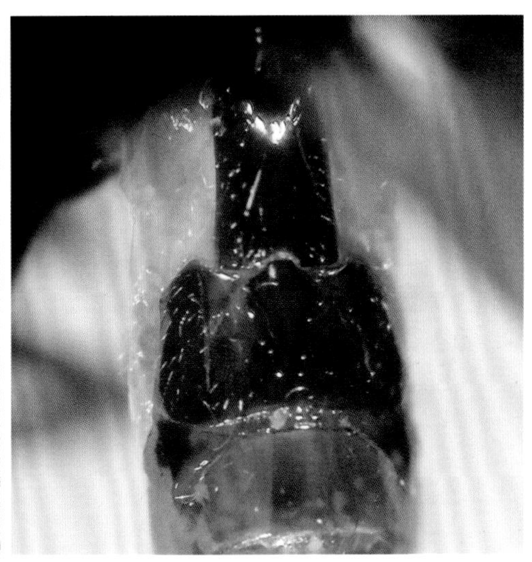
雌虫及腹背基部（山楂，怀柔孙栅子，2013.VIII.19）

棉短瘤蚜茧蜂

Binodoxys acalephae (Marshall, 1896)

雌虫体长1.5毫米。触角11节，黑色，基部4节淡黄色，第4节端部颜色较深，第3、第4节长度相近。并胸腹节具较大的五角纹。前翅痣后脉稍短于翅痣长之半。腹柄节长约为气门处宽的2倍，气门瘤微凸，第2侧瘤较明显（具2根刚毛），气门瘤至第2侧瘤的距离明显短于后者至节后缘的距离，侧缘可见3个波折。腹刺突直，仅端部稍上弯，背面具6根长毛。

分布：北京*、陕西、山西、山东、江苏、安徽、上海、四川；俄罗斯，印度，伊朗，欧洲。

注：*Binodoxys rietscheli* (Mackauer, 1959)为本种的异名，保留原中文名。可寄生多种蚜属（*Aphis*）的蚜虫，如棉蚜、豆蚜；寄生豆蚜的僵蚜为黑色、棉蚜的僵蚜为浅褐色。种类的正确鉴定可参考Kavallieratos等（2013）。

雌虫及翅脉、腹柄和腹末（花椒，北京市农林科学院，2022.V.23）

广双瘤蚜茧蜂

Binodoxys communis (Gahan, 1926)

雌虫体长1.5毫米。触角11节，黑色，第2节褐色，第3节较浅，尤其基部，第2节端部和第4节基部颜色较浅，第3、4节长度相近。并胸腹节具中等大小的五角纹。前翅痣后脉稍长于翅痣长之半。腹柄节长约为气门处宽的2倍，气门瘤微凸，第2侧瘤不明显（但具2根刚毛），且所处位置很近，约与气门瘤直径相当。腹刺突顶端具1根毛，短，明显短于背方的长毛，沿下方还有6根短毛，背面具5根长毛，近基部尚有1稍短毛；产卵器鞘基部不甚扩大，略呈方形。

分布：北京、陕西、黑龙江、辽宁、天津、河北、山西、河南、山东、江苏、上海、福建、台湾、广西、四川。

注：又名棉蚜刺茧蜂。国内不同文献的描述有所不同（如腹柄节的长度）。寄生棉蚜，僵蚜白色。

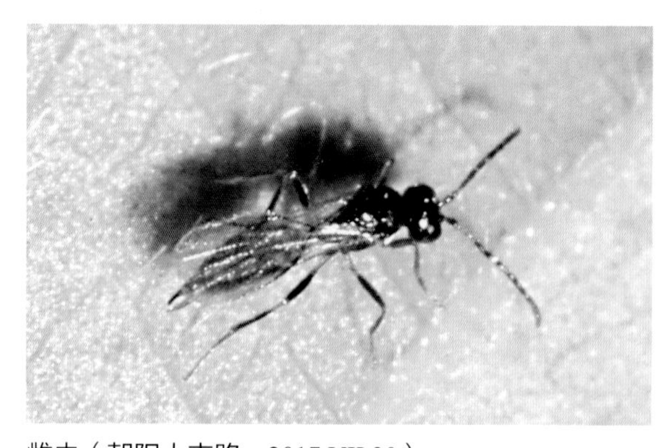

雌虫（朝阳大屯路，2017.VII.30）

暗色光茧蜂

Bracon (*Glabrobracon*) *obscurator* Nees, 1811

雌虫体长2.5毫米。体黑色，腹基部两侧及腹部土黄色。触角25节，短于体长，中部鞭节长大于宽。胸背包括并胸腹节光亮，无刻点。第1背板长方形，长大于宽（比值为1.47），具脊纹，围绕区略呈瓶状；第2背板宽是长的3倍，与第3背板长度相近。产卵管鞘短于腹长，稍长于后足胫节+基跗节（比值为1.18）。

分布：北京*、山西；蒙古国，塔吉克斯坦，中东，欧洲，北非。

注：寄主范围较广，鳞翅目卷蛾科（如苹白小卷蛾）、谷蛾科、螟蛾科、食蝇蚜科、实蝇科、象甲科（小蠹）、吉丁虫科等。北京4月可见成虫，扫网采集于地面（夏至草、荠菜、独行菜正在开花）。

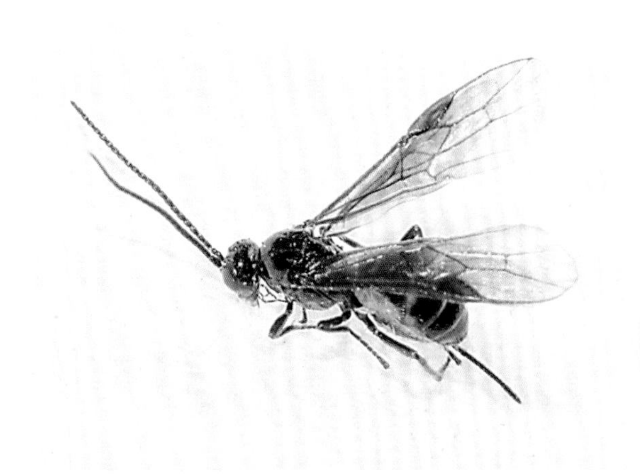

雌虫及腹柄（北京市农林科学院室内，2022.IV.18）

帕氏颚钩茧蜂

Bracon (*Uncobracon*) *pappi* Tobias, 2000

雌虫体长4.5毫米，前翅长4.8毫米。体橙红色，后头、单眼区（延伸至触角窝）、颜面中部黑褐色，触角、足（除褐色转节）、产卵管鞘黑色。触角32节，端节端部有刺，鞭节均长稍大于宽。并胸腹节具中脊，前端弱，两侧具长白毛。第1背板长不及端宽，中基凹陷深，中部后开始隆起，到端部1/3处具脊，伸向两侧脊；第2、3背板间缝宽，稍弯曲，第2～6节背板具不规则排列的粗刻点。

分布：北京*、宁夏、河南、浙江、贵州；朝鲜半岛，俄罗斯。

注：本种颜色较浅，腹部全浅色，但触角可全为黑色，前足胫节和跗节可呈黑褐色（Tan et al., 2012），经检标本足色较深，但其他结构相同。过去只知采集于沙棘，现知朴圆斑卷象*Paroplapoderus turbidus*为其寄主。

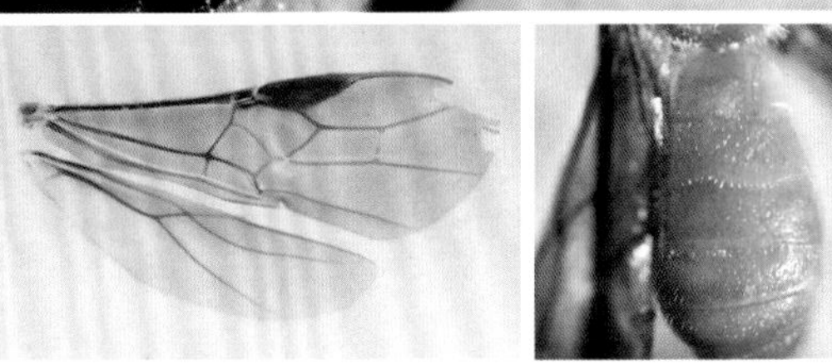

雌虫及翅脉和腹背（朴，平谷白羊，2018.V.30）

刻点天牛茧蜂
Brulleia punctata Yan et Chen, 2013

雌虫体长10.0毫米，前翅长7.5毫米，产卵管鞘长9.6毫米。体黑褐色，颜面、唇基、上颚（除端部）、触角基2节腹面褐色，第10～15节白色，足（包括基节）红褐色，腹部红褐色，第1背板（除端部）黑色，第4～7节背面稍暗。触角39节，端节近三角形，与前节长度相近；唇基前缘近于平截，具脊，中央断裂，两侧缘近中部各具1处深凹；上唇明显，凸形。小盾片具刻点。

分布：北京*、河北。

注：模式产地为涿鹿杨家坪，记载的体长为12.8～16.5毫米，触角第10～16节黄色（Yan et al., 2013），在其他方面基本相近，暂定为本种。北京7月见成虫于灯下。

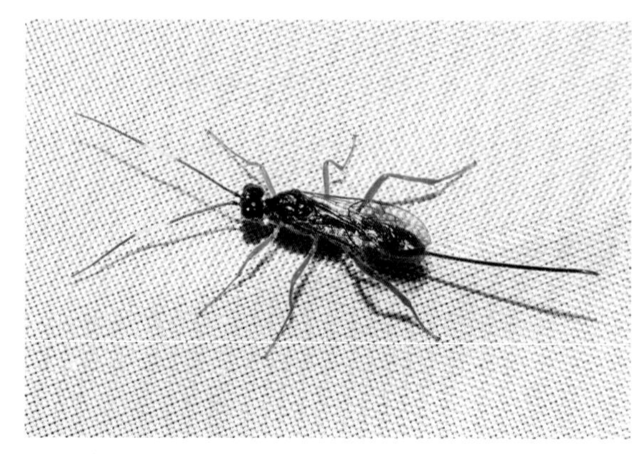

雌虫（房山大安山，2022.VII.14）

悦茧蜂
Charmon sp.

雌虫体长4.3毫米，前翅长3.9毫米，产卵管鞘长4.7毫米。黑色，中胸侧叶后半部分、小盾片、胸部侧面及腹面橙黄色，足、腹部侧缘淡黄色。3单眼相距较大，2后单眼相距接近其长径；触角黑色，38节，柄节扩大，梗节卵形，宽于鞭节，鞭节第1节基部色浅，最长，端节长于前节，顶端具刺；唇基突，上颚黄褐色，端部黑褐色端2个齿，上齿大于下齿；下颚须5节，唇须4节，第3节很短小，第4节不及第2节宽之半，但长于第2节。第1背板基部气门前两侧各具1个瘤突，背板具明显的纵脊。

分布：北京*。

注：我国已知4种，寄生隐藏性生活的蛾类幼虫，如卷蛾、梨小食心虫等（何俊华等，2000）。本种非常接近台湾悦茧蜂*Charmon taiwanensis* Chou et Hsu, 1995，该种单眼较大，间距远小于眼的直径，后单眼离后头较远（Chou and Hsu，1995）。北京6月见成虫于灯下。

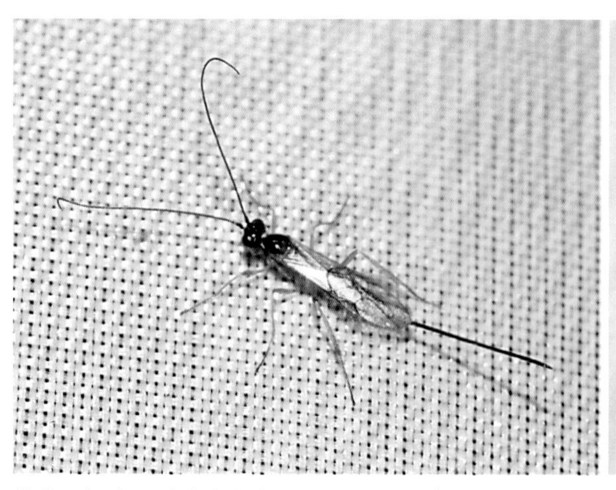

雌虫及标本照（房山大安山，2022.VI.24）

黄基棒甲腹茧蜂

Chelonus (*Baculonus*) *icteribasis* Zhang, Chen et He, 2006

雌虫体长3.6毫米。体黑色，触角基部3节红褐色，后2节稍浅；足黄褐色至淡白色，后足基部（除端部）、腿节和胫节的端半部黑色，后足胫节基部及各足端跗节褐色；腹部基部1/3淡白色。触角长于体长，第1鞭节长是宽的5.3倍，为第4节长的1.18倍，亚端节长明显大于宽2倍多，端节长于其宽的3倍多；上颊短，为复眼的1/2。

分布：北京*、吉林、浙江、福建、广东、广西。

注：模式产地为浙江天目山（Zhang et al., 2006），中文名及分布来自张红英（2008）。图上的上颊较短，约为复眼长的1/2，触角端节长于其宽的3倍，侧单眼距后头较近，暂定为本种。北京9月见成虫于灯下。

雌虫（怀柔中榆树店，2017.IX.13）

草蛉茧蜂

Chrysopophthorus hungaricus (Zilahi-Kiss, 1927)

雌虫体长3.6毫米，前翅长2.7毫米。体淡白至橙黄色，上颚端、单眼内侧、小盾片四周、并胸腹节中下部黑褐色。触角23节，第3节细长，与后2节比例为75∶62∶42，亚端节长约为宽的1.5倍，端节具端刺。后翅脉很浅，缘室端部明显变窄。并胸腹节具网状刻纹，后区中央呈同心圆状。腹柄很细长，侧观弧形弯曲，与胸部、腹柄后长度比为51∶60∶75；产卵管鞘淡白色，端部黑色，短于后足胫节（35∶52），也明显短于腹柄。

分布：北京*；朝鲜半岛，俄罗斯，阿塞拜疆，欧洲。

注：中国新记录种。体色有变化，经检标本腹第2背板基大部具粗T形黑斑。寄生草蛉属*Chrysopa*的成虫，世界已知8种，柄草蛉茧蜂*Chrysopophthorus petioles* Chou, 1986分布于台湾和福建，第2亚缘室有柄，触角亚端节长为宽的2倍。北京5月见成虫于灯下。

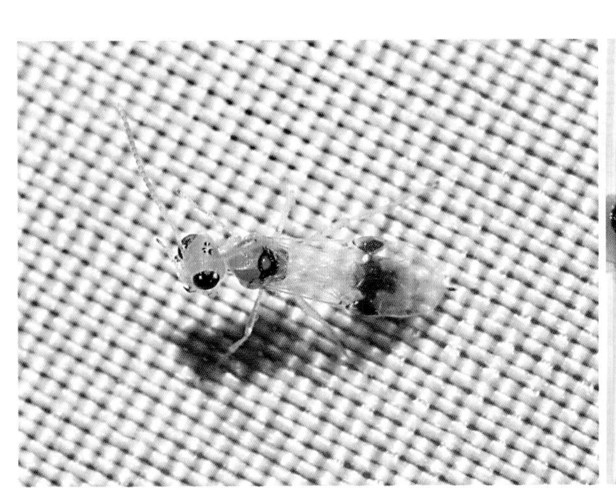

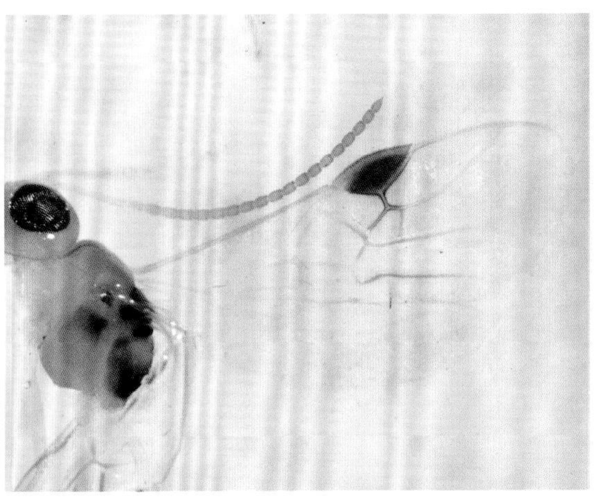

雌虫及翅脉（国家植物园，2023.V.16）

黄柄盘绒茧蜂
Cotesia sp.1

雌虫体长2.6毫米，前翅长2.3毫米。体黑色；触角基半部带褐色，其中柄节黄棕色；足淡黄棕色，中后足基节黑色，后足胫节端及跗节暗褐色；腹基半部两侧黄棕色。触角18节，稍短于体长（11∶13）。并胸腹节具中脊，弱，可见，端半部具倒“人”字脊纹。翅痣黑色，小翅室开放。第1背板长稍大于宽，稍向端部扩大；第1、2及第3背板基大部具纵刻纹，第3节后缘及以后节光滑。产卵管鞘短，光滑，稍露出腹末。

分布：北京、浙江、湖南、广东、广西、海南、四川、贵州。

注：本种即为黄柄盘绒茧蜂*Cotesia flavistipula* Zeng et Chen（傅强等, 2021），这应是裸名，未见正式发表。北京10月见成虫在玉米上活动。

雌虫（玉米，北京市农林科学院室内，2011.X.11）

蛛卵盘绒茧蜂
Cotesia sp.2

雌虫体长2.3毫米。体黑色，足黄褐色，后足基节基大部黑色，腹黄褐色，仅第1～2背板黑褐色。触角18节，明显长于体长（118∶92）。并胸腹节皱，中央具一倒“Y”形脊。产卵管鞘露出腹末，明显短于后足第1跗节，略长于第2跗节。

分布：北京。

注：约50头茧紧密的群集在一起，外面被略带黄色的白色棉絮状丝团，长约15毫米。从群集茧的形态及出蜂数量与黏虫盘绒茧蜂*Cotesia kariyai* (Watanabe, 1937)很像，但仍有许多不同（黏虫盘绒茧蜂特征在括号中）：产卵管明显（背面观不可见），第1背板长大于宽，两侧几乎平行（长宽相近，两侧向前收窄），腹背第2节明显短于第3节，略长于后者之半（相等）。北京9月可见成虫。

雌虫（延庆八达岭室内，2022.IX.5）

蛛卵囊（延庆八达岭，2022.VIII.31）

拟微红盘绒茧蜂
Cotesia sp.3

雄虫体长2.7毫米，前翅长2.6毫米。体黑色，足黄棕色，基节黑色，后足第1转节、胫节端及跗节暗褐色，腹第1～3节两侧及腹面浅色。触角长于体长，18节，末2节比前数节稍短。并胸腹节具中纵脊。腹第1节长宽相近，稍向端部扩大，具粗网形皱纹和刻点，第2、第3节长度相近，前者具粗刻点，后者光滑，仅具细刻点。前翅无r-m脉，r脉长于2-SR脉，两者之间曲折，2-Rs+M明显长于2-M的有色部分，1-CU1脉长于2-CU2脉。

分布：北京。

注：与菜青虫的重要天敌微红盘绒茧蜂*Cotesia rubecula* (Marshall, 1885)很接近，该种1-CU1脉短于2-CU2脉，前翅翅脉颜色较深（Nixon, 1974）。北京也有此种的记录，但有不同的意见（游兰韶等, 2012）。经检标本是雄虫，更接近拟微红盘绒茧蜂*Cotesia* sp. nr. *rubecula* (Marshall)，但雄性外生殖器更细长。北京7月见成虫于灯下。

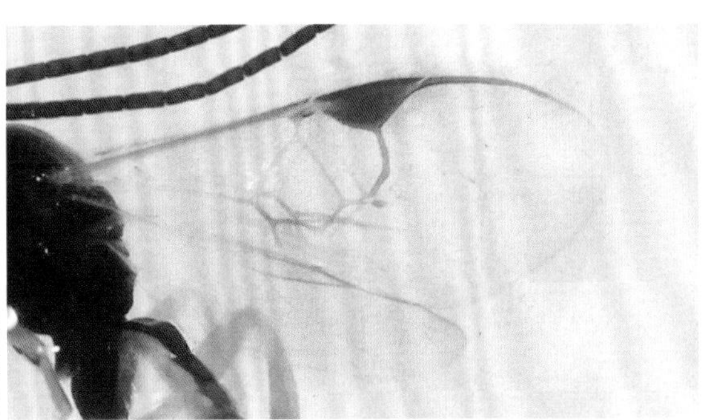

雄虫及翅脉（房山大安山，2022.VII.29）

荒漠长喙茧蜂
Cremnops desertor (Linnaeus, 1758)

雌虫体长和前翅长6.9毫米。体黄棕色，触角黑色，后足胫节端部和跗节黑褐色（各分节基部黄棕色）；翅深棕色，前翅翅痣基半部黄色，其下方具透明横带，近顶角处具1个透明圆形斑，后翅在翅钩处具长形透明斑。脸延长呈喙状，但头长仍短于宽，须具长毛；触角39节，鞭节第1节最长，后渐短，端节长于其前节。中胸中叶无纵沟，后端具2个深凹陷（具中脊）。产卵管鞘黑色，长度与腹部相近。

分布：北京*、陕西、宁夏、新疆、辽宁、江苏、浙江、福建、台湾、湖北、湖南、广东、四川、贵州、云南、台湾；全北区。

注：又名黑角长喙茧蜂。上述除北京外的国内分布地信息来自唐璞（2013），本种翅的斑纹有变化，可减退（Tucker and Sharkey, 2016）。可寄生苹果蠹蛾等多种卷蛾科、螟蛾科等昆虫。北京6月、7月可见成虫，具趋光性。

雄虫（昌平王家园，2015.VII.13）

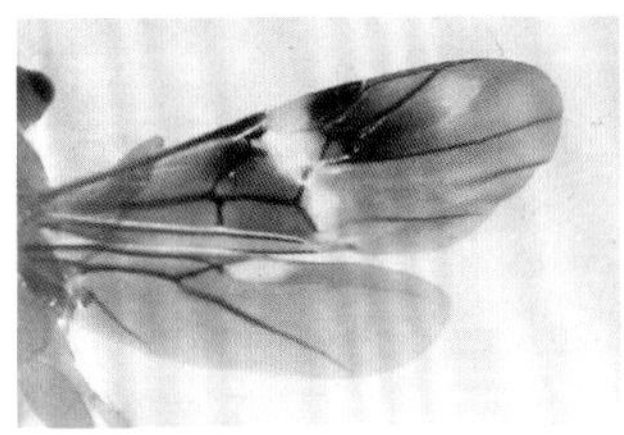
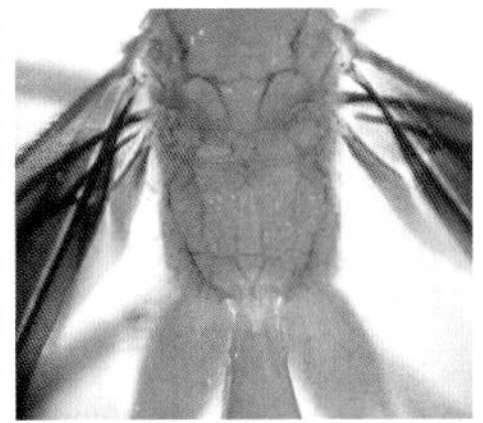

雌虫翅脉和并胸腹节（房山大安山室内，2022.VII.14）

菜蚜茧蜂

Diaeretiella rapae M'Intosh, 1855

体长雌虫1.8～2.4毫米，雄虫1.2～2.0毫米。黑褐色至黑色，触角基3节的基部黄色，其余鞭节褐色至黑色，腹柄节及腹2～3节之间背板黄褐色，足色如图，或足黄色，仅后足腿节及胫节浅褐色；翅脉褐色，翅痣黄色。雌虫触角14节，雄虫16～17节。

分布：北京、陕西、新疆、内蒙古、黑龙江、吉林、辽宁、河北、天津、山西、河南、山东、上海、浙江、江西、福建、台湾、湖北、湖南、广东、广西、四川、贵州、云南、西藏；广布于世界各地。

注：寄生多种蚜虫，如菜缢管蚜、萝卜蚜、麦长管蚜、桃蚜、棉蚜等，僵蚜暗褐色，有光泽。

雄虫（西兰花，北京市农林科学院室内，2011.XI.6）

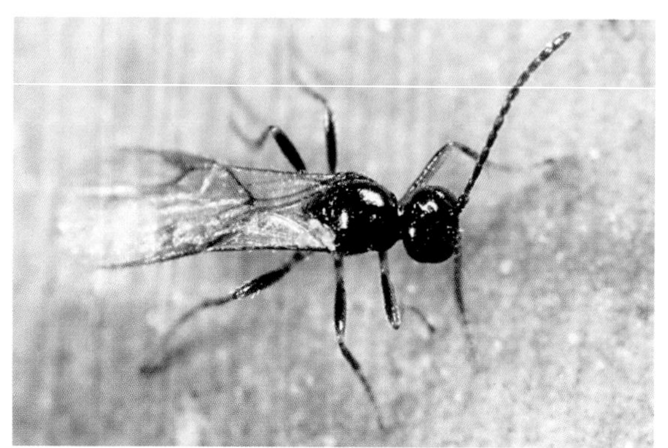

雌虫（西兰花，北京市农林科学院室内，2011.XI.6）

短脊长颊茧蜂

Dolichogenidea brevicarinata Chen et Song, 2004

雌虫体长2.3毫米，前翅长2.3毫米。体黑色，前足浅褐色，中后足腿节和胫节黑褐色，其两端浅色。触角18节。第1背板基半部具粗刻点，端半部具纵刻纹，端缘中央光滑；第2背板具粗糙刻纹，第3节无刻点或刻纹，稍长于前节，约为后2节长之和。产卵管鞘短于后足腿节，但明显长于后足基跗节。

分布：北京*、吉林、辽宁、河北、山东、浙江、福建、贵州。

注：经检标本并胸腹节中区呈圆形，与原始描述（陈家骅和宋东宝, 2004）的近菱形稍不同。记录的寄主为竹毒蛾*Pantana visum*，我们从梅祝蛾*Scythropiodes issikii*幼虫中饲养，单寄生。

雌虫标本（西府海棠，北京市农林科学院室内，2012.V.25）

茧（西府海棠，北京市农林科学院，2012.V.7）

宽板长颊茧蜂

Dolichogenidea latitergita Liu et Chen, 2019

雌虫体长3.3毫米，前翅长2.8毫米。体黑色；须淡黄白色，翅基片黑色，足淡红褐色，后足腿节端和胫节端稍暗。触角18节，端前节长宽相近。中胸盾片具均匀分布的粗大刻点；并胸腹节中区具五角形隆脊。翅痣黑褐色，基部黄白色。腹部第1背板两侧近于平行，稍向端部扩大，具强皱纹，端部中央光滑；第2背板具皱纹及刻点，宽约为中间长的4.8倍，稍长于第3背板中长之半（5：9）。产卵管鞘稍长于后足胫节（10：9）。

分布：北京*、黑龙江、吉林、辽宁、山东、浙江、四川。

注：新拟的中文名，从学名，指腹部第2背板很宽，长宽比为5.5倍；雌虫翅长2.4～3.0毫米（Liu et al., 2019），经检标本的肛下板超出腹末，暂定为本种。北京9月可见成虫于灯下。

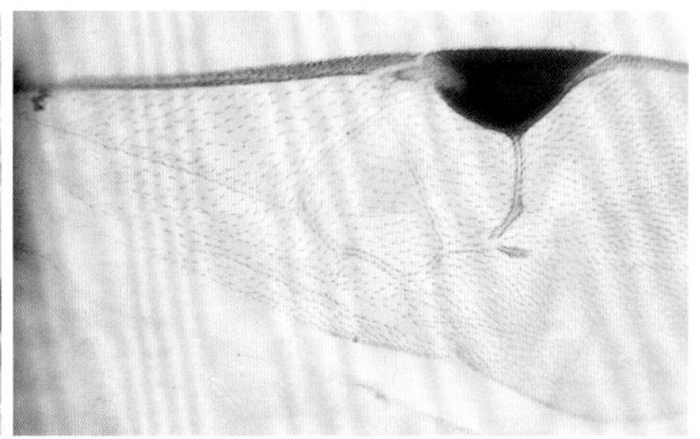

雌虫及翅脉（顺义共青林场，2021.IX.27）

齿基矛茧蜂

Doryctes denticoxa Belokobylskij, 1996

雌虫体长6.8毫米，前翅长5.5毫米。头胸部、腹第2～3背板侧沟红棕色，上颚端、小盾片、中胸侧板上部、并胸腹节、腹部黑色。体被白色长毛，后足胫节上白毛长可达胫节宽的1.5倍。并胸腹节基半部具中脊，后不明显伸向后侧方。翅痣黑色，前后端淡黄色。后足基节背面粗皱，近中部具齿突。第1背板长稍大于端宽，短于第2+3背板（7：9），前3节具纵刻纹，第3节后半部光滑，后几节背板基部具或多或少的刻点，其余光滑。产卵管长于腹部。

分布：北京*、陕西、河南、浙江、福建、台湾、广东、贵州；日本。

注：本种体长为5.8～11.5毫米（Belokobylskij et al., 2012）。北京6月、8月可见成虫于灯下。

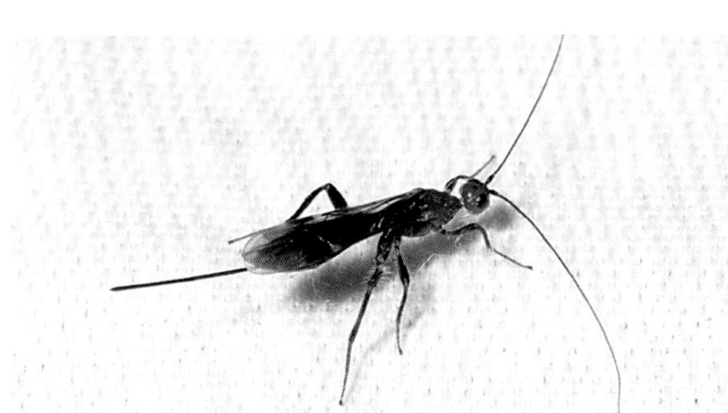
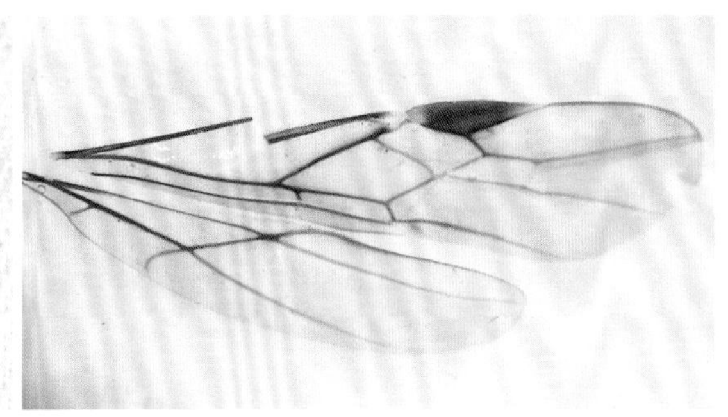

雌虫及翅脉（昌平王家园，2013.VI.18）

晋州矛茧蜂
Doryctes jinjuensis Belokobylskij et Ku, 2023

雌虫体长6.8毫米，前翅长5.3毫米。体红棕色，触角两端暗褐色，翅痣黑色，但前小半及后端黄色，腹第1～3节背板黑褐色，第1节中央具棕色区域，后侧角、第2节侧缘、第3节侧缘及后缘黄色，第3、4节两侧具褐斑。触角52节；脸具细横皱纹。腹背第1～3节具纵刻纹，但第3节端半光滑。

分布：北京*；朝鲜半岛。

注：中国新记录种，新拟的中文名，从学名；属于*Plyctes*亚属，雄虫体较细小（Belokobylskij and Ku，2023）。本种可从双色翅痣进行识别。北京8月可见成虫于灯下。

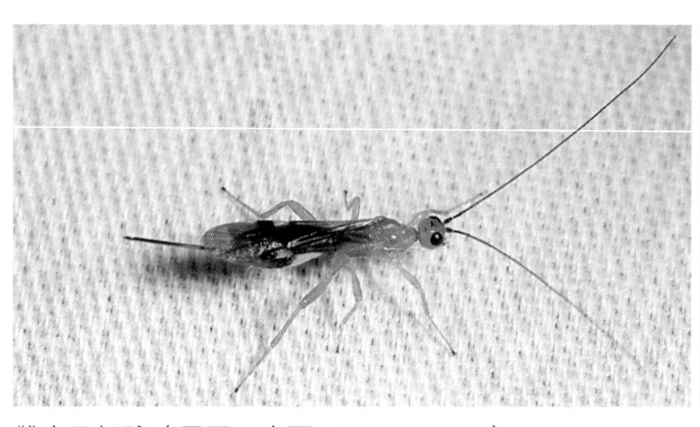
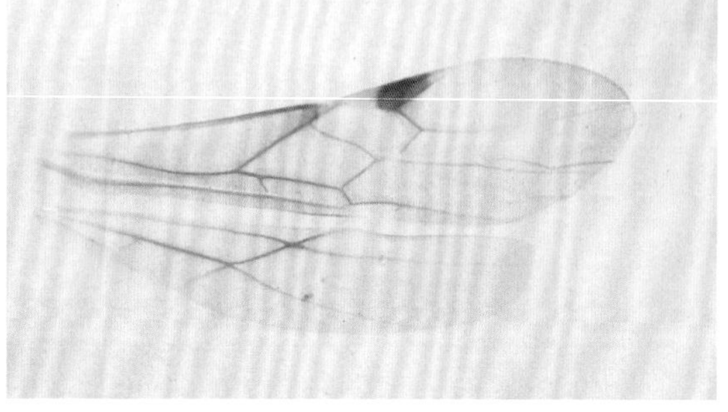

雌虫及翅脉（昌平王家园，2013.VIII.29）

具柄矛茧蜂
Doryctes petiolatus Shestakov, 1940

雌虫体长12.0毫米。体黑色，头红棕色，前胸红暗，翅褐色，翅痣暗褐色。上颚短粗，黑褐色，基部红棕色；复眼小，稍短于后颊。第1背板长明显大于宽，具纹向脊纹，明显长于第2背板，第2背板中基部具三角形刻纹区；产卵管鞘稍短于体长。

分布：北京*、陕西、黑龙江、吉林、辽宁、河南、浙江；朝鲜半岛，俄罗斯，哈萨克斯坦。

注：可寄生栗山天牛，单寄生或聚寄生（Cao et al., 2015）；北京6～8月、10月可见成虫，具趋光性。

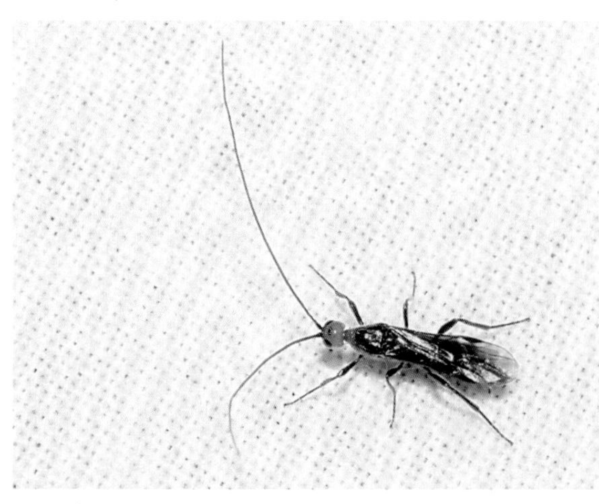

雄虫（平谷白羊，2019.VI.20）

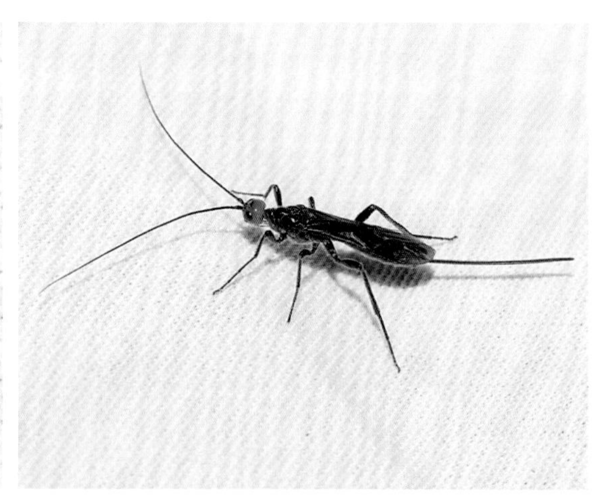

雌虫（昌平王家园，2014.VIII.12）

暗翅拱茧蜂
Fornicia obscuripennis Fahringer, 1934

雌虫体长4.5毫米。体黑色。头小，触角黑色，16节，鞭节基部3节略带褐色（尤其腹面）。中胸背板具明显的刻点，盾纵沟及中沟弱（中沟稍明显），小盾片后缘呈片状结构，突出于后缘，无刻点，长稍短于宽，端缘中央稍内凹，两侧稍外突；后胸盾片具刺状突。可见腹板3节，第2背板明显长于前后节。翅透明，前翅痣后脉与翅痣长度相近，翅痣长宽比为2.6，后翅小脉S形弯曲明显。足黑色，前中足腿节端部以下黄褐色，中足胫节中央大部褐色，端跗节褐色，后足腿节暗红褐色，胫节基部2/5黄白色，中间黑色，端部1/5红棕色，基跗节基部色浅。

分布：北京*、江苏、浙江、福建、台湾、湖南、广西、贵州。

注：经检的标本个体略小，且后足腿节暗红棕色，暂定为本种。已知此属的茧蜂寄生刺蛾。北京7月见成虫于灯下。

雌虫（延庆米家堡，2015.VII.15）

截距滑茧蜂
Homolobus (*Apatia*) *truncator* (Say, 1828)

雌虫体长5.6～6.2毫米。体褐黄色。触角44～46节，端节具端尖。唇基与颜在中部无界线，唇基基部两侧各具1处椭圆形凹陷；上颚2个齿，上齿长；眼颚距约为上颚基宽的1/2；下唇须第4节约为第3节的5倍长。并胸腹节具细网状纹，不规则，前后端具不明显的中脊线。后翅Rs脉稍弯曲。后足胫节距2个，端均尖，1长1略短，长者长于基跗节之半，短者短于基跗节之半；爪简单，端尖，近基部具1簇毛。第1背板长约为端宽的3倍，气门在近基部；产卵管鞘较短，约为后足胫节长之半。

分布：北京、陕西、宁夏、甘肃、新疆、黑龙江、吉林、辽宁、河北、山西、河南、江苏、浙江、江西、台湾、四川、贵州；全北区，新热带区，东洋区。

注：本种的体长范围为5.8～8.1毫米，触角44～54节；雄虫后足胫节2端距端部通常平截（van Achterberg, 1979）。可寄生夜蛾科、尺蛾科的幼虫，如小地老虎、大造桥虫等。北京9～11月见成虫于灯下。

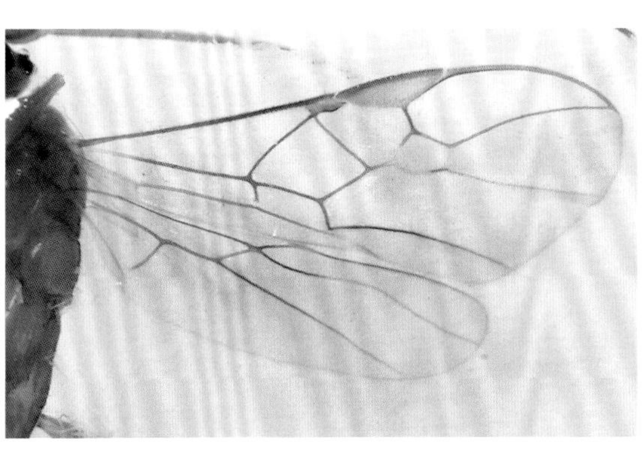

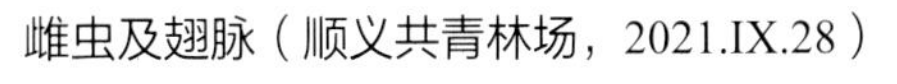

雌虫及翅脉（顺义共青林场，2021.IX.28）

蛾柔茧蜂
Habrobracon hebetor (Say, 1836)

雌虫体长2.8～3.6毫米。褐黄色，具黑斑；触角黑色，13～14节，第3节比第4节稍长；单眼区黑色，胸部具3个黑斑，腹背端大部黑褐色，产卵管黑色，具毛，稍弯。

分布：我国各地；世界各地。

注：又名麦蛾柔茧蜂。体外寄生蜂，室内成虫寻找老熟的印度谷螟等幼虫，在体壁上产卵，每头谷螟的幼虫可繁育5头左右的蛾柔茧蜂；在野外，蛾柔茧蜂可寄生棉铃虫、玉米螟等多种鳞翅目昆虫，被用于害虫的生物防治；有时会在饲养的米蛾中大发生，成为害虫。

雌虫（北京市农林科学院，2011.IX.17）

幼虫（米蛾，北京市农林科学院，2013.IV.18）

北京断脉茧蜂
Heterospilus sp.

雌虫体长3.0毫米。头浅褐色，额区中大部褐色，头顶光滑，具完整的后头脊；背面观复眼长与上颊相近；触角28节，第3节稍长于第4节。中胸背板被短毛，皮革质；小盾片中央褐色；并胸腹节具介字形细脊纹，脊纹在基部收窄；足黄白色，后足腿节长宽比为0.34。腹部第1～5节背板具纵刻条，第1节长与端宽相近，第4、5节纵刻条位于近基部，后大部分光滑无刻纹；第6节端半起黄棕色；产卵管鞘为腹部长的4/5，为胸部长的1.1倍，黑色。

分布：北京。

注：*Heterospilus*属是大属，世界已知413种，我国已知23种（Belokobylskij and Ku, 2021）。本种与*H. qingliangensis* Tang et al., 2013相近，该种背面观复眼长约是上颊的2.2倍，中胸盾片光滑。北京5月见成虫于林下。

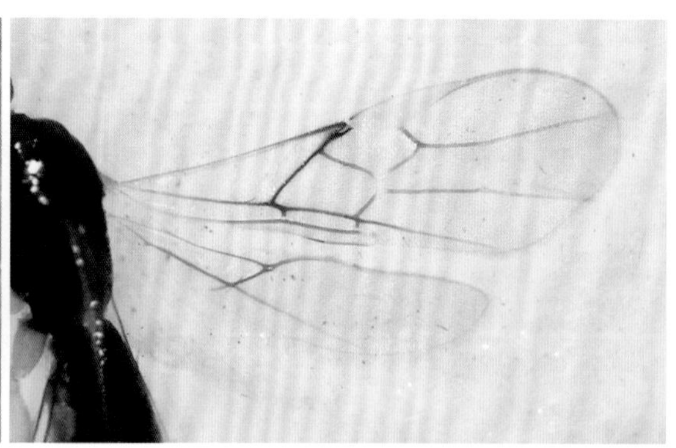

雌虫及翅脉（白蜡，国家植物园，2023.V.16）

暗滑茧蜂
Homolobus (*Chartolobus*) *infumator* (Lyle, 1914)

雌虫前翅长8.2毫米。体红褐色（乙醇泡后为黄褐色），单眼区黑色。触角43+（端部丢失），第3节长为第4节的1.2倍，各鞭节起具许多短脊，越往后脊渐长；下唇须第4节长约为第3节的3.4倍。翅透明，翅痣黄褐色；前翅亚中脉基段稍弯曲。足爪具亚端齿。第1腹板长与端宽比为2.6，气门位于近基部，此后两侧明显收窄。产卵管较短，背面端前明显凹陷。

分布：北京*、陕西、甘肃、新疆、黑龙江、吉林、浙江、江西、福建、台湾、湖南、贵州、云南；全北区，东洋区，新热带区。

注：本种体色等有变化，前翅长6.8～10.0毫米，触角45～50节，前翅小脉在基脉附近（在基脉上，或左右稍变化）（van Achterberg, 1979）。寄生落叶松毛虫等多种鳞翅目幼虫。北京7月可见成虫于灯下。

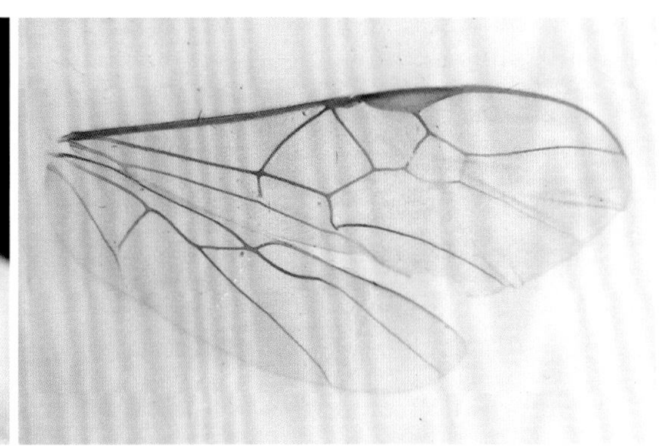

雌虫及翅脉（门头沟小龙门，2011.VII.5）

异色滑茧蜂
Homolobus (*Homolobus*) *discolor* (Wesmael, 1835)

雌虫体长7.3毫米，前翅长7.3毫米。体暗褐至黑色，腹面较浅，须、足（包括基节）黄褐至红棕色，后足胫节端大部及基跗节同体色。触角46节，端节具长刺；颚眼距约为上颚基宽的70%；无后头脊。并胸腹节脊纹不发达，下半部具“V”形脊纹。后翅缘室具交叉脉。第1背板长大于端宽（不及端宽的2倍），基大部两侧具1对纵脊，第2节明显长于第3节，第2、3节无纵脊。产卵管短，稍短于末端腹高。

分布：北京*；日本，朝鲜半岛，欧洲。

注：中国新记录种，新拟的中文名，从学名。北京6月可见成虫于灯下。

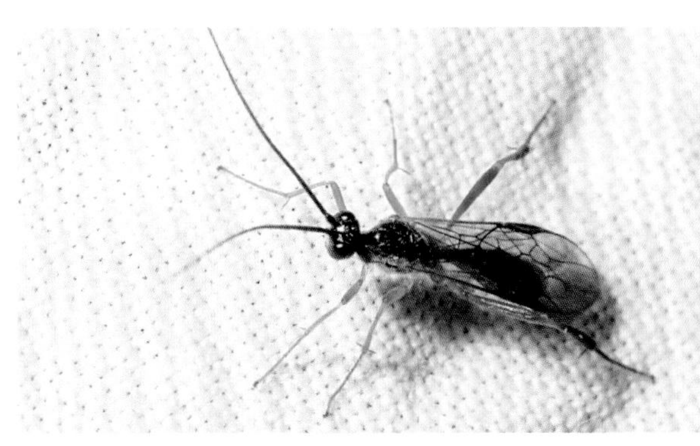
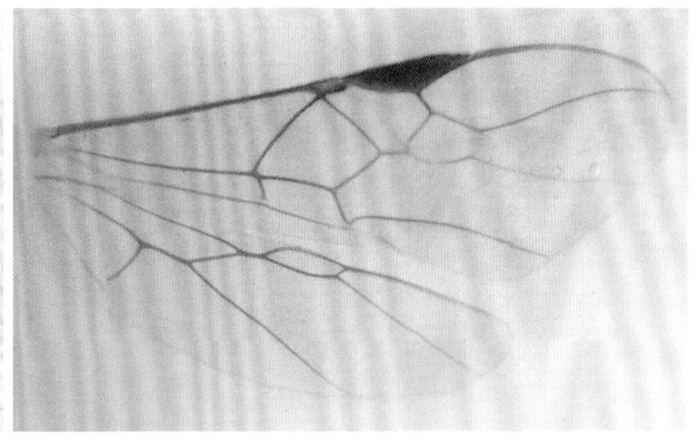

雌虫及翅脉（门头沟小龙门，2012.VI.25）

台湾条背茧蜂
Ipodoryctes formosanus (Watanabe, 1934)

雌虫体长4.6毫米，前翅长3.8毫米。体红褐至黑褐色，头部、触角（除端部）及足色浅，第3～5节两侧及后缘红褐色。触角34节，鞭节第1节长于第2节。并胸腹节具人字形中脊，具网络形刻纹，但近卵形的外侧区无刻纹。腹第1节背板长短于端宽，约为基宽的1.5倍，第1～5背板具纵刻纹，第2节中长是端宽的2.4倍，前后缘光滑（基中前缘更窄），第3节后缘具光滑区，第4、5节前后缘具光滑区。前中足腿节基部无泡状结构，胫节具短刺。产卵管鞘是前翅长的43%。

分布：北京*、浙江、台湾、海南；朝鲜半岛，俄罗斯，越南，马来西亚，印度尼西亚。

注：原组合为*Rhaconotus formosanus*（Belokobylskij & Zaldívar-Riverón, 2021）；这类茧蜂多寄生吉丁、象甲等蛀食幼虫。另1雌虫体长3.0毫米，触角28节。北京7月见成虫于灯下。

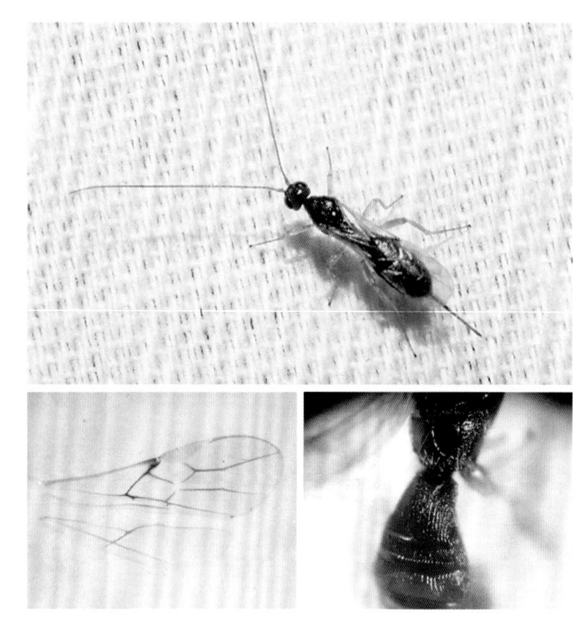

雌虫及翅脉和腹基部（国家植物园，2023.VII.11）

迭斜沟茧蜂
Leluthia disrupta (Belokobylskij, 1994)

雌虫体长4.1毫米，前翅长2.9毫米。体暗褐色，头部、胸部前半部红棕色，足色较浅（后足腿节暗褐色）。触角29节；颜面两侧具不明显横皱，头顶皮革质。前胸背板的位置略低于中胸背板，中胸盾片中部具7～8条细隆脊；并胸腹结具粗皱刻，无脊纹。前足胫节具刺。翅透明，翅痣黑色，第1亚盘室开放。腹第1背板粗，长与端宽相近，第1～4节背板具纵刻纹，第2节近中部具弧形凹陷横沟，两侧稍S形，第2节近基部具横沟，第2～4节后缘光滑，很窄，第4节略宽，第5节皮革质，第6节光滑。

分布：北京*；朝鲜半岛，俄罗斯，格鲁吉亚。

注：中国新记录种，新拟的中文名，意为第2、3背板各有1条横沟。描述于内蒙古的*Leluthia chinensis* Li et van Achterberg, 2015被认为是*Pareucorystes varinervis* Tobias, 1961的异名（Belokobylskij, 2019）。

雌虫及翅脉和腹基部（国家植物园，2023.VI.29）

棉蚜茧蜂

Lysiphlebia japonica (Ashmead, 1906)

雌虫体长1.5～1.8毫米。体黑褐色至黑色，通常腹部及足颜色较浅。触角13～14节（少数12节），有时基部数节颜色较浅，第3、4节长度相等。翅脉简单，翅痣嫩黄色至暗褐色。腹柄节细长，长是气门处宽的2.5～3.0倍。

分布：北京、辽宁、陕西、山西、山东、江苏、湖北、江西、四川、云南、台湾、香港等；朝鲜半岛，日本。

注：又名日本柄瘤蚜茧蜂。寄生低矮植物上的棉蚜、豆蚜、桃蚜等多种蚜虫，产卵时对蚜虫大小、产卵部位没有选择。僵蚜浅褐色，羽化孔圆形，整齐。有时僵蚜上具不整齐的羽化孔，是重寄生蜂所咬的羽化孔。

雌虫（棉蚜，北京市农林科学院，2011.V.29）

僵蚜（棉蚜，北京市农林科学院，2011.V.27）

混合柄瘤蚜茧蜂

Lysiphlebus confusus Tremblay et Eady, 1978

雄虫体长1.6毫米，前翅长1.5毫米。体暗褐至黑色，腹第1～2节浅褐色。触角13～14节，第3节稍长于第4节。前翅外缘和后缘的毛明显长于翅面的毛。腹柄节较短，长约为气门处宽的1.2倍。

分布：北京*、陕西、黑龙江、吉林、天津、山西、河南、江苏、福建、湖北、广东、四川、云南、西藏；日本，以色列，土耳其，欧洲。

注：寄生豆蚜、棉蚜、橘二叉蚜等，在蚜虫体内化蛹，僵蚜浅褐色。

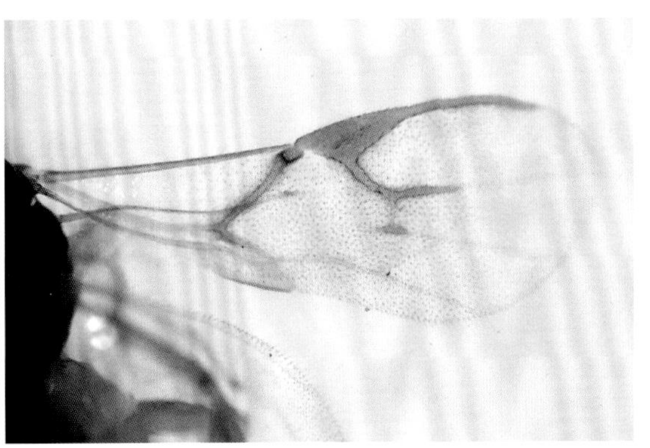

雄虫及翅脉（紫花苜蓿，北京市农林科学院，2022.V.23）

豆柄瘤蚜茧蜂
Lysiphlebus fabarum (Marshall, 1896)

雌虫体长1.4毫米，前翅长1.3毫米。体暗褐至黑色，腹第1～2节浅褐色。触角13节，第3节稍长于第4节。前翅外缘和后缘的毛（除个别毛）与翅面毛的长度相近。

分布：北京、新疆、黑龙江、吉林、辽宁、天津、河北、山东、江苏、浙江、福建、广东、四川；西亚，欧洲。

注：与混合柄瘤蚜茧蜂*Lysiphlebus confusus* Tremblay et Eady, 1978很接近，主要的区别在于本种前翅外缘和后缘的毛较短，这2种在北京可同时发现于紫花苜蓿上，寄生豆蚜和棉蚜。

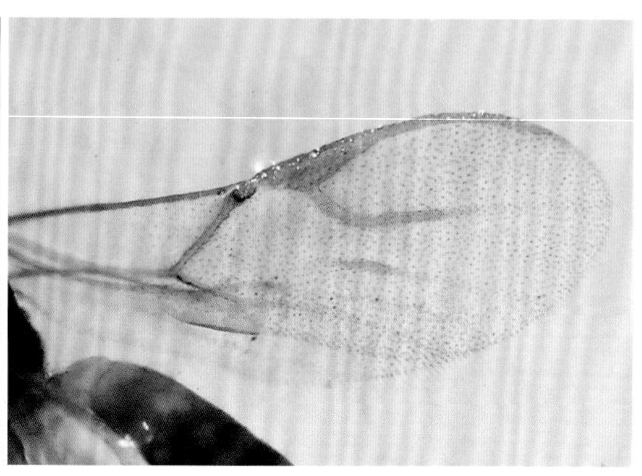

雌虫及翅脉（紫花苜蓿，北京市农林科学院，2022.V.23）

两色长体茧蜂
Macrocentrus bicolor (Cutis, 1833)

雌虫体长5.7毫米，前翅长4.8毫米。体黑色，上唇、须黄色，足（包括基节）黄棕色，后足胫节除黄白色基部外黑褐色，腹第6～7节后缘淡黄白色。并胸腹节无中脊，具众多横脊。腹背板第1～2节具纵刻纹，延伸至第3节的3/5。

分布：北京*、辽宁、浙江、湖北；日本，朝鲜半岛，俄罗斯，伊朗，欧洲。

注：本种胸部的颜色有变化，多为红棕色，但日本的种群为黑色（van Achterberg, 1993），黑色体形的可能为不同的种，暂定为本种；寄生多种小蛾类的幼虫。北京7月可见成虫于灯下。

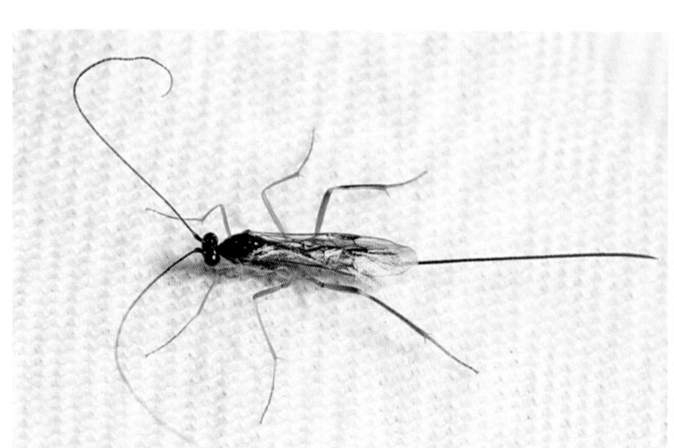
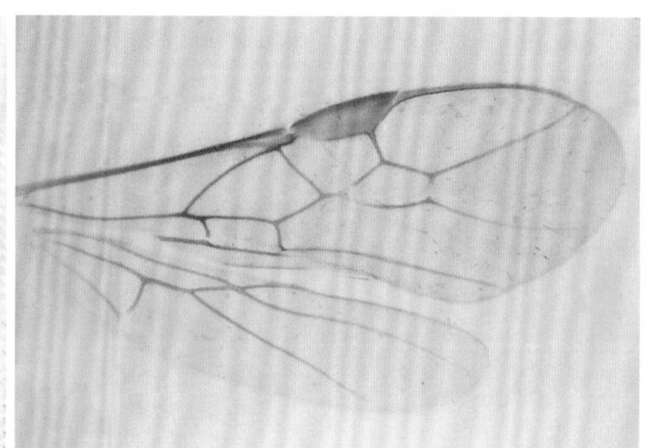
雌虫及翅脉（昌平王家园，2013.VII.2）

北京长体茧蜂
Macrocentrus beijingensis Lou et He, 2000

雌虫体长6.5毫米，前翅长5.5毫米。头、胸背及腹黑色，小盾片红褐色；中胸侧板红褐色，基部黑褐色。上颚黄白色，2个齿，红褐色，端黑色，上齿长；须黄白色，长。触角鞭节49节，每节散生小白点。腹部第1～3背板长，具细纵脊，第3节端部不明显，第4节仅基部具纵脊，第1节气门在近基部。前翅翅痣黄色，1 Cu1脉明显加粗，长与小脉相近。足细长，第2转节及腿节具小齿，3足数量为8+1～2，6+8，6+12；爪基叶突大。

分布：北京。

注：模式产地为北京万花山，应是百花山之误；转节端齿数不同，模式为3，3+4，6+8；其触角已不完整；仅知雌虫（何俊华等，2000）。已知*Macrocentrus*属茧蜂寄生多种蛾蝶类的幼虫。北京6月、8月、10月见成虫于灯下。

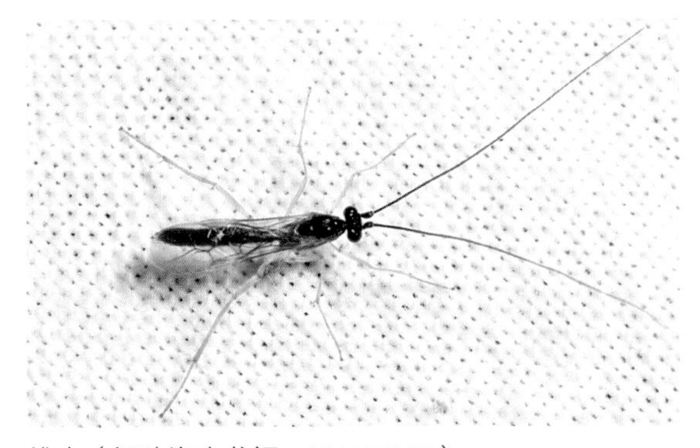

雄虫（门头沟小龙门，2012.VI.25）

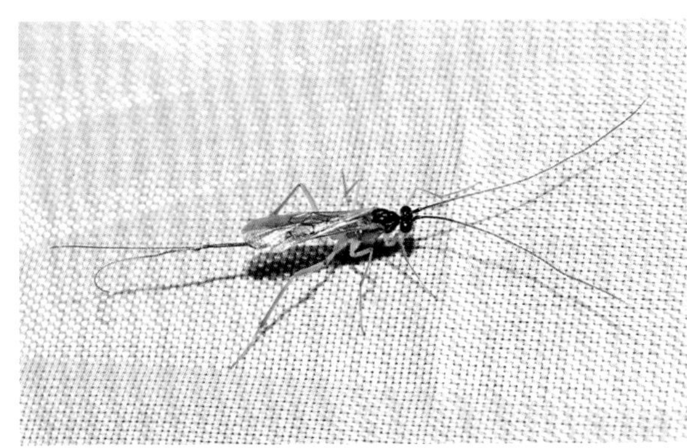

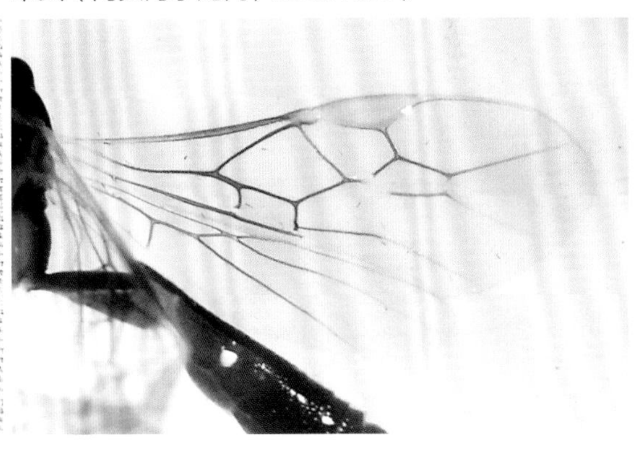

雌虫及翅脉（国家植物园，2022.X.13）

拟滑长体茧蜂
Macrocentrus blandoides van Achterberg, 1993

雌虫体长3.4毫米，前翅长2.8毫米。体黑色，须、触角基3节、足、腹部腹面黄褐色，前中胸（除小盾片）、产卵管鞘暗红褐色。触角32节，稍短于体长。腹第1～2背板具纵刻纹，第1节长约为端宽的2倍，明显长于第2节，第2节前半具侧沟，后缘光滑，第3节基部稍有刻纹。翅痣暗褐色，前缘淡黄色。

分布：北京*、黑龙江、山东；朝鲜半岛。

注：体色可更浅，生物学不清楚（van Achterberg，1993）。北京6月可见成虫于灯下。

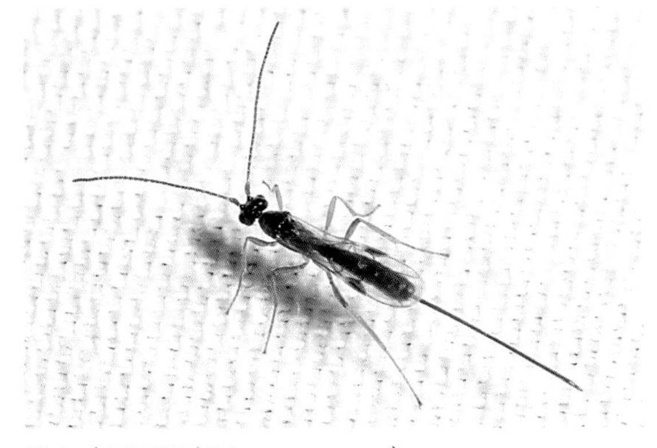

雌虫（昌平王家园，2013.VI.17）

周氏长体茧蜂
Macrocentrus choui He et Chen, 2000

雌虫体长8.5～9.3毫米。体黑色；足淡黄白色，第2转节端稍带红褐色，后足基节、腿节端大部暗红褐色，胫节端褐色；腹部第1～4节腹侧及腹面黄褐色。触角长于体和产卵管。前翅SR1脉长为3-SR脉的2.5倍，亚基室近端部下方具黄色斑，其外侧具无毛区。爪具基叶突。腹第1背板长细，约为其端宽的2.5倍，第2、第3节长相近，第4节明显短，稍大于第3节之半，第1～2节、第3节前大半具纵脊纹，但第3节脊纹浅。

分布： 北京*、陕西、黑龙江、吉林、辽宁、浙江。

注： 北京7月可见成虫于灯下。

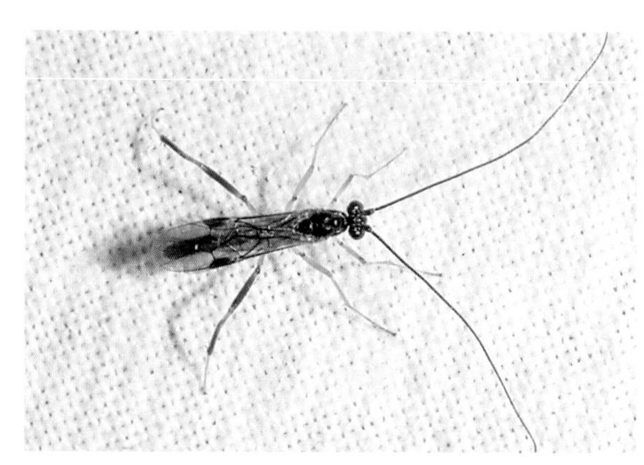

雄虫（房山蒲洼，2020.VII.15）

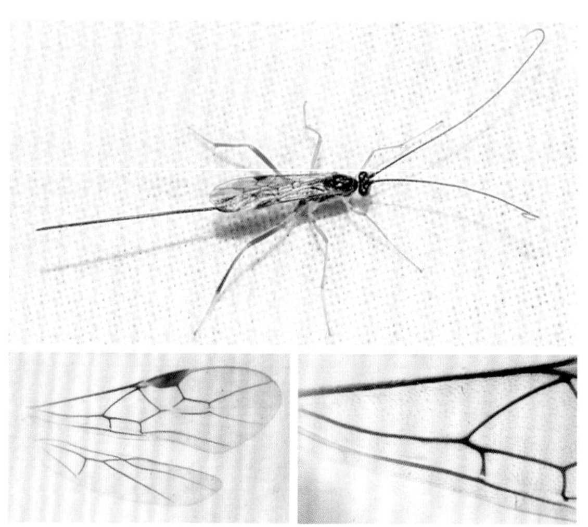

雌虫及翅脉和基部（房山蒲洼，2020.VII.15）

缘长体茧蜂
Macrocentrus marginator (Nees, 1812)

雌虫体长6.9～7.5毫米，前翅长5.6～6.0毫米。体黑色，须黄色，足红褐色，后足胫节（包括距）黑色，仅基部黄褐色，后足跗节暗褐色。上颚2个齿，上齿长；颜面刻点中等粗密；触角42～44节。并胸腹节端半部分呈横向的瓦片状纹。翅淡烟色，前翅翅痣前后缘暗褐色，内侧（r脉内）约为外侧的2倍长，亚基室具明显的浅褐色斑，其外侧几无毛分布；后翅Sc+R1稍弯曲。前足短而细；爪具基叶突。腹部第2背板基2/3具纵脊，第3背板中基部具细纵脊（不易被观察）。产卵管鞘分别为体长和前翅的1.5倍和1.8倍。

分布： 北京*、黑龙江、吉林、辽宁、湖北；全北区。

注： 可能寄生透翅蛾幼虫，雌虫触角40～43节，雄虫37～40节（Farahani et al., 2012）。北京8～9月见成虫于灯下。

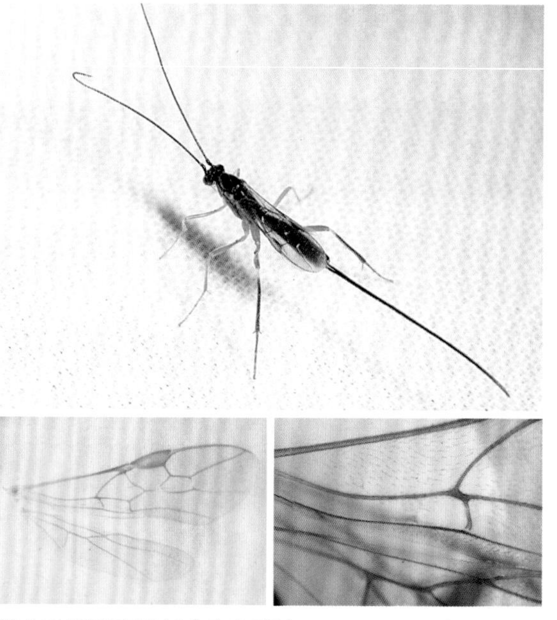

雌虫及翅脉和基部（房山蒲洼，2020.VIII.15）

茶梢尖蛾长体茧蜂

Macrocentrus parametriatesivorus He et Chen, 2000

雌虫体长5.0毫米，前翅长3.9毫米。体淡橙黄色，触角基2节、足淡黄色，鞭节褐色，单眼区、并胸腹节端大部及腹部前3节背板黑褐色，其他背板颜色向端部渐浅。触角45节，端节具端刺。并胸腹节基半部中央具纵脊，中部后具2～3条横脊，不整齐，不达侧缘，纵横脊并不直接相连。前翅基脉后叉，亚基室端部具无毛区，其内侧下方具浅斑。后足第2转节端具3个齿，腿节近基部具2个齿，爪具基叶突，齿很弱。腹第1～3节背板具纵细刻条，第3节的未达后缘（达70%），第1节长为端宽的2.63倍。

分布：北京*、浙江、江西、湖南、广东。

注：种小名写成*parametriates*有误；原描述未提到后足腿节基部的齿数（何俊华等，2000）。寄主为茶梢尖蛾*Parametriotes theae*、茶枝镰蛾*Casmara patrona*。北京8月见成虫于灯下。

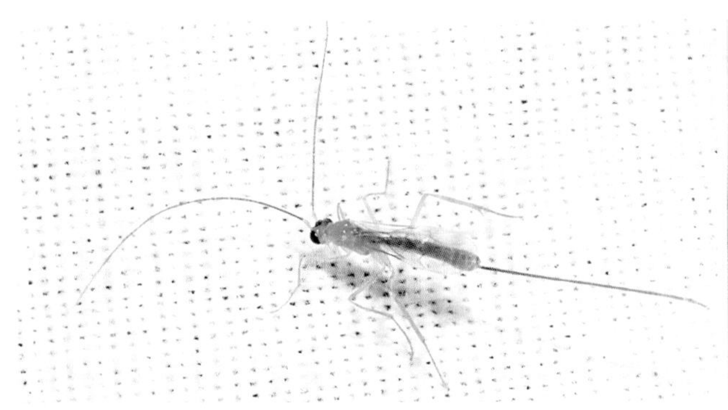
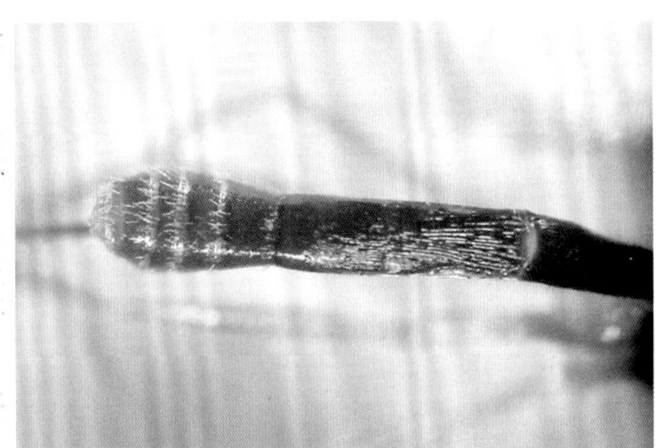

雌虫及腹部背面（怀柔黄土梁，2021.VIII.24）

三板长体茧蜂

Macrocentrus tritergitus He et Chen, 2000

雌虫体长4.7毫米。体红黄色；头黑褐色，触角褐色，基2节淡黄色，腹第2节基大部及第5～7节背面黑褐色。触角43节，明显长于体；上颚上齿长，下齿短。前翅SR1为3-Rs的3.5倍，翅痣浅褐色；后翅SR脉直，与前缘平行。足爪简单，无基齿。腹第1～3节背板具细纵刻纹，第3节的刻纹伸达2/3强。产卵管稍短于腹部。雄虫体长3.6毫米。

分布：北京、安徽、浙江、广西。

注：腹背的颜色有变化，过去未记载雄虫。北京9月可见成虫于灯下。

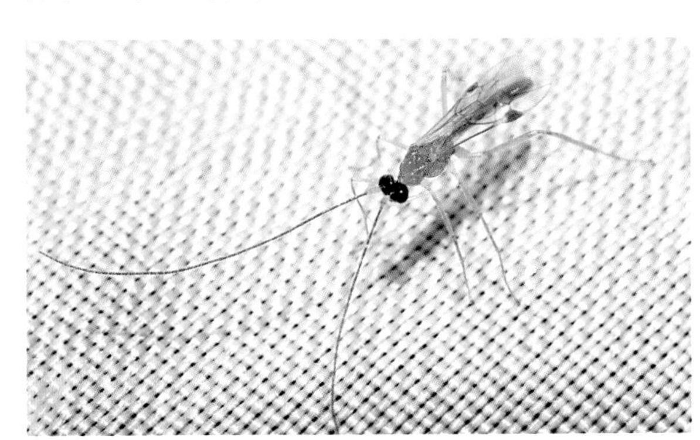

雄虫（国家植物园，2023.IX.12）

雌虫（国家植物园，2023.IX.12）

大眼长体茧蜂
Macrocentrus sp.

雌虫体长5.2毫米，前翅长4.4毫米，产卵管鞘长7.8毫米。头、腹黑褐色至黑色，胸红黄色，足黄棕色。触角基2节红棕色，余黑色，长于体；上颚上齿稍尖，明显长于短宽的下齿；上颊约为复眼宽的5倍；后单眼几乎达后头。前翅翅痣暗褐色，亚基室仅在下缘具光裸无毛的细带；后翅SR脉直，稍弯曲。后足爪简单，无基叶突；前、中和后足转节+腿节的小齿数：7+1、8+4和6+5。

分布： 北京。

注： 从单眼大小及位置、亚基室被毛、腹背的脊纹等很接近红胸长体茧蜂*Macrocentrus thoracicus* (Nees, 1811)，但该种后足爪具基叶突，腹部浅色，头部无后颊（Haeselbarth, 1978）。北京5月见成虫于灯下。

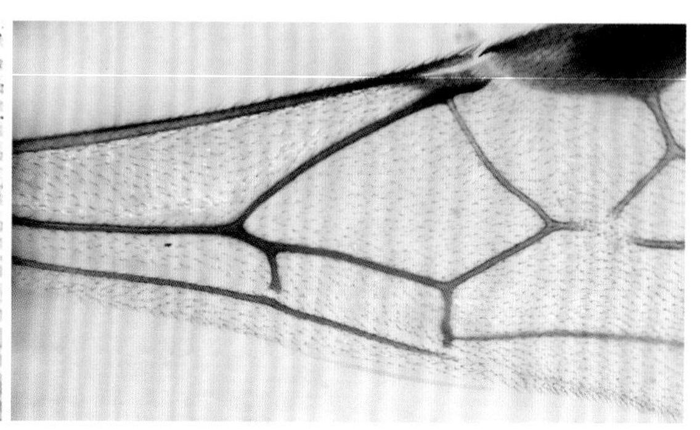

雌虫及翅脉（国家植物园，2023.V.16）

祝氏鳞跨茧蜂
Meteoridea chui He et Ma, 2000

雄虫体长4.5毫米，前翅长3.2毫米。体黄白至浅褐色，上颚端、单眼区、后胸背板、并胸腹节背面、腹背板第1～2节及第3节基部2/3暗褐至黑褐色。触角向端部颜色变深，29节，端节稍长，具端刺；唇基前缘近于平截，稍内凹。后胸背板无中脊，具1对平行的亚侧脊。腹第1、2节背板具纵刻纹，第3节黑色，光滑，两侧具刻点，第1节细长，明显长于第2节，第2节长略大于宽，第3节短于前节。

分布： 北京*、江苏、浙江、重庆。

注： 经检标本为雄虫，过去未有记载，第3背板基部未有刻纹，两侧具刻点。这些特征与吉林鳞跨茧蜂*Meteoridea jilinensis* He et Ma, 2000相近，但该种雌虫触角29节、后胸背板具中脊和1对平行的亚侧脊及后翅翅脉上不同，暂定为本种。记载可寄生竹织叶野螟、桑绢野螟等。北京8月、10月可见成虫于灯下。

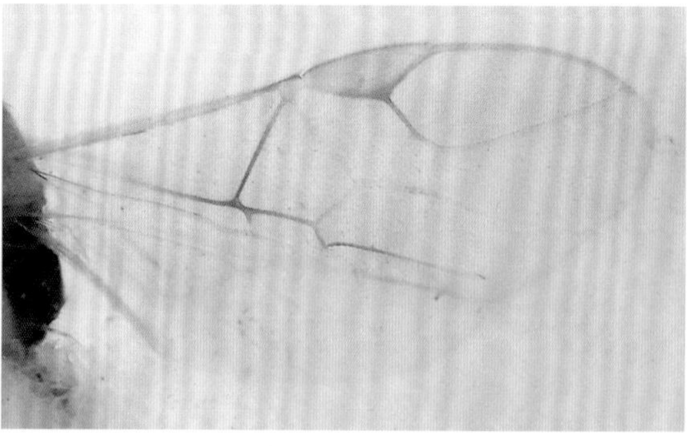

雄虫及翅脉（国家植物园，2023.VIII.10）

黑胫副奇翅茧蜂
Megalommum tibiale (Ashmead, 1906)

雌虫体长8.8毫米，前翅长8.4毫米。体黄棕色，触角黑色，基2节同体色，但外侧具黑褐色纵条纹，上颚端部、前足端跗节、中足跗节、后足胫节（除基部）和跗节、产卵管鞘黑褐色，前翅翅痣黑褐色，基室褐色。触角64节（缺端）。腹背第2节具倒三角形脊纹围绕区，伸达后缘的3/4，两侧缘具纵沟。前翅小脉（cu-a）远前叉，第1亚盘室近于长卵形，缺明显黑斑，后缘硬化区颜色稍深，Cu1b脉强烈扩展变粗。

分布： 北京*、辽宁、浙江、广西；日本。

注： 本种前、中足的颜色变化（前足跗节端几节也可暗色），原描述中足第2～5节跗节黑色，前足浅色（Ashmead, 1906）。中文名自李杨（2017），该文认为*Aphrastobracon huanjianginensis* Wang, Chen et He, 2003和*A. politus* Wang, Chen et He, 2003为本种的异名。寄生栗山天牛*Massicus raddei* 幼虫（Cao et al., 2020a）。北京7月可见成虫于灯下。

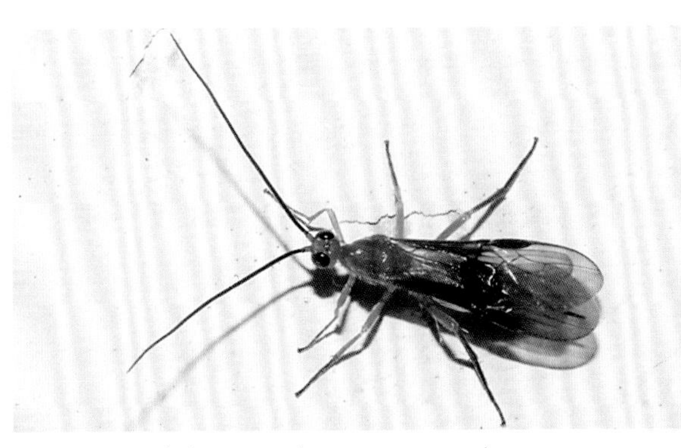

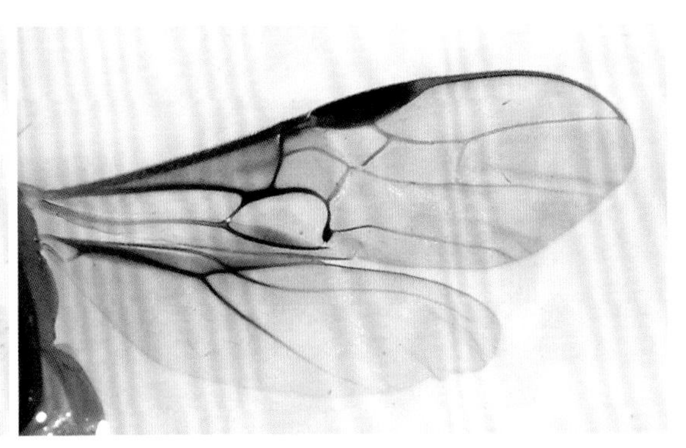

雌虫及翅脉（密云雾灵山，2021.VII.25）

黏虫悬茧蜂
Meteorus gyrator (Thunberg, 1822)

雌虫体长5.0毫米，前翅长5.0毫米。体黄褐色，上颚端、单眼区、产卵管鞘黑褐色，触角端部、并胸腹节、跗节端颜色稍深。触角34节；额中央稍凹陷，在单眼前无瘤突。前翅cu-a脉略后叉式，翅痣淡黄色。并胸腹节具网状脊纹，基半部具较弱的中纵脊。第1背板柄状，背板在腹面远离不相接，气门前具较大的凹洼，后大半部具纵刻纹；第2、3节光亮。产卵管约为第1背板长的1.5倍。

分布： 北京、陕西、黑龙江、吉林、辽宁、河北、山西、江苏、上海、浙江、江西、福建、湖北、广东、四川、贵州、云南；日本，欧洲。

注： 寄生黏虫，出寄主幼虫，在植物上做悬茧。

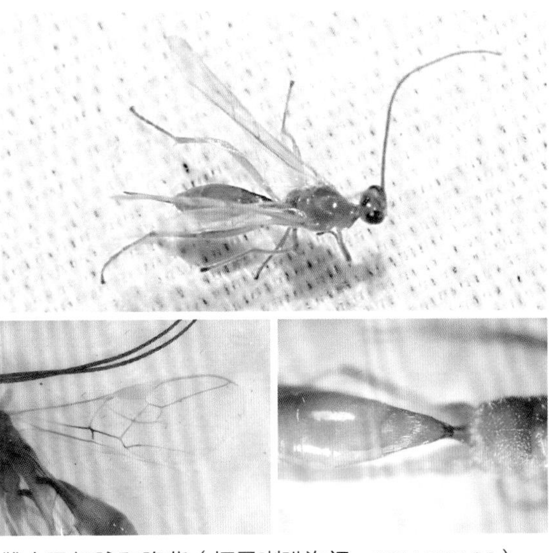

雌虫及翅脉和腹背（怀柔喇叭沟门，2014.VIII.25）

黄缘悬茧蜂
Meteorus limbatus Maeto, 1989

雌虫体长4.0毫米，前翅长3.0毫米。体黄褐色，上颚端、触角端部、单眼区、产卵管鞘黑色，第1背板端大部、跗节端颜色稍深。唇基平，不隆起，被较密的长毛；触角29节；额在单眼前无瘤突。翅痣褐色，前缘及基部淡黄色。并胸腹节呈粗皱纹。第1背板柄状，背板在腹面远离不相接，近中部具较大的凹洼，其后具纵刻纹；第2、3节光亮。产卵管约为第1背板长的1.2倍。

分布：北京*；日本，欧洲。

注：中国新记录种，新拟的中文名，从学名。本种体色可变深，以褐色为主，分布于日本北海道（Maeto，1989）。北京6月见成虫于灯下。

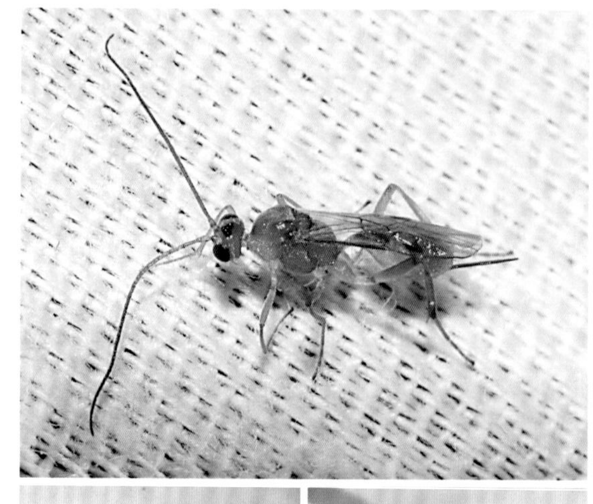

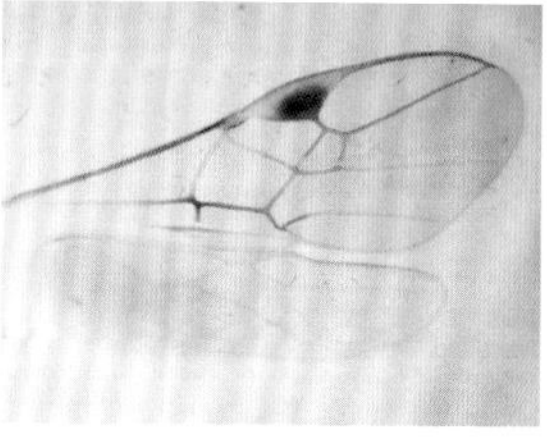

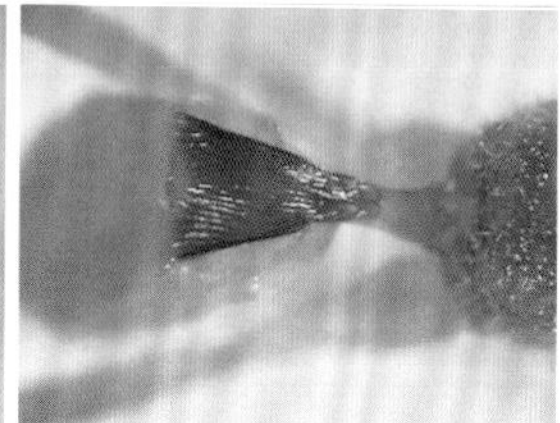

雌虫及翅脉和腹柄（国家植物园，2023.VI.13）

虹彩悬茧蜂
Meteorus versicolor (Wesmael, 1835)

雌虫体长3.7毫米，前翅长3.3毫米。体黄褐色，单眼区、上颚端、第1腹节黑色，并胸腹节暗褐色。触角30节，第3、4节最长，后渐短，端节长于前节。第1腹节黑色，背板在腹面基半部愈合，背面具纵脊，在扩大的端半部尤其明显。产卵管细长，长于后足胫节，基部1/3扩大，在近端部背面略扩大。

分布：北京*、黑龙江、吉林、辽宁、浙江、福建、湖北、湖南；日本，蒙古国，欧洲，北美洲。

注：体色有变化，头胸部可呈黑褐色或黑色。寄主广，可寄生多种松毛虫、毒蛾、夜蛾甚至蝶类幼虫，幼虫悬1细丝结茧化蛹，茧外表面具粗丝。北京6月见成虫于灯下。

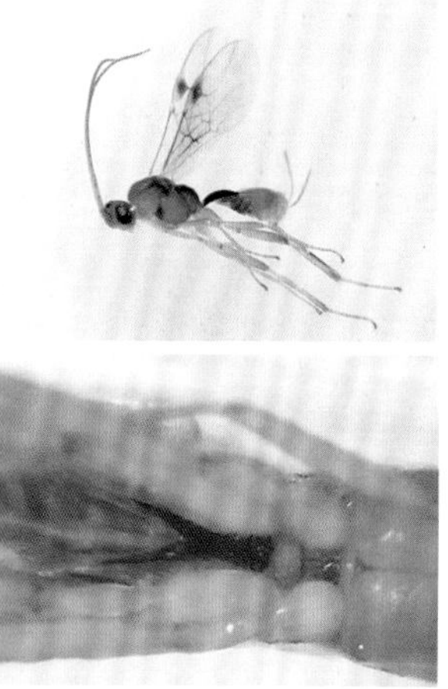

雌虫及标本照和第 1 腹板（房山大安山，2022.VI.23）

陡盾茧蜂
Ontsira sp.

雌虫体长3.0～5.6毫米。体红棕色，小盾片及以后部分暗红棕色。触角窝后侧方无幕骨凹陷；触角约31节，第1鞭节稍长于第2节（1.10～1.26），后几节长度相近。中胸盾片后叶中央具2条细纵脊，基间具横隔。并胸腹节具人字形脊纹，侧区内两侧具刻点，下部皱刻呈不规则网格纹。前翅翅痣黑褐色，两端淡黄色；前翅小脉较短，远离基脉。前足胫节具9～10个钉状刺，后足基节腹面端部具齿形突，腿节长是宽的3.0倍。第1背板长与端宽相近，向端部扩大，具纵刻纹，第2节宽大，长于第1节，中部具弧形凹入的横沟，端部1/3光滑，第3～5节无纵刻纹，基部具横皱纹（细）。产卵管鞘短于腹部，为前翅长的45%。

分布：北京。

注：我国已知11种（Belokobylskij et al., 2013），查检索表与分布于越南的*Ontsira alboapicalis* Belokobylskij, 1998相近，但该种触角末端7节白色，前翅r脉出自翅痣中部稍后。北京6～7月、10月可见成虫，具趋光性。

雌虫（杨，北京市农林科学院室内，2011.X.4）

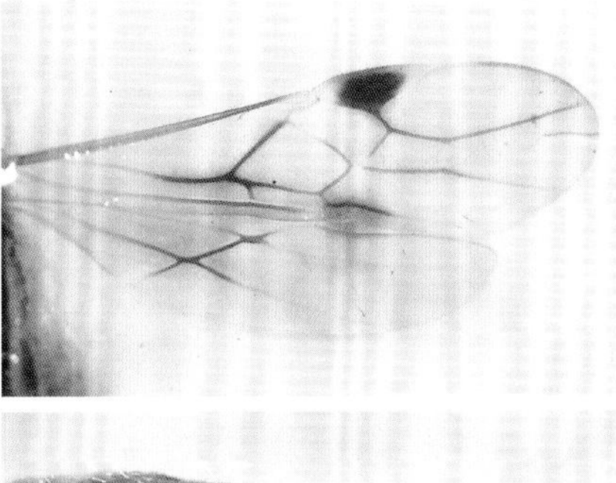

雌虫翅脉和腹基部（国家植物园室内，2023.VI.29）

日本少毛蚜茧蜂
Pauesia japonica (Ashmead, 1906)

雌虫体长约3.5毫米。体黑色，触角柄节腹面、颜面、口器、前中胸背板及侧板、腹部第2节后缘、足黄褐色，后足基节基部黑褐色。触角22节，各鞭节长度相近。产卵管鞘三角形。

分布：北京*、河北、四川；日本。

注：寄生板栗大蚜，被寄生后的蚜虫表皮全黑，且个体常常离开蚜群。

雌虫产卵（板栗，怀柔官地，2005.X.3）

柳少毛蚜茧蜂
Pauesia salignae (Watanabe, 1939)

雄虫体长约3毫米。体黑褐或黑色，触角柄节、中胸背板（除3个品字形黑斑）、腹部第2节后缘横带、足红褐色。触角25节，与体长相近。并胸腹节具笔头形中室。翅透明，翅痣黑褐色，基部淡黄色。

分布：北京、黑龙江、福建、台湾；日本，朝鲜半岛。

注：寄生柳瘤大蚜*Tuberolachnus salignus*。

雌虫（黄花柳，门头沟小龙门，2017.IX.27）

双线愈腹茧蜂
Phanerotoma bilinea Lyle, 1924

雌虫体长3.1～3.9毫米，前翅翅长2.7～3.4毫米。体黄褐色；单眼区、复眼、上颚末端黑色，后盾片前后缘、前翅翅痣（除两端浅色）及下方、部分翅脉、腹第3背板、后足胫节端部褐色至黑褐色。触角23节，端部5节明显缩短，略呈念珠状，其中前2节常宽大于长，端节最长；颚眼距短于上颚基宽；唇基端缘具3个齿，中齿小（黑褐色）；复眼宽于后颊，约为1.4倍。前翅r脉短，不及3-SR脉之半。腹第3节背板末端宽弧形内凹，中部长短于宽（3/5），与前节中长相近；腹部1～3节具纵脊纹，并略呈网格纹，第3节尤其明显。

分布：北京*、吉林、福建、湖北；俄罗斯，欧洲。

注：新拟的中文名，从学名；本种的重要特征为产卵管鞘很长，远伸出腹末，且肛下板端部向后线形突出（Achterberg, 1990）。念珠愈腹茧蜂*Phanerotoma moniliatus* Ji et Chen, 2003模式产地为吉林、福建、湖北（陈家骅和季清娥, 2003），从描述及重要特征图判断，应是同一种，新异名，syn. nov.。北京7～8月可见成虫于灯下。

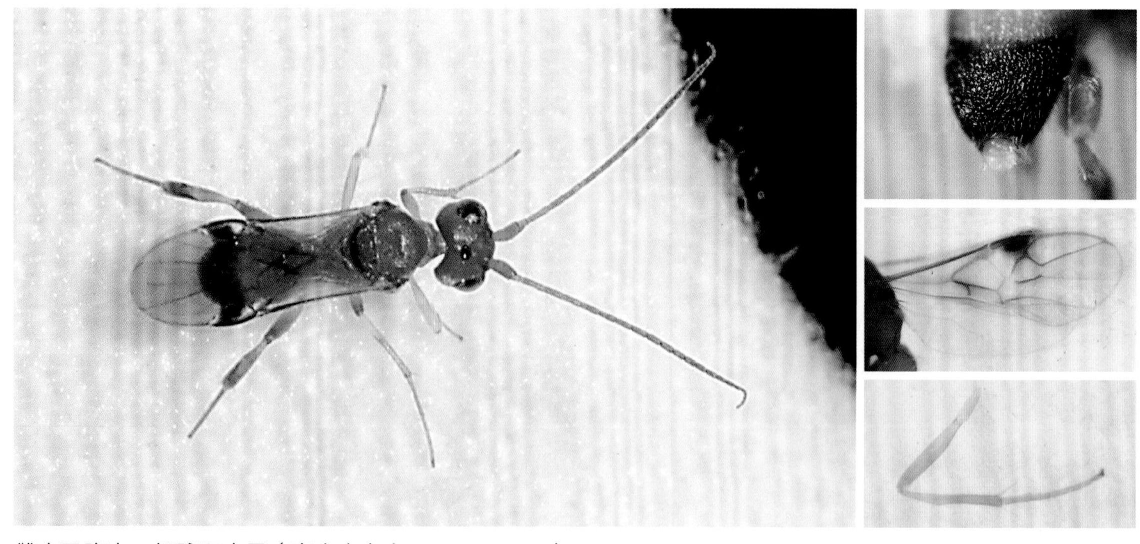

雌虫及腹末、翅脉和中足（房山大安山，2021.VIII.26）

长足大蚜茧蜂

Pauesia unilachni (Gahan, 1927)

雌虫体长2.1毫米。体暗褐至黑色，足颜色稍浅。触角17节，第3节稍短于第4节，第4、5节长度相近。前翅翅痣与痣后脉等长，径脉第1段长为第2段的2倍多，第2段稍短于间脉。并胸腹节具四边形小室，侧脊明显。产卵管鞘细长，稍上翘，端部较尖、管状。

分布： 北京*、河北、山东、福建、台湾、香港；日本，朝鲜半岛，俄罗斯，土耳其，欧洲。

注： 经检标本并胸腹节的脊纹与Watanabe和Takada（1965）的图相近，呈四边形，上边中部略凸，细长的产卵管鞘是本种的特点。寄生松针粉大蚜*Schizolachnus pineti*等多种该属蚜虫，僵蚜浅褐色，略带焦黄。

雌虫（门头沟小龙门室内，2015.IV.20）

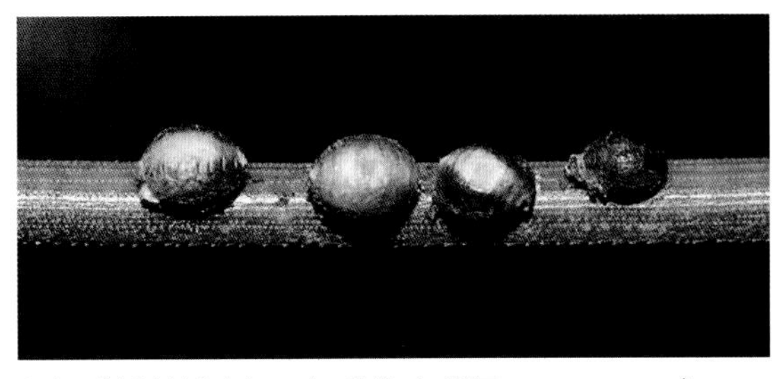

僵蚜（松针粉大蚜，门头沟小龙门，2015.IV.16）

黑盾缘茧蜂

Perilitus nigriscutum Chen et van Achterberg, 1997

雌虫体长5.4毫米，前翅长4.8毫米。体淡黄褐色。触角35节，黄褐色，基部2节淡白色，端大部褐色至暗褐色；后头脊不完整，仅两侧有。小盾片前沟具3条纵脊。并胸腹节具不规则网格纹，后缘近于平截。翅透明，前翅1-Rs+M脉存在，r-m缺，1-R1脉明显长于翅痣，m-cu脉明显前叉，小脉位于基脉上。爪简单。第1背板长和端宽比为2.4，中后部具浅纵脊。产卵管鞘稍短于后足胫节，其上的毛稍长于宽，端部暗褐色。

分布： 北京*、湖北、广西、贵州、云南。

注： 经检标本的单眼区黑色，中胸盾片侧叶两侧暗褐色，且后足腿节长宽比为6.2，胫节和基跗节长宽比分别为12.4和9.3，原描述中胸盾片黑色，后足3节的比例为6.0∶11.0∶10.0（Chen and van Achterberg, 1997），暂定为本种。此属昆虫多寄生甲虫（象甲、叶甲等）。北京7月见成虫于灯下。

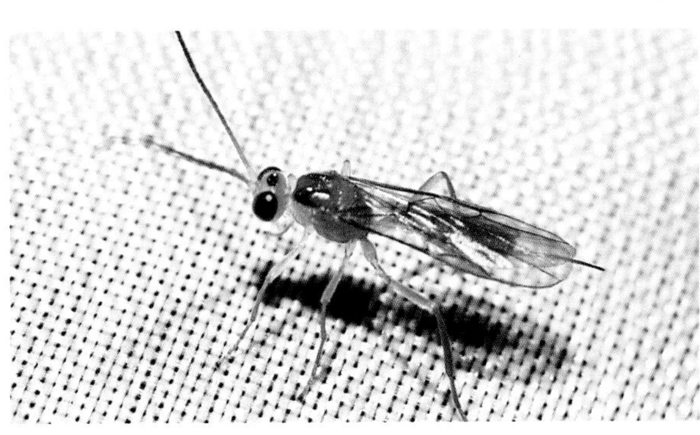

雌虫及翅脉（房山大安山，2022.VII.28）

异愈腹茧蜂

Phanerotoma diversa (Walker, 1874)

雌虫体长5.0毫米。体淡象牙色，具褐色至黑色纹：触角下方的颜面、中胸腹板，腹部第1背板后缘两侧、第2、第3背板（除两侧前缘及第2背板中央心形斑）。触角淡黄色，23节，短于体长，第1节黑褐色，端部7～8节短小（均长稍大于宽），颜色略暗，端节具端刺；背面观上颊与复眼长度相近，颚眼距约为上颚基宽之半；唇基前缘黄褐色，具3个齿，明显，中齿略小。前翅翅痣及副痣黑色，翅痣宽约为3-SR脉的3/4，1-R1脉明显长于翅痣，r脉短，只及 3-SR脉的1/3。足仅后足腿节和胫节端半部分黑色，胫节基部和各足跗节端褐色，中足胫节无明显的胞状突。第3背板后缘背观圆弧形，后面观近于稍内凹。

分布：北京*、河北；日本，朝鲜半岛，俄罗斯，蒙古国，欧洲，北美洲等。

注：中国新记录种，新拟的中文名，从学名；模式产地为日本（Walker, 1874），体色变化较大，分为不同的亚种；河北记录于兴隆；北京的标本其触角柄节颜色可略浅，甚至大部红棕色；数量较多，可能与齿纹丛螟相关。7～8月可见成虫，具趋光性。

雌虫及翅脉和腹背（房山蒲洼，2020.VII.15）

东方愈腹茧蜂

Phanerotoma orientalis Szepligeti, 1902

雌虫体长3.4～3.7毫米，前翅长2.7～3.1毫米。体黄褐色；单眼区、复眼、上颚末端黑色，触角端部褐色，前翅翅痣及部分翅脉暗褐色，后足胫节端部褐色；腹部第1、2节大部淡白色。触角23节，端数节渐短、细，但均明显长于宽，端节端具刺；颚眼距与上颚基宽相近，上颚下齿明显短于上齿；唇基端缘具3个齿，黑褐色，中齿稍小；复眼宽于后颊，约为1.28倍。腹第3节背板末端圆突，长稍短于宽（88%），为前节中长的1.4倍；各节具纵脊纹。前翅r脉是3-SR脉的2/3。

分布：北京*、山东、江苏、浙江、江西、海南、广西、重庆、四川、云南；东南亚。

注：*Phanerotoma philippinensis* Ashmead, 1904是本种的异名，模式仅1雌，体长3.5毫米。经检标本前翅r脉较长，约是3-SR脉的2/3，暂定为本种。寄生棉大卷叶螟、桃蛀螟、桑绢野螟等，为卵-幼虫期的单寄生。北京8月可见成虫于灯下。

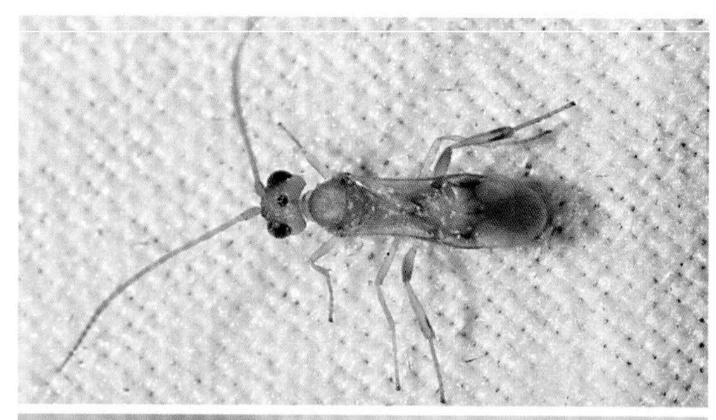

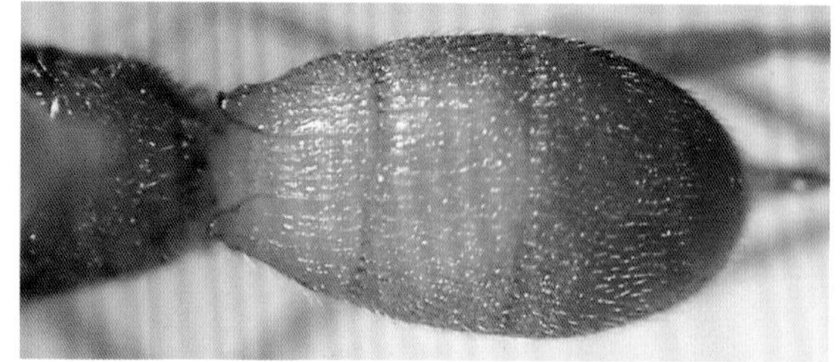

雌虫及腹背（海淀西山，2021.VIII.26）

白角愈腹茧蜂
Phanerotoma sp.

雌虫体长5.2毫米。体黄褐色，具黑（白）斑。触角23节，第6～8节及第9节基部白色，端部数节稍暗；头背具垅状皱纹，颚眼距约为上颚基宽之半，上颚具2个齿，下齿短小；唇基前缘具3个齿，中齿小。足暗褐色，基节端部、转节、（前中足）胫节基部、端部及距、跗节基4节黄白色，或前中足黄白色，仅中足腿节褐色。翅淡烟色，外缘、径室大部、翅痣下方等处透明。产卵管鞘短，未突出腹末。

分布：北京、陕西。

注：陕西记录于眉县。本种触角具白环、前翅r脉非常短小、翅面淡烟色具透明斑与其他种不同。北京7月可见成虫于灯下。

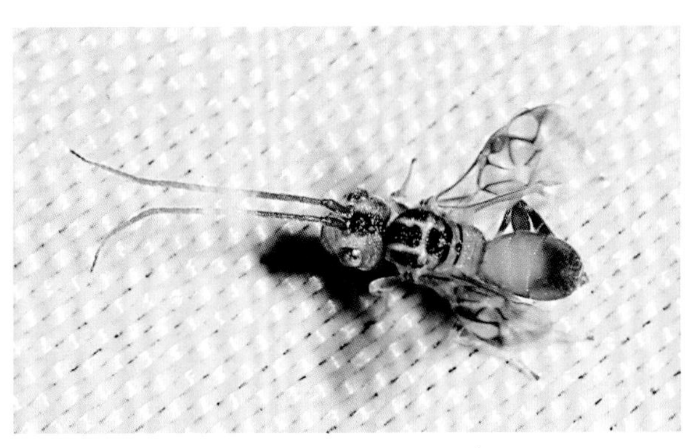
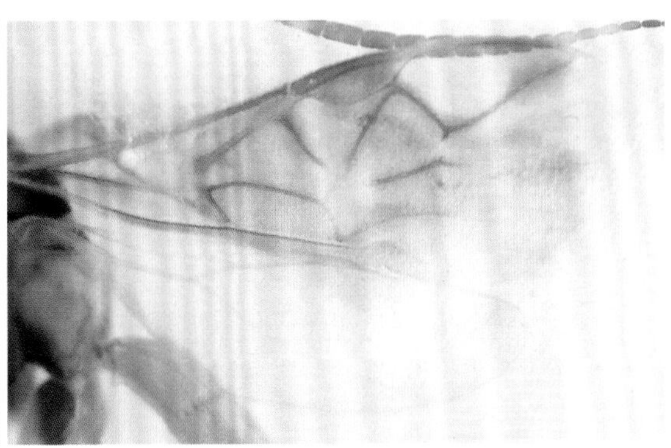

雌虫及翅脉（昌平王家园，2014.VII.29）

巴蛾幽茧蜂
Pholetesor bedelliae (Viereck, 1911)

雄虫体长约2.0毫米。体黑色，前中足腿节黑褐色，端部黄褐色，前足胫节黄褐色为主，中后足胫节以黑褐色为主，后足腿节黑色，胫节端部黑褐色，距白色。触角稍长于体长，18节，第3节较短，长约为宽的2.5倍；复眼密布白短毛。翅痣黑色，长稍大于宽的2倍，痣后脉1R1稍长于翅痣（92∶87），约为缘室上端1R1缺口长的3倍。

分布：北京*；欧洲，北美洲。

注：中国新记录种，新拟的中文名，从学名。我国已知15种（Liu et al., 2016）。图示的雄性触角第3节较短，与雌性触角第3节的长宽比3.4～3.6倍不同（Whitfield, 2006），暂定为本种。记录的寄主较多，包括甘薯潜叶蛾*Bedellia somnulentella*。

雄虫（北京市农林科学院室内，2011.X.6）

茧（圆叶牵牛，北京市农林科学院，2011.X.4）

潜蛾幽茧蜂
Pholetesor lyonetiae Liu et Chen, 2016

雄虫体长约1.6毫米。体黑色，下颚须、下唇须淡白色，前足胫节大部、中后足胫节基部、各足跗节（除端节）及腹基部两侧浅褐色。触角18节，除端部3节外其余鞭节中央收缩似为2节组成；触角明显长于体长，稍长于前翅（19∶18）。翅痣浅灰色，边缘稍暗，长约为宽的2.8倍，痣后脉稍长于痣脉。

分布：北京*、陕西。

注：新拟中文名，从学名；模式为雌虫，寄生银纹潜叶蛾（Liu et al., 2016）；我们发现它寄生桃潜蛾。

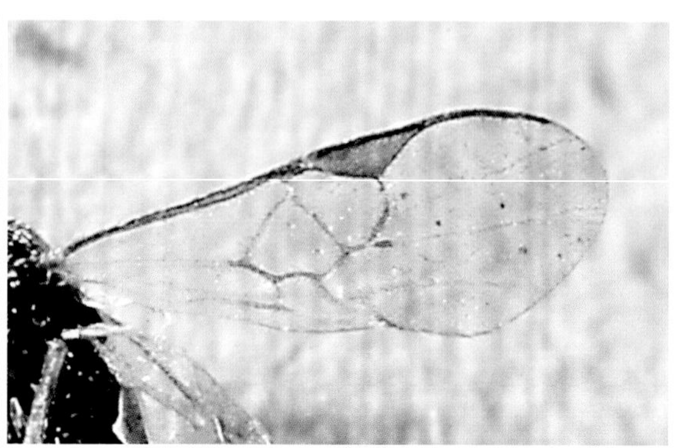

雄虫及翅脉（桃潜蛾，海淀瑞王坟室内，2012.VIII.24）

皱腹矛茧蜂
Polystenus rugosus Förster, 1862

雌虫体长5.5毫米，前翅长3.8毫米。体黄褐至红褐色，胸上半部及腹第1节背板黑色，第2～5背板两侧黑色。头顶光滑，胸腹背具粗刻点或纵刻纹。前足胫节内侧具1列6～7个齿状突。并胸腹板具粗刻点及横纹，中央可见2条纵脊，不整齐。腹部第1背板长稍大于宽，具粗刻纹；第2背板长稍短于宽，具“Y”形褐纹，近中部两侧具横沟。产卵管鞘短于腹部，端部笔头形，产卵管腹面具小齿列。

分布：北京*、陕西、新疆、河南、浙江；日本，朝鲜半岛，俄罗斯，塔吉克斯坦，欧洲。

注：寄生多种吉丁虫幼虫，包括苹小吉丁（Cao et al., 2019）。北京5月可见成虫。

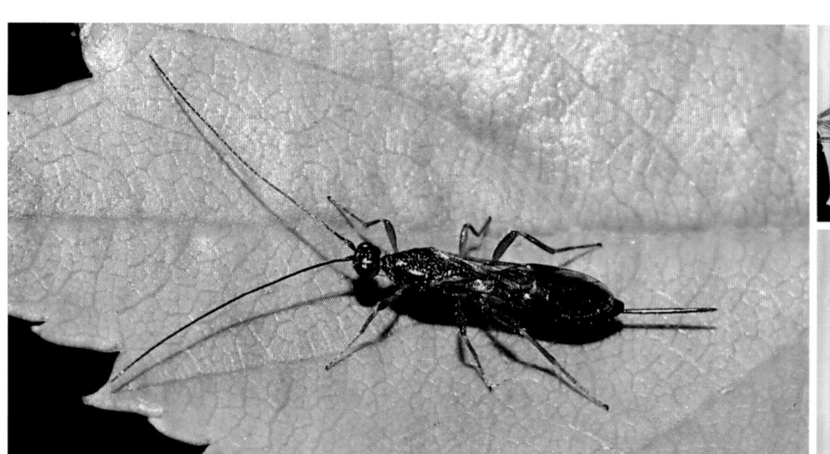

雌虫及翅脉和第 2 腹板（山楂，房山蒲洼东村，2017.V.24）

背侧蚜外茧峰
Praon dorsale (Haliday, 1833)

雌虫体长2.2毫米。触角19节，基部3节淡黄色，第3节端部暗褐色，长约为第4节长的1.5倍。中胸盾侧片密被毛，侧板光滑，红褐色，比背板浅。前胸腹节光滑，无脊纹。第1腹节背板气门约位于基部1/3处，两侧仅具少数刚毛。

分布： 北京、新疆、福建、广东、云南；日本，欧洲。

注： 本种雌虫体长为2.0～3.1毫米，触角19～21节（Mackauer, 1959），与翼蚜外茧蜂*Praon volucre* (Haliday, 1833)相像，该种胸侧颜色较深、第1腹节背板气门约位于基部2/5处、产卵管鞘较短。寄生豌豆蚜*Acyrthosiphon pisum*、印度修尾蚜*Indomegoura indica*等多种蚜虫，现记录寄生日本忍冬圆尾蚜*Amphicercidus japonicus*；在寄主蚜虫体下做茧，近白色。

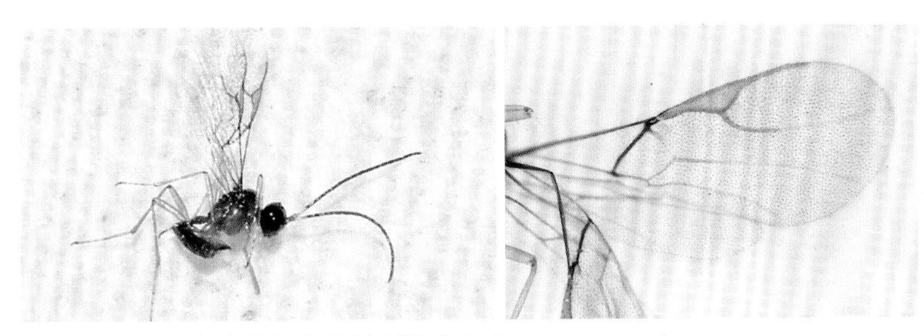
雌虫标本及翅脉（北京市农林科学院室内，2022.V.29）

僵蚜（日本忍冬圆尾蚜，北京市农林科学院室内，2022.V.21）

两色皱腰茧蜂
Rhysipolis sp.

雌虫体长3.5毫米，前翅长3.4毫米。体黑色，唇基及其外侧的脸、上颚（除端部）黄褐色，并胸腹节暗褐色，产卵管鞘黑色，端部1/4黄褐色；足黄褐色，跗节稍暗，各足基节及后足腿节黄白色，后足胫节和跗节基3节黑色。触角36节，梗节和鞭节间红棕色，端节具端尖。并胸腹节表面粗糙，可见复杂的脊纹，中脊较强，基部约1/3具两侧脊，略呈方形（与中脊相会）。第1腹节较窄，向后稍扩大，第1背板中部隆起，基部两侧具斜侧脊，在近中部后平行伸达后缘；第2～4节光滑，第2、3节愈合，仅两侧可见分开；第5节后缘白色，具倒“U”形凹入。产卵管鞘稍长于后足胫节。

分布： 北京。

注： 皱腰茧蜂属*Rhysipolis*是一个不大的属，我国东部的检索表可见Zhang等 (2016)。经检标本腹第5节背板后缘深凹入，暂定为*Rhysipolis*属。北京5月可见成虫于灯下。

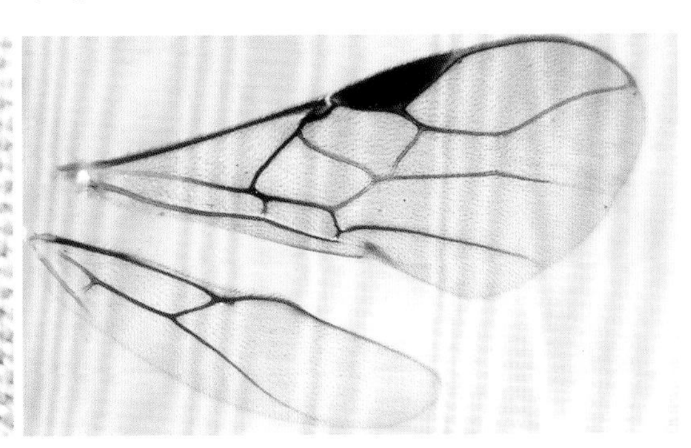
雌虫及翅脉（国家植物园，2023.V.16）

黄内茧蜂
Rogas flavus Chen et He, 1997

雌虫体长9.2毫米，前翅长7.5毫米。体褐黄色，上颚端部、单眼区黑色，翅痣大部分、翅中部的翅脉、足端部黑褐色。触角75节，长于体长；下颚须6节，第3节宽大，近于长方形，第4节稍窄，并向端部收窄；下唇须4节，第2节宽大。后翅m-cu脉不存在，1r-m脉斜，SR脉基部稍弯曲。第1背板基部略窄，第1～4节具纵脊，第1、2节中脊较为明显。前足基跗节基半部内侧凹陷，表面具整齐的梳状毛；爪基叶突大，端部平截，暗色。

分布：北京*、辽宁、浙江。

注：网络上有这样的种名：*Rogas flavus* (Baker, 1917)，而查阅Baker (1917)并没有这样的种小名。幼虫寄生中国绿刺蛾、褐边绿刺蛾等幼虫。北京8月、10月可见成虫于灯下。

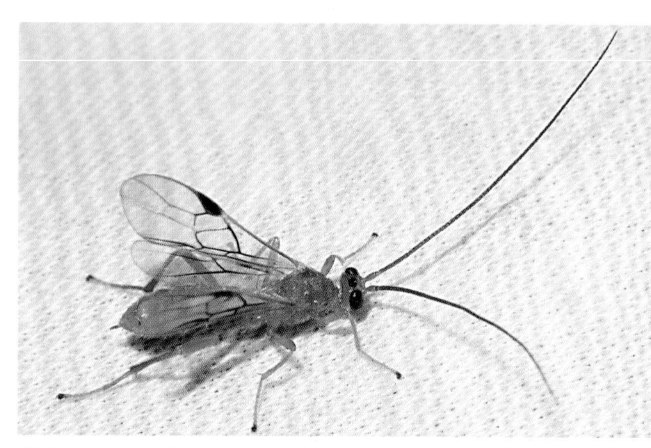
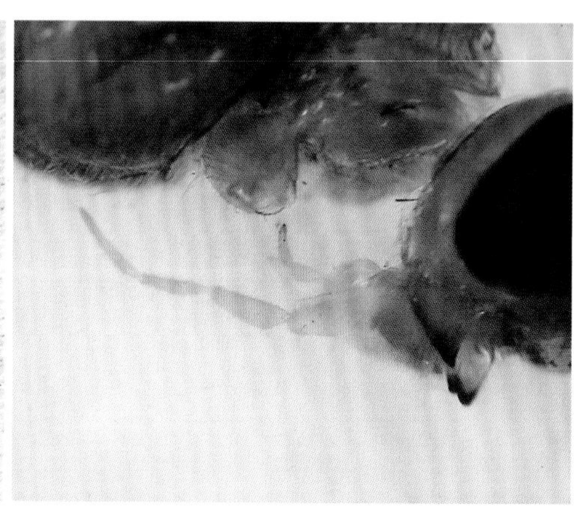

雌虫及下颚须（昌平王家园，2014.VIII.11）

宽颊陡胸茧蜂
Snellenius latigenus Luo et You, 2005

雌虫体长4.3毫米。体黑色。上唇、下颚须除基节外红棕色；触角黑色，18节，长于体长。中胸盾板具盾侧沟和中沟，近后缘部分凹陷而中脊叶片状隆起。小盾片呈若干坑或槽，其前凹宽而深纵。前后翅一色，烟褐色，痣后脉稍短于痣脉（10∶15），前翅小室完整。腹部黑色，两侧基部黄白色：第1腹板长，背中呈长条形黑色骨化，前大部分中央呈凹槽，后小部分表面隆起，两侧黄白色，未骨化，第2节背面黑色部分呈梯形，两侧黄白色。

分布：北京*、贵州。

注：*Snellenius*属我国已知5种（罗庆怀和游兰韶, 2005）。北京7月见成虫于灯下，生物学不清楚，本属的马尼拉陡胸茧蜂*Snellenius manilae* (Ashmead, 1904) 寄生斜纹夜蛾等幼虫。

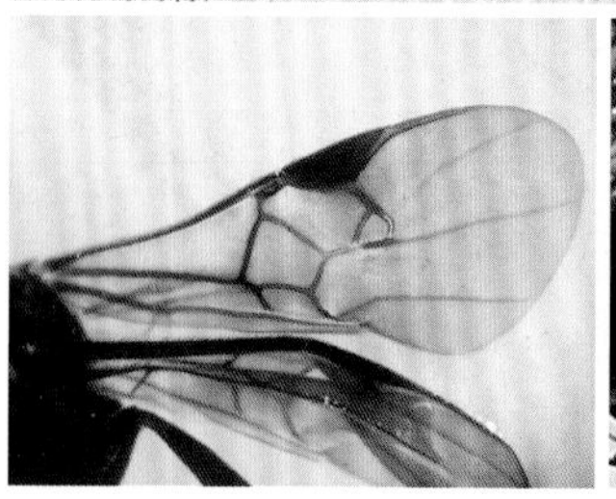

雌虫及翅脉和腹基部（延庆米家堡，2015.VII.15）

千头楚南茧蜂

Sonanus senzuensis Belokobylskij et Konishi, 2001

雌虫体长5.4毫米，前翅长4.3毫米。体红棕至暗褐色，足颜色较浅，产卵管鞘黑色。触角45节，第3节无毛，腹面基大部具众多横细小刻纹，粗于第4节。并胸腹节具粗皱纹，无脊纹。腹部第1背板非柄形，长明显长于宽；第2背板中长稍短于基宽（88%），是第3节中长的1.27倍，具2条向后汇合略呈“U”形的沟，其后侧尚有1三角形小斑。各足节胫节均有刺，以前足为多，分别为11个、9个、6个，后足基节腹面无齿突。

分布：北京；日本，朝鲜半岛。

注：北京记录于樱桃沟（Belokobylskij and Chen, 2005）。北京6～7月可见成虫，具趋光性。

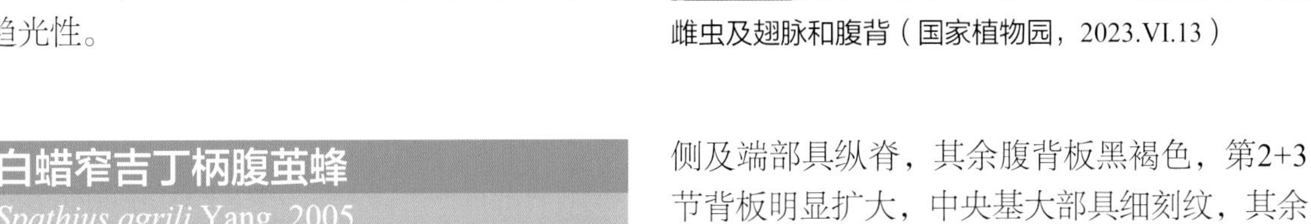

雌虫及翅脉和腹背（国家植物园，2023.VI.13）

白蜡窄吉丁柄腹茧蜂

Spathius agrili Yang, 2005

雌虫体长3.7～4.0毫米。体红褐至暗褐色。触角黄褐色，端半部暗；头顶光滑，颜面具横皱纹。中胸背板中叶前缘与前胸背板垂直，中胸盾片后半部的1对脊纹明显，向后稍收窄，其两侧具横脊；并胸腹节中区具六边形脊纹，基区中央为1条纵脊。腹第1节柄状，两侧及端部具纵脊，其余腹背板黑褐色，第2+3节背板明显扩大，中央基大部具细刻纹，其余光滑。

分布：北京、辽宁、天津。

注：经检标本雌虫的触角31～32节，第3节为下节的1.3～1.4倍，原始描述为33节和1.6倍（Yang et al., 2005），是白蜡窄吉丁的重要天敌昆虫。北京5～8月可见成虫，具趋光性。

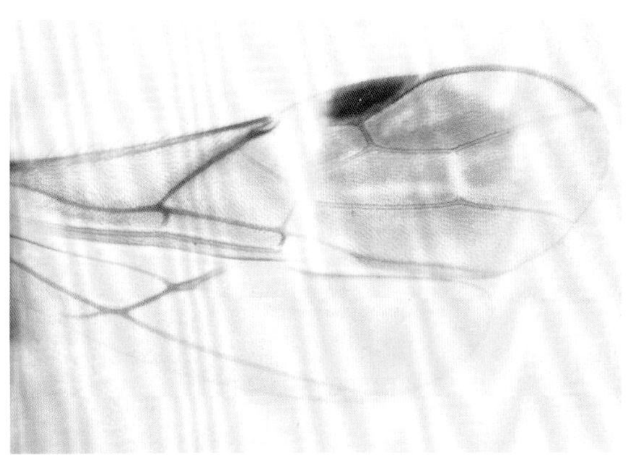

雌虫及翅脉（房山蒲洼，2019.V.8）

腔柄腹茧蜂
Spathius cavus Belokobylskij, 1998

雌虫体长5.9毫米，前翅长4.1毫米。体红褐色，中后胸背面、腹部黑褐色。触角褐色，端部色深，38节，第3节为第4节长的1.33倍。额、颜面具明显密集的横刻条，头顶光滑，侧面观复眼略小于后颊。并胸腹节基部的纵脊约占节长的1/3强。第1背板具细纵脊，第2+3节背板基半部具细刻纹，两侧及后方光滑。足转节及胫节基部淡黄白色，前足胫节内侧几乎全长具众多钉状齿，2～3行（不整齐），端缘具7个。

分布：北京*、陕西、山东、浙江、云南；日本，朝鲜半岛，俄罗斯。

注：*Spathius*属我国已知129种（Tang et al., 2015），多寄生蛀干的天牛、吉丁虫等幼虫。北京6月可见成虫于灯下。

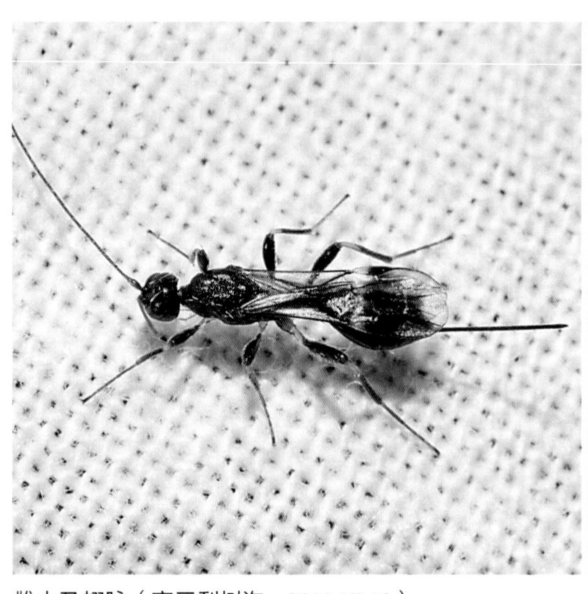
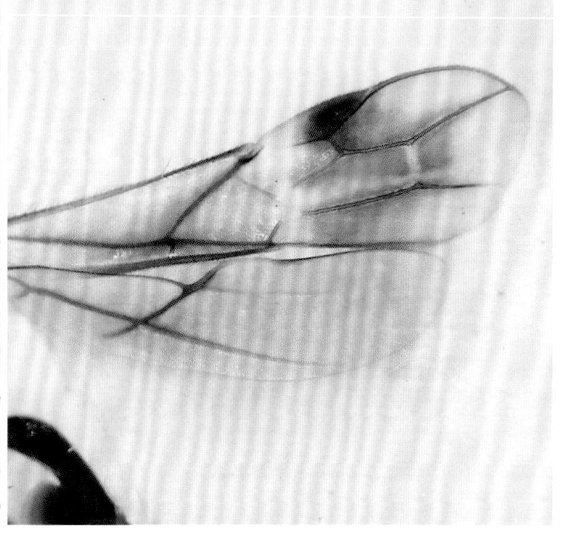
雌虫及翅脉（密云梨树沟，2019.VI.10）

屈氏角室茧蜂
Stantonia qui Chen, He et Ma, 2004

雌虫体长7.9毫米，前翅长7.0毫米。体黄褐色。触角54节，基2节背面黑褐色，第22～28节白色，后黑褐色。头黄白色，背黑褐色。前足、后足跗节黄白色，后足胫节端部2/5和基跗节黑色，距褐色。翅透明，翅缘暗褐色，约占径室之半。

分布：北京、浙江、广东。

注：正模产于浙江安吉，触角52节，第21～28节白色（陈学新等, 2004）。*Stantonia*属茧蜂寄生螟蛾和卷蛾幼虫。北京8月见成虫于灯下。

雌虫（怀柔黄土梁，2021.VIII.24）

丽下腔茧蜂
Therophilus festivus (Muesebeck, 1953)

雌虫体长4.5毫米，前翅长3.4毫米。体黑色。唇基黄褐色，须淡黄色。触角33节，黄褐色，向端部稍变深或全黑。足黄褐色，后足基部（除端部）、腿节黑色，胫节基半部黄白色，余黑褐色，跗节暗褐色。前翅径脉直，径室窄，第2亚缘室三角形，略具短柄。爪具大、略呈菱形的基齿。腹第1背板长宽比为1.74，第1～2节背板具细纵脊，第1背板端缘及第2背板基部黄白色，第3节背板光滑，腹面基大部黄白色。产卵管鞘略长于前翅。

分布： 北京、宁夏、吉林、辽宁、天津、河南、山东、江苏、上海、浙江、福建、台湾、湖北、广东、广西、贵州、云南；日本，朝鲜半岛，俄罗斯，印度，东南亚，（引入）美国。

注： 国内记录的棉褐带卷蛾深径茧蜂*Agathis oranae* Watanabe, 1970为本种异名；中文名和国内记录引自唐璞（2013）。寄主较多，卷蛾科、螟蛾科、夜蛾科、木蠹蛾科等，如梨小食心虫、玉米螟等。北京7～8月见成虫于灯下。

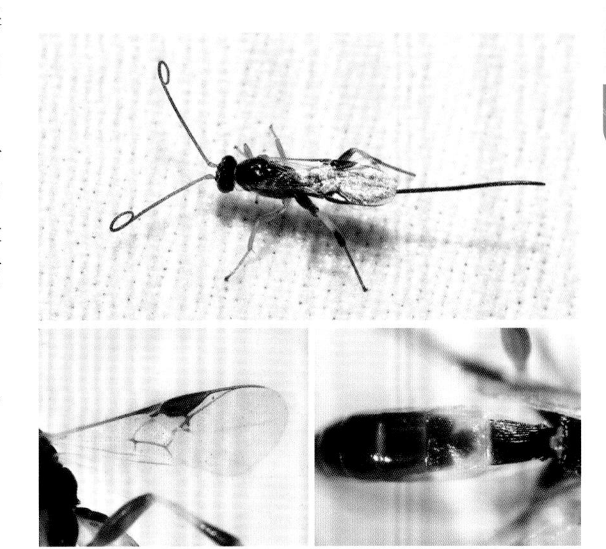

雌虫及翅脉和腹背（海淀西山，2021.VIII.5）

象甲三盾茧蜂
Triaspis curculiovorus Papp et Maeto, 1992

雌虫体长6.0毫米，前翅长5.0毫米。体黑色。上颚大部分黄褐色，须黄色；唇基前缘近于平截；触角45节，第3节长于前2节之和，后渐短，端节与前2节和之长相近。体长∶产卵管鞘∶触角∶前翅约为81∶93∶80∶72。足淡黄至红黄色，端跗节黑褐色，后足胫节大部及跗节黑色；爪具方形基齿。腹部前3节背板形成背甲，分界明显，但紧密愈合，不能活动，表面具均匀的刻纹，第3节后缘明显弧形内凹。

分布： 北京*；日本。

注： 中国新记录种，新拟的中文名，从学名。原描述触角雌48～50节，雄46～48节，寄生黑白象*Curculio distinguendus*等幼虫（Papp and Maeto, 1992）。北京8月见成虫于灯下。

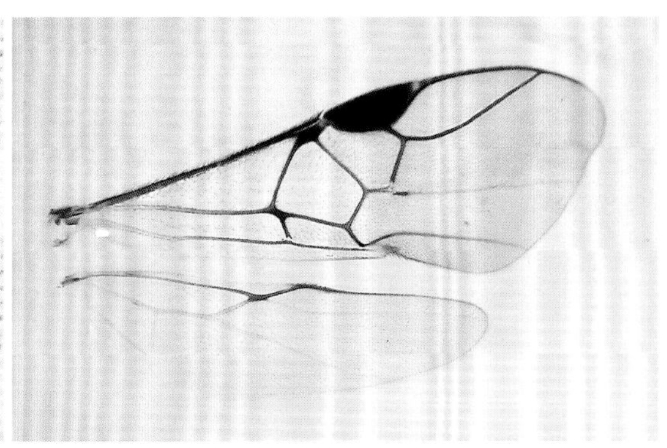

雌虫及翅脉（怀柔黄土梁，2021.VIII.24）

褐胫三盾茧蜂
Triaspis sp.1

雄虫体长2.8毫米。体黑色，上颚（除端部）、须、足（包括基节）、腹部腹面浅黄褐色，跗节及后足胫节端大部褐色。触角27节。前翅翅痣黑褐色，具2-R1，r脉出自翅痣中部，仅具2个亚缘室。腹部基3节呈盾甲状，隐约可见节间痕，具明显的纵刻纹，腹甲后面观后缘近于平截，无特殊结构，第4节及后稍露出甲腹。

分布：北京。

注：*Triaspis*属昆虫寄生小蠹虫、象甲等幼虫，具较长的产卵管。我国种类不清。北京8月见成虫于灯下。

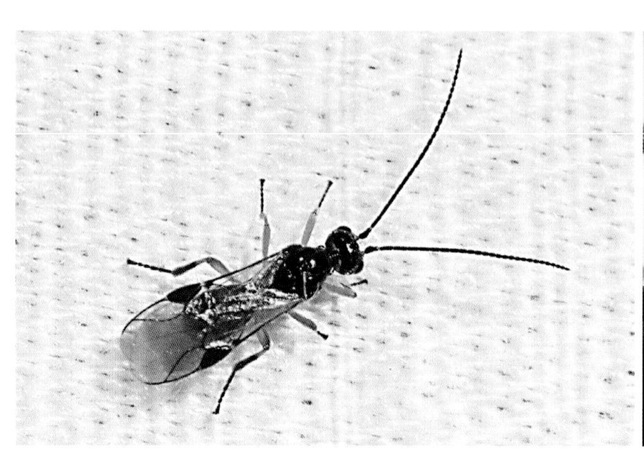
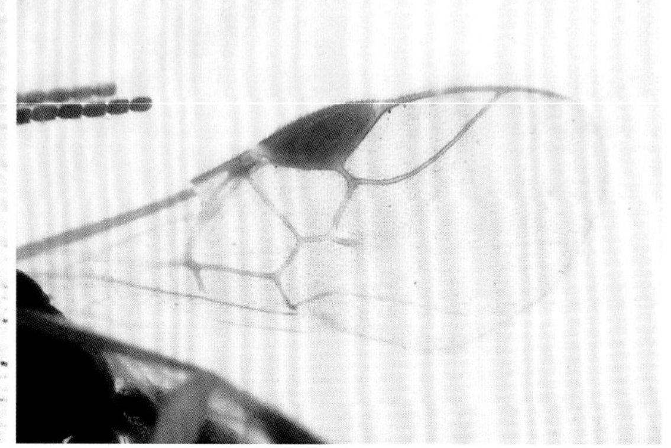

雄虫及翅脉（门头沟东灵山，2018.VIII.20）

杨跳象三盾茧蜂
Triaspis sp.2

雄虫体长2.3毫米，前翅长2.3毫米。体黑色，触角第3节基部、足腿节、胫节和基跗节基部浅黄褐色，中足胫节背染暗褐色。触角20节，端节长，稍短于前2节之和，端尖。

分布：北京。

注：育自寄生的杨潜叶跳象。北京5月可见成虫。

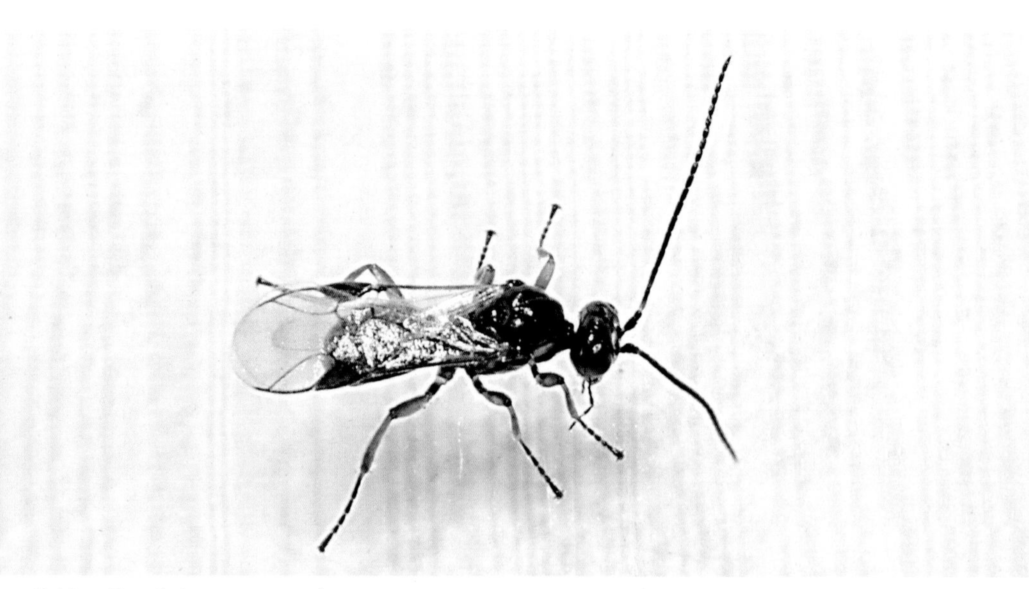

雄虫（杨，海淀西北旺室内，2019.V.16）

竹纵斑蚜茧蜂

Trioxys (*Betuloxys*) *takecallis* Stary, 1978

雌虫体长2.9毫米。体黄至黄褐色，头顶及胸部背面暗褐色至黑色。触角11节，黑色，基部4节黄色（有时第4节端部黑褐色），触角第3、4节长度相近，长各为节宽的5倍，端节明显长于端前节。翅透明，翅痣黄色，长是宽的4倍，痣后脉约是痣脉长的一半。并胸腹节具中等宽度的中央小室，形似钢笔头。

分布： 北京、浙江；印度。

注： 虞国跃（2017）记录为中国新记录种有误，浙江已有记录（何孙强, 2016）。原描述的头顶及胸部背面颜色较浅，为棕色（Stary and Raychaudhuri, 1978）。寄生竹纵斑蚜，僵蚜浅褐至灰白色。在北京，发现蚜虫跳小蜂可以寄生竹纵斑蚜茧蜂。

雌虫（北京市农林科学院室内，2022.V.31）

僵蚜（竹纵斑蚜，北京市农林科学院，2011.V.27）

黑足齿腿茧蜂

Wroughtonia nigrifemoralis Yan et van Achterberg, 2017

雌虫体长10.7毫米，前翅长7.6毫米。体黑色，触角中部具白色区域，后足黑色，跗节除端节外白色，前中足胫节颜色稍浅，跗节颜色稍深。小盾片基部两侧具片状突出。后足腿节粗大，腹面端部1/4明显收窄。腹背板第1节长稍大于端宽（9∶8），具粗大刻点，两侧基半部具纵脊，第2节具细刻点，第3节光滑。

分布： 北京、陕西、河南。

注： 中文名来自闫成进（2013），学名的意思为黑腿，即后足腿节黑色。北京6～7月可见成虫，具趋光性。

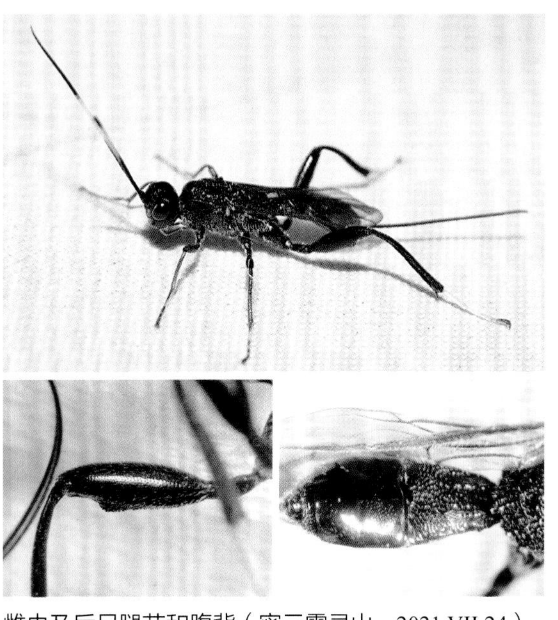

雌虫及后足腿节和腹背（密云雾灵山，2021.VII.24）

朝鲜阔跗茧蜂
Yelicones koreanus Papp, 1985

雌虫体长4.6～5.4毫米，前翅长4.0～4.2毫米。体黄褐色，具褐色或黑褐色斑纹或区域，包括单眼区、中胸背板盾沟处、小盾片前沟、第1腹节背板四周等。触角33节，第3节不长于其宽的2倍，端节具端刺；复眼内缘微内凹，不凸。翅具浅褐色斑，前翅1-R1脉长于翅痣（40：32），2-Cu1脉是cu-a脉的1.7倍；后翅2-SC+R脉长方形，m-cu脉位于叉前。前中足跗节短，基跗节稍长于宽，但后足基跗节明显得长；爪（包括端齿）黄色，具5～6个黑色栉齿，近基部的栉齿小，常黄色。产卵管鞘短，黑色，不露出腹末。

分布： 北京*、浙江、福建；朝鲜半岛，俄罗斯，越南。

注： 已知*Yelicones*属的寄主为斑螟。北京7～9月可见成虫于灯下。

雌虫（房山蒲洼，2022.VIII.7）

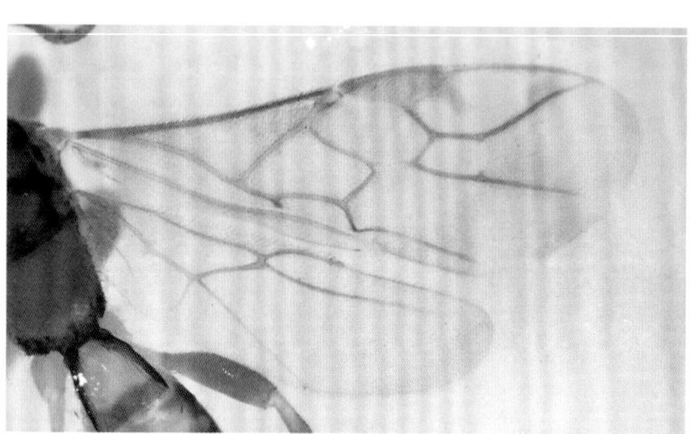
翅脉（房山蒲洼室内，2020.VIII.28）

绿眼赛茧蜂
Zele chlorophthalmus (Spinola, 1808)

雌虫体长6.0～7.3毫米，前翅长5.0～6.2毫米。体红棕色，触角端部、上颚端部和产卵管鞘暗褐色，复眼具绿色玄彩。触角39～40节，第3节稍长于第4节。中胸盾纵沟几达后缘。足爪基部具长方形大齿。第1背板狭长，明显向端部扩大，长约为端宽的2.5倍，第2、3节背板大多光滑无毛。产卵管稍长于后足胫节。

分布： 北京*、甘肃、宁夏、新疆、内蒙古、河北、黑龙江、吉林、辽宁、安徽、浙江；古北区，印度，马达加斯加。

注： 本种的重要特征是前翅cu-a脉前叉式，陈学新等（2016）的“前翅cu-a脉后叉式”有误（检索表和附图无误）。寄生多种鳞翅目幼虫，单寄生，是玉米螟、草地螟、艾锥额野螟等幼虫的重要寄生蜂。北京8～9月灯下可见成虫。

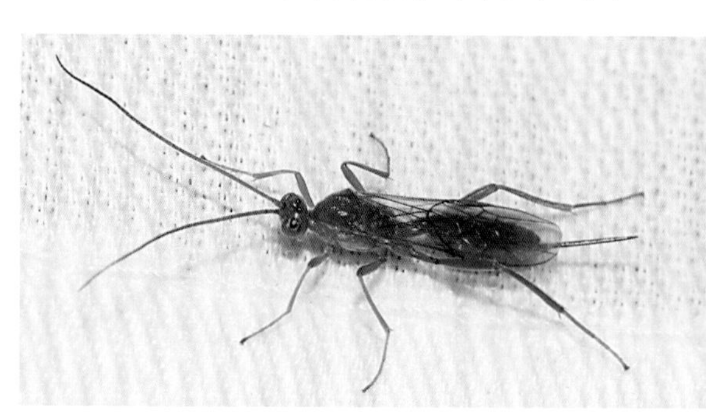
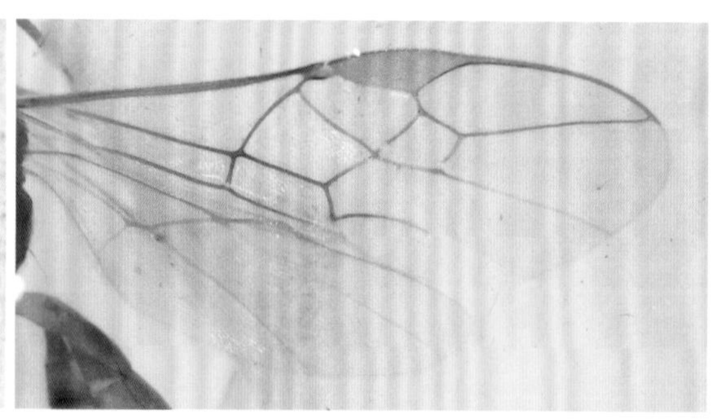
雌虫及翅脉（怀柔喇叭沟门，2014.VIII.26）

骗赛茧蜂

Zele deceptor (Wesmael, 1835)

雌虫体长10.9毫米，前翅长9.5毫米。体红棕色，触角端部几节和上颚端部暗褐色，复眼具绿色玄彩，后足基跗节端半至第4节黄白色，第5节淡褐色。触角44节。足爪基部具长方形大齿。前翅cu-a脉对叉式。第1背板狭长，明显向端部扩大，长约为端宽的2.5倍；第2背板基半部光滑，无毛，第3节基部1/3光滑。前足腿节长是宽的8倍，胫节端距是基跗节的31%。产卵管明显短于后足胫节。

分布：北京*、陕西、安徽、浙江、福建、台湾、湖南、云南、西藏；全北区。

注：红骗赛茧蜂*Zele deceptor rufulus* (Thomson, 1895)是本种异名；触角节数为32～43节，体色等也有较大变化（Stigenberg and Ronquist, 2011）。经检标本个体较大，触角为44节，前翅cu-a脉对叉式，应在变异之中，暂定为本种。单寄生多种尺蛾、螟蛾、夜蛾、大蚕蛾等科的幼虫。北京6月可见成虫于灯下。

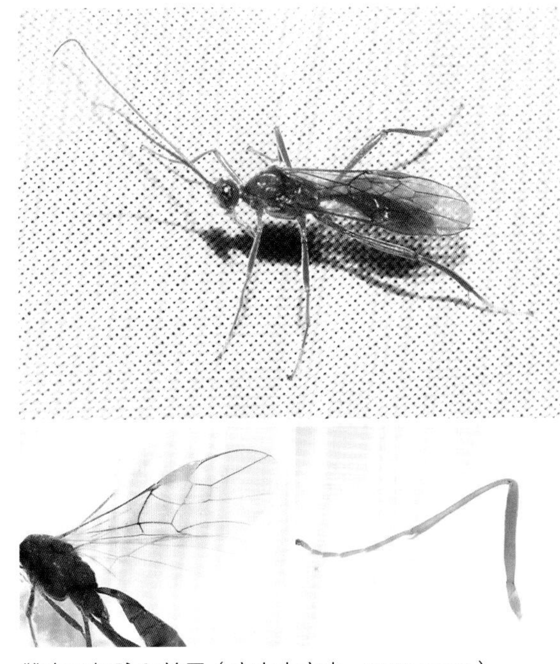

雌虫及翅脉和前足（房山大安山，2022.VI.24）

红带脊颈姬蜂

Acrolyta rufocincta (Gravenhorst, 1829)

雌虫体长4.0毫米，前翅长3.3毫米。体黑色，足（后足腿节和胫节端褐色、跗节黑褐色）、腹部第2～3节红褐色。唇基前缘中央稍突出，似1对小齿；触角25节，基部7节浅褐色，第3～7节较长，第8节起变粗，节长变短、颜色变深。前翅具五角形小翅室，但外边消失；后小脉在下方曲折。腹部第1、2节背板具纵脊，在第2节伸达背板长的4/5。

分布：北京*、河南；日本，欧洲。

注：国内记录于河南（周青等, 2022），可寄生多种姬蜂、茧蜂，有时可寄生小蛾类等。北京9月见成虫于灯下。

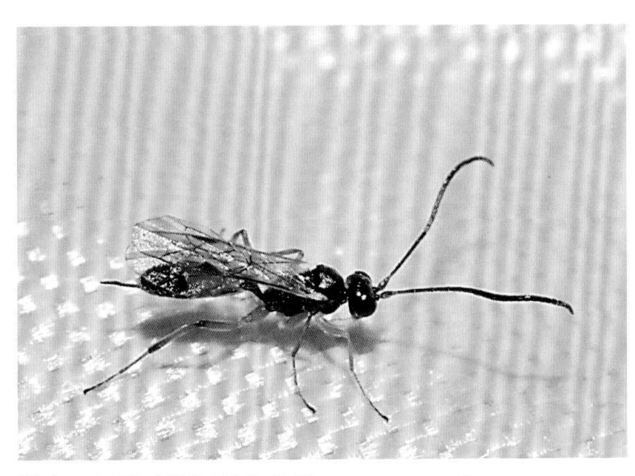

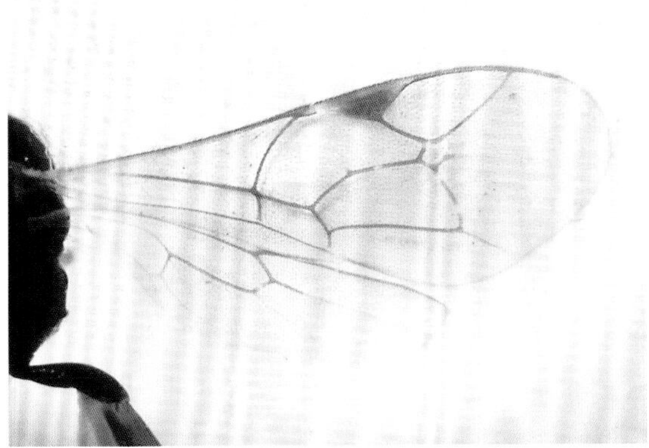

雌虫及翅脉（顺义共青林场，2021.IX.28）

螟虫顶姬蜂

Acropimpla persimilis (Ashmead, 1906)

雌虫体长8.8～9.5毫米。头黑色，唇基前缘弧形内凹，上唇暗褐色，前缘倒“V”形内凹；触角黑色，24～25节，端部数节带红褐色。中胸背板被毛；并胸腹部基半部（略过半）中央两侧具不明显纵脊，2条纵脊内光滑无毛，其外侧具刻点和白毛。第1腹板后缘宽度短于长度，后方中央甚隆起，腹第2～5节后缘无刻点，约占腹板长的1/5。足黄至红黄色，后足腿节端、胫节近基部和端部（或基部浅色）、跗节黑褐色（除基跗节基半部或大部分）。小翅室近三角形，无柄。产卵管约与腹部等长。雄虫体长10.1毫米；颜面及唇基黄白色。

分布：北京、陕西、黑龙江、吉林、辽宁、山东、浙江、福建、湖北、四川、贵州；日本，朝鲜半岛，俄罗斯。

注：未见有雄虫形态描述，后足胫节颜色与雌虫稍有不同，暂定为本种。外寄生于多种蛾类幼虫，如棉褐环野螟、桑绢野螟、桃蛀螟、棉卷叶野螟、竹织叶野螟等。北京4月、5月林下可见成虫。

雄虫（杨，门头沟小龙门，2014.V.16）

雌虫（海淀西山室内，2022.IV.20）

黑盾巢姬蜂

Acroricnus nigriscutellatus Uchida, 1930

雌虫体长11.0毫米，前翅长8.9毫米。体黑色。触角黑褐色，基部腹面褐色，第13～15节（及前后相邻节之半）黄白色；眼眶在触角之上具细黄条纹；翅基片黑色，具黄色纵纹；足红褐色，基节、转节及后足腿节和胫节端部黑色；腹部第1～2节端部略显黄褐色。前翅小翅室大，五角形。产卵管短于腹部。

分布：北京、吉林、辽宁、山东；日本，朝鲜半岛。

注：体长变化较大，为7～20毫米（Uchida, 1930）。北京6月可见成虫于灯下。

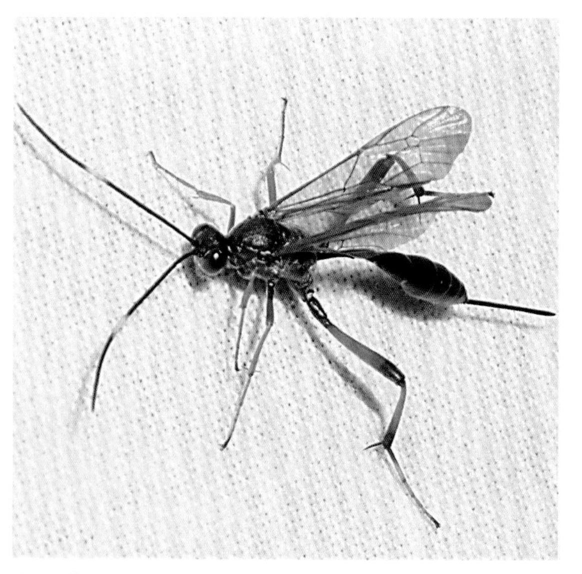

雌虫（平谷白羊，2019.VI.20）

食心虫田猎姬蜂
Agrothereutes grapholithae (Uchida, 1933)

雄虫体长5.0毫米。体以黑色为主。触角无白环。足颜色浅，基节黑色，但端部及转节白色，后足腿节基大部红色，胫节基部及跗节近端部具白环。腹柄节淡白色，后半染黄色；第2～4节背板两侧具界限不明的黄斑，向后渐小；腹末端具白斑。雌虫体长8.1毫米。触角27节，第7～11节背面白色。

分布：北京*、山东；日本，朝鲜半岛。

注：经检雌虫标本的颚眼距与上颚基宽相近，这与赵涛等（2020）的1/2～3/5不同；为梨小食心虫的重要寄生性天敌。北京5～7月可见成虫，具趋光性。

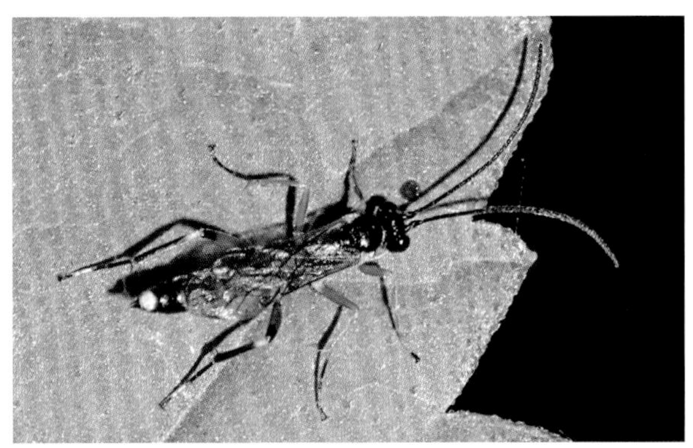
雄虫（国家植物园，2023.VI.2）

雌虫（荆条，平谷白羊，2018.V.31）

粗角钝杂姬蜂斑腿亚种
Amblyjoppa forticornis maculifemorata (Matsumura, 1912)

雄虫体长18.9毫米，前翅长13.5毫米。体黑色，具白斑。颜面、唇基、眼眶（除颚眼处或后侧）、上颚基大部、下颚须、下唇须、小盾片白色，后小盾片具1对、第1背板后缘（2对相连斑）、第2背板后缘两侧各1白斑。并胸腹节后侧具小白斑或无，中区短犁形，隆起呈台状，光亮无毛（具细刻点），气门长约为宽的3倍。翅浅烟色，前翅小翅室五角形。

分布：北京、东北；日本，朝鲜半岛。

注：记录的东北未有详细地点（Uchida, 1937）。北京的个体在后足腿节颜色上有变化，近基部具白环或无。北京6月见成虫于水边的植物上活动。

雄虫（国家植物园，2023.VI.2）

雄虫（鸡屎藤，国家植物园，2023.VI.2）

高知阿格姬蜂
Agrypon tosense (Uchida, 1958)

雌虫体长约12毫米。体黑色，颜面、触角柄节腹面、后足跗节（除基节基半部）、腹第6、7节背板后缘、产卵管鞘黄色，前足和中足黄褐色，但中足胫节、后足及腹部第1、3、4节红棕色。触角短于体长。前翅翅痣淡黄色，无小室翅。后足跗节粗壮。

分布：北京*；日本。

注：中国新记录种，新拟的中文名，从学名。北京6月见成虫于林下。

雌虫（门头沟小龙门，2012.VI.4）

褐黄菲姬蜂
Allophatnus fulvitergus (Tosquinet, 1903)

雌虫体长10.4毫米。体黑色。触角柄节两端黄褐色，第5～9鞭节背面和腹第7节背面大部白色，中胸背面、腹1节端1/3、第2节和第3节基缘红褐色，足红褐色，前足基节暗褐色，后足胫节端部和跗节黑褐色；翅带烟黄色，黑褐色翅痣前具白斑。触角丝状，30节，鞭节第1～3节最长，后逐渐缩短，至端前长宽相近，端节长大于宽。翅透明，翅痣大，三角形，黑褐色，具五边形小翅室。雄虫后胸及并胸腹节背面黄褐色。

分布：北京*、山东、河南、浙江、江西、湖南、福建、台湾、四川；日本，印度尼西亚，印度。

注：未知寄主。北京10月成虫停息在雪里蕻叶上。

雌虫（雪里蕻，朝阳蟹岛，2011.X.15）

朝鲜肿跗姬蜂
Anomalon coreanum (Uchida, 1928)

雌虫体长11.0毫米，前翅长5.7毫米。体黑色，足略浅（尤其前中足），腹末2节背面具白斑。触角29节，基2节同色；唇基稍突，前缘稍平展，中部轻微内凹；上颚暗红棕色，上齿黑褐色；头顶在复眼内缘黄褐色；头额中脊两侧具稠密的横皱；后头脊完整。前胸侧面近中部和中胸侧板上部具无刻点区，仍隐约可见细小的横皱纹。小盾片稍圆突，具完整强大的侧脊。

分布：北京、辽宁、河北、河南、湖北；日本，朝鲜半岛，蒙古国。

注：北京8月可见成虫于灯下。

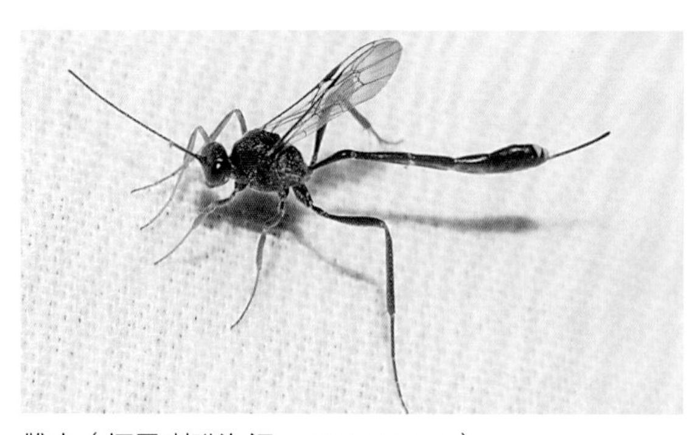

雌虫（怀柔喇叭沟门，2014.VIII.25）

棘钝姬蜂
Amblyteles armatorius (Förster, 1771)

雄虫体长10.1毫米，翅长7.4毫米。体黑色。颜面、唇基黄色，颜上缘中央具1个小瘤突，唇基前缘平截，宽大；触角40节，淡黄褐色，基部2节背面暗褐色，第1节腹面黄色，端部几节颜色稍暗，中段各节外侧具前长形的角下瘤，并向前、向后变小直至消失。小盾片、翅基片及其下方长形小斑黄色，足基节和第1转节（除端部）黑色。翅具完整的五角形小翅室。并胸腹节完全黑色。腹第2、3背板后缘黄色，第6、7背板后缘黄白色；第2腹节两窗疤之间距离明显大于窗疤长。

分布： 北京*、陕西、甘肃、吉林；日本，伊朗，欧洲，北非。

注： 雌虫触角48节，腹部的斑纹有变化（何俊华等, 2018），寄生夜蛾类的幼虫（从蛹中羽化）。北京7月见成虫于灯下。

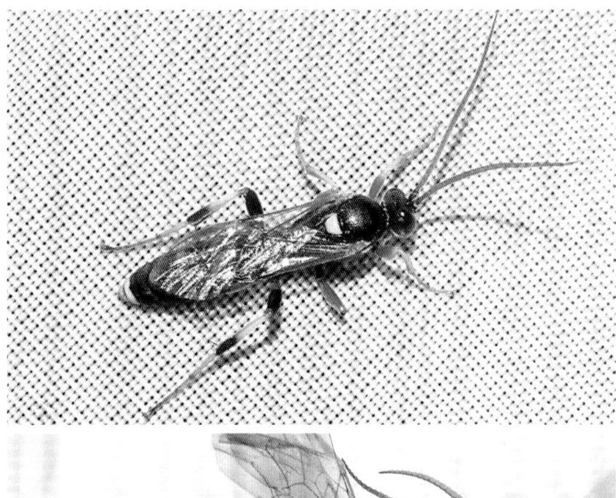

雄虫及标本照（房山大安山，2022.VII.14）

肿跗姬蜂
Anomalon sp.

雌虫体长10.0毫米，前翅长5.2毫米。体黑色，触角基2节褐色，足略浅（尤其前中足），腹末2节背面具白斑。触角22+（末端丢失）；唇基圆突，前缘浅弧形突出；上颚棕色，两齿黑褐色；额稍凹陷，具中纵脊，其两侧无横皱；后头具脊，中央断开；后颊稍突出。前胸侧面近中部和中胸侧板近翅基具大的光滑区。并胸腹节具网状脊纹，略呈横向。

分布： 北京。

注： 与北京有分布的朝鲜肿跗姬蜂*Anomalon coreanum* (Uchida, 1928)很接近，但该种后头脊完整，额中纵脊两侧具稠密的横皱。北京8月可见成虫在林间活动。

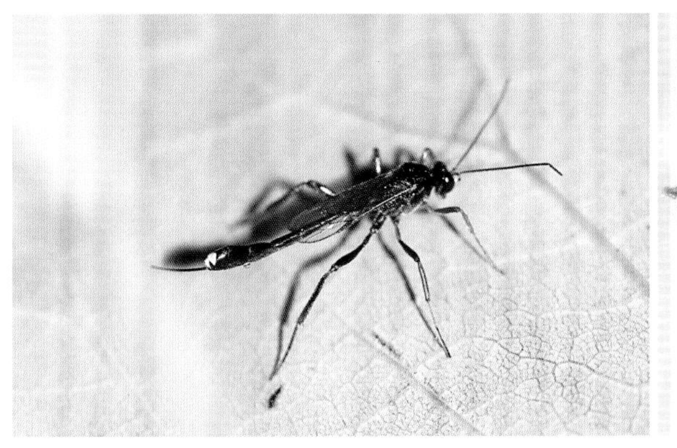

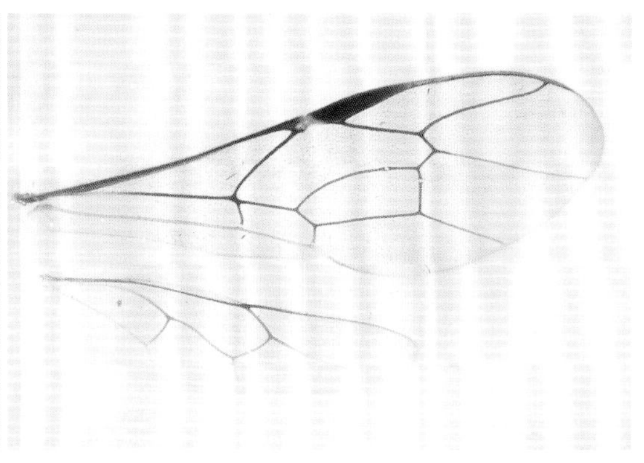

雌虫及翅脉（黄栌，国家植物园，2023.VIII.10）

春尺蠖前凹姬蜂
Aphanistes sp.

雌虫体长16.0毫米。体黑色，颜面、唇基、上唇、上颚、触角柄节腹面黄色，触角基部黑褐色，向端部变浅。触角33节，短于前翅长；唇基前缘中央具1个齿突。前胸背板具明显横沟，下前角处无齿状突。中足胫节具2端距。足红棕至黄棕色，基节黑色，后足转节和腿节大部、胫节端部黑色。

分布：北京。

注：外形与黏虫棘领姬蜂*Therion circumflexum* (Linnaeus, 1758)相近，该种雌虫颜面以黑色为主，触角较长，唇基前缘中央无齿突。成虫出自春尺蠖蛹。

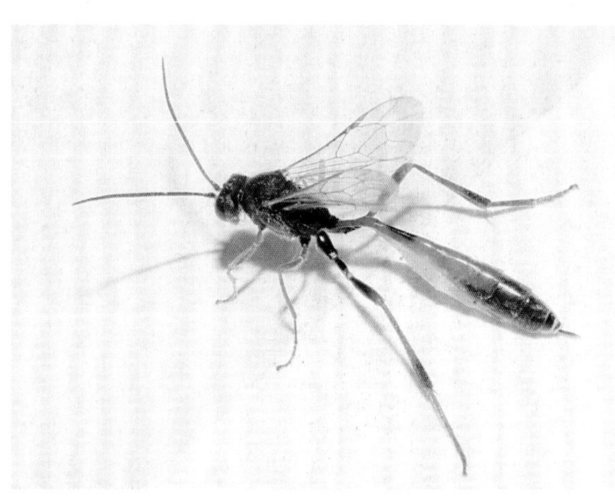

雌虫及头部（春尺蠖，平谷东古室内，2018.XI.12）

斑栉姬蜂
Banchus pictus Fabricius, 1798

雌虫体长10.0～14.8毫米，前翅长8.0～11.0毫米。体黑色，具众多黄斑。颜面黄色，触角窝间具1条黑色细纵纹，伸入唇基基部；眼眶黄色，但颚眼间及上颚基部黑色；上颚的上齿宽大，分为2小齿，下齿稍短，小。触角53节，第3节明显长于第4节，端节小，圆形。小盾片黄色（基部黑色，窄），近端部具1个针刺，长稍不及小盾片长之半。足黄色至黄棕色，但后足基节黑色，背面具大黄斑，腿节近端部及胫节端部黑色。产卵管鞘短，露出或不露出腹末。

分布：北京*、甘肃、吉林、河南；俄罗斯，欧洲，北美洲。

注：记载寄生黄地老虎、旋幽夜蛾等幼虫。北京9月见成虫于灯下。

雌虫（平谷金海湖，2016.IX.14）

北京短脉姬蜂
Brachynervus beijingensis Wang, 1983

雌虫体长约20毫米。前中足及后足跗节黄色，后足除胫节外红棕色，胫节带暗色；腹第2节及第3节基部背面黑色。头胸背面具粗糙的皱纹。触角约66节，两端色暗。翅痣黄褐色，上下缘暗褐色，两端嫩黄色，肘间横脉较短。第1腹节端1/3明显肿大；产卵管鞘稍短于第3背板（94%）。

分布：北京、河南。

注：模式产地为北京香山，原描述触角69节，肘间横脉很短，但未提及并胸腹节后端两侧具黄色区域（王淑芳, 1983）。体色等与混短脉姬蜂*Brachynervus confusus* Gauld, 1976很接近，该种第1腹节后端膨大不明显，产卵管鞘短，为第3背板长的70%～80%，后足胫节端黑色。北京8～9月可见成虫于林下。

雌雄对（延庆茨顶，2010.VIII.31）

无区大食姬蜂
Brachyzapus nonareaeidos (Wang, 1997)

雌虫体长9.2毫米，前翅长6.0毫米。体黑色，触角黄褐至褐色，30节。翅基片淡黄白色。足淡黄白色至淡红棕色，后足胫节近基部褐色，端部黑褐色；足跗节第4节短小，稍大于第3节长之半，端节膨大；足爪具大基齿，略近于方形。并胸腹节长，具毛，中内尤其是下方2/5无毛，光滑，两侧具侧脊，中部后3～4条弱横脊（中部断开），其两侧具较强的纵脊。第1腹节背板长与端宽比为1.76，具1对中脊，远不达后端的光滑区；第2节长与端宽比为1.22。产卵管鞘为后足胫节长的71%。

分布：北京*、湖北。

注：原组合为*Zabrachypus nonareaeidos*，产卵管鞘长为后足胫节之半（王淑芳等，1997），经检标本产卵管鞘较长，但并胸腹节的脊纹一致。北京9月见成虫于灯下。

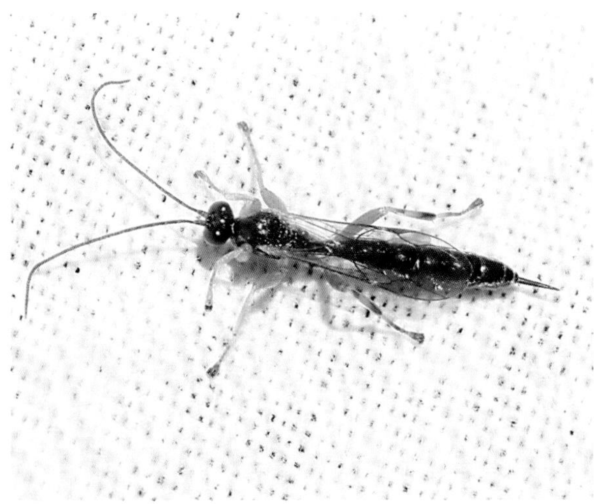

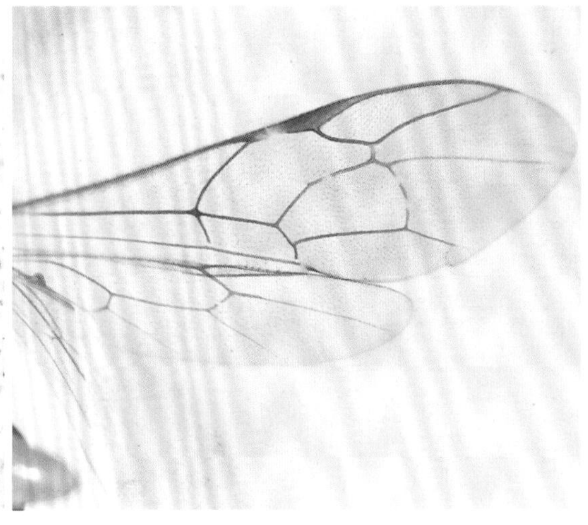

雌虫及翅脉（延庆玉皇庙，2020.IX.3）

日光漏斗蛛姬蜂
Brachyzapus nikkoensis (Uchida, 1928)

雌虫体长5.4毫米，前翅长4.1毫米。体黑色，触角黄褐至褐色，27节。口须、前胸背板后侧角、翅基片、小盾片、后小盾片、各足基节和转节黄白色，后足腿节端背、胫节近基部和端部黑褐色；各腹节端缘灰白色。并胸腹节光滑，无横脊，端半部具侧脊，向后渐强。第1腹节背板长与端宽比为1.2，具1对中脊，不达后端的光滑区；第2节长稍短于端宽，第1～4节背板中后部具倒八字形的凹陷区，第2节略明显，其他节不明显。

分布：北京*；日本。

注：中国新记录种，新拟的中文属名和种名，前者从寄主所属的科，后者从学名。寄生多种漏斗蛛科蜘蛛。北京8月成虫从茧中养出。

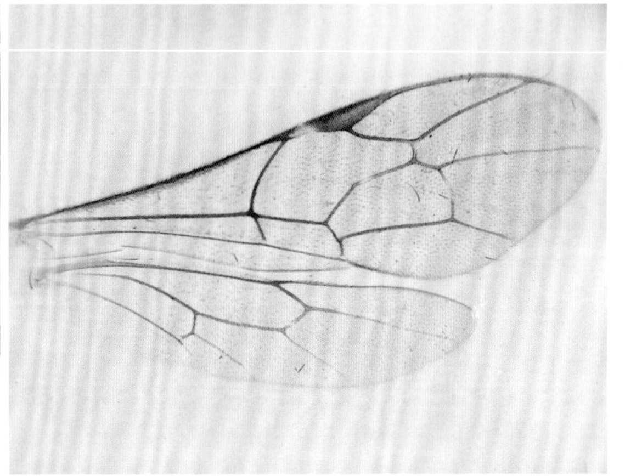

雌虫及翅脉（怀柔喇叭沟门室内，2012.VIII.16）

东方毛沟姬蜂
Brussinocryptus orientalis (Uchida, 1932)

雄虫体长12.0毫米，前翅长8.0毫米。体黄褐色，头黄白色，上颚端、额大部、后头、中胸背板黑色；前、中足基节、转节和后足跗节白色，后足基节淡黄色，具1对黑斑，转节带黑褐色，腿节背面、胫节端大部黑褐色；腹第1背板基半部淡黄色，其后黑色，端部黄褐色，第2节基大部黑色，第3节基半部黑色，其后各节黑色渐窄，末端黄白色。触角黑色，33节，中部白色（第11节端至第19节基部）。前翅具五角形小翅室，外边弱。并胸腹节具毛，无特殊结构。腹第1节柄状，长约为端宽的4倍，长于第2节。

分布：北京*、河南、台湾；日本，朝鲜半岛。

注：颜色变化较大，体色可以黑色为主（触角中部仍为白色），雌虫尤其如此，后足仅胫节基部和跗节褐色。不知寄主。北京6月可见成虫于林下。

雄虫（国家植物园，2013.VI.29）

红棕卡姬蜂
Callajoppa cirrogaster (Schrank, 1781)

雄虫（溲疏，密云雾灵山，2015.V.12）

雄虫体长约20毫米。头黄色，头顶及后头黑色，触角基部棕色，向端部变暗，柄节腹面黄色；胸部黑色，前胸背板侧、翅基片下、小盾片黄色，并胸腹节及腹部红棕色，足黄棕至红棕色，前中足基节、转节黄色，后足腿节端带黑褐色。翅一色，端缘无烟色。

分布：北京*；日本，欧洲。

注：中国新记录种，新拟的中文名，从腹部颜色。*Callajoppa*属单眼区外具深沟，幼虫多寄生天蛾科幼虫。本种体色有变化，有时腹末黑色，雌虫触角浅色部分可达触角长之半。北京5月可见成虫于林下。

棉铃虫齿唇姬蜂
Campoletis chlorideae Uchida, 1957

雌虫体长5.3毫米。体黑色，腹部黄褐色或红褐色，背面大部黑色，其中第2背板后缘黄褐色；足红褐色，前、中足转节、后足第2转节黄色，后足基节和第1转节黑色，后足胫节基部和端部以及各足跗节深褐色，有时中后足腿节基部或背面黑褐色。触角28～29节，鞭节第1节最长，后渐次缩短，端节长于前一节。产卵管较短，黑褐色，长度与后足第1跗节相近。翅痣淡黄褐色，痣后脉颜色稍深，具小翅室。

分布：北京、陕西、辽宁、天津、河北、山西、山东、河南、江苏、浙江、上海、安徽、湖北、湖南、四川、台湾、贵州、云南；日本，尼泊尔，印度。

注：幼虫寄生棉铃虫、烟夜蛾、斜纹夜蛾等多种鳞翅目幼虫体内，结茧于寄主体旁。北京9～10月可见成虫。

雌虫（玉米，北京市农林科学院，2011.X.18）

茧（棉铃虫，北京市农林科学院，2011.X.11）

山西高缝姬蜂

Campoplex shanxiensis Han, van Achterberg et Chen, 2021

雌虫体长5.8毫米，前翅长3.8毫米。体黑色；唇基黑色，上颚和须黄白色，上颚端部红褐色；触角30节。翅基片嫩黄白色，前翅小室四边形，具柄，2m-cu出于小室中部，近于直，稍弯。足浅红褐色，基节（除端部）黑色，前中足转节背面、后足转节、后足腿节基部黑褐色，胫节两端黑褐色，中间浅黄褐色；后足爪具3个淡色的栉齿。并胸腹节中区五边形，下缘在中部断开，其前端具2条纵脊（相距较近），伸达基缘。产卵管鞘稍上弯，长于后足胫节。

分布：北京*、山西。

注：模式产地为山西太谷，寄生黑星麦蛾和苹小卷叶蛾（Han et al., 2021a）。北京6月见成虫于灯下。

雌虫及翅脉和并胸腹节（密云梨树沟，2019.VI.11）

条带高缝姬蜂

Campoplex taenius Han, van Achterberg et Chen, 2021

雄虫体长4.0毫米，前翅长2.8毫米。足基节、转节淡黄白色，但后足基节黑色，第1转节基半黑色，胫节基部淡黄白色，近基部及端部黑褐色。上颚黄白色，2齿暗红色。触角25节，基2节腹面黄白色，第3节长于第4节。并胸腹节基部具倒梯形脊纹，后具近于介字形脊纹。

分布：北京*、黑龙江。

注：模式标本雌虫，产地黑龙江镜泊湖，颚眼距为上颚基部宽度的45%，小脉在下方1/4处折断（Han et al., 2021a），经检标本为雄虫，颚眼距稍窄于上颚基部宽度，后小脉在下方1/10处折断，暂定为本种。

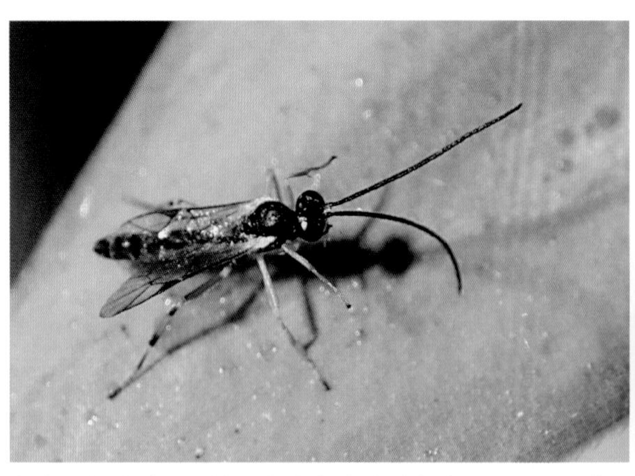

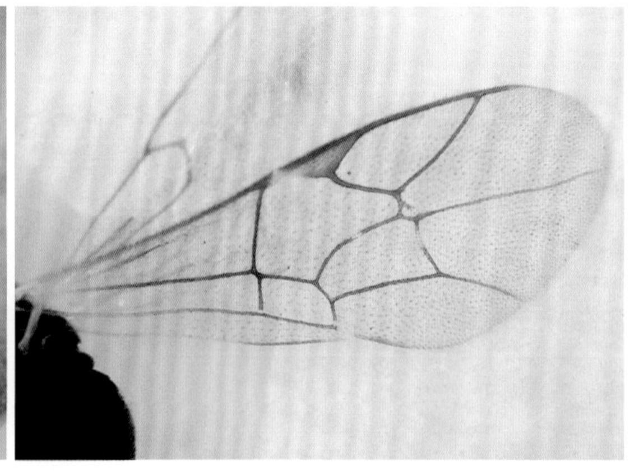

雌虫及翅脉（早园竹，北京市农林科学院，2022.V.23）

丛螟高缝姬蜂
Campoplex sp.

雄虫体长6.5毫米，前翅4.1毫米。体黑色，足以红褐为主，具黄色和暗褐色斑。口器淡黄色，上颚具2个大齿，暗褐色。触角34节，第1、2节（及第3节基部）黄褐色，背面稍暗，余黑褐色；第3节最长（稍长于前2节之和），后渐短；端节或长于前一节，或相近。并胸腹节短，不及后足基节的中部，中央上方具五角形脊纹（但下边消失）。第1腹节基部呈柱形，长稍不及高的3倍。腹部第2节背面具很细的横皱纹，而第3节横纹不显，仅具细微刻点。

分布：北京。

注：*Campoplex*属已知种类约210种，我国记录10余种。本种寄生齿纹丛螟*Epilepia dentata*的幼虫，单寄生，老熟幼虫结丝状茧。

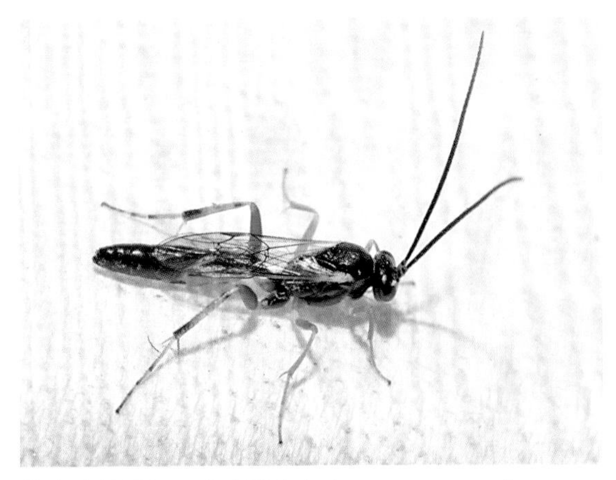
雄虫（鹅耳枥，房山议合室内，2019.VIII.24）

白根凹眼姬蜂
Casinaria albifunda Han, van Achterberg et Chen, 2021

雄虫体长7.0毫米。体黑色，前足腿节、胫节和跗节红褐色，中足腿节末端、胫节和跗节浅褐色，后足胫节基部和基跗节基部黄白色；腹部第3、4背板红褐色，第2腹板近后缘色浅。触角31节，长于前翅。中胸盾片隆起呈球状，无盾纵沟。前翅小翅室具短柄，第2回脉出自小翅室的端部。并胸腹节无基区，具与基部相接的横脊，中部凹陷，具许多横脊。

分布：北京*、吉林、辽宁、山东、浙江、福建、四川、西藏。

注：过去我们记录的黑侧沟姬蜂*Casinaria nigripes*（虞国跃等，2016；虞国跃和王合，2018）为本种的误定。原始描述前翅小翅室有明显的柄，触角鞭节30～33节（Han et al., 2021c），或表达为触角30～33节（韩源源，2023）。在榆树上发现的茧，可能寄生角斑台毒蛾*Orgyia recens*的幼虫。

雌虫（昌平王家园室内，2014.V.7）

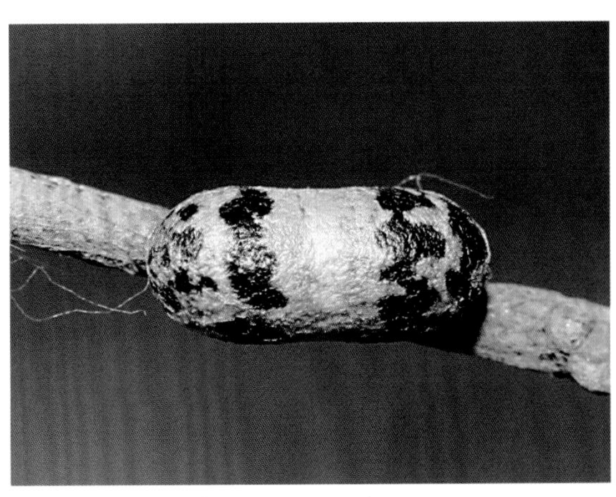
茧（榆，昌平王家园，2014.V.7）

稻毛虫凹眼姬蜂

Casinaria arjuna Maheshwary et Gupta, 1977

雄虫体长8.3毫米。体黑色，上颚红棕色，须黄白色，翅基片、前中足腿节及以下黄褐色，后足胫节黑褐色，中部浅褐色。触角40节，第3节长，约为后2节长之和。前胸背板后侧及中胸侧板上半部具横刻条。小翅室具较长的柄。并胸腹节具皱刻，被毛，无脊纹，中央宽凹陷。第1腹节：第2节：后足腿节长度比为10∶8∶11。

分布：北京*、陕西、黑龙江、吉林、山西、广西、四川、贵州、云南；朝鲜半岛，印度，尼泊尔。

注：国内记录的窄腹凹眼姬蜂*Casinaria tenuiventris* (nec. Gravenhorst, 1829)为本种误定，该种分布于欧洲，足腿节红棕色。寄生稻苞虫（稻毛虫）、舞毒蛾。经检标本为雄性，腹部非全黑，暂定为本种；寄生角斑台毒蛾幼虫。

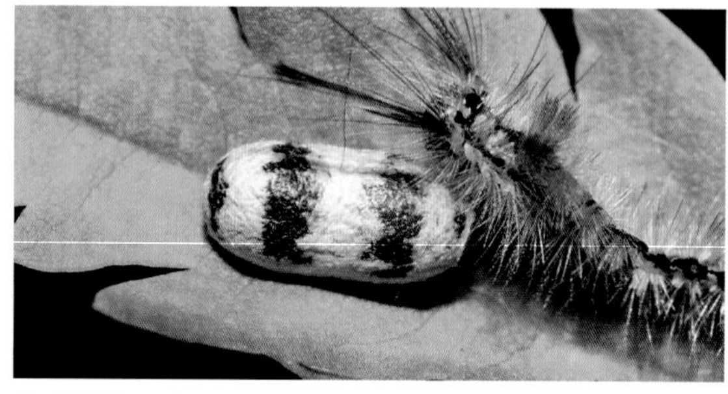

茧（荆条，密云雾灵山，2021.VII.24）

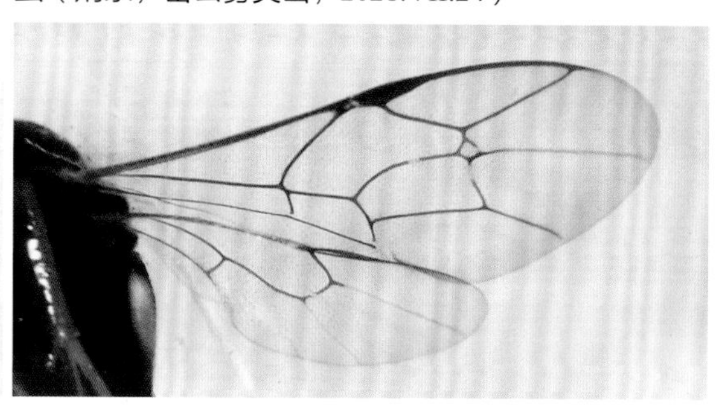

雌虫标本及翅脉（密云雾灵山室内，2021.VIII.5）

许氏凹眼姬蜂

Casinaria xui Han, van Achterberg et Chen, 2021

雌虫体长8.2毫米。体黑色，上颚除黑色端部外黑褐色，翅基片黄白色，足基节和转节黑色，腿节橙色，前、中足胫节及跗节黄白色，后足胫节黄白色，近基部和端部黑褐色，跗节黑褐色，但基跗节基部黄白色。小翅室较大，具短柄。

分布：北京、新疆、天津、浙江、云南。

注：学名是为了纪念许再福教授（Han et al., 2021c）。茧灰白色，露出浅褐的底色，偶见小黑褐斑，黏在榆、槐的叶背，北京7月、9月可见成虫。

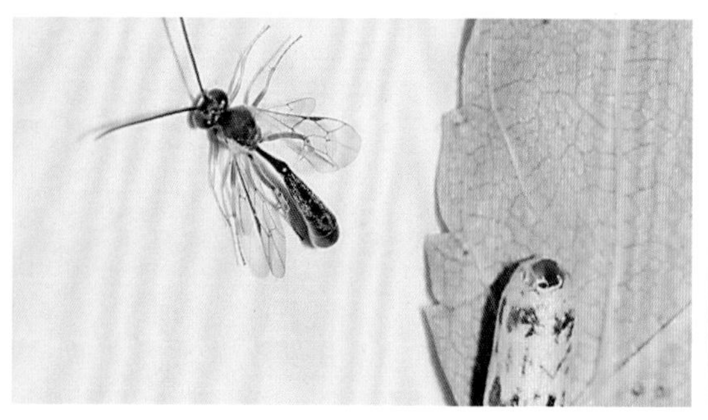

雄虫及茧（榆，北京市农林科学院室内，2022.IX.23）

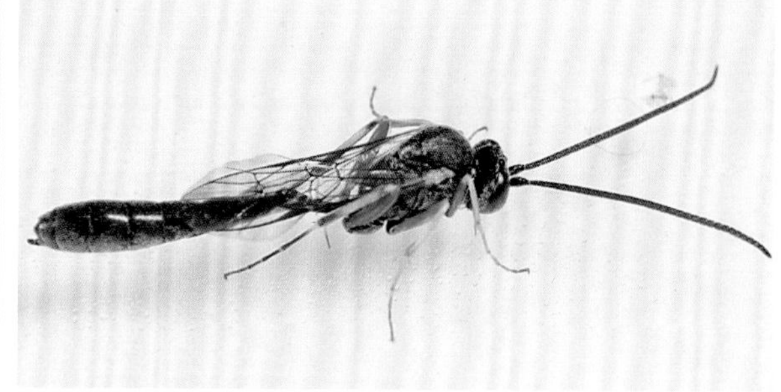

雌虫（槐，海淀彰化室内，2011.VII.2）

朝鲜绿姬蜂
Chlorocryptus coreanus (Szépligeti, 1916)

雄虫前翅长11.7毫米。体具深蓝色金属光泽。触角39节，黑色，稍长于体长；背面观上颊为头长的41%。中胸盾片刻点分布较均匀，没有无刻点区。前翅黄褐色，小室翅五边形，外边具透明点。第1腹节具柄，两侧稍弧形内凹，柄后部长大于宽。后足明显比前中足粗长。雌虫触角第8～11节白色，产卵管鞘稍短于后足胫节。

分布：北京*、陕西、内蒙古、黑龙江、吉林、辽宁、河南、浙江、江西、福建、台湾、广西、四川、云南；朝鲜半岛。

注：寄生黄刺蛾的茧。北京6月、8月可见成虫，具趋光性。

雌虫（门头沟小龙门，2016.VI.15）

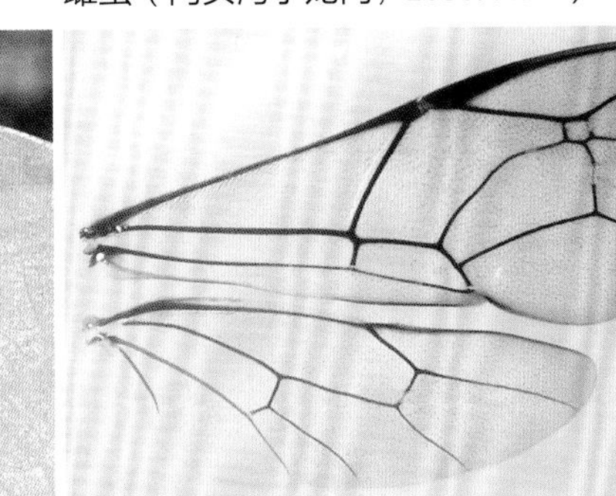

雄虫及翅脉（核桃，昌平长峪城，2020.VI.3）

刺蛾紫姬蜂
Chlorocryptus purpuratus (Smith, 1852)

雄虫体长10.8毫米，前翅长9.0毫米。体具深蓝色金属光泽。触角36节，黑色，稍短于体长。中胸无盾纵沟，中部具纵脊，两侧具无刻点区。第1腹节具柄，长于第1节柄后部，柄后部长短于宽。雌虫触角黑色，无白色环。

分布：北京、陕西、河北、山西、河南、山东、江苏、上海、浙江、江西、湖北、湖南、香港、广西、四川、贵州、云南；日本，东南亚。

注：又名紫绿姬蜂。寄生多种刺蛾（如桑褐刺蛾、褐边绿刺蛾、扁刺蛾）的茧。北京6月、9月可见成虫。

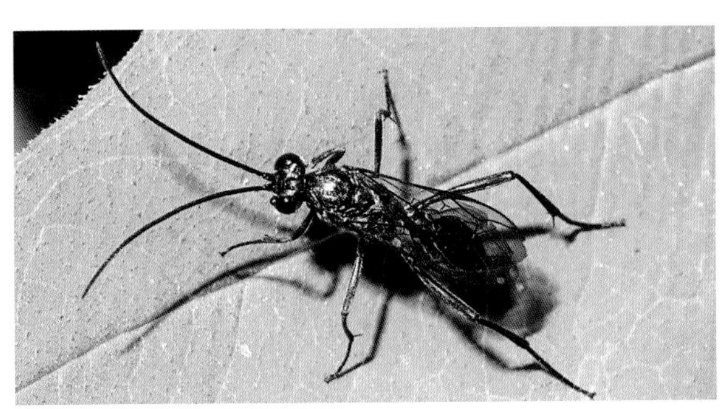

雄虫（穿山龙，房山议合，2019.VI.25）

雌虫（青檀，房山议合，2019.IX.26）

白转介姬蜂
Coelichneumon albitrochantellus Uchida, 1955

雌虫体长18.5毫米。体黑色，具象牙白色斑：触角鞭节第8～14节背面、眼眶、头顶两侧三角形斑、中胸侧板前缘上角及中部2个斑、小盾片、后小盾片斑及并胸腹节两侧斑；腹部第1～5节两侧具白斑，其中以第2节为最大，第6～7节后缘具窄的白纹。前中足基节（除黑色基部）、转节白色，后足基节黑色，腹面端部具白斑，转节基部黑色，端大部白色；腿节黑色，胫节黄白色，两端黑色，前足胫节近基部的白斑仅在前方及两侧，腹面黑色，各足跗节黑褐色，第1～4节的近基部或多或少白色。

分布：北京*；日本，朝鲜半岛。

注：中国新记录种，新拟的中文名，从学名（白色转节），这也是本种的特点，雄虫触角黑色。北京6月、8月可见成虫（在鹅耳枥上已死）。

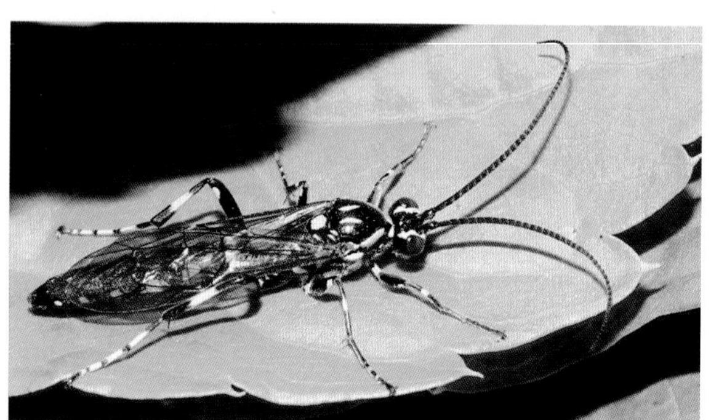
雄虫（门头沟小龙门，2016.VI.15）

雌虫（鹅耳枥，房山议合，2020.VIII.27）

介姬蜂
Coelichneumon sp.

雌虫体长10.8毫米，前翅长7.3毫米。体黑色。触角第1节腹面、颜面、唇基、上颚、绕复眼内侧（在近头顶处断裂）白色；触角42节，第3节明显长于第4节。中胸具白斑：背板两侧1对，细长；小盾片两侧1对，略呈三角形；后胸背板具1对小斑。并胸腹节基部是3个方格，两侧的脊线直的伸向端缘，中间2脊线各自斜的伸向两侧脊线的端部，侧脊线外侧尚有另1条脊线，伸达后缘。腹第1背板端部白色，第3～5节两侧各有1白斑，第2节最大，后渐小；腹部第1节腹板与背板愈合，气门位于近后端，长形；第2背板窗疤较阔。前翅小翅室五角形。

分布：北京。

注：*Coelichneumon*属姬蜂从蛾类蛹中羽化，单寄生。北京6月见成虫于灯下。

雌虫及标本照（房山大安山，2022.VI.23）

强姬蜂
Cratichneumon sp.

雌虫体长8.1毫米，前翅长5.0毫米。体黑色，腹第6、7节背面白色。触角28节，第8～13节背面白色；颚眼距明显小于上颚基宽；后头脊完整，侧面观后颊与复眼宽相近。并胸腹节中区光滑，无刻点，略呈心形，长宽相近，前缘弧形突出，两侧近于平行，后缘浅倒“V”形凹入；基区倒八字形；后区中部宽凹入，脊纹达端缘，两侧尚有侧区。腹第2节具均匀的刻点；产卵管短，几乎不露出腹末。

分布：北京。

注：外形接近分布于日本的*Cratichneumon chishimensis* Uchida, 1936，但该种触角第11～15节白色。北京6月可见成虫于灯下。

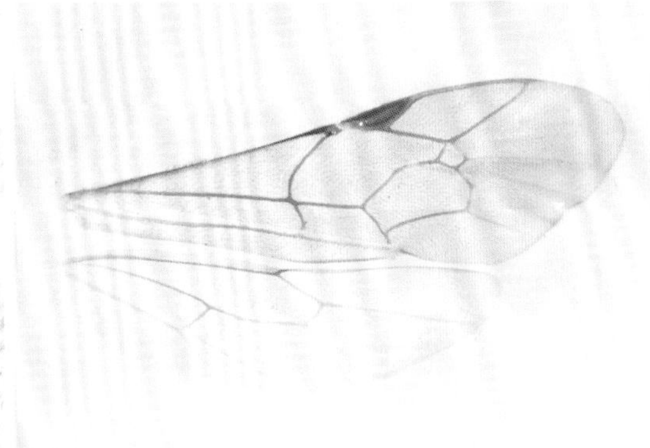

雌虫及翅脉（昌平王家园，2013.VI.17）

半闭弯尾姬蜂
Diadegma semiclausum (Hellen, 1949)

雌虫体长4.5～7.0毫米。体黑色，腹部基部腹面、口器黄色。触角鞭节21～25节。前翅小翅室位于第2回脉的中央之后。足黄白色，基节黑色，后足腿节橙红或褐色，胫节基部及端部、跗节黑褐色。产卵管短，稍弯曲。

分布：北京、宁夏、新疆、山西、山东、浙江、台湾、云南等；印度，巴基斯坦，东南亚，欧洲，大洋洲等。

注：寄生小菜蛾幼虫，老熟后结茧于寄主体旁，羽化出1头蜂。早春4月可见成虫，访问荠菜花等。

雄虫（北京市农林科学院室内，2022.IV.12）

雌虫（西兰花，北京市农林科学院，2011.XI.9）

粗胫分距姬蜂
Cremastus crassitibialis Uchida, 1940

雌虫体长7.9毫米，前翅长5.2毫米。体黑色，眼眶（在颚眼间黑色）黄色，唇基、上唇、上颚（除端部）黄褐色，翅基片、腹末端背面黄色，足以红棕色为主，前中足基节基半部黑色，后足基节黑色，转节黑褐色。触角40节，端节约为前2节长之和。前翅无小翅室。并胸腹节长，具大网格，后区内具横皱纹。腹第1背板在腹面不相连，腹1、2节细长，长度相近。雄虫体长7.9～9.1毫米，前翅长4.7～5.6毫米。触角42节，眼眶处黄纹宽大，完整。

分布：北京*、内蒙古；朝鲜半岛，俄罗斯，蒙古国。

注：新拟的中文名，从学名。未知寄主。北京5月可见成虫于灯下。

雄虫及头部（怀柔团泉，2023.V.24）

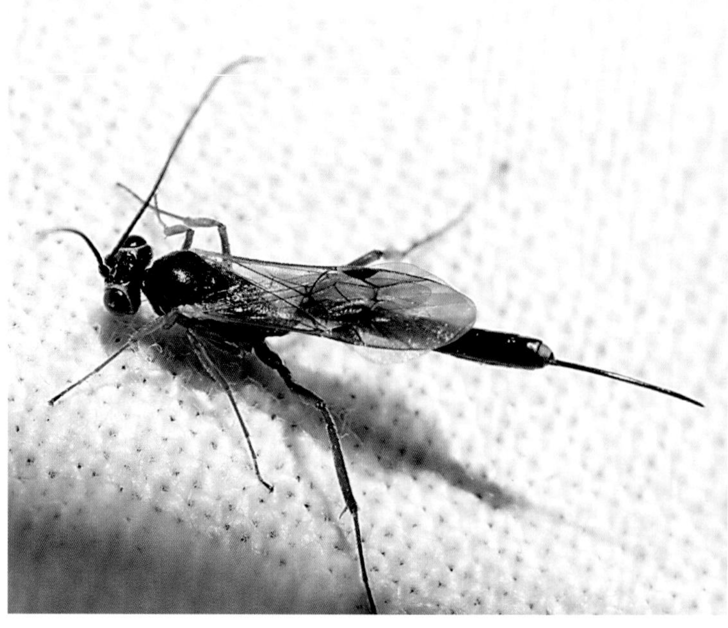

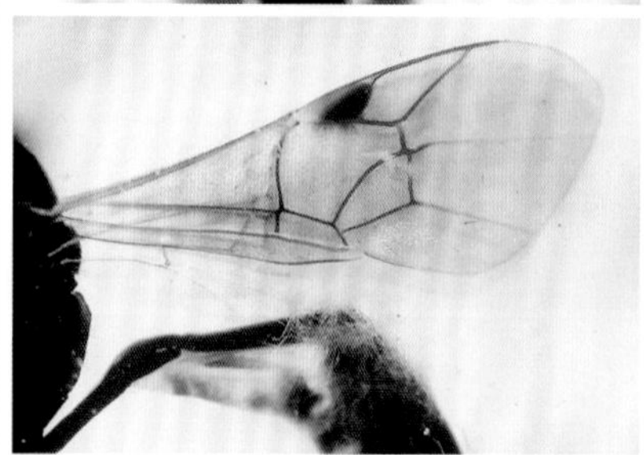

雌虫及头部和翅脉（怀柔团泉，2023.V.24）

颈双缘姬蜂
Diadromus collaris (Gravenhorst, 1829)

雌虫体长4.3毫米，前翅长3.4毫米。体黑色。上颚、触角红褐色，柄节黑褐色；眼颚距宽，等于或稍大于上颚基宽；左上颚2个齿，上齿长尖，下齿短小；唇基与颜面相连；触角25节，从第3节起渐粗大。足黄褐色，后足基部、腿节端半、胫节端褐色。腹第1背板向后扩大，气门在近端部，具纵脊，第2～3节黄褐色，第2节长（明显宽于第1节），长于第1节和第3节，基部1/3弱具密刻点皱纹，其后具光滑区（窄），后大部及第3节具更细密粗点皱纹。

分布：北京、宁夏、内蒙古、天津、山西、河南、浙江；日本，俄罗斯，巴基斯坦，印度，中东，欧洲，南非，墨西哥，（引入）大洋洲。

注：体色多变，中胸盾片及侧片等多呈红棕色（Rousse et al., 2013），经检标本并胸腹节中区的脊纹呈窑洞形，长明显大于宽。本种是小菜蛾的重要天敌，也可寄生葱邻菜蛾，寄生蛹。北京8月见成虫于灯下。

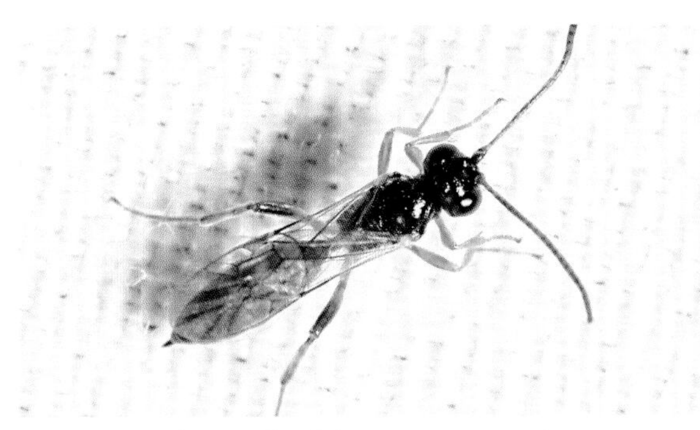

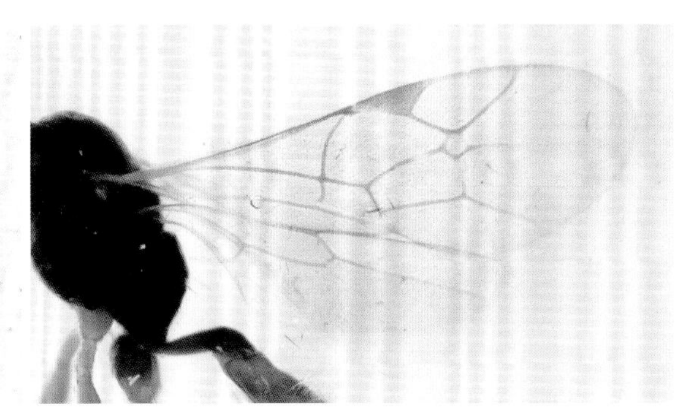

雌虫及翅脉（怀柔喇叭沟门，2013.VIII.20）

亮长凹姬蜂
Diaparsis (*Diaparsis*) *nitidulentis* Khalaim et Sheng, 2009

雌虫体长5.5毫米，前翅长4.1毫米。头、胸部及第1腹节黑色，其余腹节火红色（第2、3节背板基部黑褐色）；触角褐色，端部黑褐色；翅基片褐色；足淡黄色，基节黑色，后足腿节染有黑色。翅宽大，透明，翅痣黑色，两端透明。上颚2个齿，下齿短，不及上齿长之半。并胸腹节具粗刻点和毛，脊纹明显（类似介字形）。第1腹节柄形，光亮。

分布：北京*、宁夏。

注：中文名由李涛先生提供。模式产地六盘山，体长4.7毫米（Khalaim and Sheng, 2009）。*Diaparsis*属昆虫寄生象甲和叶甲的幼虫。北京6月可见成虫于灯下。

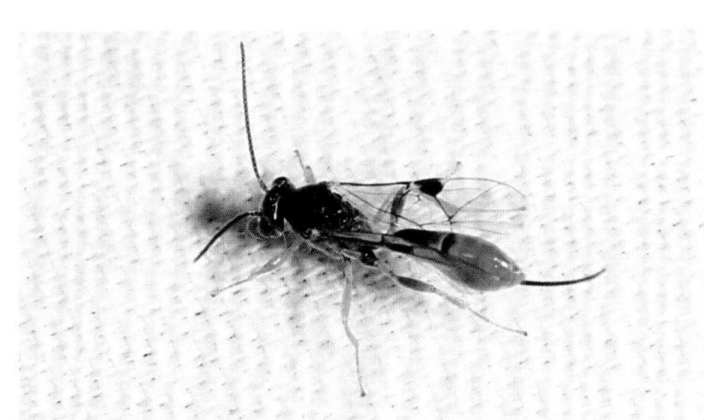

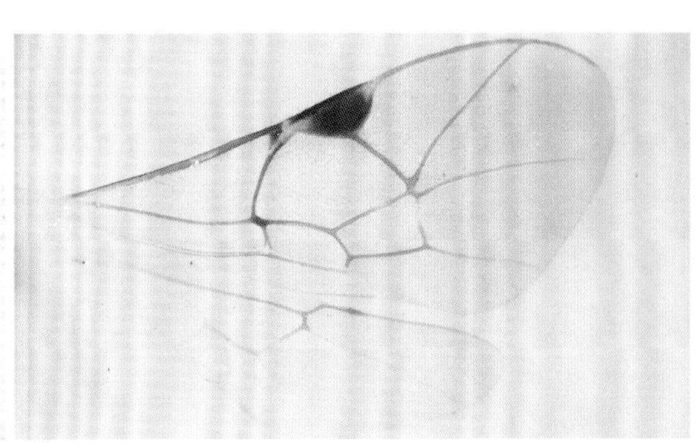

雌虫及翅脉（昌平王家园，2013.VI.17）

草蛉歧腹姬蜂
Dichrogaster liostylus (Thomson, 1855)

雌虫体长4.8毫米，前翅长4.2毫米。体黑色。触角黑色，基部2节腹面黄白色，第3节基部褐色；上颚及颚须黄白色。前中足基节和转节白色，余黄褐色，后足基节、胫节两侧黑褐色。小盾片侧、后缘褐色。腹部黄褐色，第1节黑色，其余节的后端中部具或大或小的褐色区域，第8节以白色为主，各背板均光滑。翅透明，第2迴脉具2个弱点，倾斜，与肘脉呈70° 角。雄虫体长和前翅长均3.7毫米。

分布：北京*、台湾；日本，朝鲜半岛，俄罗斯，印度，阿塞拜疆，欧洲。

注：寄生草蛉茧，单寄生。北京6月见成虫，具趋光性，经检的雄虫育自草蛉茧。

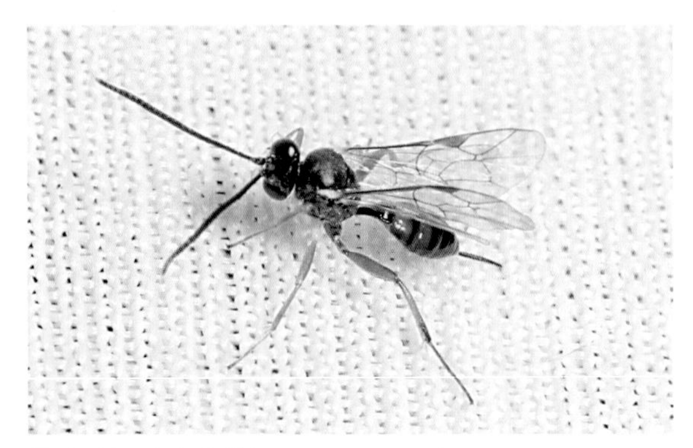

雌虫（门头沟小龙门，2014.VI.10）

紫窄痣姬蜂
Dictyonotus purpurascens (Smith, 1874)

雌虫体长24.7毫米，前翅长21.3毫米。体黑色，具紫色光泽。触角红棕色（或黑褐色）。后胸侧板中央具较高的隆瘤。翅烟黄色，基部及翅端紫黑色；后翅具12个翅钩，越往外排列越紧密。腹部侧扁，第2节下半部棕色。

分布：北京、陕西、吉林、辽宁、山东、浙江、江西、湖北、四川；日本，朝鲜半岛，俄罗斯，泰国，越南。

注：寄生油松毛虫、马尾松毛虫、蓝目天蛾等，成虫从蛹中羽化，可在灯下发现。

雌虫（密云白龙潭，2012.VIII.28）

黄缘脊基姬蜂
Dirophanes flavimarginalis (Uchida, 1927)

雌虫体长约12毫米。体黑色。触角27节，黑色，鞭节1～3节红棕色，第7～10节白色（其中第7节基部黑色），鞭节1～5节长大于宽，第6节长宽相近。足红棕色，中足胫节端稍带暗色，后足腿节（除基部）、胫节两端黑色，各足端跗节及后足第2～4跗节褐色。腹部第2、3节及第4节基部红棕色。产卵管鞘短粗，稍伸出腹末。

分布：北京*；日本。

注：中国新记录种，新拟的中文名，从学名。模式产地为北海道，腹第4节红棕色，且以后各节后缘黄色（Uchida, 1927），暂定为本种。过去未有寄主记录，成虫育自棉大卷叶螟的蛹，单寄生。

雌虫（棉，北京市农林科学院，2011.IX.29）

都姬蜂
Dusona sp.

雄虫体长10.0毫米，前翅长6.1毫米。体黑色；触角黑色，45节；上颚黄色，仅基部及齿黑褐色；眼颚距约为上颚基宽的1/3；须黄白色；足淡黄白色，前足基节基部、中足基节基半黑色，后足基节、转节、腿节（除两端）、胫节基部黑色，跗节褐色；足爪具栉齿。前翅小翅室大，第2盘室下外角呈直角。并胸腹节气门长形，长约为宽的3倍多。第1腹节黑色，气门位于中部之后；第2背板黑色，后半两侧黄棕色；第3、第4节背面暗褐色，两侧红褐色。雄虫抱握器近于舌形，上缘无凹陷。

分布： 北京。

注： 接近*Dusona petiolator* (Fabricius, 1804)，该种并胸腹节基部具1处弧形隆脊，前中足基节和腿节黑色或大部分黑色。*Dusona*属可寄生尺蛾科，或从叶蜂茧中育出。北京7月可见成虫于灯下。

雄虫（房山大安山，2022.VII.29）

细线细颚姬蜂
Enicospilus lineolatus (Roman, 1913)

雌虫体长21.0毫米，前翅长15.0毫米。体红褐色，脸、眼眶淡黄色，上颚端、腹末数节背面暗褐色。翅透明，翅脉多黑褐色，翅痣黄褐色，盘亚缘室仅有线形的端骨片，小脉内叉形式。腹末端近于平截，产卵管鞘平贴在腹末，向上，不超过腹部背面。

分布： 北京*、陕西、吉林、河北、山西、江苏、安徽、浙江、福建、台湾、湖北、湖南、广东、广西、海南、四川、贵州、云南；日本，朝鲜半岛，塔吉克斯坦，南亚，东南亚，澳大利亚。

注： 寄生马尾松毛虫、红腹白灯蛾、棉古毒蛾等幼虫（从蛹中羽化）。北京6月可见成虫于灯下。

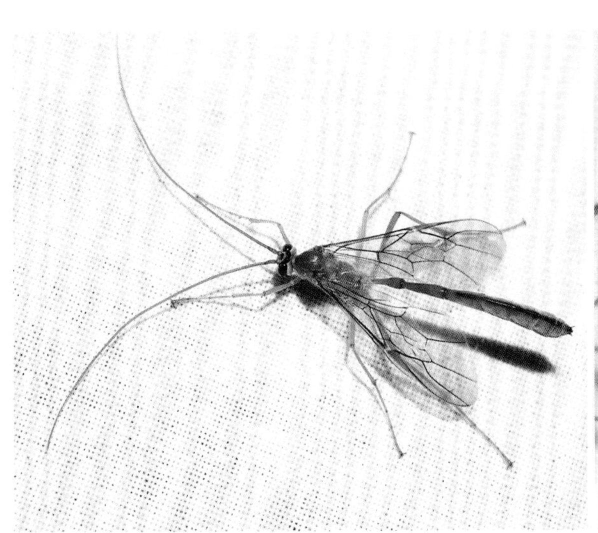
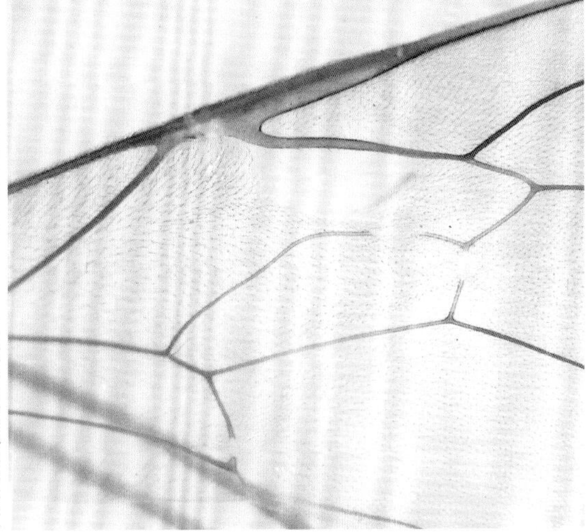
雌虫及翅脉（密云雾灵山，2019.VI.11）

丸山细颚姬蜂
Enicospilus maruyamanus (Uchida, 1928)

雄虫体长20.2毫米，前翅长14.0毫米。体黄褐色，脸、眼眶黄色。触角63节，第3节为第4节长的近2倍，第22节长约为宽的2倍；后头脊完整；侧单眼接近复眼。小盾片侧脊几达后缘，中胸腹板后横脊完整，并胸腹节具基横脊。前翅透明区具微弱线状骨片，无中骨片。后足爪具14个栉齿。

分布：北京*；日本，印度，菲律宾。

注：中国新记录种，新拟的中文名，从学名。*Enicospilus*属是1个大属，世界已知700多种。苹毒蛾细颚姬蜂*Enicospilus pudibundae* (Uchida, 1928)与本种区别在于，该种前翅1m-cu & M脉平匀地弯曲，本种稍带S形（Shimizu et al., 2020）。北京8月见成虫于灯下。

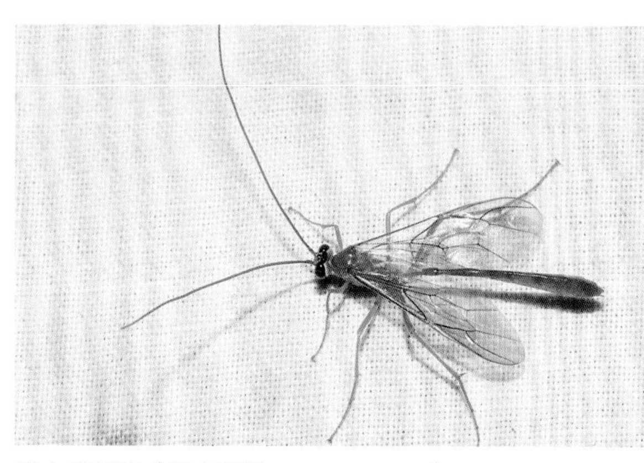
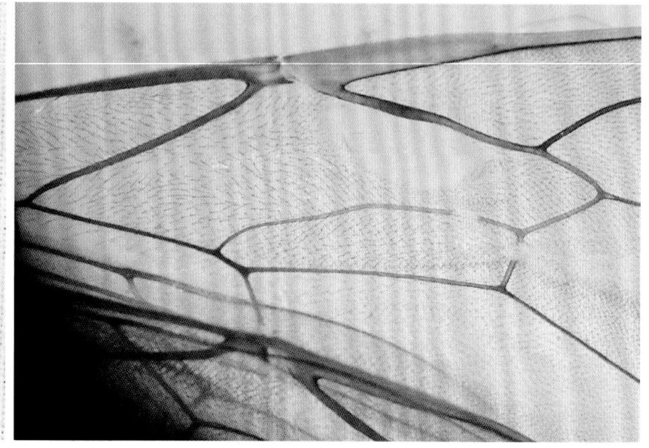

雄虫及翅脉（房山蒲洼，2021.VIII.17）

黑斑细颚姬蜂
Enicospilus melanocarpus Cameron, 1905

雄虫体长17.6毫米，前翅长11.2毫米。体黄褐色，脸、眼眶黄色。触角69节，长于体长，第3节为第4节长的1.5倍；后头脊完整；侧单眼接近复眼。小盾片侧脊达后缘，中胸腹板后横脊完整，并胸腹节具基横脊。前翅透明区端骨片明显，三角形，与基骨片相连，弱，中骨片卵形，横置。后足爪具约25个栉齿。

分布：北京*、陕西、河北、山东、江苏、浙江、江西、福建、湖南、广东、广西、海南、贵州、云南、西藏；日本，朝鲜半岛，南亚，东南亚至澳大利亚。

注：寄生棉铃虫、黄毒蛾*Euproctis fraterna*等幼虫。北京8月见成虫于灯下。

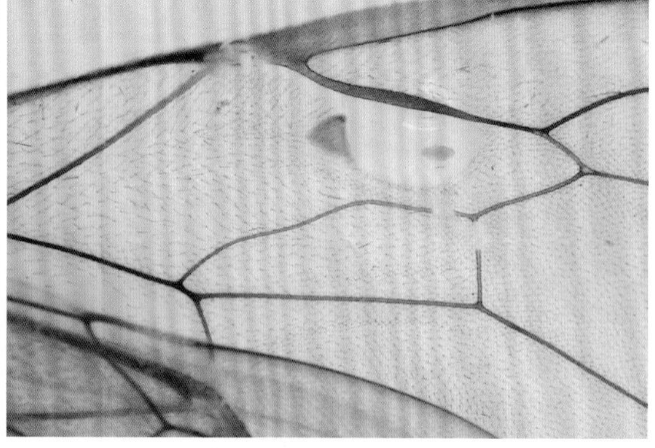

雄虫及翅脉（房山蒲洼，2021.VIII.18）

四国细颚姬蜂
Enicospilus shikokuensis (Uchida, 1928)

雌虫体长24.0～24.5毫米，前翅长16.0～16.3毫米。体红褐色，眼眶黄色。唇基近于平截（稍圆突），上唇前缘尖齿状；上颚端大部分两侧平行，端部暗褐色。触角71节。前翅中盘室端骨片较为明显，与近三角形的基骨片相连，中骨片逗号形，颜色略浅；第2盘室端部2/5较宽，基部明显收窄。

分布：北京*、陕西、辽宁、江苏、浙江、福建、台湾、湖北、湖南、广西；日本，朝鲜半岛，缅甸。

注：本种颜色、前翅中盘室骨片有变化（Shimizu et al., 2020）；虞国跃等（2016）记录的地老虎细颚姬蜂*Enicospilus tournieri* (Vollenhoven, 1879) [= *Enicospilus merdarius* (Gravenhorst, 1829)]是本种的误定，该种前翅中盘室无中骨片，触角少于60节。北京5月、7月可见成虫于灯下，数量较多。

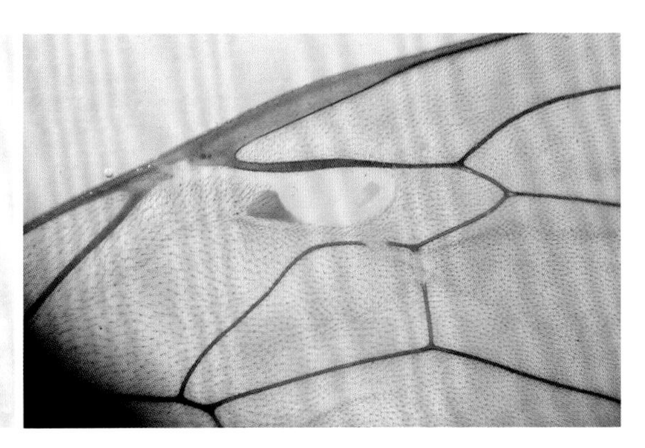

雌虫及翅脉（平谷金海湖，2015.V.28）

褐缘细颚姬蜂
Enicospilus sp.1

雌虫体长12.2毫米，前翅长7.5毫米。体黄褐色，单眼区也黄褐色。前翅翅痣黄色，边缘褐色，中盘肘室的基骨片黑褐色，三角形，与端骨片不相连，中骨片略呈梯形，后2个骨片的颜色明显比基骨片浅。产卵管鞘褐色，短，几乎不伸出腹末；产卵管背面3/7处具1个明显弧形凹陷。

分布：北京。

注：体色及翅斑接近*Enicospilus laqueatus* (Enderlein, 1921)，但该种中骨片离Rs+2r脉的距离小于中骨片的长径。北京8月见成虫于灯下。

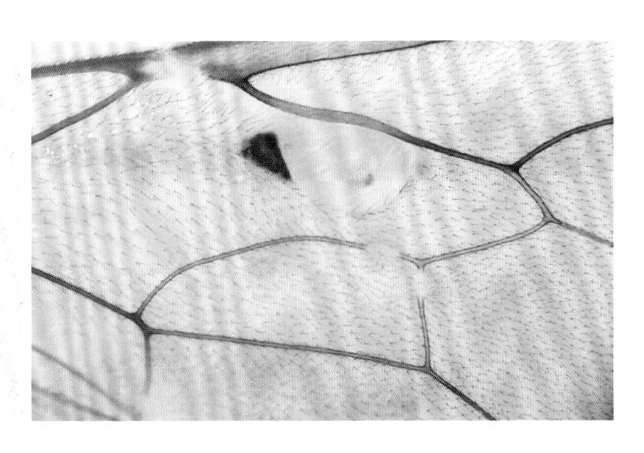

雌虫及翅脉（海淀西山，2021.VIII.6）

窄室细颚姬蜂
Enicospilus sp.2

雌虫体长21.2毫米，前翅长15.5毫米。体黄至黄褐色，单眼区（除前缘）、中胸盾片、腹第3节背板大部、第4节背板背面及其后腹节黑褐至黑色，尾须黄褐色。触角65节。小盾片侧脊几达端缘；并胸腹节基横脊强，完整，与侧脊相连，其下具皱纹，多条，略呈同心圆形；气门长形，下方边缘与侧纵脊间有1条脊相连。

分布：北京。

注：本种前翅第2盘室较窄，上下脉近于平行；接近黑基细颚姬蜂*Enicospilus nigribasalis* (Uchida, 1928)，但该种触角55～57节，前翅小脉内叉式。北京7月见成虫于灯下。

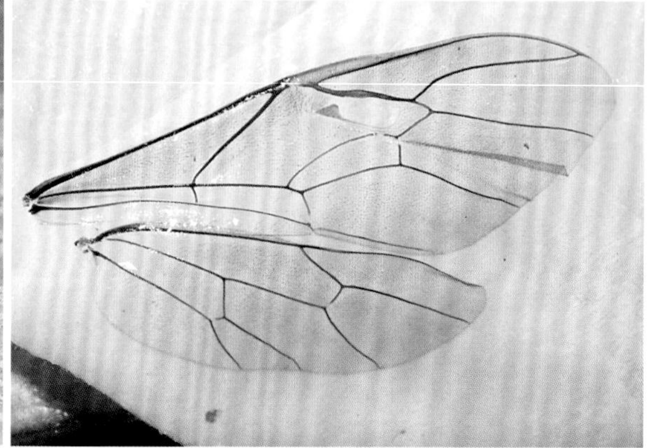

雌虫及翅脉（门头沟小龙门，2011.VII.23）

饰坐腹姬蜂
Enizemum ornatum (Gravenhorst, 1829)

雄虫体长5.8～7.0毫米。黑色。颜面黄白色，头顶（触角以上部分）黑色。触角23节，黑色或黑褐色，基2节腹面黄白色，鞭节腹面暗褐色；中胸盾片两侧前方、小盾片后缘、后胸后缘、翅基片等黄色。后足胫节端大部和跗节黑色。第1腹节具1对脊，基部相距宽，明显收窄，在1/3以后几乎平行，几达前缘。雌虫颜面黑色，后足胫节基部的白色部分更短小；产卵管鞘短，不伸出腹末。

分布：北京、甘肃、新疆；朝鲜半岛，俄罗斯，印度，伊朗，欧洲，北美洲。

注：北京3月、5～6月、9～10月可见成虫，在松、柏、玉米叶上活动，寻找食蚜蝇（如斜斑鼓额食蚜蝇）幼虫（从蛹中羽化），成虫具趋光性。

雄虫（萱草，北京市农林科学院，2016.VI.12）

雌虫（小麦，北京市农林科学院，2010.VI.1）

大螟钝唇姬蜂
Eriborus terebrans (Gravenhorst, 1829)

雄虫体长7.5毫米，前翅长5.2毫米。体黑色；上颚黄色，齿及基部褐色；足淡黄至黄褐色，前足基半（或大半）节、中后足基节（除端部）、后足第1转节、胫节端黑色，后足跗节黑褐色，第1节基大部、第2节基半部淡黄色。触角37节。唇基与颜面无缝，平坦，具较粗刻点，唇基前缘弧形前突；上颚2个齿，上齿稍大；颚眼距短于上颚基部，约为7/10。前翅无小翅室，第1、第2回脉各具1个弱点；后翅具5个翅钩，后小脉不曲折。各节爪具栉齿，数量不一：前足4个，中足7个，后足3～4个。腹部第2节窗疤红棕色。雌虫体长8.4毫米，前翅长5.5毫米。触角38节。并胸腹节中区五角形，与端区之间有横脊分开。

分布：北京*、陕西、黑龙江、吉林、河北、山西、河南、山东、江苏、浙江、福建、湖北、广东、四川；日本，朝鲜半岛，俄罗斯，欧洲，（引入）北美洲等。

注：作为玉米螟的重要天敌被广泛利用，还可寄生二化螟、三化螟、条螟、大螟等的幼虫，单寄生。北京6～7月见成虫于灯下。

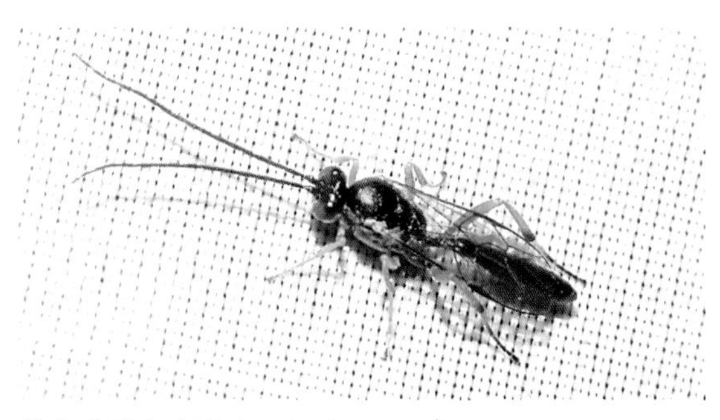

雄虫（房山大安山，2022.VII.14）

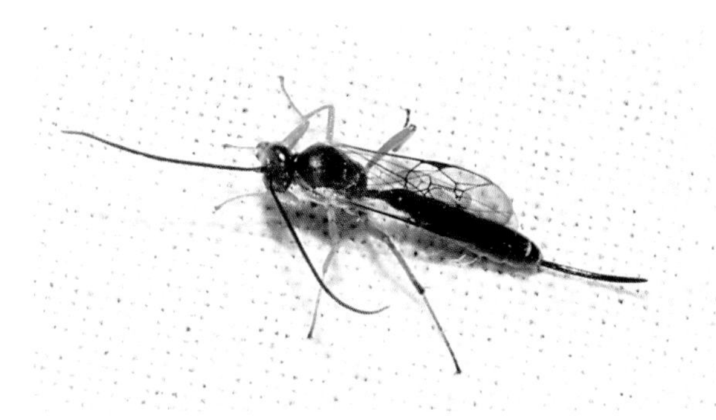

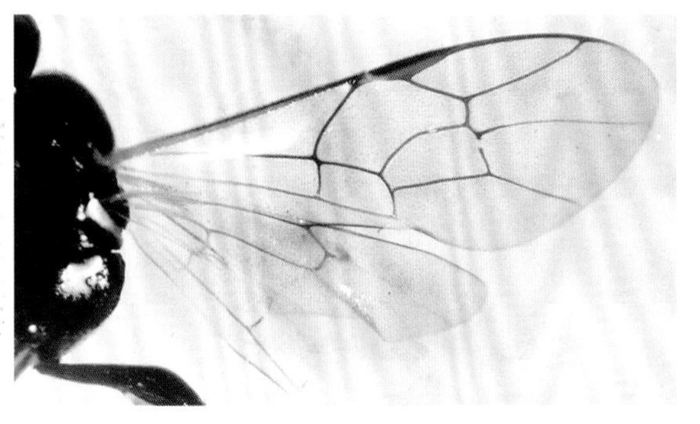

雌虫及翅脉（平谷白羊，2019.VI.20）

广沟姬蜂
Gelis areator (Panzer, 1804)

雌虫体长约4毫米。体暗红色，头单眼区、触角端部、胸背具3个斑，并胸腹节、腹第1节基大部、第2节中部大斑、第3节后黑色。上颊较宽，约为复眼宽之半。前翅透明，中部及近缘部具大黑斑。触角20节，第3、4节长度相近，端节长于宽，长于前一节。

分布：北京*、黑龙江；日本，朝鲜半岛，俄罗斯，土耳其，欧洲。

注：与带沟姬蜂*Gelis cinctus* (Linnaeus, 1758)相近，该种体色更深，且上颊很短，复眼后收缩。重寄生蜂，寄生多种茧蜂（如毒蛾绒茧蜂）和姬蜂。北京6月见成虫于林下。

雌虫（鸡屎藤，国家植物园，2023.VI.13）

阿苏山沟姬蜂
Gelis asozanus (Uchida, 1930)

雌虫体长3.0毫米。无翅型蚁形；褐色，头及腹第3节后黑色，有时腹第2节具黑褐带。触角末端黑褐色，触角19节，短于体。头明显宽于胸，中胸盾片小，半圆形，与前胸背板背中央等长；小盾片与后胸背板完全看不见。第1背板向基部收窄，长为端宽的2.2倍；产卵管鞘长约为后足胫节的1/2。有翅型雄虫体长3.4毫米。触角23节。前胸腹板及足黄棕色。第1腹板暗褐色，端部褐色，气门在中部略后，第2、第3节气门着生在背板边缘。前翅第2回脉具2个弱点，第2肘脉间脉无（即小室开放）。

分布：北京、辽宁；日本。

注：寄生多种绒茧蜂的老熟幼虫（结茧期，如菜粉蝶绒茧蜂）、叶甲、袋蛾等幼虫。成虫具趋光性。

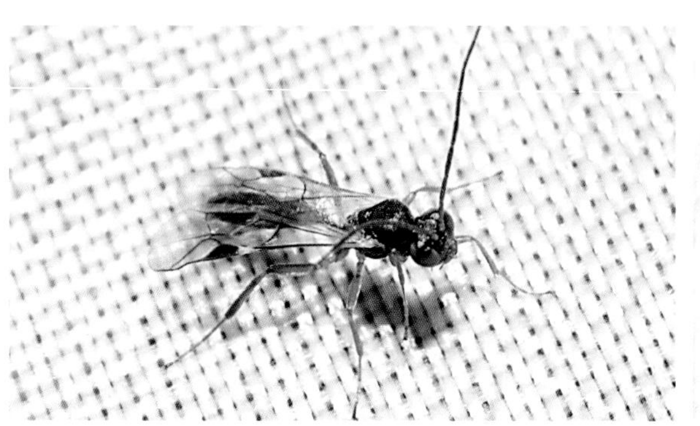

雄虫（房山大安山，2022.IX.21）

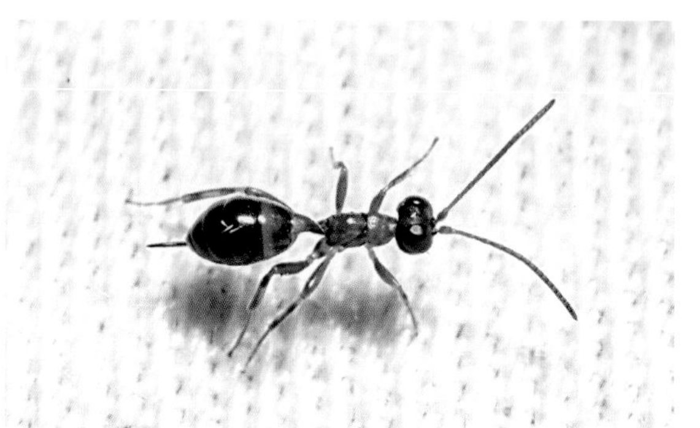

雌虫（昌平王家园，2014.V.20）

室田雕背姬蜂
Glypta murotai Watanabe, 2017

雄虫体长11.5毫米，前翅长8.2毫米。体黑色，唇基、上颚大部、前胸背板后角、翅基片黄白色。触角45节。并胸腹节端部具强横脊，前方中央两侧各具1个纵脊，仅伸达节长之半，左侧与横脊相连，右侧不连，均较弱。前翅无小翅室，基脉略后叉；后小脉在下方曲折。腹部第2～4节背板中央两侧各具1处斜凹陷，第2背板长稍大于端宽（55∶51）。前中足黄白至黄褐色，后足基节红褐色，基部腹面略呈黑褐色，转节黄白色，背面黑褐色，腿节黑褐色，腹面红褐色，胫节（基部黄白色）及跗节黑色，爪具6～7个短小黄色栉齿。

分布：北京*；日本。

注：中国新记录种，新拟的中文名，从学名；模式雌虫体长9.5～10.5 毫米，触角46节，雄虫未知（Watanabe, 2017）。北京5月可见成虫于灯下。

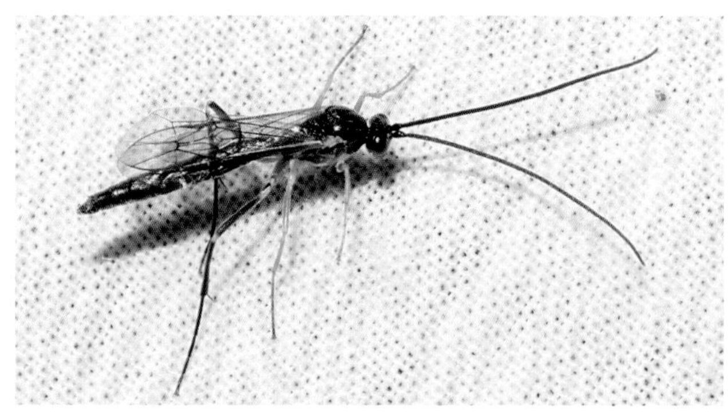

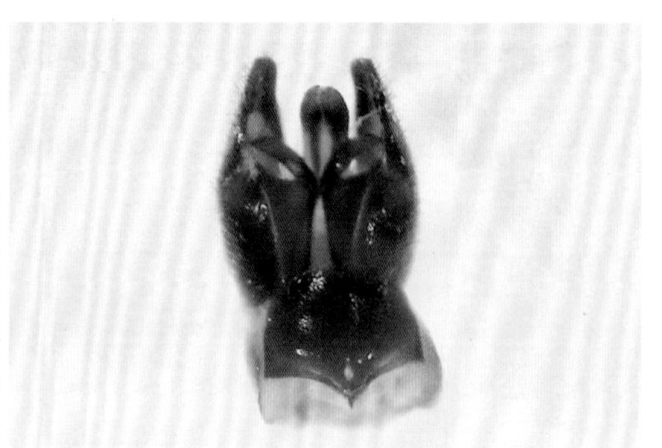

雄虫及外生殖器腹面观（门头沟小龙门，2018.V.11）

带沟姬蜂
Gelis sp.

雌虫体长3.6毫米。体黑色，头大部、前胸、腹第1节端缘、腹第1背板端部、第2背板、第3背板、触角基大部、足大部、中胸侧面上缘1/3红褐色。触角22节，第3、4节长度相近，端节长于宽，明显长于前一节（但不及2倍）。前翅透明，具2条黑褐色带，径室内无浅色斑，第2回脉具2个气泡。

分布： 北京。

注： 过去我们鉴定的带沟姬蜂*Gelis cinctus*（虞国跃等, 2016；虞国跃, 2017）有误，该种前翅第2回脉仅具1个气泡，且中胸侧板大部分红棕色。北京6～8月、10月可见成虫，具趋光性。

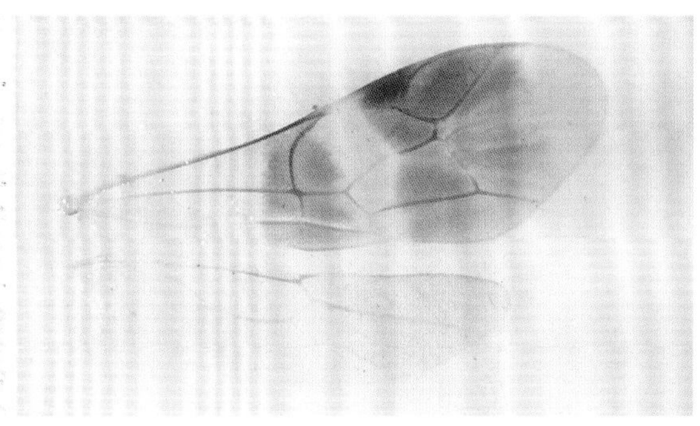

雌虫及翅脉（昌平王家园，2013.VIII.28）

桑蟥聚瘤姬蜂
Gregopimpla kuwanae (Viereck, 1912)

雌虫体长9.1毫米，前翅长7.2毫米。体黑色。触角黄褐色，柄节背腹面、梗节和鞭节基部数节黑褐色；下颚须黄色，下唇须暗褐色。前胸肩角、翅基片黄色；翅透明，翅痣淡黄色。后足胫节近基部和末端、各跗节末端和爪黑褐色。腹部第2～4节背板具暗红褐色区域（或无），后缘黑色。颜面光滑，唇基光滑，基半部隆突，端半部呈两薄片，呈倒"V"形分开，前缘具毛列；触角24节。并胸腹节中央有2条纵脊，伸至长度的3/5处，稍微向后侧分开，其间大部分光滑。前翅小翅室四边形，后小脉在中央曲折。

分布： 北京、陕西、新疆、黑龙江、吉林、辽宁、河北、河南、山东、江苏、安徽、上海、浙江、江西、福建、台湾、湖北、湖南、四川、贵州、云南；日本，朝鲜半岛，印度。

注： 可寄生多种蛾蝶类（老熟）幼虫及预蛹，如桑蟥、桑绢野螟、杨扇舟蛾、二化螟、稻纵卷叶螟等，聚寄生。北京6月、9月可见成虫于灯下。

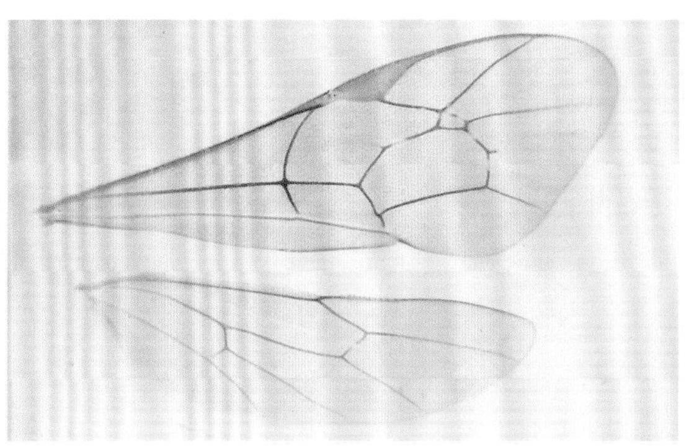

雌虫及翅脉（顺义共青林场，2021.IX.7）

柞蚕软姬蜂

Habronyx insidiator (Smith, 1874)

雌虫体长40.0毫米，前翅长24.0毫米。头胸部黑色，腹部橙黄色，腹第2节背面具黑色纵条，不达后缘，第6节及第5节端部及第7节基部黑褐色。头颜面（触角以下）黄色，后颊沿复眼下部黄色；头比胸宽，在复眼后明显膨突，侧面观上颊明显宽于复眼；唇基前缘中央具1个褐色齿突；触角62节，红褐色，基3节背面黑褐色，后渐至黄色，第3节最长，稍长于后2节之和，后渐短。足黄色，后足基节、第1转节部分、胫节端半部黑色，腿节稍带暗色。翅稍烟色。腹部细长侧扁。

分布：北京*、东北、浙江、福建；日本，朝鲜半岛，俄罗斯。

注：“东北”未知具体省份。模式标本头胸部具黄色绒毛，经检标本为红褐色至黑色。记载寄生柞蚕、银杏大蚕蛾等幼虫，从寄主蛹中出蜂。北京6月见成虫于林下飞行。

雌虫及头部（桃，海淀百望山，2022.VII.7）

松毛虫异足姬蜂

Heteropelma amictum (Fabricius, 1775)

雄虫体长25.0毫米，前翅长12.5毫米。体黑色，头颜面及唇基黄色（近头顶的复眼内缘及后头的复眼缘具细小的黄斑），腹红棕色，第2背板黑色，前中足黄色，后足红褐色，基节基部、胫节端部黑色，后足跗节黄色。触角红棕色，颜色向端部渐浅，基部2～3节腹面黄色；额在触角窝之间具1个很高的侧扁齿；唇基端缘几近平截，其前缘两侧呈角状小突起；后头脊完整。小盾片高隆起，背面中央稍凹陷。第2臀室具伪脉，几达外缘。后足第2跗节稍粗于基跗节，腹面具宽大的凹槽，几达端部，第3节短小，长宽相近。雌虫后足基节红棕色，第2跗节不粗于基跗节。

分布：陕西、吉林、辽宁、河南、江苏、浙江、江西、福建、台湾、广东、广西、四川、贵州、云南；日本，朝鲜半岛，俄罗斯，印度，东南亚，伊朗，欧洲。

注：寄生油松毛虫，从蛹中羽化（单寄生）。记载还可寄生多种夜蛾、尺蛾等。北京7月可见成虫，数量较多。

雌虫（绣线菊，昌平黄花坡，2016.VII.7）

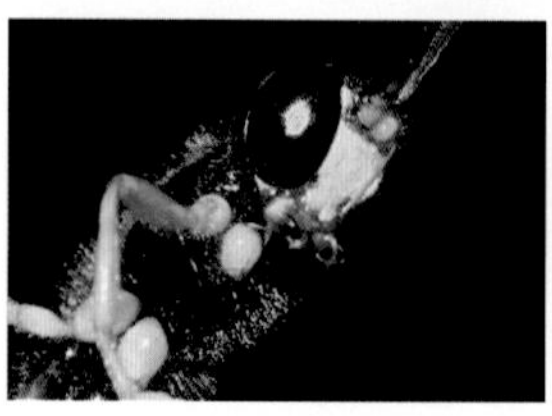

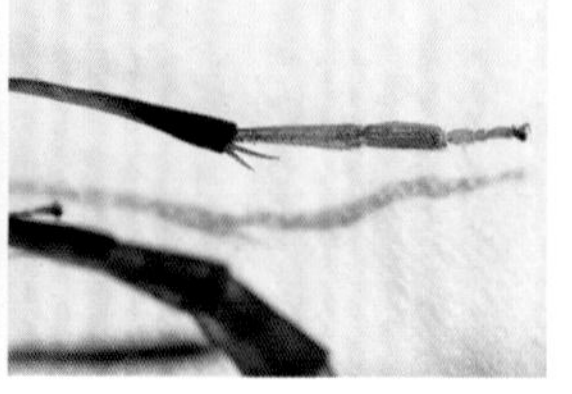

雌虫头部及后足跗节（房山大安山，2022.VII.13）

等距姬蜂
Hypsicera sp.

雄虫体长5.4毫米，前翅长3.8毫米。体黑色，须黄色，颜面、足浅棕红色。触角33节；脸具较粗刻点；颚眼距稍大于上颚基宽。并胸腹节中区与基区分开，略呈长六边形，第2侧区具毛。第1背板中侧具脊，长达背板的2/3，其内光滑，侧脊完整，第2背板长为端宽的71%，侧脊约达60%。

分布：北京。

注：与*Hypsicera makiharai* Kusigemati, 1971相近，该种侧单眼与复眼间距约为单眼直径之半，前翅第2回脉较拱。该属种类非常丰富，足粗壮（尤其后足基节），寄生卷蛾、麦蛾、螟蛾等幼虫，在体内化蛹，从寄主蛹羽化成虫。

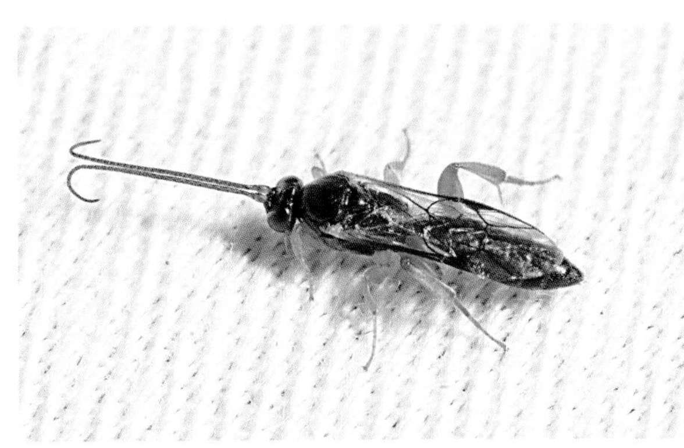
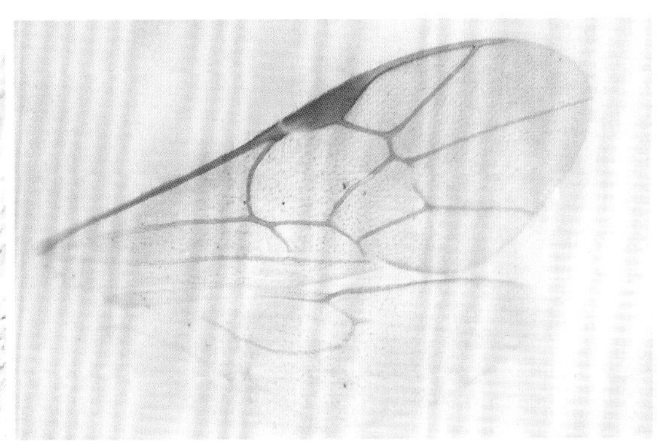

雌虫及翅脉（昌平王家园，2013.VIII.28）

杉原姬蜂
Ichneumon sugiharai Uchida, 1935

雌虫体长13.2毫米，前翅长10.5毫米。体黑色，小盾片（除基部）、第6背板中央后半及第7背板中部象牙白色，前足腿节端以下、中足胫节和跗节、后足胫节基大部、腹第2～3节红色，第3节背板基部及后侧褐色。触角42节，第9～14节黄棕色，中部后略扁宽，仅鞭节基部4～5节和端节长大于宽；基前缘平截，微凸。前翅翅痣黄色，小翅室五角形。腹柄向端部明显扩大，端半部中央具细纵刻纹，第2～3节具均匀的刻点，第4节及后光滑。唇基前缘平截，微凸。产卵管鞘短，刚露出腹末。

分布：北京*；日本，朝鲜半岛。

注：本种模式产地为日本和韩国，体长17毫米，眼眶在额部具很窄的黄边（Uchida, 1935），暂定为本种。北京6月可见成虫。

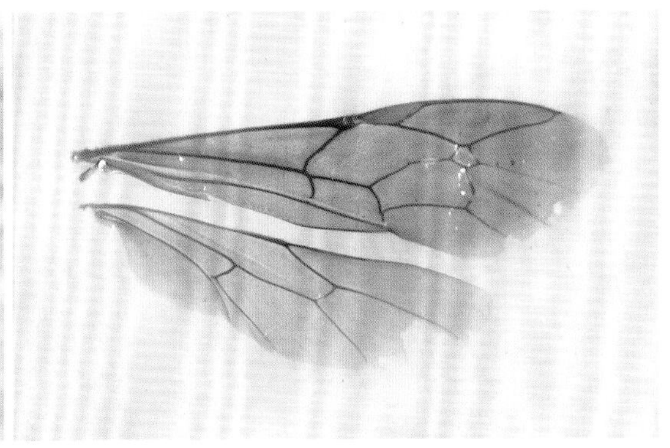

雌虫及翅脉（门头沟小龙门，2016.VI.15）

光瘤姬蜂
Liotryphon sp.

雄虫体长7.7毫米，前翅长5.1毫米。体黑色。唇基红褐色，前缘黄白色，平，基部具明显横缝；上颚红褐色，两端黑褐色；上颚须和下唇须白色；颚眼距小，约为上颚基宽的1/5；触角27节，柄节腹面端半部白色。前胸后侧角、翅基片白色；中胸无盾纵沟；并胸腹节除侧脊外无脊纹，光亮，布细微刻点和毛。前翅小室四边形，第2肘间脉具2个弱点；后小脉在中间曲折。前、中足淡黄白色，后足基节淡黄褐色。腹前5节长度相近，第2背板长宽比为1.64，第2～5节后缘具无刻点区。

分布：北京。

注：接近*Liotryphon caudatus* (Ratzeburg, 1848)，或为该种。经检的5头雄虫标本育自梨枝瘿蛾*Blastodacna pyrigalla*的虫瘿。*Liotryphon*属姬蜂的产卵管长（与体长相近），较弱，利用缝隙或寄主先前准备的羽化孔，寻找寄主并产卵。

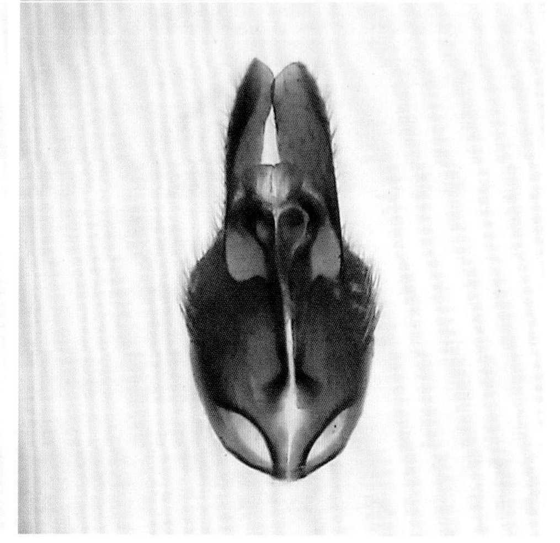

雄虫及外生殖器（梨，延庆米家堡室内，2016.III.27）

云南角额姬蜂
Listrognathus yunnanensis He et Chen, 1996

雌虫体长13.2毫米，前翅长10.0毫米。体黑色，具白斑，足红棕色，具黑纹。触角39节，第8节端部至13节背面白色；眼眶内缘及下缘、唇基隆起部分、上颚（除两端）白色；额在触角上方具锥形角突；后足基节内侧及并胸腹节两侧具大白斑，后足跗节除两端外白色；第1～4背板后缘及后3节后缘两侧具黄白带横带，其中第2节黄白带位于近端部。

分布：北京*、河南、云南。

注：模式产地为云南宾川，个体较小，体长8.5～9.0毫米，触角33节，后足基跗节基部约2/3黑色，寄生翠纹金刚钻（何俊华等，1996）。北京7月可见成虫，育自核桃叶片上胡桃豹夜蛾*Sinna extrema*的茧。

雌虫（核桃，平谷熊儿寨东沟室内，2019.VII.3）

卷蛾壕姬峰
Lycorina ornata Uchida et Momoi, 1959

雌虫体长6.8毫米，前翅长5.0毫米。体黑色，具黄白斑。颜面白色，前缘黑色，触角窝下方延伸1对黑纵斑。上颊短，约为复眼横径之半。触角短，27节。前翅无小翅室；并胸腹节短，背面中央具标准八字形脊纹，侧缘具白斑。前、中足的基节（除基端外）黄色；后足基节、转节和胫节末端1/6黑色，腿节红棕色；后足跗节稍短于胫节，第2节长约为宽的2倍。第1背板前侧角黄白色，第1～5节具凹沟形成的三角形隆区，其后黄白色。

分布：北京*、陕西；日本。

注：寄生苹小卷叶蛾*Adoxophyes orana*的幼虫。与描述于辽宁的梢蛾壕姬峰*Lycorina spilonotae* Chao, 1980很接近，其上颊与复眼宽度相近（赵修复，1980）。北京9月灯下可见成虫。

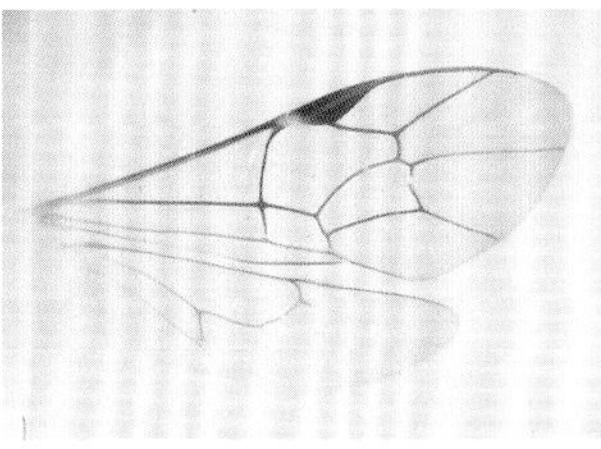
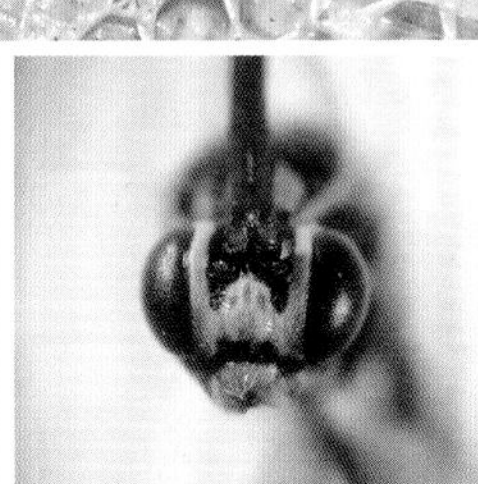
雌虫及翅脉和头部（顺义共青林场，2021.IX.7）

舞毒蛾姬蜂
Lymantrichneumon disparis (Poda, 1761)

体长18.0～18.5毫米，前翅翅长13.5～15.0毫米。颜面黄色（雌虫稍具褐纹），复眼周围淡黄绿色；触角46节，黑色（雌虫第10～16节白色）。胸腹部黑色，前胸背板两侧、小盾片淡黄绿色或红褐色。足基节黄色，但中足基节基部暗褐色，后足基节黑色。前翅具小翅室。腹第1节后缘、第2节周缘（两侧及后缘较宽）及第2～4节腹面黄棕色。

分布：北京*等；古北区，东洋区。

注：新拟的中文名，从学名。经检的雌雄标本体色较深，尤其后足腿节几乎全黑；本种可分为几个亚种，由于缺少文献，暂不分亚种；中国有记录，未见具体地点。寄生舞毒蛾等毒蛾的幼虫和蛹，单寄生。北京7月可见成虫于灯下。

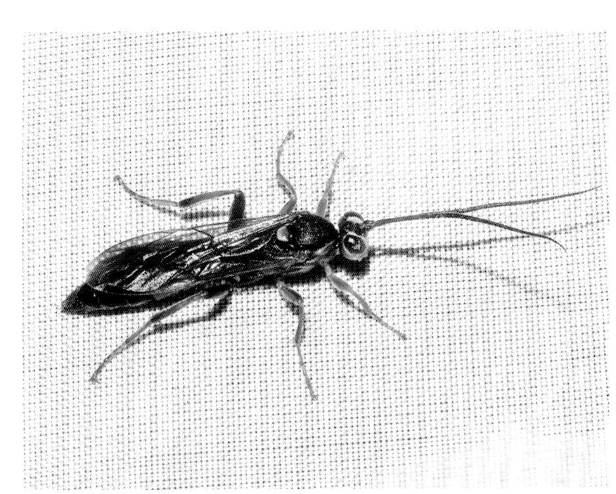
雄虫（房山大安山，2022.VII.28）

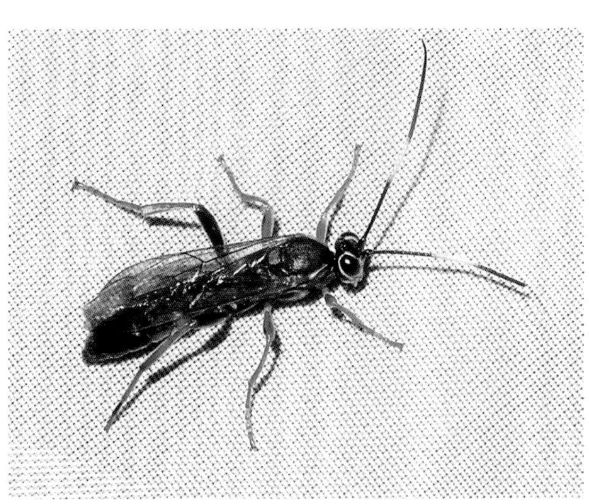
雌虫（房山大安山，2022.VII.28）

梨小搜姬蜂
Mastrus molestae (Uchida, 1933)

雌虫体长5.6毫米，前翅长4.1毫米。体黑色，上颚基部黄色，翅基及翅基片淡黄白色，足（包括基节）红棕色，中后足胫节和跗节暗褐色。触角23节，中部不增粗；颚眼距大于上颚基宽；唇基前缘近于平截，无齿突。并胸腹节中区六边形，基区横长形，长不及中区之半，后区稍宽，长于中区1倍。第1背板基部窄，端部宽，端1/3近方形，中侧具不明显的脊，达3/4，侧脊完整。

分布：北京*；日本。

注：中国新记录种，新拟的中文名，从学名；产卵管端前背部具1个缺刻，很小，需仔细观察；经检标本第1、2背板皮革状，纵刻纹不显，且并胸腹节中区稍大，两文献（Uchida, 1933; Watanabe, 2021）给出的图也有所不同。本种寄生梨小食心虫*Grapholita molesta*。北京11月见成虫在油松树干上爬行。

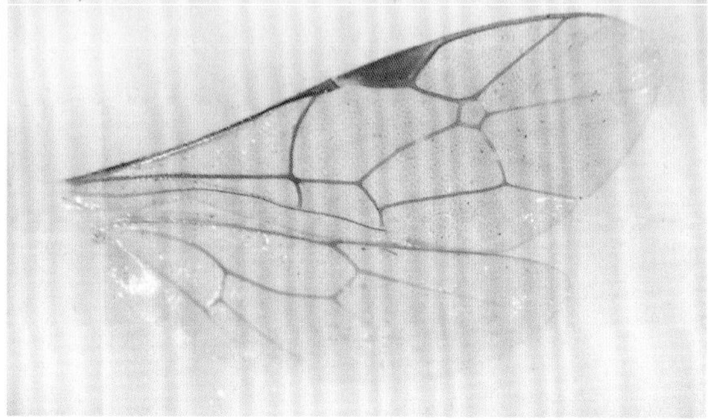

雌虫及翅脉（油松，门头沟小龙门，2013.XI.4）

褐斑马尾姬蜂
Megarhyssa praecellens (Tosquinet, 1889)

雄虫体长18.2毫米，前翅长12.0毫米。体黄褐色，具黄色斑纹。复眼间具黑褐色横纹。中胸背板布满强横刻条。翅茶褐色，透明，翅痣黄褐色。腹部第2背板端部具凸形黄纹。雄虫体小，前翅无褐斑。雌虫体长15～28毫米，前翅外侧下方具浓褐色云斑，产卵器长，通常超过体长1/3以上。

分布：北京、陕西、宁夏、甘肃、内蒙古、辽宁、河北、山西、河南、山东、上海、浙江、福建、台湾、湖北、湖南、香港、四川、重庆、云南；日本，朝鲜半岛，俄罗斯，越南，老挝。

注：又称斑翅马尾姬蜂。幼虫寄生各种树蜂、光肩星天牛、栗山天牛等的幼虫。北京4月、7月可见成虫，雄虫具趋光性。

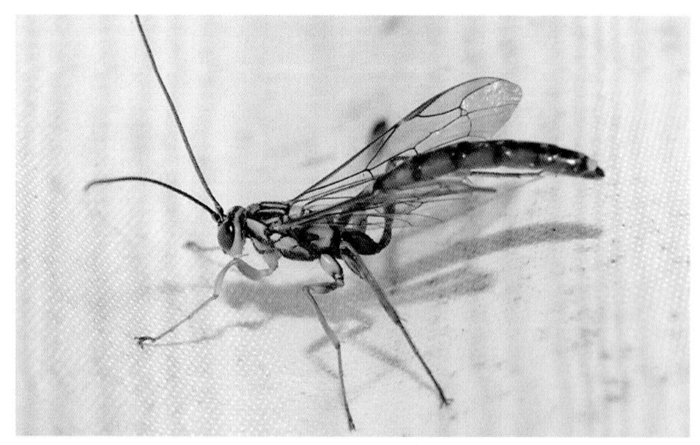

雄虫（密云雾灵山，2021.VII.24）

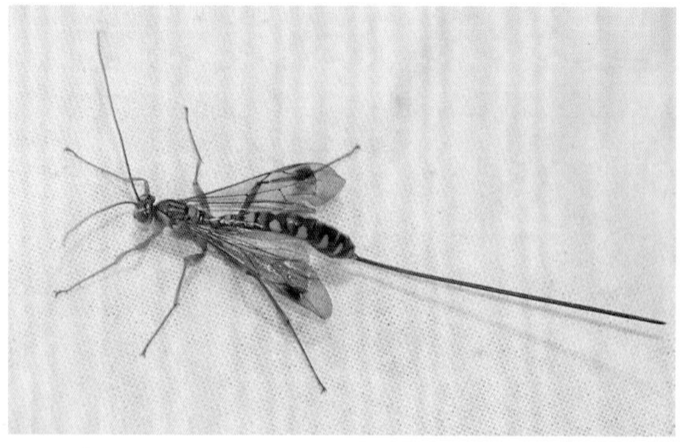

雌虫（平谷梨树沟，2023.VII.3）

北海道马尾姬蜂
Megarhyssa jezoensis (Matsumura, 1912)

雌虫体长17.4毫米，前翅长13.5毫米。体黑褐色，具众多黄色斑。与褐斑马尾姬蜂的主要区分特征是腹部第2背面具1对钩形纹，中间分开。雌虫前翅无褐斑。

分布： 北京、辽宁、河北、河南、山东；日本，朝鲜半岛，俄罗斯。

注： 国内记录的花斑马尾姬蜂*Megarhyssa gloriosa*（章宗江，1984；严静君等，1989）应是本种的误定。寄生树蜂、天牛的幼虫，在

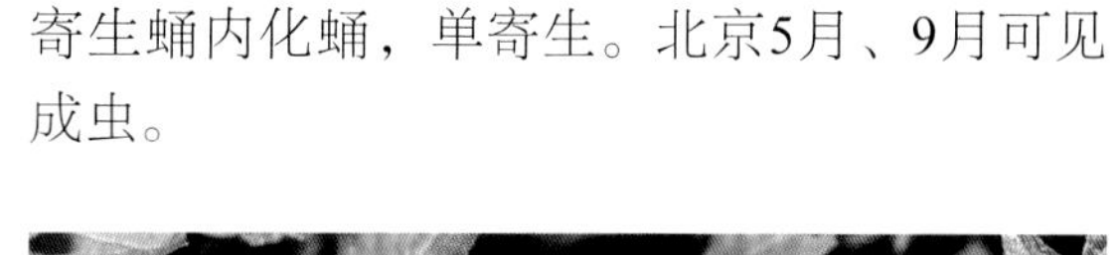

寄生蛹内化蛹，单寄生。北京5月、9月可见成虫。

雌虫（榆，门头沟小龙门，2018.V.10）

丽黑姬蜂
Melanichneumon spectabilis (Holmgren, 1864)

雌虫体长10.0毫米，前翅长8.0毫米。体黑褐至黑色，具白色斑：复眼内眶（黄白色）、小盾片后缘、后小盾片、前中足胫节内侧；第1～3背板后缘白色，中央宽断开，第2节白斑几达侧缘，第3节远不达侧缘，第6～7节中部白色。触角44节，第10～18节背面白色，第19节起开始增粗，各节长为宽之半，腹面平，端部数节再变窄，端节长大于宽。前翅小室五角形。并胸腹节背面具六边形脊纹，不达基缘，侧面观侧脊明显，在背腹交接处呈角状。第2背板具不明显的窗疤，斜置，接近基部。产卵管鞘粗壮，稍伸出腹末。

分布： 北京*、陕西、江西、广东；日本，欧洲。

注： 新拟的中文名，从学名。*Melanichneumon*属姬蜂的1个特点是雌虫触角在中部后宽扁。北京6月见成虫于灯下。

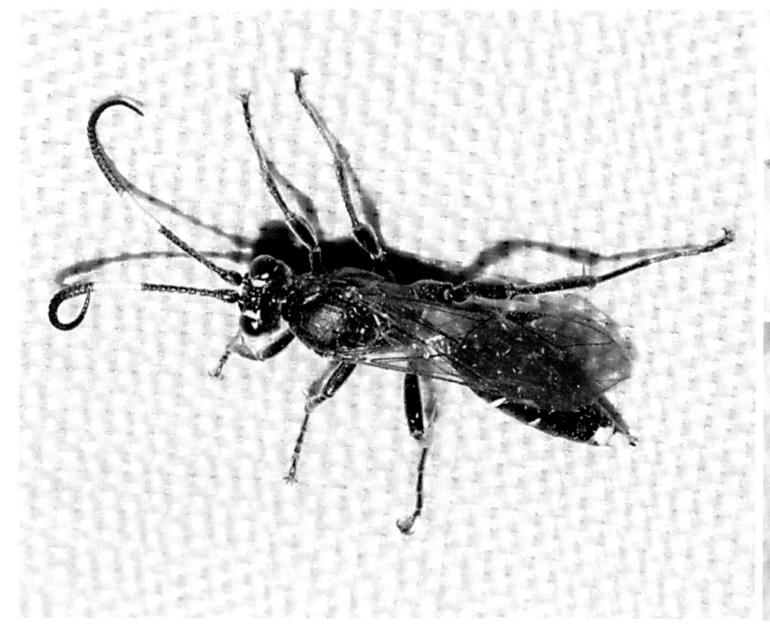

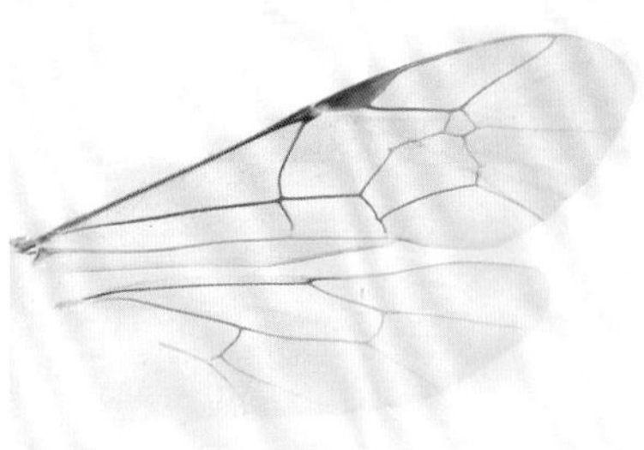

雌虫及翅脉和腹侧（延庆八达岭，2015.VI.3）

菱室姬蜂
Mesochorus sp.

雌虫体长8.1毫米，前翅长7.2毫米。体淡红褐色，触角端部稍暗，单眼区暗褐色。触角44节，第3节明显长于第4节（8∶5）；上颚端部具2个齿，黑色，大小、长度相近；颜面在触角下方具横脊。前胸腹节具大网格脊纹，中区呈略窄的五边形，其上方的2侧边稍弧形，基区呈窄的“V”形，略有柄。下生殖板大，侧面观呈三角形；产卵管鞘短于腹高。

分布：北京。

注：外形与分布于台湾的塔菱室姬蜂*Mesochorus tattakensis* Uchida, 1933相近，该种雄虫触角51～52节（Kusigemati, 1985）。北京9月可见成虫于灯下。

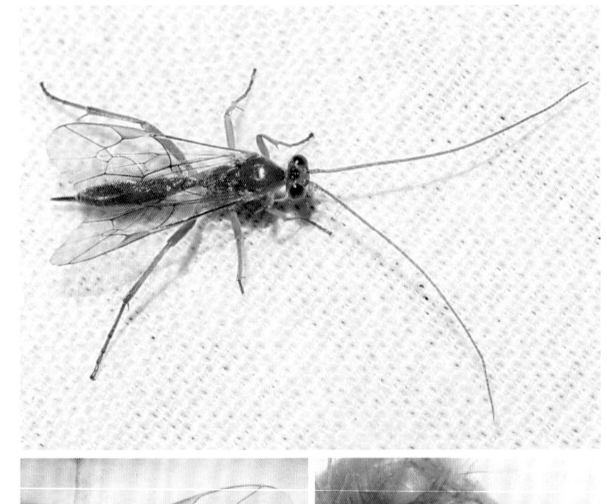
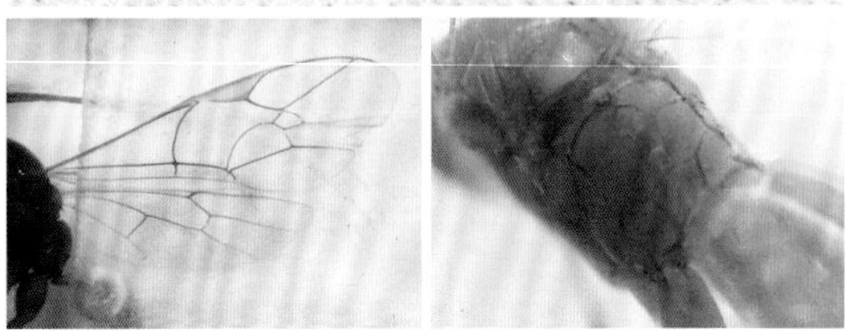
雌虫及翅脉和并胸腹节（密云雾灵山，2014.IX.16）

切盾脸姬蜂
Metopius (*Ceratopius*) *citratus* (Geoffroy, 1785)

雄虫体长10.1毫米，翅长9.5毫米。体黑色；触角第1节（有时第2节）腹面黄色；盾脸上缘及侧缘、触角间突起、额眶黄色，小盾片侧缘基部、后小盾片基部具小黄点；前足颜色略浅；腹具蓝色金属光泽，背板第1～4节两侧后缘具黄点，第4节两侧近后缘具黄色短横带。脸盾状，表面平坦，周围有隆脊，长为宽的1.2倍。触角间上方具1个齿形额突，黑色。小盾片两侧平行，两侧端部齿状。前翅小翅室菱形。

分布：北京*、浙江、台湾、四川；日本，古北区。

注：*Metopius dissectorius* (Panzer, 1805)为本种异名；本种变异较大，有不少亚种；经检标本与欧洲的相比，盾脸处刻点较细，刻点间不相接；与分布于江西的*Metopius* (*Ceratopius*) *gressitti* Michener, 1941很接近，该种腹部无强蓝色光泽，单复眼间距稍短于侧单眼直径；暂定为本种。

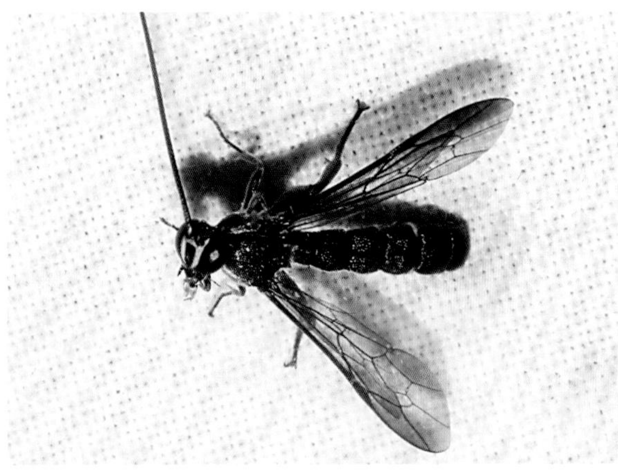

雄虫及头部（房山蒲洼，2020.VII.15）

斯氏拟瘦姬蜂

Netelia (*Apatagium*) *smithii* (Dalla Torre, 1901)

雄虫体长14.6毫米，前翅长10.8毫米。体淡黄至黄棕色，复眼及单眼区黑色，中胸背板及腹部背面颜色稍深。触角第3节长为第4节的1.4倍，第4节长约为宽的3倍。前翅透明，翅痣淡黄色，小翅室不完全封闭，小脉在基脉的外侧，远离基脉，第2回脉具2个弱点，第1回脉具1个弱点。

分布：北京*、台湾；日本，朝鲜半岛。

注：新拟的中文名，从学名；本种的特点是唇基前缘浅弧形突出、单眼区黑色，小脉远离基脉（Konishi, 1986）。北京8月可见成虫于灯下。

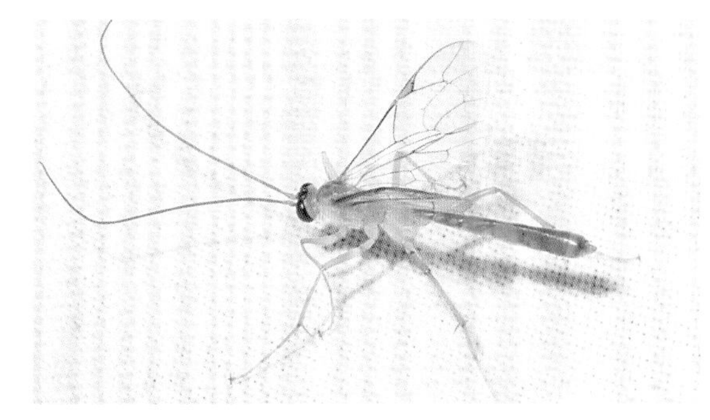

雄虫（房山蒲洼，2020.VIII.28）

棕拟瘦姬蜂

Netelia (*Netelia*) *fulvator* Delrio, 1971

雄虫体长11.5毫米，前翅长8.2毫米。体红棕色，上颚端、单眼区黑色。触角46节，第3节为第4节长的1.5倍；两侧单眼与复眼接近；后头脊不完整，中部消失。小盾片侧脊伸达后缘。前翅具小室，三角形，小，外边下半部断开，小脉位于基脉外侧；后翅小脉上曲折。足爪具栉齿，约23个，黑色。雄性抱器如图，垫褶大，卵圆形。雌虫体长13.4毫米，前翅长10.5毫米，产卵管鞘长，明显伸出腹末。

分布：北京*；日本，欧洲，北非。

注：中国新记录种，新拟的中文名，从学名。经检标本的雄性抱器、单眼等与日本的相同（Konishi, 2005），而与欧洲的不同（Delrio, 1975）。记录的寄主有梨剑纹夜蛾幼虫等。北京5月见成虫于灯下。

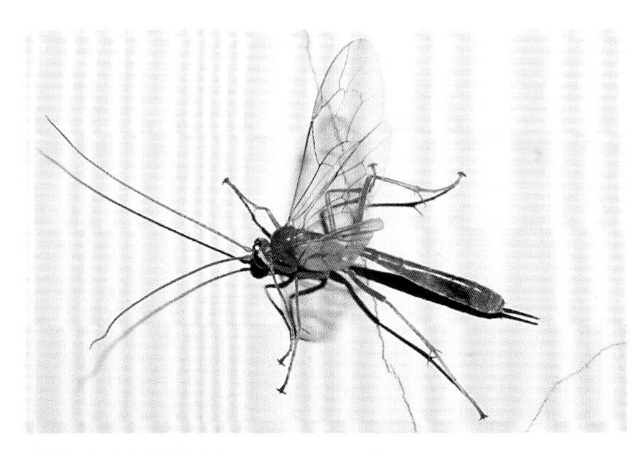

雌虫（密云雾灵山，2015.V.12）

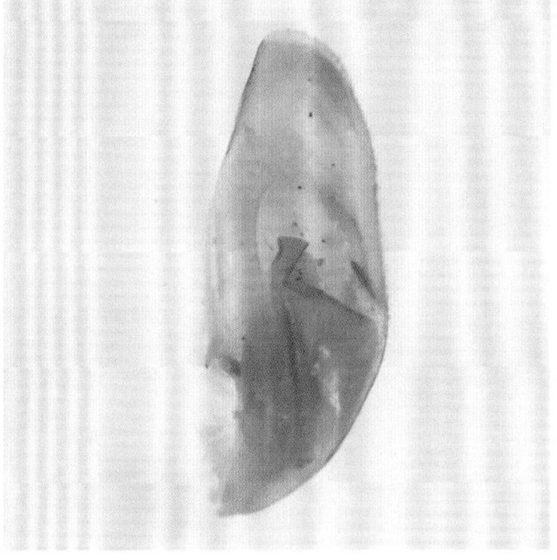

雄虫及抱器（密云雾灵山，2015.V.12）

陪拟瘦姬蜂
Netelia (*Bessobates*) *comitor* Tolkanitz, 1974

雄虫体长9.0毫米，前翅长9.0毫米。体黄棕色，头黄色。后头脊缺；触角49节，端节稍长于前节。小盾片两侧纵脊限于基部。后足爪内侧具约15枚黑褐色栉齿。前翅小脉位于基脉内侧，小翅室具柄，外缘后半段断开。雄性抱器如图。

分布：北京*；日本，俄罗斯。

注：中国新记录种，新拟的中文名，从学名；触角44～49节，前翅长8.7～10.0 毫米，前翅小脉的位置可变化（Konishi, 2014），经检标本雄性的垫褶稍大。北京9月见成虫于灯下。

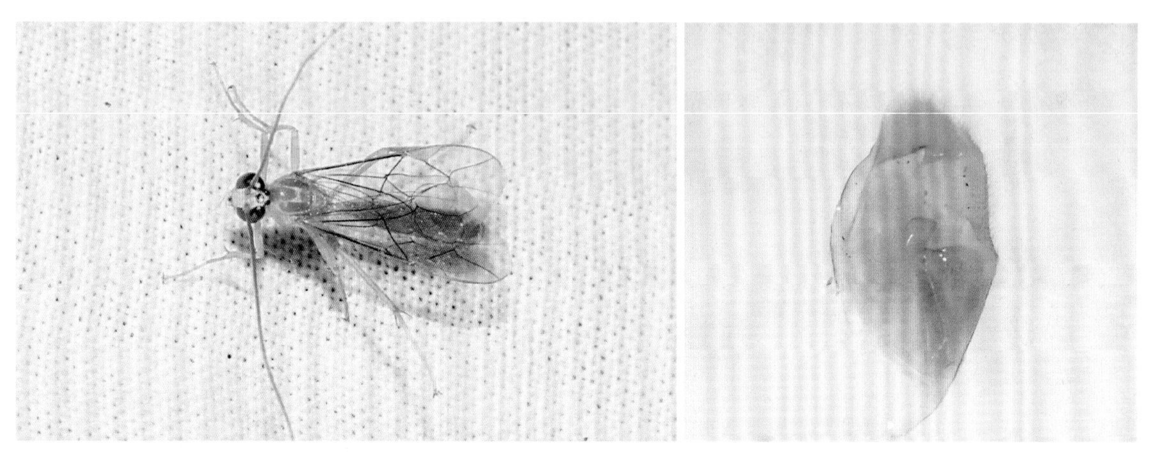

雄虫及抱器（门头沟小龙门，2018.V.10）

冠毛拟瘦姬蜂
Netelia (*Bessobates*) *cristata* (Thomson, 1888)

雄虫体长10.0毫米，前翅长9.2毫米。体红棕色。头颜面、唇基及复眼后缘黄色。后头脊缺；触角45节，端节似由2节组成。小盾片两侧纵脊不达中部。后足爪内侧具11枚黑色栉齿。前翅小脉对叉式，具小翅室（但外缘后半段断开）。雄性抱器如图。

分布：北京*、甘肃、湖北、四川；古北区。

注：触角47～54节，前翅长10.8～16.1毫米（Konishi, 2014）。北京9月见成虫于灯下。

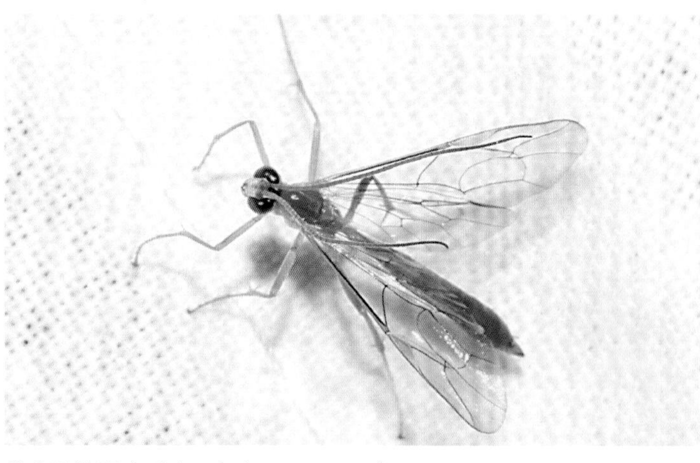

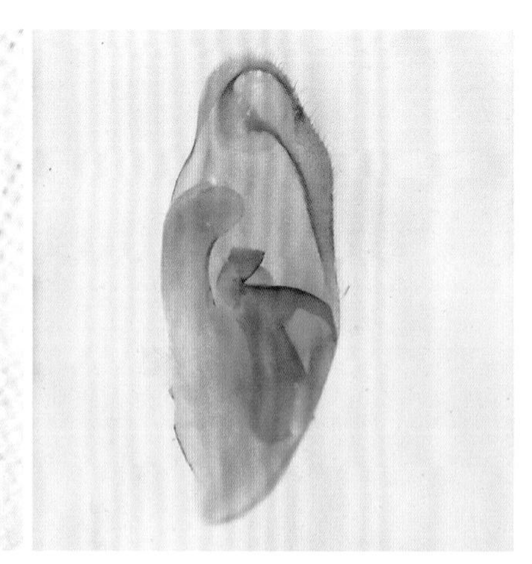

雄虫及抱器（延庆玉皇庙，2020.IX.3）

弱拟瘦姬蜂

Netelia (*Netelia*) *infractor* Delrio, 1971

雄虫体长16.4毫米，前翅长12.5毫米。体黄棕色。头颜面、唇基及复眼后缘黄色。后头脊不完整，中央断开；触角54节，第1、2节短，长之和与第3节相近，第3节明显长于第4节，第4～6节长度相近。小盾片两侧具脊，伸达末端。前翅具小室翅，小脉cu-a后叉式，离Rs+M的距离约为小脉之半。爪具很多栉齿，前足约25个黑色栉齿，后足17个。并胸腹节密布细横脊，前端约1/5光滑。雄性抱器如图，垫褶较大，其外缘中部大弧形凹入。

分布：北京*；日本，欧洲。

注：中国新记录种，新拟的中文名，从学名；触角49～54节，小脉cu-a离Rs+M的距离为小脉长度的2/5～1/2，寄生剑纹夜蛾幼虫（Konishi, 2005）。北京9月见成虫于灯下。

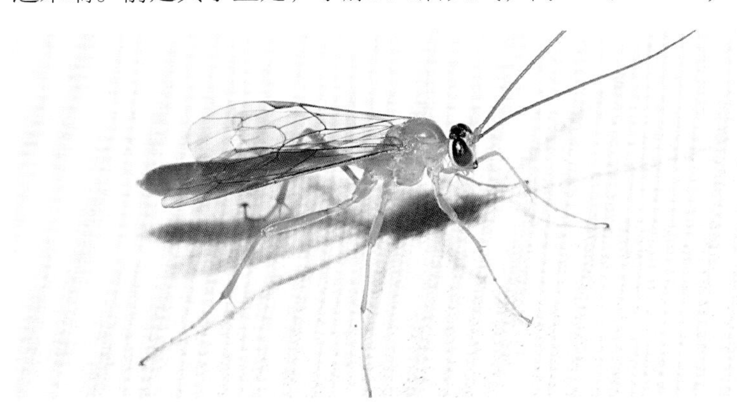

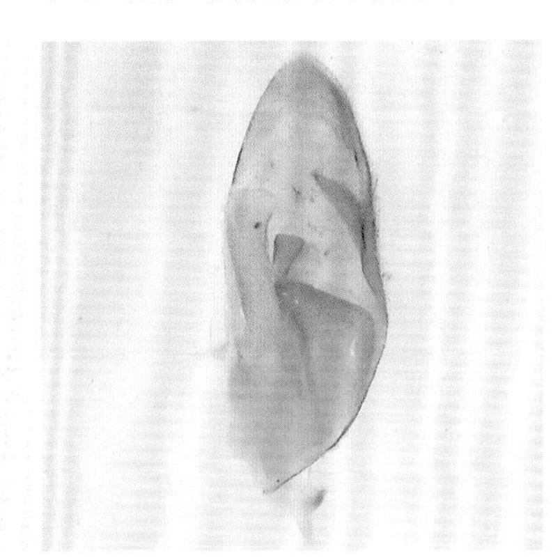

雄虫及抱器（密云雾灵山，2014.IX.17）

甘蓝夜蛾拟瘦姬蜂

Netelia (*Netelia*) *ocellaris* (Thomson, 1888)

雄虫体长17.3毫米，前翅长11.4毫米。上颚端、单眼区黑褐色。触角52节，第3节明显长于第4节（1.4倍）；具后头脊，中央断开；侧单眼接近复眼，但仍有一丝距离。小盾片具侧脊，明显，达后缘。并胸腹节具细横刻纹，后端1/3刻纹伸向后缘。

分布：北京*、甘肃、辽宁、河北、天津、山西、河南、山东、安徽、浙江、福建、台湾、湖北、四川；古北区。

注：国内一些材料中本种的鉴定可能有误。可寄生甘蓝夜蛾、棉铃虫、黏虫等。北京7月可见成虫于灯下。

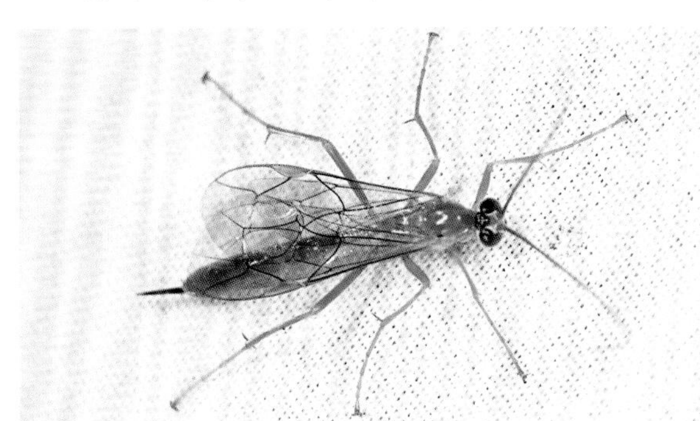

雌虫（门头沟小龙门，2011.VII.6）

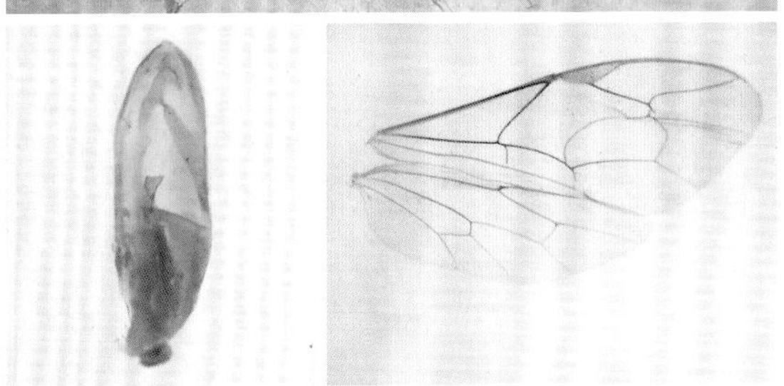

雄虫及抱器和翅脉（门头沟小龙门，2011.VII.5）

小原拟瘦姬蜂
Netelia (*Netelia*) *oharai* Konishi, 2005

雄虫体长8.2毫米，前翅长11.6毫米。体黄棕色，眼眶黄色，单眼区黑色。后头脊不完整，中部断开；触角46节，端节明显长于前节。小盾片两侧纵脊伸达端部基部。后足爪内侧具约18枚黑褐色栉齿。前翅小脉位于基脉内侧，具小翅室，外缘后半段断开。雄性抱器如图，其端缘背侧具1个小缺刻。

分布：北京*；日本。

注：中国新记录种，新拟的中文名，从学名；触角45～53节，前翅长7.6～12.6毫米（Konishi, 2005）。北京5月见成虫于灯下。

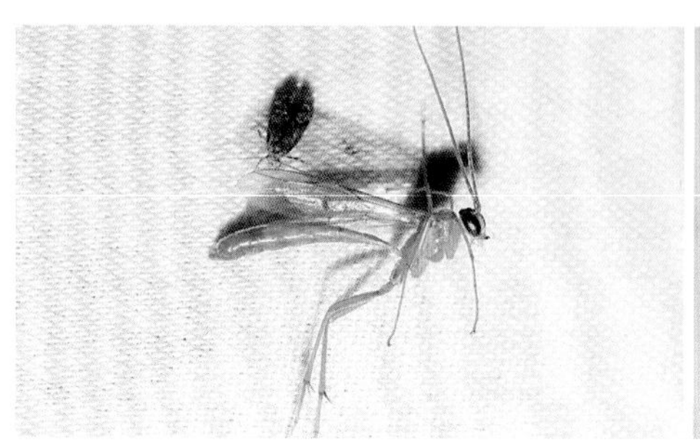
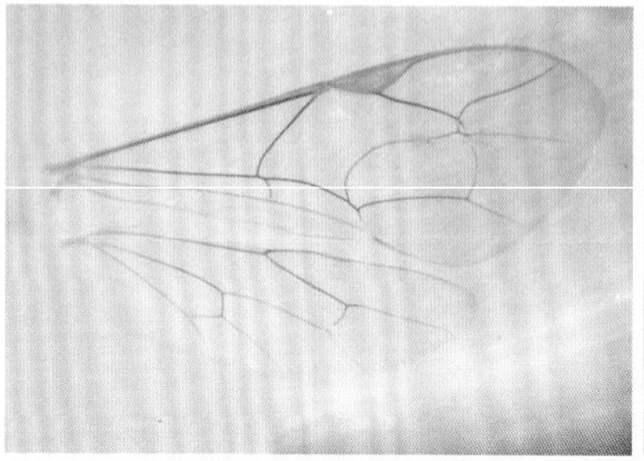
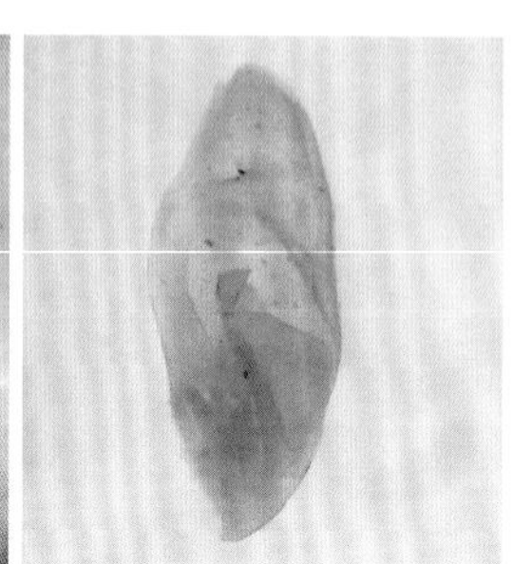

雄虫及翅脉和抱器（平谷金海湖，2015.V.26）

高尾山拟瘦姬蜂
Netelia (*Netelia*) *takaozana* (Uchida, 1928)

雄虫体长18.5毫米，前翅长13.0毫米。体棕色。头颜面、唇基及复眼后缘黄色；唇基前缘宽大，具1列平行的长刚毛；后头脊明显；触角56节，一色，第3节最长，但明显短于后2节之和，这3节比例为97∶60∶8；单眼区黑色，单眼大，两侧单眼与复眼相接，前单眼几乎与之相接。小盾片两侧纵脊直达后端。后足胫节内距长约为基跗节的2/5，爪端部明显弯曲，内侧具27枚栉齿（前足的栉齿更多、更密）。前翅小脉明显在基脉外侧，距离约为小脉的57%，具小翅室（但外缘后半段断开）。雄性抱器具与外缘近于平行骨化背带（brace），较宽。

分布：北京*；日本。

注：中国新记录种，新拟的中文名，从学名。本种是日本指名亚属中最常见的拟瘦姬蜂，且常与夜蛾拟瘦姬蜂*Netelia ocellaris* (Thomson, 1888)混淆（Konishi, 2005），经检标本抱器内侧的垫褶更细长，小脉与基脉的距离稍远，暂定为本种。与我国常见的夜蛾拟瘦姬蜂相近，该种48～52节，前翅小脉与基脉的距离为小脉长的1/4～1/3。北京6月可见成虫于灯下。

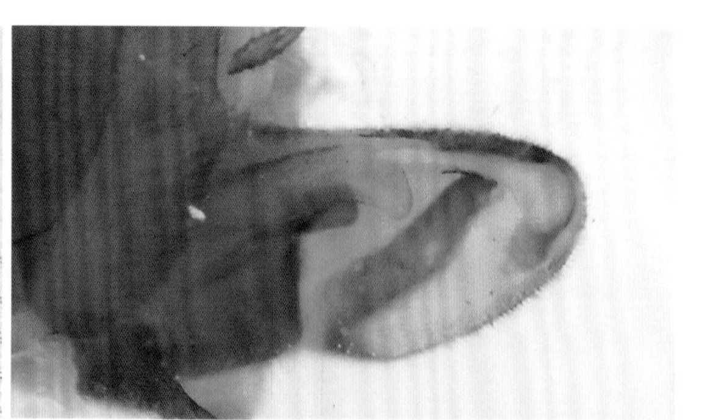

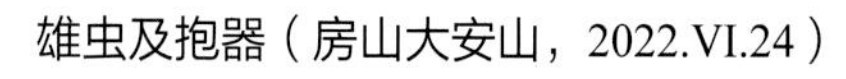
雄虫及抱器（房山大安山，2022.VI.24）

细拟瘦姬蜂
Netelia (*Paropheltes*) *strigosa* Konishi, 1996

雄虫体长11.0毫米，翅长8.0毫米。体浅红褐色，颜面及单眼三角区黄色，下颚须、下唇须及后足跗节淡黄白色。触角51节；侧单眼接近复眼，但未接触；后头脊弱，不完整，仅分布于两侧。翅透明，前翅具小翅室，三角形，外缘下半部开放（即第2肘间脉不完整），小脉位于基脉的外侧。第1腹节气门约在基部1/3处，背板两侧稍向后扩大，无角形外突。足爪具栉齿，约18个，长度相近，未超过真正的末端。

分布：北京*；日本。

注：中国新记录种，新拟的中文名，从学名。模式产地日本长野（Konishi, 1996），经检标本体色较浅，且前翅小脉接近基脉，但雄性外生殖器等基本一致，暂定为本种。北京7月见成虫于灯下。

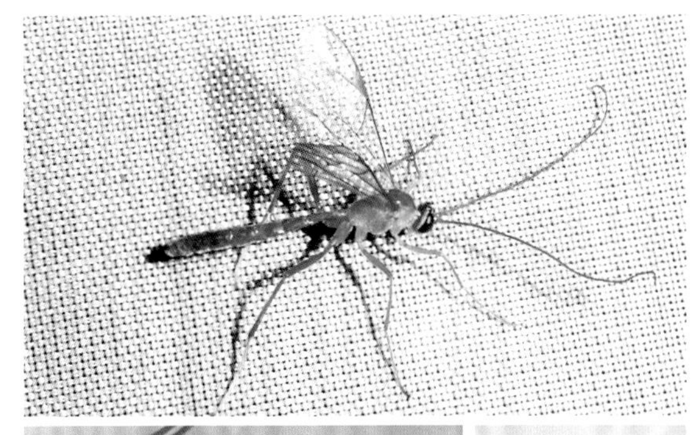

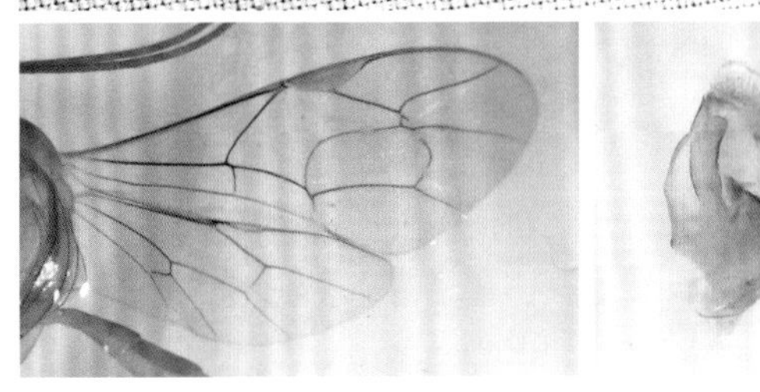

雄虫及翅脉和抱器（房山大安山，2022.VII.28）

孔拟瘦姬蜂
Netelia (*Paropheltes*) *terebrator* (Ulbricht, 1922)

雄虫体长10.1～11.5毫米，翅长7.3～8.2毫米。体浅黄褐至红褐色，颜面及单眼三角区黄色，后足跗节淡黄白色。触角51节；侧单眼接近复眼，但未接触；后头脊弱，不完整，仅分布于两侧。小盾片两侧具脊，约伸达长之半。翅透明，前翅具小翅室，三角形，外缘下半部开放（即第2肘间脉不完整），小脉位于基脉的外侧，离Rs+M的距离约为小脉长的1/3。第1腹节气门约在基部1/3处，背板两侧稍向后扩大，无角形外突。足爪具栉齿，前后足具20枚左右的栉齿，长度未超过真正的末端。抱器背端部具1个尖刺，抱器背突（digitus）近三角形。

分布：北京*；日本，欧洲。

注：中国新记录种，新拟的中文名，从学名。与细拟瘦姬蜂*Netelia* (*Paropheltes*) *strigosa* Konishi, 1996很接近，本种单眼大，几乎接近复眼，抱器背突呈三角形指向腹面（Konishi, 1996）。北京9月见成虫于灯下。

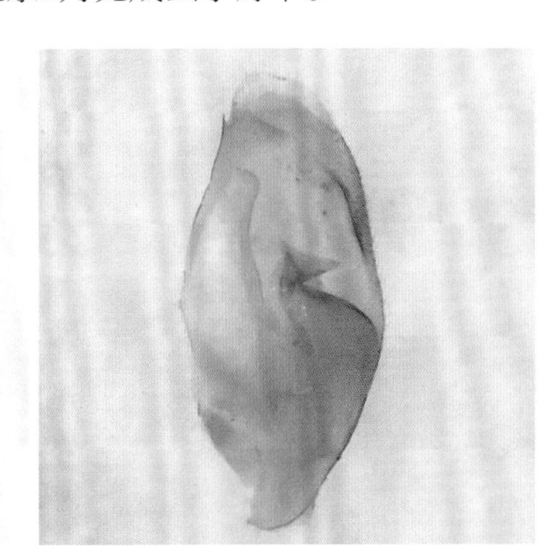

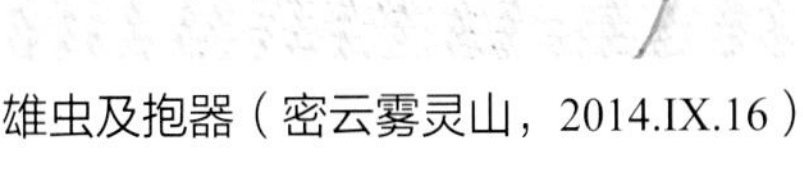

雄虫及抱器（密云雾灵山，2014.IX.16）

汤氏拟瘦姬蜂
Netelia (*Paropheltes*) *thomsonii* (Brauns, 1889)

雄虫体长11.0毫米，前翅长7.5毫米。体红棕色，头顶、眼眶、脸、须、中胸背板4条纵纹、小盾片两侧黄色，前胸及中胸侧板具黄斑。头正面观眼间距大于复眼宽（33∶25）；单眼大，未接触复眼，有一定距离；触角41节；具后头脊，中部宽断开。前翅透明，翅痣黄色，小脉在基脉外侧，离基脉的距离稍小于其自身长之半；后翅小脉在上方曲折。并胸腹节不具横脊或纵脊，仅有细横刻纹。

分布：北京*；欧洲，北非。

注：中国新记录种，新拟的中文名，从学名。一些文献记录了在东洋区的分布，但未见具体地点。北京9月灯下可见成虫。

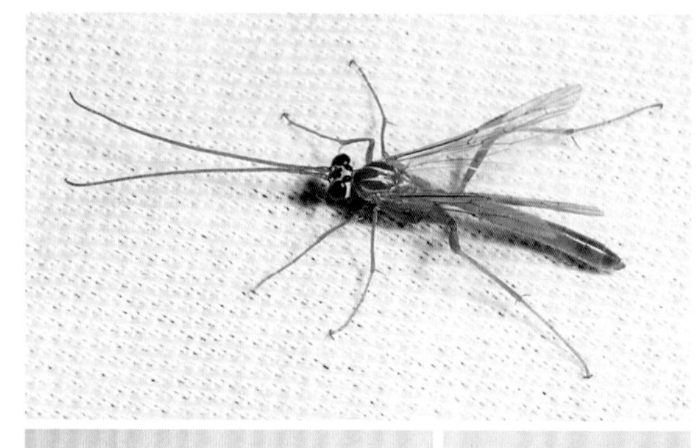

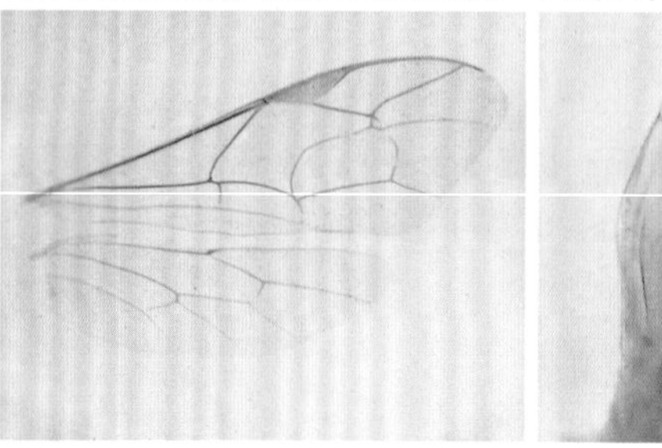

雄虫及翅脉和抱器（昌平王家园，2013.IX.26）

喇叭拟瘦姬蜂
Netelia (*Paropheltes*) sp.

雄虫体长16.1毫米，前翅长10.7毫米。体黄棕至红棕色。具后头脊，中央宽断开；触角48节。小盾片两侧纵脊不达中部。后足爪内侧具约26枚黑色栉齿。前翅小脉后叉式，具小翅室。雄性抱器如图，垫褶略呈喇叭形，骨质，内侧低矮至消失。

分布：北京。

注：并胸腹节刻纹接近*Netelia* (*Paropheltes*) *fulginosa* Konishi, 1996，具众多细横刻纹，但抱器不同，该种近端部具小齿。北京7月可见成虫于灯下。

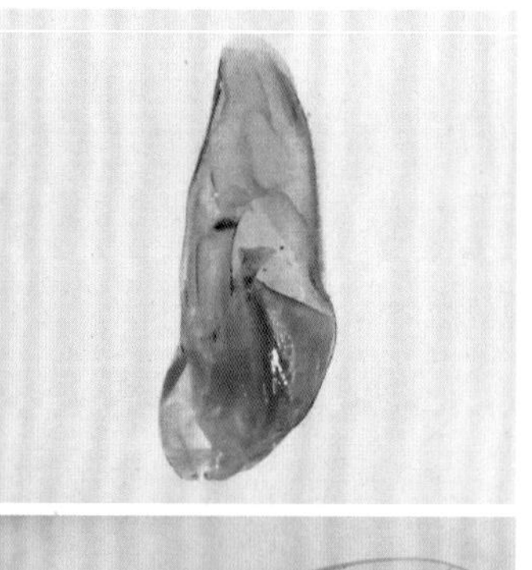

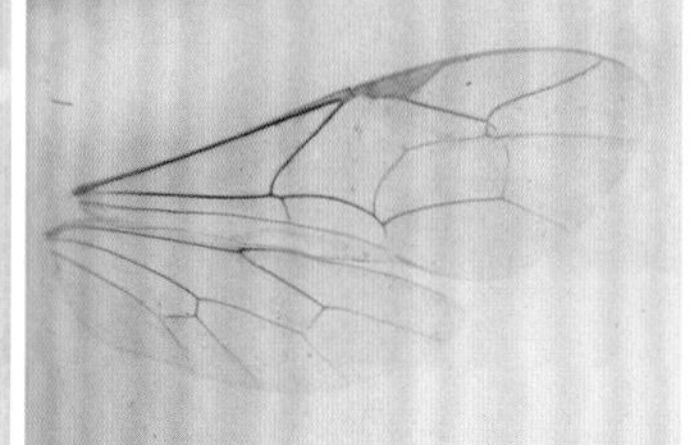

雄虫及抱器和翅脉（门头沟小龙门，2011.VII.5）

拟瘦姬蜂
Netelia (*Toxochiloides*) sp.

雄虫体长13.3毫米，前翅长9.5毫米。体淡黄褐色。形态与喇叭拟瘦姬蜂相近。单眼区黑色，单眼大，两侧单眼与复眼接近（不相接），前单眼则有较为明显的距离。中胸盾纵沟伸达后缘。小脉在基脉外侧，与基脉的距离约为小脉长的2/5。后足爪内侧具16枚栉齿，中间5枚及端齿较大。抱器端略尖，阳茎端部暗褐色，垫褶白色，略呈舌形。

分布：北京。

注：雄虫抱器、下生殖板等结构与分布于日本的*Netelia* (*Toxochiloides*) *hayashii* Konishi, 1996较为接近，但垫褶较小，远不达抱器的背缘。*Netelia*属姬蜂的鉴定需要核对雄性的抱器；寄生蛾类幼虫，从蛹中羽化，单寄生。北京6月可见成虫于灯下。

雄虫及抱器（房山大安山，2022.VI.24）

具瘤畸脉姬蜂
Neurogenia tuberculata He, 1985

雄虫体长10.6毫米，前翅长8.5毫米。头胸部黑色，上颚、须、触角基半部、小盾片、翅基片等处淡黄褐色，前中足黄白色，后足及腹部红褐色，第1背板大部黑褐色。并胸腹节中区呈六角形，长稍大于宽（7∶6）。前翅中脉在中部之后和基脉明显增厚，加厚部分近半圆形，第2盘室在1/4处最高，小翅室具短柄，外边弱化。

分布：北京*、浙江、台湾、广西。

注：我国已知4种，本种雄虫触角52节（何俊华, 1985），何俊华等（2004）记录了浙江的2种，有关并胸腹节的图与原始文献有异，图注须对调。北京8月见成虫于灯下。*Neurogenia*属的生物学几乎空缺，可能寄生叶蜂的幼虫。

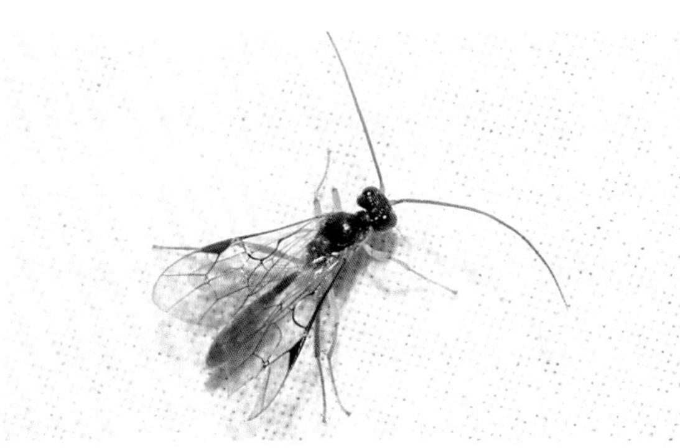

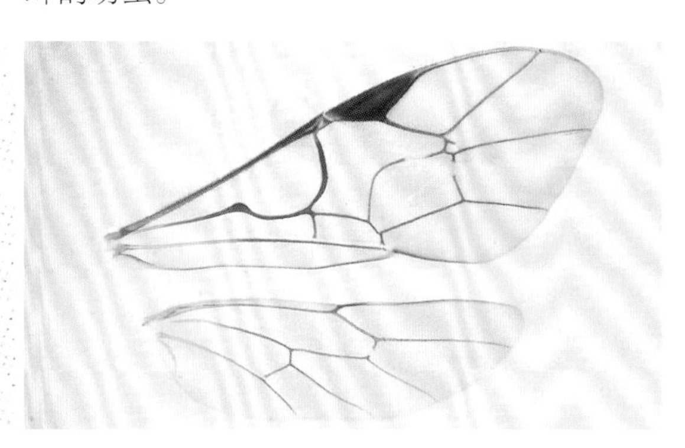

雌虫及翅脉（怀柔黄土梁，2021.VIII.24）

尾除蠋姬蜂
Olesicampe erythropyga (Holmgren, 1860)

雌虫体长8.0毫米，前翅长5.0毫米。体黑色，触角柄节腹面、上颚（除端部2个齿）、上唇、须黄白色；前胸背板后上角、翅基片、翅基部、足基节、转节淡白色，后足基节、腿节端部背面、胫节两端黑褐色至黑色，胫节基部具不明显的白环。复眼内缘微凹；触角31节，鞭节渐短，末节长于前节。前翅小翅室具柄，后小脉不曲折。足爪具栉齿。

分布：北京*、宁夏、吉林、河北；俄罗斯，欧洲。

注：可寄生落叶松叶蜂、锉叶蜂*Pristiphora* spp.。经检的标本腹部颜色浅，以红棕色为主，在中华锉叶蜂*Pristiphora sinensis*幼虫附近活动，暂定为本种。

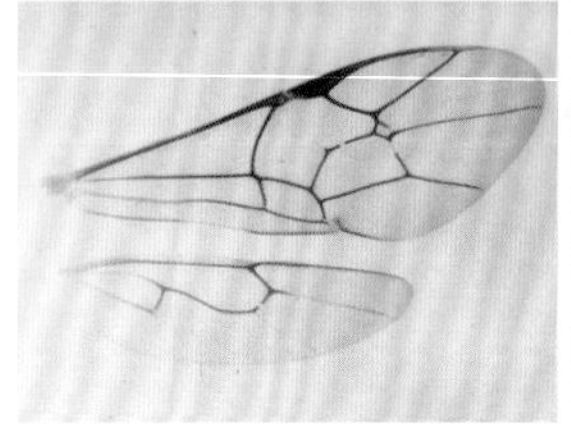

雌虫及翅脉和腹末（山杏，海淀西山，2023.VII.28）

暗斑瘦姬蜂
Ophion fuscomaculatus Cameron, 1899

雌虫体长15.5毫米，前翅长13.0毫米。体红褐色，头顶稍暗，中胸背板和腹板、并胸腹节基部、第1腹节基部暗褐色。触角49节，稍短于体长；侧单眼大，与复眼相接。小盾片近正方形（稍长大于宽），侧脊平行。并胸腹节横脊明显，其上方中央两侧具纵脊，伸达基部，其中部具2根弱横脊；横脊下方中央两侧具2条纵脊，完整，中脊不完整，不伸达横脊。产卵管鞘黑褐色，几乎不伸出腹端外。

分布：北京、台湾；日本，朝鲜半岛，俄罗斯，巴基斯坦，印度，尼泊尔。

注：新拟的中文名，从学名。中国大陆有分布记录，未查到具体地点。北京8月见成虫于灯下。

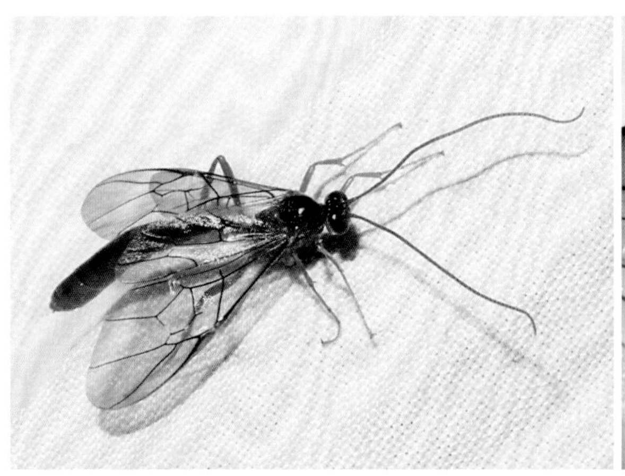
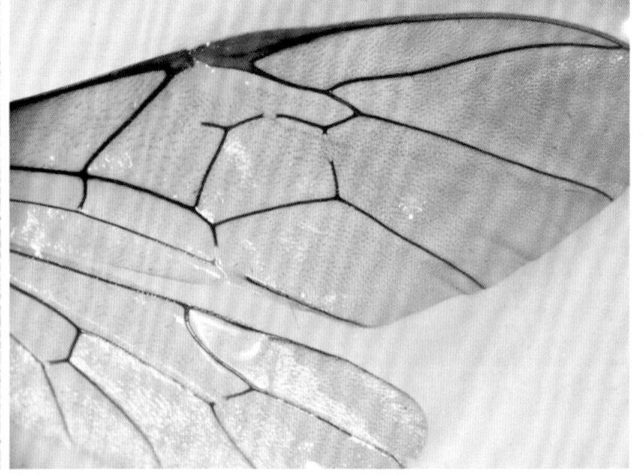
雌虫及翅脉（门头沟小龙门，2015.VIII.20）

银翅欧姬蜂
Opheltes glaucopterus (Linnaeus, 1758)

雄虫前翅长约18毫米。体赤黄色，具黑斑。复眼、单眼、中后胸侧板部分、腹第5节后缘及以后黑色。翅痣黄色，前翅R1脉两端都较明显弯曲，具小翅室。雌虫产卵管鞘短，稍伸出腹末。

分布：北京*、新疆、黑龙江、辽宁；日本，朝鲜半岛，俄罗斯，土耳其，以色列，欧洲，突尼斯，北美洲。

注：本种颜色有较大变化，胸侧下半部至整个胸部黑色，头顶及足基节基大部也可黑色。与日本欧姬蜂*Opheltes japonicus* (Cushman, 1924)相近，该种翅外缘烟色，前翅R1脉两端都较直。寄生风桦锤角叶蜂、落叶松毛虫等，从茧中羽化，单寄生。北京8月可见成虫于灯下。

雌虫（昌平长峪城，2016.VIII.17）

夜蛾瘦姬蜂
Ophion luteus (Linnaeus, 1758)

雌虫体长18.8毫米，前翅长15.0毫米。体黄褐色，上颚2个齿，黑褐色。单眼粗大；后头脊完整；触角55节，第1鞭节长宽比为4.5。前翅中盘肘室在翅痣下方具无毛透明斑，无小翅室，第2臀室的伪脉很长，与后缘平行；后翅基部具小翅钩7个，翅痣后具较大翅钩11个；后小脉在中部后曲折。爪具栉齿。腹部侧扁，第1腹节柄状，气门约在2/5处，其后两侧渐膨大；产卵器及鞘稍短于腹末的高度。

分布：北京*、内蒙古、青海、新疆等；日本，朝鲜半岛，欧洲，北美洲。

注：此种在我国曾被广泛记录，后引文献称此种是狭布种，我国是否有分布有待澄清（何俊华等, 1996）。本种并胸腹节近基部具弧形隆脊，中线两侧具1对纵隆线，远离弧形隆脊，向端部稍收窄，其外方具隆脊，伸达端缘（Johansson and Cederberg, 2019）。可寄生小地老虎、梨剑纹夜蛾等夜蛾科幼虫。北京7月、9月可见成虫于灯下。

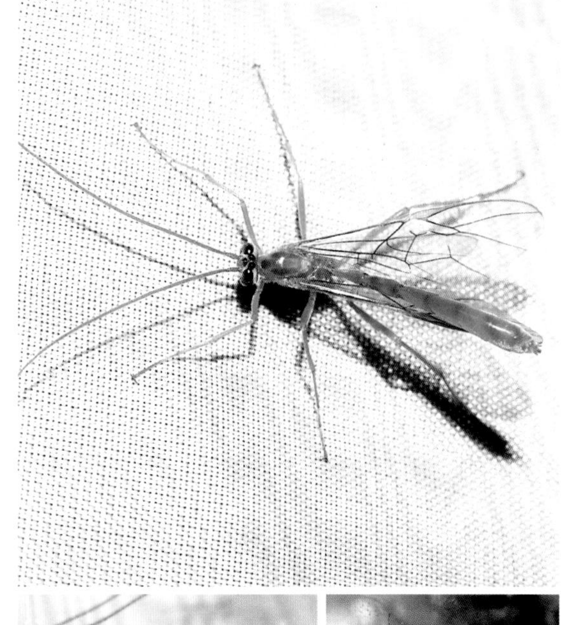

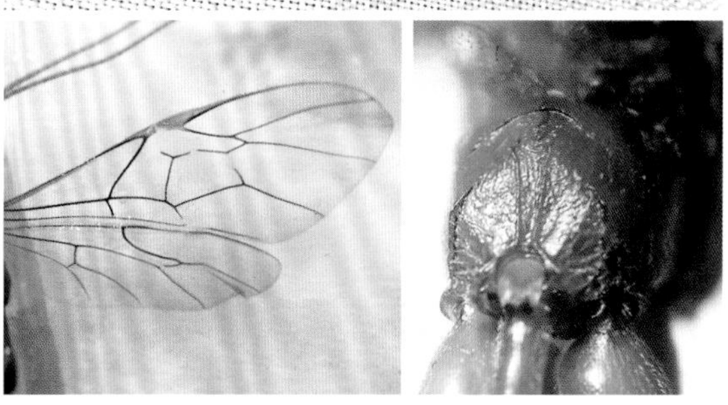

雌虫及翅脉和并胸腹节（房山大安山，2022.VII.29）

小瘦姬蜂
Ophion minutus Kriechbaumer, 1879

雌虫前翅长10.8毫米。体红棕色，眼眶、颜面和唇基大部、后眼眶、胸部众多斑黄色。上颚齿短；后头脊完整，小角度接入后口脊。并胸腹节基横脊不明显，仅痕迹。第1背板气门着生位置与腹板端处于同一位置。前翅翅痣黄褐色，基部黄色，上下缘暗褐色；后翅痣外翅钩7个。

分布：北京*；欧洲。

注：中国新记录种，新拟的中文名，从学名。本种个体较小，前翅长8～11毫米，触角42～50节（Johansson and Cederberg, 2019），经检标本触角53节，第1鞭节较细长，暂定为本种。记录尺蠖为其寄主。北京4月见成虫于灯下。

雌虫及头部（平谷金海湖，2016.IV.28）

日光瘦姬蜂
Ophion nikkonis Uchida, 1928

雌虫体长20.9毫米，前翅长15.9毫米。体浅红棕色，眼眶黄色，中胸盾片及小盾片具不清晰黄色纵条。触角56节，第3节长，稍短于后2节之和。并胸腹节具2条横脊，后横脊中间断开，向下具1对弱纵脊（稍向下收窄）。前翅透明，翅痣黄棕色；后翅基部小翅钩5个，近中部大翅钩9个。

分布：北京*；日本，朝鲜半岛。

注：中国新记录种，新拟的中文名，从学名。经检标本后翅小脉在中部以上曲折，与模式（雄虫）位于中部不同，暂定为本种。北京9月可见成虫于灯下。

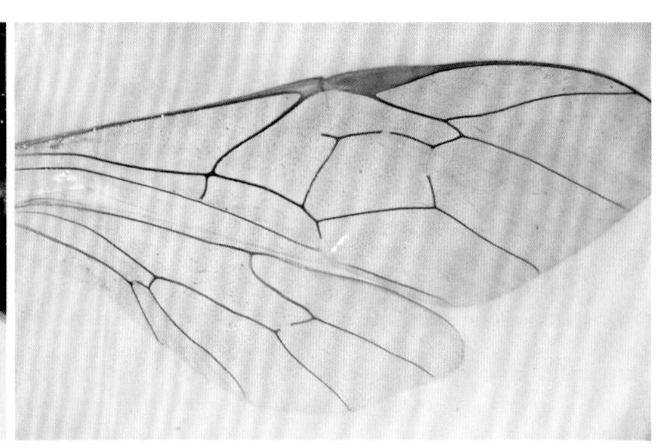

雌虫及翅脉（昌平王家园，2013.IX.26）

糊瘦姬蜂
Ophion obscuratus Fabricius, 1798

雌虫前翅长14.0毫米。体红棕色，头黄色，胸部具许多黄白斑，腹第3节侧后缘起具1条黄白色纵带。后头脊完整，与后口脊相交不及45°，唇基前缘稍弧形前突。小盾片无侧脊；并胸腹节表面粗皱，基横脊明显，前拱，后横脊中央宽断开，1对中脊不明显。翅痣黄褐色，基部黄白色，端部白色，小脉稍位于基脉内侧；后翅痣外翅钩9个。

分布：北京*、内蒙古、黑龙江、辽宁、吉林、河北、山西、福建、台湾、云南、西藏；古北区，南亚，东南亚。

注：模式产地为欧洲，触角64～68节（Johansson and Cederberg, 2019），国内记述为54～60节（马云等，2003），经检标本触角62节，且第1腹板后端与气门所处的位置较远，暂鉴定为本种。寄生夜蛾、舟蛾的幼虫。北京4月见成虫于灯下。

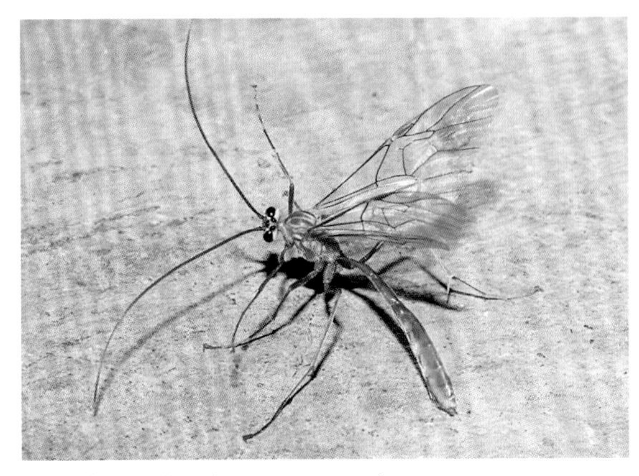

雌虫（平谷金海湖，2016.IV.28）

瘦姬蜂
Ophion sp.1

雌虫体长15.8毫米，前翅长13.2毫米。体黄褐色，上颚2个齿，黑褐色。触角54节，第1鞭节长宽比为5.1，为第2鞭节的1.6倍长。前翅中盘肘室在翅痣下方具无毛透明斑，无小翅室，第2臀室的伪脉很长，与后缘平行；后翅基部具小翅钩4个，翅痣后具较大翅钩12个；后小脉在中部稍后曲折。爪具栉齿。腹部侧扁，第1腹节柄状，气门约在1/3处，其后两侧稍膨大；产卵器及鞘短于腹末的高度。

分布：北京。

注：接近夜蛾瘦姬蜂*Ophion luteus* (Linnaeus, 1758)，但该种侧单眼较小，不接近复眼，并胸腹节具明显的弧形横脊，其下方具1对纵隆线，远离横脊。北京8月可见成虫于灯下。

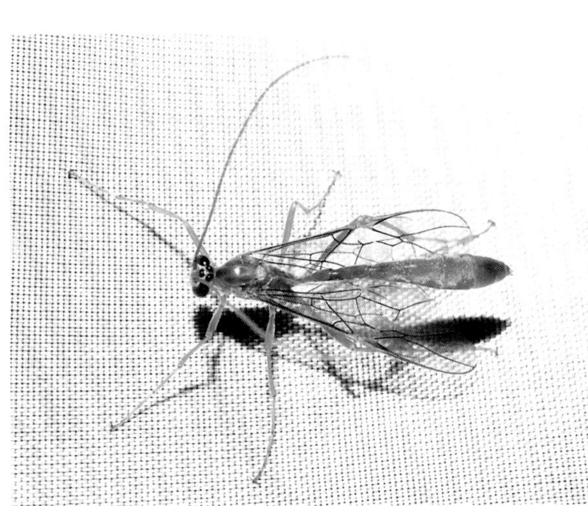

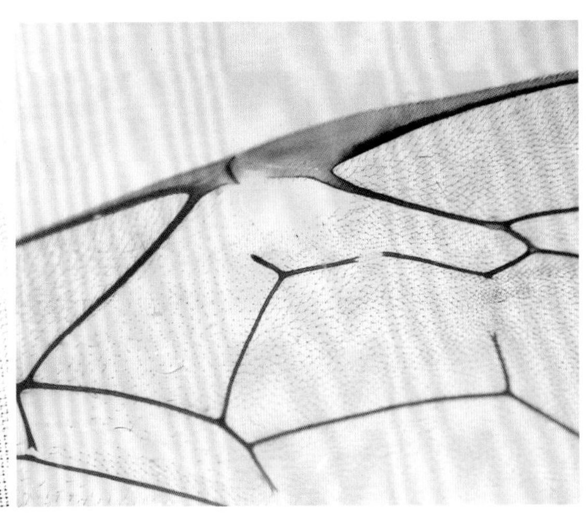

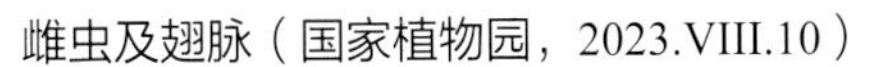

雌虫及翅脉（国家植物园，2023.VIII.10）

黄斑瘦姬蜂
Ophion sp.2

雌虫体长22.0毫米，前翅长17.5毫米。体红棕色，上颚端、单复眼黑色，中胸背板具4条黄色纵线，后缘具黄色方斑，小盾片、中胸侧面多斑、第1腹节基大部黄色。后头具脊，仅中央很窄的断开。并胸腹节1/3处有横脊，强，下方具1对纵脊，稍向下方收窄，不与上方的横脊相连，端横脊中间宽断开。

分布：北京。

注：接近*Ophion flavopictus* Smith, 1874，该种基节外侧黄色。北京8月见成虫于灯下。

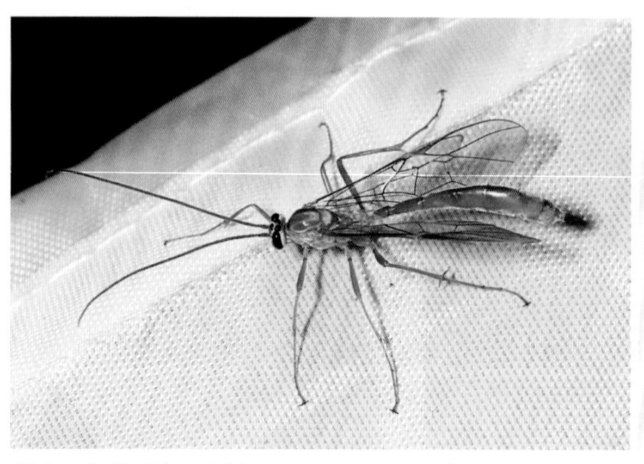
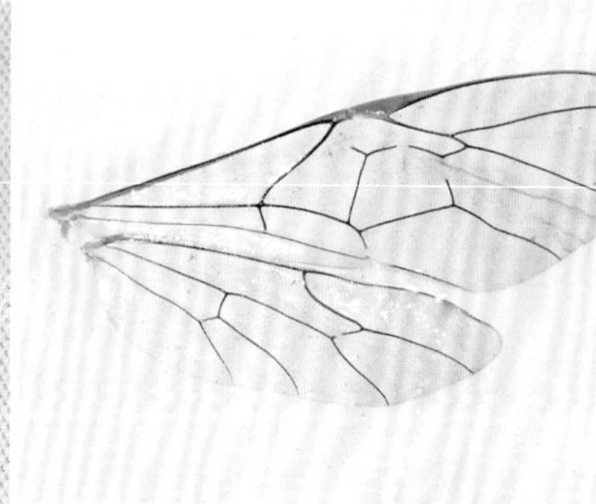

雌虫及翅脉（怀柔孙栅子，2012.VIII.13）

宽室瘦姬蜂
Ophion sp.3

雌虫体长16.3毫米，前翅长13.0毫米。体红棕色，上颚齿黑色，眼眶、翅痣黄棕色。触角56～58节，第3节长为端宽的3.6倍；触角间下方具1个小瘤突；颚眼距窄，几乎线形；侧单眼接近复眼，但仍有距离。小盾片具侧脊，不及长之半。中胸侧板具基节沟，外侧几呈直角形。前翅径脉直，翅痣下方具1处长方形无毛区；后翅基部具小翅钩4个，翅痣后具较大翅钩8个。第2背板基部中央具近圆形的隆起，两侧凹陷。

分布：北京。

注：本种第2盘室很宽大，中盘肘脉上无脉桩，并胸腹节具2条横脊，1对中脊弱或无。北京9月可见成虫于灯下。

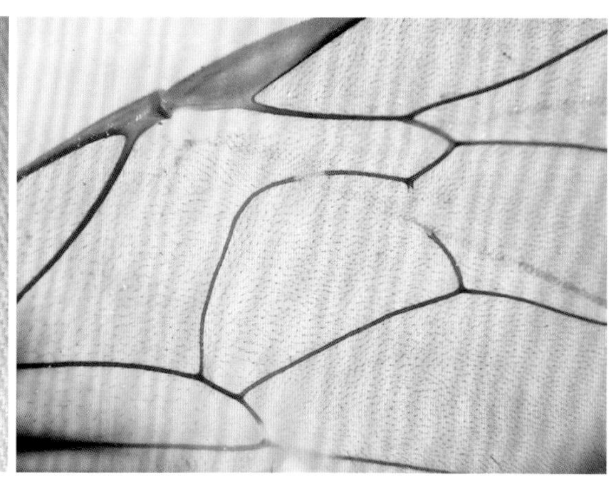

雌虫及翅脉（昌平王家园，2012.IX.10）

褐足拱脸姬蜂
Orthocentrus fulvipes Gravenhorst, 1829

雌虫体长3.4毫米，前翅长2.8毫米。黑色，唇基前缘、口器黄色，触角黄褐色，向端部变深，足（包括基节）黄褐至红褐色，腹大部略浅，第2、3节后缘黄褐色。触角26节，柄节粗大，长约为宽的2倍，第1鞭节长稍大于宽；无额唇基缝，脸拱突。并胸腹节基区和中区合并，脊纹呈长方形，长约占全长的2/3，端区呈五边形，内具2条脊，另具侧区和外侧区。第1背板具1对中脊和侧脊（较弱），几达后缘，长稍大于端宽（不及1.5倍），第2、3节长短于端宽。产卵管鞘短，不及腹末端高。

分布：北京*、辽宁、台湾、云南；日本，朝鲜半岛，俄罗斯，土耳其，欧洲，北美洲。

注：本种雌虫前翅长3.4～4.0毫米，触角27～31节，不知寄主（Humala et al., 2020）。北京10月见于林下。

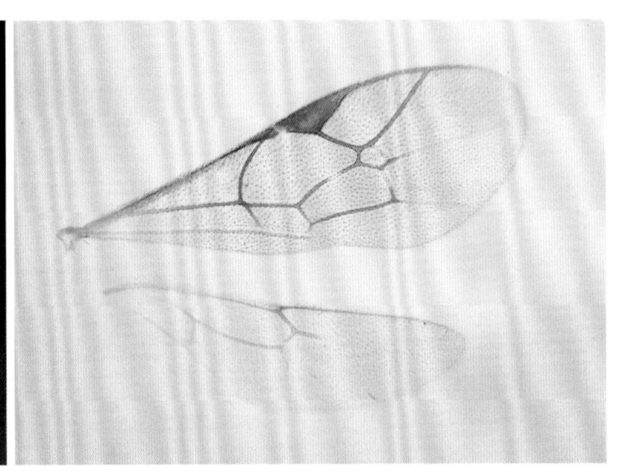
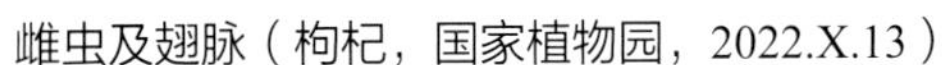
雌虫及翅脉（枸杞，国家植物园，2022.X.13）

粗角姬蜂
Phygadeuon sp.

雌虫体长6.0毫米，前翅长3.9毫米。体黑色，光亮。触角短粗，21节，柄节褐色，梗节和鞭节基部6节红褐色（其中第6节稍暗）；唇基前缘中央突出，略呈双齿状；上颚红褐色，基部及端部黑色。足红褐色，前中足基节和第1转节具暗褐斑，后足基节基部、腿节端部、胫节两端及跗黑色。第1腹节气门在中部之后，第1背板黑色，气门后为红棕色，第2、3节红棕色（第3节端部黑色），腹第6、7节后缘白色。翅基片黑色，后端棕色；翅透明，稍染烟色，翅痣黑色，其内侧黄白色。产卵管鞘黑色，基部约1/3黄褐色，稍伸出腹末。

分布：北京。

注：国内未见此属的研究。触角结构、体色等与分布于法国寄生家蝇（蛹）的*Phygadeuon domesticae* Horstmann, 1986很接近，但在并胸腹节背面的脊纹上并不相同，该种呈扇面形，本种呈扁六角形。北京6月见成虫于灯下。

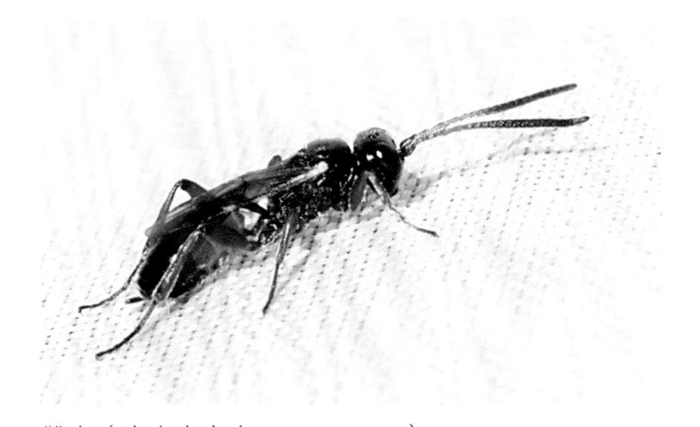
雌虫（房山大安山，2022.VI.24）

舞毒蛾黑瘤姬蜂
Pimpla disparis Viereck, 1911

体长9～18毫米。体黑色，前中足腿节、胫节及跗节赤褐色，后足腿节赤褐色，但端部黑色；翅基片黄色，翅痣黑色，两端淡黄色。雌虫产卵管鞘稍不及腹部长之半。雄虫触角第6、7节具角下瘤。

分布：我国广泛分布（除青海、新疆、台湾、广东、广西、海南不明外）；日本，朝鲜半岛，俄罗斯。

注：曾用名*Coccygomimus disparis*；可寄生赤松毛虫、舞毒蛾、黄斑长翅卷蛾、美国白蛾、乏夜蛾等多种蛾类的蛹，为常见寄生蜂。

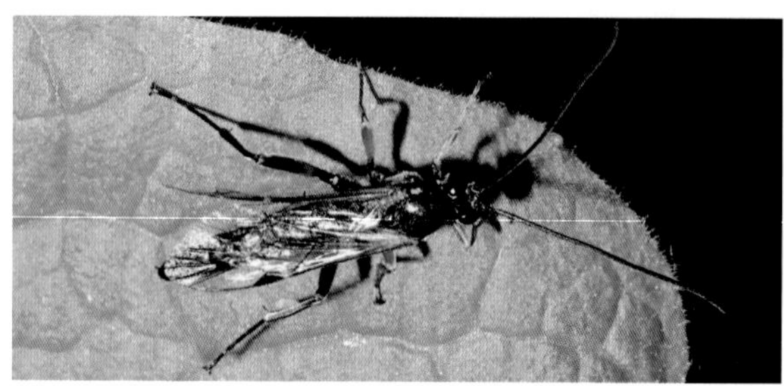

雄虫（国家植物园，2023.V.16）

雌虫（美国白蛾，大兴前安定室内，2021.I.10）

红基瘤姬蜂
Pimpla japonica (Momoi, 1973)

雌虫体长约10毫米。体黑色，翅基片黄褐色，足红棕色，前、中足胫节中部以下黄褐色，后足黑色，腿节基部红棕色，胫节中部具淡白色环。前翅具小翅室。产卵管鞘粗壮，短于后足胫节。

分布：北京*；日本，朝鲜半岛，俄罗斯。

注：中国新记录种，新拟的中文名，从红棕色的各足基节。记录于俄罗斯、朝鲜半岛的*Pimpla femorella* Kasparyan, 1974被认为是本种的异名（Watanabe, 2019）。北京6月见成虫于林下。

雌虫（门头沟小龙门，2012.VI.4）

暗黑瘤姬蜂
Pimpla pluto Ashmead, 1906

雌虫体长约15毫米。体黑色，仅前中足腿节端及胫节稍带褐色。触角与体长相近。翅基片和翅基部黑色；翅浅烟色，翅脉黑褐色，具小翅室，小脉与基脉相对。腹背板后缘具无刻点光滑区。产卵管鞘直，短于后足胫节。

分布：北京*、陕西、宁夏、江苏、浙江；日本，朝鲜半岛，俄罗斯。

注：雄虫前中足腿节以下大部棕色。寄主多种，有野蚕、蚕、油松毛虫、天幕毛虫、柑橘凤蝶等，从蛹中羽化。

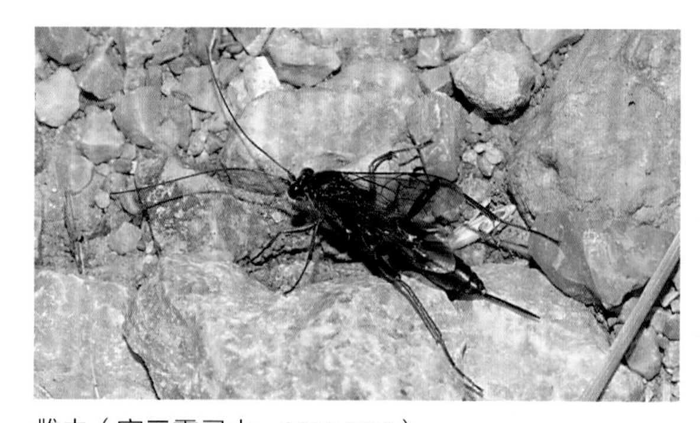

雌虫（密云雾灵山，2022.IX.9）

日本瘤姬蜂

Pimpla nipponica Uchida, 1928

雌虫前翅长7.4毫米。体黑色。复眼内缘近触角基部处微凹陷；唇基前缘暗褐色，前缘宽弧形突出；下颚须和下唇须黄白至浅褐色，但基节均黑褐色；触角30节。翅基片黄白色，前翅翅痣黑褐色，基部黄白色，小翅室近四边形。后足基节黑色，近端部红棕色，腿节红棕色，胫节两端黑色，中间白色，跗爪无基齿；腹部第3～6节后缘及臀板淡黄白色，产卵管鞘长于后足腿节和胫节之和。

分布：北京*、陕西、黑龙江、辽宁、河北、河南、山东、江苏、上海、安徽、浙江、江西、台湾、湖北、湖南、四川、贵州、云南；日本，俄罗斯，印度，越南。

注：国内记述的日本黑瘤姬蜂或日本瘤姬蜂，其翅基片黑色，后足胫节近基部的白环不明显，产卵管鞘较短（与后足胫节长相近），或为不同的种；可寄生山楂粉蝶、稻纵卷叶螟等。北京5月可见成虫于灯下。

雌虫（国家植物园，2023.V.16）

阔痣姬蜂

Plectiscus sp.

雌虫体长3.0毫米。体黑色，触角基部数节、口器、足（包括基节）淡黄褐色。触角23节，第1鞭节长宽比为2.3；脸稍隆起，与唇基愈合；触角窝间无隆脊。中足胫节端具1对大小相等的距，后足胫节明显向端部扩大，端部具2距。并胸腹节仅在端部2/5具横长形脊纹，其侧前方具很短的前伸脊纹，气门圆形。腹第1～2节背板具纵刻纹，第2节后缘光滑。

分布：北京。

注：与*Plectiscus impurator* Gravenhorst, 1829相近，但该种触角鞭节第1节很长，长于触角基2节。北京9月灯下可见成虫。

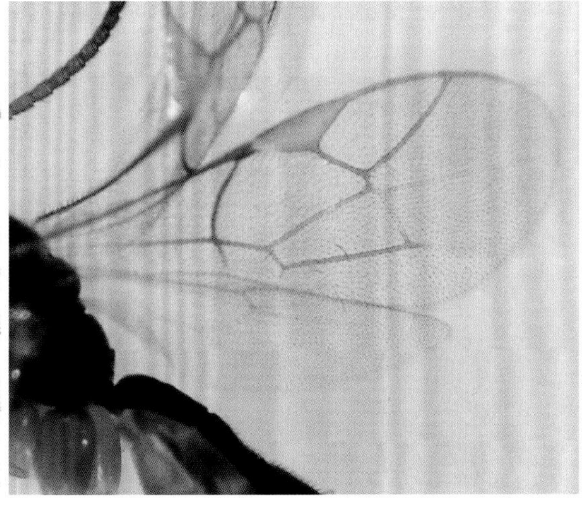

雌虫及翅脉（延庆潭三沟，2020.IX.3）

中华齿腿姬蜂
Pristomerus chinensis Ashmead, 1906

雄虫体长5.0毫米。黑色。触角丝状，黑色，但柄节两端黄褐色，30节，鞭节第1～3节最长，后逐渐缩短，至端前长宽相近，端节长于宽。前、中足黄褐色，后足基节和第1转节基部、腿节中部、胫节端部及各足端跗节黑褐色；后足腿节腹面近中部具1个大齿，其下侧还有3～4个小齿。翅透明，翅痣大，三角形，黑褐色。第1背板基部、第2背板窗疤及后缘、第3背板、第4背板基部黄褐色，第2和第3腹板黄色。雌虫后足腿节腹面3/4处具1个大齿，产卵管鞘约为腹长的2/3。

分布： 北京、陕西、黑龙江、吉林、辽宁、河北、河南、江苏、上海、安徽、浙江、江西、台湾、湖北、湖南、广东、四川；日本，朝鲜半岛。

注： 体长比其他记载的稍小。本种雌虫腹部大多红色，雄虫腹部颜色有变化。可寄生微红梢斑螟、苹小卷蛾、大豆食心虫、梨小食心虫、红铃虫等幼虫。北京10月可见成虫在玉米叶上活动。

雄虫（玉米，北京市农林科学院，2011.X.11）

光盾齿腿姬蜂
Pristomerus scutellaris Uchida, 1932

雌虫长6.7毫米，前翅长4.5毫米。头黑色，唇基前缘、上颚（除端齿）、须黄色，足（包括基节）黄褐至红褐色，后足腿节近端部及胫节两端染有黑色。小盾片红棕色，光滑，无刻点。并胸腹节中区六边形，两侧角较宽（与后区宽相近），后区宽于中区，长度相近。后腿节中部稍后具大齿，其后具8～9个小齿。

分布： 北京*、江苏、上海、浙江、江西、台湾、湖北、湖南、广西、四川；日本，朝鲜半岛。

注： 体色有变化，头胸部可呈黄褐色；记录的寄主为桑绢野螟。北京8月见成虫于槐叶上。

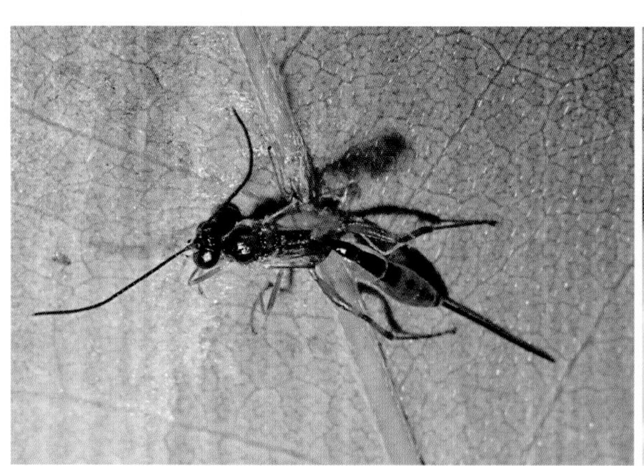
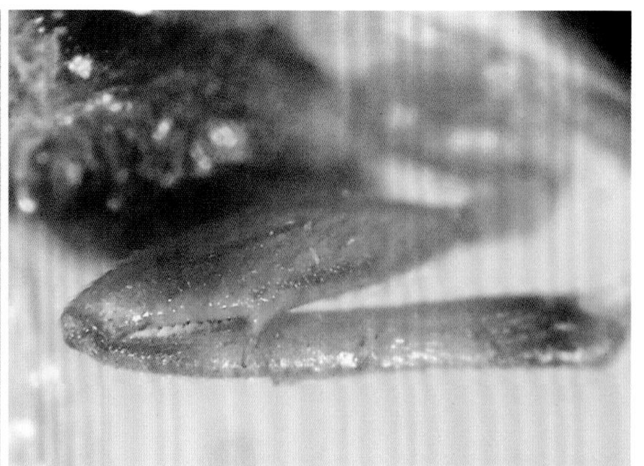
雌虫及后足腿节（槐，海淀凤凰岭，2013.VIII.29）

知纤姬蜂
Proclitus attentus Förster, 1871

雌虫体长4.5毫米，前翅长3.8毫米。体黑色，唇基前端红褐色，口器黄色，上颚端红褐色，前胸前半、足、腹第2～4节背板后缘浅黄褐色。触角20节，基部数节黄褐色，鞭节均长大于宽；后头脊两侧强，中央缺。并胸腹节具长毛，近中部的横脊强大，其上具1对平行的纵脊，不达基缘，横脊下方两侧具纵脊。前翅径脉与肘脉几乎直接相接，第2盘室大，第2回脉具2个气泡；后翅具4个翅钩，后中脉明显拱凸。

分布：北京*；朝鲜半岛，俄罗斯，哈萨克斯坦，欧洲。

注：中国新记录种，新拟的中文名。*Proclitus*属约30种，但异名较多，说明种内变异较大。经检标本的个体较大，产卵管鞘较长，约为前翅长的2/3，暂定为本种。寄生菌蚊，如小菌蚊*Mycetophila fungorum*。北京9月可见成虫于灯下。

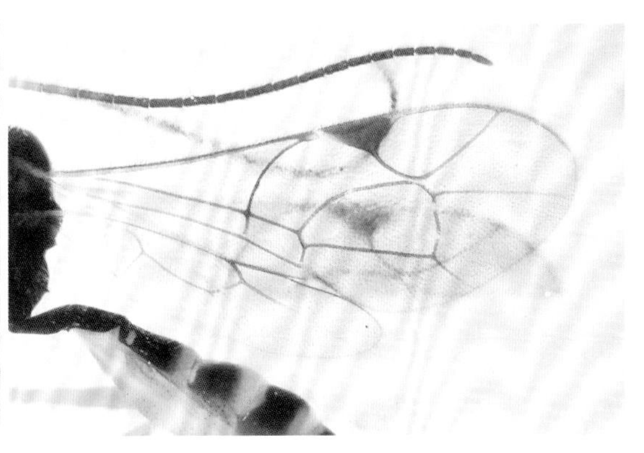

雌虫及翅脉（顺义共青林场，2021.IX.28）

天蛾卡姬蜂
Quandrus pepsoides (Smith, 1852)

雌虫体长约28毫米。体黄赤色至茶褐色，并胸腹板及腹部黑色（第1腹节端半部褐色）。翅烟黄色，端部具褐色宽带。后足腿节除端部外黑色。产卵管极短，不外露。

分布：北京、甘肃、辽宁、吉林、山东、江苏、上海、浙江、台湾、湖北、湖南、广东、四川；日本，朝鲜半岛。

注：过去曾归于*Callajoppa*属，体色（包括触角）变化较大，翅外缘褐色是其特点；寄生霜天蛾等多种天蛾的幼虫，从蛹中羽化。北京8～9月可见成虫。

雌虫（怀柔黄土梁，2020.VIII.20）

雌虫（洋白蜡，密云雾灵山，2022.IX.8）

超中原姬蜂
Protichneumon superodediae scopus (Uchida, 1955)

雄虫体长约20毫米。体黑色，颜面、小盾片大部白色，前足腿节端部、胫节基大部、中后足胫节基部黄褐色；翅痣黑色；腹部第2～3节红棕色。触角35节，为体长的3/4。

分布：北京*、辽宁；朝鲜半岛。

注：辽宁开原（Kaigen）是模式产地之一。指名亚种分布于日本，雌虫触角第9～13节白色（Uchida, 1935）。未经标本检验。北京5月可见成虫。

雄虫（昌平凤山，2004.V.3）

大安山棱柄姬蜂
Sinophorus sp.1

雌虫体长5.0毫米，前翅长3.6毫米。体黑色。触角30节，黑色，第3节基部棕色；上颚黄白色，基部黑色，端红褐色，眼颚距为上颚基宽之半；须白色，下颚须5节，下唇须4节；复眼内缘在触角基处仅微内凹。翅透明，前翅小翅室具柄，外边（第2肘间脉）、第2回脉和第1回脉各具1个弱点；后翅后小脉无曲折。足淡黄褐色，各腿节略深，黄褐色，前中足基节仅基部黑色，各腿节略深，黄褐色，后足基足黑色，第1转节基部背面具黑纹，胫节基部背面、端部和跗节端部（渐增大）黑褐色；爪中部具2个强大齿。腹黑褐色，第2节端部两侧、第3节两侧黄褐色；产卵管为腹末高的2倍，长于后足胫节（52∶38）；产卵管鞘稍短于后足胫节（32∶38）。

分布：北京。

注：*Sinophorus*属我国已知17种（Han et al., 2021b），可寄生螟蛾科等。足的颜色及2枚栉齿与内蒙古的*Sinophorus latistrigis* Han, Achterberg et Chen, 2021接近，但该种体较大（体长8毫米，前翅长6毫米），触角37节，足基节和腹部黑色。北京7月见成虫停息在杨叶上。

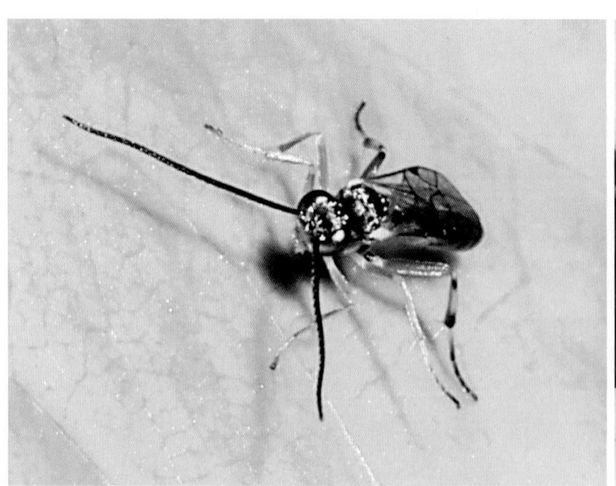

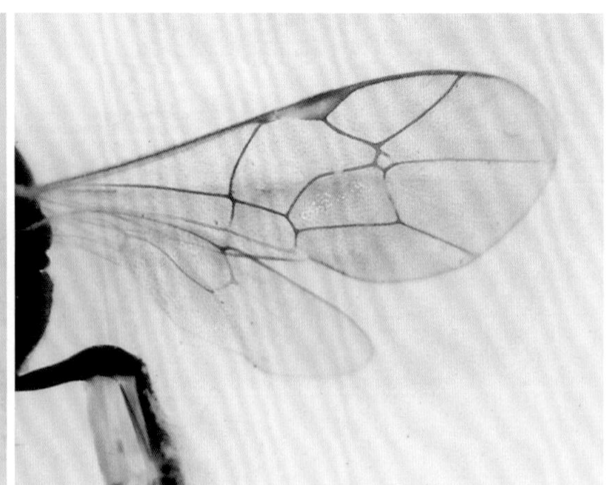

雌虫及翅脉（房山大安山，2022.VII.29）

黄脸裂臀姬蜂
Schizopyga flavifrons Holmgren, 1856

雌虫体长6.8毫米，前翅长4.3毫米。体黑色，脸、触角（腹面）、翅基片黄色；上颚黑色，基部黄色；后足腿节红棕色，端部黑色，胫节中部白色。触角21节，第3节长于基2节之和。前翅无小翅室。足端跗节肿大，前足端跗节与前3节长之和相近。

分布：北京*、辽宁、江苏、浙江；日本，俄罗斯，伊朗，欧洲。

注：这类姬蜂寄生蜘蛛。北京6月见成虫于林下活动。

雌虫（国家植物园，2023.VI.13）

沟门棱柄姬蜂
Sinophorus sp.2

雌虫体长8.0毫米，前翅长5.8毫米。体黑色。触角40节；上颚黄白色，基部黑色，端红褐色，眼颚距大于上颚基宽之半；复眼内缘在触角基处仅微内凹。翅透明，前翅小翅室具柄，外边（第2肘间脉）、第2回脉和第1回脉各具1个弱段；后翅后小脉无曲折。足淡黄褐色，各腿节略深，红褐色，各足基部黑色，后足第1转节黑褐色，胫节近基部具浅褐色环、端部和跗节端部（渐增大）黑褐色；后足爪基部具3个齿。并胸腹节横脊发达，其下方稍凹入，具明显的横纹。产卵管鞘：后足腿节：胫节比为1：1.20：1.49，腿节长为宽的4.2倍。

分布：北京。

注：许多特征接近描述于乌鲁木齐的粗管棱柄姬蜂*Sinophorus spissus* Han, Achterberg et Chen, 2021，该种体略大，触角43节，并胸腹节的横脊较弱（韩源源, 2023）；该文与发表的论文在触角节数表达上并不相同，且两文在第1腹节、后足腿节、胫节的相对长度与图不符。北京8月可见成虫于灯下。

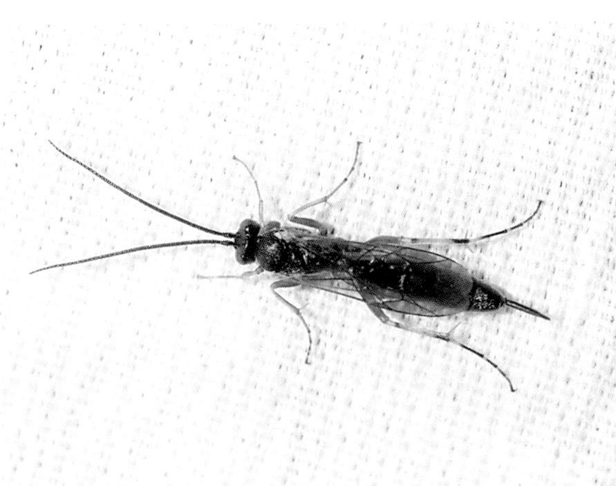

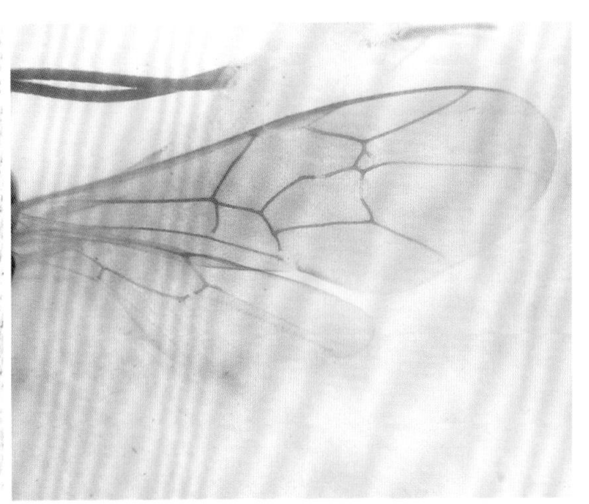

雌虫及翅脉（怀柔喇叭沟门，2014.VIII.25）

三斑单距姬蜂
Sphinctus pereponicus Humala, 2020

雌虫前翅长11.0毫米。体黄色，具黑色、红棕色斑纹。触角41节，第3节长，长于基2节和后2节长之和；唇基前缘大齿形前突。并胸腹节中部宽凹陷，中侧具脊纹（中部稍宽），中部两侧各有脊纹围绕，略呈四边形。第1背板两侧具脊纹，伸到气门，气门位于中部稍后，无背中脊。

分布：北京*；俄罗斯。

注：中国新记录种，新拟的中文名，从中胸盾片的3个斑纹。北京的标本颜色较浅，或为未成熟的个体，原描述中雌虫触角43节，触角及本图上棕红色的部分均为黑色或黑褐色，足的颜色也较深（Humala, 2020）。北京8月见成虫于灯下。

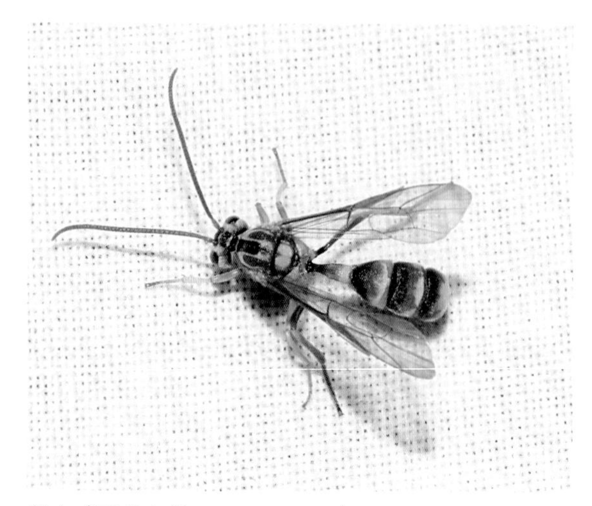

雌虫（平谷白羊，2018.VIII.23）

舟蛾棘转姬蜂
Stauropoctonus infuscus (Uchida, 1928)

雄虫体长22.7毫米，前翅长16.3毫米。体黄褐色，单眼区、上颚端黑色，触角基2节背面褐色。触角70节，第3节长，稍短于第4节的2倍；无后头脊；单眼大，几乎与复眼相接。前翅翅痣狭长，其下方具透明无毛区，后翅小脉在中部以后曲折。中后足第2转节外侧端具1个明显的齿形突。

分布：北京*；日本，朝鲜半岛，越南。

注：中国新记录种，新拟的中文名，从寄主。与国内已有记录的蚕蛾棘转姬蜂*Stauropoctonus bombycivorus* (Gravenhorst, 1829)很接近，曾被认为是后者的异名；最主要的区别是该种后翅小脉位于中部或以上。记录的寄主为茅莓蚁舟蛾*Stauropus basalis*。北京8月见成虫于灯下。

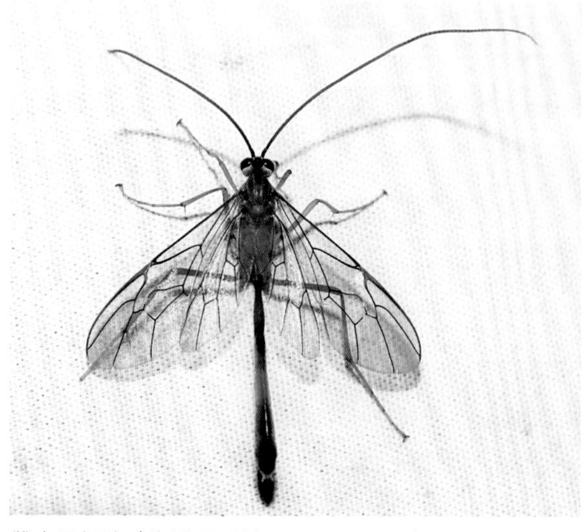

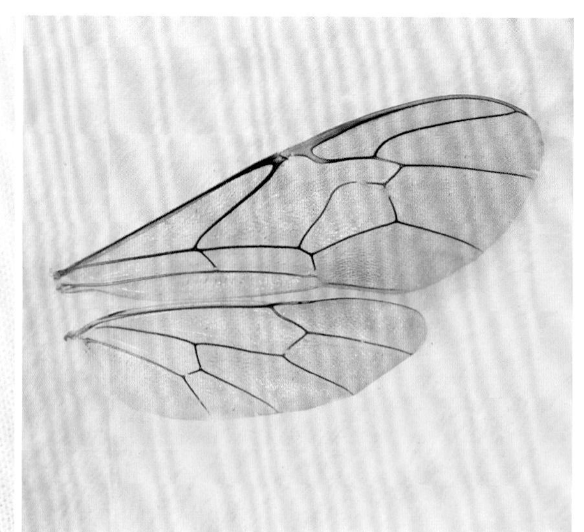

雌虫及翅脉（海淀凤凰岭，2013.VIII.30）

中华横脊姬蜂

Stictopisthus chinensis (Uchida, 1942)

雄虫体长3.4～4.0毫米。体淡黄至浅黄褐色；触角端部暗褐色，前胸腹节基半部黑褐色，并胸腹节褐色，腹部第1节背板大部（除两端）、第2节两侧、第3节后半部及第4节背中部黑褐色，足爪、后足腿节和胫节端部褐色。翅透明，翅痣黄色，小翅室菱形。触角27节或30节；颜面宽，触角窝下具明显横脊；复眼内缘稍外突。并胸腹节具网格脊纹，基中区长六角形，中部稍后向两侧延伸横脊。雄性抱器棒状，类似产卵器鞘，但相互分开，长于后足胫节之半。雌虫体长3.7毫米。产卵管鞘短于后足胫节。

分布：北京*、江苏、浙江、辽宁。

注：模式产地为浙江杭州和辽宁熊岳城（Hiung-yo-cheng）(Uchida, 1942)，有关雄虫腹第2、第3节的长宽描述并不相同，第2长宽相近（何俊华等，1996），而原始描述为这2节均长大于宽，经检标本之一的第2、第3节长和端部宽的比为34∶39和22∶49。寄生螟蛉盘绒茧蜂等绒茧蜂，单寄生。北京9～10月见成虫于灯下。

雄虫（国家植物园，2022.X.13）

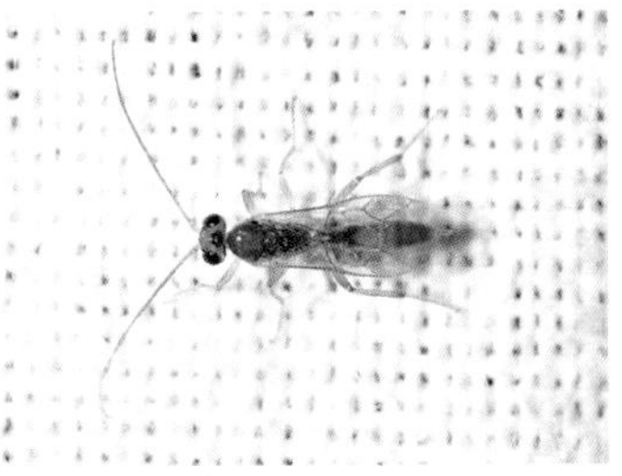

雌虫（延庆玉皇庙，2020.IX.3）

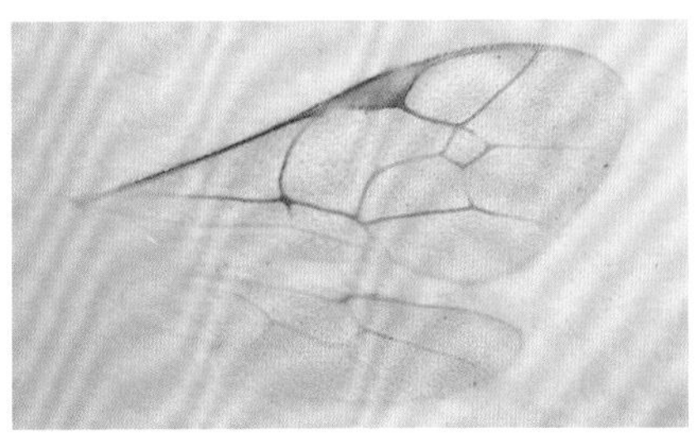

雄虫翅脉（海淀西山室内，2021.VIII.5）

黏虫棘领姬蜂

Therion circumflexum (Linnaeus, 1758)

雌虫体长约22毫米。头胸部黑色，唇基、眼眶细条、小盾片黄色；腹部红棕色，第2和第5～7节背缘、第4及以后节侧缘黑色。足基节以黑色为主，其余红褐至黄色，后足腿节和胫节端黑色。前翅稍带烟色，具小翅室。

分布：北京、甘肃、新疆、内蒙古、黑龙江、吉林、辽宁、河北、浙江、江西、台湾、湖北、广东、四川、贵州、云南、西藏；全北区，东洋区。

注：红斑棘领姬蜂*Therion rufomaculatum* (Uchida, 1928)为本种的异名，体色有变化（Shimizu et al., 2019）。可寄生多种蛾类幼虫（黏虫、其他夜蛾及舟蛾等）。北京9月可见成虫，寻找棉铃虫产卵。

雌虫（棉铃虫，国家植物园，2018.IX.10）

雌虫（夏堇，又名蓝猪耳，国家植物园，2018.IX.10）

黄眶离缘姬蜂
Trathala flavoorbitalis (Cameron, 1907)

雌虫体长6.8毫米，前翅长3.7毫米。体黄褐至红褐色，具黑斑：单眼区扩大至后头和触角基部，胸部3黑斑，并胸腹节基大部、腹部背面黑色。颜面上部中央带褐色；触角33节或34节（端节左右不同，即端节分开，或呈1节），基部稍浅色。腹部侧扁，第1、2节细长，长度相近，第4节基部侧观驼形拱起，腹末2节背面略带姜黄色。产卵管鞘略下弯，长度稍超过腹长之半。

分布：北京、陕西、吉林、辽宁、天津、河北、山西、河南、山东、江苏、安徽、上海、江西、福建、台湾、湖北、湖南、广东、广西、香港、贵州、云南；南亚，东南亚，大洋洲，马达加斯加，北美洲。

注：颜色变化较大（如中胸盾上的黑斑可变浅）。寄生多种二化螟、三化螟、梨小食心虫、玉米螟、桃蛀螟、楸蠹野螟等幼虫，单寄生，为重要天敌昆虫。北京8～9月可见成虫于灯下。

雄虫（昌平王家园，2012.VIII.10）

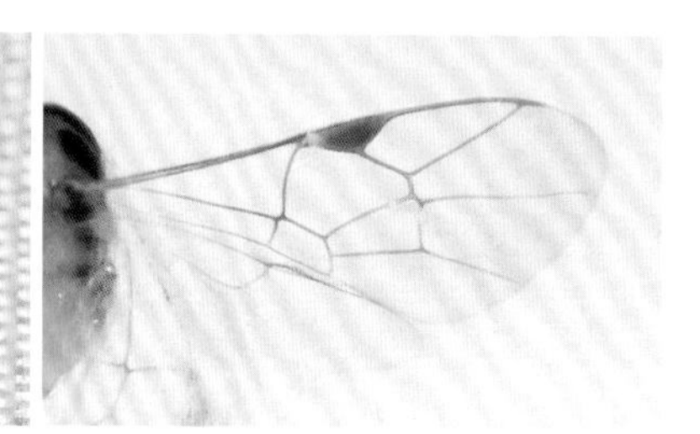

雌虫及翅脉（顺义共青林场，2021.IX.7）

抱缘姬蜂
Temelucha sp.

雄虫体长4.5毫米，前翅长2.9毫米。体浅褐至黄褐色，上颚端、额（除眼缘）、后头、并胸腹节及腹大部黑褐至黑色，足基节黄白色，后足的稍深。触角29节，基部数节色浅；侧单眼大，达后头，后头脊不完整，中央断开。并胸腹节具明显的脊纹，中区为长六角形，前缘窄，各具1条脊纹伸向前外方，达基缘，下区具2条脊纹，略平行。翅痣宽大，暗褐色，上缘黄色。腹部第1节柄状，端部2/5稍扩大，具细纵刻纹，背板两侧在腹面的中部接近，两端远离；第2节背板具纵刻纹，无窗疤；第3节短，中基部稍有刻纹，后缘浅“V”形凹入。

分布：北京。

注：经检标本为雄虫，并胸腹节脊纹的形态接近螟黄抱缘姬蜂*Temelucha biguttula* (Matsumura, 1910)，该种体黄褐色，中胸盾片具3条浅褐色纵纹。北京8月见成虫于灯下。

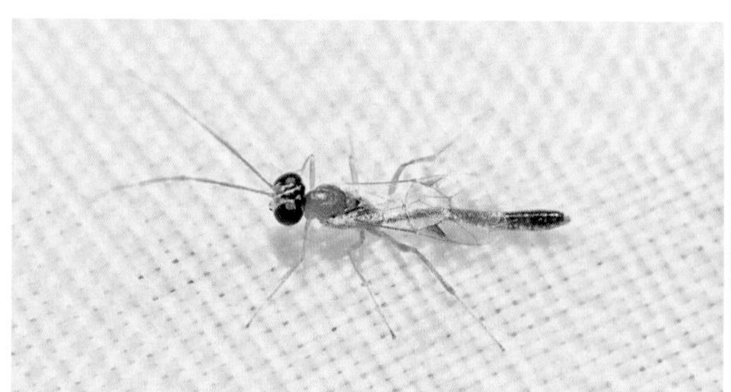

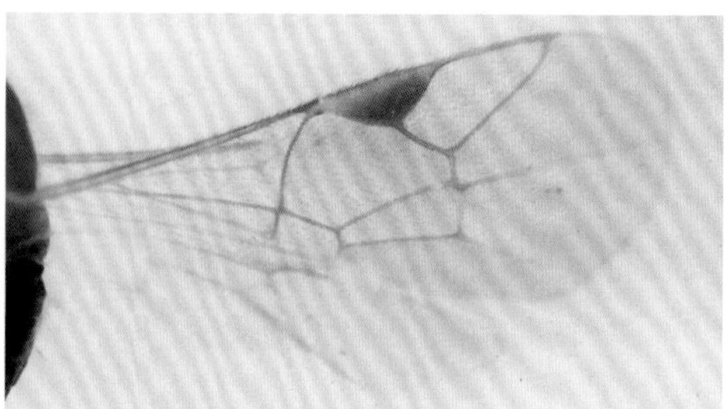

雌虫及翅脉（国家植物园，2023.VIII.15）

毛眼姬蜂
Trichomma sp.

雌虫体长12.3毫米，前翅长6.4毫米。体黑色，颜面、口器、眼眶、翅基片、小盾片黄色；足黄棕至红棕色，后足胫节端部黑褐色，腹部红棕色，第2节后背面带黑褐色。复眼被毛，正面观向下明显收窄；上颚2个齿，形态相近，上齿长；唇基前缘膜质，稍弧形外突，无中齿。

分布：北京。

注：与黑毛眼姬蜂*Trichomma nigricans* Cameron, 1905相近，但该种唇基前缘中央具齿，前胸背后板后角黄色，后足腿节黑色。北京9月可见成虫于灯下。

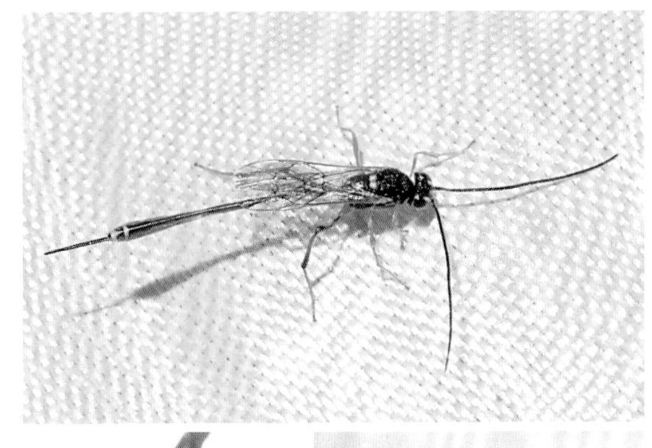

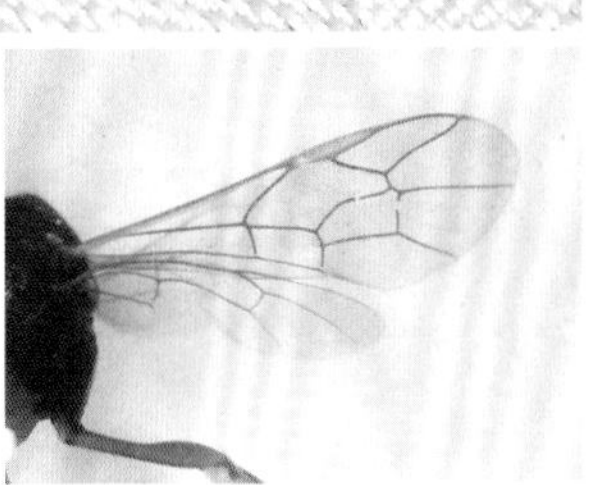

雌虫及头部和翅脉（顺义共青林场，2021.IX.8）

弓脊姬蜂
Triclistus sp.

成虫体长5.1毫米，前翅长3.6毫米。体黑色，触角褐色，足浅红褐至黄褐色。触角短于体长；头部两触角窝之间具1片状突起，其背方具1条很深的纵沟。各足基节和腿节粗壮。前翅翅痣黑褐色，基脉弧形弯曲，与小脉呈斜的对叉式，小室斜四边形，具短柄。

分布：北京。

注：我国此属尚未有详细研究，可寄生螟蛾幼虫，从蛹中羽化。北京9月见成虫于草丛中。

雌虫（蓖麻，北京市农林科学院，2011.IX.3）

仓蛾姬蜂
Venturia canescens (Gravenhorst, 1829)

雌虫体长7.2毫米，前翅长4.2毫米。头胸部黑色，触角黑色，基部2节黄褐色，其他各节可染褐色；上颚大部及须淡黄色。足黄色至红褐色，后足腿节、胫节和跗节褐色。头胸部具细刻点和白毛；上颚2个齿，大小相近；触角丝状，短于体长。腹部稍侧扁，红褐色为主；产卵管稍向上弯。

分布：北京、黑龙江、江苏、浙江、福建；世界广泛分布。

注：寄生多种蛾类仓库害虫，尤其是印度谷螟。北京4月、12月可在室内发现。

雌虫（北京市农林科学院，2022.IV.18）

卵聚蛛姬蜂

Tromatobia ovivora (Boheman, 1821)

雌虫体长9.6毫米。体黑色。眼眶、颜面上方1对横向斑、唇基黄白色；唇基前缘近于平行；上唇呈1对片状，略呈屋脊形，黄白色；触角褐色，30节，基部数节背面黑褐色。小盾片暗褐色，后缘黄色，后背板后缘黄色，并胸腹节两侧各具1个小黄白斑。足基节和转节红褐色，仅前足基节前后两侧带暗褐色；爪基部具基齿。小翅室四方形，长大于高；后小脉在中央稍下方曲折。产卵管末端直。

分布：北京*；日本，蒙古国，中亚，土耳其，欧洲，北美洲。

注：新拟的中文名，从学名，意为寄生蜘蛛的卵囊。北京10月见成虫于灯下。

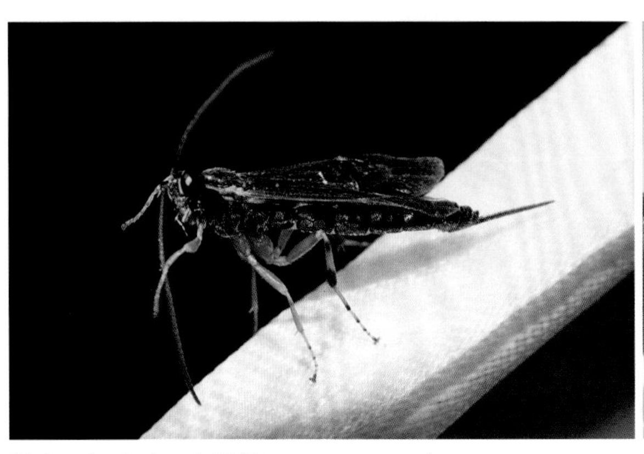

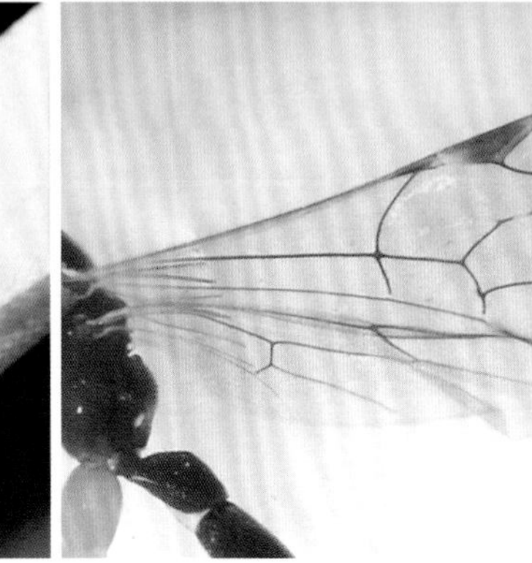

雌虫及翅脉（国家植物园，2022.X.13）

黏虫白星姬蜂

Vulgichneumon leucaniae (Uchida, 1924)

体长13～15毫米。体黑色。触角33～34节，鞭节8～12节或8～13节（雌）、13（14或15）～16（17、18、19）节（雄，或白斑不明显）的背面、小盾片及腹部第7背板中央大圆斑白色，前足及有时中足胫节色浅，赤褐色；雌虫后足第1转节白色。并胸腹节分区明显，基部中央有1个瘤状小突（雄性无），中区近马蹄形，长稍大于宽，后缘内凹。

分布：北京、陕西、甘肃、黑龙江、吉林、辽宁、河北、山西、河南、山东、江苏、上海、浙江、江西、福建、湖北、湖南、四川；日本，朝鲜半岛，俄罗斯。

注：寄生黏虫、棉铃虫、斜纹夜蛾、甘蓝夜蛾、玉米螟等幼虫。北京4月、6～7月、10月可见成虫，具趋光性。

雄虫（玉米，北京市农林科学院，2011.X.13）

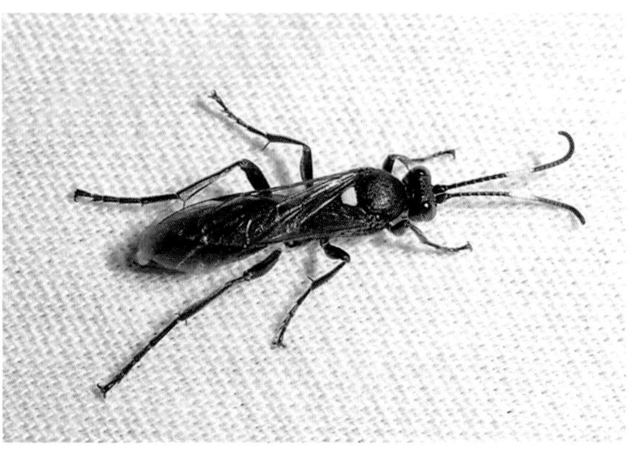

雌虫（昌平王家园，2013.VII.2）

齿凿姬蜂
Xorides (*Moerophora*) sp.

雌虫体长14.0毫米，前翅长9.8毫米，产卵管长12.5毫米。体黑色，前、中足黄褐色（中足基节稍暗），后足黑色。后头脊完整；触角28节，第3节短于第4节，第15～17节白色，第22～24节或25节的外侧具6～7根特殊的“钉状毛”。前翅无小翅室。前足胫节一侧具4个棘刺，后足基节稍长于腹部第1节骨化的腹板。并胸腹节端部两侧具2个强齿，中部具隆脊，呈沙漏形，上部小于下部，中间呈线形。腹部第1背板长是端宽的3.2倍，中央无纵脊，第2背板长大于端宽（约1.33倍）；第4～6背板短，其中第5节最短，腹末节背板具倒“Y”形痕。

分布：北京。

注：凿姬蜂属*Xorides*是一个大属，我国已知35种，主要寄生天牛和吉丁虫的幼虫（宗世祥和盛茂领, 2009）。本种接近伏牛齿凿姬蜂*Xorides* (*Moerophora*) *funiuensis* Sheng, 1999，但该种触角33节，第（13）14～20节白色，前足胫节外侧具7～9个棘刺（盛茂领和黄维正, 1999）。北京9月见成虫于林下。

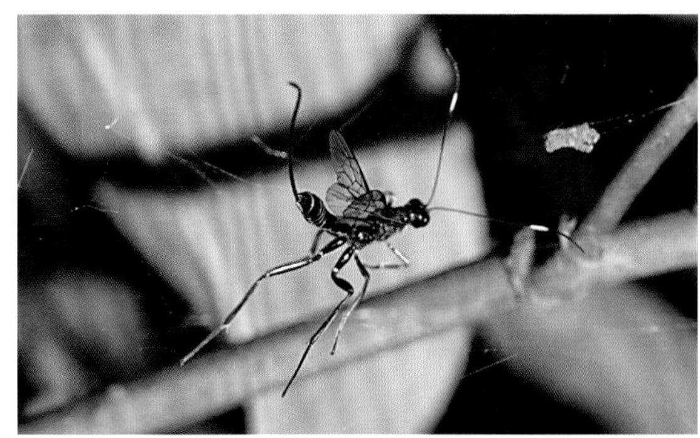

雌虫及触角（怀柔孙栅子，2022.IX.7）

半红盛雕姬蜂
Zaglyptus semirufus Momoi, 1970

雌虫体长6.3毫米，前翅长4.7毫米。头黑色，触角窝下方、须黄白色，唇基暗褐色；触角褐色，端部深黄色，腹面黄白色，24节，第3节最长，后渐短，端节长，与前2节的长之和相近；后头脊完整，背方弱。前胸黑色，中后胸红褐色，小盾片及后盾片黄白色，并胸腹节基部及端部黑褐色，两侧近端部具瘤突，黄白色；并胸腹节气门与侧脊相接。腹部黑褐色，第2～5节基部黄褐色，其上具1对光滑瘤突，向后渐小且远离。

分布：北京*；日本，朝鲜半岛，俄罗斯。

注：中国新记录种，新拟的中文名，从学名。与多色盛雕姬蜂*Zaglyptus multicolor* (Gravenhorst, 1829)相近，该种体色较深，并胸腹节黑褐色，其气门不接近侧脊，寄生圆蛛等蜘蛛。北京8月见成虫于灯下。

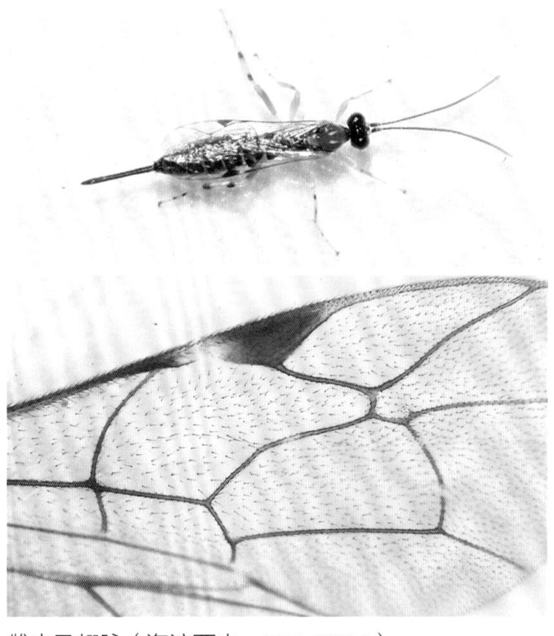

雌虫及翅脉（海淀西山，2021.VIII.6）

白基多印姬蜂

Zatypota albicoxa (Walker, 1874)

雌虫体长5.1毫米，前翅长3.8毫米。头黑色，颜面、唇基、口器、小盾片及后小盾片黄白色。触角24节。中胸侧板被毛。前翅无小翅室，后小脉无曲折。后足爪具方形大基齿，端跗节粗大，第4节很短小。第2～5节背板具凹痕，第2节中区呈菱形，后3节呈近三角形。雄虫颜面中央大部及唇基黑色，有时后足胫节颜色较浅。

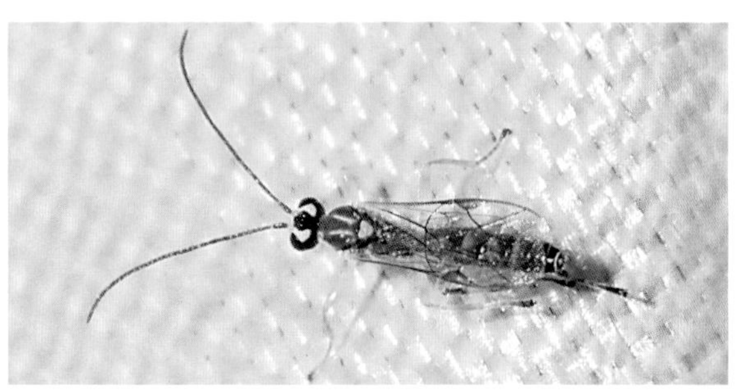

雄虫（顺义共青林场，2021.IX.7）

分布： 北京*、陕西、黑龙江、吉林、河北、河南、江苏、安徽、浙江、湖南、四川、贵州、云南；日本，朝鲜半岛，俄罗斯，欧洲。

注： 寄生温室球蛛等。北京7月、9月可见成虫于灯下。

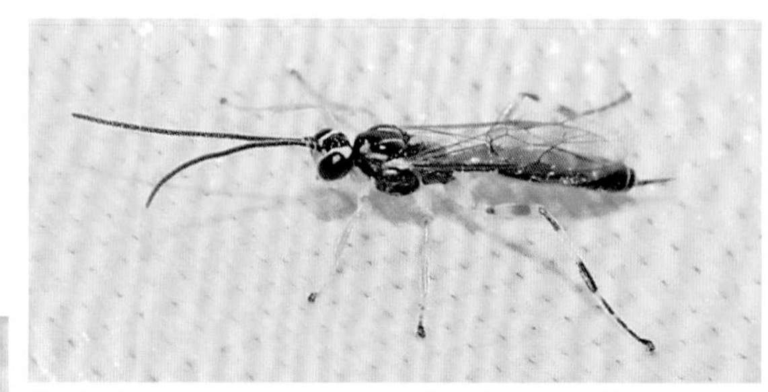

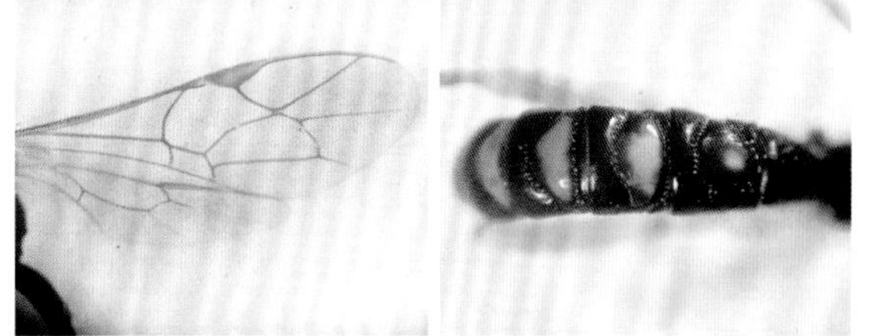

雌虫及翅脉和腹背（顺义共青林场，2021.IX.7）

盖拉头甲肿腿蜂

Cephalonomia gallicola (Ashmead, 1887)

雌虫体长1.7～2.5毫米。无翅；体黄褐色，触角末端6节褐色，腹柄（胸腹部连接处）、腹末端暗褐色。体光亮。头部近长方形，长大于宽；触角12节，端节在鞭节中最长大。并胸腹节后侧角明显突出。腹部长卵形，稍短于头胸部之和。雄虫具翅，体小，长1.5毫米，触角褐色，但第1节黄褐色，3个单眼明显可见。

分布： 北京*、浙江；日本，朝鲜半岛，欧洲，北非，美国。

注： 它是室内储藏甲虫类害虫（如烟草甲、药材甲、咖啡豆象等的幼虫和蛹）的外寄生性天敌。近年来叮咬居民，成为重要害虫。雌虫腹末具一个尖形的产卵器，产卵前可注射麻醉毒液。人被叮咬后，皮肤可红肿，抓挠后皮肤破裂、结痂，疼痒可达月余甚至更长（不同人反应有所不同）。避免被咬的关键是清除室内烟草甲、药材甲等甲虫。如果没有了寄主，自然也没了肿腿蜂。

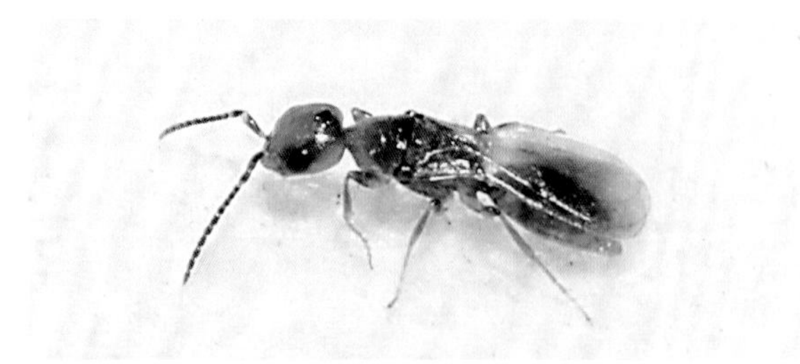

雄虫（北京市农林科学院，2023.X.15）

雌虫（北京市农林科学院，2023.X.15）

红跗头甲肿腿蜂
Cephalonomia tarsalis (Ashmead, 1893)

雄虫体长1.6毫米。体沥青色，跗节及胫节端黄褐色，前足跗节色稍深。头长宽相近，最宽处在复眼处；触角12节，第1～4节的长度比为25∶16∶9∶9；前翅中脉发达，中室封闭。并胸腹节端半部光滑，无刻点。

分布：北京、浙江；日本，澳大利亚，以色列，欧洲，北非，北美洲。

注：雌虫体稍大，前足胫节和触角第3节褐色（何俊华, 1996）。寄生贮粮害虫中的小型甲虫，如杂拟谷盗、米象等，图中雄虫育自为害食用菌干的长角扁谷盗。

雄虫（北京市农林科学院，2012.IV.3）

日本棱角肿腿蜂
Goniozus japonicus Ashmead, 1904

体长2.9毫米。体黑色。上颚、下唇须、下颚须、触角淡棕色；足基节、腿节黑褐色，转节、胫节和跗节褐色。翅痣暗褐色，翅脉褐色或浅色。唇基端部呈三角形突出，具中脊。触角13节，基部4节明显长于宽。前翅无微翅室。并胸腹节具鲨皮状的刻纹，前方具近等腰三角形的光滑隆起。

分布：北京*、山东、上海、浙江、台湾、湖北；日本，朝鲜半岛，俄罗斯。

注：又称卷叶蛾肿腿蜂。对于前翅2个翅室内毛的多少，似乎有不同的看法（Xu et al., 2002; Lim and Lee, 2012），经检的标本具较多的毛。本种幼虫寄生缀叶丛螟、桑绢野螟、竹弯茎野螟、稻苞虫等幼虫。经检标本出自鹅耳枥上的缀叶幼虫，1头蛾类幼虫养出12头独立的虫茧。

雌虫（房山蒲洼东村室内，2020.VI.6）

中华利肿腿蜂
Laelius sinicus Xu, He et Terayama, 2003

雄虫体长2.6毫米。体黑褐色，触角黄褐色，足基节同体长，其余黄褐色，腹部黑褐色或暗褐色。触角各节均长大于宽，且第3节明显长于第2节，前4节比例为50∶22∶27∶28。雌虫体长3.0～3.2毫米。体黑色，触角基2节黄棕色，余褐至黑褐色，足除基节、转节黑色外黄褐色，但腿节常较暗。前胸背板长约为后缘宽之半，小盾片基部具一横沟，并胸腹节长稍大于宽，上具5条纵脊，中央3条完整，伸达端缘，中侧1条约伸达不及一半。

分布：北京*、江苏、浙江。

注：新拟的中文名。原始描述体长2.0毫米，仅知雄虫（Xu et al., 2003）；虞国跃（2017）记录的皮蠹肿腿蜂*Laelius* sp.，其并胸腹节具完整的3条纵脊，应是本种的雌虫。北京2月、4月、7月和9月可见成虫，幼虫寄生花斑皮蠹的幼虫。

雄虫（北京市农林科学院室内，2013.VII.8）

短寄甲肿腿蜂
Epyris breviclypeatus Lim et Lee, 2011

雌虫体长4.3毫米，前翅长2.4毫米。体黑色，口器、触角黄褐色，柄节基大部暗褐色，足基节、腿节暗褐色，其余黄褐色。头胸部皮革质，刻点稀疏且较小；复眼具稀疏的毛，长为小眼直径的3～4倍；唇基短，中叶前缘宽弧形突出，具中脊，侧叶前缘弧形，稍短于中叶。并胸腹节背面具3条脊纹，中脊明显，两亚中脊在3/4处稍折向内，后伸达后缘。

分布：北京*；朝鲜半岛。

注：中国新记录种，新拟的中文名，从学名中的“短唇基”，模式产地为韩国，雌虫体长5.8毫米，前翅长3.2毫米（Lim et al., 2011）。北京8月见成虫于玉米叶片上。

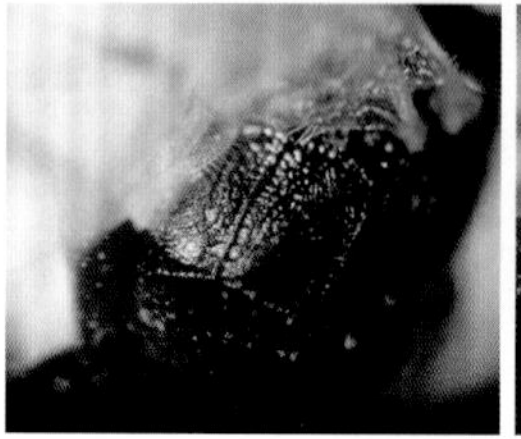
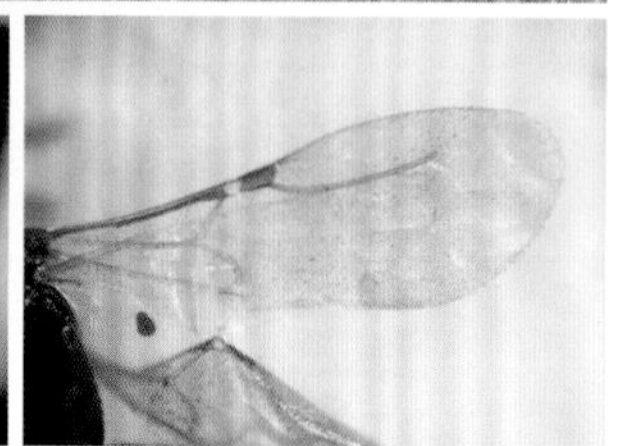
雌虫及并胸腹节和翅脉（玉米，门头沟双塘涧，2014.VIII.21）

台湾锉角肿腿蜂
Pristocera formosana Miwa et Sonan, 1935

雄虫体长8.8～10.0毫米。体黑褐色至黑色，触角基部数节、上颚基部、足、翅基片带暗红色。触角短，柄节弯，与后3节长度之和相近，基部数节具短绒毛外还具数根长刚毛；上颚4个齿，爪具3个齿（即除尖端外内缘还有2齿）。翅透明，带淡烟色，翅痣黑色，前端浅色。下生殖板宽大，内缘具明显小齿。雌虫无翅，体长6.4～9.4毫米，与雄虫异形，体色也比雄虫浅很多。

分布：北京、陕西、山东、浙江、福建、台湾、广西、四川、贵州、云南；朝鲜半岛。

注：外寄生叩甲幼虫（金针虫）；北京7～8月可见成虫，会上灯。

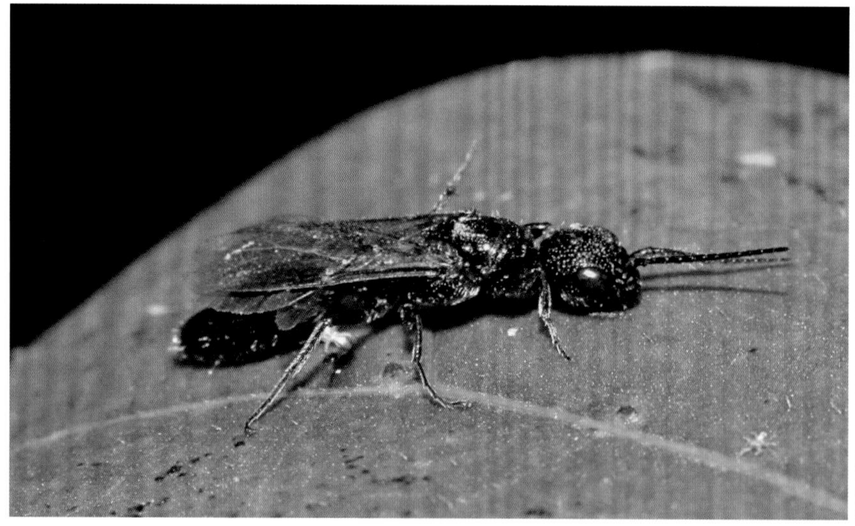
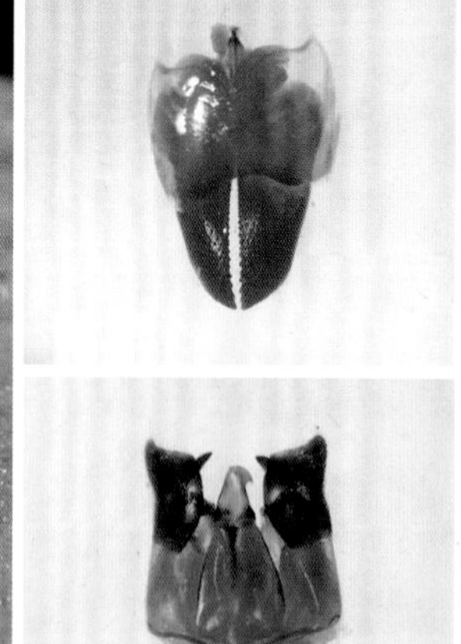
雄虫及下生殖板和外生殖器（豇豆，昌平王家园，2014.VIII.12）

管氏肿腿蜂
Sclerodermus guani Xiao et Wu, 1983

无翅雌虫体长3.6毫米。头、胸及足褐色至暗褐色，腹部黑褐色。触角淡黄褐色，第1节基大部黄褐色。上颚具3个齿。前胸背板长约为基部宽的1.2倍，并胸腹节后缘约为前缘宽的1.2倍；足腿节粗大，前足尤为明显。有翅雌虫体长3.4毫米，体色更深，前胸背板长宽相近，前翅基部具长形中室。

分布：北京、陕西、河北、山西、河南、山东、江苏、广东。

注：多种天牛（如双条杉天牛、桃红颈天牛、松墨天牛等）幼虫的重要体外寄生性天敌，也可寄生其他蛀干类昆虫。有近缘种，区别可见杨忠岐等（2014）。

幼虫（海淀凤凰岭室内，2019.VII.19）

雌虫无翅（桃红颈天牛，海淀凤凰岭室内，2019.VII.7）

雌虫有翅（北京市农林科学院饲养，2019.III.25）

久单爪螯蜂
Anteon jurineanum Latreille, 1809

雌虫体长2.3毫米。体黑色，触角、足、翅基片黄褐色；上颚白色，基部黑色，4个齿红褐色；唇基黑色；须淡黄色。触角10节，端部稍膨大。额无额侧脊，具额线，额表面皮革质。并胸腹节后表面无脊纹，平整。翅痣褐色，基半部淡黄色。前足第4跗节短小，第5跗节近长方形，大爪内侧近基部突出部分的两端各具1根刚毛，较短。

分布：北京*、宁夏、辽宁、河北、山东、四川；古北区，尼泊尔。

注：欧洲个体的触角端半部暗褐色。寄生多种叶蝉，如广头叶蝉*Macropsis* spp.。

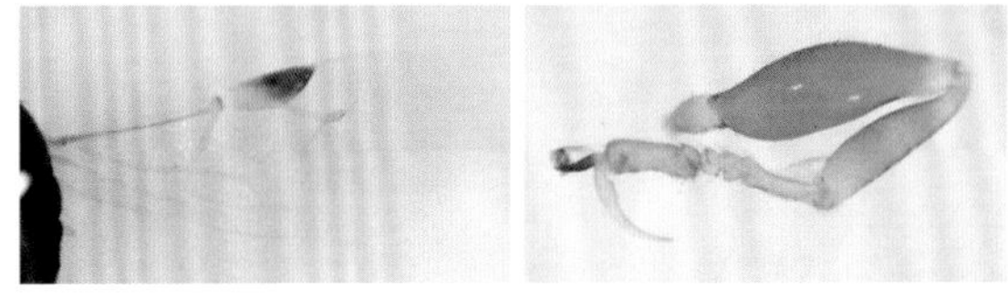

雌虫及翅脉和前足（构，北京市农林科学院，2022.V.25）

斑衣蜡蝉螯蜂
Dryimus browni Ashmead, 1905

幼虫体长约4毫米。头尾两端在寄主体内，身体大部分外露，并膨大成虫囊，一侧具较为规则的花纹。寄生在寄主后翅芽的下方。

分布：北京、河南、福建、海南、香港；东南亚，斯里兰卡。

注：又名布氏螯蜂，*Dryimus lycormae* Yang, 1994为本种的异名，成虫形态可参见何俊华和许再福（2002）。寄生斑衣蜡蝉若虫。

幼虫（臭椿，房山议合，2019.VIII.6）

黑腹单节螯蜂
Haplogonatopus oratorius (Westwood, 1833)

雄虫体长2.5毫米。体黑色，口器黄白色，足（包括基节）淡黄褐色。触角10节，线状。前翅透明，翅脉简单，径室开放。前足无特化的螯。雌虫似蚁，前足第5跗节与爪特化成螯，用以捕捉猎物和抱握。

分布：北京、陕西、新疆、黑龙江、辽宁、山东、江苏、上海、安徽、浙江、江西、福建、台湾、湖北、湖南、广东、广西、云南；日本，朝鲜半岛，俄罗斯，土耳其，欧洲。

注：又名稻虱黑螯蜂。*Haplogonatopus atratus* Esaki and Hashimoto, 1932为本种的异名。寄主褐飞虱、灰飞虱等若虫，幼虫囊背从寄主的腹部第5、6节间外露，从头至尾具10余条淡褐色粗细相近的细横纹，有些个体粗看似无横纹，或仅在尾部具数纹。

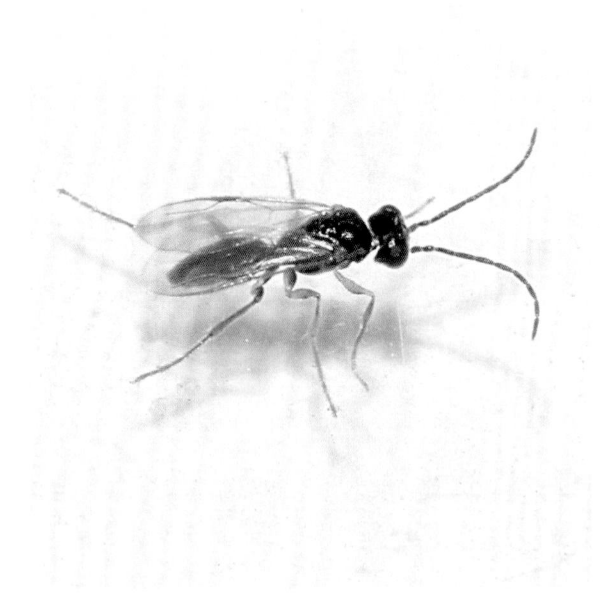

雄虫（北京市农林科学院室内，2016.VII.19）

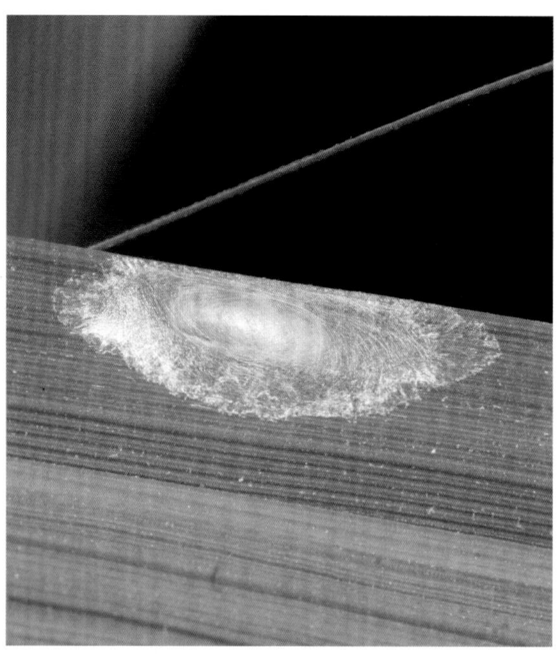

茧（盆栽水稻，北京市农林科学院，2016.VII.3）

金糙青蜂
Chrysis durga Bingham, 1903

雄虫体长10.3毫米，前翅长7.0毫米。体具绿色金属光泽，常具黄金色反光，一些区域（头顶、中胸中部及腹部第2～3节基大部）蓝色光泽明显。触角第3节稍短于后2节长之和；触角柄节窝具黄金色光泽。后盾片与小盾片密接，不呈舌形突出。腹部第3背板末端具6个齿，中间4个齿尖长，两侧的齿短小；近端具1个强刻点列。足爪简单，基半部扩大，不呈齿状。

分布：北京*等；印度，缅甸，老挝，马来西亚。

注：新拟的中文中，从金黄色触角窝光泽及体背粗糙的刻点。与上海青蜂*Praestochrysis shanghaiensis* (Smith, 1874)相近，该种腹末具5枚齿，后盾片呈舌形突出。未见在中国的具体分布地点（Rosa et al., 2014）。寄生壁泥蜂*Sceliphron intrudens*。北京7月可见成虫。

雄虫及腹末（房山蒲洼，2020.VII.21）

火红青蜂
Chrysis ignita (Linnaeus, 1758)

雌虫体长10.4毫米。体具强烈的金属光泽（特别的腹部能反射炫目的彩虹色光芒），头胸部绿至暗绿色，腹部火红色，翅褐色，翅脉黑褐色。腹部第3节后缘具粗大刻点，端部具4枚齿，各齿之间弧形内凹。

分布：北京、内蒙古、黑龙江、吉林、河北、山西；日本，俄罗斯，印度，欧洲，北非。

注：寄生胡蜂科、切叶蜂科等蜂类的巢中。北京5月可见成虫。

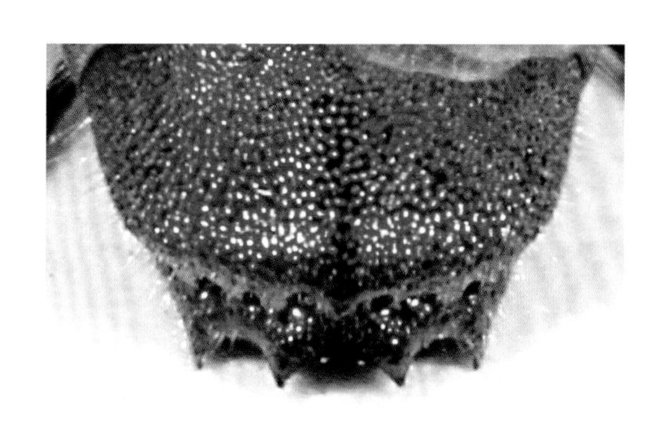
雌虫及腹末（昌平王家园室内，2012.V.3）

多彩指胸青蜂
Elampus coloratus Rosa, 2017

雌虫体长4.4毫米。体多彩，头胸部以蓝绿色光泽为主，略带紫色光泽（头脸面及中胸后部较为明显）；腹部以金红色光泽为主。头顶、前胸背板、中胸盾片及小盾片前缘刻点稀，很浅；小盾片向后刻点渐深。并胸腹节宽，中部两侧具角状突出。第3节背板后缘中央具鼻状结构，新月形。

分布：北京*；俄罗斯，蒙古国。

注：中国新记录种，新拟的中文名，从学名。过去只知雄虫，头正面的光泽与腹部相同（Rosa et al., 2017）。北京9月见成虫于芝麻上活动。

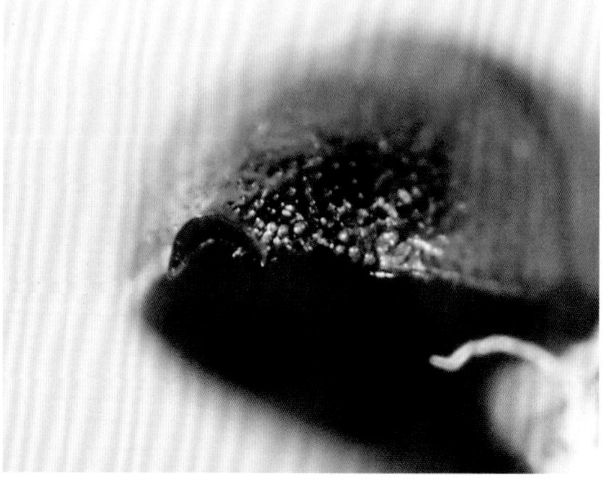

雌虫及腹末（北京市农林科学院室内，2011.IX.5）

普毛青蜂
Holopyga fastuosa generosa (Förster, 1853)

雌虫体长6.7毫米，前翅长4.3毫米。头胸具蓝绿金属光泽，腹部背面金红色，腹面黑色。触角第3节稍短于后2节长之和（32：36）；触角槽内凹，具许多细的横皱纹。前足腿节及胫节具强烈绿色金属光泽，其中前足腿节略呈三角形，基部宽大，向端部收窄。腹部第3背板具细密刻点，后缘弧形后突，无其他特殊结构。足具4个栉齿，其中第4齿很小。前翅翅面具毛，中脉强列拱弯。

分布：北京*等；朝鲜半岛，中东，欧洲，北非。

注：*Holopyga generosa* (Förster, 1853)曾被认为是独立的种，现被认为是亚种，本亚种腹部金红色，未见在中国的具体分布（Rosa et al., 2014）。寄生方头泥蜂，雌虫会先在它的寄主蛴类若虫上产卵。北京8月可见成虫。

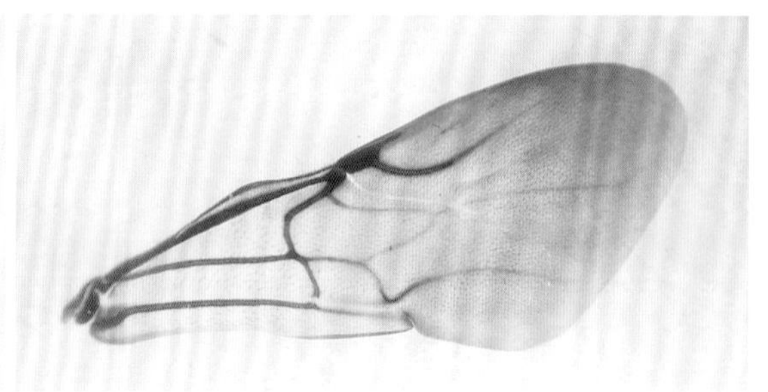

雌虫及翅脉（平谷白羊室内，2017.VIII.9）

闪青蜂
Pseudomalus sp.

体长3.7毫米。体具金属绿色光泽（图片中不显），触角柄节、足腿节及胫节（除端部）具金属绿色光泽，触角梗节具弱绿色金属光泽。中胸盾纵沟之间的基部具大刻点，最端缘具4个刻点，其中两侧的较小，2个中间的大，第2排具4个大刻点（与下方的2个大刻点相近），最上方有4个刻点，稍长，最上方刻点渐消失。腹第3背板后缘浅褐色，中央浅弧形内凹。足爪具3个栉齿。

分布：北京。

注：与*Pseudomalus corensis* (Uchida, 1927) 相近，但该种具蓝至紫色金属光泽；由于缺乏文献，不能鉴定至种。北京5月可见成虫在取食蚜虫的蜜露。

成虫（杨，北京市农林科学院，2012.V.5）

青绿突背青蜂
Stilbum cyanurum (Förster, 1771)

雌虫体长15毫米。额、颊及头顶具绿色、蓝色或紫色金属光泽，与其他部位颜色相似；触角槽密布横刻线；腹部第3背板具蓝绿色金属光泽，与腹部第1、第2背板形成对比；中胸盾片密布刻点，刻点间距为刻点直径的0.5～1.0倍；腹部第1、第2背板密布刻点，刻点间距为刻点直径的0.5～1.0倍。腹末4个齿（偶尔3个齿）。

分布：北京、甘肃、内蒙古、辽宁、山西、山东、江苏、江西、台湾、广东、香港、云南；亚洲，欧洲，非洲，大洋洲。

注：《我的家园，昆虫图记》一书中的蜾蠃突背青蜂*Stilbum* sp.即为本种。盗寄生于镶黄蜾蠃*Eumenes decoratus*的巢，取食其中的槐尺蛾幼虫；成虫会访花，如薄荷、皱叶一枝黄花、霍香等。

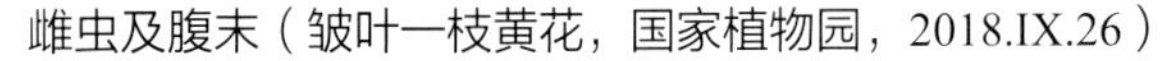

雌虫及腹末（皱叶一枝黄花，国家植物园，2018.IX.26）

圆突分舌蜂

Colletes babai Hirashima et Tadauchi, 1979

雄虫体长8.0毫米，前翅长5.6毫米。体黑色，触角第3节起腹面、翅痣及翅脉褐色；体被白色长毛，脸部的毛密，覆盖唇基，头顶及胸背杂有褐色毛；腹第1～5节后缘具白色毛带。触角第3节短，长宽相近，约为第4节之半。第1背板刻点粗密，以后几节刻点细密。第7腹板两侧明显弧形凹入，其基部圆突。

分布：北京*；日本。

注：中国新记录种，新拟的中文名，从雄性第7腹板近基部侧面圆突。与北京有分布的简氏分舌蜂*Colletes jankowskyi* Radoszkowski, 1891相近，雄性第7腹板近基部侧面角状突出（Murao et al., 2016）。北京6月见成虫于林缘。

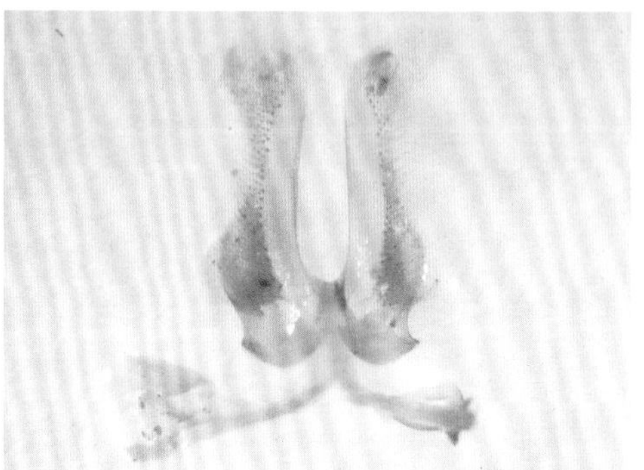

雄虫及第 7 腹板（门头沟小龙门，2016.VI.15）

斑额叶舌蜂

Hylaeus paulus Bridwell, 1919

雄虫体长4.8毫米。体黑色，唇基、唇基上区基半部、眼侧区和前胸后叶黄白色，翅基片具黄白色斑。足黑色，各足腿节端部及其跗节黄白色，前足胫节黄褐色，中后足胫节基部和端部黄白色，中足胫节中部的黑斑大于后足胫节。

分布：北京、黑龙江、吉林、山东；日本，俄罗斯，蒙古国至欧洲。

注：本种雄虫触角柄节（包括腹面）及前胸背板黑色，无黄白斑；雄性阳茎腹铗（penis valve）明显长于生殖节。北京8月可见成虫访问藿香。

雄虫及头部和外生殖器（北京市农林科学院室内，2022.VIII.19）

缘叶舌蜂
Hylaeus perforatus (Smith, 1873)

雌虫体长约6毫米。体黑色，具黄色斑，复眼内侧具三角斑（较宽，伸过触角窝下缘但不及上缘，并部分围绕触角窝）、前胸背板1对斑（中央断开）、前胸背肩突、翅基片前半部分黄色；足胫节基部黄色，后足胫节基部的黄斑明显长，端部无黄斑。触角柄节腹面黑色，第3节长稍短于宽，明显长于第4节（稍不及2倍长），与第5节长相近。

分布：北京、吉林、河北、江苏、浙江、福建、湖北；日本。

注：与西伯利亚舌蜂*Hylaeus sibiricus* (Strand, 1909)相近，该种雌虫的眼斑较小，明显不接触复眼。北京10月可见成虫访问菊花。

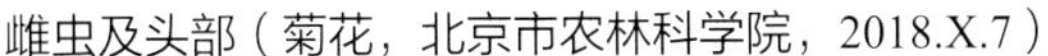

雌虫及头部（菊花，北京市农林科学院，2018.X.7）

西伯利亚舌蜂
Hylaeus sibiricus (Strand, 1909)

雄虫体长5.9毫米。体黑色。唇基、唇基上区、眼侧区黄白色（此斑包围触角窝之半）；触角柄节黑色，向端部扩大，腹面苍白斑，余褐色。前胸背板两侧、前胸后叶、翅基片前半具苍白色斑。足黑色，前足胫节前缘及各足跗节黄或黄褐色，中足胫节基部、后足胫节基半部黄白色。

分布：北京、甘肃、吉林、河南；俄罗斯，蒙古国。

注：本种雄虫唇基上区全为黄白色，基部两侧平行，稍长于端部，眼侧区黄白斑较长，上缘高于触角窝上缘。北京5月、8月可见成虫，访问红花蓼。

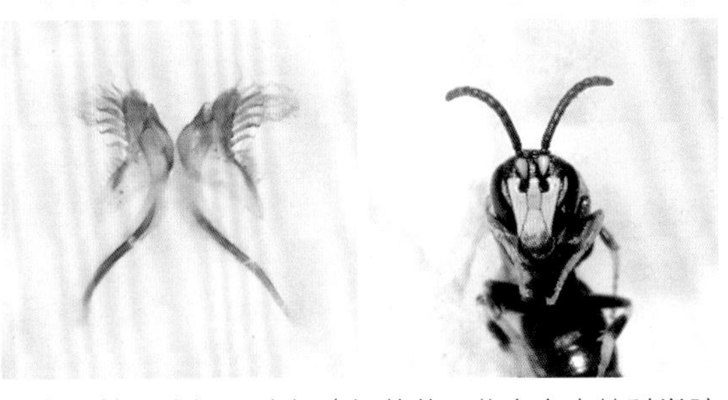

雄虫及第7腹板和头部（红花蓼，北京市农林科学院室内，2022.VIII.27）

横叶舌蜂
Hylaeus transversalis Cockerell, 1924

雄虫体长约6毫米。体黑色，具黄色斑：唇基、复眼内侧具三角斑（上缘略斜切，稍伸过触角窝）、前胸背板1对斑，前胸背肩突、翅基片端部黄色；触角柄节腹面黄色，鞭节红褐色。胫节基部黄色。

分布： 北京、河南；日本，朝鲜半岛，俄罗斯。

注： 头上的斑纹与*Hylaeus* (*Neoprosopis*) *dathei* Chen et Xu, 2012相似，该种被认为是异名，即唇基的黄斑大小有变化，可缩小；本种雄虫的1个重要特征是并胸腹节基部具横脊纹（Dathe, 2015）。北京9月可见成虫访问皱叶一枝黄花、加拿大一枝黄花等。

雄虫（皱叶一枝黄花，国家植物园，2018.IX.26）

雌虫（藁本，国家植物园，2022.IX.29）

青岛舌蜂
Hylaeus tsingtauensis (Strand, 1915)

雄虫体长5.3～6.1毫米。体黑色。唇基、唇基上区、眼侧区苍白色；触角柄节黑色，向端部扩大，腹面具苍白斑，余褐色；上颚基部具白斑。前胸背板、前胸后叶、翅基片具苍白色斑。足黑色，前足胫节及各足跗节黄或黄褐色，中后足胫节基部黄白色。雌虫体长5.6～6.5毫米，唇基和唇基上区黑色，但唇基前缘黄褐色或仅前缘两侧褐色，足黑色，仅后足胫节基部黄白色。

分布： 北京、甘肃、青海、山东、河南、四川；俄罗斯，蒙古国。

注： 新拟的中文名，从学名。模式产地山东青岛，模式为雌虫，异名可见Dathe (2015)。部分雌虫标本眼侧区斑纹略有不同，其内缘上端突出；雄虫唇基上区的长度有变化，可接近或短于唇基。本种北京5月、8～9月见成虫，数量较多，访问红花蓼、藿香、八宝景天、皱叶一枝黄花等。

雌虫（红花蓼，北京市农林科学院，2022.VIII.20）

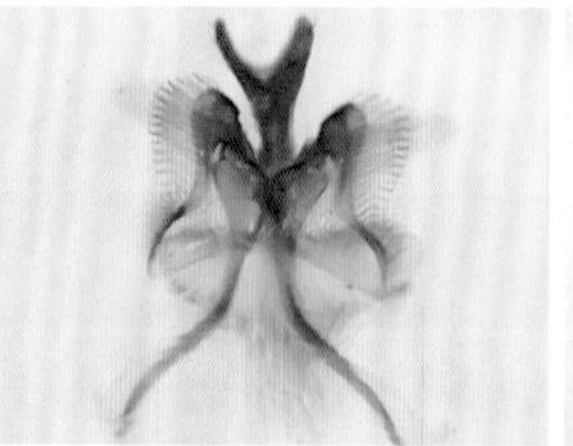
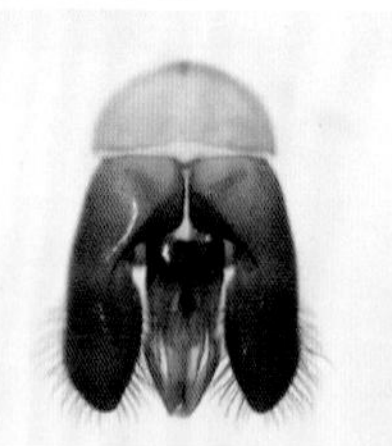
雄虫及第7腹板和外生殖器（北京市农林科学院室内，2022.VIII.23）

舌蜂
Hylaeus sp.

雌虫体长7.3毫米。体黑色。头额部具3个黄斑，两侧斑三角形，中间斑长方形，略呈倒T形。前胸的黄斑在中间断开，前胸背肩突、翅基片前端黄色。3对足的胫节均有黄斑，以后足的斑纹最大。小盾片上的刻点明显粗于中胸盾片，中胸侧板具粗大刻点。雄虫体长6.8毫米，额部的3个黄斑扩大，几相连。

分布：北京、江苏、安徽、浙江、江西、福建、广东、广西、云南；日本，俄罗斯。

注：外形接近黄叶舌蜂*Hylaeus floralis* Smith, 1783，但第7腹板形态明显不同，该种由2块近方形的骨片组成，而本种明显呈三角形。成虫可访问胡萝卜、枣、八宝景天等花。

雌虫（北京市农林科学院室内，2011.X.13）

雄虫及第 7 腹板（红花蓼，北京市农林科学院室内，2022.VIII.25）

纳地蜂
Andrena (*Andrena*) *nawai* Cockerell, 1913

雄虫体长9.5毫米。体黑色，被淡黄色毛。上颚黑色，端部暗红褐色，基部下方具大型钝齿；眼颚距约为上颚基宽的1/4；触角第3节长于第4节（7∶6）。雌虫体长12.5毫米。胸部及腹部第1～2节具锈红色长毛。

分布：北京*、山东；日本。

注：记录于山东青岛的*Andrena phytophila* Strand, 1915为本种异名（Xu and Tadauchi, 1998）；本种雌虫被毛颜色有较大变化（Tadauchi et al., 1987）。北京3～4月可见成虫访问山桃花等。

雌虫（海淀白虎涧，2023.III.26）

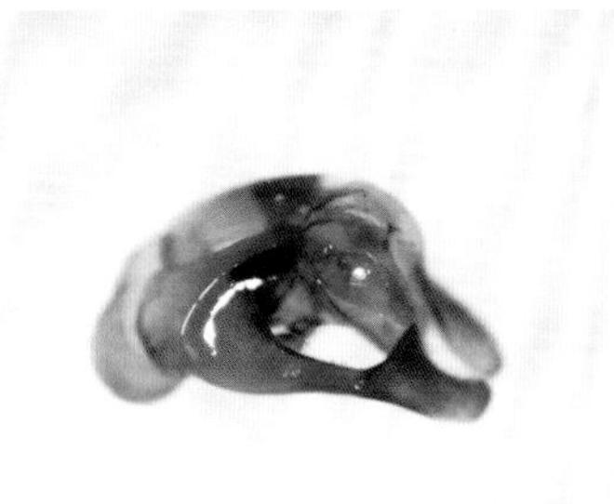

雄虫及外生殖器（海淀白虎涧，2023.III.26）

白毛地蜂

Andrena (*Calomelissa*) *leucofimbriata* Xu et Tadauchi, 1995

雌虫体长9.2毫米，前翅长7.5毫米。体黑色，触角鞭节腹面红棕色，各腹节后缘略带棕色。触角第3节与后2节之和相近，第4、5节长相近；颜窝宽大，上半部被浅棕色毛，下半部稍窄，被白毛；唇基刻点和被毛均稀疏，不具无刻点中条；上唇突明显，宽约为长的3倍。并胸腹节具粗皱刻，端部1/3稍光滑。腹第2～4节背板后具白带，其中第2节中央宽断开，第5节后缘具棕色毛带。

分布：北京、四川、云南。

注：中文名由徐环李先生提供；正模产地为八达岭（Xu and Tadauchi, 1995）。北京6月见成虫访问小花溲疏。

雌虫（小花溲疏，门头沟小龙门，2016.VI.15）

霍夫曼地蜂

Andrena (*Euandrena*) *hoffmanni* Strand, 1915

雄虫体长8.3毫米。体黑色，被淡黄白色毛，头及胸部色稍深，腹背第2～4节后缘具淡黄白色毛带。足黑色，后足胫节暗红褐色，背及端部黄褐色，基跗节红褐色。触角第3～5节长（中部长）之比为36∶29∶33，第4节长宽比为29∶32；唇基具淡黄白色长毛，刻点较粗，不具无刻点中条；上唇突明显，大，前缘凹入。翅基片黄棕色，前半部分黑褐色；翅痣黄褐色，下缘褐色。腹部各节背板皮革状，无刻点，后缘黄褐色，第1节基部及后缘、第5节后具较长毛。

分布：北京、山东、上海、安徽。

注：过去我记录的柔毛地蜂*Andrena* (*Euandrena*) *hebes*（虞国跃, 2017, 2019, nec. Pérez, 1905）为本种的误定。与黄后胫地蜂*A. luridiloma*很接近（特征在括号内），但本种雄虫后足胫节大部分暗褐色（黄棕色），唇基被密毛（几乎无毛），上唇具较大的突起（无明显突起），翅痣黄褐色（暗褐色）。此外，黄后胫地蜂的雄虫触角第4节均长大于宽。北京3～4月可见成虫，访问山桃、毛樱桃、桃等花朵，或在地面活动。

雄虫（扶芳藤，北京市农林科学院，2016.III.25）

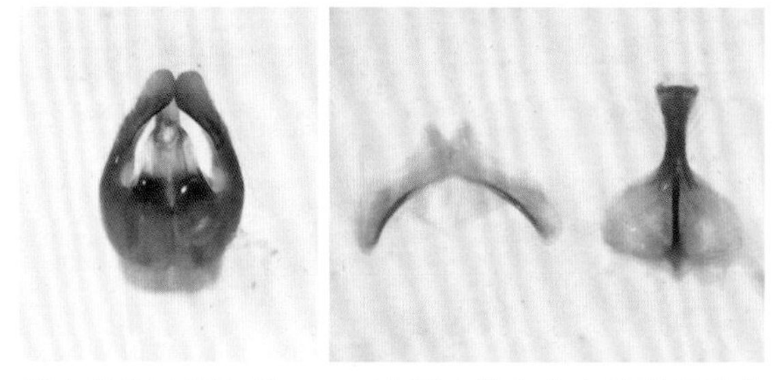

雄虫外生殖器和第 7 ～ 8 腹板（北京市农林科学院室内，2016.III.28）

一枝黄花地蜂
Andrena (*Cnemidandrena*) *solidago* Tadauchi et Xu, 2002

雌虫体长11.5～13.0毫米。翅基片黑褐色，翅透明，稍带烟色，翅脉及翅痣黄褐色。足棕色至黑色。唇基中央具纵向光亮无刻点区，前端无刻点区扩大；触角鞭节1长于鞭节2+3，鞭节2略短于鞭节3，此2节长稍大于宽，中部的鞭节长略大于宽。并胸腹节背面的三角区基部皱纹较粗，端半部细，皮革状。各腹节背板端缘具褐色透明压平带，第2～4节背板后缘具淡黄色毛带，腹末（第5节及后）具锈色毛，与足基跗节的毛色相近。

分布：北京、河北；日本。

注：属于*Cnemidandrena*亚属，原记录访花植物为高茎一枝黄花和菊科蓟属（Tadauchi and Xu, 2002）。北京可见它于3月访问毛樱桃，数量较多。

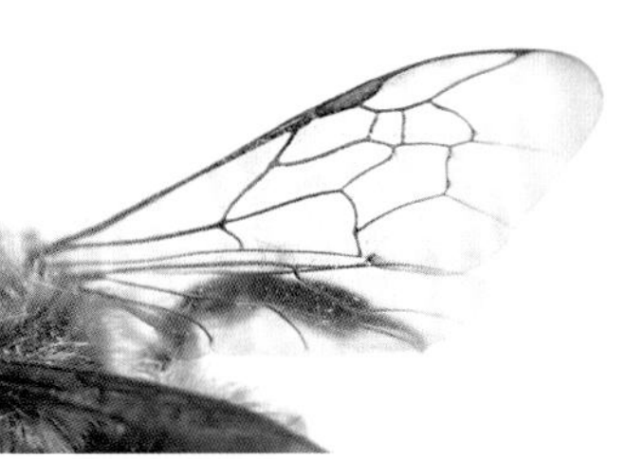
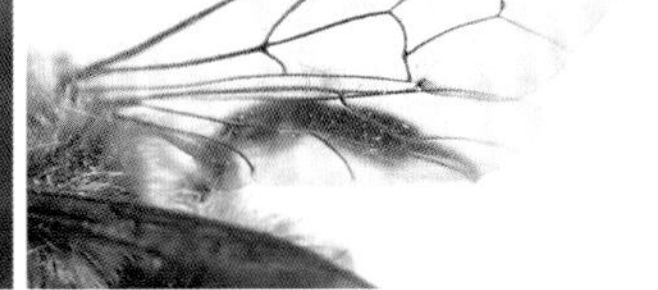

雌虫及翅脉（大叶黄杨，北京市农林科学院，2015.III.26）

雌虫头部（北京市农林科学院室内，2016.III.28）

黄后胫地蜂
Andrena (*Euandrena*) *luridiloma* Strand, 1915

雄虫体长9.5毫米，前翅长7.2毫米。体黑色，后足胫节黄棕色。唇基几乎无毛，刻点均匀，中部无光滑区，前缘平截（微内凹），两侧角形突出明显；上唇无明显的中央突起；眼颚距窄，线形；触角第3节长于第4或第5节，第4节稍短于第5节。腹部第1～4节背板后缘具窄且稀的白毛带，前2节中央宽断开；腹面第2～5节后缘具淡黄棕色稀毛带。翅痣暗褐色。雌虫体长9.7毫米。体毛更深，多呈黄棕色。唇基中央具无刻点的光滑区。后足胫节和基跗节黄色。

分布：北京*、山东；日本，朝鲜半岛。

注：新拟的中文名，从后足胫节颜色；模式为雌虫，产地山东青岛（Strand, 1915）。北京3月可见成虫，访问西府海棠、紫叶李等花。

雄虫及外生殖器和第7～8腹板（北京市农林科学院室内，2023.III.20）

雌虫（北京市农林科学院室内，2023.III.27）

两斑距地蜂
Andrena (*Hoplandrena*) *nudigastroides* Yasumatsu, 1935

雌虫体长约13毫米。体黑色，被淡黄棕色和黑色毛（其中胸侧具金黄色长毛），腹基部具红棕色区域：第1背板大部、第2背板前后缘及侧缘、第3节后缘两侧；第2～4节背板后缘具浅黄色毛带，其中第2节中央断开。

分布：北京、河北、山东；日本，朝鲜半岛。

注：*Andrena* (*Hoplandrena*) *bimaculata* Xu, 1994为本种异名。接近*Andrena rosae* Panzer, 1801，该种腹部第2背板后缘无毛带。年发生2代，夏季发生的个体其腹部没有红棕色区域。无访花植物记录，我们发现它访问白花碎米荠。

雌虫（白花碎米荠，密云雾灵山，2024.V.14）

英彦山地蜂
Andrena (*Micrandrena*) *hikosana* Hirashima, 1957

雌虫体长5.5～6.2毫米，雄虫体长5.3毫米。体黑色，被淡黄白色毛。胸腹部刻点细，光亮。触角第4节长稍大于宽（30：25）；第4节长宽比为28：26。前翅翅脉棕色，亚缘室3个，3室大于2室，第1回脉位于第2亚缘室的中部。腹1背板后缘无毛带，第2～3节两侧后缘具毛斑，第4节后背面具稀疏的白毛。雄虫触角稍细长。

分布：北京、上海、浙江；日本，朝鲜半岛，俄罗斯。

雌虫（荠菜花，北京市农林科学院室内，2022.IV.7）

注：触角可黑色，多数情况下鞭节腹面褐至红褐色。北京3～5月初可见成虫，数量较多，访问多种植物的花，如荠菜、抱茎苦荬、三裂绣线菊、金银木、毛樱桃、蒲公英、夏至草、二月兰等。

雄虫及外生殖器和第7～8腹板（荠菜花，北京市农林科学院室内，2022.IV.7）

戈氏地蜂
Andrena (*Larandrena*) *geae* Xu et Tadauchi, 2005

雌虫体长约10毫米。体被黄至白色毛，腹背第2～4节后缘具白色毛带，其中第2节毛带中部断裂。翅基片褐色，翅透明，稍带烟色，翅脉及翅痣黄褐色。上唇枕突四边形，上唇端至枕突平。触角鞭节1长等于鞭节2+3，鞭节2和3长度相近，均宽大于长。

分布：北京、河北、辽宁；朝鲜半岛。

注：雄虫体长7.0～8.7毫米；翅脉及翅痣红棕色，触角较长，鞭节1短于鞭节2，鞭节2及以后均长明显大于宽。访花植物有苹果、沙梨、迎春花等。

雌虫（迎春花，北京市农林科学院室内，2015.III.26）

小地蜂
Andrena (*Micrandrena*) *minutula* (Kirby, 1802)

雌虫体长5.6～6.0毫米。体黑色，上颚端2/5暗红褐色。触角第3节稍短于后2节之和；唇基具稀毛，稍圆形隆起，密布皮革纹，刻点稀疏；上唇枕突宽大，略呈宽梯形；颚眼距线形；侧面观后颊与眼宽相近。中胸盾片具稀刻点和毛，具较弱的皮革纹，侧板光亮，具明显的皮革纹；小盾片更光亮；并胸腹节背面宽大，具粗皱纹，基部具毛。腹部背板无刻点，具明显的皮革纹；第1背板近两侧具毛，第2、3背板后缘两侧具白毛带；腹末臀伞金黄色。

分布：北京、吉林、辽宁、西藏；日本，俄罗斯，巴基斯坦，土耳其，欧洲，北非。

注：*Andrena parvula* (Kirby, 1802)为本种异名；有时雌虫复眼内眶处可见黄白或黄色毛带。北京3～4月可见成虫访问榆叶梅、二月兰等花。

雌虫及唇基和上唇（荠菜花，北京市农林科学院室内，2023.III.27）

黄胸地蜂

Andrena (*Melandrena*) *thoracica* (Fabricius, 1775)

雌虫体长13.4毫米。黑色，翅基片褐色，翅浅褐色透明。胸部被黄褐色至红褐色毛，其余被毛黑色。触角第3节长于后2节之和；唇基中央具较粗刻点，密，不具光滑无刻点中线；上唇突宽，前缘浅倒“V”形凹陷。足被黑毛。腹背第1～4节毛少而短，光亮，第5～6节具黑色长稀毛。雄虫与雌虫相近，但头部密被黑毛，胸腹部的毛较长。

分布：北京、甘肃、新疆、内蒙古、黑龙江、辽宁、河北、天津；朝鲜半岛，俄罗斯，中亚，中东，欧洲。

注：模式产地为天津的*Andrena sinensis* Cockerell, 1910为本种异名。在土中筑巢，采集桃、毛樱桃、三裂绣线菊、苜蓿、紫穗槐、黄香草木樨等花粉。北京3～5月可见成虫。

雌虫（三裂绣线菊，北京市农林科学院，2012.V.1）

皱刻地蜂

Andrena (*Plastandrena*) *magnipunctata* Kim et Kim, 1989

雄虫体长11.0毫米。体黑色，后足胫节仅端部黄棕色，跗节黄棕色。触角第3节明显长于宽，稍短于第4节，第4、5节长度相近；唇基稍圆凸，具较密的粗刻点，前缘近于平截；上唇前端隆起，稍光滑，前缘倒“V”形凹入。并胸腹节背面具粗皱褶，其后缘无明显横脊。前翅透明，翅痣黄棕色，第2亚缘室在中部稍前接受第1回脉。

分布：北京、黑龙江；朝鲜半岛。

注：本种与贝加尔湖地蜂*Andrena* (*Plastandrena*) *transbaicalica* Popov, 1949很接近，或两者为同种。北京4月见成虫访问蒲公英的花。

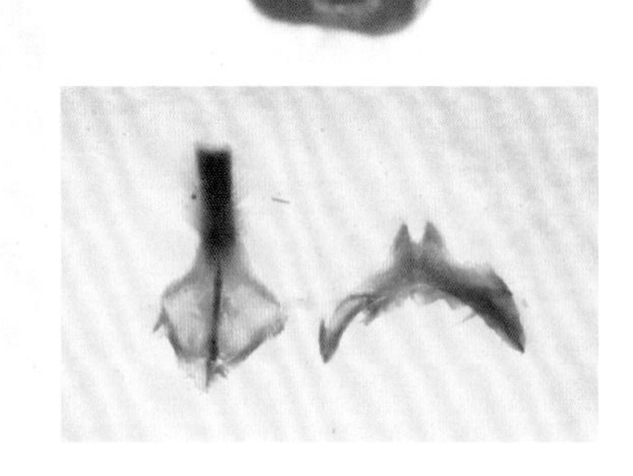

雄虫及外生殖器和第7～8腹板（北京市农林科学院室内，2012.IV.26）

巢菜地蜂

Andrena (*Poecilandrena*) *viciae* Tadauchi et Xu, 2000

雌虫体长约9.0毫米。触角腹面红棕色，上颚端部1/3或以上带红色。翅稍透明，棕色，翅脉及翅痣红棕色。后足胫节、胫节端距和基跗节红黄色。腹部第1～3节红棕色，其他背节的端部浅褐色。

分布：北京。

注：模式产地为北京，访问大巢菜（Tadauchi and Xu, 2000)。我们于5月见成虫访问三裂绣线菊。

雌虫（三裂绣线菊，北京市农林科学院，2012.V.1）

克氏毛地蜂

Panurginus crawfordi Cockerell, 1914

雄虫体长5.9毫米。体黑色，体被淡黄褐色长毛。唇基具略呈“凸”字形大黄斑，两侧黑色，两侧角向前突出，上唇中央隆起并向前突出；上颚端部红棕色。翅透明，稍染烟色，亚前缘室2个，外室约为内室大小之半。前足胫节前缘黄色，前中足跗节黄色，前足基跗节前缘黄白色，后足跗节淡褐色。雌虫体长6.4毫米，黑色（包括唇基和足），腹末（如臀板）红棕色；上唇平，中部不隆起和突出。

分布：北京*、吉林；日本，朝鲜半岛，俄罗斯。

注：新拟的中文名，从学名；网络上有长白山的记录。北京4月可见成虫访问中华苦荬菜 *Ixeris chinensis*，数量不少。

雄虫及外生殖器（北京大安山林场室内，2022.IV.26）

雌虫（北京大安山林场室内，2022.IV.26）

拟绒毛隧蜂
Halictus (*Vestitohalictus*) *pseudovestitus* Bluthgen, 1925

雌虫体长6.9毫米。体黑色，头胸部具铜色光泽，胸（包括并胸腹节）腹部被厚密的鳞状毛（中胸盾板稍疏）。触角12节；唇基黑色；上颚端部红褐色，2个齿；侧面观后颊稍窄于复眼。足腿节及以下黄色，前足腿节基部黑褐色；后足胫节内距具6个略呈圆形的齿，基部3个较大。腹部腹面暗红褐色。雄虫触角13节，体较细，腹节后缘具白色毛带。

分布：北京、甘肃、内蒙古、河北、山西、山东；蒙古国。

注：可访问多种植物的花，如荆条、枣、红花蓼、萝卜、中华苦荬菜、春黄菊。北京4～9月可见成虫。

雌虫（红花蓼，北京市农林科学院，2022.VIII.20）

淡脉隧蜂
Lasioglossum (*Dialictus*) sp.

雌虫体长5.1毫米，前翅长3.4毫米。体黑色，头胸部具淡绿色金属光泽；足胫节端部以下黄褐色；腹第1～2节红褐色。触角鞭节红褐色，除端节外均长短于宽，第1节短小，稍短于第2节；颚眼距线形；唇基前缘暗红褐色，刻点及毛比基部更稀，端缘具1列较为整齐的长毛；上唇突小，略呈长方形。翅痣淡黄色，第2亚缘横脉弱于第1亚缘横脉。并胸腹节侧脊仅端半部明显。后足胫节内距具2个长齿，另1个近端部，短小。

分布：北京。

注：淡脉隧蜂属*Lasioglossum* 是1个大属，世界已知1800多种。3月可见成虫，访问蒲公英的花。

雌虫（北京市农林科学院室内，2015.III.26）

北京淡脉隧蜂
Lasioglossum (*Evylaeus*) *politum pekingense* (Blüthgen, 1925)

体长3.4～4.5毫米。体黑色，翅基片、腹部红棕色，腹基部中央具明显或不明显深色斑；足腿节端及以下黄棕色，胫节中部常带暗棕色。前翅具亚缘室3个，其中外侧2个的横脉很弱。腹背板上的毛较短小。

分布：北京、陕西、台湾；日本。

注：本种雌虫体色有变化，腹部可全黑或中间类型（Murao and Tadauchi, 2011）。北京所见的个体为腹部红棕色，基部中央深色斑多不明显。北京4月、5月、8～9月可见成虫，可访问枣、三裂绣线菊、蒲公英、荠、金银木、皱叶一枝黄花等植物。此属隧蜂在土中筑巢，成虫采集花粉花蜜用为子代的食物。

雌虫（三裂绣线菊，北京市农林科学院，2016.IV.23）

无距淡脉隧蜂
Lasioglossum (*Evylaeus*) *apristum* (Vachal, 1903)

雌虫体长7.8～8.6毫米。体黑色，头胸部具弱铜绿色光泽。前翅具3个亚缘室，3室稍大于2室，第2及第3亚缘横脉较第1亚缘横脉为弱。中胸盾片刻点细密，刻点间具皱纹；并胸腹节后截面具强侧脊，并胸腹节背面明显长于后小盾片，与小盾片长度相近，具网状纹，两后侧角形。后足腿节花粉刷明显，后足胫节内距具栉齿，大小不一，约16个。

分布：北京*、福建、台湾、湖北、广东、四川、西藏；日本，朝鲜半岛，俄罗斯。

注：可访问多种植物的花，如锐齿马兰、连翘、柳等。北京见于9月，访问翠菊、黄瓜菜的花。

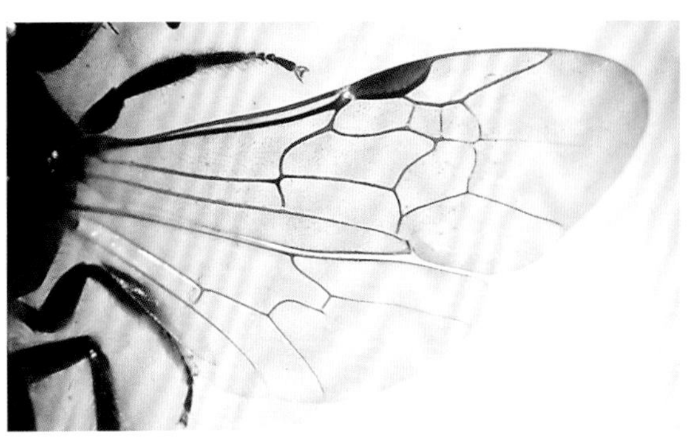

雌虫及翅脉（翠菊，怀柔孙栅子，2022.IX.7）

齿颈淡脉隧蜂
Lasioglossum (*Lasioglossum*) *denticolle* (Morawitz, 1891)

雌虫体长8.9毫米，前翅长7.2毫米。体黑色；腹背第2～4节基部具较宽的白色横带，第3、4节后半部分具斜生的黑毛，第5节基部具很窄的毛带。头长宽相近，后头上方具细横皱。前胸肩片呈三角形片状突。中胸盾片刻点粗而稀，刻点间光滑，具少数黄褐色毛；并胸腹节背面三角区明显，具纵向皱纹，后截面两侧具强大的纵脊，其上方的斜脊在中央不相连，宽断开。后足胫节内距具5个短圆的齿。

分布：北京、新疆、内蒙古、黑龙江、吉林、辽宁、河北、山西、山东、福建、江西、湖南、云南、西藏；朝鲜半岛，俄罗斯。

注：新拟的中文名，从学名，即前胸肩片发达，突出于中胸前侧外（图中红线右侧）；此外本种胸盾刻点粗而稀，光亮。北京5月见成虫于林下。

雌虫及头胸部（黄栌，海淀香山，2025.V.28）

乍毛淡脉隧蜂

Lasioglossum (*Lasioglossum*) *proximatum* (Smith, 1879)

雌虫体长8.5～9.0毫米。体黑色，腹背板第2～4节基部具白色横带，前2带在中部变细或断开。头宽大于高，触角鞭节1不长于鞭节2，中间节不长于宽；两复眼内缘稍弧形。前翅3亚缘室，3室大于2室。胸盾刻点细密，刻点间距常小于刻点直径。后小盾片密布倒伏的羽状毛。并胸腹节侧脊线明显，近直角形并入背部的后缘脊，其并入点远离后缘的中央。雄虫触角稍长，中部节长大于宽。

分布： 北京、辽宁、河北、山西、江苏、浙江、福建、湖北、西藏；日本，朝鲜半岛，俄罗斯。

注： 可访问多种植物的花，如菊科、十字花科等，在北京 3～9月可见成虫，可见访问迎春花、荠菜、蒲公英、毛樱桃、金银木、大滨菊、金叶女贞、蓍、旋覆花、西府海棠等。

雌虫（大滨菊，北京市农林科学院，2022.VI.7）

尖肩淡脉隧蜂

Lasioglossum (*Lasioglossum*) *subopacum* (Smith, 1853)

雌虫体长9.5～10.0毫米。体黑色，被黄色毛。头长于宽。前胸两侧各具宽大三角形片状突起，中胸背板前缘具脊（上翘），背板具粗密刻点。腹部基部具黄白色横毛带，尤其第1节基部密被绒毛。雄虫体长9.3毫米，唇基具倒T形黄白斑，第6腹节中后部具类似半圆形环形毛斑。

分布： 北京、甘肃、河北、天津、山东、江苏、上海、安徽、浙江、福建、台湾、湖南、广东、广西、四川、西藏；日本，朝鲜半岛，越南，菲律宾。

注： 与其他淡脉隧蜂的区别在于中胸背板刻点粗密、前缘中央两侧具隆起的脊。北京4～10月均可见成虫，可访问多种植物的花朵，如菊、金光菊、月季、芍药、蒲公英、大滨菊、薄荷、一枝黄花、珍珠梅、南瓜、月季、油菜、醉鱼草等。

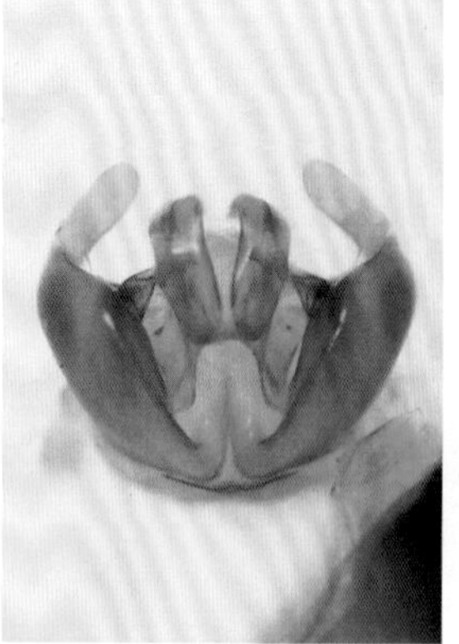

雄虫及外生殖器（大滨菊，北京市农林科学院室内，2022.VI.15）

雌虫（樱桃，怀柔局里，2023.V.23）

粗唇淡脉隧蜂
Lasioglossum (*Lasioglossum*) *upinense* (Morawitz, 1890)

雌虫体长10.0毫米，前翅长6.6毫米。体黑色；腹背第2～4节基部具较宽的白色横带，第3、4节后半部分具少数黑毛，第5节基部具较窄的毛带。头长稍大于宽（42∶39），后头上方无横皱。前胸肩片呈小三角形片状突。中胸盾片刻点细密，间距明显小于其直径，刻点间不光滑，具褶纹；并胸腹节背面三角区光亮无毛，具纵向皱纹，其后缘无明显的脊纹，后截面两侧具强大的纵脊，其上方的斜脊在中央不相连，断开较窄，后截面及两侧具浓密的绒毛。腹第1背板端部及侧面刻点细密，间距多小于直径，刻点间皮革质。后足胫节内距具约9个短圆的齿。

分布：北京、陕西、甘肃、内蒙古、黑龙江、吉林、辽宁、河北、江苏、湖北、四川、贵州、西藏；朝鲜半岛，俄罗斯，蒙古国。

注：与西部淡脉隧蜂*Lasioglossum occidens* (Smith, 1873)相近，该种中胸背板刻点略疏，刻点间光滑，第1背板刻点较疏。北京6月可见成虫于林下。

雌虫（黑枣，国家植物园，2023.VI.13）

西部淡脉隧蜂
Lasioglossum (*Leuchalictus*) *occidens* (Smith, 1873)

雌虫体长9.5～10.5毫米。体黑色，胸背无金属光泽。翅基片黑褐色，翅脉多黄褐色。腹背板基部具白色毛带，第3、4节后半具暗褐色毛。头正面观圆形，宽大于高。

分布：北京、陕西、甘肃、新疆、天津、河北、山东、江苏、浙江、福建、台湾、湖北、湖南、广东、四川、重庆、贵州、西藏；日本，朝鲜半岛，俄罗斯。

注：北京4～7月、10月可见成虫，访问金银木、三裂绣线菊、菊等花。

雄虫（菊，北京市农林科学院，2018.X.24）

雌虫（三裂绣线菊，北京市农林科学院，2016.IV.26）

霍氏淡脉隧蜂
Lasioglossum (*Sphecodogastra*) *hoffmanni* (Strand, 1915)

雄虫体长6.2毫米，前翅长4.6毫米。体黑色，唇基前缘2/5黄色；翅基片棕色；前足胫节和跗节黄色，胫节背面具褐纹；中后足胫节黑色，其两端及跗节黄色。触角第2+3节短于第4节。第7～8节腹板细长，端缘中央具圆形突出。

分布：北京*、陕西、黑龙江、山东、江苏、上海；日本，朝鲜半岛，俄罗斯。

注：新拟的中文名，从学名；模式标本产地为青岛；本种个体较小，第7～8节腹板很窄（Murao and Tadauchi, 2007）；可访问多种菊科、十字花科等植物的花。北京5月可见成虫于灯下。

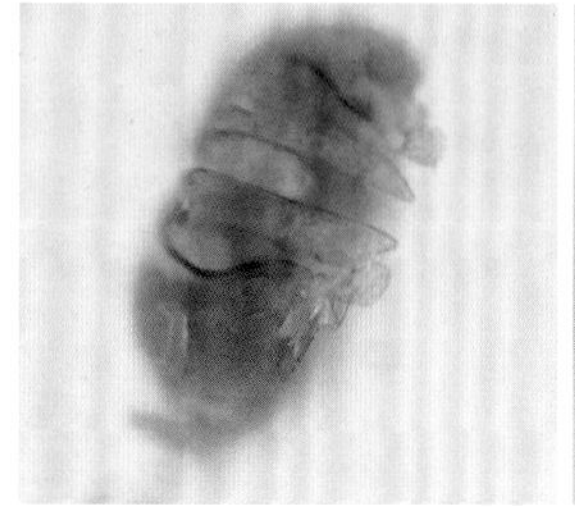

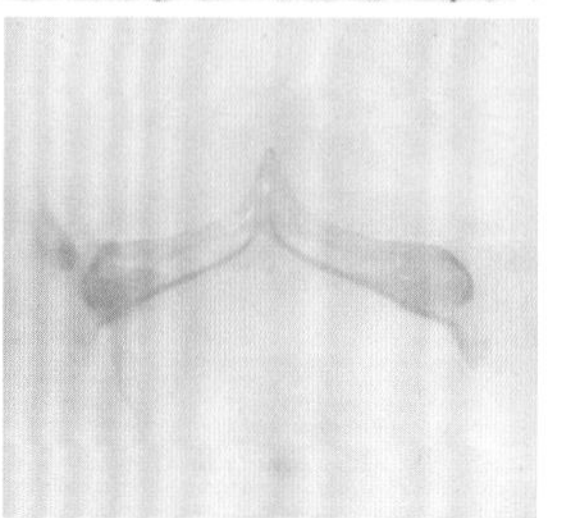

雄虫及外生殖器和第7～8腹板（房山蒲洼东村，2017.V.23）

棒腹蜂
Lipotriches ceratina (Smith, 1857)

雌虫体长7～8毫米。体黑色。触角鞭节下方暗褐色，后足胫节基半及跗节棕色。腹背第1～2节红棕色，第2节中部两侧具暗色横斑，或全为黑色；腹背1～5节后缘具金黄色毛。头顶后缘具脊，前胸背板后缘具横脊。雄虫触角较细长。

分布：北京、辽宁、浙江、福建、台湾、湖南、广东、广西、香港、四川、贵州、云南；日本，朝鲜半岛，印度，泰国，越南，老挝，缅甸，新加坡，马来西亚，菲律宾，印度尼西亚。

注：本种有不少异名，国内记录的不少种如黑棒腹蜂*Rhopalomelissa nigra* Wu, 1985、黑胫棒腹蜂*R. mediorufa* (Cockerell, 1912)、花棒腹蜂*R. floralis* (Smith, 1875)，均为本种异名，详细可见Pauly (2009)。此属雌虫在地下筑巢。北京6～7月可见成虫采集玉米雄蕊上的花粉，数量较多。

雄虫（玉米，北京市农林科学院，2012.VI.29）

雌虫（玉米，北京市农林科学院，2012.VI.29）

蓝彩带蜂
Nomia chalybeata Smith, 1875

雄虫体长12.4毫米，前翅长9.6毫米。体黑色。体毛较少，中胸盾片被黑褐色杂黄褐色的短毛，后小盾片被密毛。腹部第2～5节后缘具青蓝色横带（有时染黄色）。后足腿节稍膨大，胫节延长，略呈扁平的三角形，其内缘具黄色的叶状突起，表面具密而细的脊纹。

分布：北京、河北、天津、河南、山东、江苏、安徽、浙江、江西、福建、台湾、广西、海南、重庆、四川；日本，朝鲜半岛，印度，东南亚。

注：可访问多种植物的花，如荆条、草木樨、醉鱼草、穗花牡荆等，在腐木及土中筑巢。北京6～9月可见成虫。

雄虫及后足（鬼针草，国家植物园，2023.VI.29）

疑彩带蜂
Nomia incerta Gribodo, 1894

雌虫体长10.8毫米。体黑色，腹第2～4节背板后缘具亮绿色横带。翅基片大部分黑色，外缘浅色，透明。中胸盾片及小盾片具粗密刻点，后胸盾片被白色绒毛，后缘具1对齿形后突。第1、第2节背板压痕明显，后部几乎无刻点，前部具明显的刻点。

分布：北京、陕西、辽宁、河北、山东、江苏、江西、福建、台湾、广西、四川、云南；日本，朝鲜半岛，印度，新加坡，马来西亚，印度尼西亚。

注：北京9月可见成虫，访问八宝景天的花。

雌虫（八宝景天，北京市农林科学院，2022.IX.27）

黄胸彩带蜂
Nomia thoracica Smith, 1875

雄虫体长10.0毫米，前翅长8.2毫米。中胸盾片和小盾片具毡状黄褐色绒毛，腹第2～5节背板后缘具白色（或黄色）横带。上颚近基部具1个指状向下突起物，长约为上颚本身长之半。后足腿节膨大，外表面隆起，内表面凹陷；后足胫节膨大为三角形，端部内缘角为黄白色的叶状突起；第3节腹板大部和第4节中部两侧密生灰白色长毛，第4节后缘中央浅“V”形内凹。雌虫体稍大，上颚无指形突，后足腿节和胫节不明显膨大（正常）。

分布：北京、陕西、青海、辽宁、河北、山东、江苏、上海、浙江、台湾、湖北、湖南、广西、香港、海南、四川、云南、西藏；印度，东南亚。

注：北京6月、7月可见成虫，访问小花扁担杆、孩儿拳头、枣、荆条等花。

雌虫（鹅耳枥，蒲洼富合，2019.VI.26）

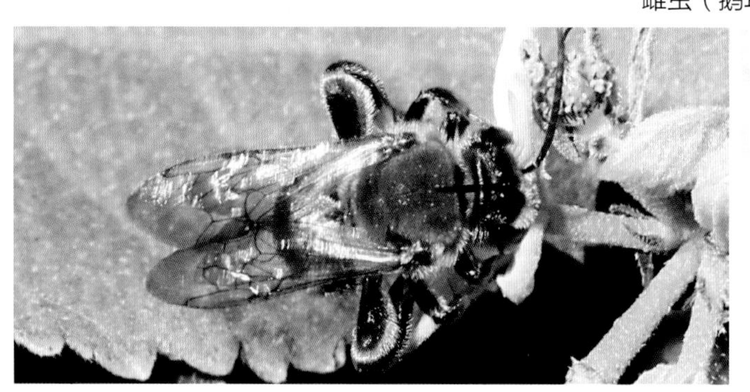

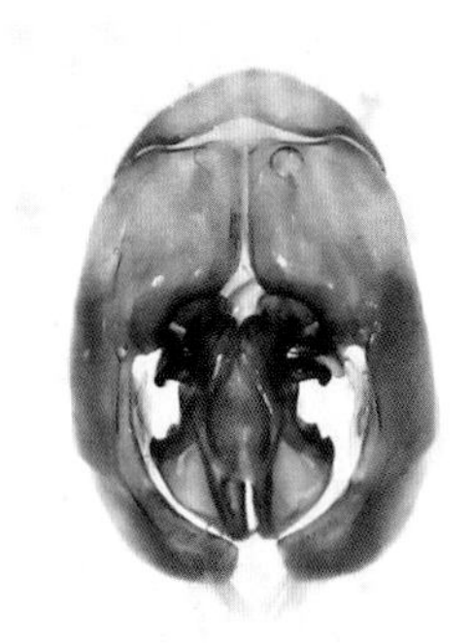

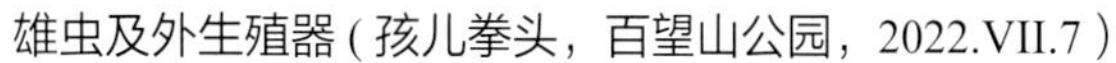

雄虫及外生殖器（孩儿拳头，百望山公园，2022.VII.7）

朱红腹隧蜂
Sphecodes ferruginatus Hagens, 1882

雌虫体长6.5毫米。头胸部黑色，上颚端大部红棕色；腹背板第1～3节红色，第3节基部中央黑色（窄）。头正面刻点粗密；触角鞭节1短于鞭节2或鞭节3，鞭节1～3均长短于宽；上颚2个齿。中胸背板刻点较细。翅稍带烟色，后翅具5个翅钩。后足腿节基半部膨大，宽为长的43%。腹部第1背板光滑，仅少数细刻点；臀板黄棕色，细长，窄于后基跗节宽。

分布：北京、山西；日本，俄罗斯，中亚，土耳其，欧洲。

注：新拟的中文名，从学名。与钢铁红腹隧蜂*Sphecodes okuyetsu* Tsuneki, 1983相近，该种中胸背板刻点粗密。已知的寄主为淡脉隧蜂*Lasioglossum fulvicorne*。北京4月可见成虫在地面上寻找寄主的洞穴。

雌虫（房山大安山室内，2022.IV.26）

铜色隧蜂
Seladonia (*Seladonia*) *aeraria* (Smith, 1873)

雌虫体长8.0毫米。体铜黑色。触角12节；唇基黑色，仅前缘黄棕色；上唇黑褐色，前缘中部突出，中线两侧各具1对突起。中胸背板前缘平截，并胸腹节与小盾片长相近。前翅亚缘室3个，2室最小，约为1室的1/3，1室约等于后2室之和，基脉很拱，弧形，端室端尖，接近缘脉；后翅翅钩6个。后足胫节内距具2个圆形齿突。第1、2腹背板仅两侧后缘具毛带。雄虫体长6.0～6.9毫米。唇基端部黄色；触角13节，长，可伸达并胸腹节，第3节短，第4～6节长度相近。足腿节端部及以下淡黄白色。

分布：北京、陕西、黑龙江、吉林、河北、山西、山东、江苏、浙江、福建、台湾、四川、云南；日本，朝鲜半岛，俄罗斯。

注：本种变异（包括个体大小和头部眼后的大小）较大，有不少异名，如描述于西宁的*Halictus confluens* Morawitz, 1890、青岛的*Halictus pseudoconfluens* Strand, 1910和台北的*Halictus leucopogon* Strand, 1914等（Pesenko, 2006），目前也有用原组合的，即*Halictus aerarius* Smith, 1873。北京4月、7～10月可见成虫，可访问多种花，如蒲公英、旋覆花、翠菊、狭叶珍珠菜等。

雄虫（旋覆花，海淀北坞，2018.X.3）

雌虫（房山大安山室内，2022.IV.26）

钢铁红腹隧蜂
Sphecodes okuyetsu Tsuneki, 1983

雌虫体长7.8毫米，前翅长5.5毫米。体黑色，腹部第1～2节及第3节基部红色。上颚具内齿；侧面观后颊明显短于眼宽；触角鞭节1短于鞭节2或鞭节3，后2节长度相等，鞭节1～3均长稍小于宽；唇基具粗大刻点，前缘似有刻点组成的横沟。中胸盾片刻点较粗、稀，其间距多为刻点直径的2～3倍，刻点间光滑。后足腿节长为宽的3倍。翅稍带烟色，后翅具6（3+1+2）个翅钩。臀板宽度与后足基跗节宽度相等。

分布：北京；日本，俄罗斯。

注：经检标本的后翅具6个而不是5个翅钩，暂定为本种。北京6月可见成虫在地面活动。

雌虫（国家植物园，2023.VI.2）

长红腹隧蜂
Sphecodes longulus von Hagens, 1882

雌虫体长4.5～5.5毫米。头黑色，宽稍大于长（小于后者的1.2倍）。触角柄节黑色，其余黑褐色，近端部带红褐色，鞭1节与鞭2节长度相近（不同侧稍有不同），鞭2长短于宽（长为宽的3/5），鞭3节长于鞭2节，长宽比为3∶4；上颚中部浅色，端部红色，无内齿。后翅前缘近中部具5个翅钩。后足腿节宽为长的35%。腹黑色，背板第1～2节及第3节基部红色，腹板基大部红色，第2～3节两侧前方各有1黑褐斑点。后翅前缘近中部具5个翅钩。足黑色，腿节端以下黄色，后足胫节（有时中足胫节）中部或除两侧染有褐色或黑褐色；后足腿节宽为长的35%。

分布：北京、陕西、甘肃、新疆、内蒙古、河北；日本，俄罗斯，中亚，西亚，欧洲。

注：新拟的中文名，从学名。*Sphecodes* 属我国已知24种，描述于甘肃的*S. subfasciatus* Blüthgen, 1934为本种的异名（Astafurova et al., 2018），虞国跃（2019）记录的钢铁红腹隧蜂*Sphecodes okuyetsu*是本种的误定，该种上颚具内齿。北京4～5月可见成虫访问蒲公英、枣、荠菜等植物的花。

雌虫及头部（北京市农林科学院，2022.IV.7）

粗点红腹隧蜂
Sphecodes scabricollis Wesmael, 1835

雄虫体长9.7毫米。体黑色，腹1～3节红色，其中第1节基部约2/3黑色，有时第4节也红色。头额具白色毛，宽稍大于长；颊的后缘具脊。中胸盾板具粗大刻点，刻点间几乎相接。后翅前缘中部具9个翅钩。

分布：北京、陕西、青海、黑龙江、辽宁、浙江；日本，朝鲜半岛，俄罗斯，印度，土耳其，伊朗，欧洲。

注：虞国跃（2019）记录为中国新记录种有误，已有记录（Astafurova et al., 2018）；不同文献所附的雄性外生殖器图似乎不尽相同；经检标本触角鞭节第2节明显长于第3节，暂定为本种；腹部第1～3节的红色区域或明显缩小，仅基部红褐色。盗寄生淡脉隧蜂和隧蜂。北京8～9月可见成虫，访问皱叶一枝黄花、薄荷、景天等花。

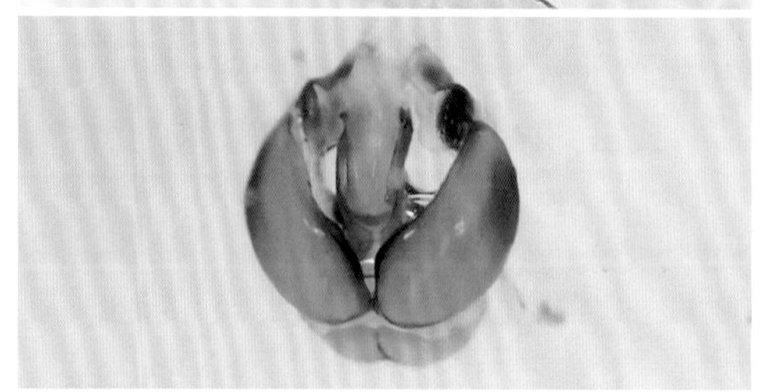

雄虫及外生殖器（北京市农林科学院室内，2022.VIII.30）

日本准蜂

Melitta japonica Yasumatsu et Hirashima, 1956

雌虫体长13.0毫米，前翅长9.5毫米。复眼内侧具白色绒毛斑，杂有长黑毛；触角鞭节1长，稍长于鞭节2+3，鞭节2稍短于鞭节3；颚眼距长约为宽的1/4；唇基具较粗刻点，中央具无刻点纵光滑纹。胸部两侧具黄褐色毛，中部具稀疏黑毛。腹部1～4节背板具较窄的白色毛带，第1节中部宽断开。

分布：北京*、天津、山东；日本，俄罗斯。

注：泰山准蜂*Melitta taishanensis* Wu, 1978为本种异名。北京7月见成虫访问委陵菜。

雌虫（委陵菜，房山蒲洼，2019.VII.9）

七黄斑蜂

Anthidium septemspinosum Lepeletier, 1841

雄虫体长13.0毫米，前翅长9.5毫米。体黑色。唇基及侧颜黄色，头顶具1对小黄斑，腹部第1～6节两侧具黄斑，其中第1背节的斑点较小。第5背板两侧具黑刺，第7背板端缘具3个齿，中间的齿较短小。

分布：北京、陕西、青海、新疆、内蒙古、黑龙江、吉林、河北、山西、河南、山东、江苏、上海、安徽、浙江、江西、福建、湖南、广西、四川、云南；日本，朝鲜半岛，俄罗斯，中亚，土耳其，欧洲。

注：本种体长和斑纹变化较大，雄虫可从第5背板的侧刺黑色、第8腹板端突宽三角形等鉴定（Niu et al., 2020）。北京7月可见成虫，访问千屈菜。

雄虫及腹末（北京市农林科学院室内，2022.VII.25）

宽板尖腹蜂
Coelioxys afra Lepeletier, 1841

雌虫体长7.4毫米，前翅长6.0毫米。体黑色，触角及跗节稍带褐色。复眼被短毛。胸背具4个较小的白色鳞毛斑，呈前后2排。腹部第2～3节背板具浅横沟，且中部间断；腹第1～5节背板端缘具窄的白色毛带，两侧较宽；第6背板短宽，长不大于宽，仅在端部可见不明显的纵脊，端部圆钝，两侧具较大的白色鳞毛斑；第6腹板稍长于背板，端部呈小半圆形内凹。

分布：北京、新疆、黑龙江、河北、山东、江苏、福建、广西、海南；俄罗斯，中亚，中东，欧洲，北非。

注：归于*Allocoelioxys*亚属，本种体较小，且胸背具5个小毛斑。北京8月可见成虫。

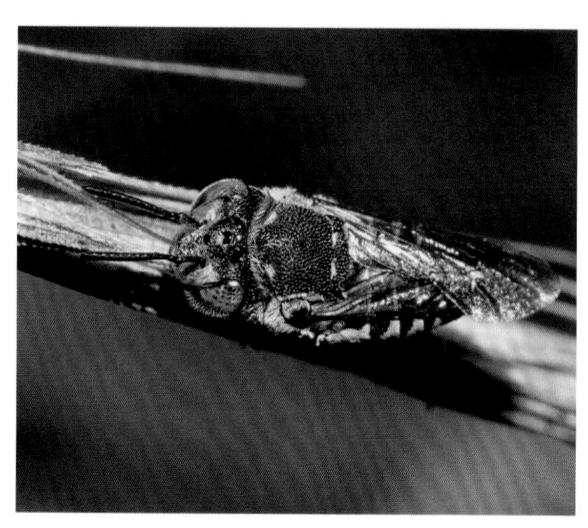

雌虫（昌平长峪城，2016.VIII.16）

短尾尖腹蜂
Coelioxys brevicaudata Friese, 1935

雌虫体长12.0毫米。黑色。复眼被密毛；颜面密被浅黄色短毛。胸背具粗大刻点，无浅色鳞毛斑；小盾片两侧端缘各具1个小齿。腹部第1节刻点密而粗，第2～3节具完整的横沟（压痕），刻点稍稀；腹第1～5节背板端缘具窄的白色毛带，两侧较宽；第6背板刻点明显得细小，近端部较粗密，纵脊不达基部，顶端近尖形；第6腹板长于背板，近端部具缺刻，后再收窄，呈尖形。

分布：北京、吉林、天津、河北、山东、江苏、浙江、云南。

注：归于*Boreocoelioxys*亚属。*Coelioxys*属蜂均为盗寄生（切叶蜂），自己不采集花粉。北京7月可见成虫访问千屈菜的花，同时有单齿切叶蜂访花，可能盗寄生后者。

雌虫及腹末（北京市农林科学院室内，2022.VII.26）

波赤腹蜂
Euaspis polynesia Vachal, 1903

雌虫体长13.0毫米，前翅长9.6毫米。体黑色，腹部红褐色，足跗节略浅。触角12节，第3节短于第4节，第4、5节长度相近。小盾片后缘圆弧形，中央稍凹入，刻点较中胸背板上的为粗。前翅烟色，带蓝色光泽，翅基部透明；2个亚缘室，第1亚缘室明显小于第2亚缘室。第6腹板侧缘具1个齿，端部呈舌状后突。

分布： 北京*、江苏、安徽、浙江、福建、台湾、湖南、海南、贵州、云南、西藏；东南亚。

注： 赤腹蜂属于盗寄生，雌虫进入切叶蜂等寄主的巢内，清理寄主幼虫或卵，并产下自己的卵。成虫可访鬼针草等花，北京7月可见成虫。

雌虫（海淀金沟河，2022.VII.20，王山宁摄）

雌虫翅脉（海淀金沟河室内，2022.VII.21）

净切叶蜂
Megachile abluta Cockerell, 1911

雌虫体长9.5～10.5毫米。体黑色。颊及体侧被浅黄色毛，唇基具粗密刻点。中胸周缘及小盾片端缘密被鳞状黄毛。腹部第1～5背板后缘具黄白色毛带，腹面毛刷浅黄色，第2～5节端均有白毛带，第6节具黑毛。前足基跗节正常，不扩大。雄虫体长7.7～8.0毫米，唇基密被黄毛，腹第6节背板（除四周）密被白色绒毛，亚端缘圆弧形，中央浅弧形内凹，明显。

分布： 北京、辽宁、河北、山东、江苏、上海、浙江、江西、福建、台湾、湖南、广西、海南；朝鲜半岛。

注： 模式产地为台湾（Cockerell, 1911a），经检标本是我院饲养的种群，一些特征与吴燕如（2006）的图并不完全相同，这里附上雄性外生殖器；不少国内文献提到了本种，但从雌虫体更大或更小上看，或许鉴定有问题。可访唇形科等植物的花。北京5月可见成虫。

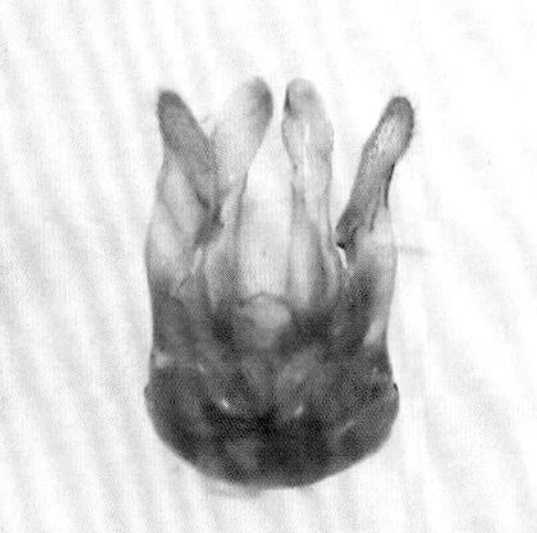

雄虫及外生殖器（北京市农林科学院室内，2012.V.23）

雌虫（北京市农林科学院室内，2012.V.29）

双叶切叶蜂

Megachile dinura Cockerell, 1911

雌虫体长17毫米。体黑色。唇基具较弱的中脊，端缘近于平截，中央具1对小突起，颜面、胸背及腹部第1节背板具细密刻点，颊刻点粗大且深，边缘脊状。后足基跗节基部稍宽于端部。腹部第2～3节背板中央散布很粗大的刻点。前翅基部透明，端部2/3深褐色，具紫色光泽；翅基片黑褐色。体毛少，颜面具黑毛，胸侧及并胸腹节具淡黄白色毛，第2～5背板端缘具白毛带，前3节中央断开；腹毛刷黄色，其中第1～2节基半部裸，端部两节被黑褐色毛。

分布：北京、山东、江苏、上海、浙江、安徽、江西、福建、台湾、四川。

注：成虫可访问槐、荆条等植物的花。北京6～9月可见成虫。

雄虫（房山大安山，2022.IX.20）

北方切叶蜂

Megachile manchuriana Yasumatsu, 1939

雄虫体长8.3～9.8毫米。体黑色。触角13节，端半部（尤其腹面）红褐色，鞭节1节稍长于2节之半，2节与后几节长度相近；上颚3齿；唇基密被朝下的淡黄色绒毛，前缘中央稍前突，呈浅弧形内凹。足黑色，前足胫节内侧无毛，平（稍凹），前足基跗节外半部黄色，宽大，内卷，长约为后4节之和，后4节正常，不扩大。腹部1～5节背板端缘具白毛带，第6背板密被白色绒毛，亚端缘中央具1对大齿，两侧各具3～4个小齿。雄性生殖刺突（gonoforceps）端部分2支，内支细，略短，外支宽大，其内侧具细毛和数根钝刺。

分布：北京、陕西、内蒙古、黑龙江、吉林、河北、山东。

注：雄性外生殖器、第6背板等结构与吴燕如（2006）的图有所不同。可访问多种植物的花，如苜蓿、三叶草、草木樨、胡枝子、蓍等，北京6月可见成虫。

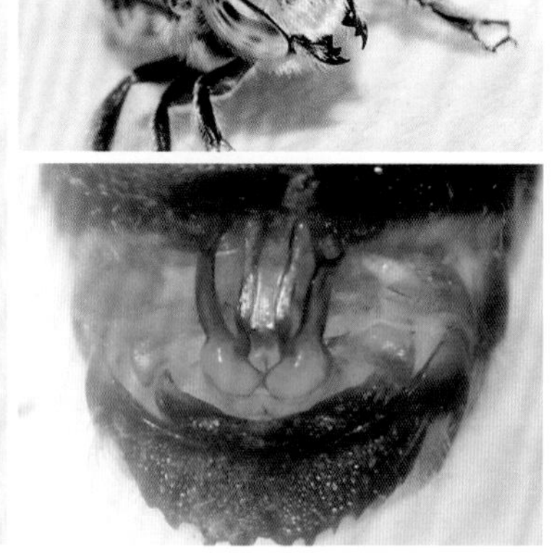

雄虫及头部和外生殖器（北京市农林科学院室内，2022.VI.15）

日本切叶蜂
Megachile nipponica Cockerell, 1914

雌虫体长12毫米。体黑色。头顶、胸背及腹第1背板具锈红色毛，且胸背不杂黑色毛，颜面的毛稍淡色。腹第2～5节后缘具毛带，后2节毛带近于白色，第2～4节背板及2、3节两侧具黄褐色毛；第2～4节具完整的压痕；第2～5节腹毛刷白色，第4～6节两侧具黑毛，第6、7节刷毛黑色。后胫节距端部弯而尖；各足跗节内侧被锈红色毛。

分布：北京、辽宁、山东；日本，朝鲜半岛。

注：北京4～9月可见成虫，访问千屈菜、益母草、胡枝子、苜蓿等花。

雄虫（房山大安山，2022.IV.26）

雌虫（北京市农林科学院室内，2022.VII.26）

淡翅切叶蜂
Megachile remota Smith, 1879

雌虫体长约12毫米。体黑色。颜面被灰黄色毛，颊、中胸侧板被灰白色毛，中胸背板侧基、并胸腹节及腹第1背板两侧被浅黄色长毛；第1～5节背板端缘具黄白色窄毛带，其中第2～5节毛带前具无刻点的凹陷区，腹毛刷淡黄色，端部2节黑褐色。足基跗节内侧具黄色毛。翅无色透明，翅缘略具烟色。

分布：北京*、山东、江苏、上海、浙江、江西、福建、四川；日本，朝鲜半岛。

注：模式产地为上海（Smith, 1879）。北京8月可见成虫于林缘。

雄虫（国家植物园，2023.VIII.23）

雌虫（圆叶牵牛，房山蒲洼，2021.VIII.18）

窄切叶蜂
Megachile rixator Cockerell, 1911

雌虫体长10～12毫米。体黑色，触角腹面黄褐色，胸部及腹部第1节被短的黄褐色毛，胸侧毛较浅，腹部第2～5节端缘具窄的黄褐色毛带；腹毛刷黄色，基部白色。上颚4个齿，唇基密布刻点，中央光滑，稍隆起。足毛色浅，后足基跗节内侧被黄褐色毛。

分布： 北京、浙江、福建、台湾；朝鲜半岛。

注： 雄虫体稍小，胸部中央毛色较深，前足基跗节基部窄于端部（雌虫中两端宽相近），腹第6节背板端缘具6个锯状齿，中部2个齿大。北京6～10月可见成虫，采访植物有鼠尾草、黄花草木樨、串叶松香草、旋覆花、胡枝子、水柳等。

雌虫（旋覆花，国家植物园，2023.VIII.28）

苜蓿切叶蜂
Megachile rotundata (Fabricius, 1787)

雄虫体长6.8～7.5毫米。体黑色。触角13节，第2 鞭节稍短于第3鞭节；头部颜面黄白色毛朝上，但唇基部分毛更密，朝向下前方。前足基跗节同一颜色，不内卷。腹部两侧近于平行，仅第2背板两前侧具浅黄色细毛的浅凹，无刻点，第1～4节后缘具白毛带，第6背板具浓厚的白毛，几乎覆盖整个背板，端缘具2个较大的齿及数个小齿。雌虫体长稍大。腹部第2～6节背板被短而稀的黑毛，第1～5节背板端缘具白毛带；腹毛刷白色。

分布： 北京、新疆、内蒙古、辽宁、吉林；欧洲，引入北美洲、南美洲、澳大利亚等世界各地。

注： 对雄虫第6背板的被毛及齿的有无，不同作者描述有差异（吴燕如, 2006；牛泽清等, 2022；Sheffield et al., 2011）。重要的苜蓿授粉昆虫，我国东部地区从国外引入。可访问多种植物的花，如紫云英、苜蓿、藿香蓟、紫菀、金叶女贞等，并可对月季等叶片进行切叶，用于筑虫巢。

雌虫（紫云英，北京市农林科学院，2016.V.25）

雄虫及外生殖器和腹末（北京市农林科学院室内，2022.VI.8）

青岛切叶蜂

Megachile tsingtauensis Strand, 1915

雄性体长8.6毫米。唇基、颜面及颊密被淡白色长毛，头顶被暗褐色毛。前足及中足基跗节外侧密被白色长毛，后足基跗节外侧被白长毛；腹部第2～4节背板被白毛，端缘具窄的白毛带，第5节具宽白毛带。第6节背板黑色，中央具略呈倒“U”形大白毛斑，后缘中央浅内凹，两侧具不明显的齿突。

分布：北京、甘肃、河北、江苏、安徽、福建、广东、海南、四川。

注：模式标本雄虫体长11.5毫米，前翅长8.5毫米（Strand, 1915），经检标本体较小，是否同种存疑，这里附上雄性外生殖器（右上图）。另外，本种被认为是长青切叶蜂 *Megachile ericetorum* Lepeletier, 1841的异名，该种第6背板端缘中央平截，两侧有齿，外侧尚有些齿，第7背板端部指状长突；生殖刺突内侧端半部具长密毛。北京9月可见成虫，访问皱叶一枝黄花。

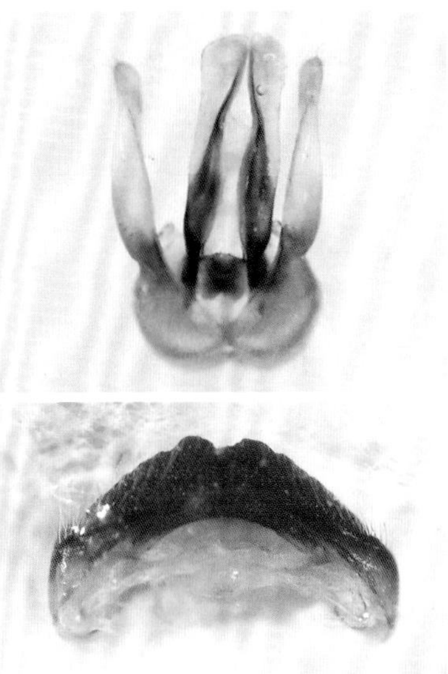

雄虫及外生殖器和腹末（皱叶一枝黄花，国家植物园，2017.IX.29）

单齿切叶蜂

Megachile willughbiella (Kirby, 1802)

雄虫前翅长10.2～11.0毫米。体黑色，被白色和黄褐色毛。复眼大部粉黄白色；触角鞭黄带褐色，端节明显长大于宽，端半箭头形。前足腿节、胫节黄褐色，具黑斑；跗节宽扁，黄白色，基跗节尤其宽大，明显宽于胫节，其外缘具白色长毛。腹部第6背板端缘弧形，中央内凹，边缘小齿状；第7节背板端部略呈三齿状。

分布：北京、新疆、内蒙古、黑龙江、吉林；日本，朝鲜半岛，俄罗斯，中东，欧洲。

注：本种雄虫形态特殊，尤其是膨大的前足跗节；雌虫特征不显著。北京7月可见成虫，访问千屈菜。

雄虫（北京市农林科学院室内，2022.VII.25）

角额壁蜂
Osmia cornifrons (Radoszkowski, 1887)

雌虫体长10.5毫米。毛色稍有变化，胸部及腹部第1节被浅黄色毛，或腹部第1节呈红棕色；腹毛刷红褐色。唇基前方两侧各具1个角状突起，端部平截，唇基中央无脊，端缘中央具三角形齿突。

分布：北京、陕西、甘肃、河北、山东；日本，朝鲜半岛，俄罗斯，引入北美洲。

注：访花植物较多，如蔷薇科（苹果、梨、毛樱桃、杏）、杨柳科（柳）、十字花科（甘蓝）、车前草科（婆婆纳）等，在芦苇等管洞内作巢，巢口用泥封口。

雌虫（北京市农林科学院室内，2016.III.28）

紫壁蜂
Osmia jacoti Cockerell, 1929

雄虫体长7.5毫米，前翅长5.0毫米。体黑色，具紫绿色光泽。唇基及颜面具大片灰白色毛，头其他部分及胸具浅黄色毛，腹部第1～5节背板端缘具白色毛带，腹部第7节背板端缘中央具半圆形凹陷。前翅仅2个亚缘室。腹第7背板后缘“U”形凹入。雌虫体稍大。被红褐色毛，腹部背板闪紫色光泽，第1～5节背板端缘毛及腹部毛刷红褐色。唇基两侧不具角状突起。

分布：北京、陕西、内蒙古、河北、山东、江苏；日本。

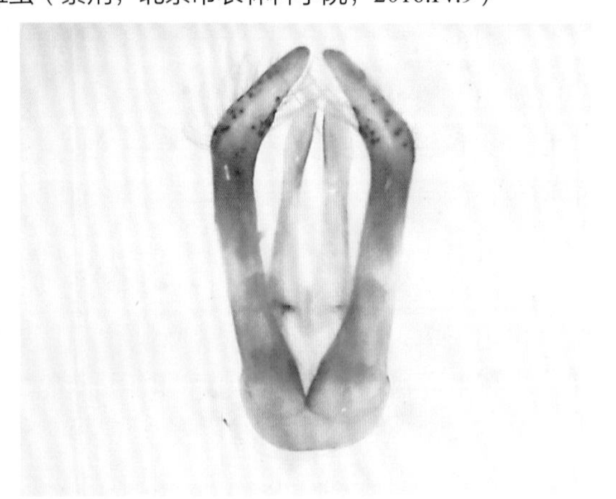

雄虫及外生殖器（北京市农林科学院室内，2015.III.26）

注：北京常见，可访多种植物的花，如紫荆、金银木、毛樱桃、迎春花等。在土墙壁或具孔洞的物体内筑巢，独居性，为早春果树重要的授粉昆虫。

雌虫（紫荆，北京市农林科学院，2016.IV.9）

凹唇壁蜂
Osmia excavata Alfken, 1903

雌虫体长11.3毫米，前翅长8.2毫米。体略带绿色光泽。唇基加厚隆起，两侧各有1短角状突起，中部呈倒"V"形凹陷，其凹陷的前缘近于平直，中央具1条纵脊，不达基部；触角第3节稍短于后2节长之和。体毛灰黄色，腹部背板端缘具浅色毛带，腹毛刷金黄色。足端跗节颜色浅，黄棕色。雄虫体长7.6毫米，前翅长6.0毫米。体具紫色光泽。唇基无角状结构。触角第3节短于第4节。头胸及腹第1～2节背板密被灰黄色长毛，第1～5节背板端缘具白色毛环，腹面无毛刷。

分布：北京、陕西、吉林、辽宁、河北、山西、河南、山东、上海、江苏、浙江；日本，朝鲜半岛。

注：北京3～5月可见成虫，访问毛樱桃、杏、梨、桃、苹果等花，成虫在芦苇、竹的竿中筑巢，以泥封口。

雄虫（毛樱桃，北京市农林科学院，2016.III.28）

雌虫（北京市农林科学院室内，2016.III.28）

红壁蜂
Osmia rufina Cockerell, 1931

雌虫体长12.5毫米。体黑色，具暗橄榄色光泽，密被长毛：唇基基部及头顶黑褐色，颜面浅黄色，中胸、腹第1背板淡黄色，其余腹背黑褐色（短毛，端缘无浅色毛带），胫节、腹毛刷浅黄色。唇基中央凹入，具1对明显的圆突，两侧具1对短宽的角突。前、中足胫节端具小齿突。

分布：北京、上海、福建、四川。

注：拟红壁蜂*Osmia rufinoides* Wu, 2004被认为是本种的异名（Branstetter et al., 2021），或与壮壁蜂*Osmia taurus* Smith, 1873为同种。可访问胡枝子、黄刺梅。我们发现它访问猬实。

雌虫及腹部和头部（猬实，国家植物园，2023.V.16）

杂无垫蜂
Amegilla confusa (Smith, 1854)

雌虫体长13.0毫米。上唇白色，前缘及基部（略呈2斑）黑色；唇基具2个大黑斑，几达端缘，唇基中央及额基部三角形斑白色；上颚基半部具三角形白斑；触角第3节长于后3节之和（43∶36）。胸背混有黑色毛。后足胫节、基跗节被黄色长毛，其内侧及基跗节端半部被黑毛。腹部第1～4节背板端缘具白色毛带。

分布：北京、陕西、河北、山西、山东、安徽、浙江、四川、云南、西藏；朝鲜半岛，南亚，东南亚，伊朗。

注：北京9月可见成虫访问大丽花。

雌虫及头部和腹部（大丽花，怀柔孙栅子，2022.IX.6）

褐胸无垫蜂
Amegilla mesopyrrha (Cockerell, 1930)

雌虫体长13.0～16.0毫米。上唇、唇基前缘、唇基两侧及中央为黄白色，唇基基部具2大黑褐斑，唇基前缘及上唇基部2小圆斑为黑褐色。触角第1鞭节稍短于后3节长之和（36∶37）。腹部第1～2节背板被较稀的红褐色毛，端缘具较窄的黄色毛带，第3～4节背板端缘为窄的白毛带。后足胫节外侧具红褐色毛，内侧具黑色毛。

分布：北京、福建、四川、云南。

注：访问益母草的花，文献记载可访问砂仁的花。

雌虫（益母草，平谷东长峪，2018.VIII.24）

雌虫头部（平谷白羊室内，2018.VIII.17）

绿条无垫蜂
Amegilla zonata (Linnaeus, 1758)

雌虫体长12～14毫米。颅顶及胸部密被黄色毛，杂有少量黑褐色毛；腹背板第1～4节被黑毛，端缘具绿至蓝绿色毛带，腹部第5节背板具整齐的黑褐色毛。唇基基部两侧具2个黑褐色大斑，两斑的内缘直。中足及后足胫外侧及基跗节被黑毛。雄虫体稍短，唇基仅基部两侧具很小的黑斑，腹背板第1～5节端缘具绿至蓝绿色毛带。

分布：北京、辽宁、河北、河南、山东、江苏、浙江、安徽、江西、福建、台湾、湖北、广东、广西、海南、四川、贵州、云南；日本，印度、斯里兰卡，缅甸，菲律宾，马来西亚，澳大利亚。

注：访问的植物较多，如苜蓿、油菜、南瓜、向日葵、芝麻、荆条、蜀葵等。由于活泼，所以很难拍到清晰的照片。

雌虫（丝瓜，北京市农林科学院，2008.IX.15）

弗尼条蜂
Anthophora finitima (Morawitz, 1894)

雄虫体长12毫米。胸部及腹部第1节背板被灰黄色长毛，腹部第1～4节端缘具白色毛带。上颚黑色，近基部具长形小黄斑；上唇具凸字形大黄斑（周缘黑色）；唇基黄色，两侧各具1条黑纹，并与两侧黑缘相连。足腿节和胫节粗大，尤以后足腿节为最粗，中足腿节后缘呈强弧形外突。

分布：北京、甘肃、青海、内蒙古、吉林、河北、山西；巴基斯坦，阿富汗，伊朗。

注：可访问荆条、黄芪等花。北京7月可见成虫。

雄虫及头部和外生殖器（房山大安山，2022.VII.29）

黑颚条蜂
Anthophora melanognatha Cockerell, 1911

雌虫体长约15毫米。体黑色，胸腹部被黑色毛，腹部背板后缘略呈褐色，翅基片、翅脉暗褐色。触角第1鞭节长，约为后3节长之和。后足胫节外侧被金黄色毛。雄虫体被灰褐色毛，唇基除基部2黑斑外黄白色，中足基跗节具黑色或浅褐色细长毛，端部扩大，其内侧具粗短黑毛。

分布：北京、陕西、甘肃、青海、辽宁、河北、江苏、浙江。

注：模式产地为北京（Cockerell, 1911b）；虞国跃（2019）记录的继条蜂*Anthophora patruelis* (nec. Cockerell, 1931)为本种的误定。北京早春可见成虫，可访毛樱桃、桃、紫叶李、油菜、迎春花、婆婆纳等植物的花。

雌虫及头部（北京市农林科学院室内，2023.III.27）

雄虫（榆叶梅，昌平百善，2016.III.30）

盗条蜂
Anthophora plagiata (Illiger, 1806)

雌虫体长约14毫米。体黑色，颜面被灰黄色毛；胸背板具黑色长毛，两侧被灰黑色毛；腹部背板第1节被黑色长毛，腹部第 2～5 节背板被灰黄色长毛，腹末具猩红色毛。触角鞭节第1节与第 2～4 节之和相近。雄虫体稍小，唇基、上唇、近眼侧斜斑黄色，腹部常具大面积猩红色毛。

分布：北京、甘肃、青海、新疆、内蒙古、吉林、河北、江苏、浙江、四川、云南、西藏；中亚，欧洲。

注：本种雄雌体毛颜色多变化，可见张丹等（2021），记录访问黄芪属、光叶小檗等植物的花。北京4～5月可见成虫，访问马莲的花。

雄虫（臭椿，海淀法海寺，2024.V.5）

雄虫（马莲，平谷金海湖，2016.IV.28）

雌虫（马莲，平谷金海湖，2016.IV.28）

毛跗黑条蜂
Anthophora plumipes (Pallas, 1772)

雌虫体长约 15毫米。体黑色，胸腹部被黑色毛，腹部背板后缘略呈褐色，翅基片、翅脉暗褐色。触角第1鞭节长，约为后3节长之和。后足胫节外侧被金黄色毛。雄虫体被灰褐色毛，唇基除基部2黑斑外黄白色，中足基跗节具细黑长毛，端部扩大，其内侧具粗短黑毛。

分布： 北京、青海、新疆、辽宁、河北、江苏、安徽、浙江、江西、福建、湖北、广东、广西、四川、贵州、云南、西藏；日本，欧洲，北非。

注： 体形似熊蜂。体色有变化，胸部可呈灰黄色，模式产地为上海的*Anthophora villosula* Smith, 1854曾被认为是本种的异名（吴燕如, 2000），种间如何区分仍不十分清楚。早春可见，访问桃、梨、山茶、迎春花、黄芪、皱皮木瓜、忍冬等花。

雄虫标本（密云，2021.VIII）

雌虫（皱皮木瓜，海淀紫竹院，2021.IV.3）

中华蜜蜂
Apis cerana Fabricius, 1793

工蜂体长11～13毫米。上唇红黄色，唇基端部也浅色。腹部颜色常常较深，浅色的横带较窄（有变化，或较宽）。后翅中脉分2叉。后足胫节扁平，无距，两侧具长刚毛，基跗节扁宽。

分布： 全国广泛分布（除新疆）；朝鲜半岛，印度。

注： 简称中蜂，重要的传粉昆虫，可访问多种植物的花。

雄蜂（怀柔黄土梁室内，2021.IV.15）

工蜂（草本威灵仙，怀柔慕田峪，2018.IX.13）

意大利蜜蜂
Apis mellifera ligustica Spinola, 1806

工蜂体长12～13毫米。上唇及唇基没有明显的黄斑。腹部基部几节常常具宽大明显的黄斑。后翅中脉不分叉。

分布： 全国广泛分布；原产欧洲，已引种至世界各地。

注： 简称意蜂，是西方蜜蜂的1个亚种，重要的授粉昆虫；国内由于大量饲养，正在替代本土的中华蜜蜂，将会产生不良的生态影响。意蜂后翅的中脉不分叉，中蜂后翅的中脉分2叉。

工蜂及头部（串叶松香草，海淀百望山，2017.VI.21）

华北密林熊蜂
Bombus ganjsuensis Skorikov, 1913

体长雌虫17毫米，工蜂8～13毫米。体黑色，颜面被土黄色绒毛，边缘混有黑褐色长毛，胸被黑色毛，前缘或具有灰白色毛带，腹背板前2节具黄色或淡黄色毛带，腹末具橙色毛。

分布： 北京、陕西、甘肃、宁夏、内蒙古、河北。

注： 过去鉴定为密林熊蜂*Bombus patagiatus* Nylander, 1848，或作为一亚种，现独立成有效种（Williams, 2021）；密林熊蜂分布于我国东北和内蒙古、朝鲜半岛、俄罗斯和蒙古国。可访荆条、二月兰、水栒子、油菜等植物的花。

雄蜂（密云雾灵山，2003.VIII.7）

雌蜂（门头沟小龙门，2015.VI.17）

工蜂（荆条，延庆松山，2010.VII.30）

眠熊蜂
Bombus hypnorum (Linnaeus, 1758)

雌蜂体长19.0毫米。体黑色，被黑毛，但后头、胸部具锈红色毛，腹节后缘具黄褐色疏毛带。头比较长；唇基前半中部光滑，刻点细，后半部具明显的刻点，较粗；上唇中部具横脊，中间被宽沟所断开，宽沟约占上唇宽的1/3；侧单眼与复眼间近眼眶处具细刻点组成的宽带。第5背板后缘具较粗的刻点带。

分布： 北京*、陕西、甘肃、青海、新疆、黑龙江、吉林、辽宁、山西等；朝鲜半岛，俄罗斯，蒙古国，欧洲。

注： 在古北区广泛分布，分子数据表明存在隐种，且变化较大（Williams et al., 2022），国内的分布不全或有误。

雌蜂（门头沟小龙门，2012.VI.4）

兰州熊蜂
Bombus lantschouensis Vogt, 1908

工蜂体长约12毫米。体黑色，颜面被土黄色绒毛，边缘混有黑褐色长毛，胸背淡黄色或白色，中间具黑带，腹部背板前2节黄色或淡黄色，背板第3～4节黑色，腹末被白色绒毛。花粉篮具黑毛。雌蜂个体较大，花粉篮具淡红色毛。

分布： 北京、陕西、宁夏、甘肃、青海、内蒙古、黑龙江、河北、山西。

注： 最初它是明亮熊蜂*Bombus lucorum*的一个变种，长期被误认为密林熊蜂*Bombus patagiatus*，其实“*Bombus patagiatus*”中腹部末端白色的类型由3个种组成，它是一有效种（Williams, et al., 2012)。《王家园昆虫》中的密林熊蜂所配的图，即为本种。可人工饲养，并应用于田间；可访问多种植物的花。

工蜂（荆条，昌平王家园，2012.VI.20）

富丽熊蜂
Bombus opulentus Smith, 1861

工蜂体长18～20毫米。黑色，颜面被稀疏的黑褐色长毛，胸部背板、腹部第1节及第2节中央部分被橘黄色毛，余被黑褐色毛。触角第3节分别约为第4节和第5节长的1.8倍和1.3倍。

分布： 北京、陕西、宁夏、甘肃、青海、天津、河北、山西。

注： 访花的植物很多，如牛蒡、向日葵、白香草木樨、广布野豌豆、益母草、糙苏、荆条、木樨等。

工蜂（风毛菊，怀柔喇叭沟门，2017.IX.12）

长足熊蜂
Bombus longipes Friese, 1905

雌蜂体长18毫米。头部具黑褐色毛，胸部及腹部第1节背面具红褐色毛，腹部第2～6节具黑色毛，其中第2～5节后缘具浅褐色毛。头长大于宽，约为后者的1.25倍。工蜂体长12毫米。外形与雌蜂相近，但腹部第1～2节具锈黄色毛。

分布：北京、陕西、宁夏、甘肃、青海、河北、山西。

注：属于*Megabombus*亚属。访花的植物很多，如向日葵、红旱莲、广布野豌豆、杭子梢、蒲公英等，详细可见An等（2014）。

工蜂（万寿菊，门头沟小龙门，2014.X.22）

雌蜂（蒲公英，平谷东长峪，2021.IV.14）

地熊蜂
Bombus terrestris (Linnaeus, 1758)

雌蜂体长18～22毫米；雄蜂体长15毫米；工蜂体长12～16毫米。雌蜂体毛密而整齐，黑色，但胸颈和腹部第2节被柠檬黄色毛，腹部第4节后端、第5节及第6节两侧被白色毛。工蜂似雌蜂，黄色毛更浅些。雄蜂头部、胸部两端及腹基部2节被柠檬黄色毛。

分布：北京、陕西、甘肃、新疆、内蒙古、辽宁、河北、山西、四川、云南、西藏；俄罗斯，蒙古国，中亚至欧洲。

注：欧洲种，我国曾引入用于北方温室的授粉。在日本等地，引入此种后与当地种进行竞争；引入我国的东部地区有风险（An et al., 2014）。40多年前新疆记录的明亮熊蜂*Bombus lucorum*为本种的误定（Naeem et al., 2018）。

雄蜂（北京市农林科学院室内，2018.VII.31）

雌蜂（鼠尾草，北京市农林科学院，2022.IX.28）

乌苏里熊蜂
Bombus ussurensis Radoszkowski, 1877

工蜂体长约20毫米。胸部被黄色毛所覆盖，腹部背面基2节毛为淡黄色，第3～5节常为淡黄色与黑色毛间隔。前翅透明，稍带烟色。

分布：北京*、陕西、甘肃、内蒙古、黑龙江、辽宁、 河北、山西、山东、安徽、四川；日本，朝鲜半岛，俄罗斯。

注：可访问豆科、菊科、蔷薇科等植物，北京8月见成虫访问牛扁。

工蜂（牛扁，门头沟东灵山，2014.VIII.21）

黄芦蜂
Ceratina flavipes Smith, 1879

雄虫体长6.1毫米。体黑色，具黄斑：复眼两侧、唇基及触角下方具1条形黄斑，其中复眼侧斑在上部变细，触角窝上方黑色或具小黄斑，上唇黄色，具3个褐点，上颚基部具黄斑；触角腹面两端具小黄斑（可扩大并相连）。前胸和中胸盾片无黄斑，前胸背肩突黄色，翅基片褐色。腹部第2～5背板近后缘具黄色横带，其中前2条中央宽断开，或全部宽断开，或第1背板具宽断开的细横纹。雌虫体长稍大；复眼两侧、唇基及触角下方各具一条形黄斑，触角上方具1对斑点，唇基黄斑的中部稍向上突出，中央常具裂缝；前胸两侧各具1个横斑，中胸背面具4条纵斑，小盾片具一横斑，腹背1～5节具横斑，其中2～3节横线在中部中断。

分布：北京、吉林、河北、山东、江苏、浙江、江西、云南；日本，朝鲜半岛。

注：过去存在误定的现象，如《我的家园，昆虫图记》（虞国跃, 2017），本种单复眼间及中胸盾片两侧刻点稀疏。采集花粉和花蜜，雌性独居，个别与雄虫合作筑巢繁殖。北京3～6月、8月、10月可见成虫，访问多种植物的花，如抱茎苦荬、点地梅、蒲公英等。

雌虫（昌平王家园室内，2012.III.30）

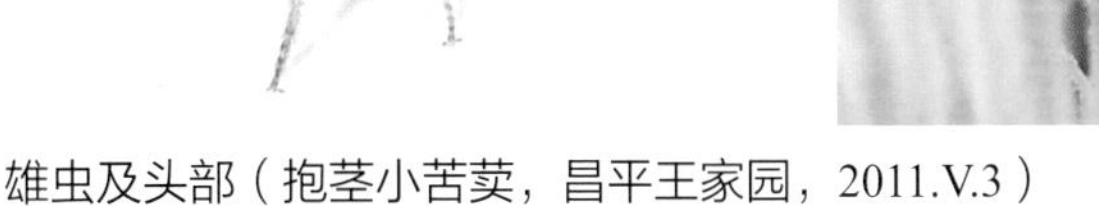

雄虫及头部（抱茎小苦荬，昌平王家园，2011.V.3）

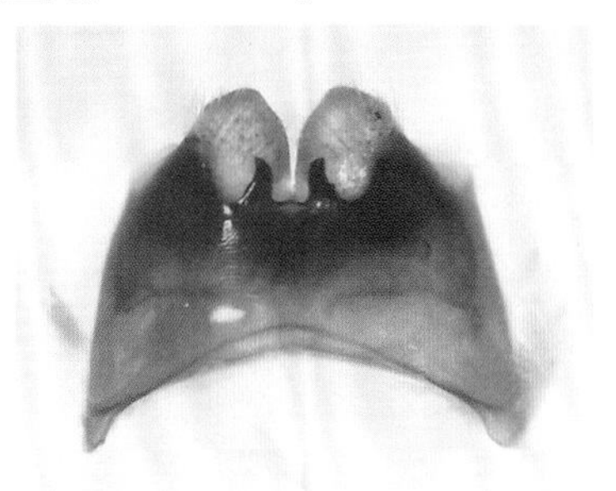

雄虫第 6 腹板（昌平王家园室内，2022.VIII.30）

拟黄芦蜂

Ceratina hieroglyphica Smith, 1854

雄虫体长7.1毫米。体黑色，具黄斑：复眼下方两侧、触角下方具1条形黄斑，触角上方具1对黄斑点，唇基全黄色；上颚黑色，上唇黄色，两侧具椭圆形褐纹；触角柄节腹面基部及端部各具1个小黄点；单眼与复眼间刻点粗密。前胸背板黄斑的中央不断裂，与前胸背肩突斑相连。腹第1背板近后缘具黄纹，中央无；第2、3节横纹中央宽断裂，第4、5节中央很窄的断开。中胸盾片两侧中后具无刻点区；小盾片黄斑前半刻点稀疏，后半粗密。第6腹板后缘中央具3个片状结构，中间一个稍短（似有2个齿组成）。雌虫体稍大；唇基“山”字形黄斑的中条斑长，接近唇基基部。前胸具1个横斑，中胸背面具4条纵斑，小盾片具1个横斑。

分布：北京、山东、江苏、安徽、浙江、江西、福建、台湾、广东、广西、香港、云南；日本，缅甸，印度，菲律宾。

注：经检标本的雄性外生殖器及第6腹板等与Shiokawa (2002)的描述不完全相同，从头额及中胸盾片具粗密的刻点而暂定为本种。可访问黄花草木樨、向日葵、荆条、南瓜、皱叶一枝黄花、红花蓼等花朵。

雌虫（皱叶一枝黄花，国家植物园，2017.IX.29）

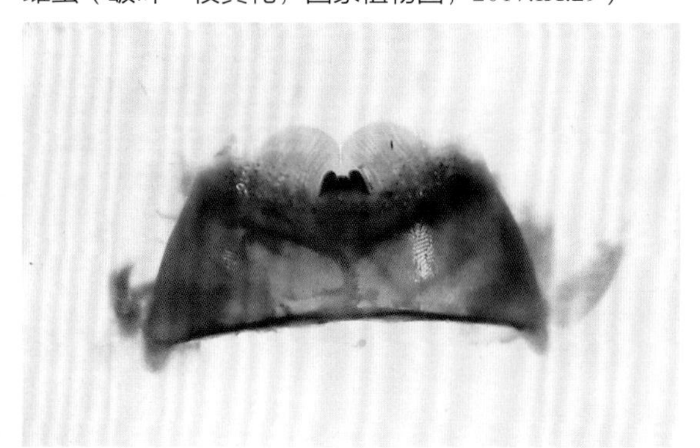

雄虫及第 6 腹板（霍州油菜，北京市农林科学院室内，2013.VI.12）

棒突芦蜂

Ceratina satoi Yasumatsu, 1936

雌虫体长5.0～5.2毫米。体黑色，光滑，唇基中央可见1黄色细纵条，或不明显；前胸背板后侧具黄白斑，翅基片暗褐色。唇基凸字形，光滑，唇基两侧及前角具稀疏、粗大刻点。

分布：北京、陕西、山东；日本，朝鲜半岛，俄罗斯。

注：与齿突芦蜂很接近，区别见下种的注。北京6～7月可见访问荆芥、黄瓜的花。

雌虫（荆芥，北京市农林科学院，2022.VII.26）

齿突芦蜂
Ceratina iwatai Yasumatsu, 1936

雌虫体长5.0毫米。体黑色，光滑。触角12节，短，除端节外，各鞭节均宽大于长，第2～5节尤其短；唇基凸字形，光滑，唇基上方光滑，两触角之间具刻点；额光滑，单眼区前方具刻点区，各刻点具毛。前翅亚前缘室3个，基脉拱起，R室端圆。腹背无明显的毛带，第1背板刻点细，其余背板黑点较粗，腹部1～5节均有斜脊。雄虫体长4.5毫米，唇基具倒“T”形白斑。

分布： 北京、四川；日本。

注： 本种体小，光亮，雌虫唇基具黄色细纵条，或减退甚至无，与棒突芦蜂*Ceratina satoi* Yasumatsu, 1936很接近，区别在于：①本种雌雄虫的前胸背板全黑色，②雄虫后足腿节齿的形态，该种为指形，本种为齿形（Yasumatsu and Hirashima, 1969）。记载访问槐、苦菜花、水柳、胡枝子、油菜、荆条等花。北京7～8月、10月可见访问红花蓼、荆芥。

雄虫（菊花，北京市农林科学院，2018.X.7）

雌虫（红花蓼，北京市农林科学院室内，2022.VIII.21）

黑跗长足条蜂
Elaphropoda nigrotarsa Wu, 1979

雄虫前翅长10.0毫米。体黑色，胸部被黄褐色毛，腹部第1～4节背板端缘具黄白色毛带。额唇基区三角形、唇基、上唇及上颚（除黑褐色端部）黄白色，唇基具1对黑褐色纵纹，唇基明显长于唇基基部至头顶边缘的距离；上唇基部两侧具无毛略透明斑。前翅第1回脉与第2中横脉正交，第3亚缘室上缘短于下缘。足黄褐色，爪端半部黑色，后足腿节膨大，胫节端部膨大，基跗节浅褐色。

分布： 北京。

注： 模式产地为房山上方山，后足基跗节毛刷黑色（吴燕如, 1979），经检的雄虫其后足基跗节毛刷及其他毛均为黄褐色。北京7月可见成虫访问紫萼等花。

雄虫及头部（国家植物园室内，2023.VII.12）

黄跗绒斑蜂
Epeolus tarsalis Morawitz, 1874

雄虫体长约9毫米。体黑色，前胸背板后角、翅基片、腋片、小盾片及足红棕色。触角鞭节第1节长于第2节，第2、3节长度相近；触角间上方具明显的额突。腹背具毛斑，中央宽分开，第1节上基缘和端缘毛斑通过两侧相连，第2节毛斑伸向两侧，第3、4节两侧的毛斑分离。

分布： 北京*；日本，朝鲜半岛，俄罗斯，蒙古国，哈萨克斯坦。

注： 中国新记录种，中文名自彩万志（2022）。外形与欧洲的*Epeolus variegatus* (Linnaeus, 1758)相近，但该种体常小于6毫米，且雌虫触角第2鞭节短于第3节，触角间无额突。雌虫体色有变化，腹第1背板仅端部具毛带（Astafurova and Proshchalykin, 2021）。北京8月见成虫访问八宝景天。

雄虫及头部（八宝景天，延庆八达岭，2022.VIII.31）

北京长须蜂
Eucera (*Hetereucera*) *pekingensis* Yasumatsu, 1946

雌虫体长14～16毫米。触角窝、颊及并胸腹节两侧被白毛，颅顶后缘、中胸背板、侧板及腹部第1节背板被灰黄色毛，第2节背板端半部及第3～6节背板密被金黄色短毛。触角第1鞭节长度等于节2+3。中足及后足跗节被黑毛，后足胫节内侧毛黑色，后足毛刷金黄色。雄虫体长12～14毫米。上唇及唇基黄色，体毛长而密，腹部背板毛色不如雌性鲜艳；足被黄毛。

分布： 北京、青海、内蒙古、黑龙江、吉林、辽宁、山西、山东、江苏。

注： 访花植物有荆条、黄花草木樨、荆芥等。

雄虫（荆芥，昌平王家园，2015.VI.17）

雌虫（荆条，昌平王家园，2015.VII.14）

花四条蜂

Eucera (*Synhalonia*) *floralia* (Smith, 1854)

雄虫体长12.5毫米，前翅长9.0毫米。唇基及上唇黄色，上唇具长毛；触角长，与体长相近，鞭节弯曲。腹部第1～2节背板被浅黄色长毛，与胸部毛色相同，腹部第3～5节背板被黑毛，第2～5节背板端缘为细的白毛带。雌虫体稍大。头部及胸部、腹部第1节背板被白色长毛。腹部第2～5节背板端缘具宽的白色毛带。后足毛刷金黄色。

分布：北京、河北、江苏、上海、浙江；古北区，印度。

注：模式产地为上海，原归于*Tetralonia*属（Smith, 1854）。*Eucera*属的下颚须5节或6节，*Tetralonia*属下颚须为3节或4节，如5节则第5节很小。过去我们鉴定的中国四条蜂*Eucera* (*Synhalonia*) *chinensis*是本种的误定。北京春季常见；访问毛樱桃、桃、迎春花、榆叶梅、丁香、紫薇等植物的花。

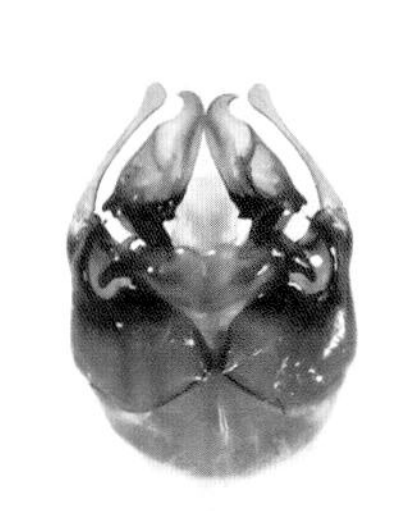

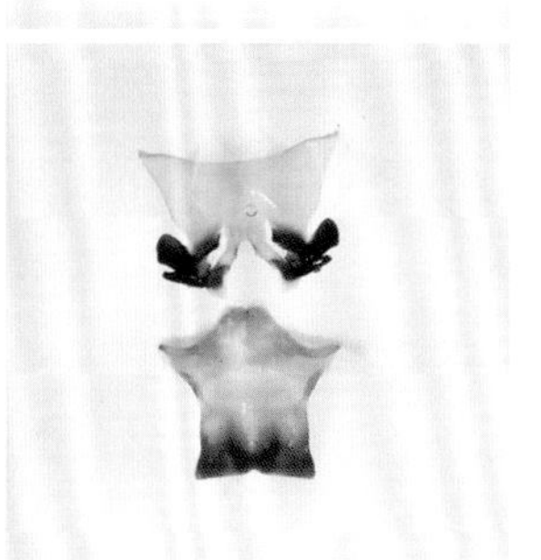

成虫对及雄虫外生殖器和第 7、8 腹板（北京市农林科学院，2016.III.27）

中国毛斑蜂

Melecta chinensis Cockerell, 1931

雄虫体长13.8毫米。体黑色，具明显的白色毛斑。各足胫节背面具白毛，中足白毛的覆盖度最大。腹侧具2列毛斑，内侧位于第2～6节，外侧位于第2～4节，前2节毛斑大，第4节的毛斑很小。

分布：北京、河北、河南、江苏、浙江、江西、福建、河北、四川；朝鲜半岛。

注：模式产地为上海徐家汇（Cockerell, 1931）；盗寄生，入侵条蜂等蜂巢，并产卵，孵化的幼虫取食寄主和蜂粮。北京3月可见成虫。

雄虫（昌平马池口室内，2024.III.30，薛正摄）

褐角艳斑蜂
Nomada fulvicornis Fabricius, 1793

雄虫体长8.9毫米。头黑色，唇基端部、上唇、在复眼下缘及内侧基半部的边缘黄色；触角13节，柄节背面黑色，腹面黄色，其余黄褐色，第2～6节背面黑褐色，第4节长为端宽的1.8倍，明显长于第4或第5节。胸部黑色，前胸背板、肩角黄色，小盾片具1对黄斑。腹部第1背板基半部黑色，端半部黄褐色，第2背板前后缘黑色，中部黄褐色，具2个黄色横斑；后几节黄斑相连，后缘黄褐色。翅基片淡褐色，两端具黄色斑；翅稍染烟色，翅脉及翅痣黄褐色。后足胫节端具4根刺毛。雄性生殖刺突镰刀形弯曲，端部及近基部具不同的毛丛。

分布：北京*；日本，俄罗斯，巴基斯坦，中亚，欧洲，北非。

注：中国新记录种，新拟的中文名，从学名。本种有不少异名，且体色有变化。日本记录了1亚种：*Nomada fulvicornis jezoensis* Matsumura, 1912，其后足胫节端具5～6根粗壮的刺毛（Mitai and Tadauchi, 2007）。盗寄生于地蜂的巢中。北京4月可见成虫，可访问夏至草等花。

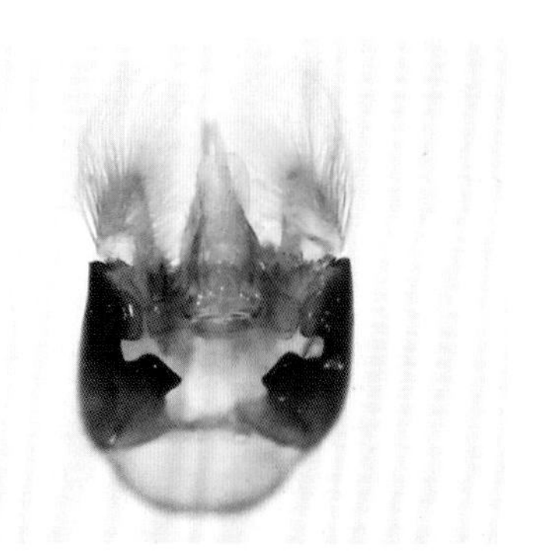

雄虫及外生殖器（夏至草，北京市农林科学院室内，2022.IV.12）

美山斑艳蜂
Nomada montverna Tsuneki, 1973

雄虫体长5.4毫米。头黑色，唇基（除基部黑色）、上唇、上颚基半部（端部红棕色）黄色，头顶近复眼具1个小黄斑；触角红棕色，背面大部黑褐色，第4节明显长于第3节，也长于第5节。前胸背板具极窄的黄色横带，中胸背面（包括小盾片及后胸背板）黑色，肩角及翅基片红棕色。第1腹节背板基半部黑色，端部黄棕色，两侧各具1个小黑点，第2背板具1对黄色大斑，第3～5节黄斑变小，且近于后缘，第6背板后半具长方形黄斑。后足胫节端具3～4根淡褐刺，外侧的细长，内侧2～3根短粗。

分布：北京*；日本，朝鲜半岛。

注：中国新记录种，中文名自日本名。本种1年2代，越冬代雄虫的小盾片总是全体黑色，近似种*Nomada flavoguttata* (Kirby, 1802)的小盾片具黄或红棕色斑（Mitai and Tadauchi, 2007）。北京4月可见成虫，标本用网扫自由夏至草、荠菜、独行菜组成的草地上。

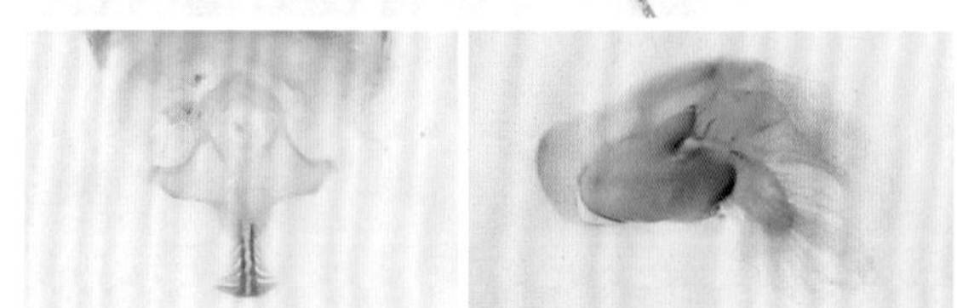

雄虫及第 8 腹板和外生殖器（夏至草，北京市农林科学院室内，2022.IV.12）

小环艳斑蜂
Nomada okubira Tsuneki, 1973

雄虫体长4.6～4.7毫米。头黑色，唇基端部、上唇、眼眶下半部黄色，头顶近复眼处具1对小黄斑；触角黄褐色，基5节背面黑褐色。胸部黑色，前胸背板、肩角黄色，小盾片具1对黄斑。腹部第1背板基半部黑色，端半部黄褐色，其前缘两侧各具1个黄斑，横向，其余各背板黄褐色，各具1对横向黄斑，基部颜色稍暗。翅淡烟色，翅基及近端部具大透明斑。雄性生殖刺突镰刀形弯曲，端部及近基部具不

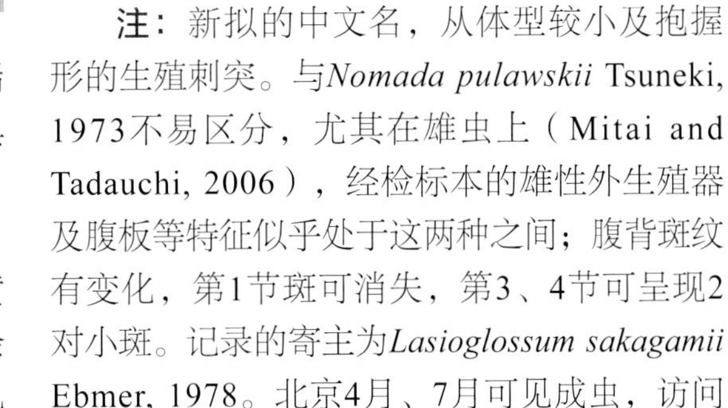

同的毛丛。

分布：北京*、台湾；日本，朝鲜半岛。

注：新拟的中文名，从体型较小及抱握形的生殖刺突。与*Nomada pulawskii* Tsuneki, 1973不易区分，尤其在雄虫上（Mitai and Tadauchi, 2006），经检标本的雄性外生殖器及腹板等特征似乎处于这两种之间；腹背斑纹有变化，第1节斑可消失，第3、4节可呈现2对小斑。记录的寄主为*Lasioglossum sakagamii* Ebmer, 1978。北京4月、7月可见成虫，访问荆芥等花。

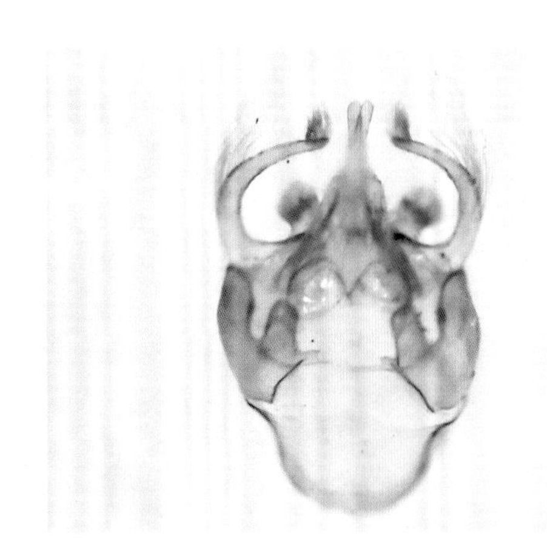

雄虫及外生殖器（北京市农林科学院室内，2022.IV.12）

艳斑蜂
Nomada sp.

雌虫体长4.8～5.0毫米。头黑色，上唇、唇基（具1对小黑点）及额端的方斑、上颚基大部、近复眼周缘、触角红褐色；触角间具隆脊；触角第3节短于第4节；上唇中部具1个小齿。胸部黑褐色，前胸背板、中胸肩角、4条纵纹、小盾片、后胸盾板、并胸腹节两侧及端部红棕色，侧板大部分红棕色。腹部红棕色为主，第2背板具黄色斑，第3节黄斑很小。后足胫节端具1+3～4刺毛，其中3～4根黑褐色，很短小，端稍尖。

分布：北京。

注：本种雌虫后足胫节端具很短的刺毛，这与*Nomada guttulata* Schenck, 1861相近，该种体大，长6.0～6.5毫米，且后足胫节端的刺毛很粗，端部不尖。北京4月可见成虫。

雌虫（北京市农林科学院，2013.IV.20）

太町艳斑蜂
Nomada taicho Tsuneki, 1973

雄虫体长6.3毫米。头黑色，唇基前半部分、上唇、上颚基大部及近复眼端缘黄色，唇基短；触角黑色，腹面黄褐色，第4节近于第3节的2倍。胸部黑色，密被白色长毛，肩角褐色，后缘带黄色。翅基片黄褐色，翅淡烟色，近端部具透明斑。腹部第1背板黑色，端部具红棕色横带，第2～5节具黄斑，第2节最大，后缩小。后足腿节腹面具长毛。

分布：北京*；日本，朝鲜半岛。

注：中国新记录种，新拟的中文名，从学名。本种雄虫小盾片具1对黄斑、雌虫小盾片、中胸盾片两侧缘红棕色（Mitai and Tadauchi, 2006），未经雄性外生殖器检验，暂定本种。北京4月可见成虫。

雄虫及室内照（海棠，昌平流村白洋沟，2016.IV.19）

十和田艳斑蜂
Nomada towada Tuuneki, 1973

雌虫体长约8毫米。头大部分红棕色（具黑色区域），触角红棕色，基部数节背面黑褐色，第4节明显长于第3节和稍长于第4节。中胸黑色，具红棕色纹：背板具4条、小盾片、并胸腹节两侧大斑。第1腹节背板基半部黑色，端部红棕色，第2背板具1对黄色大斑，第5背板具方形大黄斑。

分布：北京*；日本。

注：中国新记录种，新拟的中文名，从学名。本种有7个异名，且均是命名人同一作者（Mitai and Tadauchi, 2007），说明本种有较大的变异，腹第3～4节可以出现黄色细横带。北京4月可见成虫访问夏至草。

雌虫（荠菜，北京市农林科学院，2015.IV.5）

雌虫（夏至草，北京市农林科学院，2015.IV.5）

彩艳斑蜂
Nomada xanthidica Cockerell, 1905

雌虫体长10.6～11.6毫米。唇基、额上的四方形斑、复眼周缘红黄色；触角棕红色，第1节背面具黑褐纹，第3节稍长于第4节。前胸背板、中胸肩角、2对纵脊、小盾片、翅基片红棕色。腹背板第1节黑色，中后部具红棕色宽横带，第2～5节具宽黄带，其中第2节中间多断开，其前缘具三角形黑纹，第6节密被短毛，略带银白色。足红棕色。雄虫触角13节（比雌虫多1节），中胸背板只见两侧2条纵带或不显，胸部的毛更长密。

分布：北京、陕西、河北、江苏、浙江、台湾；朝鲜半岛。

注：国内曾用名*Nomada versicolor* Smith, 1854；其实此种作为新种发表时，同篇文献的前一页有*Nomada versicolor* Panzer, 1798，属于异物同名，后被改名（Cockerell, 1905）。也有认为它是*Nomada japonica* Smith, 1873的异名，但该种在日本无雄虫。北京较常见，4月常在地面活动，可访问蒲公英等植物的花。这类蜂可访花，但没有携带花粉的构造，营盗寄生生活，产卵于其他蜂类（如社会长须蜂*Eucera sociabilis*等）的巢内；常用上颚咬住小枝条或叶片边缘进行休息。

雌虫（昌平王家园，2015.IV.2）

喜马盾斑蜂
Thyreus himalayensis (Radoszkowski, 1893)

雌虫体长8毫米。体黑色，具青绿色毛斑：额部、胸部及胫节外侧、腹部背面等处；中胸盾片中央的毛斑短小，不及背板长的1/2；腹部第1节两侧的毛斑呈L形，第2～4节毛斑中央断裂处很宽，其中第3节外侧另有1分离的小斑（有时相连）。翅烟黑色，一些区域色浅。

分布：北京、东北、浙江、台湾、广东、香港；日本，朝鲜半岛。

注：本种毛斑有变化，可参见Lieftinck (1962)。《王家园昆虫》一书中的华美盾斑蜂*Thyreus decorus*为本种的误定。华美盾斑蜂的中胸盾片中央的毛斑长，其端部超过两旁的侧斑；第1腹节的毛斑大，仅中央黑色，第2～4节毛斑中央断裂处很窄。成虫访花，北京7～9月可见，幼虫盗寄生其他蜂类。

雄虫（荆芥，昌平王家园，2014.VIII.26）

雌虫（荆芥，昌平王家园，2014.VIII.26）

二齿四条蜂
Tetralonia pollinosa (Lepeletier, 1841)

雌虫体长约13毫米。体黑色。头部及胸侧下部被白色长毛，唇基黑色，被稀疏黑毛，上唇前缘密被黄色毛；翅基片黄褐色；胸部及腹部第1节背板基半部密被黄褐色毛；腹第2～4节基部被浅黄色毡状毛。足毛白至浅黄色；后足毛刷密而长。触角第1鞭节短于2+3鞭节（20∶22）。

分布：北京、甘肃、河北；欧洲。

注：*Tetralonia*被认为是有效的属，*Tetraloniella*被认为是其异名（Freitas et al., 2023）。北京9月可见成虫访问胡枝子的花。

雌虫（胡枝子，香山公园，2018.IX.16）

黄胸木蜂
Xylocopa appendiculata Smith, 1852

雌虫体长24～25毫米。体黑色，头顶后缘、胸部密被黄色长毛，腹部第1节背板前缘被稀疏黄毛，腹部末端被黑毛。翅褐色，端部较深，稍闪紫光。触角第1鞭节短于鞭节2～4之和。雄虫与雌虫相近，唇基、额及触角柄节前侧鲜黄色。

分布：北京、陕西、甘肃、辽宁、河北、河南、山东、江苏、安徽、浙江、江西、福建、湖北、湖南、广东、广西、海南、四川、贵州、云南、西藏；日本，朝鲜半岛，俄罗斯。

注：独居蜂，常在干燥的木材上蛀孔营巢。北京4～10月可见成虫，采集苜蓿、荆条、木槿、蜀葵、油葵、杭子梢、囊萼花（假龙头）、锦带花、猫薄荷、丝瓜等多种植物的花粉，也可采集木虱的蜜露。

雌虫（桃，昌平王家园，2015.IV.10）

雄虫（八宝景天，国家植物园，2018.IX.26）

蛀孔及木屑（海淀西山，2021.VII.6）

白绒斑蜂
Triepeolus ventralis (Meade-Waldo, 1913)

雌虫体长约10毫米。体黑色，具白色毛斑：触角窝两侧、颊、前胸背板、中胸背板中央2纵条及侧缘和后缘、中胸侧板大L形、后盾片、腹部第1节背呈括号形（其中前端几乎相接）、第2～5节后缘（中央间断）、第6腹板两侧、后足基节外侧、各足胫节外侧。第6腹板后缘具1对枝状外突，内缘具刷状毛。

分布：北京、内蒙古、辽宁、河北、天津、山东、江苏、浙江、湖南、广西；日本，俄罗斯。

注：产于辽宁锦州的*Triepeolus signatus* Hedicke, 1940为本种的异名（Rightmyer, 2008）；雄虫腹部白斑比雌虫发达，第6～7节具完整的白色横带。记录盗寄生*Tetraloniella mitsukurii*（长须蜂）。北京9月底发现访问加拿大一枝黄花。

雌虫（加拿大一枝黄花，国家植物园，2018.IX.26）

日本盘腹蚁
Aphaenogaster japonica Forel, 1911

工蚁体长4.1毫米。体深栗褐色，足黄褐色。头背面具明显的网状脊纹，近后头光滑；后头部不延长呈颈状；触角柄节长于头，末端4节棒形，黄褐色。第1结节前柄细长，第2结节宽大，长稍大于宽（6∶5）。前足基节明显长于中后足。后腹部光亮，仅在基部具细密纵刻纹。

分布：北京、陕西、河南、山东、安徽、湖北、广西、四川、云南；日本，朝鲜半岛，俄罗斯。

注：经检标本的体长略小。北京11月见工蚁于灯下。

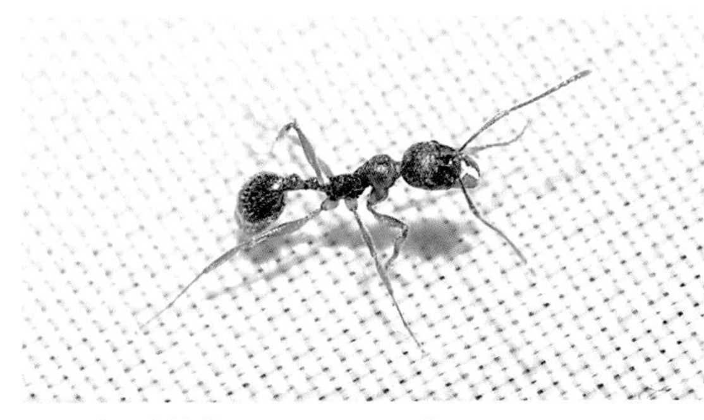

工蚁（国家植物园，2022.XI.10）

掘穴蚁
Formica cunicularia Latreille, 1798

工蚁体长4.0～6.5毫米。体二色，头及腹部颜色常较深，体被柔毛。头两侧及后头缘近于平直，不内凹；唇基前缘圆形，中脊明显；下颚须端节与第5节长度相近。前胸背板通常无立毛。结节上缘完整，上缘无毛。

分布：北京、陕西、河北、河南、安徽、湖北、湖南、四川、云南；伊朗，欧洲，北非。

注：个性凶狠，食性较广，常在叶面和地面上爬行，速度很快。访花和可分泌蜜露的昆虫。

工蚁（早园竹，海淀马连洼，2019.VIII.12）

中华短猛蚁
Brachyponera chinensis (Emery, 1895)

工蚁体长4.2～4.6毫米。体黑色，上颚、触角鞭节、足和腹末端黄褐色。复眼小，但由许多小眼面组成；触角柄节顶端超过后头角，鞭节中间各节长大于宽。侧面观并胸腹节显著低于前中胸背板，并胸腹节背面平直，稍长于斜面。雄虫体长3.5毫米，触角非膝状，基2节浅黄色，单眼周围暗褐色。

分布：北京、陕西、辽宁、河南、山东、安徽、江苏、上海、浙江、台湾、湖北、广东、广西、海南、香港、贵州、云南；日本，韩国，南亚，东南亚，（引入）美国、新西兰、欧洲等。

注：曾用名华夏厚结猛蚁*Pachycondyla chinensis* (Emery, 1895)；生活在潮湿的地方，如针叶林、针阔混交林落叶或枯木中，有时也会在城市的砖块、石缝或具洒水装置的地方，捕食白蚁或其他昆虫。

有翅雄蚁（昌平王家园，2012.VI.21）

工蚁（北京市农林科学院，2008.IX.6）

日本弓背蚁
Camponotus japonicus Mayr, 1866

小工蚁体长6～10毫米，大工蚁体长11～13毫米。体黑色，头胸部毛稀疏，腹部毛密且平卧。大工蚁的头明显粗大。

分布：北京、黑龙江、吉林、辽宁、河北、山东、江苏、上海、浙江、福建、湖南、广东、香港、广西、四川、云南；日本，朝鲜半岛，缅甸。

注：常在植物上访问多种分泌蜜露的昆虫（如蚜、蚧等），足长，行动迅速。

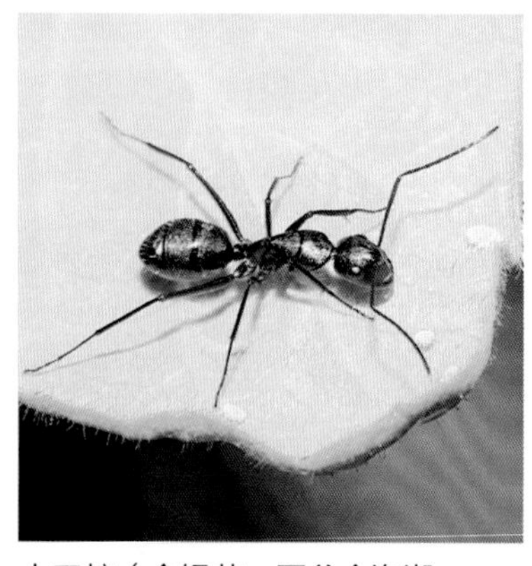
小工蚁（金银花，平谷金海湖，2016.VIII.5）

大工蚁（密云雾灵山，2015.V.12）

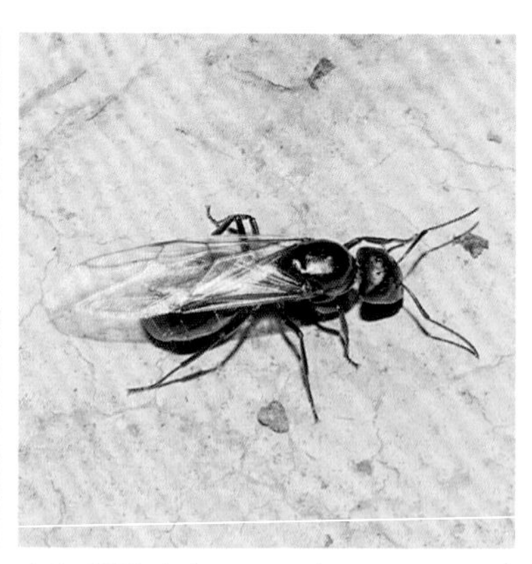
有翅雌蚁（密云雾灵山，2015.V.12）

四斑弓背蚁
Camponotus quadrinotatus Forel, 1886

工蚁体长6.5毫米。体黑色；触角、上颚、头部前缘、足红棕色，有时前胸背板红棕色，足色较暗。并胸腹节背板斜面很陡，几乎垂直，结节宽。后腹部前2节背板各具2个黄白色斑，前2个斑常常在中部汇合。体表被稀疏毛，后腹部毛稍多，另被极短而稀疏的柔毛。

分布：北京、上海、江苏、江西、福建、湖北、海南；日本，朝鲜半岛。

注：北京可见成虫在柳树、洋白蜡等树干上或在鹅耳枥叶片上爬行，可访问柳树上的粉毛蚜*Pterocomma* sp.。

工蚁（鹅耳枥，房山合议，2019.VII.8）

工蚁及茧（平谷黑豆峪，2021.VII.15）

皱胸举腹蚁
Crematogaster brunnea ruginota Santschi, 1928

工蚁体长3.4毫米。体黄棕至黑褐色，头背及腹端半部的颜色更深。触角具3节的棒节，柄节不达后头。前胸及中胸背面较光滑，两侧具细纵刻纹；前-中胸背板缝清楚。并胸腹节中部两侧具1枚刺，齿形，长稍长于基部宽，指向后方，腹柄第1节略呈扇形，前缘平截，两前侧斜截，第2节球形，中纵沟明显。

分布：北京、山东、江苏、上海、台湾；缅甸，印度。

注：与玛氏举腹蚁*Crematogaster matsumurai* Forel, 1901相近，该种触角柄节刚达后头，并胸腹节的齿极短。可见在树上活动，杂食，喜食蚜虫等分泌物。

工蚁及并胸腹节（槐，昌平王家园，2013.V.20）

玛氏举腹蚁
Crematogaster matsumurai Forel, 1901

工蚁体长2.6～3.4毫米。体黄棕至黑褐色，胸部颜色稍浅。触角棒节3节，柄节刚达后头。前胸背板具纵长刻纹，两侧不光滑；中胸背板侧缘具脊。并胸腹节中部两侧具1枚短刺，齿形，长宽相近。腹柄第1节略呈扇形，前缘稍内凹，两前侧斜截，第2节球形，中纵沟略可见。

分布：北京、陕西、河北、山西、山东、安徽、台湾、湖北、湖南、广东、广西、四川、云南；日本，朝鲜半岛，印度，马来西亚、印度尼西亚。

注：通常筑巢于枯木段里，或桃红颈天牛蛀过的蛀道和北京枝瘿象的虫瘿内，常见在树上活动，杂食，喜食蚜虫分泌物。

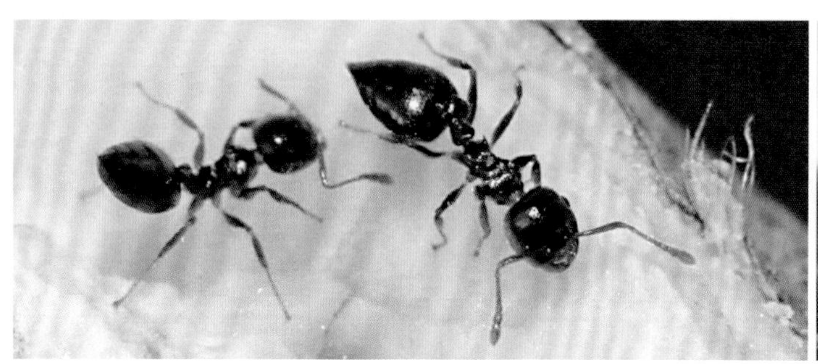

工蚁及并胸腹节（小叶朴，海淀凤凰岭，2013.VIII.29）

光黄褐蚁
Formica glabridorsis Santschi, 1925

工蚁体长5.8毫米。体黄褐色，头部稍呈褐色，后腹部灰黑色。唇基前缘稍圆突，具中纵脊，前缘具5～6根立毛，上方具较短的立毛4～5根，额部具5～6根立毛，额三角区柔毛较多；触角柄节较长，为头宽的1.14倍；正面观头部后缘平截。头腹面、后头、胸部及结上无立毛。

分布：北京、陕西、云南。

注：模式产地为北京，新拟的中文名。北京8月见成虫在千头椿上爬行。

工蚁（千头椿，房山区三岔，2016.VIII.25）

日本黑褐蚁
Formica japonica Motschulsky, 1866

工蚁体长5.5毫米。体黑色，无明显光泽，头、触角及足有时带红褐色。触角柄节长，伸出头后缘部分约为触角长的2/5，第2节稍长于第3节，后几节长度相近；唇基中脊明显，前缘稍圆突；头正面观长大于宽，两侧近于平行，后缘稍圆突。胸背无立毛。后腹部具浓密的短且倒伏的绒毛。

分布：全国广泛分布；日本，朝鲜半岛，俄罗斯，东南亚。

注：在地下营巢，可访问蚜、蚧等昆虫。

工蚁（鹅耳枥，房山蒲洼，2019.V.6）

中华红林蚁
Formica sinensis Wheeler, 1913

大工蚁体长6.5～8.7毫米。体红色至褐红色，后腹部黑褐色至黑色，被黄色绒毛及立毛。后头缘几乎平直，具少数立毛；唇基前缘稍弧形突出，中脊不明显；上颚具8个齿，端部第4齿比第3齿大且长；额三角区光亮，几无毛。足胫节外表面无立毛。中胸背板侧面观具10多根立毛。小工蚁稍小，体长约6毫米，头较狭长，全身立毛较少。

分布：北京、陕西、甘肃、青海、宁夏、河北、山西、河南、四川、重庆、云南。

注：巢所处的海拔较高（1000米或以上，树林空旷阳光能照射处），巢穴表面没有泥土，工蚁腹末无针，不会蜇人，但可用上颚咬，并能喷射大量蚁酸。

大工蚁（门头沟小龙门，2015.IV.17）

小工蚁（门头沟小龙门，2015.IV.17）

红头蚁
Formica truncorum Fabricius, 1804

工蚁体长7.2毫米。体橘红至褐红色，体常密被短立毛；后腹部黑褐至黑色，第1腹节前部常红褐色；有时头背略暗。唇基前缘浅圆突；上颚8个齿；头部后缘中央近于平截；触角柄节长，超过后头部分约为触角长的1/3，第3节长为最宽处的2倍或稍多。

分布：北京、陕西、新疆、内蒙古、黑龙江、吉林、辽宁、河北、山西、安徽、台湾、湖北、湖南；日本，朝鲜半岛，俄罗斯，欧洲。

注：本种有较大的变异，石狩红蚁*Formica yessensis* Wheeler, 1913等为本种异名（Seifert, 2021）。北京山区（约海拔1000米或以上）可见，具攻击性，常见访问蚜虫、木虱和角蝉等，蚁穴土堆状隆起。

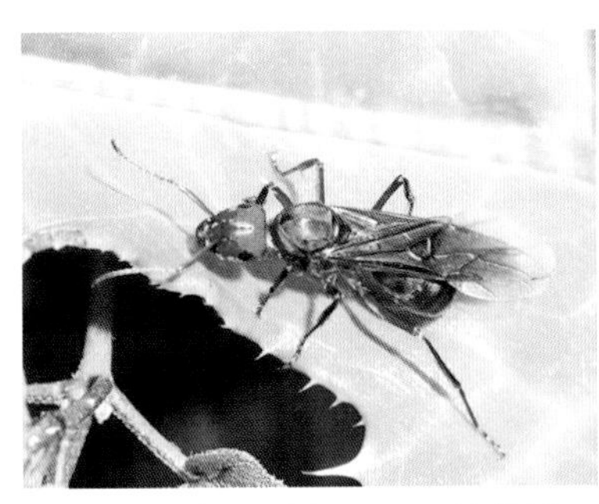
有翅雌蚁（蓝刺头，昌平黄花坡，2016.VII.7）

工蚁（辽东栎，密云雾灵山，2015.V.13）

蚁冢（怀柔孙栅子，2022.IX.7）

黄毛蚁
Lasius flavus (Fabricius, 1782)

工蚁体长约3毫米。体浅黄褐色，被或多或少的倒伏短毛，足胫节、触角鞭节无立毛。复眼小，长不及头宽的1/5；触角12节；头后缘直。结节1节，鳞片状，直。腹部粗大。

分布：北京、陕西、宁夏、甘肃、新疆、内蒙古、黑龙江、吉林、辽宁、山西、河南、浙江、湖北、湖南、海南、四川、云南；日本，朝鲜半岛，俄罗斯，蒙古国，吉尔吉斯斯坦。

注：工蚁体长变化较大，可2.2～4.8毫米。在树干上爬行，速度较快，取食树上昆虫分泌的蜜露，也可取食地下根蚜的蜜露。

工蚁（怀柔雁栖湖，2012.VIII.2）

亮毛蚁
Lasius nipponensis Forel, 1912

工蚁体长4.3毫米。体黑褐色，光亮，唇基前缘、上颚红褐色，足颜色略浅。正面观头宽心形，后头缘近于平直（稍凹），背面观后头缘弧形凹陷。上颚具7个齿，端齿稍大；下颚须短，第4～6节长度相近。腹结端部较厚，端缘中央稍凹，具10余根立毛。

分布：北京、陕西、宁夏、甘肃、东北、河北、天津、山西、河南、浙江、湖南、湖北、广东、广西、香港、海南、四川、重庆、贵州、云南；日本，朝鲜半岛，俄罗斯。

注：过去用名*Lasius fuliginosus* (Latreille, 1798)（如虞国跃和王合, 2018），该种并不分布于东亚地区（Guénard and Dunn, 2012）。蚁巢多在立木树干或倒木树段内，偶在树根、石块或土壤中，取食蚜虫的蜜露，也可捕食多种昆虫。

工蚁（榆华毛蚜，延庆水泉沟，2017.VIII.29）

中华小家蚁
Monomorium chinense Santschi, 1925

工蚁体长1.59毫米。体黑褐色至黑色，体光亮，被稀疏的白毛。触角、足颜色较浅。触角12节，柄节不达后头，第3～8节长短于宽，端3节呈棒状，端节明显长于前2节之和；上颚近三角形，4个齿；头后缘略弧形内凹。结节2节，第1结节具水平的柄。

分布：北京、陕西、河北、山东、江苏、安徽、上海、浙江、江西、福建、台湾、湖北、湖南、广东、广西、海南、香港、四川、云南、西藏；日本，朝鲜半岛。

注：本种下颚须和下唇须短，须式为1，1，褐色，可见于植物上。

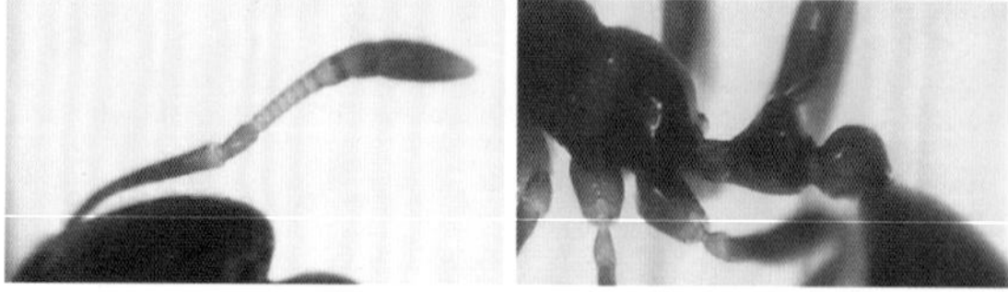
工蚁及触角和并胸腹节（甘菊，海淀百望山，2023.IX.19）

黑褐草蚁
Lasius niger (Linnaeus, 1758)

工蚁体长3.0～5.0毫米。体浅褐、栗褐至黑褐色；体表具稀疏黄色的直立毛和浓密倒伏的细毛。上颚具8～9个齿。腹柄节片状。蚁后体长约8.5毫米，体表具细毛和刻点，直立刚毛以腹第3～4节为多。

分布：中国广泛分布；日本，美国，欧洲，非洲。

注：也称黑毛蚁；常见种类。在路边或树坑土下做巢，也在植物上访花和访问蚜群，或其他分泌蜜露的昆虫，如草履蚧。

访问草履蚧的工蚁（金银木，北京市农林科学院，2012.IV.6）

有翅雌蚁（芦苇，海淀紫竹院，2017.VII.3）

小黄家蚁
Monomorium pharaonis (Linnaeus, 1758)

工蚁体长2.3～3.0毫米。体黄棕色，腹部背面褐色或黑褐色，但基部具1对卵形浅色斑，体光滑，仅在腹部可见细刚毛。雌蚁体长4.0～4.8毫米，似工蚁，但头及胸部具细毛。雄蚁体长2.9毫米。体暗褐色，触角、足淡黄色，但柄节基大部及触角端部浅褐色，足基节同体长，腿节浅褐色。触角13节，柄节约与索2+3节长相近。

分布：北京、辽宁、河北等以南广大地区；世界广泛分布。

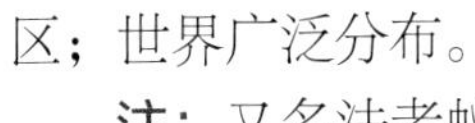

注：又名法老蚁、小家蚁。室内活动，已成为北京居家的主要害虫之一；也可在植物上吸食蜜露等。

工蚁（北京市农林科学院，2011.VI.3）

有翅雄蚁（北京市农林科学院，2023.VII.22）

有翅雌蚁（北京市农林科学院，2010.VIII.29）

皱结红蚁

Myrmica ruginodis Nylander, 1846

工蚁体长5.1毫米。体暗褐色，胸部颜色略浅。触角柄节基部稍弯曲；头长稍大于宽，复眼后两侧具倒伏的刚毛，触角后具纵刻纹，近后头无，唇基具多条细脊纹；上颚7个齿，端齿大；三角形额区明显。前胸背板具粗皱纹，两侧具横皱纹，中后胸背板及侧板具横皱纹，并胸腹节刺较长，稍大于两刺基部宽，指向后方，不发散。腹第1背板光亮，无刻点。

分布：北京*、陕西、甘肃、宁夏、黑龙江、吉林、河南、湖北、湖南；日本，朝鲜半岛，俄罗斯，蒙古国，土耳其，欧洲。

注：体色有变化，可呈红褐色，通常头及腹部颜色较深。北京见工蚁在北京杨、榛等植物上访问蚜虫。

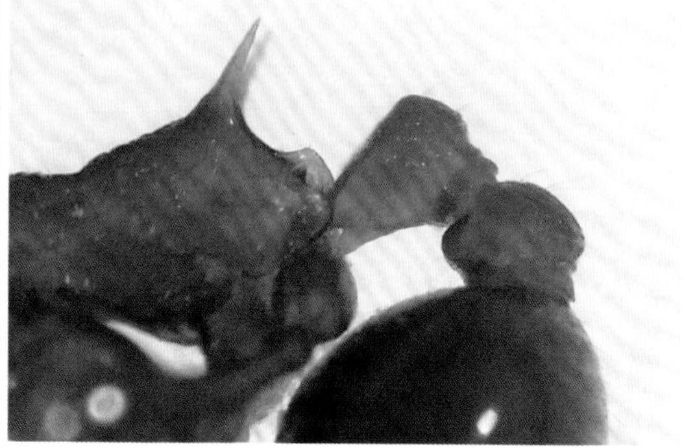

工蚁及并胸腹节（门头沟江水河，2014.VIII.20）

黄足尼氏蚁

Nylanderia flavipes (Smith, 1874)

工蚁体长2.2～2.4毫米。体黄至黄褐色，头、腹部颜色略深。触角窝接近唇基，触角12节，端节长，稍长于前2节之和；唇基圆突，前缘近于平截，中央稍内凹；复眼位于头部中线之前。头、前中胸及腹部具立毛，较粗，前胸和中胸背板各具2对；并胸腹节无立毛，气门圆形，结节三角形，前倾。

分布：北京、陕西、吉林、辽宁、河北、河南、山东、江苏、上海、安徽、浙江、江西、福建、台湾、湖北、湖南、广东、广西、重庆、四川、贵州、云南、西藏；东亚，北美洲。

注：黄足狂蚁*Paratrechina flavipes* (Smith, 1874)为异名。庭园、草地和森林可见，取食花（外）蜜、小型动物的尸体等，也看护蚜虫（如棉蚜），并汲取其蜜露。

工蚁（棉花，北京市农林科学院，2011.VIII.12）

工蚁胸腹部（国家植物园室内，2023.VIII.10）

山大齿猛蚁
Odontomachus monticola Emery, 1892

工蚁体长11.2毫米。上颚端部具3个齿，内侧具众多小齿，其中近端部的小齿稍大；头部背面具纵向细脊纹；触角柄节长约为头宽的1.2倍。胸背具横向细脊纹。结节1节，顶端呈尖刺。雄蚁体长6.8毫米，体浅色，触角11节。

分布：北京、陕西、甘肃、吉林、河北、河南、江苏、上海、浙江、福建、台湾、湖北、湖南、广东、广西、海南、香港、四川、贵州、云南；日本，印度，缅甸。

注：蓬莱大齿猛蚁*Odontomachus formosae* Forel, 1912为本种异名。雌蚁有翅，似工蚁。常单独在地面行走，具趋光性。

有翅雄蚁（房山大安山，2022.VII.28）

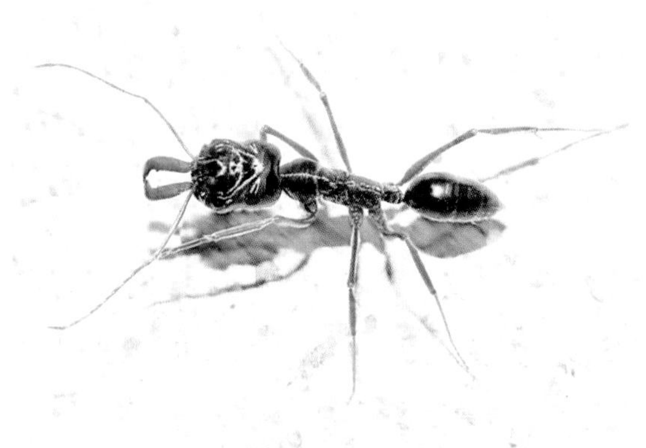
工蚁（平谷白羊，2017.VI.29）

淡黄大头蚁
Pheidole flaveria Zhou et Zheng, 1999

兵蚁体长3.6毫米。体浅红棕色，触角、足及腹基部黄棕色。触角棒由3节组成，端节不长于前节的2倍，柄节明显超过复眼；唇基光滑，前缘近于平截；头宽稍大于腹部。前胸背板具稀疏横刻纹。第2结节宽长比为6∶5。工蚁体长2.2毫米。触角柄节超出后头，后头具网状皱纹。

分布：北京*、陕西、河南、湖北、广西。

注：经乙醇浸泡后腹部的斑纹不显。北京8月可见在蒙桑上访问。

兵蚁（蒙桑，房山上方山，2016.VIII.24）

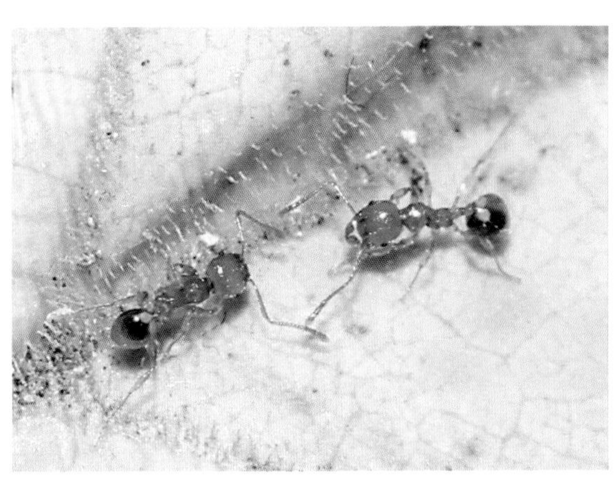
工蚁（蒙桑，房山上方山，2016.VIII.24）

长节大头蚁
Pheidole fervens Smith, 1858

兵蚁体长4.0毫米。体栗红色，头及腹部的颜色较深。头长稍大于宽，后头缘宽凹入；唇基前缘中央弧形宽凹；触角柄节较短，远不及后头，第10节长于复眼的长径。中胸背板横沟和横脊显著，侧板表面呈细颗粒状，并胸腹节刺尖细；第1结节侧面观呈三角形，顶端钝，第2结节横宽，背面观约为第1结节宽的2倍。

分布：北京*、河南、福建、台湾、广西、海南、四川、云南；日本，南亚，东南亚。

注：在地面墙角处爬行。

兵蚁和工蚁（丰台长辛店，2023.X.17）

满斜结蚁
Plagiolepis manczshurica Ruzsky, 1905

工蚁体长1.6毫米。褐黄色到亮黑色，上颚、触角、足的全部或胫节、跗节黄色，全身光亮，立毛很少。后头缘微凹；唇基凸，中脊不明显，触角柄节长，伸过头顶，鞭节第3节长宽相近，短于第4节。前胸背板十分凸；中胸背板后方分离出的后胸背板短于中胸背板；后胸背板与并胸腹节基面等高，缢缩不明显，腹柄节低，前倾。

分布：北京、宁夏、新疆、内蒙古、河北、山西、河南、山东、安徽；朝鲜半岛，俄罗斯。

注：本种并不是*Plagiolepis taurica* Santschi, 1920的异名（Salata et al., 2018）。可访问蚜、蚧，以获取蜜露，也可访花或花外蜜腺。

工蚁（萱草，北京市农林科学院，2018.VII.10）

银足切胸蚁
Temnothorax argentipes (Wheeler, 1928)

工蚁体长2.3～2.6毫米。体浅红褐色，头部及后腹部褐色或黑褐色。头部背面具较粗的纵向网状刻纹。前胸背板前缘侧观不呈角状，呈宽弧形。并胸腹节具1对细长的刺，略弯向后方；腹柄2节。

分布：北京、陕西、宁夏、辽宁、河北、河南、福建、广西。

注：我国已知*Temnothorax*属蚂蚁30种（Zhou et al., 2010）。北京6月可见工蚁在叶片上爬行，捕食小蛾类幼虫。

工蚁（房山蒲洼，2021.VI.1）

路舍蚁
Tetramorium caespitum (Linnaeus, 1758)

工蚁体长2.5～3.7毫米。体红褐色至黑褐色。头呈方形，长大于宽，头背面具平行纵刻纹，其间具细刻点。前胸刻纹稍粗。并胸腹节具1对刺（或仅突起状）。

分布：中国广泛分布；日本，美国，北非。

注：又称铺道蚁。常见种类，好战，不同巢穴的蚂蚁常相互群斗，也会入室，在植物上访问蚜群。

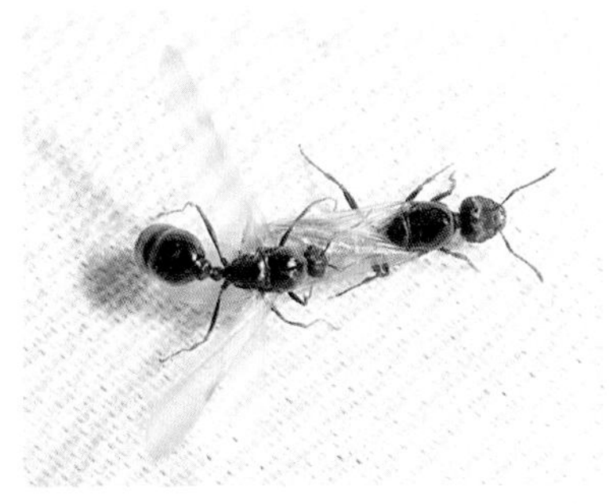
有翅蚁对（昌平王家园，2013.VI.18）

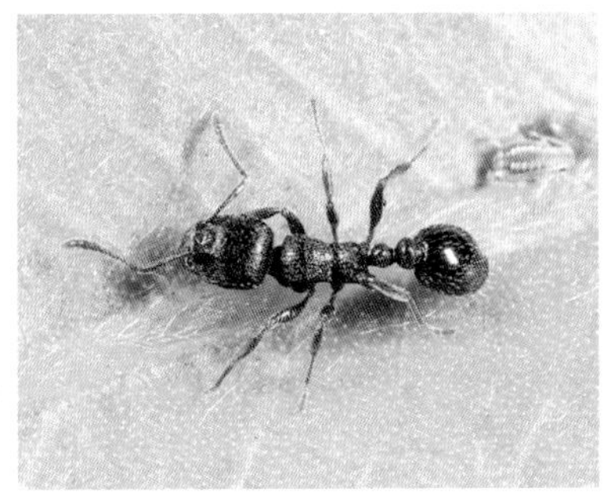
工蚁（柳，海淀西北旺，2011.VI.17）

蚁巢口（海淀西山，2021.V.25）

细点鳞蚁蜂
Bischoffitilla exilipunctata (Chen, 1957)

雌虫体长7.2毫米。头及腹大部黑色，触角基大部、胸、足火红色，触角端部黑褐色，足腿节端部染褐色。腹部周缘具直立的黄白色长毛，第1背板后方具长方形黄色毛斑，第2背板后缘具黄色毛带。前胸背板侧缘具齿，中胸背板具2个齿，其中后方的齿突出明显，并胸腹节表面与后表面被众多锯齿组成的横脊分开。

分布：北京、河北、江苏、浙江、福建；朝鲜半岛。

注：北京10月可见成虫在地面上爬行。

雌虫（昌平王家园室内，2015.X.15）

北京中华蚁蜂
Sinotilla pekiniana (André, 1905)

雌虫体长8.5毫米。体黑色，胸部红棕色。触角12节，第3节长大于宽，明显长于第4节（48∶33）。腹部第1背板端部、第2节端部及第3节（除端缘）具金黄色毛带，腹部的蓝色光泽不明显。腹部末端两侧及产卵管黄棕色。足黑色。

分布：北京、河北、山西、江苏、福建。

注：与青腹中华蚁蜂*Sinotilla cyaneiventris* (André, 1896)相近，该种触角第3节短，腹第1背板无毛带，且腹部蓝色光泽明显。北京7～8月可见成虫在地面上爬行。

雌虫（密云雾灵山，2021.VII.24）

特囊蚁蜂
Cystomutilla teranishii Mickel, 1935

雌虫体长8.2毫米。体黑色，触角鞭节基部数节腹面、胸部、腹第1背板基部红棕色，足红棕色，腿节和胫节端部黑褐色。头背粗刻点；唇基前缘近于平截；复眼圆形，较为突出。胸部大于并胸腹节，中胸侧板仅在腹缘具粗大刻点。第2背板具粗刻点，第2、第3节后缘具白色毛带。雄虫体长8.2毫米。体黑色，胸部红褐色。腹部第1节长稍大于端宽，基部呈柄状，背板第2、3节后缘具白色窄毛带，第2节基部两侧、第3节具分离独立的直立白色刚毛。

分布：北京*、陕西；日本，朝鲜半岛。

注：周湖婷（2018）记录了在中国的分布，研究的标本是1头雌虫，采于陕西秦岭。经检雌虫标本腹部第1背板后缘无毛带，这与Tu 等（2014）描述的不同。北京5～6月可见成虫。

雄虫（香山公园，2023.V.28）

雌虫（板栗，平谷白羊，2017.VI.29）

刘氏小蚁蜂
Smicromyrme lewisi Mickel, 1935

雄虫体长9.7毫米，前翅长7.5毫米。体黑色，胸部大部火红色（并胸腹节黑色）。触角13节，第3节长宽相近，约为第4节长之半；唇基具“Y”形隆脊，上方隆起高，向前渐低，并在前端呈齿形；上颚2个齿，上齿很短，下齿长。腹第1节长稍大于宽，第1～3节近后缘具白色毛带。

分布：北京、内蒙古、黑龙江、山东；日本，朝鲜半岛，俄罗斯。

注：本种颜色变化较大，雄虫胸部的黑纹可扩大，甚至全黑，主要特征是唇基具“Y”形隆脊，其前端呈齿形等，但与分布于欧洲等地的*Smicromyrme rufipes* (Fabricius, 1787)很接近，区分可见Okayasu (2020)。寄生节腹泥蜂等。北京7月可见成虫于灯下。

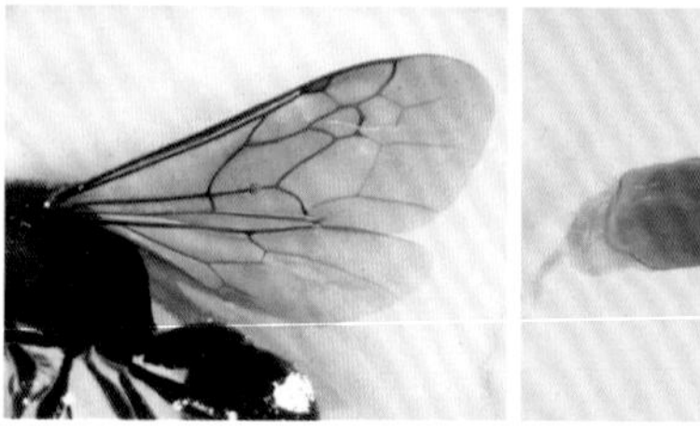
雄虫及翅脉和外生殖器（昌平王家园，2013.VII.18）

眼斑华蚁蜂
Wallacidia oculata (Fabricius, 1804)

雄虫体长19.9毫米，前翅长15.2毫米。体黑色，腹部第2～7节橙红色。触角柄节腹面具2条纵脊，第1、2鞭节长度相近。小盾片近端部中央具小驼峰。生殖刺突伸出腹末呈针刺状。雌虫体长11.0毫米。体黑色，触角柄节端及梗节、胸部、腿节基半部或基大部红棕色；腹第2背板具1对金黄色近圆形毛斑，第3背板黄色横带完整或近于断开，第4节中部断开。触角短，第2鞭节与梗节长相近，第1鞭节约为第2鞭节长的2倍。

分布：北京、河北、江苏、浙江、福建、台湾、湖南、广东、海南、香港、云南；东南亚。

注：曾用名眼斑驼盾蚁蜂*Trogaspidia oculata* (Fabricius)；本种变异较大（O'Toole, 1975），但雄虫具特点：体大、腹橙红色且两端黑色。北京8～9月可见成虫，雌虫在地面爬行。

雄虫（火炬树，平谷鱼子山，2019.VIII.16）

雌虫（国家植物园，2023.IX.25）

侧窝寡毛土蜂
Polochridium eoum Gussakovskij, 1932

雌虫体长13.6毫米，前翅长7.7毫米。体黑色，具黄斑：复眼内缘、触角窝之间、唇基基部1对斑、唇基近前缘横带、前胸背板前缘两侧、并胸腹节后侧方1对黄斑；腹背板1～6节后缘具黄色横带，前2节仅在侧面，腹板第2～5节具黄色横带，中间断开，各节横带形态相近。头正面观宽大于高（88：76）；触角12节，丝状。前胸背板后侧缘、并胸腹节侧面具光滑无刻点区。中足基跗节长约为后3节之和的1.6倍。产卵管细长，伸出时稍短于腹长之半（平时隐藏）。雄性体较小，唇基全黄色，触角13节，背面褐色，腹面黄色，从第5节起在侧面具光滑的浅窝，中足基跗节是后3节之和的2倍多长。

分布：北京、内蒙古、东北、河北；朝鲜半岛，俄罗斯远东。

注：雌雄在足的颜色和中足基跗节长度比例上有所不同。未查到"东北"的具体省份。寄生饲养的切叶蜂。北京5月、7月见成虫。

雄虫（北京市农林科学院室内，2015.V.22）

雌虫（百望山公园，2022.VII.7）

白毛长腹土蜂
Campsomeriella annulata (Fabricius, 1793)

雌虫体长13～22毫米；体黑色，有光泽，被白色柔毛，颜面、后头、前胸背板等处毛密，腹部第1～4节背板后缘及第2～4节腹板后缘具白色毛带，第5腹节及其后体节着生黑色毛。雄虫体长11～19毫米；唇基两边、前胸背板后缘中央黄色，小盾片具2个黄色斑，腹节后缘具黄色横带。

分布：北京、河北、山东、江苏、安徽、浙江、江西、福建、台湾、湖北、广东、四川、贵州、云南；日本，朝鲜半岛，印度，东南亚。

注：国内曾用名：*Campsomeris annulata*；《我的家园，昆虫图记》中的缘长腹土蜂*Campsomeris marginella*是本种的误定。幼虫寄生多种蛴螬，成虫访花。曾引入美国，用于防治日本金龟子。

雄虫（百合，北京市农林科学院，2017.VI.20）

雌虫（皱叶一枝黄花，国家植物园，2017.IX.29）

金毛长腹土蜂
Megacampsomeris prismatica (Smith, 1855)

雄虫体长18毫米。体黑色，唇基黄色，前胸背板肩部具黄斑。头、胸背及第1腹节被黄褐色毛，腹2～4节被淡黄色毛，5节及后被黑毛，腹背1～4节后缘淡黄绿色，腹板2～4节后缘具细黄色带，中央分离。足腿节腹面具黄色纵斑。雌虫略大，被金黄色毛，腹较粗，腹背无黄色横带。

分布：北京、黑龙江、河北、河南、山东、江苏、安徽、上海、浙江、江西、福建、台湾、广东、香港、贵州；日本，朝鲜半岛，俄罗斯，印度，东南亚。

注：幼虫寄生多种蛴螬，成虫访花。

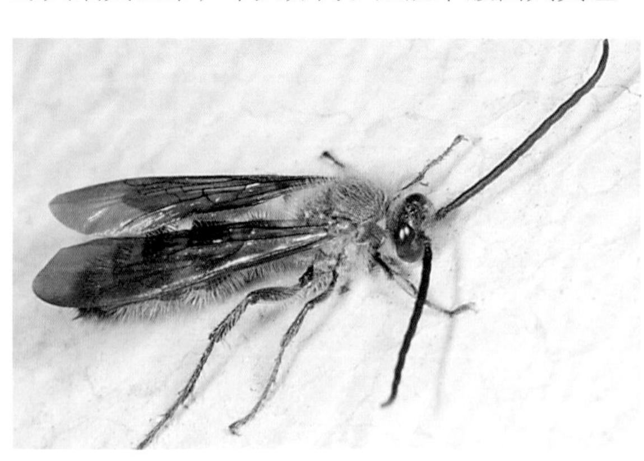

雄虫（杨，门头沟小龙门，2011.X.20）

雌虫（皱叶一枝黄花，国家植物园，2017.IX.29）

四斑土蜂
Scolia binotata Fabricius, 1804

雌虫体长17.6毫米，前翅长12.0毫米。体黑色，复眼、上颚（基部黑色）、前足跗节暗红褐色，腹部第3、4节两侧具红色斑，翅具蓝色光泽。体毛多黑色，后头具淡黄色毛。额唇基隆起，光滑，头顶光滑，具少数细刻点。中胸盾片四周具细刻点，中部光滑，盾纵沟位于盾片后半部分，直。

分布：北京、吉林、山东、江苏、上海、安徽、浙江、福建、台湾、香港、四川；东南亚，南亚。

注：本种斑纹变异较大，有时头部、前胸背板可有黄斑（Taylor and Barthélémy, 2021）。北京7月可见成虫。

雌虫（房山蒲洼，2021.VII.17）

大斑土蜂
Scolia clypeata Sickmann, 1895

雌虫体长18.5毫米，前翅长15.0毫米。黑色，下列部位黄色：头部、前胸背板肩板、中胸盾片两侧或仅点状、小盾片的中间（或无）、腹部第2背板具1对较大的斑、第3背板具横带（中间缩缢），第1、4节具不明显斑纹。头、胸、足有红黄色毛；腹部背板有黑毛。雄虫体稍小，触角长，腹部第4节背板两侧各具1个小橙黄斑。

分布：北京、内蒙古、河北、山西、山东、江苏、安徽、台湾、四川；俄罗斯，印度，尼泊尔。

注：成虫产卵于白星花金龟幼虫体表，孵化后的幼虫营体外寄生。北京6～9月可见成虫，在圆柏附近飞舞，可访问加拿大一枝黄花、荚蒾、薄荷等花。

雌虫（荚蒾，国家植物园，2018.IX.10）

雌虫（海淀彰化室内，2017.VI.10）

犬野土蜂
Scolia inouyei Okamoto, 1924

雌虫体长约20毫米。体黑色，被锈红色毛；额大部及头顶黄色，单眼区具黑斑；腹部第2背板具1对黄斑，第3节具较宽的黄色横带，中部收缩，第4节中央两侧具细黄带。触角倒数第2节长微大于宽（27∶24）；额及头顶光滑，无中沟，无明显刻点。前翅带锈红色。

分布：北京*、台湾、云南；朝鲜半岛。

注：曾长期作为*Scolia nobilis* Saussure, 1858的一个亚种，现为独立种（Liu et al., 2021a）。雄虫过去未知，头黑色，唇基基大部黄色。北京8月可见成虫访问败酱。

雌虫（平谷东长峪，2018.VIII.17）

雌虫（败酱，平谷鸭桥，2019.VIII.15）

眼斑土蜂
Scolia oculata (Matsumura, 1911)

雌虫体长21.0毫米，前翅长15.0毫米。体黑色，腹部第3节具1对黄斑，内具1条稍斜黑纹。体多毛，密布刻点，其中单眼区后的头顶刻点稀少。前翅烟黑色。雄虫体长16.4毫米，前翅长11.0毫米。触角长，约为前翅长的2/3。腹部第3节具2个黄色斑，可在中部相连。腹背具蓝紫光泽。

分布：北京、河南、山东、浙江、台湾；日本，朝鲜半岛。

注：幼虫寄生金龟子幼虫（室内可寄生白星花金龟）；成虫访花。

雄虫（房山大安山，2022.VII.28）

雌虫（皱叶一枝黄花，国家植物园，2018.IX.26）

中华土蜂
Scolia sinensis Saussure et Sichel, 1864

雌虫体长22毫米。体黑色，被黑色毛，腹部第2节背板后缘及其后各腹节被红色毛（腹后大部看上去红色），后足胫节及基跗节也具红色毛。中胸盾片具粗密刻点，但中央部分较疏。

分布：北京、辽宁、上海、江苏、浙江、安徽、四川、西藏；朝鲜半岛，印度，俄罗斯。

注：幼虫寄生蛴螬。北京8月、10月可见成虫，访问早小菊、红花蓼等花。

雌虫（红花蓼，北京市农林科学院，2022.VIII.29）

间色土蜂
Scolia watanabei (Matsumura, 1912)

雄虫体长13.9毫米，前翅长10.0毫米。体黑色，密被黑色毛，触角基部上方具1条黄色细横带；第3背板后大部黄色（具很窄的黑色后缘），其前缘中央呈三角形凹入，黄斑处着生的毛为黄色（包括三角形凹入处的毛），其腹板两侧各具1个长形小黄斑。额中央具浅沟，额及头顶具粗大刻点。第2背板刻点均匀，中等大小，刻点间距小于其直径。

分布：北京、浙江、福建、台湾；印度，缅甸，泰国。

注：描述于北京的*Scolia pekingensis* Betrem, 1928为本种异名。本种体色有变化，与近缘种如眼斑土蜂*Scolia oculata* (Matsumura, 1911)的区别在于额具大小不等的黄斑、并胸腹节刻点粗、胸部具黄毛（Liu et al., 2021b）。北京5月可见成虫于林下。

雄虫（构，香山公园，2023.V.28）

红斑丝长腹土蜂
Sericocampsomeris rubromaculata (Smith, 1855)

雌虫体长约30毫米。体黑色，腹第2、3背板前缘红棕色，后侧方各具1对红黄色斑，其后的背板及腹板第2节以后红棕色。体毛黑色，腹红棕色区被金黄色毛。头顶较光滑，具少数刻点。中胸背板及并胸腹节较光滑。

分布：北京*、广东、海南；印度，缅甸，越南，马来西亚，印度尼西亚。

注：*Sericocampsomeris*属我国已知4种，分布于南方，最北为江苏（Chen et al., 2022）。本种个体大，且腹大部分为红棕色。北京8～9月见于板栗树上或林缘路边。

雌虫（平谷金海湖，2016.IX.13）

光滑枚钩土蜂
Mesa glaber Liao, Chen et Li, 2021

雄虫体长12.3～14.1毫米，前翅长9.5～9.8毫米。体黑色，上颚基半部黄白色。额在触角基部上方具突出，呈平台状，前缘中央稍内凹，两侧边宽隆起。前胸背板侧面近后缘中部具无刻点光滑区。前翅端半部淡烟色，基半部透明，具3个亚缘室。第1腹节较长，长为端宽的1.5倍，基部具柄；第7腹板不及背板长之半，背板（臀板）端缘稍内凹，两侧具纵脊，伸达腹板的中部，两脊内具长形的粗大刻点，无中纵脊。雌虫体长17.0毫米，前翅长11.5毫米。触角短。头顶及前单眼周围具粗大刻点。腹第6节背板密布纵向刻纹。

分布：北京*、河北、云南。

注：新拟的中文名，从学名；模式产地为云南（Liao et al., 2021），河北记录于武安。经检标本上颚基半部黄白色，中胸盾片前缘无刻点（具细微的横皱纹），第7背板两侧的脊长约为腹节长之半，前足胫节前缘中部可具黄色纵条，暂定为本种。北京6～7月可见成虫于灯下。迈钩土蜂属可能寄生蛴螬。

雄虫及翅脉和腹末（房山蒲洼，2020.VII.5）

雌虫（海淀香泉环岛室内，2023.VII.12

短室钩土蜂
Tiphia sp.1

雄虫体长11.2毫米，前翅长7.4毫米。体黑色。唇基前缘中央浅“V”形凹入，亚侧各具1个齿突。翅基片黑色，长稍大于宽；前翅径室远超过第2肘室。并胸腹节背面脊室长方形，稍向基部扩大，端缘稍弧形后突，中脊不达端缘，长：基宽：端宽为2.2：1.4：1；腹面中脊明显，但不达中间横脊。

分布：北京。

注：与分布于内蒙古的具孔钩土蜂*Tiphia porata* Chen et Yang, 1990接近，但后者并胸腹节背面脊室较短，长约为基宽的1.1倍，腹面中脊仅限于端部的1/3。北京8月可见成虫。

雄虫（核桃，昌平黄土洼，2016.VIII.17）

近华钩土蜂
Tiphia sp.2

雄虫体长7.2毫米，前翅长4.7毫米。体黑色，触角（尤其腹面）及足跗节染红褐色。唇基前缘浅倒“V”形凹入。并胸腹节背面具3条纵脊，侧脊近于平行（微向后收窄），中脊不伸达端缘，围绕区长与中宽比为1.25；腹面无脊。翅基片黑色，前下侧带棕色，长稍大于宽；前翅径室超过第2肘室。后足基跗节内侧无纵沟。第1背板后缘具明显刻点带，腹板基部具中脊，后部光滑，具较短的侧沟。

分布：北京。

注：指名亚属种类非常丰富，我国已知81种（Han et al., 2023），寄生蛴螬。本种接近 *Tiphia chinensis* Morawitz, 1889，但无相关文献。北京6月见成虫于灯下。

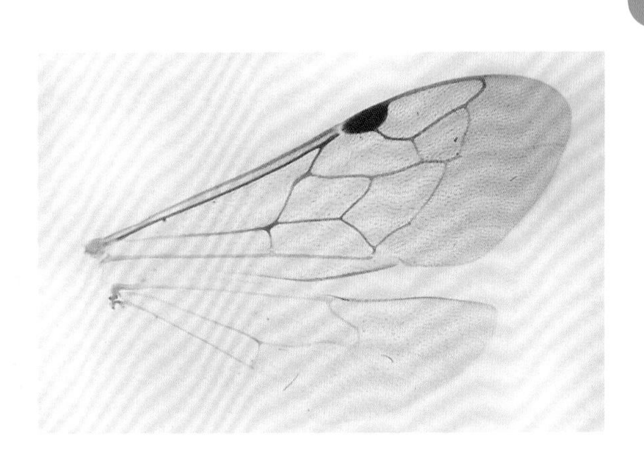

雄虫及翅脉（国家植物园，2023.VI.29）

台湾带钩腹蜂
Taeniogonalos formosana (Bischoff, 1913)

雌虫体长5.4毫米。体黑色，具黄色或橙黄色斑或带，其中头顶的橙黄色纹可扩大、缩小，甚至全黑色；中胸前缘1对、小盾片及腋片处2对、后胸2对、前胸腹节1对（该斑长形，可消失）。前翅透明，翅痣下方的径室带烟褐色。各足转节大部、腿节基部黄白色。

分布：北京*、宁夏、吉林、河南、浙江、福建、台湾、广东、四川、云南、西藏。

注：该种具数个异名，颜色有较大变化，如触角基大部可呈黄棕色（Chen et al., 2014）。北京6～7月可见成虫，具趋光性。此属雌虫产卵量大，可达2000粒，散产卵于叶片上，被蛾类、叶蜂幼虫取食后孵化，穿过肠壁进入体腔，再寻找并寄生幼虫体内的姬蜂、茧蜂或寄蝇的幼虫，属重寄生蜂。

雌虫（房山议合，2019.VI.25）

雌虫（国家植物园，2023.VII.11）

瘤钝带钩腹蜂
Taeniogonalos subtruncata Chen et al., 2014

雌虫体长12.6毫米。体黑色，具黄斑或带：头在复眼内侧、后侧和后头各1对小斑，前胸背板后侧角等，第1背板后缘红棕色。前翅透明，前半部烟褐色，并具蓝色光泽。后足转节及腿节基部黄色。

分布： 北京*、陕西、天津；朝鲜半岛。

注： 为*Nanogonalos flavocincta* Teranishi, 1929的新名，无寄主等信息（Chen et al., 2014）。我们见成虫于栓皮栎林间，并从栎纷舟蛾的蛹中育出了成虫。

雌虫（蒿，平谷东长峪，2018.VI.29）

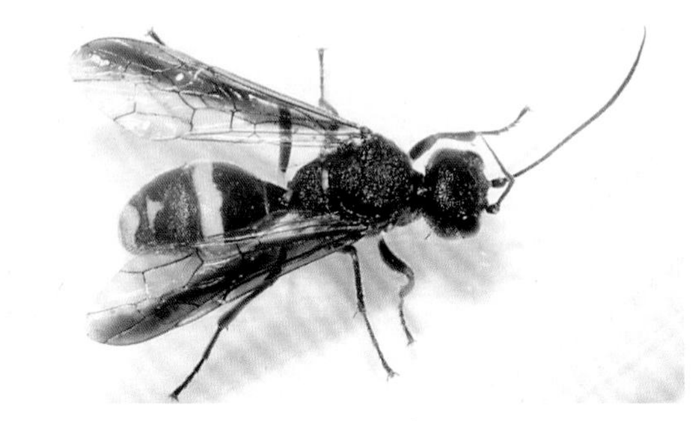

雌虫（平谷上营室内，2020.V.21）

羚足沟蜾蠃
Ancistrocerus antilope (Panzer, 1789)

雌虫体长约10毫米。体黑色，具黄斑。触角黑色，柄节腹面黄色；触角间及唇基两侧具黄斑。前胸背板前缘黄色，两侧的肩角几乎直角形。足腿节黑色，仅端部黄色。腹部第1～4节后缘具黄色横带，第1背板横脊明显完整。

分布： 北京*、黑龙江；日本，俄罗斯，印度，中亚，土耳其，欧洲，北美洲。

注： 本种黄斑有变异，雌虫唇基下方两侧具1对小斑，小盾片的1对黄斑可缩小或消失，胸侧具黄斑等。北京6月可见成虫。

雌虫（杜鹃，怀柔帽山，2015.VI.11）

石沟蜾蠃
Ancistrocerus trifasciatus shibuyai (Yasumatsu, 1938)

雌虫体长9.4毫米，前翅长9.0毫米。体黑色，具黄斑，腹部第3节后缘具很窄的黄色横带。唇基黑色，长略大于宽，端缘两侧具齿突。腹部第1节背板具发达的基横脊，第3、4节刻点粗于前2节。

分布： 北京*、陕西、内蒙古；日本，朝鲜半岛，俄罗斯。

注： 雄虫唇基黄色；成虫捕捉蛾蝶类、蜂类、蝇类等幼虫作为其子代的食物。北京6月见成虫于林下。

雌虫（门头沟小龙门，2016.VI.16）

墙沟蜾蠃
Ancistrocerus parietinus (Linnaeus, 1758)

雌虫体长9.8毫米，前翅长8.0毫米。体黑色，具黄斑：唇基1对，上颚近基部三角形斑，额近触角处黄斑等。前翅副痣明显短于翅痣长之半。第1背板基部具横脊，中央断开，端缘薄片与背板在同一水平上。

分布：北京*、河北；日本，朝鲜半岛，俄罗斯，中亚，西亚，欧洲。

注：外形与英佳盾蜾蠃*Euodynerus variegatus kruegeri* (Schulthess, 1928)接近，但后者唇基仅基半部黄色，腹部第1背板基部无横脊。北京9月可见成虫于灯下。

雌虫及头部（延庆玉皇庙，2020.IX.3）

台湾短角蜾蠃
Apodynerus formosensis (von Schulthess,1934)

雄虫体长约7.5毫米，前翅长5.8毫米。体黑色，体背被黄褐色短毛。上颚黄色，内缘及端部黑褐色；触角柄节腹面黄色，端2节很短小，长之和约为第11节之半；唇基黄色，前缘黑色，宽与长相近，端缘两齿的距离是唇基宽的21%。小黄斑（带）位于：触角间、复眼内缘（触角着生处）、复眼凹陷下方、复眼后缘上端、前胸背板前缘、旁翅基片、中胸侧板上缘、小盾片两侧、后小盾片两侧、第1和2背板后缘、第2腹板后缘。

分布：北京*、陕西、江西、福建、台湾、湖南、香港、重庆、四川；越南，老挝。

注：大陆亚种*Apodynerus formosensis continentails* Giordani Soika, 1994被认为是异名（Nguyen et al., 2024）。可见胸腹部的黄斑可大、可小或无，如第2背板两侧的黄斑。北京6月见于林下。

雄虫及头部（国家植物园，2023.VI.29）

长腹元蜾蠃
Discoelius zonalis (Panzer, 1801)

雌虫体长14.7毫米，前翅长11.0毫米。体黑色，具黄色斑或带：唇基斑、触角上方1对点斑、前足胫节前缘纵条、第1和2背板后缘带。中胸背板和小盾片密布刻点，具少数几条纵皱纹。腹部第1节柄状，侧面观柄后扩大处呈弧形抬高。

分布：北京、陕西、辽宁、浙江、江西、福建、广东、广西、四川、重庆；日本，朝鲜半岛，俄罗斯，欧洲。

注：日本元蜾蠃*Discoelius japonicus* Pérez为本种异名。成虫捕捉蛾类等幼虫作为子代的食物。

雌虫（鸡屎藤，国家植物园，2023.VI.2）

北方蜾蠃
Eumenes coarctatus (Linnaeus, 1758)

雄虫前翅长8.0毫米。唇基全黄色，较窄长，上下缘凹陷较为明显；触角间黄色斑小，远离唇基；触角13节，黑色，端3节黄褐色，端节钩状，内缘具短毛。小盾片具黄带。腹部第1背板长约为端宽的2倍，端缘具黄带，第2、4～6节腹板端缘具黄色横带。

分布：北京*、陕西、内蒙古、黑龙江、吉林、辽宁、河北、江苏、四川；俄罗斯，蒙古国，土耳其，塔吉克斯坦，哈萨克斯坦，欧洲。

注：本种斑纹变化较大（李铁生, 1982）。北京9月可见成虫访问窃衣、野韭的花。

雄虫及头部（窃衣，国家植物园，2023.IX.12）

东北陆蜾蠃

Eumenes mediterraneus manchurianus Giordani Soika, 1971

雄虫体长9.1毫米，前翅长7.0毫米。触角柄节腹面黄色，唇基全为黄色，唇基上为较窄的黄条斑；并胸腹节两侧具大黄斑；腹部第1节基半部细，端半部粗大，中部略靠后具1对黄色圆斑，后缘黄色，中部前缘具一小凹陷；第2节中部具对称的黄色斜斑2个；第3、4节端缘黄色。雌虫唇基黑色，基半端两侧有时具黄斑，呈八字形

分布：北京、黑龙江、吉林、河北、山西、山东、江苏；朝鲜半岛。

注：陆蜾蠃（指名亚种）分布于地中海一带及中亚。北京7～9月可见成虫，捕食多种鳞翅目幼虫，也会访花（如紫苏），偶尔也上灯。

雄虫及头部（萝卜，房山大安山，2022.VII.13）

黑盾蜾蠃

Eumenes nigriscutatus Zhou, Chen et Li, 2012

雌虫体长约16毫米。体黑色，具下列黄斑：触角间斑、复眼后缘小点、前胸背板前缘、腹部第1～2节背板端部及第2腹板端部。整个体背具较粗大的刻点。腹第1节基部细，1/3后变粗，2/3处最宽，后平行。第2背板黄色横带前缘处具深凹陷。

分布：北京*、陕西、河南、湖南、四川、重庆。

注：雄虫唇基中央具黄色纵斑。北京6月、8月可见成虫，在油松树干上做饼形泥巢。

雌虫（海淀西山，2021.VI.22）

雌虫及巢（油松，海淀西山，2021.VIII.26）

孔蜾蠃

Eumenes punctatus de Saussure, 1852

雌虫体长11～13毫米。黑色，头部两触角窝之间具黄斑，唇基黑色，或者具或大或小的黄斑；前胸背板前缘及后小盾片中间各具黄色横斑；翅基片光滑，大部分黄色，中央具小棕色斑。腹部第1节大部具粗刻点，端部中央具1个较窄黄斑；第2腹节端部具黄色斑，此斑的中央前缘稍内凹，背板中央两侧有1点状黄斑。雄虫体稍大，唇基全黄色。

分布： 北京、内蒙古、黑龙江、吉林、辽宁、河北、江苏、上海、四川、云南；日本，朝鲜半岛，俄罗斯，印度。

注： 成虫捕食性。北京9月可访皱叶一枝黄花、狗娃花、蓝萼香茶菜等花。

雄虫（皱叶一枝黄花，国家植物园，2017.IX.29）

雌虫（蓝萼香茶菜，平谷石片梁，2018.IX.20）

日本佳盾蜾蠃

Euodynerus nipanicus (Schulthess, 1908)

雄虫体长10.0～12.5毫米。体黑色，具黄斑。额部触角间具扇形黄斑，唇基全黄色，上颚基部黄色，复眼后缘上部具一黄点。触角末端钩状，柄节下部黄色。腹第2节背板后缘具黄色横带，横带的后缘具棕色的膜质带，极明显，与第1节后缘相似。雌虫稍大，唇基仅基半部黄色，触角端无钩。

分布： 北京、黑龙江、吉林、辽宁、河北、山东、江苏、上海、浙江、江西、台湾、广东、广西、四川、云南；日本，朝鲜半岛，俄罗斯。

注： 成虫可捕食多种鳞翅目幼虫，如卷叶的螟蛾和卷蛾。北京6～9月可见成虫。

雄虫（昌平王家园，2013.VII.18）

雌虫（昌平王家园，2013.VI.17）

方蜾蠃
Eumenes quadratus Smith, 1852

雌虫体长13.5毫米。体黑色。颜面（包括唇基）、触角间黄色，额在复眼内侧具黄色窄纹；后小盾片两侧具小黄斑。第1腹节细长，背板具粗糙刻点，被毛，后缘具较细的黄色横带，腹面光滑；第1、第2节相交呈直角，第2节后缘具较宽的黄斑，中央断开。

分布： 北京、江苏、上海、浙江、江西、香港；日本，越南，老挝。

注： 模式产地为浙江宁波；腹部第2节后缘的黄斑大小有变化，甚至可以消失（Li et al., 2019）。北京7月、9月可见成虫，可访葎草的花。

雌虫（葎草，国家植物园，2022.IX.26）

显蜾蠃
Eumenes rubronotatus Pérez, 1905

雌虫体长约15毫米。体黑色，具黄斑（带）：触角间具1个斑、复眼后缘具1个细长斑、翅基片、后胸背板、第1和2腹节背板后缘。腹第1、2背板刻点较粗，第1节具白色长毛，第2节毛较短。

分布： 北京*、陕西、江苏、浙江、广东；日本，朝鲜半岛，俄罗斯。

注： 与孔蜾蠃*Eumenes punctatus* de Saussure, 1852接近，该种第2腹板还具直立长刚毛，背板具小黄斑。图片上前胸背板黄斑较大，且无中胸侧板的黄斑，暂定为本种。捕食蛾类幼虫等。北京6月见成虫于水池旁取泥。

雌虫（海淀西山，2021.VI.22）

纹佳盾蜾蠃
Euodynerus strigatus (Radoszkowski, 1893)

雌虫体长约8毫米。体黑色，具较多黄斑，额部触角间具扇形黄斑，唇基黄色，触角柄节腹面黄色，复眼后缘上部各有1点状斑；前胸背板具黄色横带。第2腹端缘黄色区内刻点比本节其他部分粗密。

分布： 北京、陕西、内蒙古、吉林、辽宁；中亚。

注： 捕食多种蛾蝶类等幼虫，也会访花（如紫苏）。

雌虫（紫苏，北京市农林科学院，2019.IX.8）

镶黄蜾蠃

Oreumenes decoratus (Smith, 1852)

雌虫体长24.6毫米。体黑色，具橙黄斑：触角窝间、复眼内缘和后缘、唇基、触角柄节腹面、前胸背板、后小盾片、腹部各节后缘橙黄色（第2节最宽大）。头窄于胸。并胸腹节中部具宽大的纵沟，端小部具中脊。

分布：北京、吉林、辽宁、河北、山西、山东、江苏、浙江、湖南、广西、四川；日本，朝鲜半岛。

注：《北京林业昆虫图谱（I）》错用了学名：*Anterhynchium flavomarginatum* (Smith, 1852)。成虫捕食鳞翅目幼虫（如槐尺蠖），供其子代食用；用泥沙做子代虫巢，尿壶形，有时2个或3个在一起。

雌虫（北京市农林科学院室内，2023.VII.2）

巢（北京市农林科学院室内，2015.VII.7）

丽旁喙蜾蠃

Pararrhynchium ornatum (Smith, 1852)

雌虫体长14.8毫米。唇基黄色，端缘或端半部黑色；触角间及上颚基部各具1个小黄斑；触角12节，柄节腹面黄色。前胸背板前缘黄色，小盾片及后小盾片两侧具黄斑或可消失。第1腹节背板基部垂直部分黑色，端部背面部分呈橙黄色，中面具一凹陷，近端部两侧各有一短的窄条状浅褐色斑；第2节背板橙黄色，基部具略近T字形黑斑。雄性体略小，唇基全黄色，触角13节，端部钩状。

分布：北京、陕西、河北、河南、江苏、浙江、江西、福建、台湾、四川；朝鲜半岛，日本。

注：可分多种亚种，但分布似乎有重叠。图示属于多带亚种*P. ornatum multifasciatum* Giordani Soika, 1986；国内东部地区的塔胡蜾蠃*Jucancistrocerus tachkendensis*（多误写为*tachkensis*）为本种的误定，该种在我国仅知分布于新疆（Li et al., 2022）。北京6～7月可见成虫，吸食杨树剖腹病流出的汁液，在竹管等洞内做巢。

雌虫（杨，北京市农林科学院，2023.VII.27）

雌虫（北京市农林科学院室内，2023.VI.17）

华旁喙蜾蠃
Pararrhynchium sinense (Schulthess, 1913)

雌虫体长12.4毫米，前翅长9.5毫米。体黑色，具黄斑：触角间具1对小点，唇基基部1/3，前方两侧具1对纵斑，上颚基部具三角形斑，复眼后小点，触角柄节腹面，前胸背板两侧，后盾片两侧的小点，前足胫节内侧。唇基长大于宽（1.14∶1）；头顶无凹陷；触角第3节长于第4节（1.4∶1）。小盾片和后胸背板无中沟。腹部第1节具明显的垂直截面，背板宽大于长（5∶4），基部具横脊；第1～3节端部黄色，端缘片状，稍上翘。

分布：北京*、福建、广东、四川；老挝。

注：模式标本产于广东，体长为17.5毫米（Schulthess, 1913）；一些文献描述唇基长大于宽，但原始文献所附的图宽大于长（1.13∶1）。经检标本的唇基斑纹与分布于云南的*Pararrhynchium obsoletum* Li et Chen, 2017相近，但该种胸腹侧脊弱，体长8.9～10.8毫米（Li and Chen, 2017）。北京7月可见成虫。

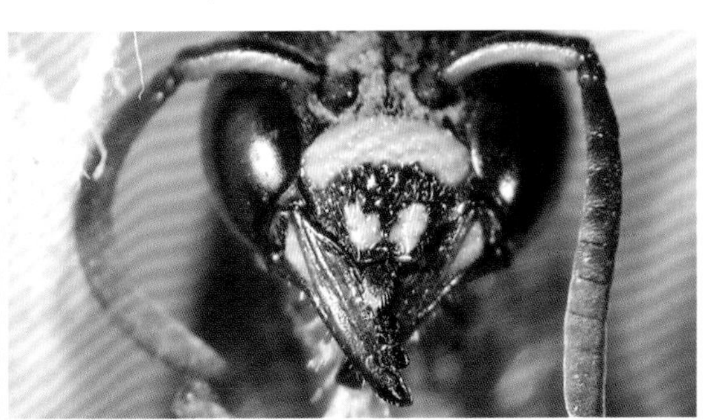

雌虫及头部（栾树，房山上方山，2015.VII.2）

柑马蜂
Polistes mandarinus de Saussure, 1853

雌虫体长约15毫米。唇基前缘或前半部黄色，触角处的眼眶黄色较低窄，远不达触角窝。腹第1～4节背板端部具红褐色横带，且各背板两侧具黄斑，第1节较大，第4节较小或消失。

分布：北京、陕西、河南、浙江、江西、福建、湖北、广东、广西、海南、贵州、西藏；朝鲜半岛，越南。

注：与斯马蜂*Polistes snelleni* de Saussure, 1862接近（区分特征在括号内），本种雌虫唇基不隆起，前缘黄色（隆起，侧观唇基高于触角间的水平，仅基部黑色），腹第2背板具黄色横带（无黄色横带）。南方个体腹部的黄斑不明显，而把北方的作为亚种：*Polistes mandarinus diakonovi* Kostylev, 1940（Kim, 2023）。

雄虫（玉米，怀柔孙栅子，2022.IX.7）

雌虫（油松，昌平王家园，2015.IV.10）

角马蜂

Polistes chinensis antennalis Pérez, 1905

雌虫体长17.0毫米。体黑色，具黄斑。唇基黄色，中部具黑色横带；触角柄节和梗节背面黑色，腹面黄棕色，鞭节锈红色。3对足基、转及腿节基部黑色，其余棕色。腹部第1节背板沿边缘及两侧黄色，第2节背板两侧各有1黄斑，沿端部边缘有1黄色横带；第2～5节端部边缘有1黄色横带；第6节背腹基部黑色、端部黄色。雄虫体略小，颜面嫩黄色。

分布：北京、新疆、甘肃、内蒙古、吉林、河北、山西、山东、江苏、安徽、浙江、福建、湖南；日本，朝鲜半岛，俄罗斯远东，入侵新西兰。

注：指名亚种分布于我国台湾和日本等。成虫可捕食多种鳞翅目幼虫。北京4～10月可见成虫，可访问多种植物的花，如紫苏、萝藦、韭、萱草、菊等。

雄虫（竹，顺义小曹庄，2017.IX.22）

雌虫（油松，昌平王家园，2015.IV.21）

倭马蜂

Polistes nipponensis Pérez, 1905

雌虫体长约16毫米。唇基全部黄色，触角处的眼眶黄色，且较宽大，伸达触角窝。腹第1～4节背板端部具红褐色横带，仅第1背板两侧具黄斑。

分布：北京*、陕西、河南、江苏、浙江、福建、贵州；日本，朝鲜半岛。

注：与柑马蜂（指名亚种）接近，该亚种雌虫唇基仅端部黄色，眼眶处黄斑小，不达触角窝。捕食多种蛾蝶类等幼虫。

雌虫及腹部（桑，平谷东长峪，2018.VI.29）

马蜂

Polistes rothneyi Cameron, 1900

体长21～25毫米。中胸背板黑色，中央具1条细隆线，两侧具1条黄色纵条，通常较细短。并胸腹节具1对黄色斑纹。腹部斑纹有变化。

分布：北京、黑龙江、吉林、辽宁、河北、山东、江苏、安徽、浙江、江西、福建、湖北、广东、海南、四川；日本，朝鲜半岛。

注：过去把本种分为几个亚种，如和马蜂、陆马蜂、海南马蜂等，且华北前2个亚种均有分布，Tan等（2014）把我国的一些亚种均归为异名，即不分亚种。捕食多种鳞翅目昆虫。

雌虫（国家植物园，2024.IV.20）

斯马蜂

Polistes snelleni de Saussure, 1862

雌虫体长14毫米。体黑色至暗棕色，具黄色（或棕红色）、棕色斑。唇基黄色，复眼后缘具细窄黄带；小盾片棕色，具1对黄斑；后小盾片前缘两侧具黄色窄横带；前胸腹节两侧具黄色纵斑；腹第1节背板基部窄，基半部黑色，端部边缘黄色，两色之间为棕色，第3、4节具黄色斑，第3节上的斑常断开。唇基中央凸突，侧面观高于触角间的位置。前胸腹节具明显的横皱褶。

分布：北京、甘肃、内蒙古、吉林、辽宁、河北、山东、江苏、浙江、江西、福建、湖南、四川、贵州、云南；日本，朝鲜半岛，俄罗斯。

注：通常筑巢在屋檐下、窗框上或低矮、隐蔽的植物枝条上、大岩石背阴面等，捕食多种昆虫；成虫可访花。

雄虫（臭椿，房山蒲洼，2019.IX.6）

雌虫（昌平长峪城，2016.VI.23）

黄喙蜾蠃
Rhynchium quinquecinctum (Fabricius, 1787)

体长13～18毫米。体长有变化；头棕色，颅顶具近锚形黑斑；前胸背板黄棕色，中胸背板黑色，具细棕纹或全黑；小盾片基部黑色，端大部棕红色；腹背第1节基部红褐至黑色，端部黄棕至橙黄色，第2～6节端部具很宽的橙黄带；中后足颜色深，黑褐色。雄虫略小，唇基杏黄色，中后足跗节有时具红棕斑；小盾片及后小盾片具细刻点。

分布：北京、内蒙古、黑龙江、辽宁、河北、河南、江苏、浙江、江西、福建、台湾、湖北、湖南、广东、香港、云南；日本，朝鲜半岛，俄罗斯，巴基斯坦，孟加拉国，印度，斯里兰卡，缅甸。

注：成虫捕食蜀葵卷叶内的棉大卷叶螟；记录还可捕食黏虫、草地螟等幼虫；也访花。

雌虫（蜀葵，北京市农林科学院，2014.VIII.6）

雌虫（八宝景天，海淀马连洼，2019.VIII.12）

背直盾蜾蠃
Stenodynerus tergitus Kim, 1999

雌虫体长约8毫米。体黑色，具黄色斑纹：触角间小点，复眼后缘小点，前胸背板1对横斑，后胸背板、第1和2背板后缘及第2腹板后缘横带。唇基隆突，宽稍大于长；头顶后单眼后具1个小浅凹。第2背板后缘几乎垂直上卷。

分布：北京*、陕西；朝鲜半岛。

注：雄虫唇基黄色，足具更多的黄色区域。北京6月可见成虫。

雌虫（昌平长峪城，2016.VI.1）

双孔同蜾蠃

Symmorphus ambotretus Cumming, 1989

雌虫体长10.5毫米，前翅长8.0毫米。体黑色，触角间上方1个小斑、复眼后缘上端1小斑、腹部第1～2节背板及第2节腹板后缘黄色，前足胫节黄褐色。唇基近菱形，中央隆起，前缘浅弧形内凹。并胸腹节中央稍凹陷，具明显的中脊。第1背板刻点粗，斜面平截，第1～2节黄带后缘呈褐色透明，黄带的前后各具粗刻点列。

分布：陕西、重庆、四川、云南；朝鲜半岛，尼泊尔。

注：本种的特点是隆起的后头脊在中央两侧各有1缺刻，即种小名的意思。北京8月可见成虫。

雌虫及后头（昌平长峪城，2014.VIII.27）

三齿胡蜂

Vespa analis Fabricius, 1775

雌虫体长20～30毫米。头（包括唇基）黄色，唇基长短于宽（中长与端宽比为24：43），前缘中央两侧各具1个钝齿突，其间具1个齿突，稍短小。腹背黄色，具黑褐色至黑色横带，可扩大，第6节黄色。

分布：北京、陕西、黑龙江、辽宁、河南、浙江、江西、福建、台湾、湖北、广东、广西、海南、四川、贵州、云南、西藏；日本，朝鲜半岛，俄罗斯，印度，东南亚。

注：本种体色变化很大，腹部可几乎全黑（雌第6节和雄第7节背板仍为黄色），有不少异名。北京5～9月可见成虫，捕食多种昆虫（包括蜜蜂），喜欢取食树创汁液，也可访花，在地面上筑巢。

雌虫（门头沟小龙门，2018.V.20）

雌虫标本头部（昌平长峪城，2019.IX）

黑盾胡蜂

Vespa bicolor Fabricius, 1787

体长15～25毫米。黄色，头额与颅顶黑色，中胸背板黑色，腹部第1节垂直面中央及背面中部具一横向棕色线，第2节基半部棕色，基部具黑色窄线，或垂直面大部黑色。

分布：北京、陕西、河北、浙江、福建、广东、香港、广西、海南、四川、云南、西藏；越南，尼泊尔，不丹，印度。

注：成虫性温，捕食多种昆虫（包括蜜蜂），会上灯捕食蛾类，也可访花（如毛叶丁香、葎草），在屋檐、岩石或树枝下筑球形巢，也可在树洞和地下筑巢。

雌虫（门头沟小龙门，2014.IX.24）

巢（门头沟小龙门，2015.VIII.20）

黑尾胡蜂

Vespa ducalis Smith, 1852

雌虫体长27.6毫米，前翅长23.0毫米。唇基橘黄色，六边形，基缘中央弧形内凹，前缘两侧稍突出；触角腹面暗褐色，柄节腹面黄色。腹部通常基部2节色浅，第3节后黑色，但第3节后缘具黄色窄带。

分布：北京*、陕西、甘肃、吉林、辽宁、河南、江苏、上海、江西、福建、台湾、湖北、湖南、广东、香港、海南、四川、贵州、云南；日本，朝鲜半岛，俄罗斯，印度，东南亚。

注：本种体色有不少变化（谭江丽等，2015）；可捕食多种蛾蝶类幼虫及蜜蜂、胡蜂等其他昆虫。

雌虫及头部（国家植物园，2022.X.13）

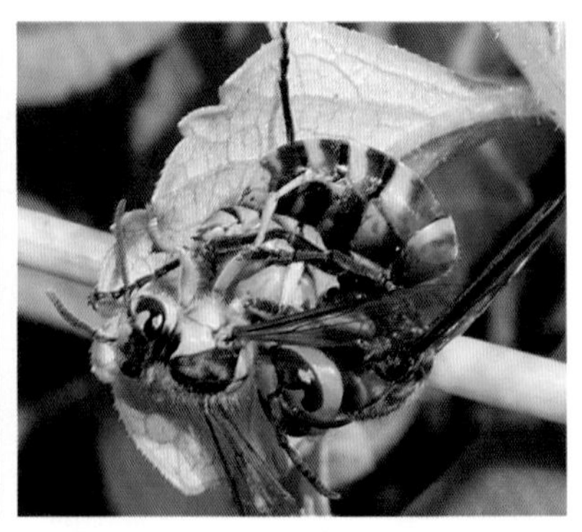

雌虫捕食黑盾胡蜂（怀柔孙栅子，2022.IX.6）

金环胡蜂

Vespa mandarinia Smith, 1852

雌虫体长32.0毫米。头（包括唇基）黄色，唇基长短于宽（中长与最宽处比16：25），前缘中央呈弧形内凹；后颊在复眼后扩大，侧观约为复眼宽的近2倍。腹背黄色，具黑褐色至黑色横带。雄虫触角13节，后颊约为复眼宽的1.3倍。

分布：北京、陕西、甘肃、吉林、辽宁、河南、江苏、上海、浙江、江西、福建、台湾、湖北、广东、广西、四川、贵州、云南、西藏；日本，朝鲜半岛，俄罗斯，南亚，东南亚。

注：与三齿胡蜂相似，本种个体更大，后颊更宽大，在复眼后向两侧突出。蜜蜂的重要天敌，最毒胡蜂之一，可致人命，在野外遇见时须躲避，切忌嬉弄、挑逗。

雄虫（国家植物园，2022.X.13）

雌虫（蒙古栎，国家植物园，2018.V.15）

雌虫头部（怀柔黄土梁室内，2020.VIII.20）

德国黄胡蜂

Vespula germanica (Fabricius, 1793)

雌职蜂体长约16毫米。体黄黑相间，头额中具蝶形黄斑，唇基（内具3个黑点或1个黑点）及复眼内缘黄色；中胸背板两侧、小盾片两侧、后小盾片中央两侧、前胸腹节两侧具黄斑。体披较长的毛，常常在黄色区域披黄毛，黑色区域披黑毛。

分布：北京、陕西、甘肃、青海、新疆、内蒙古、黑龙江、吉林、辽宁、河北、山西、河南、江苏、台湾、云南；朝鲜半岛，俄罗斯，中亚至欧洲、北非，（引入）大洋洲，北美洲，南美洲，南非。

注：捕食鳞翅目幼虫等多种昆虫，或取食蜜露，在果实成熟时，成虫会啃食果实；在入侵地被认为是一种重要的害虫。

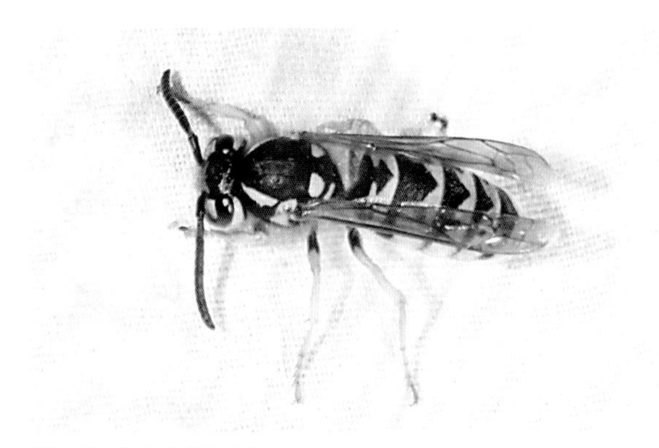

雌职蜂（延庆世园会，2019.VIII.19）

雌职蜂（昌平虎峪，2004.X.3）

细黄胡蜂
Vespula flaviceps (Smith, 1870)

体长11～18毫米。体黑色，具黄（或黄白）斑：颜面两触角窝之间具倒梯形斑，复眼内缘及下方具黄斑，复眼后缘上方具黄斑，唇基黄白色，中央具1个纵黑斑（有时两侧各有1个小斑）；小盾片和后小盾片前缘两侧各具1个黄斑，有时后1对斑可消失；腹第1节背板前缘两侧各具黄色横斑（雄蜂无），各节后缘具黄色窄带。

分布： 北京、黑龙江、辽宁、河北、山西、江苏、浙江、福建、台湾、广东、香港、云南、西藏；日本，朝鲜半岛，俄罗斯，印度，东南亚。

注： 捕食多种昆虫，可访花，有时会上灯捕食昆虫，秋季常见，可取食成熟了的水果。

雌王（杏，海淀西山，2021.V.11）

雄蜂（黄栌，海淀香山，2018.IX.16）

雌职蜂及头部（五叶地锦，房山上方山，2016.VIII.25）

朝鲜黄胡蜂
Vespula koreensis (Radoazkowski, 1887)

雌王体长约16毫米。唇基黄色，周缘黑色；复眼凹陷内全呈黄色。中胸盾片刻点较密；并胸腹节具横皱，无刻点。前翅2m-cu脉位于第2亚缘室中央稍前。腹第1背板基半部黑色，向后色浅，呈棕色。

分布： 北京、陕西、黑龙江、辽宁、河北、河南、安徽、浙江、江西、台湾、湖北、湖南、海南、四川；朝鲜半岛，俄罗斯，印度，东南亚。

注： 本种体色有变化，雄蜂与细黄胡蜂相近。

雌王（油松，房山议合，2019.V.6）

红环黄胡蜂
Vespula rufa (Linnaeus, 1758)

雌虫体长13.4毫米。体黑色，具黄斑：颜面两触角窝之间具方形斑、复眼凹陷内具小斑、复眼后缘上方；唇基黄色，中央具1个纵黑斑或无；小盾片前缘两侧各具1个黄色横斑；腹第1节背板前缘两侧各具黄色横斑，各节后缘具黄色横带。

分布：北京、陕西、新疆、黑龙江、辽宁、台湾、四川、云南、西藏；日本，朝鲜半岛，俄罗斯，蒙古国，阿富汗，尼泊尔，中亚至欧洲，加拿大。

注：又名北方黄胡蜂。本种斑纹多变（谭江丽等，2015），重要的特征是复眼凹陷内具小黄斑，且中胸盾片具较密的刻点。北京6～7月灯下可见成虫。

雌虫（门头沟小龙门，2016.V.18）

雌虫（门头沟小龙门，2011.VII.6）

常见黄胡蜂
Vespula vulgaris (Linnaeus, 1758)

雌王体长约15毫米。唇基中央具1个锚形黑斑；复眼凹陷内全呈黄色，黄斑不明显外延，与额区黄斑相距较远。腹部各背板基部黑色，端缘亮黄色。

分布：北京、陕西、宁夏、甘肃、新疆、内蒙古、黑龙江、辽宁、河北、四川、云南；日本，朝鲜半岛，俄罗斯，中亚，欧洲，北美洲，南美洲，大洋洲。

注：又名普通黄胡蜂。职蜂第1背板中央具箭头形黑斑。具趋光性。

雌王（房山蒲洼，2017.V.24）

雌职蜂（顺义共青林场，2021.IX.8）

雅安诺蛛蜂
Anoplius concinnus (Dahlbom, 1845)

雄虫体长5.8毫米，前翅长4.7毫米。体黑色，被银色短绒毛，头、胸（中下部）及足基转节尤为明显。上颚端部红棕色；头额部稀生直立长毛；触角13节，鞭节腹面均具短刺毛。小盾片长形，整体稍驼形隆起；并胸腹节近基部两侧具1个斜短脊。前翅端部浅烟色，翅痣长约是r脉的2倍（35∶17），第2盘室基下角具凹穴。下生殖板扇形，端部倒“V”形宽凹入。

分布：北京*；俄罗斯，蒙古国至欧洲，北非。

注：中国新记录种，新拟的学名，从学名。成虫常在水边活动，捕捉蜘蛛。北京7月见于河边。

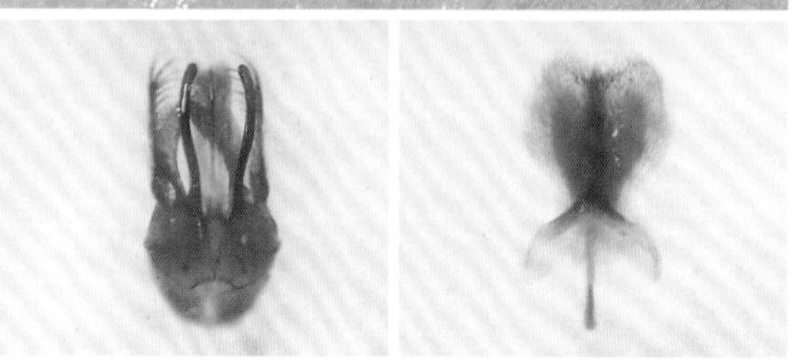

雄虫及外生殖器和下生殖板（房山十一渡，2023.VII.13）

双纹蛛蜂
Batozonellus lacerticida (Pallas, 1771)

雌虫体长19毫米。体黑色，触角黄色，头部复眼内侧及后侧具黄色斑，前胸背板后缘黄色，中胸盾、小盾片具黄色小斑，腹背板第1～4节基缘两侧、第5节基缘黄白色；前翅黄褐色，端缘烟褐色。

分布：北京、河北；日本，俄罗斯，伊朗，欧洲。

注：河北记录于涿鹿山涧口。可从雌虫头部黑色，具2对黄斑与国内已知的3种（头部以黄褐色为主）相区分。捕食多种蜘蛛（如横纹金蛛），常在地上爬行。

雌虫（昌平王家园，2014.VI.17）

东北隐唇沟蛛蜂
Cryptocheilus manchurianus (Yasumatsu, 1935)

雌虫体长13毫米。体黑色，复眼内眶白色，上颚除两端外、小盾片两侧缘、后小盾片、并胸腹节红褐色，足略带褐色；腹部第2～4节具5个白斑。触角12节；唇基前缘稍凹陷。翅发育不良。并胸腹节布满横皱纹。

分布：北京*、辽宁；朝鲜半岛，俄罗斯。

注：新拟的中文名，从学名；模式产地为辽宁抚顺（Yasumatsu, 1935），作为 *Cryptochilus variegatus* 的1个亚种，具有发达的前后翅。北京7月见成虫在地面上爬行。

雌虫（昌平王家园，2014.VII.29）

墙蛛蜂
Deuteragenia sp.

雄虫体长5.3毫米，前翅长4.5毫米。体黑色。触角黑色，13节，第3节最长，后渐短，端节比前节细小；基4节比例为1.7：1：2.5：2.2，第3节是该节最宽处的3.5倍；唇基宽大，浅弧形拱起，前缘平直；上唇短小，长方形，两者均黑色；上颚基半部黑色，端半部棕色，具2个齿：上齿强大，下齿短圆（其下方尚有1不明显齿突）。翅透明，前翅可见2条浅棕色斑带。3足的爪均在近端部具1个短小的内齿。第6腹板后缘近于平截，稍圆突，两侧具黑色齿突，其基部具黑毛；第7腹板略呈三角形，端部短舌形，第8腹板呈1屋脊状鳍形物（2片组成），腹面观两侧近于平行，后端稍收窄，平截。

分布：北京。

注：或被认为是*Dipogon*下的一个亚属，捕捉蜘蛛作为后代食物。本种与我国有分布的双带双角沟蛛蜂*Dipogon bifasciatus* (Geoffroy, 1785)相近，该种雄虫第6腹板后缘中央倒“U”形内凹，第8腹板腹面观近基部扩大（Shimizu and Ishikawa, 2003）。北京6月见成虫于灯下。

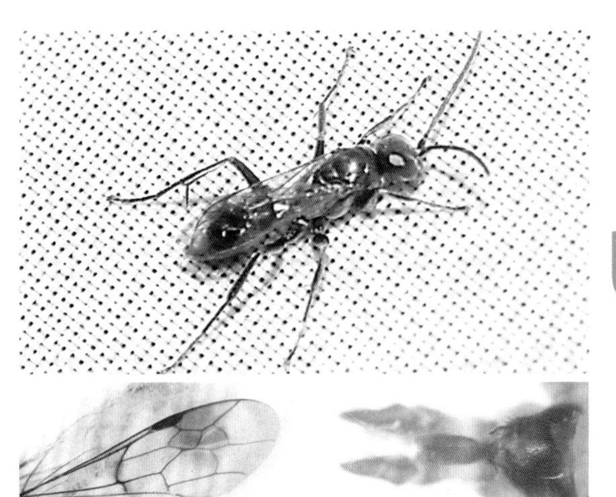

雄虫及翅脉和腹末（房山大安山，2022.VI.4）

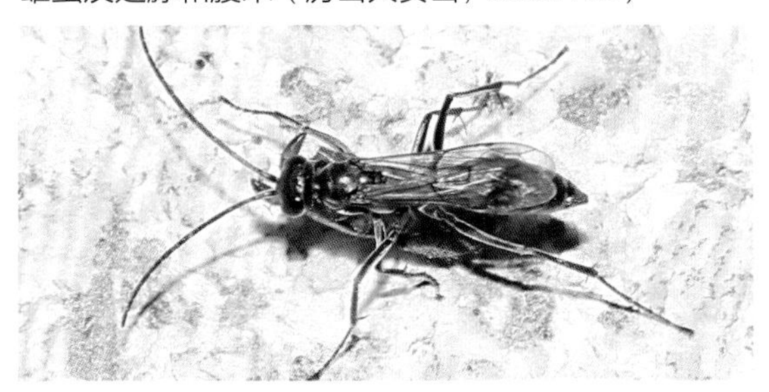

雌虫捕蛛（平谷金海湖，2016.VIII.5）

傲叉爪蛛蜂
Episyron arrogans (Smith, 1873)

雌虫体长10.5毫米。黑色，下列部位具黄白斑：颜面两侧紧靠复眼的细线，前胸背板后缘两侧，腹部第2、3节背板前缘两侧的近椭圆横斑，第4腹板后缘呈横带（有时中央稍分离），后足胫节基部背面（有时消失）。翅透明，灰褐色，外缘暗褐色。

分布：北京、辽宁、河南、浙江、江西、福建、台湾、重庆；日本，俄罗斯，伊朗，欧洲。

注：又称黄斑黑蛛峰。成虫捕捉蜘蛛，供幼虫食用；成虫也访花。

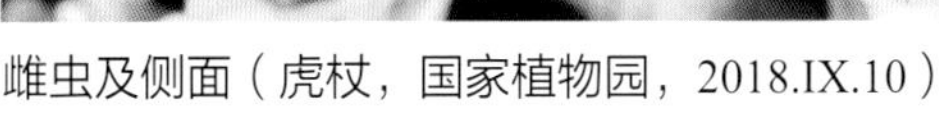

雌虫及侧面（虎杖，国家植物园，2018.IX.10）

鞭角异色泥蜂
Astata boops (Schrank, 1781)

雄虫体长9.0毫米。体黑色，腹部第1～3节红色，但第1节背板基部和第3节背板端部黑褐色，唇基、颜面、体侧密被白色绒毛。复眼发达，相接；前单眼明显大于侧单眼，直径约为后者的2倍；颚眼距小于前单眼直径；唇基前缘中部稍前突，近于平截。触角第3节稍长于第4节。小盾片中央大部分光亮，无毛。

分布：北京等；朝鲜半岛，印度，欧洲，北非。

注：经检标本的个体较小，复眼带暗棕色而有所不同；国内记录为雄虫体长11～14毫米，分布广泛而未有具体地点（吴燕如和周勤，1996）。北京8月可见成虫。

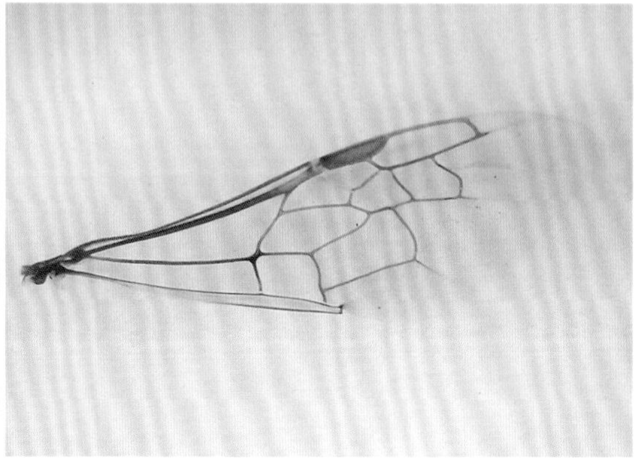

雄虫及翅脉（平谷金海湖，2016.VIII.4）

岩太隆痣短柄泥蜂
Carinostigmus iwatai (Tsuneki, 1954)

雄虫体长5.2毫米。体黑色。上颚黄褐色，两端红褐色；下颚须和下唇须淡黄色，分别为6节和4节，细长。唇基前缘平截，无齿。触角黄褐色，向端部变黑褐色，13节，第1节长。并胸腹节侧区前部具多条粗壮斜纵脊，后区具网状脊纹。腹柄细长，明显长于端缘宽。前翅痣黑色，长形，前翅具2个亚缘室。雌虫触角12节。

分布：北京*、陕西、浙江、福建、台湾、广东、广西、海南、贵州、云南；泰国，马来西亚。

注：我国已知17种（Bashir et al., 2021），雌虫捕食蚜虫、叶蝉等小昆虫，而雄虫吸食花蜜。北京5月见成虫于林下。

雄虫及翅脉（密云雾灵山，2015.V.13）

断带沙大唇泥蜂
Bembecinus hungaricus (Frivaldszky, 1876)

雌虫体长9.6毫米，前翅长6.6毫米。体黑色，具黄斑：上唇（基部中央具黑斑）、唇基、额唇基区、前胸背板及侧叶、中胸盾片后侧角、小盾片端缘侧角、并胸腹节的两侧小斑、腹部第1～5节背板端缘（其中第1背板中央断开）。雌虫触角12节，腹面黄色至黄褐色；雄虫13节，第11节具刺状突起。

分布：北京*、黑龙江、河北、山东、江苏、台湾、湖南、广东、四川、云南；日本，朝鲜半岛，俄罗斯，蒙古国，哈萨克斯坦，土耳其，欧洲。

注：小盾片两侧的黄斑可扩大、后胸背板可具黄色横斑；在沙地里筑巢，幼虫以喙胸类昆虫如叶蝉、木虱、蜡蝉等为食，成虫多吸食花蜜。北京8月可见成虫。

雌虫（核桃，昌平桃林，2013.VIII.14）

沙节腹泥蜂
Cerceris arenaria (Linnaeus, 1758)

体长9～16毫米。体黑色，具黄斑，唇基、额及颜侧、触角第1节腹面、前胸背板两侧、后胸背板、腹部第1～5节或第2～5节后缘黄色；足黄色，腿节、胫节或具黑斑。体表具粗大刻点。雌虫唇基中上部具有1个突出的半圆形片状结构，而雄虫唇基无。

分布：北京、宁夏、新疆、内蒙古、黑龙江、河北、山东；日本，中亚至欧洲，北非。

注：雌虫在地下筑巢，并捕捉5～12只象甲或叶甲等甲虫作为其幼虫的食物。北京6～7月、9～10月可见成虫吸食萱草花蕾的分泌物或访问百合花、菊花、加拿大一枝黄花等。

雄虫（昌平王家园，2012.VI.21）

雄虫及翅脉（萱草，北京市农林科学院，2016.VII.4）

雁斑沙蜂
Bembix eburnea Radoszkowski, 1877

雄虫体长15.0毫米。体黑色，具淡黄或淡蓝色斑，头除额正中、头顶黑色外浅黄褐色；触角背面黑色，腹面褐色。触角13节，第8～10节腹面具小齿，端节稍弯曲。第2腹板中央具1个纵向鳍形突，长大于腹节长之半，第5腹板近端部具1个三角形平台状隆起，距前缘和后缘的距离相近。

分布：北京、内蒙古、天津、河北、山东、江苏。

注：*Bembix weberi* Handlirsch, 1893为本种异名，保留原中文名。经检标本的中胸侧板为黑色，其前下角具1个长形黄斑，这与描述（吴燕如和周勤, 1996；Nemkov, 2016）不同，说明斑纹有变化。捕食食蚜蝇、家蝇等多种双翅目昆虫。

雄虫（门头沟清水室内，2012.VI.5）

日本节腹泥蜂
Cerceris japonica Ashmead, 1904

雌虫体长约10毫米。体黑色，表面具粗糙刻点，具黄斑：唇基、颜面、触角第1节腹面、前胸背板两侧无（或有）、后胸背板、翅基片前端、腹部第2节基部、第3背板宽横带、第5节端缘细横带；前中足以黄色为主，后足以黑色为主。

分布：北京*、河北、江苏、浙江、江西、福建；古北区。

注：曾列为*Cerceris rybyensis japonica* Ashmead。捕食其他蜂类，也可访花。

雌虫（杭子梢，门头沟九龙山，2023.VI.27）

雌虫（风毛菊，房山大安山，2022.IX.20）

多砂节腹泥蜂
Cerceris sabulosa (Panzer, 1799)

雄虫体长6.5毫米。头部额及唇基、复眼后、触角柄节（除顶端褐色）黄色；前胸背板两侧、后胸背板及并胸腹节侧区的斑黄色；翅基片黄色、翅脉褐色；足黄色，后足跗节端部棕色；腹部第2腹板基部具近半圆形的较光滑、稍隆起的区域，第1背板黑色。

分布：北京、黑龙江、湖北；朝鲜半岛，俄罗斯，蒙古国，中亚，中东，欧洲，北非。

注：本种腹部斑纹的大小及颜色有变化，有时腹部几节以棕红色为主，即所谓的中华亚种*Cerceris sabulosa sinica* Tsuneki, 1961。成虫在土中筑巢，捕捉隧蜂为主，也可捕捉地蜂等；成虫也可访问花朵，主要目的是为了捕食。

雄虫（红花蓼，北京市农林科学院，2022.VIII.20）

雌虫（萱草，北京市农林科学院，2018.VII.10）

雌虫（萱草，北京市农林科学院，2019.VI.24）

西伯利亚方头泥蜂
Crabro sibiricus Morawitz, 1866

雄虫体长约17毫米。体黑色，具黄白色斑，小盾片及每腹节后缘黄白色，前足胫节极度膨大（雌虫不膨大，与交配有关），黑褐色，具透明的3～4排红棕色斑，中后足胫、跗节红棕色。头顶前缘宽弧形内凹，单眼排列成三角形，底边长于高；触角第5节及后腹面密被暗褐色毛。

分布：北京*、河北；俄罗斯，蒙古国，哈萨克斯坦。

注：*Crabro*属捕食多种双翅目蝇类给子代食用，在地下或朽木中做巢。本种个体大，与斑盾方头泥蜂*Crabro cribrarius* (Linnaeus, 1758)相近，该种雄虫前足腿节上斑点较小，小盾片黑色。北京8月可见成虫访花。

雄虫（短毛独活，门头沟东灵山，2005.VIII.21）

索波节腹泥蜂

Cerceris sobo Yasumatsu et Okabe, 1936

雌虫体长11.0毫米。体黑色，唇基、额侧颜、额唇基区及额脊黄色，上颚黑色，仅基部具小黄点；翅基片、足腿节端部、腹第1节和第5节背板端部红褐色，前、中足胫节前缘、第4节背板后缘黄色。唇基前缘具叶状突起。

分布： 北京*；日本，朝鲜半岛。

注： 中国新记录种，新拟的中文名，从学名的发音。成虫捕食象甲作为幼虫的食物。北京9月可见成虫访花。

雌虫及头部（皱叶一枝黄花，国家植物园，2018.IX.26）

黑小唇泥蜂

Larra carbonaria Smith, 1858

雄虫体长8.4毫米。体黑色，上颚具光泽的红褐色。单眼仅1个，后单眼退化；复眼距稍长于触角第3+4节之和（37∶35），触角基2节被短毛，第3节长于第4节；额下方隆起，沿复眼内眶也隆起，颜面中央具深中沟；唇基前缘稍弧形突出。雌虫体稍大，触角12节。

分布： 北京、河北、江苏、浙江、福建、台湾、广东、四川、重庆；日本，朝鲜半岛，新加坡，印度，印度尼西亚，菲律宾。

注： 成虫捕捉蟋蟀作为子代的食物。北京6～7月可见成虫。

雄虫（枣，昌平王家园，2012.VI.20）

雌虫（昌平王家园，2007.VII.12）

连续切方头泥蜂
Ectemnius continuus (Fabricius, 1804)

雌虫体长约12毫米。体黑色，具黄斑；上颚大部黄色，触角第1节、前胸背板侧斑及侧叶、腹部第2背板一对侧斑和第4、5背板端缘横带黄色。触角第3节长于第4节，第5节腹面弧形内凹。雄虫上颚黑色，中足胫节具长距。

分布： 北京*、陕西、新疆、黑龙江、河北、四川；全北界。

注： 陕西记录于扶风。在朽木中做巢，巢内为各种蝇类（包括食蚜蝇），常常多达十多头甚至几十头，作为幼虫的食物。

雌虫（国家植物园，2004.IV.22）

褐带切方头泥蜂
Ectemnius sp.

雌虫体长14.8毫米。体黑色，被白色短毛。触角柄节黄色，梗节褐色，鞭节黑褐色；上颚端半部暗红褐色；前胸背板具1对黄色横纹；腹部各节后缘具黄褐色横带；足黑色，腿节端及胫节、跗节红褐色。前后翅略带烟色，具紫色光泽，翅基片、翅脉和翅痣红褐色。中足胫节的后侧缘及后足胫节背缘具齿。

分布： 北京。

注： 我国已知26种11亚种（李重阳和李强，2009），目前尚无系统研究。腹部后缘具黄褐色横带，与日本的*Ectemnius nitobei* (Matsumura, 1912)相近，该种足腿节与胫节、跗节同色，前胸背板无黄斑。北京6月可见成虫入室。

雌虫（房山大安山，2022.VI.24）

红腹小唇泥蜂
Larra amplipennis (Smith, 1873)

雌虫体长11.2毫米，前翅长7.0毫米。体黑色，腹部第1～2节和第3节背板基部红色；翅基片黑色。唇基宽大，前缘浅宽内凹；头顶复眼间距与触角第2～3节之和等长（33：33）；眼眶在头顶处向后扩大。前足胫节外侧具6～7根粗长的刺。

分布： 北京*、河北、江苏、浙江、江西、福建、台湾、广西、云南；日本，越南，泰国，菲律宾。

注： 经检标本个体稍小，触角第3节稍长于第4节（85：77），暂定为本种。这种泥蜂捕食蟋蟀若虫。北京10月可见成虫在地面巡视。

雌虫（门头沟小龙门，2011.X.9）

多皱盗滑胸泥蜂

Lestiphorus rugulosus Wu et Zhou, 1996

雌虫体长13.6毫米，前翅长10.3毫米。黑色。上颚、复眼内侧细长的纵条、前胸背板、腹第2节背板后缘横带黄色，上颚端部、上唇、唇基前缘、触角基3节、翅基片、第1腹节和腹末、足大部红棕色。触角12节，第3节明显长于第1节（15∶8）。中胸盾片中后部至并胸腹节具细纵脊纹，中胸盾片上的数量较小，在小盾片中大部无纵脊，并胸腹节后半部纵脊最多，达18条，并具细横脊，无明显三角区。

分布：北京*、山东、四川。

注：产于北京的*Lestiphorus peregrinus* (Yasumatsu, 1943)，其第1背板在端部收缩，本种不收缩。北京8～9月可见成虫，具趋光性。

雌虫（青檀，房山上方山，2016.VIII.24）

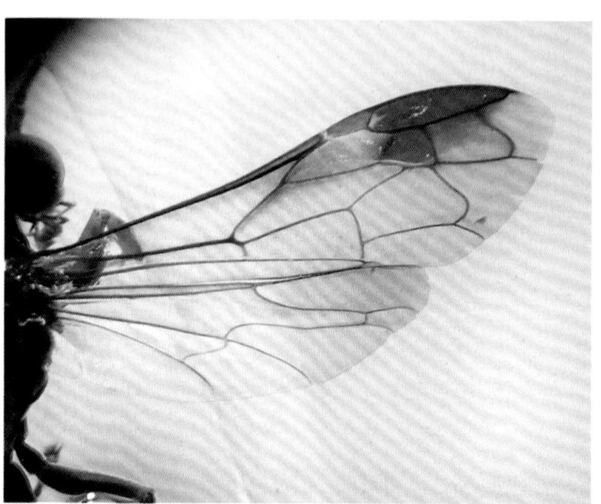

翅脉（延庆潭三沟室内，2020.IX.3）

黑结柄泥蜂

Mellinus obscurus Handlirsch, 1888

雄虫体长8.3毫米，前翅长7.0毫米。体黑色，具黄白斑：触角柄节腹面，上颚基部1斑、唇基具4个黄白斑、复眼内缘白长条；第3腹节背板中部两侧各具1个白色横斑；腿节腹面近端部黄白色（前足很小，后足不明显），前、中足胫节前侧黄白色。触角窝接近复眼下缘；唇基前缘中部具3个黑色小齿（中齿明显大）；触角13节，第8～11节腹面具结节。前翅具3个亚缘室，第2室未接收回脉，后翅中脉M在cu-a脉之前分叉。并胸腹节围绕区隆起、光滑，中央略凹陷，具刻点或皱纹。腹柄长大于宽，两侧前大部具脊；第8腹板长形，两侧近于平行。

分布：北京*、内蒙古、黑龙江、河北；日本，朝鲜半岛，俄罗斯。

注：新拟的中文名，从学名。过去曾作为*Mellinus arvensis* (Linnaeus, 1758)的亚种或异名，该种黄斑较多，小盾片、第2背板、第4背板（雌）或第5背板（雄）具斑纹（Gupta et al., 2008）。在沙地中筑巢，捕捉多种蝇类作为幼虫的食物。北京6月可见成虫于灯下。

雄虫（房山大安山，2022.VI.24）

短鳞刺胸泥蜂

Oxybelus quatuordecimnotatus Jurine, 1807

体长5.6毫米。体黑色，触角黑色，腹面及端部红棕色；前胸背板领片中部黑色，其他部分鲜黄色，后胸背板的侧鳞叶鲜黄色，并胸腹节的片状突起黑褐色，不透明，槽形，端部内凹；翅基片、翅脉红棕色；腹第1～4节背板两侧具黄斑，以第1节为最大。

分布：北京、山东；古北区广泛分布。

注：本种斑纹有变化，如小盾片两侧有或无圆形黄斑、并胸腹节的片状突起端部平截或具浅凹等，但腹部背板1～5节端部两侧各具1个黄斑为较为稳定的特征；经检标本腹末臀板黑褐色，仅端部红棕色，稍有不同，暂定为本种。成虫筑巢在地下，捕食丝光绿蝇作为后代食料，可访问抱茎苦荬、八宝景天等花。

成虫（抱茎苦荬，北京市农林科学院，2016.VI.25）

成虫（北京市农林科学院室内，2013.V.29）

山斑大头泥蜂

Philanthus triangulum (Fabricius, 1775)

雄虫体长10～12毫米。两触角之间的额部具山形淡黄白斑，其下具凹字形斑，唇基两侧具1簇黑色长鬃。雌虫体长12～16毫米；额部的山形斑消失，或仅见"V"形斑，小盾片及后小盾片具黄斑（有时雄虫也有）。

分布：北京、宁夏、新疆、内蒙古、辽宁、河北、山西；朝鲜半岛、俄罗斯，中亚，欧洲，北非。

注：雌虫在沙性土壤中作巢，捕捉蜜蜂，作为子代的食物，成为养蜂业的重要害虫。北京6～10月可见成虫访花，如霍州油菜、菊、翠菊、大滨菊、皱叶一枝黄花等。

雄虫（霍州油菜，北京市农林科学院室内，2013.VI.10）

雌虫（翠菊，国家植物园，2022.IX.26）

皇冠大头泥蜂
Philanthus coronatus (Thunberg, 1784)

雄虫体长约14毫米。体黑色，具黄斑，其中头部前方、额中央冠状斑、前胸背板端缘两侧、翅基片、腹第1节背板两侧的小斑、第2节背板两侧的大斑、第3～5节端缘黄色，触角第1～5节背面黄色。复眼内缘深凹。

分布：北京、甘肃、青海、新疆、内蒙古、黑龙江、天津、河北、山东；蒙古国至欧洲，中东。

注：雌虫体稍大，触角第1～3节背面黄色，额中央的冠状斑较小。雌虫多捕食蜜蜂作为幼虫的食料。北京6月可见成虫访花，取食花粉和花蜜，作为自己飞行的能量供应。

雄虫（昌平王家园，2012.VI.21）

朝鲜豆短翅泥蜂
Pison koreense (Radoszkowski, 1887)

雌虫体长约5.5毫米。体黑色，足的节间（有时胫节）棕色，腹部第2～4节后缘黄棕色。触角12节，棒形；复眼密披细毛，内缘深内凹。前翅翅痣黑色，较小，具2个亚前缘室和2个盘室。

分布：北京、台湾；日本，朝鲜半岛，俄罗斯，（引入）北美洲、欧洲。

注：成虫6～7月可见，用泥做巢在光滑的基质上，长约8毫米，常多个在一起，巢内有10多个猫卷叶蛛*Dictyna felis*。

幼虫及猫卷叶蛛（北京市农林科学院室内，2012.VI.18）

雌虫（北京市农林科学院室内，2012.VII.14）

茧（北京市农林科学院室内，2012.VI.29）

中华捷小唇泥蜂
Tachytes sinensis Smith, 1856

雌虫体长19.0毫米，前翅长15.3毫米。黑色，翅基片、翅脉、足胫节端部和跗节褐色。触角第3节长于第4节，也稍长于顶头两复眼最短间距；额、唇基被浓密的金黄色软毛。腹部第1节背板端缘具很窄的银白色毛带，第2～4节背板端缘具较宽的银白色毛带；第2～6节腹板端缘具1排长鬃。

分布：北京、天津、河北、江苏、上海、浙江、台湾；日本，朝鲜半岛。

注：本种个体较大，即使雄虫体长也大于17毫米。捕猎蝗虫若虫。

雌虫及头胸部（北京市农林科学院，2013.VII.8）

平脊短翅泥蜂
Trypoxylon scutatum Chevrier, 1867

雌虫体长11.8毫米，前翅长5.5毫米。黑色，被白色绒毛（颜面更为明显），前胸背板后缘颜色稍浅。触角第3节稍长于第4节；额区的盾状脊明显，水滴形，向前收窄，呈尖角形，合并后延伸至触角间，并具1个弱脊，几乎插入复眼内缘的凹陷。中胸盾片刻点细、疏。腹第1节细长，长为端宽的4.5倍，稍长于第2～4节之和（9∶8）。

分布：北京、新疆、内蒙古；中亚至欧洲、北非。

注：*Trypoxylon*属是1个大属，世界已知630种。捕食性。北京8月可见成虫于灯下。

雌虫及头部（昌平王家园，2013.VIII.14）

条胸捷小唇泥蜂
Tachytes modestus Smith, 1856

雌虫体长13.8毫米，前翅长10.5毫米。黑色，上颚基部、翅基片、腿节端部及以下红褐色；体被浓密的黄褐色软毛，其中唇基、额、中胸两侧及基部密被金黄色绒毛，腹部第1～4节（雄虫为1～5节）端部具较宽银色毛带。顶头两复眼最短间距约是触角第3节长的1.3倍。

分布：北京、江苏、上海、浙江、台湾、湖北；日本，朝鲜半岛，印度，缅甸，泰国，马来西亚，菲律宾。

注：成虫捕猎螽斯、蝗虫若虫作为后代的食物。北京7月可见成虫，访问荆条的花。

雌虫（房山蒲洼，2020.VII.22）

乌苏里短翅泥蜂
Trypoxylon ussuriense Kazenas, 1980

雌虫体长约14毫米。体黑色，被白色绒毛，翅基片后部褐色。触角第3节长约为宽的4倍，端节稍短于前2节之和（24：25）；额区无明显盾状脊。腹第1节细长，长为端宽的4.5倍，稍长于第2～4节之和（9：8）。

分布：北京*；朝鲜半岛，俄罗斯。

注：中国新记录种，新拟的中文名，从学名。体色及形态与平脊短翅泥蜂很接近，但额部无盾形隆脊区。北京6月可见成虫。

雌虫（房山议合，2019.VI.25）

蓬足脊短柄泥蜂
Psenulus pallipes (Panzer, 1798)

雌虫体长5.4毫米，翅长4.4毫米。体黑色，鞭节下侧大部分及翅基片暗红棕色。触角12节；唇基前缘具1对宽大的齿；额中央具细脊，在触角窝间宽高隆起；上颚端具2个齿。各节胫节端的后侧具数个短刺。前翅第1回脉由第2亚缘室接收，第2回脉由第3亚缘室接收，后翅中脉在Cu-a脉之后分叉。腹柄明显，长于端宽，端部明显宽于基部。

分布：北京、陕西、甘肃、内蒙古、黑龙江、辽宁、吉林、山东、湖北；日本，朝鲜半岛，俄罗斯，哈萨克斯坦，欧洲，北美洲，北非，（传入）智利。

注：成虫用蚜虫饲养后代。成虫捕抓蚜虫。北京5～7月、9月有采集。

雌虫（艾蒿，北京市农林科学院室内，2022.V.28）

骚扰沙泥蜂
Ammophila infesta Smith, 1873

雌虫体长19.0毫米，前翅长10.5毫米。体黑色，腹部第2节端大部和第3节红黄色，并胸腹节端部两侧具银白色毡毛带，中胸侧板后部无银白色毡毛带。腹部第4节及以后各节具蓝色光泽。

分布：北京、陕西、甘肃、新疆、内蒙古、辽宁、河北、山西、山东、浙江；日本，朝鲜半岛，俄罗斯。

注：虞国跃和王合（2018）、虞国跃（2019）的鉴定有误，为赛氏沙泥蜂*Ammophila sickmanni* Kohl, 1901的误定，可从腹末是否具有蓝色金属光泽及中胸侧板后部有或无银白色毡毛带来区分这两种。成虫捕捉鳞翅目大龄幼虫，先用毒液蜇麻，带至合适的地点，在地下做个巢室后，带入巢中并产一卵后封巢。

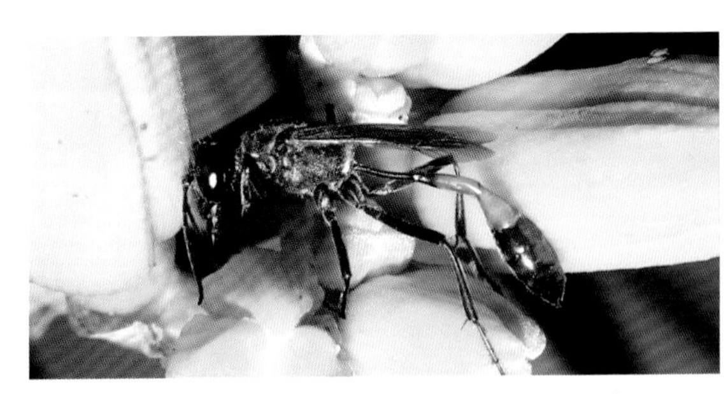
雌虫（艾蒿，北京市农林科学院，2019.VI.24）

赛氏沙泥蜂
Ammophila sickmanni Kohl, 1901

雌虫体长20.0毫米。黑色，腹部第2节端大部及第3节基部红色。中胸盾片具明显的横皱纹，近后缘的皱纹向后凹形，小盾片密生纵皱纹；中胸侧板和并胸腹节端区具白色毡毛斑。腹部的黑色部分无金属蓝色光泽。

分布：北京、陕西、甘肃、内蒙古、吉林、辽宁、天津、河北、山西、山东、江西、湖北、湖南、广东、广西、四川、云南；朝鲜半岛，俄罗斯，蒙古国。

注：成虫捕食蛾类幼虫，也可访花，多数情况下可见成虫在地面上停留或飞行。

雌虫（房山蒲洼东村，2019.VII.24）

耙掌泥蜂
Palmodes occitanicus (Lepeletier de Saint Fargeau et Audinet-Serville, 1828)

雌虫体长23.0毫米。体黑色，腹部第2～4节橙红色，第2节前缘及第4节端部黑色。头部唇基及前额密生白色毛；唇基前缘平截，两侧角具缺刻，缺刻较浅，略平，长不及唇基前缘平直部长之半（11∶29）。并胸腹节两侧具细密横纹。腹柄细长，稍短于后足跗节第2～4节长度之和。后足爪基部具2枚圆钝的齿。

分布：北京、宁夏、内蒙古、辽宁、山东、四川等（广布种）；朝鲜半岛，俄罗斯，中亚，西亚，欧洲，北非。

注：国内的耙掌泥蜂红腹亚种*Palmodes occitanicus perplexus* (Smith, 1856)为其异名。成虫捕食直翅目（如蝗、螽斯）作为幼虫的食物，也会访花（如荆条），北京8～9月可见成虫。

雌虫（荆条，平谷白羊，2018.VII.19）

红异沙泥蜂
Ammophila rubigegen Li et Yang, 1990

雄虫体长13.8毫米，前翅长7.5毫米。体黑色，腹柄端部、第2～3节红黄色。体被黑褐色毛，但以下部分具白色毡毛：颜面及唇基、中胸侧板后部、并胸腹节两侧。前胸和中胸背板具横条纹（中胸尤为明显）。前翅第3亚缘室不具柄，小于第2亚缘室。阳基侧突侧面观具5根刚毛，其中第2根较粗壮。

分布：北京*、陕西、内蒙古、辽宁、四川、云南。

注：与赛氏沙泥蜂*Ammophila sickmanni* Kohl, 1901相近，但个体较小，且眼眶内侧的白色毡毛斑明显。北京8月可见成虫。

雄虫及外生殖器（蒿，房山蒲洼，2018.VIII.18）

日本蓝泥蜂
Chalybion japonicum (Gribodo, 1883)

雌虫体长15.5毫米。体蓝色，具金属蓝或蓝紫光泽，具灰白色长毛。触角12节；唇基馒头形隆起，前缘具3个齿，中央呈齿形，其两侧呈片状突出，近两侧尚有1个小齿。并胸腹节长，长于第1腹节，具横向皱纹。第1腹节柱形，明显向上弯曲，长于第2节。

分布：北京、陕西、内蒙古、黑龙江、辽宁、河北、山西、山东、江苏、浙江、江西、福建、台湾、广东、广西、海南、香港、四川、贵州；日本，朝鲜半岛，泰国，印度。

注：捕捉园蛛（少数蛸蛛）作为子代的食物，作单一至多数巢室。北京7月可见成虫。

雌虫（房山蒲洼室内，2020.VII.15）

雌虫（河北兴隆雾灵山，2012.VII.19）

多毛长足泥蜂

Podalonia hirsuta (Scopoli, 1763)

雌虫体长20.0毫米，前翅长12.0毫米。体黑色，腹部第2～4节红色（第4节后缘黑色），被黑色毛。复眼内缘平直，不凹陷；唇基宽大，中部隆起，前缘近于平截，稍内凹。头胸部刻点大而深。翅淡烟色，前翅3亚缘室，第2亚缘室接收2条回脉。并胸腹部中下部具直立黑色毛丛。腹柄短，略长于后足胫节长之半。爪简单，无基齿。

分布：北京*、甘肃、新疆、内蒙古、河北、山西；古北区。

注：成虫捕捉叶蜂类幼虫。北京6月可见成虫。

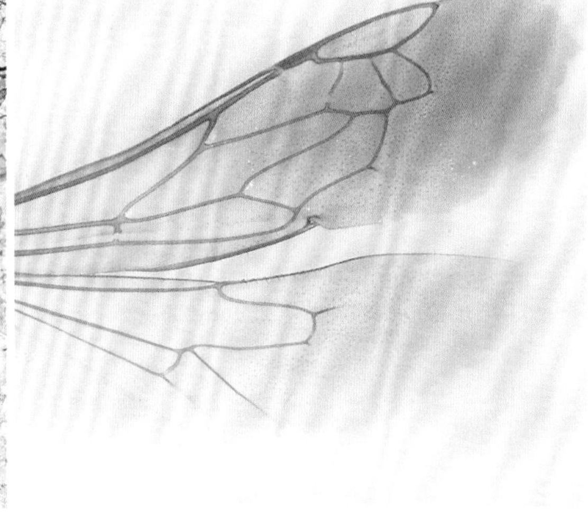

雌虫及翅脉（门头沟小龙门，2016.VI.15）

驼腹壁泥蜂

Sceliphron deforme (Smith, 1856)

雌虫体长15～18毫米。体黑色，具黄色和红色斑，唇基大部分、触角第1节下侧、领片背面、胸腹侧片上部、小盾片、翅基片、并胸腹节侧区前上方具黄色斑，有时呈红色；腹部也具红黄色斑。唇基端缘中央突出，具深凹；雄性唇基端缘黑色，具浅凹。

分布：北京、甘肃、河北、山东、江苏、浙江、江西、台湾、湖北、湖南、广东、广西、贵州、云南；日本，朝鲜半岛，俄罗斯，缅甸，印度。

注：成虫可捕食蛾类幼虫，如菜青虫、棉铃虫等作为幼虫的食物。北京6月后可见成虫，有时冬天在室内可见成虫。

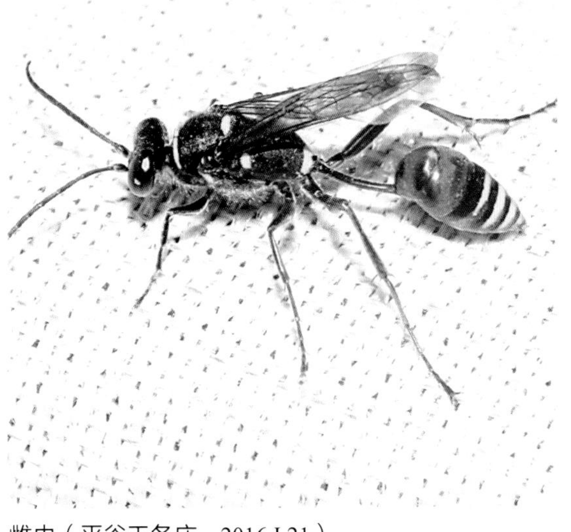

雌虫（平谷王各庄，2016.I.21）

黄腰壁泥蜂

Sceliphron madraspatanum kohli Sickmann, 1894

雄虫体长约17毫米。体黑色，具黄斑。额区和唇基具银白色毡毛。前、中足基节、转节、腿节基部黑色，其胫节全为黄色，后足转节和腿节基部黄色。腹柄节细长，直，黄色。

分布：北京、陕西、辽宁、山东、浙江、福建、湖北、湖南、香港、广西、海南；日本，朝鲜半岛，越南。

注：成虫捕捉蜘蛛作为其幼虫的食物。北京夏季可见成虫在水边的泥地上采集做巢的材料。

雌虫（海淀西山，2021.VII.6）

埋葬泥蜂

Sphex funerarius Gussakovskij, 1934

雌虫体长约20毫米。体黑色，腹部基半部红色，足常常具或多或少红色（至少前足胫节端红色）。头额部密披白色绒毛；触角第3节基半部较细。

分布：北京*、甘肃、新疆、内蒙古、辽宁、山东、四川；俄罗斯，中亚至欧洲，北非。

注：异颚泥蜂*Sphex maxillosus* Fabricius, 1793为本种异名。雄虫触角第3～8节具宽大的板状结构。成虫为幼虫捕捉螽斯等直翅目昆虫。

雌虫（延庆龙庆峡，2013.VII.13）

四脊泥蜂

Sphex sericeus (Fabricius, 1804)

雌虫体长27毫米，前翅长19毫米。体红色，触角鞭节、足基节、转节和跗节（基部略浅）及腹部黑色；头胸部被红棕色毛，小盾片、后小盾片和腹部光滑。后小盾片具1对驼峰，并胸腹节具5条被毛的横脊。

分布：北京*、浙江、福建、台湾、广东、海南、云南；印度，东南亚，澳大利亚。

注：本种体色变化大，通常雄虫体（包括足及触角）全黑，或腹基半部棕色等，有很多异名（包括亚种），国内曾用：四脊泥蜂法氏亚种*Sphex sericeus fabricii* Dahlbom, 1843，现在不分亚种。与同属其他种的主要区别是并胸腹节具3～5条被毛覆盖的横脊。捕食鳞翅目幼虫。北京7月可见成虫。

雌虫（房山蒲洼，2020.VII.30）

主要参考文献

彩万志 . 2022. 拉英汉昆虫学词典 (上卷、下卷). 郑州 : 河南科学技术出版社 .

陈家骅 , 季清娥 . 2003. 中国甲腹茧蜂 膜翅目 : 茧蜂科 . 福州 : 福建科学技术出版社 .

陈家骅 , 宋东宝 . 2004. 中国小腹茧蜂 (膜翅目 : 茧蜂科). 福州 : 福建科学技术出版社 .

陈学新 , 何俊华 , 马云 . 2004. 中国动物志 (第三十七卷) 茧蜂科 (二). 北京 : 科学出版社 .

党心德 , 王鸿哲 . 2002. 陕西省跳小蜂科十一新种 (膜翅目). 昆虫分类学报 , 24(4): 289-300.

邓铁军 . 2000. 中国锤角叶蜂科系统分类研究 . 长沙 : 中南林学院硕士学位论文 : 1-138.

傅强 , 何佳春 , 吕仲贤 , 等 . 2021. 中国水稻害虫天敌的识别与利用 . 杭州 : 浙江科学技术出版社 .

韩源源 . 2023. 中国缝姬蜂族分类研究 . 杭州 : 浙江大学博士学位论文 : 1-364.

何俊华 . 1985. 中国畸脉姬蜂属三新种记述 (膜翅目 : 姬蜂科). 动物分类学报 , 10(3): 316-320.

何俊华 . 1996. 红跗头甲肿腿蜂 : 中国仓库甲虫寄生蜂新纪录种 . 郑州粮食学院学报 , 17(1): 93-94.

何俊华 , 等 . 2004. 浙江蜂类志 . 北京 : 科学出版社 .

何俊华 , 陈学新 , 马云 . 2000. 中国动物志 (第十八卷) 茧蜂科 (一). 北京 : 科学出版社 .

何俊华 , 李杨熊 , 燕红 . 2018. 二十五、姬蜂科 Ichneumonidae. 见 : 陈学新 . 秦岭昆虫志膜翅目 . 西安 : 世界图书出版公司 : 553-631.

何俊华 , 许再福 . 2002. 中国动物志昆虫纲第二十九卷膜翅目螯蜂科 . 北京 : 科学出版社 .

何俊华 , 许再福 . 2015. 中国动物志昆虫纲第五十六卷膜翅目细蜂总科 (一). 北京 : 科学出版社 .

何俊华 , 陈学新 , 马云 . 1996. 中国经济昆虫志第五十一册膜翅目姬蜂科 . 北京 : 科学出版社 .

何孙强 . 2016. 浙江省竹林害虫主要寄生蜂及 1 优势种寄生特性研究 . 杭州 : 浙江农林大学硕士学位论文 : 1-92.

黄大卫 , 廖定熹 . 1988. 北京楔缘金小蜂属纪要 (膜翅目 : 金小蜂科). 昆虫分类学报 , 10(1~2): 19-21.

黎文建 . 2021. 中国啮小蜂亚科分类研究 (膜翅目 : 姬小蜂科). 哈尔滨 : 东北林业大学博士学位论文 : 1-246.

李琳 , 时振亚 , 王高平 . 2003. 中国跳小蜂二新记录属、种 (膜翅目 : 跳小蜂科). 河南农业大学学报 , 37 (1): 23-24.

李铁生 . 1982. 中国农区胡蜂 . 北京 : 中国农业出版社 .

李晓东 , 张孜 . 2010. 国内新记录种柳虫瘿叶蜂的分类特征与生物学特性 . 东北林业大学学报 , 38(6): 91-93, 103.

李扬 . 2017. 中国茧蜂亚科的分类研究 . 杭州 : 浙江大学博士学位论文 : 1-743.

李意成 . 2018. 中国旗腹蜂科系统分类研究 . 广州 : 华南农业大学博士学位论文 : 1-296.

李重阳 , 李强 . 2009. 中国切方头泥蜂属一新种记述 (膜翅目 : 方头泥蜂科). 昆虫分类学报 , 31(2): 147-151.

刘萌萌 , 虞国跃 , 李泽建 , 等 . 2023. 危害栓皮栎的中国突瓣叶蜂属（膜翅目 : 叶蜂科）一新种 . 林业科学 , 59(2): 107-111.

刘萌萌 . 2018. 中国突瓣叶蜂属（膜翅目 , 叶蜂科）系统学研究 . 长沙 : 中南林业科技大学博士学位论文 : 1-311.

刘舒歆 . 2020. 齿唇叶蜂属 *Rhogogaster* Konow 系统学研究 . 长沙 : 中南林业科技大学硕士学位论文 : 1-139.

罗庆怀 , 游兰韶 . 2005. 中国陡胸茧蜂属 (膜翅目 , 茧蜂科 , 小腹茧蜂亚科) 两新种记述 . 动物分类学报 , 31(1): 170-174.

马云 , 汤玉清 , 何俊华 , 等 . 2003. 瘦姬蜂亚科 Ophioninae. 见 : 黄邦侃 . 福建昆虫志第 7 卷 . 福州 : 福建科学技术出版社 : 287-312.

牛耕耘 , 王青华 , 闫家河 , 等 . 2022. 危害白蜡的敛片叶蜂属 (膜翅目 : 叶蜂科) 一新种 . 林业科学 , 58(8): 165-172.

牛耕耘 , 魏美才 . 2010. 中国侧跗叶蜂属 (膜翅目 , 叶蜂科) 五新种 . 动物分类学报 , 35(4): 911-921.
牛泽清 , 吴清涛 , 周青松 , 等 . 2022. 第二次青藏高原综合科学考察西藏蜜蜂类图鉴 . 北京 : 中国林业出版社 .
庞雄飞 , 陈泰鲁 . 1974. 中国的赤眼蜂属 *Trichogramma* 记述 . 昆虫学报 , 17(4): 441-454.
盛金坤 . 1990. 中国霍克小蜂属一新种及一新记录 (膜翅目 : 小蜂科). 昆虫分类学报 , 12(1): 37-40.
盛茂领 , 黄维正 . 1999. 伏牛山凿姬蜂属研究 (膜翅目 : 姬蜂科). 见 : 申效城 , 裴海潮 , 河南昆虫分类区系研究 4. 伏牛山南坡及大别山区昆虫 . 北京 : 中国农业科技出版社 : 87-91.
谭江丽 , van Achterberg C, 陈学新 . 2015. 致命的胡蜂 . 北京 : 科学出版社 .
谭林晏 , 任典挺 , 龙承鹏 , 等 . 2023. 中国栓皮栎上瘿蜂虫瘿内寄生蜂种类调查 . 林业科学研究 , 36(6): 172-180.
唐璞 . 2013. 中国窄径茧蜂亚科分类研究 . 杭州 : 浙江大学博士学位论文 : 1-384.
王景顺 , 王相宏 , Pujade-Villar J, 等 . 2013. 栎空腔瘿蜂形态及生物学特性 . 中国森林病虫 , 32(1): 8-11.
王淑芳 . 1983. 短脉姬蜂属一新种描述 (膜翅目 : 姬蜂科). 动物分类学报 , 8(2): 196-197.
王淑芳 , 姚建 , 王功柱 . 1997. 膜翅目 : 姬蜂科 . 见 : 杨星科 . 长江三峡库区昆虫 (上下). 重庆 : 重庆出版社 : 1617-1646.
王子桐 . 2023. 中国小蜂科分类研究 (膜翅目 : 小蜂总科). 哈尔滨 : 东北林业大学博士学位论文 : 1-237.
魏成贵 . 1965. 槲柞瘿蜂的初步研究 . 昆虫知识 , 2(3): 160-162.
魏成贵 . 1982. 麻栎空腔瘿蜂的初步研究 . 辽宁农业科学 , (5): 49-52.
魏成贵 . 1984. 栎根瘿蜂的初步研究 . 蚕业科学 , 10(4): 230-233.
魏美才 , 聂海燕 . 1998a. 河南伏牛山叶蜂属五新种 (膜翅目 : 叶蜂科). 见 : 申效诚 , 时振亚 . 伏牛山区昆虫 (一). 北京 : 中国农业科技出版社 : 170-175.
魏美才 , 聂海燕 . 1998b. 膜翅目 : 扁蜂科 锤角叶蜂科 三节叶蜂科 松叶蜂科 叶蜂科 茎蜂科 . 见 : 吴鸿 . 龙王山昆虫 . 北京 : 中国林业出版社 : 344-391.
魏美才 , 牛耕耘 , 李泽建 , 等 . 2018. 膜翅目 : 广腰亚目 Symphyta. 见 : 陈学新 . 秦岭昆虫志膜翅目 . 西安 : 世界图书出版公司 : 1-383.
文军 , 魏美才 . 2001. 中国异三节叶蜂属研究 (膜翅目 : 三节叶蜂科). 昆虫分类学报 , 23(1): 75-77.
文军 , 魏美才 , 聂海燕 . 1998. 中国脊颜三节叶蜂属分类研究附记九新种 (膜翅目 : 三节叶蜂科). 广西农业大学学报 , 17(1): 61-70.
吴燕如 . 1979. 中国迴条蜂属及长足条蜂属的新种记述 (蜜蜂总科 , 蜜蜂科). 昆虫学报 , 22(3): 343-348.
吴燕如 . 2000. 中国动物志昆虫纲第二十卷膜翅目准蜂科蜜蜂科 . 北京 : 科学出版社 .
吴燕如 . 2006. 中国动物志昆虫纲第四十四卷膜翅目切叶蜂科 . 北京 : 科学出版社 .
吴燕如 , 周勤 . 1996. 中国经济昆虫志 (第五十二册膜翅目 : 泥蜂科). 北京 : 科学出版社 .
武三安 , 刘锦 , 欧小平 . 2010. 竹子新害虫 : 木竹泰广肩小蜂 . 昆虫知识 , 47(1): 190-192.
武星煜 , 辛恒 , 潘朝晖 . 2007. 绿柳突瓣叶蜂生物学及防治 . 植物保护 , 33(1): 102-105.
萧刚柔 , 黄孝运 , 周淑芷 , 等 . 1992. 中国经济叶蜂志 (I)(膜翅目 : 广腰亚目). 杨陵 : 天则出版社 .
徐志宏 , 何俊华 . 2003. 广肩小蜂科 Eurytomidae. 见 : 黄邦侃 . 福建昆虫志第 7 卷 . 福州 : 福建科学技术出版社 : 483-486.
闫成进 . 2013. 中国臂茧蜂亚科及长茧蜂亚科分类研究 . 杭州 : 浙江大学博士学位论文 : 1-413.
闫家河 , 张西秀 , 周希政 , 等 . 2023. 幽叶蜂属一中国新记录种 : 柳褶幽叶蜂 . 中国森林病虫 , 42(3): 22-29.
严静君 , 徐崇华 , 李广武 , 等 . 1989. 林木害虫天敌昆虫 . 北京 : 中国林业出版社 .
杨友兰 , 武三安 . 1998. 日本董角叶蜂的研究 . 林业科学 , 34(6): 63-66.
杨忠岐 , 王小艺 , 曹亮明 , 等 . 2014. 管氏肿腿蜂的再描述及中国硬皮肿腿蜂属 *Sclerodermus* (Hymenoptera: Bethylidae) 的种类 . 中国生物防治学报 , 30(1): 1-12.
杨忠岐 , 姚艳霞 , 曹亮明 . 2015. 寄生林木食叶害虫的小蜂 . 北京 : 科学出版社 .
姚艳霞 , 杨忠岐 . 2008. 寄生于杨潜叶跳象的 3 种金小蜂 (膜翅目 : 金小蜂科) 及 1 新种记述 . 林业科学 , 44(4): 90-94.

虞国跃 . 2017. 我的家园 , 昆虫图记 . 北京 : 电子工业出版社 .
虞国跃 . 2019. 北京访花昆虫图谱 . 北京 : 电子工业出版社 .
虞国跃 , 王合 . 2018. 北京林业昆虫图谱 (I). 北京 : 科学出版社 .
虞国跃 , 王合 . 2021. 北京林业昆虫图谱 (II). 北京 : 科学出版社 .
虞国跃 , 王合 , 冯术快 . 2016. 王家园昆虫 : 一个北京乡村的 1062 种昆虫图集 . 北京 : 科学出版社 .
游兰韶 , 曾爱平 , 文礼章 . 2012. 北京寄生菜粉蝶的盘绒茧蜂种类鉴定 . 湖南农业大学学报 (自然科学版), 38(1): 61-63.
张丹 , 牛泽清 , 吴清涛 , 等 . 2021. 基于 DNA 条形码探究盗条蜂 *Anthophora plagiata* (Illiger, 1806) 的物种界定 . 西藏科技 , (1): 3-7.
张红英 . 2008. 中国甲腹茧蜂属分类研究 . 杭州 : 浙江大学博士学位论文 : 1-306.
章宗江 . 1984. 果树害虫天敌 . 济南 : 山东科学技术出版社 .
赵涛 , 李洋 , 孙淑萍 , 等 . 2020. 中国发现食心虫田猎姬蜂 (膜翅目 : 姬蜂科). 南方林业科学 , 48(4): 55-58.
赵修复 . 1980. 梢蛾壕姬蜂新种描述及其末龄幼虫记要 (膜翅目 : 姬蜂科 , 壕姬蜂亚科). 昆虫分类学报 , 2(3): 165-167.
周湖婷 . 2018. 中国蚁蜂科分类研究 . 广州 : 华南农业大学硕士学位论文 : 1-162.
周青 , 盛松松 , 郑智龙 , 等 . 2022. 中国发现红带脊颈姬蜂 (姬蜂科). 南方林业科学 , 50(3): 61-63.
宗世祥 , 盛茂领 . 2009. 凿姬蜂属一新种 (膜翅目 , 姬蜂科). 动物分类学报 , 34(4): 922-924.
Achterberg C van. 1990. Revision of the western Palaearctic Phanerotomini (Hymenoptera: Braconidae). Zoologische Verhandelingen (Leiden), 255: 1-106.
An JD, Huang JX, Shao YQ, et al. 2014. The bumblebees of North China (Apidae, *Bombus* Latreille). Zootaxa, 3830(1): 1-89.
Ashmead WH. 1905. New Hymenoptera from the Philippines. Proceedings of the United States National Museum, 29(1416): 107-119.
Ashmead WH. 1906. Descriptions of new Hymenoptera from Japan. Proceedings of the United States National Museum, 30: 169-201.
Astafurova YV, Proshchalykin MY, Niu ZQ, et al. 2018. New records of bees of the genus *Sphecodes* Latreille in the Palaearctic part of China (Hymenoptera, Halictidae). ZooKeys, 792: 15-44.
Astafurova YV, Proshchalykin MY. 2021. Review of the *Epeolus tarsalis* species group (Hymenoptera: Apidae, Epeolus Latreille, 1802), with description of a new species. Zootaxa, 5006 (1): 26-36.
Baker CF. 1917. Ichneumonoid parasites of the Philippines. II. Rhogadinae (Braconidae), II: The genus *Rhogas*. Philippine Journal of Science, 12D: 383-422.
Bashir NH, Li Q, Ma L. 2021. Four new species of the genus *Carinostigmus* Tsuneki (Hymenoptera, Apoidea, Crabronidae) from Oriental China, with an updated key to the Chinese species. Journal of Hymenoptera Research, 81: 87-107.
Baur H, Kranz-Baltensperger Y, Cruaud A, et al. 2014. Morphometric analysis and taxonomic revision of *Anisopteromalus* Ruschka (Hymenoptera: Chalcidoidea: Pteromalidae) –an integrative approach. Systematic Entomology, 39(4): 691-709.
Belokobylskij SA. 2019. Some taxonomical corrections and new faunistic records of the species from the family Braconidae (Hymenoptera) in the fauna of Russia. Proceedengs of the Russian Entomological Society, 90: 33-53.
Belokobylskij SA, Chen X. 2005. A review of the species of the Australo-Asian genus *Sonanus* Belokobylskij et Konishi (Hymenoptera: Braconidae: Doryctinae). Annales Zoologici, 55 (3): 45-56.
Belokobylskij SA, Ku DS. 2021. Review of species of the genus *Heterospilus* Haliday, 1836 (Hymenoptera, Braconidae, Doryctinae) from the Korean Peninsula. ZooKeys, 1079: 35-88.
Belokobylskij SA, Ku DS. 2023. New descriptions and new records of the braconid parasitoids subfamilies Doryctinae

and Rhyssalinae (Hymenoptera, Braconidae) in the fauna of South Korea. ZooKeys, 1138: 49-88.

Belokobylskij SA, Tang P, Chen XX. 2013. The Chinese species of the genus *Ontsira* Cameron (Hymenoptera, Braconidae, Doryctinae). ZooKeys, 345: 73-96.

Belokobylskij SA, Tang P, He JH, et al. 2012. The genus *Doryctes* Haliday, 1836 (Hymenoptera: Braconidae, Doryctinae) in China. Zootaxa, 3226(1): 46-60.

Belokobylskij SA, Zaldívar-Riverón A. 2021. Reclassification of the doryctine tribe Rhaconotini (Hymenoptera, Braconidae). European Journal of Taxonomy, 741: 1-168.

Bingham CT. 1903. The Fauna of British India, including Ceylon and Burma. Hymenoptera, Vol. II. Ants and Cuckoo-wasps. London: Taylor & Francis: 528.

Branstetter MG, Müller A, Griswold TL, et al. 2021. Ultraconserved element phylogenomics and biogeography of the agriculturally important mason bee subgenus *Osmia* (*Osmia*). Systematic Entomology, 46(2): 453-472.

Burks BD. 1936. The Nearctic Dirhinini and Epitranini (Hymenoptera; Chalcididae). Proceedings of the National Academy of Sciences of the United States of America, 22: 283-287.

Cao HX, Salle J, Zhu CD. 2017. Chinese species of *Pediobius* Walker (Hymenoptera: Eulophidae). Zootaxa, 4240(1): 1-71.

Cao LM, Achterberg CV, Tang YL, et al. 2020a. Revision of parasitoids of *Massicus raddei* (Blessig & Solsky) (Coleoptera, Cerambycidae) in China, with one new species and genus. Zootaxa, 4881(1): 104-130.

Cao LM, van Achterberg C, Tang YL, et al. 2020b. Redescriptions of two parasitoids, *Metapelma beijingense* Yang (Hymenoptera, Eupelmidae) and *Spathius ochus* Nixon (Hymenoptera, Braconidae), parasitizing *Coraebus cavifrons* Descarpentries & Villiers (Coleoptera, Buprestidae) in China with keys to genera or species groups. ZooKeys, 926: 53-72.

Cao LM, Yang ZQ, Tang YL, et al. 2015. Notes on three braconid wasps (Hymenoptera: Braconidae, Doryctinae) parasitizing oak long-horned beetle, *Massicus raddei* (Coleoptera: Cerambycidae), a severe pest of *Quercus* spp. in China, together with the description of a new species. Zootaxa, 4021(3): 467-474.

Cao LM, Zhang YL, van Achterberg C, et al. 2019. Notes on braconid wasps (Hymenoptera, Braconidae) parasitising on *Agrilus mali* Matsumura (Coleoptera, Buprestidae) in China. ZooKeys, 867: 97-121.

Chen HY, Talamas EJ, Pang H. 2020. Notes on the hosts of *Trissolcus* Ashmead (Hymenoptera: Scelionidae) from China. Biodiversity Data Journal, 8: e53786.

Chen HY, Liu Z, Wang Z, et al. 2022. Review of the genus *Sericocampsomeris* Betrem, 1941 (Hymenoptera, Scoliidae) from China. Deutsche Entomologische Zeitschrift, 69(2): 125-138.

Chen HY, van Achterberg C, He JH, et al. 2014. A revision of the Chinese Trigonalyidae (Hymenoptera, Trigonalyoidea). ZooKeys, 385: 1-207.

Chen XX, van Achterberg C. 1997. Revision of the subfamily Euphorinae (excluding the tribe Meteorini Cresson) (Hymenoptera: Braconidae) from China. Zoologische Verhandelingen, 313: 1-217

Chen YM, Gibson GAP, Peng LF, et al. 2019. *Anastatus* Motschulsky (Hymenoptera, Eupelmidae): egg parasitoids of *Caligula japonica* Moore (Lepidoptera, Saturniidae) in China. ZooKeys, 881: 109-134.

Chen YP, Wei MC, Yang HL, et al. 2021. Nearly complete mitochondrial genome of *Trichiosoma vitellina* Linne, 1760 (Hymenoptera: Tenthredinidae): sequencing and phylogenetic analysis. Mitochondrial DNA Part B, 5(1): 802-803.

Chou LY, Hsu TC. 1995. The Braconidae (Hymenoptera) of Taiwan. VI. Charmontinae, Homolobinae and Xiphozelinae. Journal of Agricultural Research of China, 44: 357-378.

Cockerell TDA. 1905. Notes on some bees in the British museum. Transactions of the American Entomological Society, 31(4): 309-364.

Cockerell TDA. 1911a. Descriptions and records of bees. —XXXVI. Annals and Magazine of Natural History, Ser. 8, 7: 485-491.

Cockerell TDA. 1911b. Bees in the collection of the United States National Museum. 2. Proceedings of the United States National Museum, 40: 241-264.
Cockerell TDA. 1931. Bees collected by the reverend O. Piel in China. American Museum Novitates, 466: 1-16.
Dathe HH. 2015. Studies on the systematics and taxonomy of the genus *Hylaeus* F. (10) New descriptions and records of Asian *Hylaeus* species (Hymenoptera: Anthophila, Colletidae). Beiträge Zur Entomologie, 65(2): 223-238.
Delrio G. 1975. Révision des espèces ouest-paléarctiques du genre *Netelia* Gray (Hym. , Ichneumonidae). Studi Sassaresi Sezione III, Annali della Facolta di Agraria dell'Università di Sassari, 23: 3-126.
Farahani S, Talebi AA, Rakhshani E. 2012. First records of *Macrocentrus* Curtis, 1833 (Hymenoptera: Braconidae: Macrocentrinae) from Northern Iran. Zoology and Ecology , 22(1): 41-50.
Ferrer-Suay M, Selfa J, Wang YP, et al. 2016. New Charipinae (Hymenoptera: Cynipoidea: Figitidae) records from China. Journal of Asia-Pacific Entomology, 19(4): 1067-1076.
Freitas FV, Branstetter MG, Franceschini-Santos VH, et al. 2023. UCE phylogenomics, biogeography, and classification of long-horned bees (Hymenoptera: Apidae: Eucerini), with insights on using specimens with extremely degraded DNA. Insect Systematics and Diversity, 7(4), 3: 1-21.
Fusu L, Ribes A. 2017. Description of the first Palaearctic species of *Tineobius* Ashmead, 1896 with DNA data, a checklist of world species, and nomenclatural changes in Eupelmidae (Hymenoptera, Chalcidoidea). European Journal of Taxonomy, 263: 1-19.
Gahan AB. 1924. The systematic position of the genus *Harmolita* Motschulsky with additional notes (Hymenoptera). Proceedings of the Entomological Society of Washington, 26(9): 224-229.
Gibson GAP, Fusu L. 2016. Revision of the Palaearctic species of *Eupelmus* (*Eupelmus*) Dalman (Hymenoptera: Chalcidoidea: Eupelmidae). Zootaxa, 4081(1): 1-331.
Giordani Soika A. 1994. Ricerche sistematiche su alcuni generi di Eumenidi della Regione Orientale e della Papuasia (Hymenoptera, Vespoidea). Annali del Museo Civico di Storia Naturale "G. Doria" , 90: 1-348.
Graham MWR de V. 1987. A reclassification of the European Tetrastichinae (Hymenoptera: Eulophidae), with a revision of certain genera. Bulletin of the British Museum of Natural History (Entomology), 55 (1): 1-392.
Grissell EE. 1995. Toryminae (Hymenoptera: Chalcidoidea: Torymidae): a redefinition, generic classification and annotated world catalogue of species. Memoirs on Entomology, International, 2: 1-470.
Grissell EE, Goodpasture CE. 1981. A review of Neactic Podagrionini, with description of sexual behavior of *Podagrion mantis* (Hymenoptera: Torymidae). Annals of the Entomological Society of America, 74: 226-241.
Guénard B, Dunn RR. 2012. A checklist of the ants of China. Zootaxa, 3558(1): 1-77.
Gupta SK, Gayubo SF, Pulawski WJ. 2008. On two Asian species of the genus *Mellinus* Fabricius, 1790 (Hymenoptera: Crabronidae). Journal of Hymenoptera Research, 17(2): 210-215.
Gussakovsky VV. 1940. Notes sur les espèces paléarctiques d'Eucharidinae (Hymenoptera, Chalcididae). Trudy Instituta Zoologii Akademia, URSS, 1: 150-170. (In Russian)
Habu A. 1961. A new *Brachymeria* species of Japan (Hym. Chalcididae). Kontyû, 29: 273-276.
Haeselbarth E. 1978. Notizen zur Gattung *Macrocentrus* Curtis - II. Zur Trennung von *M. bicolor* Curtis, *M. thoracicus* (Nees) und einiger verwandter Arten (Hym. , Braconidae). Nachrichtenblatt der Bayerischen Entomologen, 27: 25-32.
Han Q, Wang HS, Chen B, et al. 2023. A taxonomic revision of the nominotypical subgenus *Tiphia* Fabricius, 1775 (Hymenoptera: Tiphiidae: Tiphiinae) from China, with three new species and a key to the Chinese species. Zootaxa, 5284 (1): 1-43.
Han YY, van Achterberg K, Chen XX. 2021a. The genus *Campoplex* Gravenhorst, 1829 (Hymenoptera, Ichneumonidae, Campopleginae) from China. Zootaxa, 5066 (1): 1-121.
Han YY, van Achterberg K, Chen XX. 2021b. Five new species of the genus *Sinophorus* Förster (Hymenoptera, Ichneumonidae, Campopleginae) from China. Zootaxa, 5061 (1): 115-133.

Han YY, van Achterberg K, Chen XX. 2021c. The genus *Casinaria* Holmgren, 1859 (Hymenoptera: Ichneumonidae, Campopleginae) from China. Zootaxa, 4974 (3): 504-536.

Hansson C, Schmidt S. 2018. Revision of the European species of *Euplectrus* Westwood (Hymenoptera, Eulophidae), with a key to European species of Euplectrini. Journal of Hymenoptera Research, 67: 1-35.

Hara H, Ibuki S. 2020. *Caliroa* slug sawflies of Japan (Hymenoptera, Tenthredinidae). Zootaxa, 4768(3): 301-333.

Haris A. 2000. Study on the Palaearctic *Dolerus* Panzer, 1801 species (Hymenoptera: Tenthredinidae). Folia Entomologica Hungarica, 61: 95-148.

Hernandez-Suarez E, Carnero-Hernández A, Aguiar A, et al. 2003. Parasitoids of whiteflies (Hymenoptera: Aphelinidae, Eulophidae, Platygastridae; Hemiptera: Aleyrodidae) from the Macaronesian archipelagos of the Canary Islands, Madeira and the Azores. Systematics and Biodiversity, 1: 55-108.

Horstmann K. 1986. Vier neue *Phygadeuon*-Arten (Hymenoptera, Ichneumonidae). Nachrichtenblatt der Bayerischen Entomologen, 35: 33-39.

Hou Z, Xu ZF. 2016, First record of the genus *Basalys* Westwood, 1833 (Hymenoptera: Diapriidae) from China, with descriptions of two new species. Zoological Systematics, 41(3): 337-341.

Humala AE. 2020. A new species of the genus *Sphinctus* (Hymenoptera: Ichneumonidae) from the Russian Far East. Far Eastern Entomologist, 413: 20-24.

Humala AE, Lee JW, Choi JK. 2020. A review of the genus *Orthocentrus* Gravenhorst (Hymenoptera, Ichneumonidae, Orthocentrinae) from South Korea. Journal of Hymenoptera Research, 75: 15-65.

Ide T, Abe Y. 2016. First description of asexual generation and taxonomic revision of the gall wasp genus *Latuspina* (Hymenoptera: Cynipidae: Cynipini). Annals of the Entomological Society of America, 109 (5): 812-830.

Ide T, Abe Y. 2021. The heterogonic life cycles of oak gall wasps need to be closed: a lesson from two species of *Dryophanta* (Hymenoptera: Cynipidae: Cynipini). Annals of the Entomological Society of America, 114(4): 489-450.

Ide T, Koyama A. 2023. The formation of a rolling larval chamber as the unique structural gall of a new species of cynipid gall wasps. Scientifc Reports, 13: 18149.

Japoshvili G, Higashiura Y, Kamitani S. 2016. A review of Japanese Encyrtidae (Hymenoptera), with descriptions of new species, new records and comments on the types described by Japanese authors. Acta Entomologica Musei Nationalis Pragae, 56(1): 345-401.

Johansson N, Cederberg B. 2019. Review of the Swedish species of *Ophion* (Hymenoptera: Ichneumonidae: Ophioninae), with the description of 18 new species and an illustrated key to Swedish species. European Journal of Taxonomy, 550: 1-136.

Kavallieratos NG, Tomanović Ž, Petrović A, et al. 2013. Review and key for the identification of parasitoids (Hymenoptera: Braconidae: aphidiinae) of aphids infesting herbaceous and shrubby ornamental plants in Southeastern Europe. Annals of the Entomological Society of America, 106(3): 294-309.

Khalaim AI, Sheng ML. 2009. Review of Tersilochinae (Hymenoptera, Ichneumonidae) of China, with descriptions of four new species. ZooKeys, 14: 67-81.

Kim JK. 2023. Taxonomic review of *Polistes* (*Polistella*) (Hymenoptera: Vespidae: Polistinae) in Korea, with a description of a new species and a new status. Oriental Insects, 57(3): 908-934.

Konishi K. 1986. A revision of the subgenus *Apatagium* Enderlein of the genus *Netelia* Gray from Japan (Hymenoptera, Ichneumonidae). Kontyû, 54 (2): 261-270.

Konishi K. 1996. Study on the subgenus *Toxochiloides* Tolkanitz of the genus *Netelia* Gray (Hymenoptera, Ichneumonidae) of Japan. Japanese Journal of Entomology, 64: 473-481.

Konishi K. 2005. A preliminary revision of the subgenus *Netelia* of the genus *Netelia* from Japan (Hymenoptera, Ichneumonidae, Tryphoninae). Insecta Matsumurana (NS), 62: 45-121.

Konishi K. 2014. A revision of the subgenus *Bessobates* of the genus *Netelia* from Japan (Hymenoptera, Ichneumonidae,

Tryphoninae). Zootaxa, 3755 (4): 301-346.

Konow FW. 1897. Ueber die Tenthrediniden Gattungen *Cimbex* und *Trichiosoma*. Wiener Entomologische Zeitung, 16: 136-147.

Kopelke JP. 2007. The European species of the genus *Phyllocolpa*, part I: the *leucosticta*-group (Insecta, Hymenoptera, Tenthredinidae, Nematinae). Senckenbergiana Biologica, 87 (1): 75-109.

Kusigemati K. 1985. Mesochorinae of Formosa (Hymenoptera Ichneumonidae). Memoirs of the Kagoshima University, Research Center for the South Pacific, 6(1): 130-165.

Li T, Yang ZQ, Sun SP, et al. 2017. A new species of *Pnigalio* (Hymenoptera, Eulophidae) parasitizing *Eriocrania semipurpurella alpina* (Lepidoptera, Eriocraniidae) in China, with its biology and a key to Chinese known species. ZooKeys, 687: 149-159.

Li TJ, Bai Y, Chen B. 2022. A revision of the genus *Jucancistrocerus* Blüthgen, 1938 from China, with review of three related genera (Hymenoptera: Vespidae: Eumeninae). Zootaxa, 5105 (3): 401-420.

Li TJ, Barthélémy C, Carpenter JM. 2019. The Eumeninae (Hymenoptera, Vespidae) of Hong Kong (China), with description of two new species, two new synonymies and a key to the known taxa. Journal of Hymenoptera Research, 72: 127-176.

Li TJ, Chen B. 2017. Descriptions of four new species of *Pararrhynchium* de Saussure (Hymenoptera: Vespidae: Eumeninae) from China, with one newly recorded species and a key to Chinese species. Oriental Insects, 52 (2): 175-189.

Li Y, He JH, Chen XX. 2020. Review of six genera of Braconinae Nees (Hymenoptera, Braconidae) in China, with the description of eleven new species. Zootaxa, 4818 (1): 1-74.

Liao XP, Chen B, Li TJ. 2021 A taxonomic revision of the genus *Mesa* Saussure, 1892 from China, with a key to the Oriental species (Hymenoptera: Tiphiidae: Myzininae). Journal of Asia-Pacific Entomology, 24: 1122-1133.

Lieftinck MA. 1962. Revision of the Indo-Australian species of the genus *Thyreus* Panzer (= *Crocisa* Jurine) (Hym. , Apoidea, Anthophoridae) Part 3. Oriental and Australian species. Zoologische Verhandelingen, 53: 1-212, +3 pls.

Lim JO, Lee JW, Koh SY, et al. 2011. Taxonomy of *Epyris* Westwood (Hymenoptera: Bethylidae) from Korea, with the descriptions of ten new species. Zootaxa, 2866: 1-38.

Lim JO, Lee SH. 2012. Review of *Goniozus* Förster, 1856 (Hymenoptera: Bethylidae) of Korea, with descriptions of two new species. Zootaxa, 3414: 43-57.

Liston AD, Heibo E, Prous M, et al. 2017. North European gall-inducing *Euura* sawflies (Hymenoptera, Tenthredinidae, Nematinae). Zootaxa, 4302 (1): 1-115.

Liu D, Xiao H, Hu HY. 2012. Two newly-recorded species of *Perilampus* (Hymenoptera: Chalcidoidea: Perilampidae) from China. Entomotaxonomia, 34(2): 459-466.

Liu Z, He JH, Chen XX. 2016. The genus *Pholetesor* Mason, 1981 (Hymenoptera, Braconidae, Microgastrinae) from China, with descriptions of eleven new species. Zootaxa, 4150 (4): 351-387.

Liu Z, He JH, Chen XX, et al. 2019. The *ultor*-group of the genus *Dolichogenidea* Viereck (Hymenoptera, Braconidae, Microgastrinae) from China with the descriptions of thirty-nine new species. Zootaxa, 4710(1): 1-134.

Liu Z, Van Achterberg C, He JH, et al. 2021a. Illustrated keys to Scoliidae (Insecta, Hymenoptera, Scolioidea) from China. ZooKeys, 1025: 139-175.

Liu Z, Yang SJ, Wang YY, et al. 2021b. Tackling the taxonomic challenges in the family Scoliidae (Insecta, Hymenoptera) using an integrative approach: a case study from Southern China. Insects, 12: 892.

Mackauer M. 1959. Die europäischen Arten der Gattungen *Praon* und *Areopraon* (Hymenoptera: Braconidae, Aphidiinae). Beiträge zur Entomologie, 9: 810-865.

Maeto K. 1989. Systematic studies on the tribe Meteorini from Japan (Hymenoptera, Braconidae), V, the *pulchricornis* group of the genus *Meteorus* (1). Japanese Journal of Entomology, 57: 581-595.

Mata-Casanova N, Selfa J, Pujade-Villar J. 2014. Revision of the Asian species of genus *Xyalaspis* Hartig, 1843 (Hymenoptera: Figitidae: Anacharitinae). Journal of Asia-Pacific Entomology, 17(3): 569-576.

Matsuo K, Hirose Y, Johnson NF. 2014. A taxonomic issue of two species of *Trissolcus* (Hymenoptera: Platygastridae) parasitic on eggs of the brown-winged green bug, *Plautia stali* (Hemiptera: Pentatomidae): resurrection of *T. plautiae*, a cryptic species of *T. japonicus* revealed by morphology, reproductive isolation and molecular evidence. Applied Entomology and Zoology, 49(3): 385-394.

Matsuo K, Yang MM, Tung GS, et al. 2012. Description of a new and redescriptions of two known species of *Torymus* (Hymenoptera: Torymidae) in Taiwan with a key to Taiwanese species. Zootaxa, 3409: 47-57.

Mitai K, Tadauchi O. 2006. Taxonomic notes on Japanese species of the *Nomada furva* species group (Hymenoptera: Apidae). Entomological Science, 9(2): 239-246.

Mitai K, Tadauchi O. 2007. Taxonomic study of the Japanese species of the *Nomada ruficornis* species group (Hymenoptera, Apidae) with remarks on Japanese fauna of the genus *Nomada*. Esakia, 47: 25-167.

Mocsáry A. 1909. Chalastogastra nova in collectione Musei Nationalis Hungarici. Annales Historico-Naturales Musei Nationalis Hungarici, 7: 1-39.

Motschulsky V. 1860. Catalogue des insectes rapportés des environs du fl. Amour, depuis la Schilka jusqu'à Nikolaëvsk. Bulletin de la Société Impériale des Naturalistes de Moscou, 32(4): 487-507.

Murao R, Ikudome S, Tadauchi O. 2016. *Colletes jankowskyi* (Hymenoptera: Colletidae) newly recorded from Japan, with some biological notes and DNA barcodes. Journal of Melitology, 63: 1-10.

Murao R, Tadauchi O. 2007. A revision of the subgenus *Evylaeus* of the genus *Lasioglossum* in Japan (Hymenoptera, Halictidae) Part I. Esakia, 47: 169-254.

Murao R, Tadauchi O. 2011. Notes on color variation of *Lasioglossum* (*Evylaeus*) *politum pekingense* (Hymenoptera, Halictidae). Japanese Journal of Systematic Entomology, 17(1): 55-58.

Naeem M, Yuan XL, Huang JX, et al. 2018. Habitat suitability for the invasion of *Bombus terrestris* in East Asian countries: A case study of spatial overlap with local Chinese bumblebees. Scientific Reports, 8: 11035.

Nemkov PG. 2016. Digger wasps of the genus *Bembix* Fabricius, 1775 (Hymenoptera: Crabronidae, Bembicinae) of Russia and adjacent territories. Far Eastern Entomologist, 313: 1-34.

Nguyen LT, Tran NT, Nguyen AD, et al. 2024. A review of the solitary wasp genus *Apodynerus* from Vietnam (Hymenoptera: Vespidae). Zoologischer Anzeiger, 313: 49-72.

Nie HY, Wei MC. 2009. Two new species of *Trichiocampus* Hartig (Hymenoptera, Tenthredinidae) from China. Acta Zootaxonomica Sinica, 34(4): 777-780.

Niu G, Budak M, Korkmaz EM, et al. 2022. Phylogenomic analyses of the Tenthredinoidea support the familial rank of Athaliidae (Insecta, Tenthredinoidea). Insects, 13, 858.

Niu ZQ, Uang F, Ascher JS, et al. 2020. Bees of the genus *Anthidium* Fabricius, 1804 (Hymenoptera: Apoidea: Megachilidae: Anthidiini) from China. Zootaxa, 4867 (1): 1-67.

Nixon GEJ. 1974. A revision of the north-western European species of the glomeratus-group of *Apanteles* Förster (Hymenoptera, Braconidae). Bulletin of Entomological Research, 64(3): 453-524.

Okayasu J. 2020. Velvet ants of the tribe Smicromyrmini Bischoff (Hymenoptera: Mutillidae) of Japan. Zootaxa, 4723 (1): 1-110.

O'Toole C. 1975. The Systematics of *Timulla oculata* (Fabricius) (Hymenoptera, Mutillidae). Zoologica Scripta, 4 (5-6): 229-251.

Papp J, Maeto K. 1992. *Triaspis curculiovorus* sp. n. (Hymenoptera, Braconidae) from Japan, parasitizing acorn weevils. Japanese Journal of Entomology, 60(4): 797-804.

Park DY, Lee S. 2021. A new species of *Eurytoma* (Hymenoptera, Chalcidoidea, Eurytomidae) from South Korea, feeding on seeds of *Prunus tomentosa* Thunb. (Rosaceae). Journal of Hymenoptera Research, 85: 1-9.

Pauly A. 2009. Classification des Nomiinae de la Région Orientale, de Nouvelle-Guinée et des îles de l'Océan Pacifique (Hymenoptera: Apoidea: Halictidae). Entomologie, 79: 151-229.

Peng LF, Gibson GAP, Tang L, et al. 2020. Review of the species of *Anastatus* (Hymenoptera Eupelmidae) known from China, with description of two new species with brachypterous females. Zootaxa, 4767(3): 351-401.

Pesenko YA. 2006. Contributions to the Halictid fauna of the Eastern Palaearctic Region: genus *Seladonia* Robertson (Hymenoptera: Halictidae, Halictinae). Esakia, (46): 53-82.

Peters RS, Baur H. 2011. A revision of the *Dibrachys cavus* species complex (Hymenoptera: Chalcidoidea, Pteromalidae). Zootaxa, 2937: 1-30.

Prous M, Blank SM, Goulet H, et al. 2014. The genera of Nematinae (Hymenoptera, Tenthredinidae). Journal of Hymenoptera Research, 40: 1-69.

Prous M, Kramp K, Vikberg V, et al. 2017. North-Western Palaearctic species of *Pristiphora* (Hymenoptera, Tenthredinidae). Journal of Hymenoptera Research, 59: 1-190.

Pujade-Villa J, Wang YP, Tang GZ, et al. 2016. *Andricus mukaigawae* and *A. kashiwaphilus* from China with remarks of morphological differences and inquilines (Hymenoptera: Cynipidae). Butlletí de la Institució Catalana d'Història Natural, 80: 17-24.

Pujade-Villar J, Kang M, Bae J, et al. 2020. Current state of knowledge of the Korean Cynipini: subspecies description, new combinations and checklist (Hymenoptera, Cynipidae). Journal of Asia-Pacific Entomology, 23: 1208-1221.

Pujade-Villar J, Paretas-Martínez J, Selfa J, et al. 2007. *Phaenoglyphis villosa* (Hartig 1841) (Hymenoptera: Figitidae: Charipinae): a complex of species or a single but very variable species? The Annales de la Société Entomologique de France, 43(2): 169-179.

Pujade-Villar J, Wang YP, Chen TL, et al. 2017. Description of a new *Synergus* species from China and comments on other inquiline species (Hymenoptera: Cynipidae: Synergini). Zootaxa, 4341 (1): 56-66.

Pujade-Villar J, Wang YP, Chen XX, et al. 2014. Taxonomic review of East Palearctic species of *Synergus* section I, with description of a new species from China (Hymenoptera: Cynipidae: Cynipinae). Zoological Systematics, 39 (4): 534-544.

Rightmyer M G. 2008. A review of the cleptoparasitic bee genus *Triepeolus* (Hymenoptera: Apidae). Part I. Zootaxa, 1710: 1-170.

Rohwer SA. 1925. Sawflies from the maritime province of Siberia. Proceedings of the United States National Museum, 68 (2609): 1-12.

Romani R, Rosi MC, Isidoro N, et al. 2008. The role of the antennae during courtship behaviour in the parasitic wasp *Trichopria drosophilae*. Journal of Experimental Biology, 211(15): 2486-2491.

Rosa P, Proshchalykin MY, Lelej AS, et al. 2017. Contribution to the Siberian Chrysididae (Hymenoptera). Part 2. Far Eastern Entomologist, 342: 1-42.

Rosa P, Wei NS, Xu ZF. 2014. An annotated checklist of the chrysidid wasps (Hymenoptera, Chrysididae) from China. ZooKeys, 455: 1-128.

Rousse P, van Noort S, Diller E. 2013. Revision of the Afrotropical Phaeogenini (Ichneumonidae, Ichneumoninae), with description of a new genus and twelve new species. ZooKeys, 354: 1-85.

Salata S, Borowiec L, Radchenko AG. 2018. Description of *Plagiolepis perperamus*, a new species from East-Mediterranean and redescription of *Plagiolepis pallescens* Forel, 1889 (Hymenoptera: Formicidae). Annales Zoologici (Warsaw), 68(4): 809-824.

Schulthess AV. 1913. Vespiden aus dem Stockholmer Museum. Arkiv för zoologi, 8(17): 1-23.

Schweger S, Melika G, Tang CT, et al. 2015. New species of cynipid inquilines of the genus *Synergus* (Hymenoptera: Cynipidae: Synergini) from the Eastern Palaearctic. Zootaxa, 3999(4): 451-497.

Seifert B. 2021. A taxonomic revision of the Palaearctic members of the *Formica rufa* group (Hymenoptera: Formicidae) -

the famous mound-building red wood ants. Myrmecological News, 31: 133-179.

Sha ZL, Zhu CD, Murphy RW, et al. 2007. *Diglyphus isaea* (Hymenoptera: Eulophidae): a probable complex of cryptic species that forms an important biological control agent of agromyzid leaf miners. Journal of Zoological Systematics and Evolutionary Research, 45(2): 128-135.

Sheffield CS, Ratti C, Packer L, et al. 2011. Leafcutter and mason bees of the genus *Megachile* Latreille (Hymenoptera: Megachilidae) in Canada and Alaska. Canadian Journal of Arthropod Identification, 18: 1-107.

Shimizu A, Ishikawa R. 2003. Taxonomic studies on the Pompilidae occurring in Japan north of the Ryukyus: genus *Dipogon*, subgenus *Deuteragenia* (Hymenoptera) (Part 3). Entomological Science, 6(3): 165-181.

Shimizu S, Bennett AMR, Ito M, et al. 2019. A systematic revision of the Japanese species of the genus *Therion* Curtis, 1829 (Hymenoptera: Ichneumonidae: Anomaloninae). Insect Systematics & Evolution, 50(2b): 36-66.

Shimizu S, Broad GR, Maeto K. 2020. Integrative taxonomy and analysis of species richness patterns of nocturnal Darwin wasps of the genus *Enicospilus* Stephens (Hymenoptera, Ichneumonidae, Ophioninae) in Japan. ZooKeys, 990: 1-144.

Shiokawa M. 2002. Taxonomic notes on the bryanti-group of the bee genus *Ceratina* from Southeast Asia, with three new species (Hymenoptera: Apidae). Japanese Journal of Systematic Entomology, 5(4): 411-419.

Smith D, Shinohara A. 2011. Review of the Asian wood-boring genus *Euxiphydria* (Hymenoptera, Symphyta, Xiphydriidae). Journal of Hymenoptera Research, 23: 1-22.

Smith F. 1854. Catalogue of the hymenopterous insects in the collection of the British Museum. Part II. Apidae. London: Tayloe and Francis: 409.

Smith F. 1879. Descriptions of new Species of Hymenoptera in the collection of the British Museum. London: Taylor and Francis: 240.

Staab M, Ohl M, Zhu CD, et al. 2014. A Unique Nest-Protection Strategy in a New Species of Spider Wasp. PLoS ONE, 9(7): e101592.

Stary P, Raychaudhuri DN. 1978. *Trioxys* (*Betuloxys*) *takecallis*, sp. nov. from India (Hymenoptera: Aphidiidae). Oriental Insects, 12(3): 365-368.

Stigenberg J, Ronquist F. 2011. Revision of the Western Palearctic Meteorini (Hymenoptera, Braconidae), with a molecular characterization of hidden Fennoscandian species diversity. Zootaxa, 3084 (1): 1-95.

Strand E. 1915. Apidae von Tsingtau (Hymn.), gesammelt von Herrn Prof. W. H. Hoffmann. Entomologische Mitteilungen, 4(1-3): 62-78.

Tadauchi O, Hirashima Y, Matsumura T. 1987. Synopsis of *Andrena* (*Andrena*) of Japan (Hymenoptera, Andrenidae). Part I. Journal of the Faculty of Agriculture, Kyushu University, 31: 11-35.

Tadauchi O, Xu HL, 2000. A revision of the subgenus *Poecilandrena* of the genus *Andrena* of eastern Asia (Hymenoptera, Andrenidae). Insecta Koreana, 17(1/2): 79-90.

Tadauchi O, Xu HL. 2002. A revision of the subgenus *Cnemidandrena* of the genus *Andrena* of Eastern Asia (Hymenoptera, Andrenidae). Esakia, 42: 75-119.

Takada H. 1973. Studies on aphid hyperparasites of Japan, I Aphid hyperparasites of the genus *Dendrocerus* Ratzeburg occurring in Japan (Hymenoptera: Ceraphronidae). Insecta Matsumurana (NS), 2: 1-37.

Takada H. 1998. A review of *Aphidius colemani* (Hymenoptera: Braconidae; Aphidiinae) and closely related species indigenous to Japan. Applied Entomology and Zoology, 33(1): 59-66.

Tan JL, Achterberg C van, Tan QQ, et al. 2016. Four new species of *Gasteruption* Latreille from NW China, with an illustrated key to the species from Palaearctic China (Hymenoptera, Gasteruptiidae). ZooKeys, 612: 51-112.

Tan JL, Sheng ML, Achterberg KV, et al. 2012. The first record of the genus *Uncobracon* Papp from China (Hymenoptera: Braconidae). Zootaxa, 3323: 64-68.

Tan JL, Van Achterberg K, Duan MJ, et al. 2014. An illustrated key to the species of subgenus *Gyrostoma* Kirby, 1828

(Hymenoptera, Vespidae, Polistinae) from China, with discovery of *Polistes* (*Gyrostoma*) *tenuispunctia* Kim, 2001. Zootaxa, 3785: 377-399.

Tang P, Belokobylskij SA, Chen XX. 2015. *Spathius* Nees, 1818 (Hymenoptera: Braconidae: Doryctinae) from China with a key to species. Zootaxa, 3960(1): 1-132.

Tang P, Belokobylskij SA, He JH, et al. 2013. *Heterospilus* Haliday, 1836 (Hymenoptera: Braconidae, Doryctinae) from China with a key to species. Zootaxa, 3683(3): 201- 246.

Taylor C, Barthélémy C. 2021. A review of the digger wasps (Insecta: Hymenoptera: Scoliidae) of Hong Kong, with description of one new species and a key to known species. European Journal of Taxonomy, 786: 1-92.

Timberlake PH. 1919. Revision of the parasitic chalcidoid flies of the genera *Homalotylus* Mayr and *Isodromus* Howard, with descriptions of two closely related genera. Proceedings of the United States National Museum, 56: 133-194.

Togashi I. 1986. The sawfly genus *Megatomostethus* Takeuchi (Hymenoptera, Tenthredinidae) in Taiwan. Kontyû, 54(1): 79-83.

Togashi I, Tano T. 1987. Some Korean sawflies (Hymenoptera, Symphyta), with description of the female of *Nesoselandria koreana* and a new species of *Pristiphora*. Kontyû, 55: 639-643.

Triapitsyn SV. 2013. Review of *Gonatocerus* (Hymenoptera Mymaridae) in the Palaearctic region, with notes on extralimital distributions. Zootaxa, 3644(1): 1-178.

Tu BB, Lelej AS, Chen XX. 2014. Review of the genus *Cystomutilla* André, 1896 (Hymenoptera: Mutillidae: Sphaeropthalminae: Sphaeropthalmini), with description of the new genus *Hemutilla* gen. nov. and four new species from China. Zootaxa, 3889 (1): 71-91.

Tucker EM, Sharkey MJ. 2016. Deserters of *Cremnops desertor* (Hymenoptera: Braconidae: Agathidinae): Delimiting species boundaries in the *C. desertor* species-complex. Systematics and Biodiversity, (2016): 1-9.

Uchida T. 1927. Einige neue Ichneumoniden-Arten und -Varietaeten von Japan, Formosa und Korea. Transactions of the Sapporo Natural History Society, 9: 194-217.

Uchida T. 1930. Beschreibungen der neuen echten Schlupfwespen aus Japan, Korea und Formosa. Insecta Matsumurana, 4: 121-132.

Uchida T. 1933. Über die Schmarotzerhymenopteren von *Grapholitha molesta* Busck. in Japan. Insecta Matsumurana, 7: 153-164.

Uchida T. 1935. Zur Ichneumonidenfauna von Tosa (I.) Subfam. Ichneumoninae. Insecta Matsumurana, 10(1~2): 6-33.

Uchida T. 1937. Die von Herrn O. Piel gesammelten chinesischen Ichneumonidenarten. Insecta Matsumurana, 11(3): 81-95.

Uchida T. 1942. Ichneumoniden Mandschukuos aus dem Entomologischen Museum der kaiserlichen Hokkaido Universitaet. Insecta Matsumurana, 16(3/4): 107-146.

van Achterberg C. 1979. A revision of the subfamily Zelinae auct. (Hymenoptera, Braconidae). Tijsdchrift voor Entomologie, 122: 241-479.

van Achterberg C. 1993. Revision of the subfamily Macrocentrinae Foerster (Hymenoptera: Braconidae) from the Palaearctic region. Zoologische Verhandelingen, 286: 1-105.

van Achterberg C, Shaw MR, Quicke DLJ. 2020. Revision of the western Palaearctic species of *Aleiodes* Wesmael (Hymenoptera, Braconidae, Rogadinae). Part 2: Revision of the *A. apicalis* group. ZooKeys, 919: 1-259.

van Achterberg C, Shaw MR. 2016. Revision of the western Palaearctic species of *Aleiodes* Wesmael (Hymenoptera, Braconidae, Rogadinae). Part 1: Introduction, key to species groups, outlying distinctive species, and revisionary notes on some further species. ZooKeys, 639: 1-164.

Walker F. 1874. Descriptions of some Japanese Hymenoptera. Cistula Entomologica, 1: 301-310.

Wang X, Chen HY, Mikó I, et al. 2021. Notes on the genus *Dendrocerus* Ratzeburg (Hymenoptera, Megaspilidae) from China, with description of two new species. Journal of Hymenoptera Research, 86: 123-143.

Wang Y, Li CD, Zhang YZ. 2013. A taxonomic study of Chinese species of the *alberti* group of *Metaphycus* (Hymenoptera, Encyrtidae). ZooKeys, 285: 53-88.

Wang Y, Zhou QS, Qiao HJ, et al. 2016. Formal nomenclature and description of cryptic species of the *Encyrtus sasakii* complex (Hymenoptera: Encyrtidae). Scientific Reports, 6: 34372.

Wang ZT, Li CD. 2021. Three new species, and new distributional data, of *Haltichella* (Hymenoptera, Chalcididae) from China. ZooKeys, 1060: 1-16.

Watanabe K. 2017. Ichneumonidae, Banchinae, Glyptini. The Insects of Japan, 8: 1-402.

Watanabe K. 2021. Taxonomic and zoogeographic study of the Japanese Phygadeuontinae (Hymenoptera, Ichneumonidae), with descriptions of 17 new species. Bulletin of the Kanagawa Prefectural Museum (Natural Science), 50: 55-136.

Watanabe M. 2019. Review of the genus *Pimpla* Fabricius, 1804 (Hymenoptera Ichneumonidae, Pimplinae) from Japan. Japanese Journal of Systematic Entomology, 25 (2): 217-224.

Watanabe C, Takada H. 1965. A revision of the genus *Pausia* Quilis in Japan, with descriptions of three new species (Hymenoptera : Aphidiidae). Insecta Matsumurana, 28(1): 1-17.

Whitfield JB. 2006. Revision of the Nearctic species of the genus *Pholetesor* Mason (Hymenoptera: Braconidae). Zootaxa, 1144 (1): 1-94.

Williams PH. 2021. Not just cryptic, but a barcode bush: PTP re-analysis of global data for the bumblebee subgenus *Bombus s. str.* supports additional species (Apidae, genus *Bombus*). Journal of Natural History, 55(5-6): 271-282.

Williams PH, An JD, Brown MJF, et al. 2012. Cryptic bumblebee species: consequences for conservation and the trade in greenhouse pollinators. PLoS ONE, 7: 1-8.

Williams PH, Dorji P, Ren ZX, et al. 2022. Bumblebees of the *hypnorum*-complex world-wide including two new near-cryptic species (Hymenoptera: Apidae). European Journal of Taxonomy, 847: 46-72.

Wu XY. 2009. A new species of *Amauronematus* Konow (Hymenoptera: Tenthredinidae) from China. Journal of Central South University of Forestry & Technology, 29(2): 98-101.

Xiao H, Jiao TY, Zhao YX. 2012. *Monodontomerus* Westwood (Hymenoptera: Torymidae) from China with description of a new species. Oriental Insects, 46(1): 69-84.

Xiao H, Zhang R, Gao MQ. 2021. Three new species of the genus *Sycophila* (Hymenoptera, Chalcidoidea, Eurytomidae) from China. ZooKeys, 1029: 123-137.

Xu HL, Tadauchi O. 1995. A Revision of the subgenus *Calomelissa* of the genus *Andrena* (Hymenoptera, Andrenidae) of Eastern Asia. Japanese Journal of Entomology, 63(3): 621-631.

Xu HL, Tadauchi O. 1998. Subgeneric positions and redescriptions of strand's Chinese *Andrena* preserved in the German Entomological Institute (D. E. I. , Eberswalde) (Hymenoptera: Andrenidae). Esakia, 38: 89-103.

Xu ZF, He JH, Terayama M. 2002. Three new species of the genus *Goniozus* Förster, 1856 (Hymenoptera: Bethylidae) from Zhejiang. Entomotaxonomia, 24 (3): 209-215.

Xu ZF, He JH, Terayama M. 2003. A new species of the genus *Laelius* Ashmead, 1893 (Hymenoptera: Bethylidae) from China. Bulletin de L'Institut Royal des Sciences Naturelles de Belgique, Entomologie, 73: 197-198.

Yan CJ, van Achterberg C, He JH, et al. 2017. Review of the tribe Helconini Foerster s. s. from China, with the description of 18 new species. Zootaxa, 4291 (3): 401-457.

Yan CJ, He JH, Chen XX. 2013. The genus *Brulleia* Szépligeti (Hymenoptera, Braconidae, Helconinae) from China, with descriptions of four new species. ZooKeys, 257: 17-31.

Yan YC, Yan WL, Wei MC. 2022. Four new species of the Cimbicidae (Hymenoptera: Tenthredinoidea) from China. Entomotaxonomia, 44(3): 215-227.

Yang ZQ, Strazanac JS, Marsh PM, et al. 2005. First recorded parasitoid from China of *Agrilus planipennis*: A new species of *Spathius* (Hymenoptera: Braconidae: Doryctinae). Annals of the Entomological Society of America, 98(5):

636-642.
Yasumatsu K. 1935. An unrecorded Psammocharid from South Mandchuria (Hymenoptera, Psammocharidae). Kontyû, 9(1): 28-30.
Yasumatsu K, Hirashima Y. 1969. Synopsis of the small carpenter bee genus *Ceratina* of Japan (Hymenoptera, Anthophoridae). Kontyû, 37(1): 61-70.
Yasumatsu K, Kamijo K. 1979. Chalcidoid parasites of *Dryocosmus kuriphilus* Yasumatsu (Cynipidae) in Japan, with descriptions of five new species (Hymenoptera). Esakia, 14: 93-111.
Ye XH, van Achterberg C, Yue Q, et al. 2017. Review of the Chinese Leucospidae (Hymenoptera, Chalcidoidea). ZooKeys, 651: 107-157.
Zhang HY, Chen XX, He JH. 2006 New species and records of the genus *Chelonus* Panzer, 1806 (Braconidae: Cheloninae) from China. Zootaxa, 1209: 49-60.
Zhang JP, Zhang F, Gariepy T, et al. 2017. Seasonal parasitism and host specificity of *Trissolcus japonicus* in northern China. Journal of Pest Science, 90 (4): 1127-1141.
Zhang RN, van Achterberg C, Tian XX, et al. 2020. Sexual variation in two species of *Helorus* Latreille (Hymenoptera, Heloridae) from NW China, with description of female of *Helorus caii* He & Xu. Zootaxa, 4821 (3): 570-584.
Zhang Y, Xiong ZC, van Achterberg K, et al. 2016. A key to the East Palaearctic and Oriental species of the genus *Rhysipolis* Foerster, and the first host records of *Rhysipolis longicaudatus* Belokobylskij (Hymenoptera: Braconidae: Rhysipolinae). Biodiversity Data Journal, 4: e7944.
Zhao KX, Achterberg C van, Xu ZF. 2012. A revision of the Chinese Gasteruptiidae (Hymenoptera, Evanioidea). ZooKeys, 237: 1-123.
Zhou SY, Huang JH, Yu DJ, et al 2010. Eight new species and three newly recorded species of the ant genus *Temnothorax* Mayr (Hymenoptera: Formicidae) from the Chinese Mainland, with a key. Sociobiology, 56(1): 7-26.
Zhu CD, Huang DW. 2002. Review of Chinese species of genus *Eulophus* (Hymenoptera: Eulophidae). Entomological News, 113(1): 50-62.
Zhu CD, Huang DW. 2003. A study of the genus *Euplectrus* Westwood (Hymenoptera: Eulophidae) in China. Zoological Studies, 42(1): 140-164.
Zhu CD, LaSalle J, Huang D. 1999. A study on Chinese species of *Aulogymnus* Förster (Hymenoptera: Eulophidae). Entomologica Sinica, 6(4): 299-308.
Zou BY, Hu HY, Zhang LW, et al. 2023. A taxonomic study of *Psyllaephagus* Ashmead (Hymenoptera, Encyrtidae) from China. ZooKeys, 1184: 327-359.

中文名索引

A

阿苏山沟姬蜂 184
安松褶翅小蜂 58, 59
暗斑瘦姬蜂 200
暗翅拱茧蜂 135
暗梗异角蚜小蜂 89
暗黑瘤姬蜂 206
暗滑茧蜂 137
暗色光茧蜂 127
暗色球蚧跳小蜂 75
暗色跳小蜂 78
凹唇壁蜂 253
螯蜂科 221
傲叉爪蛛蜂 307
奥姬小蜂 103
澳隐后金小蜂 94

B

巴蛾幽茧蜂 151
白翅脊柄小蜂 62
白根凹眼姬蜂 171
白基多印姬蜂 218
白角愈腹茧蜂 151
白蜡哈氏茎蜂 3
白蜡吉丁啮小蜂 56
白蜡敛片叶蜂 28
白蜡外齿茎蜂 3
白蜡窄吉丁柄腹茧蜂 155
白毛长腹土蜂 284
白毛地蜂 230
白皮松长足大蚜 37
白绒斑蜂 271
白杨小潜细蛾 109, 111
白榆突瓣叶蜂 19
白转介姬蜂 174
拜氏跳小蜂 82
斑唇后室叶蜂 11
斑盾方头泥蜂 311
斑额叶舌蜂 226
斑衣蜡蝉螯蜂 222
斑栉姬蜂 166
斑痣突瓣叶蜂 19
板栗大蚜 37
半闭弯尾姬蜂 175
半红盛雕姬蜂 217
半黄长尾小蜂 70
棒腹蜂 240
棒突芦蜂 262, 263
棒小蜂科 70
抱缘姬蜂 214
豹纹花翅蚜小蜂 91, 92
北方蜾蠃 292
北方切叶蜂 248
北方食瘿广肩小蜂 51
北海道马尾姬蜂 191
北京扁胫旋小蜂 57
北京长体茧蜂 141
北京长须蜂 264
北京淡脉隧蜂 236
北京短脉姬蜂 167
北京断脉茧蜂 136
北京亮蚁小蜂 71
北京杨锉叶蜂 21
北京枝瘿象 64
北京中华蚁蜂 281
贝加尔湖地蜂 234
背侧蚜外茧蜂 153
背直盾蜾蠃 300
壁泥蜂 223
鞭角异色泥蜂 308
扁股小蜂科 102
柄草蛉茧蜂 129
柄腹姬小蜂 55
柄腹细蜂科 32
柄瘤蚜茧蜂 140
波赤腹蜂 247
波氏长颈树蜂 2

C

彩艳斑蜂 269
菜粉蝶 107
菜蚜茧蜂 132
蚕蛾棘转姬蜂 212
仓蛾姬蜂 215
草蛉黑卵蜂 34
草蛉茧蜂 129
草蛉歧腹姬蜂 178
草蛉属 129
侧带侧跗叶蜂 25
侧广腹细蜂 37
侧窝寡毛土蜂 283
茶翅蝽沟卵蜂 35
茶梢尖蛾 143
茶梢尖蛾长体茧蜂 143
茶枝镰蛾 143
长腹元蜾蠃 292
长红腹隧蜂 244
长节大头蚁 280
长颈树蜂科 2
长青切叶蜂 251
长体刻柄茧蜂 123
长尾小蜂科 66
长辛店啮小蜂 115
长须蜂 271
长足大蚜茧蜂 99, 149
长足熊蜂 260
常见黄胡蜂 305
超中原姬蜂 210
巢菜地蜂 235
朝鲜柄臀叶蜂 13
朝鲜豆短翅泥蜂 316
朝鲜黄胡蜂 304
朝鲜阔跗茧蜂 160
朝鲜绿姬蜂 173

朝鲜肿跗姬蜂 164, 165
齿基矛茧蜂 133
齿颈淡脉隧蜂 237
齿突芦蜂 263
齿纹丛螟 171
齿凿姬蜂 217
赤带扁股小蜂 102
赤眼蜂科 72
锤角细蜂科 33
锤角叶蜂科 7
春尺蠖前凹姬蜂 166
纯长距姬小蜂 107
刺蛾黄色沟距姬小蜂 112
刺蛾紫姬蜂 173
刺鞘阔柄跳小蜂 80
丛螟高缝姬蜂 171
粗唇淡脉隧蜂 239
粗点红腹隧蜂 244
粗管棱柄姬蜂 211
粗角钝杂姬蜂斑腿亚种 163
粗角姬蜂 205
粗角巨片叶蜂 17
粗胫分距姬蜂 176
锉叶蜂 200

D

大安山棱柄姬蜂 210
大斑绿斑叶蜂 27
大斑土蜂 285
大蛾卵跳小蜂 82
大陆亚种 291
大螟钝唇姬蜂 183
大蚜优宽金小蜂 96
大眼长体茧蜂 144
大眼旋小蜂 57
大痣细蜂科 36
带沟姬蜂 183, 185
单齿切叶蜂 251
单带艾菲跳小蜂 75
单带棒角叶蜂 27
淡翅切叶蜂 249
淡黄大头蚁 279
淡角近脉三节叶蜂 3
淡脉脊茧蜂 119
淡脉隧蜂 236, 242
淡脉隧蜂属 236
盗条蜂 256
稻毛虫凹眼姬蜂 172
德国黄胡蜂 303
德州角头小蜂 62
等距姬蜂 187
底比斯金色姬小蜂 104
地蜂科 229
地锦槭 2
地老虎细颚姬蜂 181
地熊蜂 260
点缘榆细蛾 109
迭斜沟茧蜂 138
钉毛长大蚜 94
东北陆蜾蠃 293
东北隐唇沟蛛蜂 306
东方刻柄腹瘿蜂 49
东方毛沟姬蜂 168
东方愈腹茧蜂 150
东亚蚁小蜂 70
都姬蜂 179
陡盾茧蜂 147
豆柄瘤蚜茧蜂 140
短翅平腹小蜂 55
短翅蚜小蜂 86
短脊长颊茧蜂 132
短寄甲肿腿蜂 220
短角泰广肩小蜂 53
短角蚜瘿蜂 46
短距蚜小蜂 86
短鳞刺胸泥蜂 315
短室钩土蜂 288
短尾尖腹蜂 246
断带沙大唇泥蜂 309
盾蚧寡节跳小蜂 76
盾亮蚁小蜂 71
多彩指胸青蜂 224
多带亚种 296
多孔阔柄跳小蜂 81
多毛毛锤角叶蜂 9
多毛长足泥蜂 321
多毛小蠹 125
多色盛雕姬蜂 217
多砂节腹泥蜂 311
多皱盗滑胸泥蜂 314

E

蛾柔茧蜂 136
二斑褶翅蜂 30
二齿四条蜂 270
二色褶翅蜂 29

F

方斑中带叶蜂 26
方蜾蠃 295
方啮小蜂 113
方头泥蜂科 308
菲岛腔室茧蜂 124
分舌蜂科 226
粉毛蚜 273
风桦锤角叶蜂 8
佛州多胚跳小蜂 78
弗尼条蜂 255
伏牛齿凿姬蜂 217
富丽熊蜂 259
腹脊茧蜂 118

G

盖拉头甲肿腿蜂 218
甘蓝粉虱 91
甘蓝夜蛾黑卵蜂 34
甘蓝夜蛾拟瘦姬蜂 195
甘薯潜叶蛾 151
甘肃平腹小蜂 53
甘蔗嫡粉蚧 75
柑橘棘粉蚧 74
柑橘木蛾 63
柑马蜂 297
刚竹泰广肩小蜂 52
钢铁红腹隧蜂 242, 243, 244
高富二叉瘿蜂 43
高尾山拟瘦姬蜂 196
高知阿格姬蜂 164
戈氏地蜂 233
葛氏长尾小蜂 67
葛氏梨茎蜂 3
弓脊姬蜂 215

沟门刻柄茧蜂 125
沟门棱柄姬蜂 211
钩腹蜂科 289
钩土蜂科 288
枸杞木虱啮小蜂 115
枸杞线角木虱 115
谷旋小蜂 58
寡毛土蜂科 283
拐角简栉叶蜂 15
管氏肿腿蜂 221
冠毛拟瘦姬蜂 194
光盾齿腿姬蜂 208
光滑枚钩土蜂 288
光黄褐蚁 274
光瘤姬蜂 188
广大腿小蜂 61
广蜂科 7
广腹细蜂科 37
广沟姬蜂 183
广肩小蜂科 49
广双瘤蚜茧蜂 126
广头叶蝉 221
果蝇毛锤角细蜂 33
蜾蠃突背青蜂 225

H

哈托大腿小蜂 61
合巢二叉瘿蜂 43
核桃大跗叶蜂 14
褐斑马尾姬蜂 190
褐带切方头泥蜂 313
褐黄菲姬蜂 164
褐角艳斑蜂 266
褐胫三盾茧蜂 158
褐球蚧跳小蜂 78
褐胸无垫蜂 254
褐缘细颚姬蜂 181
褐足拱脸姬蜂 205
黑白象 157
黑斑红蚧 77, 80
黑斑细颚姬蜂 180
黑棒腹蜂 240
黑柄啮小蜂 116
黑侧沟姬蜂 171
黑唇平背叶蜂 11
黑顶扁角树蜂 2
黑端刺斑叶蜂 26
黑盾巢姬蜂 162
黑盾蜾蠃 293
黑盾胡蜂 302
黑盾缘茧蜂 149
黑颚条蜂 256
黑跗长足条蜂 263
黑副旗腹蜂 29
黑腹单节螯蜂 222
黑股广蜂 7
黑褐草蚁 277
黑基细颚姬蜂 182
黑肩细锤角叶蜂 8
黑结柄泥蜂 314
黑胫棒腹蜂 240
黑胫残青叶蜂 12
黑胫副奇翅茧蜂 145
黑龙江褶翅蜂 30
黑毛眼姬蜂 215
黑泥蜂 59
黑青金小蜂 95
黑青蚜蝇跳小蜂 84, 85
黑似凹瘿蜂 41, 101, 103
黑条侧跗叶蜂 25
黑尾胡蜂 302
黑小唇泥蜂 312
黑足齿腿茧蜂 159
横盾近脉三节叶蜂 4
横叶舌蜂 228
红斑棘领姬蜂 213
红斑丝长腹土蜂 287
红壁蜂 253
红带脊颈姬蜂 161
红跗头甲肿腿蜂 219
红腹小唇泥蜂 313
红黑脊茧蜂 121
红环黄胡蜂 305
红基瘤姬蜂 206
红骗赛茧蜂 161
红头蚁 275
红头真长颈树蜂 2
红胸长体茧蜂 144
红异沙泥蜂 320
红棕卡姬蜂 169
虹彩悬茧蜂 146
胡蜂科 290
胡桃豹夜蛾 188
槲栎长尾小蜂 69
槲树花纹瘿蜂 38
槲树旋博瘿蜂 40
槲柞瘿蜂 39, 44
糊瘦姬蜂 203
花斑马尾姬蜂 191
花棒腹蜂 240
花角跳小蜂 76
花四条蜂 265
华北密林熊蜂 258
华美盾斑蜂 269
华旁喙蜾蠃 297
华夏厚结猛蚁 272
华肿脉金小蜂 97
桦三节叶蜂 6
槐木虱跳小蜂 83
环腹瘿蜂科 46
荒漠长喙茧蜂 131
皇冠大头泥蜂 316
黄斑短胸啮小蜂 113
黄斑瘦姬蜂 204
黄柄齿腿长尾小蜂 67
黄柄啮小蜂 116
黄柄长尾小蜂 69
黄柄盘绒茧蜂 130
黄翅菜叶蜂 13
黄地老虎 117
黄毒蛾 180
黄跗绒斑蜂 264
黄腹长尾小蜂 68
黄腹近脉三节叶蜂 4
黄后胫地蜂 230, 231
黄喙蜾蠃 300
黄基棒甲腹茧蜂 129
黄脊茧蜂 119
黄胫刻腹小蜂 65
黄眶离缘姬蜂 214
黄眶食瘿广肩小蜂 52
黄脸裂臀姬蜂 211

黄芦蜂 261
黄栌直缘跳甲 72
黄毛蚁 276
黄内茧蜂 154
黄色食瘿广肩小蜂 51
黄氏叉齿细蜂 31
黄氏锉叶蜂 23
黄腿旋小蜂 56
黄尾长距姬小蜂 108
黄胸彩带蜂 242
黄胸地蜂 234
黄胸木蜂 270
黄腰壁泥蜂 322
黄叶舌蜂 229
黄缘脊基姬蜂 178
黄缘悬茧蜂 146
黄足狂蚁 278
黄足尼氏蚁 278
黄足泰广肩小蜂 53
黄足蚜小蜂 86
混短脉姬蜂 167
混合柄瘤蚜茧蜂 139
火红青蜂 223
霍夫曼地蜂 230
霍氏淡脉隧蜂 240

J

姬蜂科 161
姬小蜂科 103
基弗旋小蜂 55
基脉锤角细蜂 33
畸足柄腹细蜂 32
吉丁 125
吉丁虫啮小蜂 115
吉林鳞跨茧蜂 144
棘钝姬蜂 165
脊颜混毛三节叶蜂 5
继条蜂 256
尖肩淡脉隧蜂 238
间色土蜂 287
茧蜂科 117
简氏分舌蜂 226
角斑台毒蛾 171
角额壁蜂 252
角马蜂 298
截距滑茧蜂 135
介姬蜂 174
金糙青蜂 223
金环胡蜂 303
金堇蛱蝶 117
金毛长腹土蜂 284
金小蜂 101
金小蜂科 92
近华钩土蜂 289
晋州矛茧蜂 134
茎蜂科 3
颈双缘姬蜂 177
净切叶蜂 247
久单爪螯蜂 221
矩盾狭背瘿蜂 47
榉黏叶蜂 14
巨柄啮小蜂 108
巨楔缘金小蜂 99
巨胸小蜂科 72
具柄矛茧蜂 134
具点刻腹小蜂 64
具孔钩土蜂 288
具瘤畸脉姬蜂 199
卷蛾壕姬蜂 189
卷叶螟绒茧蜂 121
掘穴蚁 271

K

喀木虱 82
卡氏蚜大痣细蜂 36
开室沟蚜瘿蜂 48
克氏毛地蜂 235
刻点天牛茧蜂 128
刻腹小蜂科 64
刻纹刻柄茧蜂 124
刻胸叶蜂 16
孔蜾蠃 294, 295
孔拟瘦姬蜂 197
苦艾蚜茧蜂 122
宽板长颊茧蜂 133
宽板尖腹蜂 246
宽柄翅缨小蜂 117
宽颊陡胸茧蜂 154
宽室瘦姬蜂 204
宽缘复鬃柄腹金小蜂 96
阔痣姬蜂 207

L

喇叭拟瘦姬蜂 198
赖氏食蚧蚜小蜂 89
兰州熊蜂 259
蓝彩带蜂 241
梨茎蜂 3
梨小食心虫 190
梨小搜姬蜂 190
梨枝瘿蛾 188
李氏脊颜三节叶蜂 6
丽黑姬蜂 191
丽旁喙蜾蠃 296
丽下腔茧蜂 157
丽小长管蚜 122
丽蚜小蜂 90
栎根瘿蜂 40
栎空腔瘿蜂 40, 45
栎羽角姬小蜂 114
栗山天牛 145
栗瘿长尾小蜂 69
栗瘿蜂 65
栗瘿刻腹小蜂 64
连续切方头泥蜂 313
敛眼齿唇叶蜂 23
两斑距地蜂 232
两色长距姬小蜂 107
两色长体茧蜂 140
两色皱腰茧蜂 153
亮长凹姬蜂 177
亮毛蚁 276
林德刻柄茧蜂 125
菱室姬蜂 192
羚足沟蜾蠃 290
刘氏小蚁蜂 282
瘤钝带钩腹蜂 290
柳虫瘿叶蜂 18
柳瘤大蚜 148
柳木虱啮小蜂 113
柳蜷叶蜂 16
柳少毛蚜茧蜂 148

柳条线角木虱 113
柳突瓣叶蜂 20
柳褶幽叶蜂 16, 17
芦苇格姬小蜂 112
路舍蚁 281
卵聚蛛姬蜂 216
裸缘楔缘金小蜂 98
绿腹齿唇叶蜂 22
绿柳突瓣叶蜂 20
绿条无垫蜂 255
绿眼赛茧蜂 160

M
麻栎空腔瘿蜂 46
麻纹蝽平腹小蜂 54
马蜂 299
马尼拉陡胸茧蜂 154
玛氏举腹蚁 273, 274
埋葬泥蜂 322
麦逖凹头小蜂 60
满斜结蚁 280
猫卷叶蛛 316
毛瓣淡毛三节叶蜂 5
毛翅蚜瘿蜂 47
毛跗黑条蜂 257
毛连菜属 71
毛蚜蚜小蜂 88
毛眼姬蜂 215
毛瘿蜂广肩小蜂 51
茅莓蚁舟蛾 212
玫登长距姬小蜂 107
玫瑰广肩小蜂 51
梅祝蛾 132
美山斑艳蜂 266
蒙古栎客瘿蜂 45
蒙氏桨角蚜小蜂 91
米象金小蜂 96
密林熊蜂 258, 259
密毛刻柄茧蜂 125
蜜蜂科 254
眠熊蜂 259
绵粉蚧长索跳小蜂 74
绵粉蚧刷盾跳小蜂 77
绵蚧阔柄跳小蜂 81
棉大卷叶螟绒茧蜂 121
棉短瘤蚜茧蜂 126
棉铃虫齿唇姬蜂 169
棉蚜茧蜂 81, 139
明亮熊蜂 259, 260
螟虫顶姬蜂 162
螟黄抱缘姬蜂 214
模夜蛾 107
墨天牛 124
墨玉巨胸小蜂 72
木蛾霍克小蜂 63
木竹泰广肩小蜂 53
苜蓿切叶蜂 250

N
纳地蜂 229
泥蜂科 319
拟红壁蜂 253
拟滑长体茧蜂 141
拟黄芦蜂 262
拟孔蜂巨柄啮小蜂 108
拟绒毛隧蜂 236
拟瘦姬蜂 199
拟微红盘绒茧蜂 131
黏虫白星姬蜂 216
黏虫广肩小蜂 50
黏虫棘领姬蜂 166, 213
黏虫脊茧蜂 118
黏虫盘绒茧蜂 130
黏虫悬茧蜂 145
念珠愈腹茧蜂 148
柠黄瑟姬小蜂 104, 109
纽绵蚧跳小蜂 77

P
耙掌泥蜂 319
耙掌泥蜂红腹亚种 319
帕氏颚钩茧蜂 127
盘绒茧蜂 102
陪拟瘦姬蜂 194
蓬莱大齿猛蚁 279
蓬足脊短柄泥蜂 318
膨腹细蜂 32
皮蠹肿腿蜂 219
皮金小蜂 100
骗赛茧蜂 161
瓢虫柄腹姬小蜂 111
瓢虫啮小蜂 110
瓢虫跳小蜂 80
平腹小蜂 55
平脊短翅泥蜂 317
平脉优宽金小蜂 94
苹槌缘叶蜂 22
苹毒蛾细颚姬蜂 180
苹果绵蚜蚜小蜂 87
苹小卷叶蛾 189
珀蝽 35
珀蝽沟卵蜂 35
朴黏叶蜂 14
朴圆斑卷象 127
普毛青蜂 224

Q
七黄斑蜂 245
脐腹小蠹 125
旗腹蜂科 28
槭树绵粉蚧 75
槭树毡蚧 70
千头楚南茧蜂 155
潜蛾柄腹姬小蜂 111
潜蛾新金姬小蜂 110
潜蛾幽茧蜂 152
潜敏啮小蜂 109
浅黄恩蚜小蜂 90
腔柄腹茧蜂 156
强姬蜂 175
墙沟蜾蠃 291
墙蛛蜂 307
蔷薇大痣小蜂 66
切盾脸姬蜂 192
切叶蜂科 245
青岛切叶蜂 251
青岛舌蜂 228
青蜂科 223
青腹中华蚁蜂 281
青绿突背青蜂 225
青铜齿腿长尾小蜂 66
球蚧跳小蜂 75

屈氏角室茧蜂 156
犬野土蜂 286

R
热河梢小蠹 56
日本凹头小蜂 60
日本奥姬小蜂 103
日本菜叶蜂 12
日本锤角叶蜂 7
日本弓背蚁 272
日本黑褐蚁 274
日本佳盾蜾蠃 294
日本节腹泥蜂 310
日本截胫小蜂 63
日本客瘿蜂 44
日本蓝泥蜂 320
日本棱角肿腿蜂 219
日本瘤姬蜂 207
日本纽绵蚧 77
日本欧姬蜂 201
日本盘腹蚁 271
日本平腹小蜂 53, 54
日本切叶蜂 249
日本忍冬圆尾蚜 48, 153
日本少毛蚜茧蜂 37, 147
日本食蚧蚜小蜂 89
日本螳小蜂 68
日本通草蛉 79
日本元蜾蠃 292
日本褶翅蜂 30
日本褶翅小蜂 58, 59
日本准蜂 245
日光漏斗蛛姬蜂 168
日光瘦姬蜂 202
绒茧灿金小蜂 102
柔毛地蜂 230
弱拟瘦姬蜂 195

S
赛氏沙泥蜂 319, 320
三斑单距姬蜂 212
三板长体茧蜂 143
三齿胡蜂 301
三带扁角姬小蜂 105
三环环腹三节叶蜂 6
三节叶蜂科 3
三色恩蚜小蜂 91
三室泥蜂科 318
桑蟥聚瘤姬蜂 185
骚扰沙泥蜂 319
瑟茅金小蜂 100, 101
沙节腹泥蜂 309
沙枣蝽 35
山斑大头泥蜂 315
山大齿猛蚁 279
山定子 22
山西高缝姬蜂 170
山楂喀木虱 82
杉原姬蜂 187
闪蓝聚姬小蜂 106
闪青蜂 225
上海青蜂 223
梢蛾壕姬蜂 189
梢小蠹长尾金小蜂 100
梢小蠹旋小蜂 56
少毛蚜茧蜂 94
绍氏柄腹姬小蜂 111
舌蜂 229
蛇眼蚧斑翅跳小蜂 79
社会长须蜂 269
深灰石冬夜蛾 106
深径茧蜂 157
盛冈纹瘿蜂 39
十和田艳斑蜂 268
石沟蜾蠃 290
石狩红蚁 275
食心虫田猎姬蜂 163
食蚜蝇跳小蜂 84, 85
始刻柄茧蜂 123
饰坐腹姬蜂 182
柿树真棉蚧 81
柿羽角姬小蜂 114
室田雕背姬蜂 184
瘦柄花翅蚜小蜂 91
瘦姬蜂 203
树蜂科 2
栓皮栎饼二叉瘿蜂 42, 52, 65, 76
栓皮栎二叉瘿蜂 103
双斑断突叶蜂 25
双带双角沟蛛蜂 307
双环钝颊叶蜂 10
双孔同蜾蠃 301
双邻金小蜂 95
双色长尾小蜂 70
双纹蛛蜂 306
双线愈腹茧蜂 148
双叶切叶蜂 248
双枝黑松叶蜂 10, 67
水曲柳长体金小蜂 102
硕脊茧蜂 120
斯马蜂 297, 299
斯氏拟瘦姬蜂 193
斯氏珀蝽 35
四斑弓背蚁 273
四斑土蜂 285
四国细颚姬蜂 181
四脊泥蜂 322
四脊泥蜂法氏亚种 322
松毛虫赤眼蜂 73
松毛虫脊茧蜂 121
松毛虫卵宽缘金小蜂 99
松毛虫平腹小蜂 54
松毛虫楔缘金小蜂 99
松毛虫异足姬蜂 186
松叶蜂科 10
松针粉大蚜 149
溲疏属 11
隧蜂科 236
索波节腹泥蜂 312

T
塔胡蜾蠃 296
塔菱室姬蜂 192
台湾锉角肿腿蜂 220
台湾带钩腹蜂 289
台湾短角蜾蠃 291
台湾客瘿蜂 44
台湾毛瘿蜂 44, 46, 51
台湾条背茧蜂 138
台湾纹瘿蜂 38, 39
台湾悦茧蜂 128
太町艳斑蜂 268

泰山准蜂 245
汤氏拟瘦姬蜂 198
桃粉大尾蚜 47, 87
桃粉蚜蚜小蜂 87
桃仁蜂 49
桃蚜瘿蜂 47
桃一点叶蝉 116
桃缨翅缨小蜂 116
特囊蚁蜂 282
天蛾卡姬蜂 209
条带高缝姬蜂 170
条胸捷小唇泥蜂 318
跳甲异赤眼蜂 72
跳象伲姬小蜂 109
跳小蜂科 74
铜色隧蜂 243
透明双邻金小蜂 95
凸腿小蜂 64
突瓣叶蜂属 14
突眼红胸三节叶蜂 4
土蜂科 284
驼长颈树蜂 2
驼腹壁泥蜂 321

W

弯角褶翅蜂 29
弯毛侧跗叶蜂 24
豌豆彩潜蝇 112
豌豆潜蝇姬小蜂 105
豌豆蚜 153
丸山细颚姬蜂 180
网连沟金小蜂 95
微红盘绒茧蜂 131
微食皂马跳小蜂 85
伟巨胸小蜂 72
尾除蠋姬蜂 200
纹黄枝瘿金小蜂 96
纹佳盾蜾蠃 295
倭马蜂 298
乌苏里短翅泥蜂 318
乌苏里熊蜂 261
乌苏里蚁小蜂 71
乌兹别克蚜茧蜂 122
无距淡脉隧蜂 237
无区大食姬蜂 167
五加个木虱 83
五加木虱跳小蜂 83
伍异金小蜂 93
舞毒蛾黑瘤姬蜂 206
舞毒蛾姬蜂 189

X

西伯广背叶蜂 7
西伯利亚方头泥蜂 311
西伯利亚舌蜂 227
西部淡脉隧蜂 239
喜马盾斑蜂 269
细点鳞蚁蜂 281
细蛾 114
细蛾柄腹姬小蜂 111
细蛾羽角姬小蜂 114
细蜂科 31
细黄胡蜂 304
细脊蚜大痣细蜂 36
细角阔柄跳小蜂 80
细角刷盾跳小蜂 77
细拟瘦姬蜂 197
细线细颚姬蜂 179
狭带贝食蚜蝇 84
狭面姬小蜂 105
夏威夷食蚧蚜小蜂 89
显蜾蠃 295
镶黄蜾蠃 225, 296
向栎空腔瘿蜂 57
象虫金小蜂 93
象甲三盾茧蜂 157
肖绿斑蚜 88
肖绿斑蚜蚜小蜂 88
小扁胫旋小蜂 57
小齿刻胸叶蜂 16
小地蜂 233
小蠹黄足旋小蜂 56
小蠹脊额旋小蜂 56
小蜂科 60
小环艳斑蜂 267
小黄家蚁 277
小菌蚊 209
小麦叶蜂 15
小瘦姬蜂 202
小原拟瘦姬蜂 196
楔斑长足大蚜 94
新宾突瓣叶蜂 21
新乌扁股小蜂 103
兴棒小蜂 70
许氏凹眼姬蜂 172
旋纹潜蛾 110
旋小蜂科 53

Y

蚜虫宽缘金小蜂 98
蚜虫跳小蜂 84
蚜茧蜂跳小蜂 81
蚜小蜂科 86
蚜瘿蜂 46
雅安诺蛛蜂 306
亚美棒锤角叶蜂 9
岩太隆痣短柄泥蜂 308
眼斑华蚁蜂 283
眼斑土蜂 286, 287
眼斑驼盾蚁蜂 283
艳斑蜂 267
雁斑沙蜂 310
燕麦蚜茧蜂 123
杨扁角叶蜂 24
杨黄褐锉叶蜂 21
杨柳道潜蝇 101
杨潜叶叶蜂 18
杨潜蝇金小蜂 101
杨氏二叉瘿蜂 42
杨跳象三盾茧蜂 158
杨燕尾舟蛾 119
叶蜂科 10
叶象 109
夜蛾黑卵蜂 34
夜蛾拟瘦姬蜂 196
夜蛾瘦姬蜂 201, 203
一枝黄花地蜂 231
疑彩带蜂 241
蚁蜂科 281
蚁科 271
蚁小蜂 70
蚁小蜂科 70

异颚泥蜂 322
异脊茧蜂 117
异色滑茧蜂 137
异愈腹茧蜂 150
意大利蜜蜂 258
翼蚜外茧蜂 153
银翅欧姬蜂 201
银足切胸蚁 280
隐尾瓢虫跳小蜂 79, 116
印度修尾蚜 153
英佳盾蜾蠃 291
英彦山地蜂 232
缨翅缨小蜂 116
缨小蜂科 116
樱桃仁广肩小蜂 50
蝇蛹金小蜂 97
瘿蜂科 38
瘿孔象刻腹小蜂 64
榆红胸三节叶蜂 4
榆跳象 109
榆童锤角叶蜂 7
榆突瓣叶蜂 19
榆小蠹 125
榆痣斑金小蜂 93
圆突分舌蜂 226
圆尾蚜瘿蜂 48
缘长腹土蜂 284
缘长体茧蜂 142
缘腹细蜂科 34
缘叶舌蜂 227
悦茧蜂 128
云南角额姬蜂 188

Z

杂无垫蜂 254
凿姬蜂属 217
枣大球蚧 78
枣星粉蚧 76
泽田长索跳小蜂 74
札幌艾菲跳小蜂 76
乍毛淡脉隧蜂 238
柞蚕软姬蜂 186
窄斑毛锤角叶蜂 9
窄腹凹眼姬蜂 172
窄木虱跳小蜂 82
窄切叶蜂 250
窄室细颚姬蜂 182
赵氏草岭跳小蜂 79
赵氏瓢虫跳小蜂 80
折半脊茧蜂 120
褶翅蜂 31
褶翅蜂科 29
褶翅小蜂科 58
浙江黑松叶蜂 10
真棉蚧 77
真棉蚧阔柄跳小蜂 81
真三纹扁角姬小蜂 105
知纤姬蜂 209
指长索跳小蜂 74
指突蚜大痣细蜂 37
智形分盾蚁小蜂 71
中国蜻卵金小蜂 92
中国毛斑蜂 265
中国四条蜂 265
中华齿腿姬蜂 208
中华锉叶蜂 23, 200
中华短猛蚁 272
中华横脊姬蜂 213
中华红林蚁 275
中华厚爪叶蜂 24
中华捷小唇泥蜂 317
中华苦荬菜 235
中华利肿腿蜂 219
中华蜜蜂 257
中华瓢虫跳小蜂 79
中华螳小蜂 62, 68
中华土蜂 287
中华细蜂 32
中华小家蚁 276
中华亚种 311
中华褶翅小蜂 59
中脊沟距姬小蜂 112
肿跗姬蜂 165
肿腿蜂科 218
舟蛾赤眼蜂 73
舟蛾棘转姬蜂 212
周氏长体茧蜂 142
皱大球坚蚧 78, 82
皱腹矛茧蜂 152
皱结红蚁 278
皱刻地蜂 234
皱胸举腹蚁 273
皱腰茧蜂属 153
朱红腹隧蜂 242
蛛蜂科 306
蛛卵盘绒茧蜂 130
竹毒蛾 132
竹泰广肩小蜂 53
竹瘿广肩小蜂 96
竹纵斑蚜茧蜂 159
竹纵斑蚜蚜小蜂 88
蠋外聚姬小蜂 106
祝氏鳞跨茧蜂 144
壮壁蜂 253
准蜂科 245
紫壁蜂 252
紫窄痣姬蜂 178
棕距短脉旗腹蜂 28
棕拟瘦姬蜂 193

学名索引

（种或亚种的本名放在前面，属名在后。按字母顺序排列）

?latipennis, Gonatocerus 117

A

abdominalis, Aphelinus 86
abemakiphila, Latuspina 42, 52, 65, 76, 103
abluta, Megachile 247
abrotani chosoni, Macrosiphoniella 122
absinthii, Aphidius 122
acalephae, Binodoxys 126
acasta, Melittobia 108
acericola, Eriococcus 70
aceris, Phenacoccus 75
aciliatum, Pachyneuron 98
acrobates, Telenomus 34
actis, Tamarixia 113
aculeatus, Megastigmus 66
acutissimae, Trichagalma 40, 45, 57
adscendens, Eucharis 70
aeneus, Monodontomerus 66
aeraria, Seladonia 243
aerarius, Halictus 243
afra, Coelioxys 246
agrili, Spathius 155
albicoxa, Zatypota 218
albifunda, Casinaria 171
albipennis, Epitranus 62
albitrochantellus, Coelichneumon 174
alboapicalis, Ontsira 147
Aleiodes 121
Allocoelioxys 246
Alloscenia 6
Alloxysta 46, 48
alni, Rhynchaenus 109
Amauronematus 16
ambotretus, Symmorphus 301
amerinae, Clavellaria 9
amerinae, Pseudoclavellaria 9
amictum, Heteropelma 186
amplipennis, Larra 313
Anagrus 116
analis, Vespa 301
Anastatus 55
Andrenidae 229
angulatum, Gasteruption 29
annasor, Metaphycus 81
annulata, Campsomeriella 284
annulata, Campsomeris 284
anomalipes, Helorus 32
Anomalon 165
antennalis, Polistes 298
antilope, Ancistrocerus 290
apanteloctena, Trichomalopsis 102
Aphanistes 166
Aphelinidae 86
Aphelinus 88
aphidis, Pachyneuron 98
aphidius, Echthrodryinus 81
aphidius, Ooencyrtus 81
aphidivorus, Syrphophagus 84
Aphis 126
apicalis, Aphycus 75
apicalis, Tremex 2
Apidae 254
appendiculata, Xylocopa 270
apristum, Lasioglossum 237
Aproceros 4
areator, Gelis 183
arenaria, Cerceris 309
argentipes, Temnothorax 280
Argidae 3
arjuna, Casinaria 172
armatorius, Amblyteles 165
arrogans, Episyron 307
arundiniformis, Hyalopterus 47, 87
arvensis, Mellinus 314
asozanus, Gelis 184
asychis, Aphelinus 86
Atanycolus 125
atratus, Haplogonatopus 222
attentus, Proclitus 209
augarus, Euneura 94
Aulogymnus 103
aurinia, Euphydryas 117
australiensis, Cryptoprymna 94
avenae, Aphidius 122, 123

B

babai, Colletes 226
baccata, Malus 22
bambusae, Tetramesa 53
basalis, Stauropus 212
Basalys 33
bedelliae, Pholetesor 151
beijingense, Metapelma 57
beijingensis, Brachynervus 167
beijingensis, Coccotorus 64
beijingensis, Macrocentrus 141
beijingensis, Pristiphora 21
Bethylidae 218
beybienkoi, Oriencyrtus 82
bicolor, Euplectrus 107
bicolor, Macrocentrus 140
bicolor, Vespa 302
bicoloratum, Gasteruption 29
bicolorus, Torymus 70
bifasciatus, Dipogon 307
biguttula, Temelucha 214
bilinea, Phanerotoma 148
bimacuclypea, Tenthredo 25

bimaculata, Andrena 232
bimaculata, Haltichella 63
bimaculatum, Gasteruption 30
binotata, Scolia 285
biremis, Nesodiprion 10, 67
blandoides, Macrocentrus 141
Blastothrix 76
bombycivorus, Stauropoctonus 212
boninsis, Dysmococcus 75
boops, Astata 308
Boreocoelioxys 246
brachyurus, Eupelmus 57
Braconidae 117
brevicarinata, Dolichogenidea 132
brevicaudata, Coelioxys 246
breviclypeatus, Epyris 220
brevis, Alloxysta 46
browni, Dryimus 222
bungeanae, Cinara 37

C

Cacopsylla 82
caespitum, Tetramorium 281
calandrae, Anisopteromalus 93
Callajoppa 209
Callaspidia 47
camelus, Xiphydria 2
Campoplex 171
canescens, Venturia 215
captiva, Arge 4
carbonaria, Larra 312
carinifrons, Eupelmus 56
carnesi, Marietta 91
carpenteri, Dendrocerus 36
caudatus, Liotryphon 188
cavus, Dibrachys 95
cavus, Spathius 156
Cephidae 3
cerana, Apis 257
ceratina, Lipotriches 240
cereipes, Tetramesa 53
Chalcididae 60
chalybeata, Nomia 241
Charmon 128
chinense, Monomorium 276
chinensis, Brachyponera 272
chinensis, Eucera 265
chinensis, Ixeris 235
chinensis, Leluthia 138
chinensis, Melecta 265
chinensis, Pachycondyla 272
chinensis, Podagrion 68
chinensis, Pristomerus 208
chinensis, Stictopisthus 213
chinensis, Tiphia 289
chionaspidis, Arrhenophagus 76
chishimensis, Cratichneumon 175
chlorideae, Campoletis 169
chlorogaster, Neochrysocharis 110
chlorophthalmus, Zele 160
chlorosoma, Rhogogaster 22
choui, Macrocentrus 142
Chrysididae 223
Chrysopa 129
chrysopae, Telenomus 34
chui, Meteoridea 144
Cimbicidae 7
cinctus, Gelis 183, 185
circumflexum, Therion 166, 213
cirrogaster, Callajoppa 169
citratus, Metopius 192
closterae, Trichogramma 73
clypeata, Scolia 285
cnaphalocrocis, Elasmus 102
Cnemidandrena 231
cnidocampae, Platyplectrus 112
coarctatus, Eumenes 292
coccinelliae, Tetrastichus 110
Coccobius 89
coccotori, Ormyrus 64
Coelichneumon 174
collaris, Diadromus 177
Colletidae 226
coloratus, Elampus 224
comes, Noctua 107
comitor, Netelia 194
communis, Binodoxys 126
compressicornis, Stauronematus 24
concinnus, Anoplius 306
concolor, Pachyneuron 99
confluens, Halictus 243
confusa, Amegilla 254
confusus, Brachynervus 167
confusus, Lysiphlebus 139, 140
conjugata, Pristiphora 21
continentails, Apodynerus 291
continuus, Ectemnius 313
convergens, Rhogogaster 23
coreanum, Anomalon 164, 165
coreanus, Chlorocryptus 173
corensis, Pseudomalus 225
cornifrons, Osmia 252
coronatus, Philanthus 316
Cotesia 102, 130, 131
Crabronidae 308
crassicornis, Megatomostethus 17
crassitibialis, Cremastus 176
Cratichneumon 175
crawfordi, Panurginus 235
cribrarius, Crabro 311
cristata, Netelia 194
crossota, Plautia 35
cryphalus, Roptrocerus 100
cryptus, Pseudococcus 74
cuneomaculata, Cinara 94
cunicularia, Formica 271
curculiovorus, Triaspis 157
curvata, Siobla 24
cyaneiventris, Sinotilla 281
cyanescens, Eulophus 106
cyanurum, Stilbum 225
cyniformis, Stilbula 71
Cynipidae 38

D

dactylopii, Anagyrus 74
dathei, Hylaeus 228
deceptor, Zele 161
decoratus, Eumenes 225
decoratus, Oreumenes 296
decorus, Thyreus 269
deforme, Sceliphron 321

dendrolimi, Trichogramma 73
dentata, Epilepia 171
dentella, Eriocampa 16
denticolle, Lasioglossum (Lasioglossum) 237
denticoxa, Doryctes 133
dentipes, Monodontomerus 67
derogatae, Apanteles 121
desertor, Cremnops 131
destructor, Heliococcus 76
Deuteragenia 307
Deutzia 11
diakonovi, Polistes 297
Diapriidae 33
dictyodroma, Grahamisia 95
dinura, Megachile 248
Dipara 95
Dipogon 307
Diprionidae 10
discolor, Homolobus 137
dispar, Aleiodes 117
disparis, Anastatus 54
disparis, Coccygomimus 206
disparis, Lymantrichneumon 189
disparis, Pimpla 206
disrupta, Leluthia 138
dissectorius, Metopius 192
distinguendus, Curculio 157
distinguendus, Lariophagus 96
diversa, Phanerotoma 150
domesticae, Phygadeuon 205
dorsale, Praon 153
drosophilae, Trichopria 33
Dryinidae 221
ducalis, Vespa 302
durga, Chrysis 223
Dusona 179

E

eburnea, Bembix 310
Ectemnius 313
Elachertus 105
elaeagni, Psyllaephagus 83
Elasmidae 102
elminus, Asicimbex 7
Encyrtidae 74
Enicospilus 181, 182
eoum, Polochridium 283
Epimactis 63
epimactis, Hockeria 63
ericetorum, Megachile 251
Eriocampa 16
erythropyga, Olesicampe 200
erythrostetha, Blastothrix 76
esakii, Eucharis 70
esenbeckii, Aleiodes 121
Eucharitidae 70
Eulophidae 103
Eupelmidae 53
Eupelmus 56, 57
Eupulvinaria 77
Eurytoma 51
Eurytomidae 49
eutrifasciatus, Closterocerus 105
Euura 16, 17, 18
Evaniella 28
Evaniidae 28
excavata, Osmia 253
exilipunctata, Bischoffitilla 281
extrema, Sinna 188
eytelweinii, Homalotylus 79, 116

F

fabarum, Lysiphlebus 140
fabricii, Sphex 322
felis, Dictyna 316
femoratus, Cimbex 8
femorella, Pimpla 206
ferruginatus, Sphecodes 242
fervens, Pheidole 280
festivus, Therophilus 157
Figitidae 46
finitima, Anthophora 255
flaminius, Homalotylus 79
flava, Sycophila 51
flaveria, Pheidole 279
flaviceps, Vespula 304
flavicrurus, Eupelmus 56
flavifrons, Schizopyga 211
flavigastris, Torymus 68
flavimarginalis, Dirophanes 178
flavipes, Aphelinus 86
flavipes, Ceratina 261
flavipes, Nylanderia 278
flavipes, Paratrechina 278
flavistipula, Cotesia 130
flavitibialis, Ormyrus 65
flavocincta, Nanogonalos 290
flavoguttata, Nomada 266
flavomarginatum, Anterhynchium 296
flavoorbitalis, Trathala 214
flavopictus, Ophion 204
flavus, Lasius 276
flavus, Rogas 154
floralia, Eucera 265
floralis, Hylaeus 229
floralis, Rhopalomelissa 240
floridanum, Copidosoma 78
Formicidae 271
formosa, Encarsia 90
formosae, Odontomachus 279
formosana, Pristocera 220
formosana, Taeniogonalos 289
formosana, Trichagalma 44, 46, 51
formosanus, Andricus 38, 39
formosanus, Ipodoryctes 138
formosanus, Rhaconotus 138
formosanus, Synergus 44
formosensis, Apodynerus 291
formosula, Tenthredo 26
foveolatus, Pediobius 111
fraterna, Euproctis 180
fraxini, Stenocephus 3
fraxini, Tomostethus 28
fraxini, Trigonoderus 102
frequens, Anagrus 116
frontalis, Minotetrastichus 109
fujianensis, Sycophila 51
fulginosa, Netelia 198
fuliginosus, Lasius 276

fulloi, Anastatus 54
fulvator, Netelia 193
fulvicorne, Lasioglossum 242
fulvicornis, Nomada 266
fulvipes, Orthocentrus 205
fulvitergus, Allophatnus 164
fulvus, Aphelinus 88
funerarius, Sphex 322
fungorum, Mycetophila 209
funiuensis, Xorides 217
furcula sangaica, Furcula 119
furvus, Coccobius 89
fuscipennis, Aphycoides 75
fuscomaculatus, Ophion 200
fuscoterminata, Tenthredo 26

G

gallicola, Cephalonomia 218
galloprovincialis, Monochamus 124
ganjsuensis, Bombus 258
gansuensis, Anastatus 53
Gasteruptiidae 29
Gasteruption 31
gastritor, Aleiodes 118
gastropachae, Anastatus 54
geae, Andrena 233
Gelis 185
generosa, Holopyga 224
geranii, Torymus 67
germanica, Vespula 303
giganteum, Eulecanium 78
glaber, Mesa 288
glabridorsis, Formica 274
glabrosa, Trichagalma 45
glaucopterus, Opheltes 201
gloriosa, Megarhyssa 191
gobica, Bactericera 115
grammica, Bactericera 113
grande, Pachyneuron 99
grandis, Atanycolus 123
grandis, Cladius 15
grapholithae, Agrothereutes 163
gravidator, Proctotrupes 32
gressitti, Metopius 192
guani, Sclerodermus 221
gussakovskii, Janus 3
guttulata, Nomada 267
gyrator, Meteorus 145

H

Halictidae 236
halyomorphae, Trissolcus 35
hattoriae, Brachymeria 61
hawaiiensis, Coccophagus 89
hayashii, Netelia 199
hebes, Andrena 230
hebetor, Habrobracon 136
Heloridae 32
Heterospilus 136
hieroglyphica, Ceratina 262
hikosana, Andrena 232
himalayensis, Thyreus 269
hirsuta, Podalonia 321
hoffmanni, Andrena 230
hoffmanni, Lasioglossum 240
Homalotylus 80
horticola, Chromatomyia 112
huangi, Exallonyx 31
huangi, Pristiphora 23
huanjianginensis, Aphrastobracon 145
hunanensis, Sycophila 52
hungaricus, Bembecinus 309
hungaricus, Chrysopophthorus 129
hyalinipennis, Dipara 95
hyalopteraphidis, Aphelinus 87
Hylaeus 229
Hypera 109
hypnorum, Bombus 259
Hypsicera 187

I

ibukii, Caliroa 14
icar, Athalia 12
Ichneumonidae 161
icteribasis, Chelonus 129
idiocrataegi, Cacopsylla 82
ignita, Chrysis 223
impurator, Plectiscus 207
incerta, Nomia 241
indica, Indomegoura 153
infesta, Ammophila 319
infidus, Encyrtus 78
infractor, Netelia 195
infumator, Homolobus 137
infuscus, Stauropoctonus 212
initiator, Atanycolus 123
inouyei, Scolia 286
insidiator, Habronyx 186
intactus, Euplectrus 107
intrudens, Sceliphron 223
isaea, Diglyphus 105
issikii, Scythropiodes 132
ivanowi, Atanycolus 124
iwatai, Carinostigmus 308
iwatai, Ceratina 263

J

jacoti, Osmia 252
jankowskyi, Colletes 226
japonica, Aphaenogaster 271
japonica, Athalia 12
japonica, Cerceris 310
japonica, Cimbex 7
japonica, Formica 274
japonica, Lysiphlebia 81
japonica, Lysiphlebia 139
japonica, Melitta 245
japonica, Nomada 269
japonica, Pauesia 37, 147
japonica, Pimpla 206
japonica, Takahashia 77
japonicum, Chalybion 320
japonicum, Gasteruption 31
japonicum, Gasteruption 30
japonicus, Amphicercidus 48, 153
japonicus, Anastatus 53, 54
japonicus, Antrocephalus 60
japonicus, Aulogymnus 103
japonicus, Camponotus 272

japonicus, *Cerroneuroterus* 41, 101, 103
japonicus, *Coccophagus* 89
japonicus, *Discoelius* 292
japonicus, *Goniozus* 219
japonicus, *Homoporus* 96
japonicus, *Leucospis* 58, 59
japonicus, *Opheltes* 201
japonicus, *Synergus* 44
japonicus, *Trissolcus* 35
jeholensis, *Cryphalus* 56
jezoensis, *Megarhyssa* 191
jezoensis, *Nomada* 266
jilinensis, *Meteoridea* 144
jinjuensis, *Doryctes* 134
jinzhouicus, *Tetrastichus* 115
juglandis, *Craesus* 14
jurineanum, *Anteon* 221

K

kariyai, *Cotesia* 130
kashiwaphilus, *Andricus* 38
kiefferi, *Eupelmus* 55
kofuensis, *Latuspina* 43
kohli, *Sceliphron* 322
koreana, *Birka* 13
koreanus, *Yelicones* 160
koreense, *Pison* 316
koreensis, *Vespula* 304
Kriechbaumerella 64
kruegeri, *Euodynerus* 291
kuriphilus, *Dryocosmus* 65
kuvanae, *Ooencyrtus* 82
kuwanae, *Gregopimpla* 185
kuwanai, *Eulecanium* 78, 82

L

lacerticida, *Batozonellus* 306
lachni, *Euneura* 96
Laelius 219
laeniuscula, *Euneura* 96
lambinus, *Zaomma* 85
lantschouensis, *Bombus* 259
laqueatus, *Enicospilus* 181
larvarum, *Eulophus* 106
Lasioglossum 236
Lasioglossum (*Dialictus*) 236
lasus, *Brachymeria* 61
laticeps, *Dendrocerus* 36
latigenus, *Snellenius* 154
latistrigis, *Sinophorus* 210
latitergita, *Dolichogenidea* 133
Latuspina 43
lecaniorum, *Aphycoides* 75
leucaniae, *Vulgichneumon* 216
leucofimbriata, *Andrena* 230
leucopogon, *Halictus* 243
Leucospidae 58
lewisi, *Smicromyrme* 282
ligustica, *Apis* 258
lii, *Sterictiphora* 6
limbatus, *Meteorus* 146
lindemani, *Atanycolus* 125
lindingaspidis, *Epitetracnemus* 79
lineolatus, *Enicospilus* 179
liostylus, *Dichrogaster* 178
Liotryphon 188
liparidis, *Euplectrus* 108
longipes, *Bombus* 260
longulus, *Sphecodes* 244
lucorum, *Bombus* 259, 260
luctifer, *Allantus* 11
luridiloma, *Andrena* 230, 231
luteipes, *Eupelmus* 56
luteus, *Ophion* 201, 203
lycimnia, *Coccophagus* 89
lyciumi, *Tamarixia* 115
lycormae, *Dryimus* 222
lyonetiae, *Pholetesor* 152

M

Macrocentrus 144
macrops, *Arge* 4
Macropsis 221
maculifemorata, *Amblyjoppa* 163
maculoclypeatus, *Asiemphytus* 11
maculostigmatus, *Nematus* 19
maesta, *Pristiphora* 22
magnimaculatia, *Tenthredo* 27
magnipunctata, *Andrena* 234
makiharai, *Hypsicera* 187
mali, *Aphelinus* 87
malifoliella, *Leucoptera* 110
manchuriana, *Megachile* 248
manchurianus, *Cryptocheilus* 306
manchurianus, *Eumenes* 293
manczshurica, *Plagiolepis* 280
mandarinia, *Vespa* 303
mandarinus, *Polistes* 297
manilae, *Snellenius* 154
manmiaoyangae, *Latuspina* 42
mantis, *Podagrion* 62, 68
marginator, *Macrocentrus* 142
marginella, *Campsomeris* 284
maruyamanus, *Enicospilus* 180
maslovskii, *Eurytoma* 49
matsumurai, *Crematogaster* 273, 274
maxillosus, *Sphex* 322
medanensis, *Euplectrus* 107
mediorufa, *Rhopalomelissa* 240
medius, *Platyplectrus* 112
Megabombus 260
Megachilidae 245
Megalodontesidae 7
Megaspilidae 36
meilingensis, *Anastatus* 55
melanocarpus, *Enicospilus* 180
melanognatha, *Anthophora* 256
Melittidae 245
Melittobia 108
merdarius, *Enicospilus* 181
Mesochorus 192
mesopyrrha, *Amegilla* 254
Metapelma 57
Metaphycus 81
microgastri, *Dibrachys* 95
minutula, *Andrena* 233
minutus, *Ophion* 202
mitsukurii, *Tetraloniella* 271
mitys, *Antrocephalus* 60
modestus, *Tachytes* 318

molesta, Grapholita 190
molestae, Mastrus 190
monesus, Tamarixia 113
mongolicus, Synergus 45
moniliatus, Phanerotoma 148
mono, Acer 2
monticola, Odontomachus 279
montverna, Nomada 266
moriokae, Andricus 39
mukaigawa, Andricus 39, 44
multicolor, Zaglyptus 217
multifasciatum, Pararrhynchium 296
mundus, Eretmocerus 91
murotai, Glypta 184
Mutillidae 281
Mymaridae 116
mythimnae, Aleiodes 118

N

nawai, Andrena 229
nawai, Biorhiza 40
nebulosa, Rhaphigaster 35
Necremnus 109
Nematus 14, 20, 21
Neochrysocharis 110
neofunereus, Elasmus 103
nepalensis, Kriechbaumerella 64
Netelia (*Paropheltes*) 198
Netelia (*Toxochiloides*) 199
Neuroterus 65
nigellus, Sphex 59
niger, Lasius 277
nigra, Rhopalomelissa 240
nigribasalis, Enicospilus 182
nigricans, Trichomma 215
nigrifemoralis, Wroughtonia 159
nigripes, Casinaria 171
nigriscutatus, Eumenes 293
nigriscutellatus, Acroricnus 162
nigriscutum, Perilitus 149
nigrocyaneus, Syrphophagus 84, 85
nigrolateralis, Siobla 25
nigronotatus, Kermes 77, 80
nigrotarsa, Elaphropoda 263
nigrotegularis, Leptocimbex 8
nikkoensis, Brachyzapus 168
nikkonis, Ophion 202
nipanicus, Euodynerus 294
nippona, Alloxysta 48
nipponensis, Chrysoperla 79
nipponensis, Haltichella 63
nipponensis, Lasius 276
nipponensis, Polistes 298
nipponica, Megachile 249
nipponica, Pimpla 207
nipponicum, Podagrion 68
nitidulentis, Diaparsis 177
nitobei, Ectemnius 313
nobilis, Scolia 286
Nomada 267
nonareaeidos, Brachyzapus 167
nonareaeidos, Zabrachypus 167
nudigastroides, Andrena 232

O

obscurator, Bracon 127
obscuratus, Ophion 203
obscuripennis, Fornicia 135
obscurus, Mellinus 314
obsoletum, Pararrhynchium 297
occidens, Lasioglossum 239
occitanicus, Palmodes 319
ocellaris, Netelia 195, 196
oculata, Scolia 286, 287
oculata, Trogaspidia 283
oculata, Wallacidia 283
oharai, Netelia 196
okubira, Nomada 267
okuyetsu, Sphecodes 242, 243, 244
Ontsira 147
opacus, Apanteles 50, 121
Ophion 203, 204
ophriolae, Asynacta 72
opulentus, Bombus 259
orana, Adoxophyes 189
oranae, Agathis 157
oratorius, Haplogonatopus 222
orientalis, Brussinocryptus 168
orientalis, Nesodiprion 10
orientalis, Phanerotoma 150
orientalis, Xyalaspis 49
Ormyridae 64
Ormyrus 64
ornata, Lycorina 189
ornatum, Enizemum 182
ornatum, Pararrhynchium 296
ornitopus, Lithophane 106
ovivora, Tromatobia 216

P

pallescens, Aleiodes 119
pallidicornis, Aproceros 3
pallidinervis, Aleiodes 119
pallinervis, Aleiodes 119
pallipes, Psenulus 318
pappi, Bracon 127
parametriatesivorus, Macrocentrus 143
Parevania 29
parietinus, Ancistrocerus 291
parvula, Andrena 233
pastorella, Phyllonorycter 109, 111
patagiatus, Bombus 258, 259
patrona, Casmara 143
patruelis, Anthophora 256
Pauesia 94
paulus, Hylaeus 226
Pediobius 55, 111
pekingense, Lasioglossum 236
pekingensis, Eucera 264
pekingensis, Scolia 287
pekiniana, Sinotilla 281
pentheus, Chrysocharis 104
pepsoides, Quandrus 209
peregrina, Eupulvinaria 81
peregrinus, Lestiphorus 314
pereponicus, Sphinctus 212
perforatus, Hylaeus 227

Perilampidae 72
Perilampus 72
perplexus, Palmodes 319
persimilis, Acropimpla 162
petiolator, Dusona 179
petiolatus, Doryctes 134
petioles, Chrysopophthorus 129
Phanerotoma 151
pharaonis, Monomorium 277
phenacocci, Cheiloneurus 77
philippiense, Aulacocentrum 124
philippinensis, Phanerotoma 150
phragmitis, Pnigalio 112
Phygadeuon 205
Phyllonorycter 109, 114
phyllotachitis, Tetramesa 52
phytophila, Andrena 229
picipes, Aphidius 122
Picris 71
picta, Marietta 91, 92
pictus, Banchus 166
pictus, Cirrospilus 104, 109
pieli, Aglaostigma 10
Piestopleura 37
pilipennis, Alloxysta 47
pilopenis, Arge 5
pineti, Schizolachnus 149
pini, Eupelmus 56
piri, Janus 3
pisum, Acyrthosiphon 153
plagiata, Anthophora 256
planipennisi, Tetrastichus 56
platycerus, Stauronematus 24
Platygastridae 37
plautiae, Trissolcus 35
Plectiscus 207
plicaphylicifolia, Euura 17
plumipes, Anthophora 257
pluto, Pimpla 206
Plyctes 134
poecilothecum, Gasteruption 30
politus, Aphrastobracon 145
politus, Xyloterinus 125
pollinosa, Tetralonia 270
polynesia, Euaspis 247
pomaceus, Ormyrus 64
Pompilidae 306
Pontania 18
popovi, Xiphydria 2
populi, Aulagromyza 101
populi, Schimitschekia 101
porata, Tiphia 288
potanini, Euxiphydria 2
praecellens, Megarhyssa 190
praetor, Aleiodes 120
prismatica, Megacampsomeris 284
Pristiphora 200
procerus, Pteromalus 100
Proctotrupidae 31
proletella, Aleyrodes 91
proxima, Athalia 12
proximatum, Lasioglossum 238
Psenidae 318
pseudoconfluens, Halictus 243
Pseudomalus 225
pseudosiluncula, Arge 5
pseudovestitus, Halictus 236
Psyllaephagus 83
Pterocomma 273
Pteromalidae 92
Pteromalus 101
pudibundae, Enicospilus 180
pulawskii, Nomada 267
pullata, Arge 6
pulvinariae, Metaphycus 81
pumila, Nematus 19
punctata, Brulleia 128
punctatus, Eumenes 294, 295
purpurascens, Dictyonotus 178
purpuratus, Chlorocryptus 173
pustulator, Pontania 18
pyrgo, Pediobius 111
pyrigalla, Blastodacna 188
qingliangensis, Heterospilus 136

Q

Quadrastichus 113
quadratus, Eumenes 295
quadrinotatus, Camponotus 273
quatuordecimnotatus, Oxybelus 315
quercus, Cheiloneurus 77
qui, Stantonia 156
quinarius, Anisopteromalus 93
quinquecinctum, Rhynchium 300

R

raddei, Massicus 145
ramicornis, Dendrocerus 37
ramicornis, Eulophus 106
rapae, Diaeretiella 132
recens, Orgyia 171
remota, Megachile 249
remus, Telenomus 34
rhodococcusiae, Encyrtus 78
rhopaloides, Aiolomorphus 96
Rhysipolis 153
rietscheli, Binodoxys 126
rixator, Megachile 250
romevai, Trichagalma 46
rosae, Andrena 232
rosae, Eurytoma 51
rothneyi, Polistes 299
rotundata, Megachile 250
rubecula, Cotesia 131
rubigegen, Ammophila 320
rubromaculata, Sericocampsomeris 287
rubronotatus, Eumenes 295
rufa, Vespula 305
ruficornis, Aleiodes 120
ruficornis, Athalia 13
rufina, Osmia 253
rufinoides, Osmia 253
rufipes, Smicromyrme 282
rufocincta, Acrolyta 161
rufomaculatum, Therion 213
rufulus, Zele 161
ruginodis, Myrmica 278
ruginota, Crematogaster 273
rugosus, Polystenus 152
rugosus, Torymus 69

rugulosus, Lestiphorus 314
ruyanus, Nematus 20

S

sabulosa, Cerceris 311
sakagamii, Lasioglossum 267
saliciphagus, Euura 16
salignae, Pauesia 148
salignus, Tuberolachnus 148
sapporoensis, Aphycus 76
Sapygidae 283
sasakii, Encyrtus 77
satoi, Ceratina 262, 263
saulius, Pediobius 111
sawadai, Anagyrus 74
scabricollis, Sphecodes 244
scaposus, Oomyzus 110
Scelionidae 34
schevyrewi, Scolytus 125
Schizaspidia 71
schoenherri, Anagyrus 74
Scintillatris 125
Scoliidae 284
scutatum, Trypoxylon 317
scutellaris, Pristomerus 208
scutellaris, Schizaspidia 71
scutellis, Aproceros 4
segetum, Agrotis 117
semiclausum, Diadegma 175
semirufus, Zaglyptus 217
semotus, Pteromalus 100, 101
senzuensis, Sonanus 155
septemspinosum, Anthidium 245
serarius, Betasyrphus 84
sericeicornis, Sympiesis 114
sericeus, Sphex 322
seron, Piestopleura 37
serratae, Trichagalma 46
setosus, Atanycolus 125
seulensis, Scolyms 125
shanghaiensis, Praestochrysis 223
shanxiensis, Campoplex 170
shibuyai, Ancistrocerus 290
shikokuensis, Enicospilus 181
shinshana, Singapora 116
siberiensis, Megalodontes 7
sibiricus, Crabro 311
sibiricus, Hylaeus 227
sickmanni, Ammophila 319, 320
signatus, Triepeolus 271
Signiphora 70
Signiphoridae 70
similinirecola, Chromocallis 88
sinense, Pararrhynchium 297
sinensis, Andrena 234
sinensis, Formica 275
sinensis, Homalotylus 79
sinensis, Leucospis 59
sinensis, Pristiphora 23, 200
sinensis, Proctotrupes 32
sinensis, Scolia 287
sinensis, Tachytes 317
sinensis, Torymus 69
sinica, Cerceris 311
sinicus, Acroclisoides 92
sinicus, Laelius 219
sinicus, Metacolus 97
sinicus, Stauronematus 24
Sinophorus 210, 211
Siobla sp. 25
Siricidae 2
smithii, Netelia 193
snelleni, Polistes 297, 299
sobo, Cerceris 312
sociabilis, Eucera 269
solidago, Andrena 231
solitarium, Pachyneuron 99
somnulentella, Bedellia 151
sophia, Encarsia 90
sopolis, Euneura 94
spectabilis, Melanichneumon 191
Sphecidae 319
spilonotae, Lycorina 189
spissus, Sinophorus 211
stackelbergi, Trioza 83
stali, Plautia 35
stenopsyllae, Psyllaephagus 82
Stilbum 225
strigatus, Euodynerus 295
strigosa, Netelia 197
stylatus, Metaphycus 80
subfasciatus, Sphecodes 244
subtrifida, Euxiphydria 2
subtruncata, Taeniogonalos 290
sugiharai, Ichneumon 187
superodediae, Protichneumon 210
Sycophila 51, 52
Sympiesis 114
Syrphophagus 85

T

tachkendensis, Jucancistrocerus 296
taenius, Campoplex 170
taianensis, Fenusella 18
taianensis, Messa 18
taicho, Nomada 268
taishanensis, Melitta 245
taiwanensis, Charmon 128
takaozana, Netelia 196
takecallis, Aphelinus 88
takecallis, Trioxys 159
Tamarixia 115
tarsalis, Cephalonomia 219
tarsalis, Epeolus 264
tattakensis, Mesochorus 192
taurica, Plagiolepis 280
taurus, Osmia 253
Telenomus 34
Temelucha 214
Tenthredinidae 10
tenuicornis, Cheiloneurus 77
tenuicornis, Metaphycus 80
tenuicornis, Stilbula 71
tenuiventris, Casinaria 172
teranishii, Cystomutilla 282
terebrans, Eriborus 183
terebrator, Netelia 197
tergitus, Stenodynerus 300
terrestris, Bombus 260
Tetralonia 265, 270
Tetraloniella 270

Tetramesa 53
Tetrastichus 115, 116
texanus, Dirhinus 62
theae, Parametriotes 143
thomsonii, Netelia 198
thoracica, Andrena 234
thoracica, Nomia 242
thoracicus, Macrocentrus 144
tibiale, Megalommum 145
Tineobius 58
Tiphia 288, 289
Tiphiidae 288
tomentosae, Eurytoma 50
Torymidae 66
Torymus 68, 69, 70
tosense, Agrypon 164
tournieri, Enicospilus 181
towada, Nomada 268
transbaicalica, Andrena 234
transvena, Encarsia 90
transversalis, Hylaeus 228
triangulum, Philanthus 315
Triaspis 158
Trichogrammatidae 72
Trichomma 215
tricincta, Arge 6
Triclistus 215
tricolor, Encarsia 91
trifasciatus, Closterocerus 105
Trigonalidae 289
tristis, Perilampus 72
tritergitus, Macrocentrus 143
tritici, Dolerus 15
tropicalis, Lachnus 37
truncator, Homolobus 135
truncorum, Formica 275
tsingtauensis, Hylaeus 228
tsingtauensis, Megachile 251
tuberculata, Neurogenia 199
tuberculostemmatus, Eulachnus 94
turbidus, Paroplapoderus 127

U

ulmi, Acrocormus 93
ulmicola, Nematus 19
unicinctasa, Tenthredo 27
unilachni, Pauesia 99, 149
upinense, Lasioglossum 239
ussurensis, Bombus 261
ussuriense, Trypoxylon 318
ussuriensis, Stilbula 71
uzbekistanicus, Aphidius 122

V

variegatus, Cryptochilus 306
variegatus, Epeolus 264
varinervis, Pareucorystes 138
varipes, Gasteruption 30
ventralis, Triepeolus 271
versicolor, Meteorus 146
versicolor, Nomada 269
verticillata, Eurytoma 50
Vespidae 290
viatrix, Hartigia 3
viciae, Andrena 235
victrix, Alloxysta 47
villosa, Phaenoglyphis 48
villosula, Anthophora 257
villosum, Trichiosoma 9
vindemmiae, Pachycrepoideus 97
visum, Pantana 132
vitellina, Trichiosoma 9
volucre, Praon 153
volutum, Belizinella 40
vonkuenburgi, Cerroneuroterus 41
vulgaris, Vespula 305

W

watanabei, Scolia 287
weberi, Bembix 310
willughbiella, Megachile 251

X

xanthidica, Nomada 269
xanthospilota, Ophrida 72
Xiphydriidae 2
Xorides 217
Xsubopacum, Lasioglossum 238
xui, Casinaria 172

Y

yasumatsui, Leucospis 58, 59
yessensis, Formica 275
yunnanensis, Listrognathus 188

Z

zelkovae, Caliroa 14
zhaoi, Homalotylus 80
zhaoi, Isodromus 79
zhejiangensis, Nesodiprion 10
zonalis, Discoelius 292
zonata, Amegilla 255

图 片 索 引

（图片下方数字为对应页码）

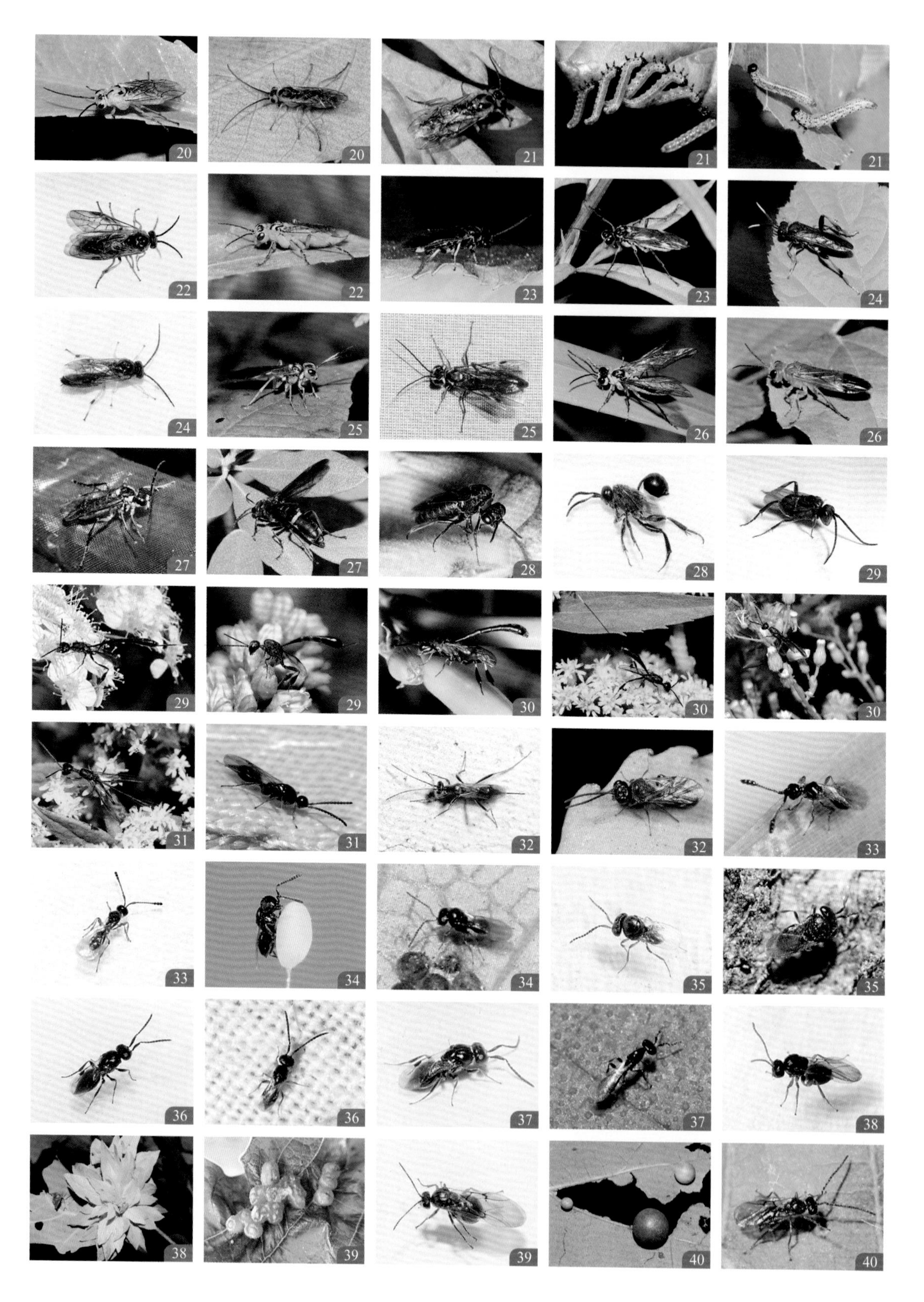
20
20
21
21
21
22
22
23
23
24
24
25
25
26
26
27
27
28
28
29
29
29
30
30
30
31
31
32
32
33
33
34
34
35
35
36
36
37
37
38
38
39
39
40
40

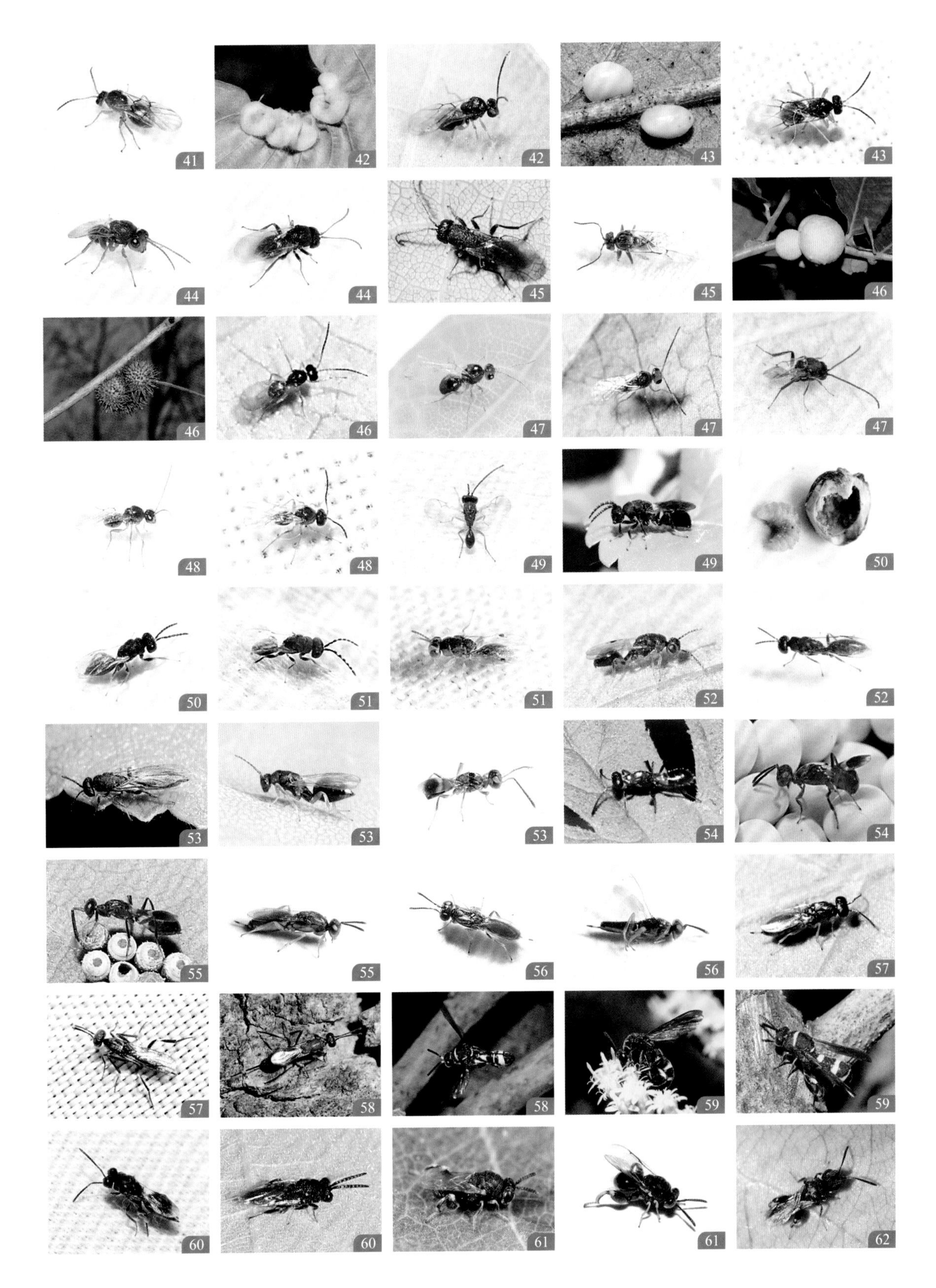
41
42
42
43
43
44
44
45
45
46
46
46
47
47
47
48
48
49
49
50
50
51
51
52
52
53
53
53
54
54
55
55
56
56
57
57
58
58
59
59
60
60
61
61
62

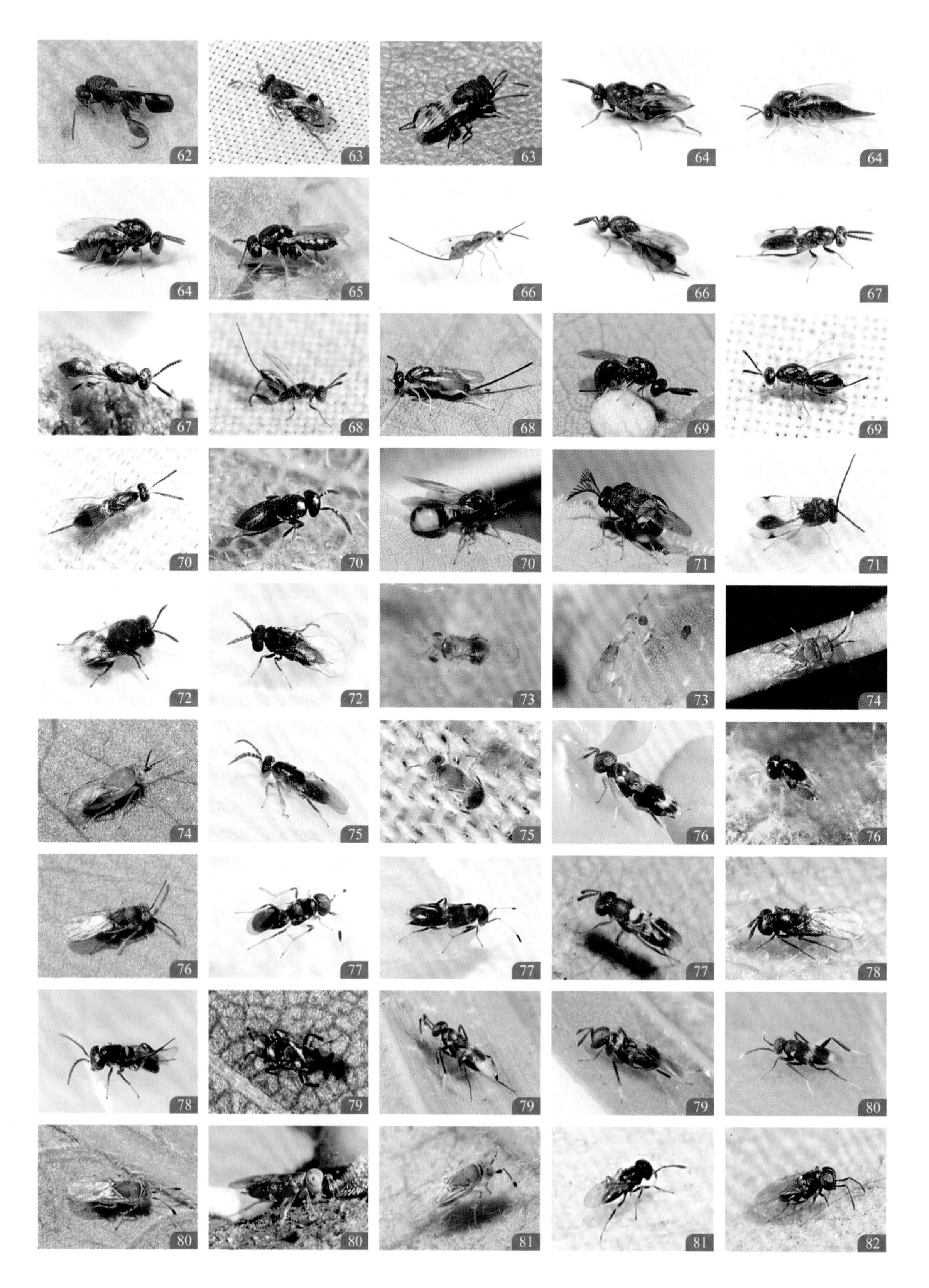
62
63
63
64
64
64
65
66
66
67
67
68
68
69
69
70
70
70
71
71
72
72
73
73
74
74
75
75
76
76
76
77
77
77
78
78
79
79
79
80
80
80
81
81
82

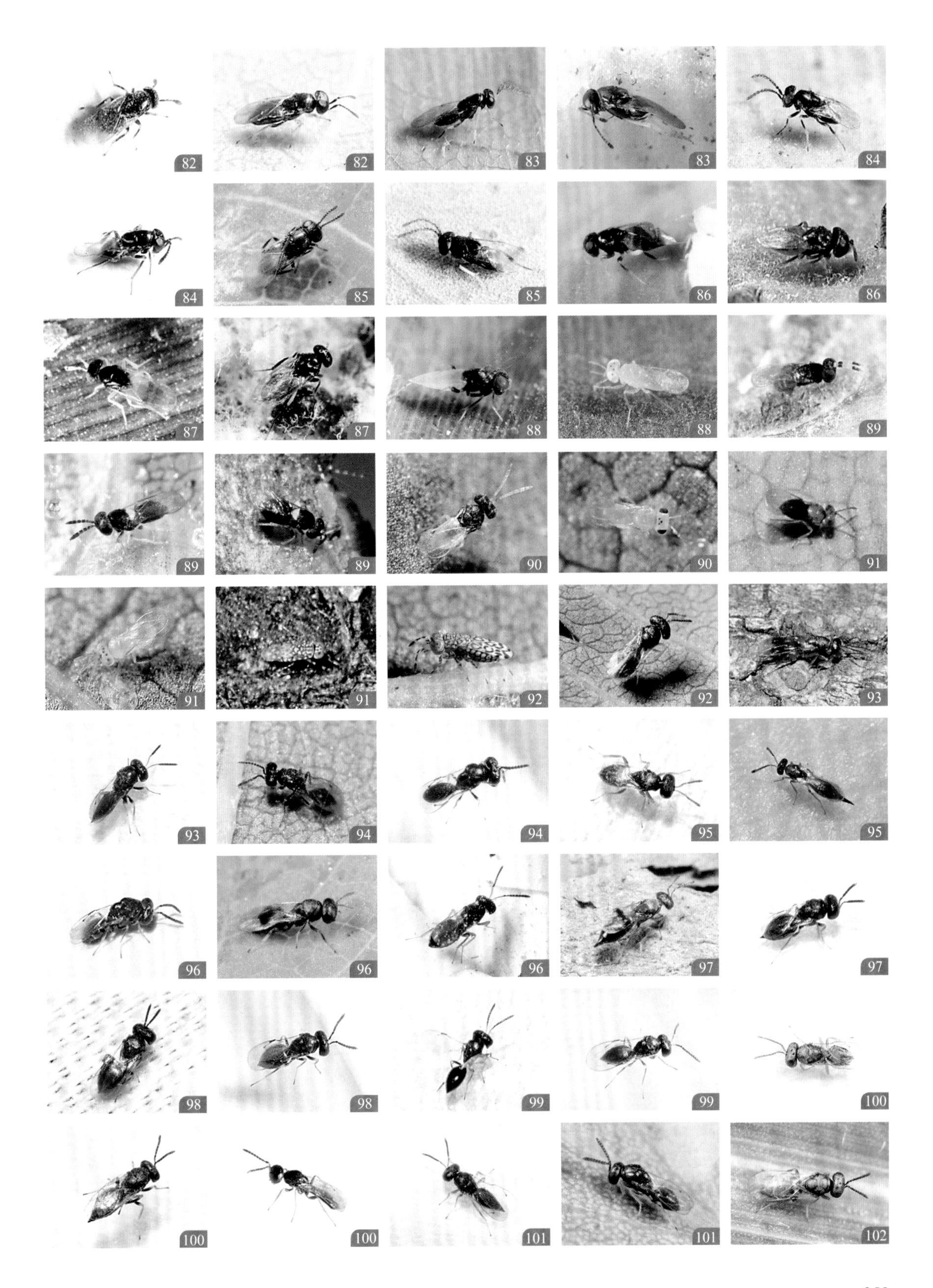
82
82
83
83
84
84
85
85
86
86
87
87
88
88
89
89
89
90
90
91
91
91
92
92
93
93
94
94
95
95
96
96
96
97
97
98
98
99
99
100
100
100
101
101
102

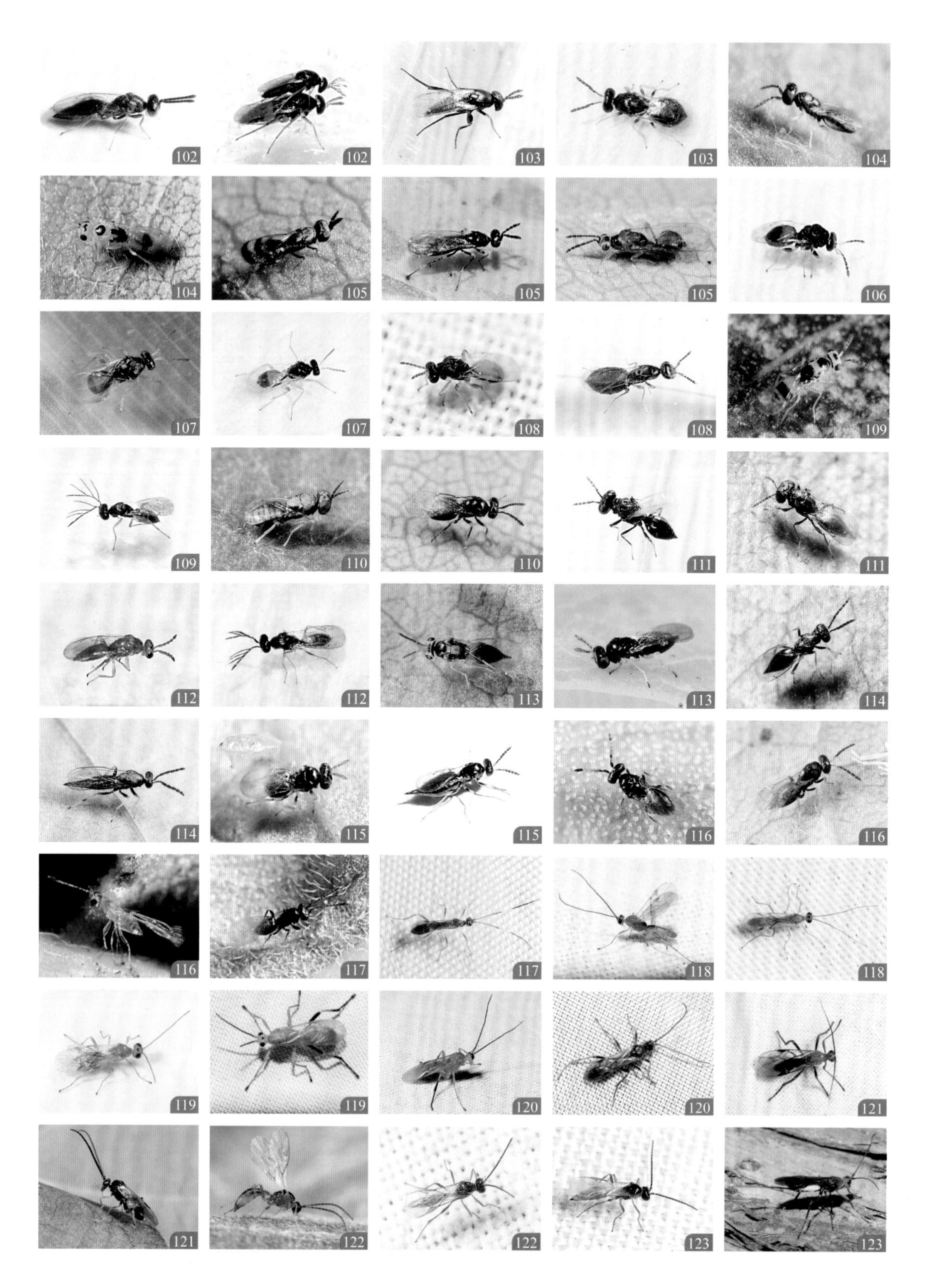
102
102
103
103
104
104
105
105
105
106
107
107
108
108
109
109
110
110
111
111
112
112
113
113
114
114
115
115
116
116
116
117
117
118
118
119
119
120
120
121
121
122
122
123
123

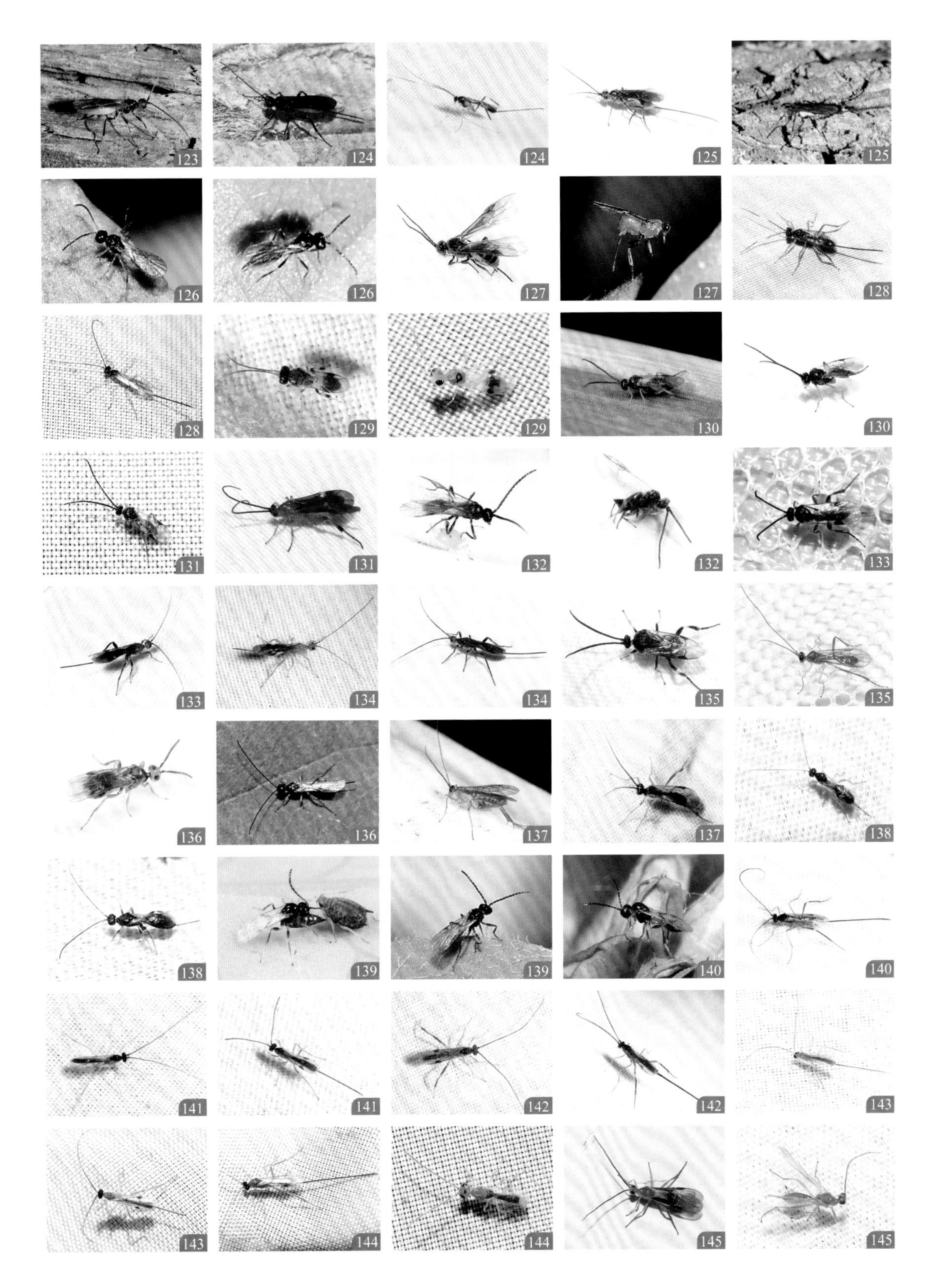

123
124
124
125
125
126
126
127
127
128
128
129
129
130
130
131
131
132
132
133
133
134
134
135
135
136
136
137
137
138
138
139
139
140
140
141
141
142
142
143
143
144
144
145
145

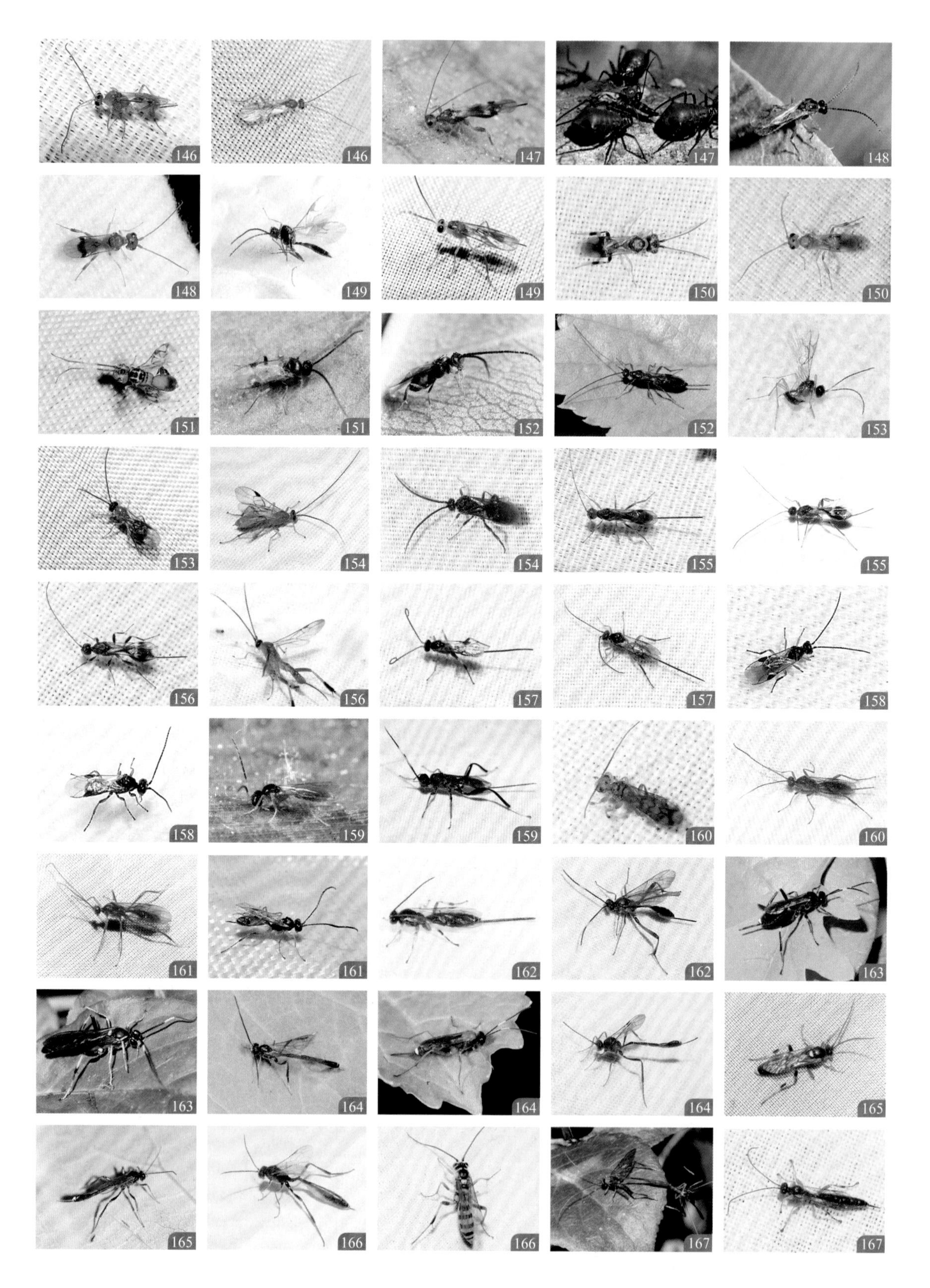
146
146
147
147
148
148
149
149
150
150
151
151
152
152
153
153
154
154
155
155
156
156
157
157
158
158
159
159
160
160
161
161
162
162
163
163
164
164
164
165
165
166
166
167
167

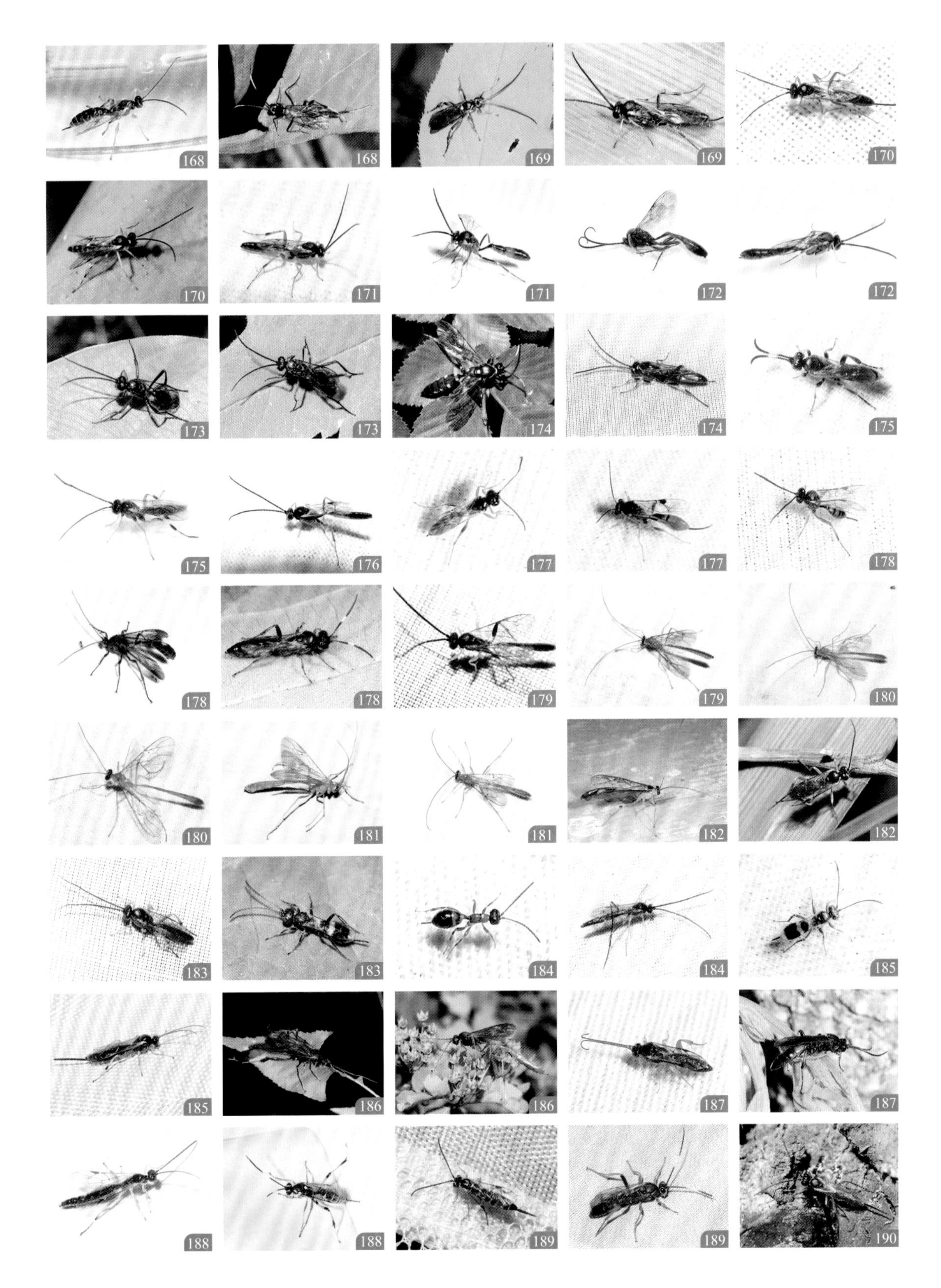
168
168
169
169
170
170
171
171
172
172
173
173
174
174
175
175
176
177
177
178
178
178
179
179
180
180
181
181
182
182
183
183
184
184
185
185
186
186
187
187
188
188
189
189
190

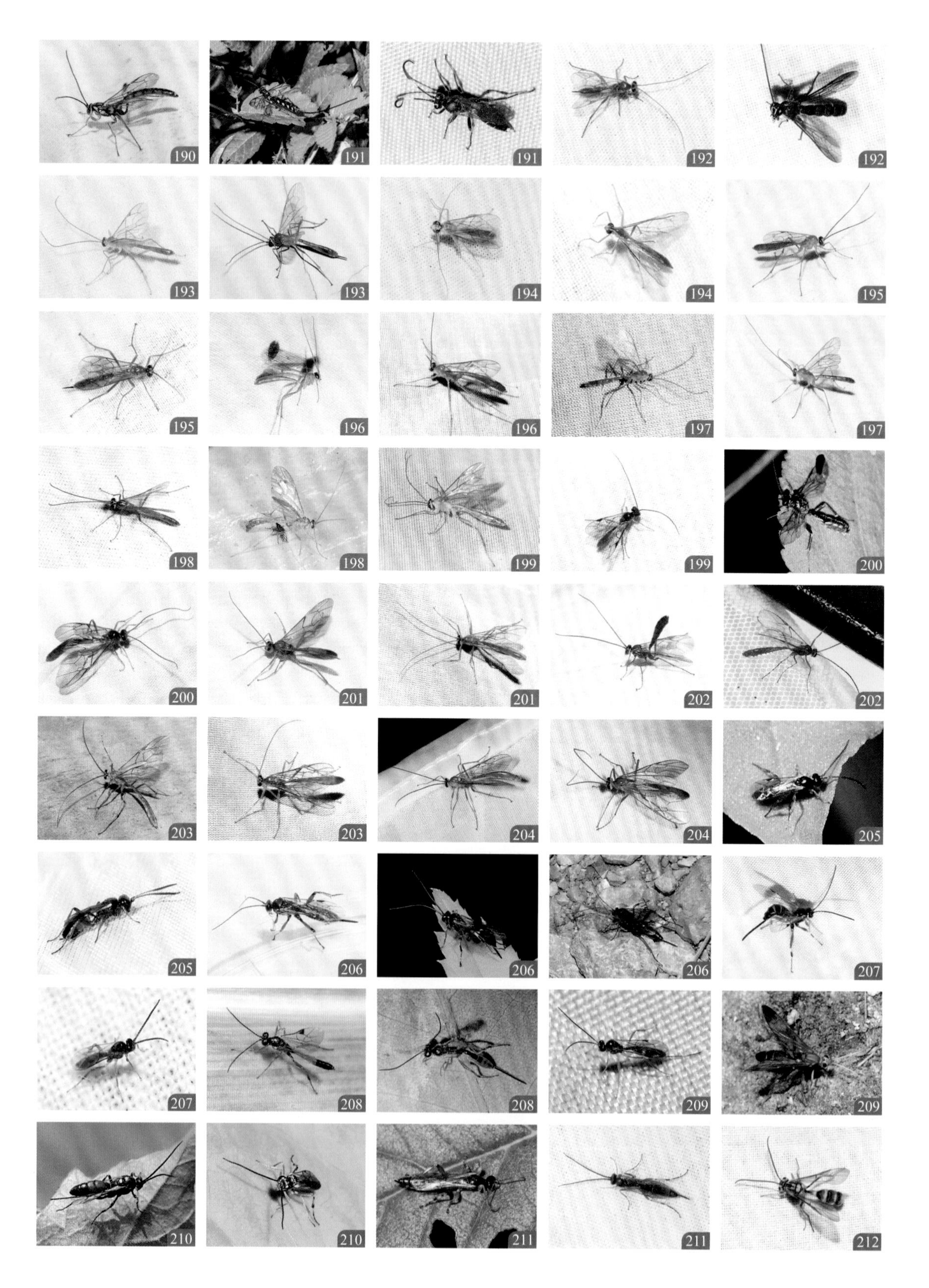
190
191
191
192
192
193
193
194
194
195
195
196
196
197
197
198
198
199
199
200
200
201
201
202
202
203
203
204
204
205
205
206
206
206
207
207
208
208
209
209
210
210
211
211
212

212
213
213
214
214
215
215
215
216
216
217
217
218
218
219
219
219
220
220
221
221
222
222
223
223
224
224
225
225
226
226
227
227
228
228
229
229
230
230
231
231
232
232
233
233

234
234
235
235
236
236
236
237
237
238
238
239
239
240
240
241
241
242
242
243
243
244
244
245
245
246
246
247
247
248
248
249
249
250
250
251
251
252
252
253
253
254
254
255
255

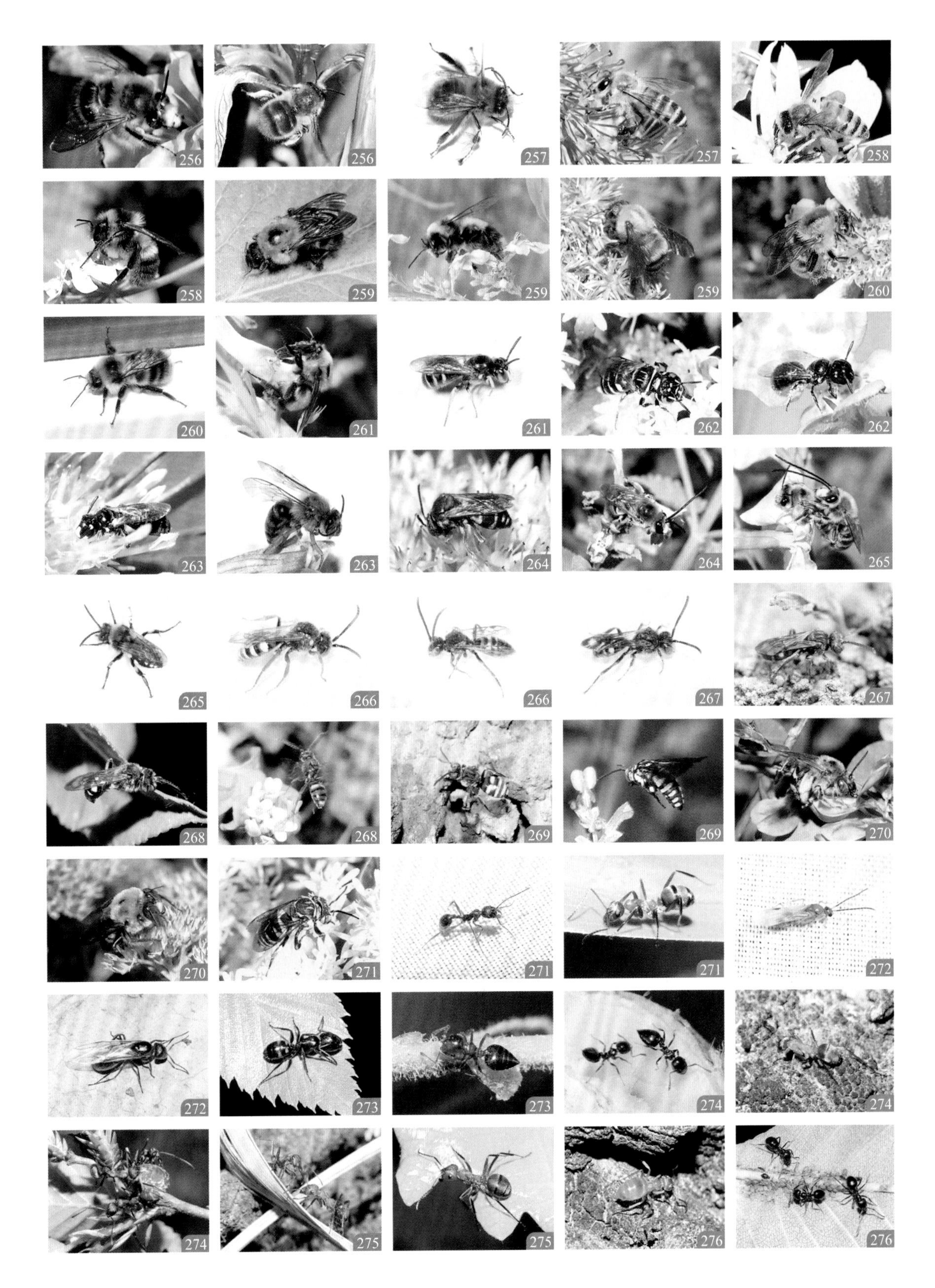
256
256
257
257
258
258
259
259
259
260
260
261
261
262
262
263
263
264
264
265
265
266
266
267
267
268
268
269
269
270
270
271
271
271
272
272
273
273
274
274
274
275
275
276
276

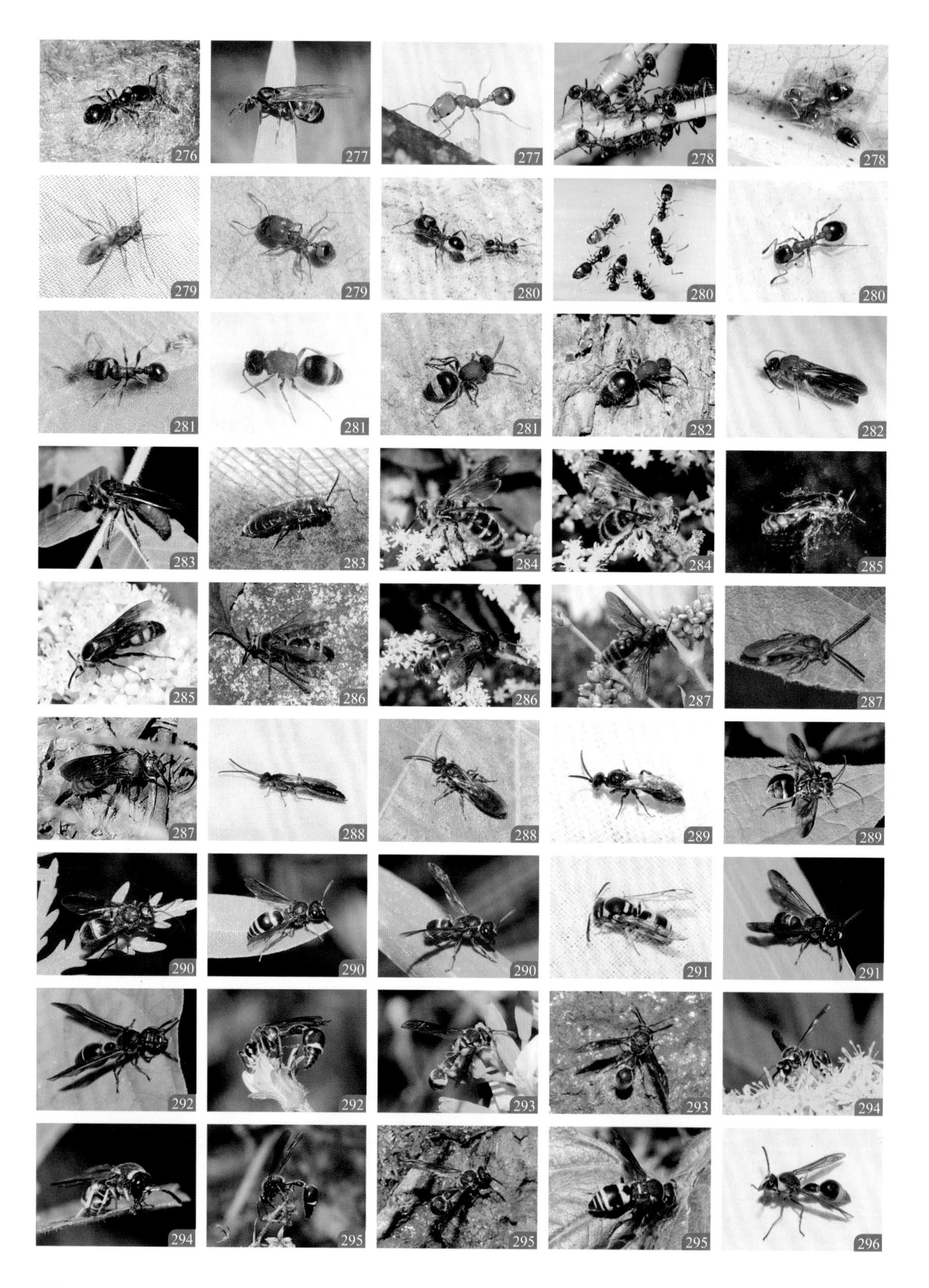
276
277
277
278
278
279
279
280
280
280
281
281
281
282
282
283
283
284
284
285
285
286
286
287
287
287
288
288
289
289
290
290
290
291
291
292
292
293
293
294
294
295
295
295
296

296
297
297
298
298
299
299
300
300
301
301
302
302
303
303
304
304
305
305
306
306
306
307
307
308
308
309
309
310
310
311
311
312
312
313
313
313
314
314
315
315
316
316
317
317

318
318
318
319
319
319
320
320
321
321
322
322
322